深入淺出 RUBY

如果有一本關於 Ruby 的書不會同時丟出區塊、模組和例外等知識，那該有多好！或許這只是一個幻想吧…

Jay McGavren 著

蔣大偉 編譯

Beijing · Boston · Farnham · Sebastopol · Tokyo O'REILLY®

我要把這本書獻給無處不在的開源軟體創造者們。

你們讓我們的生活變得更美好。

深入淺出 Ruby 的作者

Jay McGavren 正在為旅館服務公司進行自動化的當時，同事把《Perl 程式設計》（亦稱，駱駝書）介紹給他。這讓他立即變為 Perl 的信仰者，因為他喜歡的實際上是撰寫程式碼，而不是等待一個 10 人的開發團隊來設置建構系統。這也為他帶來了一個瘋狂的想法，有一天他能夠寫出一本技術書籍。

2007 年，Perl 未來的走向發生嚴重的分歧，Jay 著手尋找新的解譯式語言。Ruby 以強大的物件導向功能、卓越的程式庫支援以及難以置信的彈性贏得了他的心。此後，他將 Ruby 應用在兩個遊戲程式庫以及一個衍生藝術（generative art）專案，並且成為了 Ruby on Rails 的自由工作者。自 2011 年以來他一直都在從事開發人員線上教育的工作。

你可以「關注」（follow）Jay 在推特上的推文（*https://twitter.com/jaymcgavren*）或者造訪他的個人網站（*http://jay.mcgavren.com*）。

目錄（精要版）

目錄（詳實版）

序

將你的心思放在 Ruby 上。此時，你正試著學習某些東西，而你的大腦也在幫助你確保學習活動不會被卡住。然而，你的大腦卻總是在想，「最好留點空間給更重要的事，像是，要迴避哪些野生動物？裸體滑雪是不是一個壞主意？」那麼，要如何騙過你的大腦，讓它認為學好 Ruby 程式設計才是一件生死攸關的大事？

1 事半功倍

以自己想要的方式寫程式

你對 Ruby 這個瘋狂的語言感到疑惑，不知道它是否符合你的需要。讓我們來問你這幾個問題：**你想要有生產力嗎？**你認為像其他語言那樣使用額外的編譯器和程式庫以及類別檔和程式碼，就能夠讓你更快**完成產品**、**讓同事欽羨**以及**讓客戶滿意**？你喜歡能夠替你**處理細節**的語言嗎？如果你有時希望能夠停止維護煩人的樣板程式碼（boilerplate code）以便直接處理你的問題，那麼 Ruby 將會符合你的需要。Ruby 讓你得以**用較少的程式碼做更多的事情**。

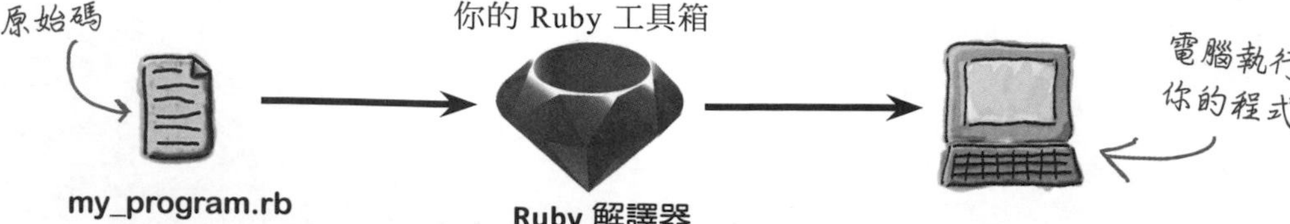

方法和類別

井然有序

已經錯過了。你一直像專業人士那樣呼叫方法以及建立物件。但是你所呼叫的方法以及建立的物件，都是 Ruby 為你定義的。現在，該你了。你將學到如何建立你自己的方法。你還會建立你自己的**類別**（*class*）一新物件的模板。由你來決定，基於你的類別之物件，將是什麼樣子。你將會使用**實體變數**（*instance variable*）來定義物件對自己的認知，以及使用**實體方法**（*instance method*）來定義物件所能做的事情。最重要的是，你將發現，要讓你的程式碼變得更容易閱讀和維護，該如何定義你自己的類別。

3 繼承
依靠你的父類別

有這麼多重複的地方！你的新類別可用於表示不同類型的車輛和動物，真棒。但是你必須在類別之間複製實體方法。這些副本開始出現不同步的情況—有些是正確的，而有些是錯誤的。類別不是應該讓程式碼更容易維護才對？

本章中，我們將會學到如何透過**繼承**（*inheritance*）來讓你的類別共享方法。較少的副本意味著維護起來較容易！

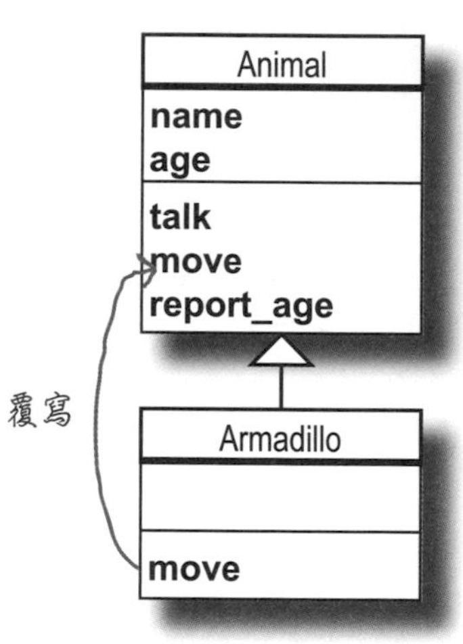

實體初始化

4 一個好的開始

現在，你的類別是一顆定時炸彈。 你所建立的每個實體起初都是一張白紙。如果你在添加資料之前呼叫某些實體方法，將會引發錯誤，導致整個程式停擺。

本章中，我們將會告訴你如何建立能夠安全使用的物件。首先我們會介紹 `initialize` 方法，此方法讓你得以在建立物件的時候傳入引數來設置物件的資料。接著我們會介紹如何撰寫**類別方法**，使用此方法可讓物件的建立和設置更為容易。

新員工的名字不再是空白、薪資不再是負值？而且不會拖延薪資系統專案？幹得好！

陣列與區塊

優於迴圈

有一大堆程式需要進行清單的處理。地址清單。電話清單。產品清單。Matz，Ruby 的創造者，知道這件事。所以為了讓清單的處理在 Ruby 中可以很容易，他付出了許多心血。首先，他讓**陣列**（Ruby 中用於保存清單的物件）具備許多有用的方法，使得你能夠對清單進行幾乎任何處理。其次，他意識到，使用迴圈來處理清單中每筆資料項，雖然單調乏味，但是開發人員多半會這麼做。所以他將**區塊（block）**加入了語言，讓開發人員不再需要使用迴圈程式碼。區塊到底是什麼？繼續看下去就知道了…

來自方法的程式碼維持不變。

```
puts "We're in the method, about to invoke your block!"
puts "We're in the block!"
puts "We're back in the method!"
```

改變來自區塊的程式碼！

6 區塊的回傳值

我應該如何處理呢？

你所看到的只是區塊能力的一小部分。 截至目前為止，方法只是將資料交給區塊，並期待區塊會處理一切。但是區塊還可以把資料回傳給方法。此功能讓方法得以從區塊獲得指示，使其能夠做更多的工作。

本章中，我們將會介紹一些方法，它們讓你得以建立大型、複雜的集合，以及利用區塊的回傳值縮減其規模。

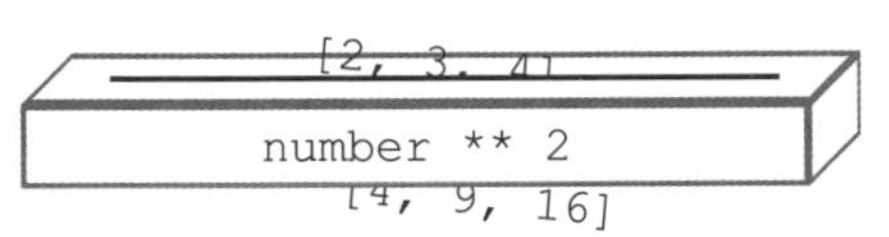


```
["...Truncated is amazing...",
 "...Truncated is funny...",
 "...Truncated is astounding..."]
find_adjective(review)
["amazing",
 "funny",
 "astounding"]
```

雜湊

為資料加上標籤

把東西堆成一疊是很容易沒錯，找東西的時候你就知道了。 你已經知道如何使用陣列來建立物件所構成的集合。你知道如何處理陣列中每一筆資料項，以及如何找到你想要的資料項。在這兩種情況下，你會從陣列的開頭著手，迭代每個物件。你見過以大型集合為參數的方法。你知道這所導致的問題：進行方法呼叫時，你需要記住這個大型集合中各資料項的確切順序。

如果這類集合中所有資料都具有標籤呢？你可以很快地找到你需要的元素！本章中，我們將要介紹的 Ruby **雜湊**（*hash*）就可以做到這一點。

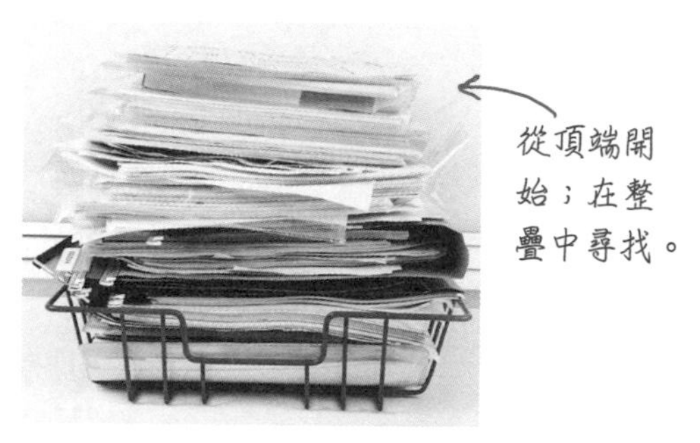

從頂端開始；在整疊中尋找。

陣列

AMBER GRAHAM
鍵讓你得以快速找到資料！

雜湊

址參器

8 信號交錯

你的電子郵件曾經寄錯地址嗎？你可能很難應付隨之而來的混亂。嗯，Ruby 物件就好像是你通訊錄裡的聯絡地址，呼叫 Ruby 物件上的方法就好像是傳送信息給它們。如果你的通訊錄被弄亂了，你的信息可能會送錯物件。本章將會協助你辨認發生這種情況的跡象，以及讓你的程式能夠再次順利運作。

實際的 Oak Street（橡樹街）

Andy 通訊錄中的 Oak Street（橡樹街）

9 mixin 混合起來

繼承有其侷限性。 你只能從一個類別繼承方法。但如果你想要在多個類別之間共享多組行為呢？就像用於啟動電池充電週期以及回報電池電量級別的方法一手機、電鑽和電動車可能都需要用到這些方法。你打算為它們建立一個父類別？（這是不會有好下場的，試試看就知道。）但別忘了，儘管電鑽和電動車可能需要用於啟動和停止馬達的方法，但是手機並不需要！

本章中，我們將要來瞭解用於群聚方法以及在有需要的特定類別之間共用這些方法的強大機制：**模組（module）**和**mixin**。

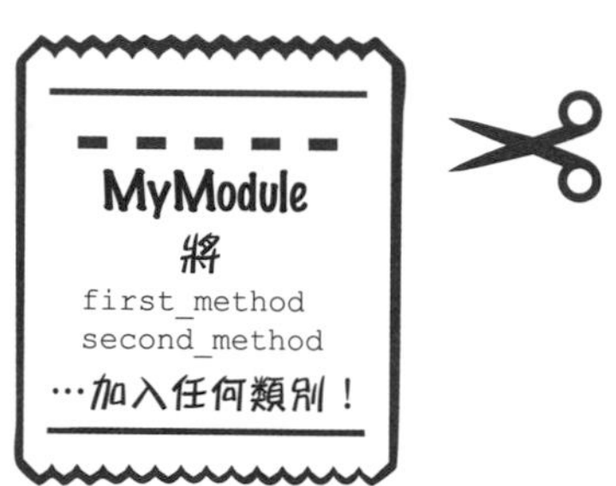

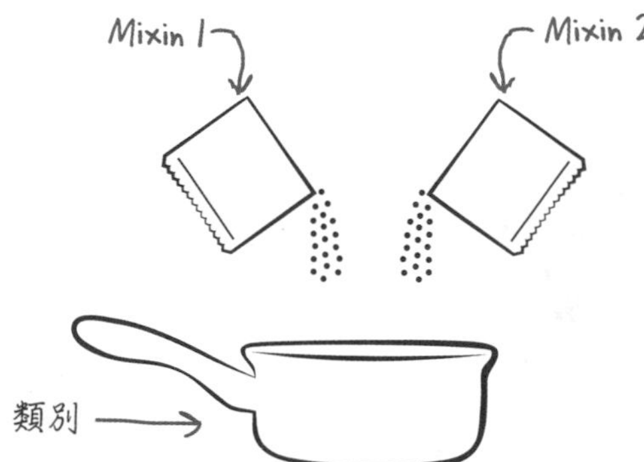

10 Comparable 與 Enumerable

現成的mixin

你已經知道 mixin 很有用。 但是你還不知道它全部的能力。Ruby 核心程式庫包含了兩個令你驚訝的 mixin。第一個是 `Comparable`，用於比較物件。你可以使用 <、> 和 == 之類的運算符來比較數值和字串，但是 `Comparable` 將可讓你用它們來比較類別。第二個 mixin 是 `Enumerable`，用於處理集合。記得之前在處理陣列的時候，所使用之超有用的方法 `find_all`、`rejec` 和 `map`？這些方法皆來自 `Enumerable`。但這只是 `Enumerable` 的一小部分功能。同樣的，你可以把它混入你的類別。請繼續看下去吧！

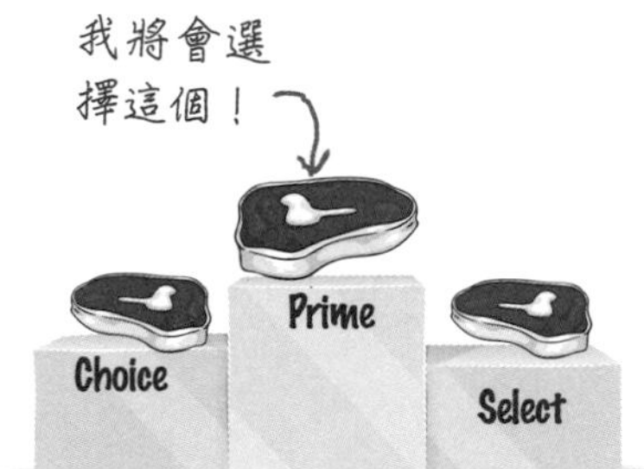

11 文件
閱讀手冊

本書沒有足夠的空間可用於教你 Ruby 的所有知識。俗語說：『給人魚吃，不如教人如何釣魚。』目前為止，我們都在給你魚吃。我們已經教過你，Ruby 中若干類別和模組的用法。但是還有許多未提及。所以該是教你如何釣魚的時候了。Ruby 的所有類別、模組以及方法都可以找到絕佳的免費說明文件。你只需要知道去何處找到它，以及如何解釋它。這就是本章將教你的東西。

我們只知道從本書所學到的東西。我們自己要如何尋找類別、模組和方法？

today 類別方法的文件

```
.today([start = Date::ITALY]) ⇒ Object

Date.today #=> #<Date: 2011-06-11 ..>

Creates a date object denoting the present day.
```

```
#year ⇒ Integer

Returns the year.
```

year 實體方法的文件

12 例外

處理非預期的情況

在真實的世界中難免會發生非預期的的情況。可能會有人刪除你的程式試圖要載入的檔案，或你的程式試圖要聯繫的伺服器停機了。你的程式可以檢查這些例外的情況，但是這些檢查程序將會與處理正常操作的程式碼混在一起。（這將會是一個難以閱讀的大混亂。）

本章將會探討 Ruby 的例外處理，它讓你得以撰寫處理例外的程式碼，而且能夠與常規程式碼分開。

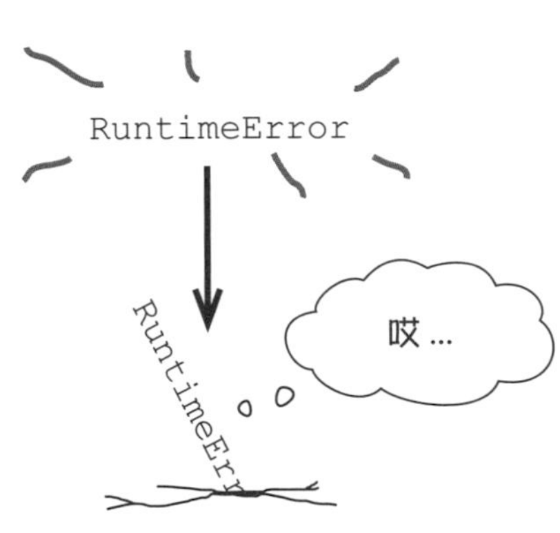

呼！謝謝！

RuntimeError

13 單元測試

程式碼品質保證

你確定軟體的運作目前是正常的嗎？真的確定？在你將新版的軟體發送給用戶之前，你可能會想要測試一下新添加的功能，以確保它們的運作是正常的。但是你會想要測試舊有的功能，以確保它們不會影響新功能的運作？所有的舊功能呢？如果此類問題讓你擔心，你的程式可能需要具備自動化測試的能力。自動化測試可確保程式的各組件能夠正常運作，即使是在程式碼變更之後。

單元測試（**unit test**）是一種最常見、最重要的自動化測試。Ruby 包含了一個用於進行單元測試的程式庫，稱為 **MiniTest**。本章將會告訴你，關於 MiniTest，你所需要知道的一切知識！

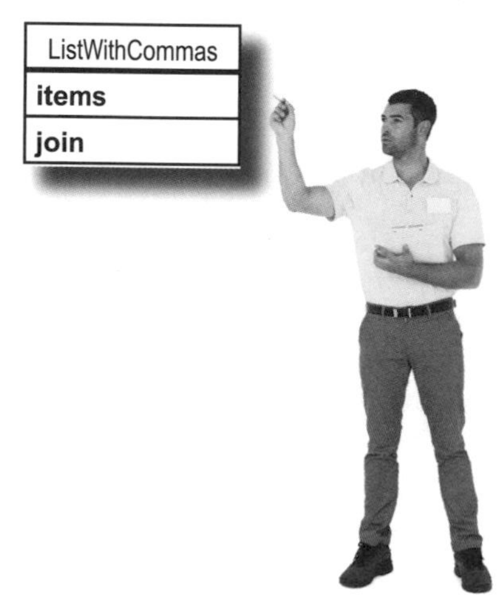

通過

If `items` is set to `['apple', 'orange', 'pear']`, then `join` should return `"apple, orange, and pear"`.

失敗

If `items` is set to `['apple', 'orange']`, then `join` should return `"apple and orange"`.

web app

14 提供 HTML

這是 21 世紀，用戶想要使用的是web app。當然 Ruby 也具備這樣的能力！透過 Ruby 程式庫的協助，你可以運行你自己的 web 應用程式，以及讓任何的 web 瀏覽器存取。因此我們打算以本書的最後兩章來告訴你如何建構完整的 web app。

首先，你將需要使用 **Sinatra** 這個第三方程式庫來撰寫 web 應用程式。但不要擔心，我們將會告訴你如何使用（Ruby 隨附的工具）**RubyGems** 來下載及自動安裝程式庫！然後我們將會告訴你如何使用 HTML 來建立你自己的網頁。當然，我們還會告訴你如何將這些網頁提供給你的瀏覽器！

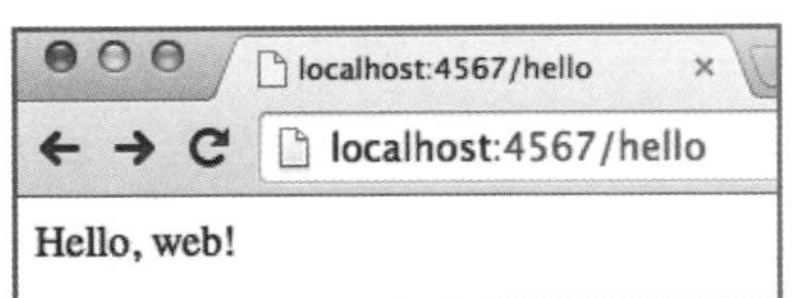

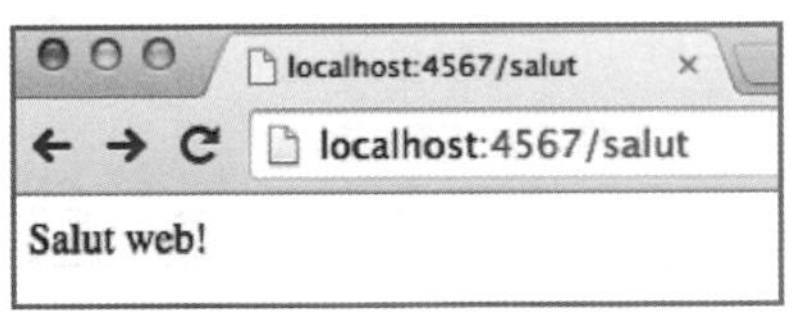

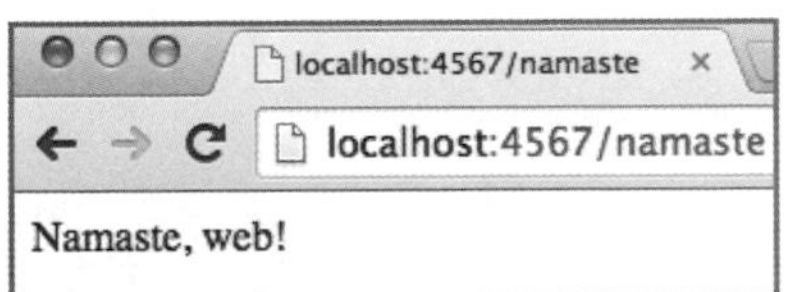

15 保存和載入資料

把它保存起來

你的web app 現在只會仍掉使用者的資料。你設置了一個表單讓使用者得以鍵入資料。他們認為你將會保存資料，這樣之後資料將可以被取回並顯示給別人看。但是這現在還不會發生！使用者所提交的任何資料都會消失。

在這最後一章中，我們將會讓你的 app 能夠保存使用者所提交的資料。我們將會告訴你如何把它設置成能夠接受表單資料。我們將會告訴你如何把表單資料轉換成 Ruby 物件、如何把這些物件存入一個檔案，以及當使用者想要看資料，如何取回正確的物件。做好準備了嗎？讓我們來完成此 app！

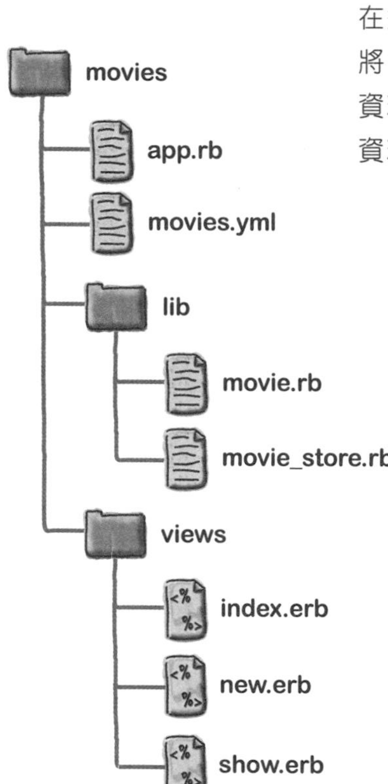

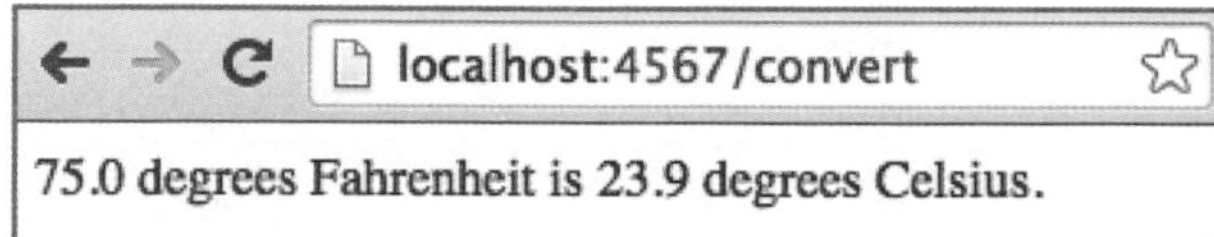

本書遺珠

前十大遺珠

我們探討了很多內容，而你幾乎要把本書看完了。我們會想念你的，但是讓你走之前，我們覺得沒有多一點準備就把你推到外面的世界，是不對的。要在這麼小的篇幅放入你需要知道的一切內容是不可能的…（其實，我們起初為了涵蓋你需要知道的一切內容，我們將字體點數（type point size）減少到 .00004。儘管一切都納入了，但是沒有人能夠閱讀它。）所以我們拿掉了大部分的內容，只留下了前十大遺珠。

這本書真的結束了。當然，索引除外（一個必讀的部分！）。

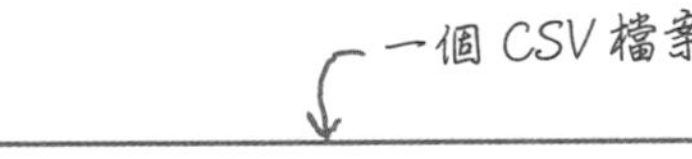


```
Associate,Sale Count,Sales Total
"Boone, Agnes",127,1710.26
"Howell, Marvin",196,2245.19
"Rodgers, Tonya",400,3032.48
```

sales.csv

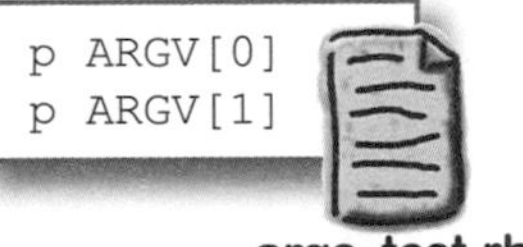

```
p ARGV[0]
p ARGV[1]
```

args_test.rb

File Edit Window Help

```
$ ruby args_test.rb hello terminal
"hello"
"terminal"
```

如何使用本書

序

真不敢相信，怎麼會
有人把**這樣的內容**放
到講 Ruby 的書裡！

本節中，我們要回答一個棘手的問題：
『為什麼要把這樣的內容放進這本講 *Ruby* 的書裡？』

誰適合閱讀這本書？

如果下列問題的答案**全都是**「肯定」的：

1. 你想要學習一種可**簡化**開發過程而且**具生產力**的程式語言？

2. 你使用過電腦上的文字編輯器？

3. 你喜歡**令人興奮的晚宴對話**勝過**枯燥、無聊、充滿學術性的演講**？

那麼，這本書就是為你量身打造的。

誰或許應該遠離這本書？

如果下列問題有**任何一個**的答案是「肯定」的：

1. 你**完全**沒有使用過電腦？

   （你不需要很精通，但是你應該知道資料夾和檔案、如何使用終端機程，以及如何使用簡單的文字編輯器。）

2. 你是個正在尋找**參考書**的高階開發者？

3. 你**害怕嘗試新的東西**？你寧可做牙齒的根管治療也不願意穿格子和條紋混搭的衣服？你認為一本技術書籍如果使用犰狳來描述類別的繼承就不是一本正經的書？

那麼，這本書就**不適合**你了。

〔行銷部門的註解：這本書也適合任何有信用卡的人。〕

我們知道你在想什麼

『這怎麼可能是一本正經的 Ruby 書籍？』

『這一堆圖是幹什麼的？』

『這樣真的能讓我**學到**東西嗎？』

也知道你的「大腦」在想什麼

你的大腦認為
「這」才重要。
好極了！「只」剩下
545 多頁枯燥、無
聊且乏味的內容。
你的大腦認為
「這」不值得儲
存下來。

你的大腦渴望新奇的事物，它總是在搜尋、掃描以及**等待**不尋常的事物。你的大腦生來如此，正是因為這樣的特質，才能幫助你生存下去。

至於那些你每天面對、一成不變、平淡無奇的事物，你的大腦又作何反應？它**會**盡量阻止這些事情去干擾**真正的**工作 — 記錄真正**要緊的**事。它不會費心去儲存那些無聊的事；它們絕對無法通過「這顯然不重要的」過濾機制。

你的大腦如何能**知道**什麼才是重要的事？假設有一天你去爬山，突然有一隻老虎跳到你面前一你的大腦和身體會有什麼反應？

神經元被觸發、情緒激動、**腎上腺素激增**。

這就是大腦「知道」的方式 ...

這絕對很重要，不要忘記喔！

然而，想像你在家裡或圖書館，燈光好、氣氛佳，而且沒有老虎出沒。你正在用功，準備考試。或者你正在研究某個技術難題，而你的老闆認為需要一週或者頂多十天就能夠完成。

但是，有個問題。你的大腦正試著幫你忙，它試圖確保這件**顯然**不重要的事，不會弄亂你的有限資源，畢竟，資源最好用來儲存真正的**大**事，像是老虎、火災逃生、絕對不要把這些聚會的照片張貼在你的「臉書」上。而且，也沒有什麼簡單的方法可以告訴你的大腦說：『大腦呀！多謝啊，不管這本書有多枯燥，我有多不感興趣，還是請你把這些內容全部記下來。』

我們將「Head First」的讀者視為學習者

那麼，要怎麼「學習」呢？首先，你必須「理解」它，然後確定不會「忘記」它。我們不會用填鴨的方式對待你。認知科學、神經生物學、教育心理學的最新研究顯示，「學習過程」所需要的，絕對不只是書頁上的文字。我們知道如何幫助你的大腦「開機」。

Head First 學習守則：

視覺化。圖像遠比文字更容易記憶，讓學習更有效率（在知識的回想與轉換上，有高達 89% 的提昇）。圖像也能讓事情更容易理解，**將文字放進或靠近相關聯的圖像**，而不是把文字放在頁腳或下一頁，將可讓學習者解決相關的問題的可能性提高**兩倍**。

使用對話式與擬人化的風格。最新的研究發現，以第一人稱的角度、談話式的風格，直接與讀者對話，相較於一般正經八百的敘述方式，學員們課後測驗的成績可提升達 40%。以故事代替論述；以輕鬆的口語取代正式的演說。別太嚴肅，想想看，是晚宴伴侶的耳邊細語，還是課堂上的死板演說，比較能夠吸引你的注意力？

讓學習者更深入地思考。換句話說，除非你主動刺激你的神經，不然大腦就不會有所作為。讀者必須被刺激、必須參與、產生好奇、接受啟發，以便解決問題，做出結論，並且形成新知識。為了達到這個目的，你需要挑戰、練習以及刺激思考的問題與活動，同時運用左右腦，充分利用多重的感知。

引起一並保持一讀者的注意力。我們都有這樣的經驗：『我真的很想學會這個東西，但是還沒翻過第一頁，就已經昏昏欲睡了』。你的大腦只會注意到特殊、有趣、怪異、引人注目以及超乎預期的東西。新穎、困難、技術性的主題，學起來未必枯燥乏味，如果不覺得無聊，大腦的學習效率就會提昇很多。

觸動心弦。現在，我們知道記憶的能力大大仰賴情感與情緒。你會記得你**在乎**的事，當你心有所**感**時，你就會記住。不！我不是在說靈犬萊西與小主人之間心有靈犀的故事，而是在說，當你解開謎題、學會別人覺得困難的東西，或者發現自己比班上的資優生小明懂得更多時，所產生的驚訝、好奇、有趣、『哇靠 ...』以及『我好棒！』，這類的情緒與感覺。

後設認知：「想想」如何思考【譯註】

如果你真的想要學習，想要學得更快、更深入，那麼，請注意你是如何「注意」的，「想想」如何思考，「學學」如何學習。

大多數人在成長過程中，都沒有修過後設認知或者學習理論的課程，師長**期望**我們學習，卻沒有**教導**我們如何學習。

如果你手裡正拿著這本書，我們假設你想要學好如何開發 Ruby app，而且可能不想要花太多時間。假如你想要充分運用從本書所讀到的東西，就必須**牢牢記住**你所學過的東西，為此目的，你必須**充分理解**它。想要從本書（或者**任何**書籍與學習經驗）得到最多利益，就必須讓你的大腦負起責任，讓它好好注意**這些**內容。

到底該如何誘使我的大腦記住這些東西 ...

秘訣在於：讓你的大腦認為你正在學習的新知識**確實很重要**，攸關你的生死存亡，就像噬人的老虎一樣。否則，你會不斷陷入苦戰：想要記住那些知識，卻老是記不住。

那麼，要如何讓大腦將程式設計視為一隻飢餓的大老虎？

有慢又囉唆的辦法，也有快又有效的方式。慢的辦法就是多讀幾次。你很清楚，勤能補拙，只要重複的次數夠多，再乏味的知識，也能夠學會並且記住。你的大腦會說：『雖然這**感覺上**不重要，但他卻一**而再**，**再而**三地苦讀這個部分，所以我想這應該是很重要的吧！』

較快的方法則是做**任何增進大腦活動的事情**，特別是不同**類型**的大腦活動。上一頁所提到的材料是解法的一大部分，業經證實有助於大腦運作。比方說，研究顯示將文字放在它所描述的圖像**內**（而不是置於頁面上的其他地方，像是圖像說明或內文），可以幫助大腦嘗試將兩者關聯起來，那會觸發更多的神經元。更多神經元被觸發就等同給大腦更多機會，**把**此內容視為值得關注的資訊，並且盡可能將它記下來。

對話式的風格也相當有幫助，因為在意識到自己身處於對話中時，人們會付出更多關注，因為他們必須豎起耳朵，注意整個對話的進行，跟上雙方的談話內容。神奇的是，你的大腦根本**不在乎**那是你與書本之間的「對話」！另一方面，如果寫作風格既正式又枯燥，你的大腦會以為正在聆聽一場演講，自己只是一個被動的聽眾，根本不需要保持清醒。

然而，圖像與對話式的風格，只不過是一個開端 ...

譯註　後設認知（Metacognition），教育心理學的專有名詞，是一種針對學習及認知過程的控制與思考。

我們的做法

我們使用**圖像**，因為你的大腦對視覺效果比較有感受，而不是文字。對你的大腦來說，一圖**值**「千」字。當文字和圖像一同運作時，我們將文字嵌入圖像**內**，因為你的大腦，在文字位於它所指涉的圖像裡頭時（而不是在圖像說明或者埋沒在內文某處），會運作得比較有效率。

我們**重複表現**相同內容，以**不同的**表現方式、不同的媒介、**多重的感知**，敘述相同的事物。這是為了增加機會，將內容烙印在大腦的不同區域。

我們以**超乎預期的**方式，使用概念和圖像，讓你的大腦覺得新鮮有趣。我們使用多少具有一點**情緒性**內容的圖像與想法，讓你的大腦覺得感同身受。讓你有**感覺**的事物，自然就比較容易被記住，即使那些感覺不外乎「幽默」、「驚訝」、「有趣」等等。

我們使用擬人化、**對話式的風格**，因為當大腦相信你正處於對話中，而不是被動地聆聽演說時，便會付出更多關注，即使你的交談對象是一本書，也就是說，你其實是在「閱讀」，大腦還是會這麼做。

我們包含了許多的**活動**，因為當你在**做**事情，而不是在**讀**東西時，大腦會學得更多，記得更多。我們讓習題活動維持在具有挑戰性，又不會太難的程度，因為那是多數人偏愛的情況。

我們使用**多重學習風格**，因為有些人喜歡一步一步的程序，有些人喜歡先瞭解整體概廓，有些人喜歡直接看範例。然而，不管你是哪一種人，都能夠受益於本書以各種方式表現相同內容的手法。

本書的設計同時考慮到**你的左右腦**，因為越多的腦細胞參與，就越可能學會並記住，而且保持更長時間的專注。因為使用一邊大腦，往往意味著另一邊大腦有機會休息，你便可以學得更久、更有效率。

我們也會運用**故事**和習題來呈現**多重觀點**，因為，當大腦被迫進行評估與判斷時，會學習得更深入。

本書也包含了相當多的**挑戰**和習題，透過**問問題**的方式進行，答案不見得都很直接，我們的用意是讓你的大腦深涉其中，學得更多、記得更牢。想想看—你無法只是看別人上健身房運動，就讓自己達到塑身的效果。但是，我們盡力確保你的努力總是用在**正確的**事情上。**你不會花費額外的腦力**去處理難以理解的範例，或是難以剖析、行話充斥、咬文嚼字的論述。

我們使用**人物**。在故事、範例與圖像中，處處是人物，這是因為你也是人！你的大腦對**人**會比對**事物**更加注意。

讓大腦順從你的方法

好吧，該做的我們都做了，剩下的就靠你了。這裡介紹一些技巧，但只是一個開端，你應該傾聽大腦的聲音，看看哪些對你的大腦有效，哪些無效。試試看！

沿虛線剪下，用磁鐵貼在冰箱上。

1. **慢慢來，理解的越多，需要強記的就越少。**

   不要光是**讀**，記得停下來，好好思考。當本書問你問題時，不要完全不思考就直接看答案。想像有人正面對面地問你這個問題，如果能夠迫使你的大腦思考得更深入，你就有機會學會並且記住更多的知識。

2. **勤做練習，寫下心得。**

   我們在書中安排習題，如果你光看不做，就好像只是看別人在健身房運動自己卻不動一樣，那樣是不會有效果的。習題不要光是用看的。使**用鉛筆作答**。大量證據顯示，學習過程中的實體活動會增加學習的效果。

3. **認真閱讀『沒有蠢問題』單元**

   仔細閱讀所有的『沒有蠢問題』。那可不是無關緊要的說明，而是**核心內容的一部分**！千萬別略過。

4. **將閱讀本書做為睡前最後一件事，或者至少當作睡前最後一件具有挑戰性的事。**

   學習的一部分反應發生在放下書本之**後**，特別是把知識轉化為長期記憶的過程更是如此。你的大腦需要自己的時間，進行更多的處理。如果你在此處理期間，塞進新知識，某些剛學過的東西將會被遺漏。

5. **談論它，大聲談論它。**

   說話驅動大腦的不同部位，如果你需要理解某項事物，或者增加記憶，就大聲說出來。大聲解釋給別人聽，效果更佳。你會學得更快，甚至觸發許多新想法，這是光憑閱讀做不到的。

6. **喝水，多喝水。**

   你的大腦需要浸泡在豐沛的液體中，才能夠運作良好，脫水（往往發生在感覺口渴之前）會減緩認知功能。

7. **傾聽大腦的聲音。**

   注意你的大腦是否過度負荷，如果你發現自己開始漫不經心，或者過目即忘，就是該休息的時候了。當你錯過某些重點時，放慢腳步，否則你將失去更多。

8. **用心感受！**

   必須讓大腦知道這一切都很**重要**，你可以讓自己融入故事裡，為照片加上你自己的說明，即使抱怨笑話太冷，都比毫無感覺更好。

9. **撰寫大量的程式碼！**

   學習 Ruby app 開發的唯有一途：**撰寫大量的程式碼**。這正是遵循本書腳步時，讀者所需做的事情。程式碼撰寫是一種技巧，精通之道唯有練習再練習，所謂熟能生巧。我們會提供你許多練習的機會：每一章都有一些習題，丟出問題讓你解決，切勿略過一學習的成效就在解決問題的過程中形成。每個習題都會附上解答一如果你真的「卡」在某個環節，別不好意思**偷瞄一下**！（人生難免會遇到一些小挫折。）但無論如何，盡量在看解答之前解決你的問題。在進入下個單元之前，務必瞭解這些練習背後所傳達的意涵。

讀我

這是一段學習體驗，而不是一本參考書，所有阻礙學習的東西，都會被刻意排除掉。第一次閱讀時，你必須從頭開始，因為本書對讀者的知識背景做了一些假設。

如果你有其他語言的程式撰寫經驗，將會有幫助。

大多數開發人員都是在學過其他程式語言才發現 Ruby。（他們通常是從其他語言來尋求庇護的。）我們會為有經驗的初學者提供足夠的基礎知識，但我們不會深入探討變數的相關細節或是 `if` 述句的運作原理。如果你之前能夠有一些這方面的經驗，本書閱讀起來將會比較輕鬆。

我們不會涵蓋每一個類別、程式庫和方法。

Ruby 隨附了大量內建的類別和方法。沒錯，它們都很有趣，但如果要全部涵蓋，本書的厚度將會變為兩倍。我們的重點會擺在初學者應該瞭解的核心類別和方法。確保你對它們能夠有深入的瞭解，並且確信你知道如何及何時使用它們。不管怎樣，一旦你看完《深入淺出 Ruby》，你將能夠拿起任何參考書籍，馬上查到我們遺漏的類別和方法。

不要略過任何活動。

習題與活動絕非附屬品，而是本書核心內容的一部分，有些可以幫助記憶，有些可以幫助理解，還有一些能夠幫助應用。所以，**請不要略過任何習題**。

重複是刻意且必要的。

我們冀望 Head First（深入淺出）系列能夠讓你**真正**學到東西，希望你讀完本書之後，能夠記住讀過的內容，然而，大部分參考用書並非以此為目標。本書的重點放在**學習**，所以，某些重要的內容會一再出現，企圖加深你的印象。

我們讓範例盡可能精簡。

讀者告訴我們，最讓他們懊惱的就是，在 200 列的例子中找尋他們需要瞭解的兩列程式碼。本書大部分的例子會儘可能呈現在最小的範圍內，好讓你想學習的部份既簡單又明瞭。不要假設所有的例子都是穩健或甚至是完整的一它們是專為**學習**而寫的，並不總是具有完整的功能。

本書的範例就擺在網站上，彈指之間便能夠取得。請參考本書網站：

http://headfirstruby.com/。

誌謝

給 Head First 系列的創始人：

首先要感謝 Head First（深入淺出）系列的創始人，**Kathy Sierra** 和 **Bert Bates**。十年前我就對 Head First 系列的書籍一見鍾情，沒想到而今我能夠為它寫作。感謝你們能夠創造出這種驚人的教學風格！

特別感謝 Bert，為本書初期的草稿所提供的廣泛意見，當時我還沒有完全掌握 Head First 系列的寫作風格。因為你，《深入淺出 Ruby》變成了一本更好的書籍，我也變成了一個更好的作者！

給 O'Reilly 團隊：

感謝我的編輯 **Meghan Blanchette**。她要把本書做到最好的堅定承諾，讓我順利完成了本書第二（和第三）次修訂。感謝 **Mike Loukides** 讓我的提案能夠獲得 O'Reilly 的青睞，以及 **Courtney Nash** 讓專案能夠被設置起來。

還要感謝讓此事得以發生的每一個人，特別是 **Rachel Monaghan**、**Melanie Yarbrough** 以及生產團隊的其餘人。

給技術審閱團隊：

每個人都會犯錯，但幸運的是，我能夠有 **Avdi Grimm**、**Sonda Sengupta**、**Edward Yue Shung Wong** 以及 **Olivier Lacan** 等技術審閱者幫我找出所有錯誤。你永遠也不會知道他們發現了多少問題，因為我很快就銷毀了所有證據。但是他們的協助和回饋絕對是必要的，感激不盡！

還要感謝：

Ryan Benedetti，在本書專案於前面的章節停滯不前時，協助專案能夠繼續下去。**Deborah Robinson** 對排版的協助。**Janet McGavren** 和 **John McGavren** 的校對。**Lenny McGavren** 的攝影。早期版本的讀者，特別是 **Ed Fresco** 和 **John Larkin**，為本書找出錯字和其他問題。**Ruby Rogues Parley** 論壇的成員為程式碼範例所提供的回饋。

也許最重要的是，感謝 **Christine**、**Courtney**、**Bryan**、**Lenny** 和 **Jeremy** 的耐心和支援。有你們真好！

1　事半功倍

以自己想要的方式寫程式

快來看 Ruby 有多棒！我們將瞭解
變數、字串、條件式以及迴圈等知
識。最棒的是，本章結束的時候，
你將建立出一個可以玩的遊戲！

你對 Ruby 這個瘋狂的語言感到疑惑，不知道它是否符合你的需要。讓我們來問你這幾個問題：**你想要有生產力嗎？**你認為像其他語言那樣使用額外的編譯器和程式庫以及類別檔和程式碼，就能夠讓你更快**完成產品**、**讓同事欽羨**以及**讓客戶滿意**？你喜歡能夠替你**處理細節**的語言嗎？如果你有時希望能夠停止維護煩人的樣板程式碼（boilerplate code）以便直接處理你的問題，那麼 Ruby 將會符合你的需要。Ruby 讓你得以**用較少的程式碼做更多的事情**。

Ruby 的設計哲學

回到 1990 年代的日本，一位名叫 Yukihiro Matsumoto（又名 "Matz"）的程式員夢想發展自己心目中的理想程式語言。他認為理想的程式語言應該：

- 好學易用
- 足以處理任何的程式設計工作
- 讓程式員專注在他們試圖解決的問題上
- 儘量少給程式員壓力
- 物件導向

環顧當時可供使用的程式語言，他認為沒有一個完全符合他的需要。於是他打算自己做一個。稱之為 Ruby。

對 Ruby 做了一段時間的修補後，Matz 於 1995 年向大眾釋出了 Ruby。從那時起，Ruby 社群做了一些令人驚訝的事情：

- 他們建造出了龐大的 Ruby 程式庫，可以協助你完成任何事，包括讀取 CSV（comma-separated value 的縮寫）檔案以及透過網路控制物件
- 他們撰寫了替代的解譯器，讓你的 Ruby 程式碼可以執行得快一點或是與其他語言整合
- 他們創建了 Ruby on Rails，一個廣受歡迎的 web 應用程式開發框架

Ruby 語言帶來了創造力與生產力的爆發。彈性與易用性是 Ruby 的基本原則；也就是說，你可以使用 Ruby 來完成任何的程式設計工作，所需要用到的程式碼比其他語言還少。

一旦你具備基礎知識後，你會同意：使用 Ruby 是一種樂趣！

彈性與易用性是 Ruby 的基本原則。

取得 Ruby

首先，你可以整天寫 Ruby 程式，但如果你不執行它，對你毫無用處。讓我們來確定一下電腦上是否已經安裝了可供使用的 Ruby **解譯器**（*interpreter*）。我們想要使用的是 2.0 或之後的版本。開啟一個終端機視窗〔也稱為**命令提示字元**（*command-line prompt*）〕並鍵入：

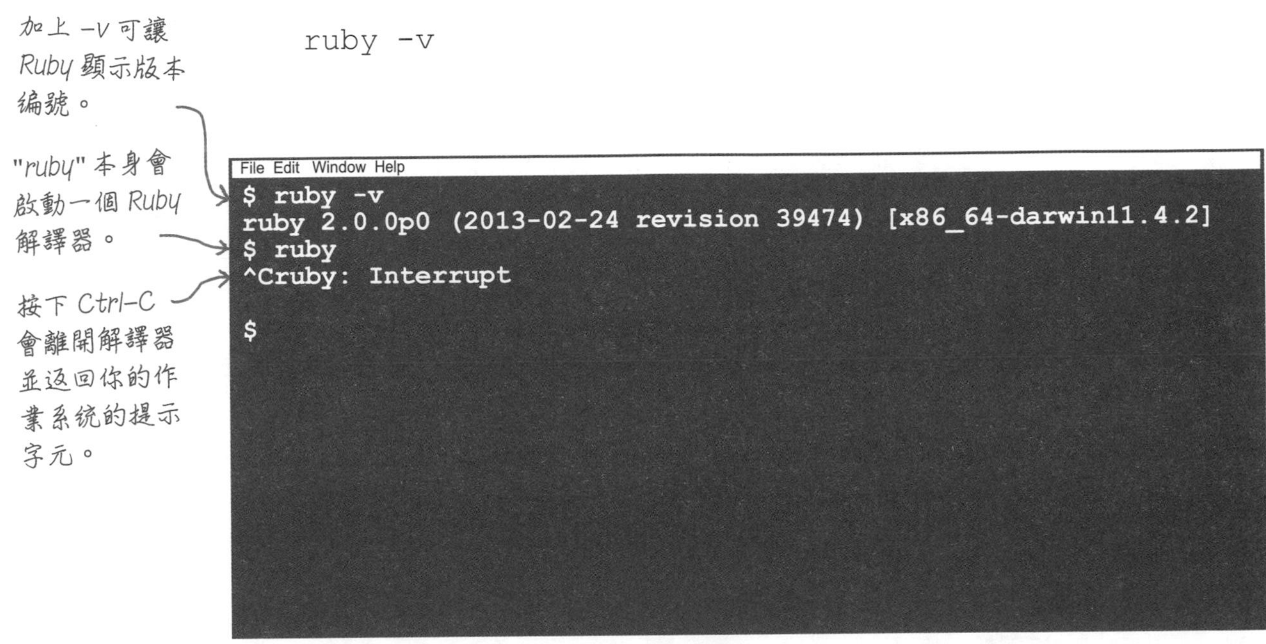

ruby -v
加上 -v 可讓 Ruby 顯示版本編號。
"ruby" 本身會啟動一個 Ruby 解譯器。
按下 Ctrl-C 會離開解譯器並返回你的作業系統的提示字元。
File Edit Window Help
$ ruby -v
ruby 2.0.0p0 (2013-02-24 revision 39474) [x86_64-darwin11.4.2]
$ ruby
^Cruby: Interrupt
$

當你在提示字元之後鍵入 **ruby -v**，如果你看到這樣的回應，你就萬事俱備了：

```
ruby 2.0.0p0 (2013-02-24 revision 39474) [x86_64-darwin11.4.2]
```

我們並不關心此輸出的其他部分，只要這個部分所指出的是 ruby 2.0 或之後的版本。

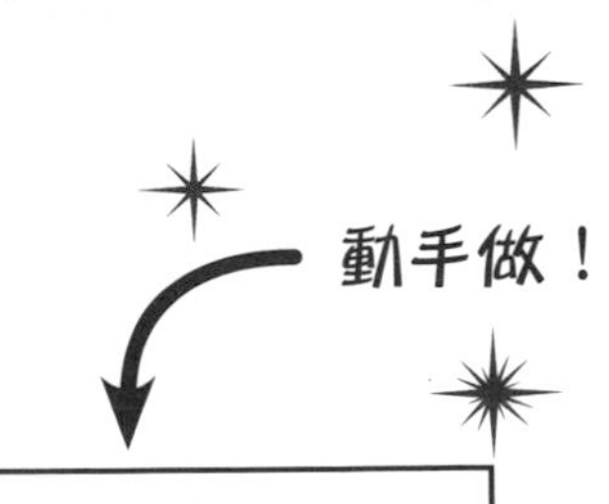

如果你沒有 Ruby 2.0 或之後的版本可用，可至 **www.ruby-lang.org** 下載你的作業系統所使用的安裝程式。

順便說一下，如果你不小心只鍵入了 `ruby`（漏掉了 `-v`），Ruby 將會等著你鍵入程式碼。要退出此模式，只要在壓下 Control 鍵的同時按下 C 鍵就行了。若你需要 Ruby 立即退出此模式，你可以隨時這麼做。

使用 Ruby

可供你執行的 Ruby 原始碼檔案，稱為**命令稿**（*script*），它們只是純文字檔案。欲執行 Ruby 命令稿，你只需要把你的 Ruby 程式碼存入檔案，並使用 Ruby 解譯器來執行該檔案。

在 C++、C# 或 Java 等語言中，必須自己動手把程式碼編譯成 CPU 或虛擬機能夠瞭解的二進位格式。在這些語言中，程式碼在編譯之前是無法執行的。

其他語言

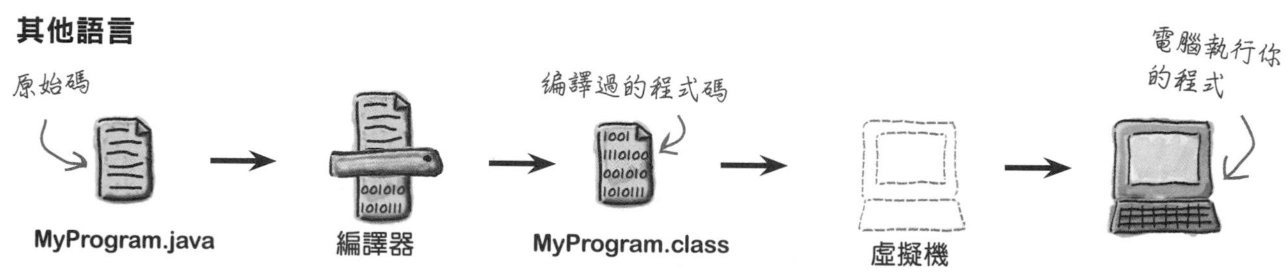

使用 Ruby，你可以跳過這一步。Ruby 會自動編譯命令稿中的原始碼。這意味著，程式碼撰寫好之後可以立即進行測試。

Ruby 的方式

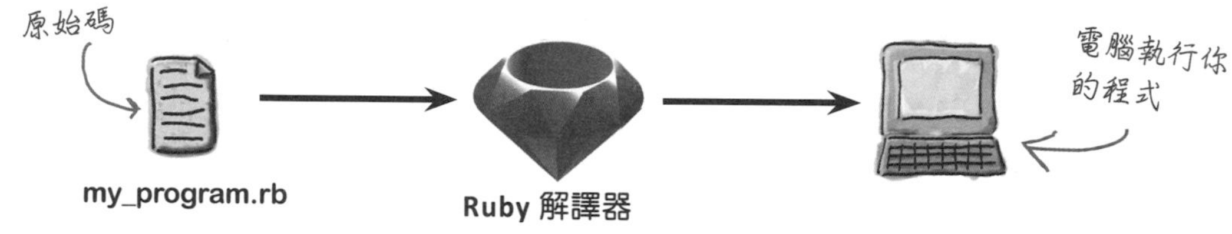

鍵入你的原始碼。

儲存成：*hello.rb*

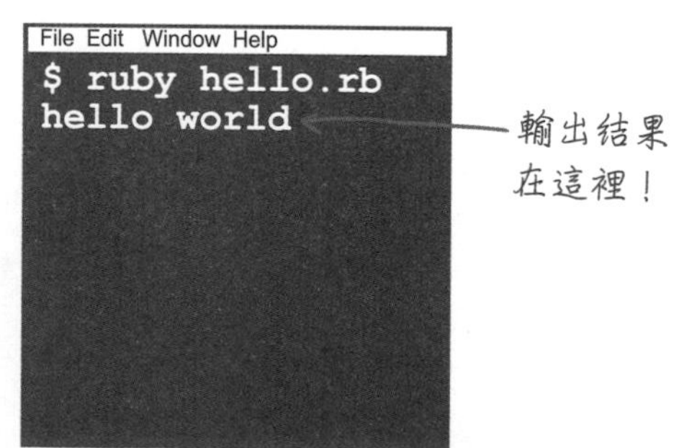

使用 Ruby 解譯器執行你的原始碼。

以互動方式使用 Ruby

使用 Ruby 之類的語言還有一個很大的好處。你不僅不必在每次測試程式碼的時候執行編譯器，而且不必把它擺在命令稿的開頭。

Ruby 隨附了一個獨立的程式，稱為 **irb**（代表 **I**nteractive **R**u**b**y）。irb shell 允許你鍵入任何的 Ruby 運算式，而且會立即對它求值以及將結果顯示給你看。這是一個學習語言的好方式，因為你會立即得到反饋。但即使是 Ruby 專家也會使用 irb 來嘗試新的想法。

本書中，我們將會撰寫許多經由 Ruby 解譯器執行的命令稿。但每當你想要測試新的想法，啟動 irb 實驗一下，是一個好主意。

那麼，我們還等什麼？現在就讓我們進入 irb 來嘗試一些 Ruby 運算式。

使用 irb shell

開啟終端機視窗（terminal window）並鍵入 `irb`。這將會啟動互動式 Ruby 解譯器。（你將會知道它正在執行，因為提示字元〔prompt〕將會發生變化，不過你看到的結果可能跟此處不完全一樣。）

接著你就可以鍵入你想要執行的任何運算式，然後按下 Enter/Return 鍵。Ruby 將會立即對它求值並把結果顯示給你看。

irb 使用完畢，在提示字元（prompt）之後鍵入 `exit`，你就可以回到作業系統的提示字元。

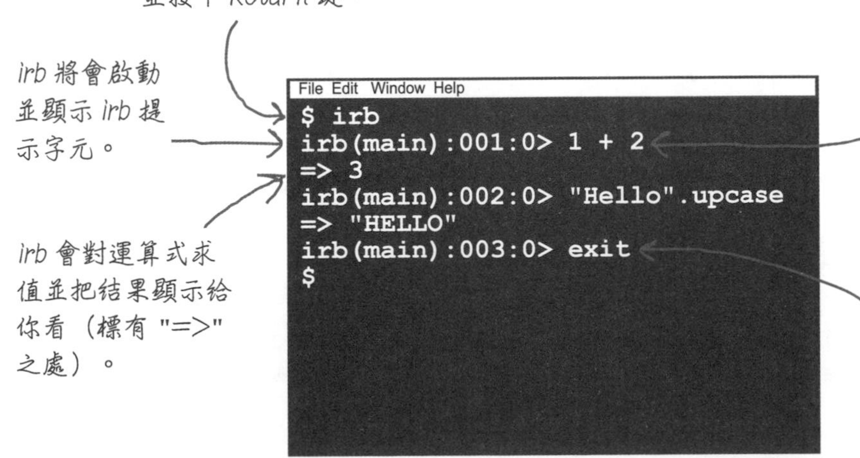
在系統的提示字元之後鍵入 irb
並按下 Return 鍵。
irb 將會啟動
並顯示 irb 提
示字元。
irb 會對運算式求
值並把結果顯示給
你看（標有 "=>"
之處）。
File Edit Window Help
$ irb
irb(main):001:0> 1 + 2
=> 3
irb(main):002:0> "Hello".upcase
=> "HELLO"
irb(main):003:0> exit
$
現在你可以鍵入你想
要執行的任何 Ruby
運算式，然後按下
Return 鍵。
當你準備離開 irb
的時候，鍵入 exit
並按下 Return 鍵
就行了。

你的第一個 Ruby 運算式

知道如何啟動 irb 之後，現在讓我們來嘗試一些運算式，看看會得到什麼結果！

在提示字元之後鍵入此運算式並按下 Return 鍵：

```
1 + 2
```

你將會看到此結果：

```
=> 3
```

數學運算和比較

Ruby 之數學運算符（math operator）的使用方式如同大多數其他的語言。+（加號）代表加法、-（減號）代表減法、*（乘號）代表乘法、/（除號）代表除法，而 ** 代表指數。

如果你鍵入：	Irb 會顯示：
`5.4 - 2.2`	`=> 3.2`
`3 * 4`	`=> 12`
`7 / 3.5`	`=> 2.0`
`2 ** 3`	`=> 8`

你可以使用 < 和 > 來比較兩個值，用於檢視哪個比較小、哪個比較大。你還可以使用 ==（兩個等號）來檢視兩個值是否相等。

`4 < 6`	`=> true`
`4 > 6`	`=> false`
`2 + 2 == 5`	`=> false`

字串

字串（*string*）是一系列的文字符號。你可以使用字串來保存名稱、電子郵件地址、電話號碼以及一大堆其他東西。Ruby 的字串很特別，因為即使是非常大型的字串，處理起來也相當有效率（但是在許多其他的語言中並非如此）。

指定字串的最簡單方式為，使用一對雙引號（"）或單引號（'）來括住它。這兩種引號的運作方式有些不同；本章稍後將會加以討論。

`"Hello"`	`=> "Hello"`
`'world'`	`=> "world"`

變數

Ruby 允許我們建立**變數**（*variable*）一為數值取名字。

Ruby 中，變數的使用不必事先宣告；直接對它們賦值就可以建立它們。你可以使用 = 符號（一個等號）來對變數賦值。

如果你鍵入：	Irb 會顯示：
`small = 8`	`=> 8`
`medium = 12`	`=> 12`

變數名稱必須以一個小寫字母開頭，而且可以包含字母、數字和底線符號。

對變數賦值之後，你可以在有需要的時候取用變數裡的數值，儘管你可以直接使用原本的數值。

`small + medium`	`=> 20`

Ruby 中，變數沒有資料型態的限制；它們可以保存你想要的任何值。你可以把字串賦值給一個變數，接著又把浮點數賦值給相同的變數，這是完全合法的。

`pie = "Lemon"`	`=> "Lemon"`
`pie = 3.14`	`=> 3.14`

+= 運算符讓你得以對變數中既有的值進行加法運算。

```
number = 3          => 3
number += 1         => 4
number              => 4
```

```
string = "ab"       => "ab"
string += "cd"      => "abcd"
string              => "abcd"
```

一般常識

以小寫字母來替變數命名。避免使用數字；一般人不會這麼做。使用底線符號來分隔名稱中的單字。

```
my_rank = 1
```

這種風格有時稱為 "snake case"（蛇形命名），因為底線符號讓名稱看起來好像在地上爬行。

一切皆為物件！

Ruby 是一個**物件導向**（*object-oriented*）語言。這意味著，你的資料隨附了有用的**方法**（你可以根據需要來執行的一段程式碼）。

在現代的語言中，把資料視為物件的情況相當常見，字串也不例外，因此字串當然具有可供呼叫的方法：

如果你鍵入：	irb 會顯示：
`"Hello".upcase`	`=> HELLO`
`"Hello".reverse`	`=> olleH`

然而，Ruby 最酷的是，一切皆為物件。連簡單如數字的資料也是物件。這意味著，數字也具備有用的方法。

`42.even?`	`=> true`
`-32.abs`	`=> 32`

呼叫一個物件上的方法

當你以這種方式進行呼叫，被你呼叫了方法的物件稱為**接收者**（*receiver* ）。它就位於點號運算符左側。你可以把呼叫物件的方法想成是在傳遞**訊息**（*message*）給它—就像在一張紙條上寫著：『嘿，你可以把你的大寫版本回傳給我嗎？』或是『你可以告訴我你的絕對值嗎？』

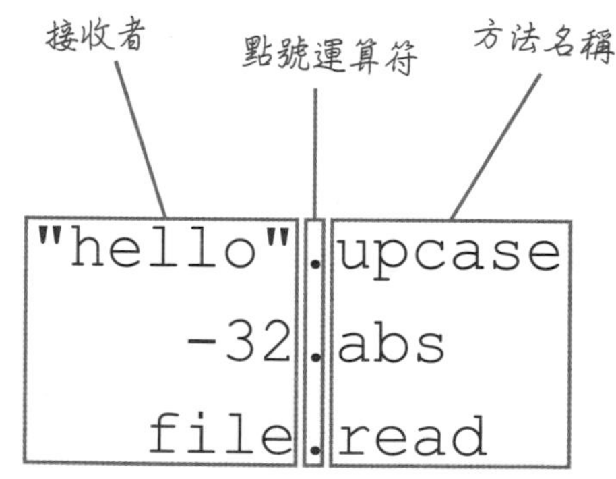

開啟一個新的終端機視窗，鍵入 **irb** 並按下 Enter/Return 鍵。接著為下面所列示的每個 Ruby 運算式，把你所猜測的求值結果寫在隨後的位置上。然後試著把每個運算式鍵入 irb 並按下 Enter 鍵。看看你的猜測是否與 irb 所傳回的結果相符！

```
42 / 6
```
....

```
name = "Zaphod"
```
....

```
name.upcase
```
....

```
"Zaphod".upcase
```
....

```
name.reverse
```
....

```
name.upcase.reverse
```
....

```
name.class
```
....

```
name * 3
```
....

```
5 > 4
```
....

```
number = -32
```
....

```
number.abs
```
....

```
-32.abs
```
....

```
number += 10
```
....

```
rand(25)
```
....

```
number.class
```
....

開啟一個新的終端機視窗，鍵入 **irb** 並按下 Enter/Return 鍵。接著為下面所列示的每個 Ruby 運算式，把你所猜測的結果寫在隨後的位置上。然後試著把每個運算式鍵入 irb 並按下 Enter 鍵。看看你的猜測是否與 irb 所傳回的結果相符！

```
42 / 6
```
7

```
name = "Zaphod"
```
"Zaphod"

對一個變數賦值，會回傳你指定給它的值。

```
name.upcase
```
"ZAPHOD"

```
"Zaphod".upcase
```
"ZAPHOD"

```
name.reverse
```
"dohpaZ"

你可以對一個方法所回傳的值呼叫另一個方法。

```
name.upcase.reverse
```
"DOHPAZ"

```
name.class
```
String

一個物件的 class 方法可用於判斷它是屬於何種物件。

```
name * 3
```
"ZaphodZaphodZaphod"

你可以讓字串多次重複！

```
5 > 4
```
true

```
number = -32
```
-32

即使一個物件被存放在變數裡，你也可以呼叫它的方法。

```
number.abs
```
32

但是你甚至不必先把它存入變數！

```
-32.abs
```
32

這會把變數中的值加上 10，然後把結果賦值給變數。

```
number += 10
```
-22

沒錯，這是一個方法呼叫，只是我們沒有指定接收者而已。稍後會做更進一步說明！

```
rand(25)
```
一個隨機數字

每次的執行結果可能會有所不同（因為它是隨機的）

```
number.class
```
Fixnum

Fixnum 是一種整數型態。

讓我們來建構一個遊戲程式

第一章中，我們將會建構一個簡單的遊戲程式。如果這聽起來有點嚇人，不用擔心；使用 Ruby 來進行程式設計，這將會很容易！

讓我們來看一下，我們需要做哪些事情：

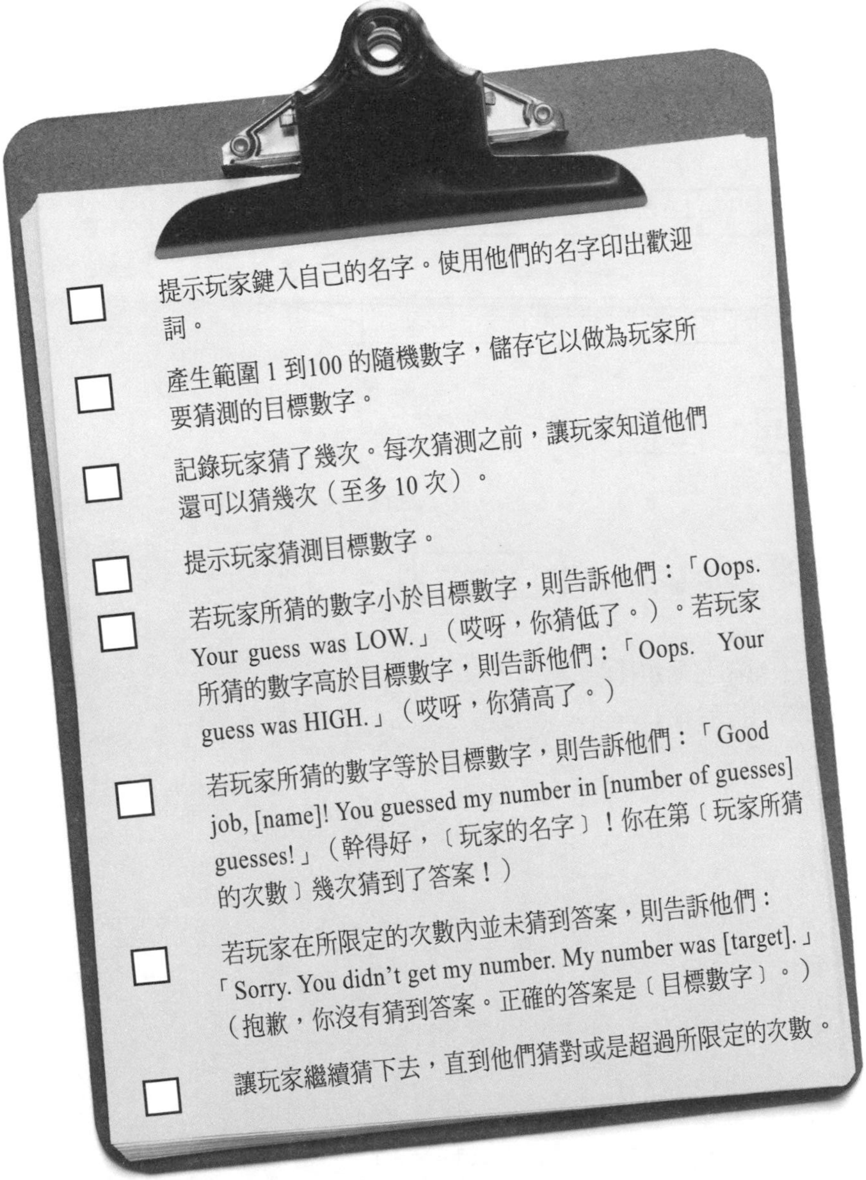

我已經替你整理出八項要求。你可以處理它嗎？

遊戲設計師
Gary Richardott

- [ ] 提示玩家鍵入自己的名字。使用他們的名字印出歡迎詞。
- [ ] 產生範圍 1 到100 的隨機數字，儲存它以做為玩家所要猜測的目標數字。
- [ ] 記錄玩家猜了幾次。每次猜測之前，讓玩家知道他們還可以猜幾次（至多 10 次）。
- [ ] 提示玩家猜測目標數字。
- [ ] 若玩家所猜的數字小於目標數字，則告訴他們：「Oops. Your guess was LOW.」（哎呀，你猜低了。）。若玩家所猜的數字高於目標數字，則告訴他們：「Oops. Your guess was HIGH.」（哎呀，你猜高了。）
- [ ] 若玩家所猜的數字等於目標數字，則告訴他們：「Good job, [name]! You guessed my number in [number of guesses] guesses!」（幹得好，〔玩家的名字〕！你在第〔玩家所猜的次數〕幾次猜到了答案！）
- [ ] 若玩家在所限定的次數內並未猜到答案，則告訴他們：「Sorry. You didn't get my number. My number was [target].」（抱歉，你沒有猜到答案。正確的答案是〔目標數字〕。）
- [ ] 讓玩家繼續猜下去，直到他們猜對或是超過所限定的次數。

輸入、儲存與輸出

我們的第一項要求是以使用者的名字來印出歡迎詞。為了實現這個目標，我們將需要撰寫一支命令稿，以便從使用者**取得輸入**、**儲存**該輸入，以及使用所儲存的值來**建立一些輸出**。

只要短短幾列 Ruby 程式碼，我們就可以做到這一切：

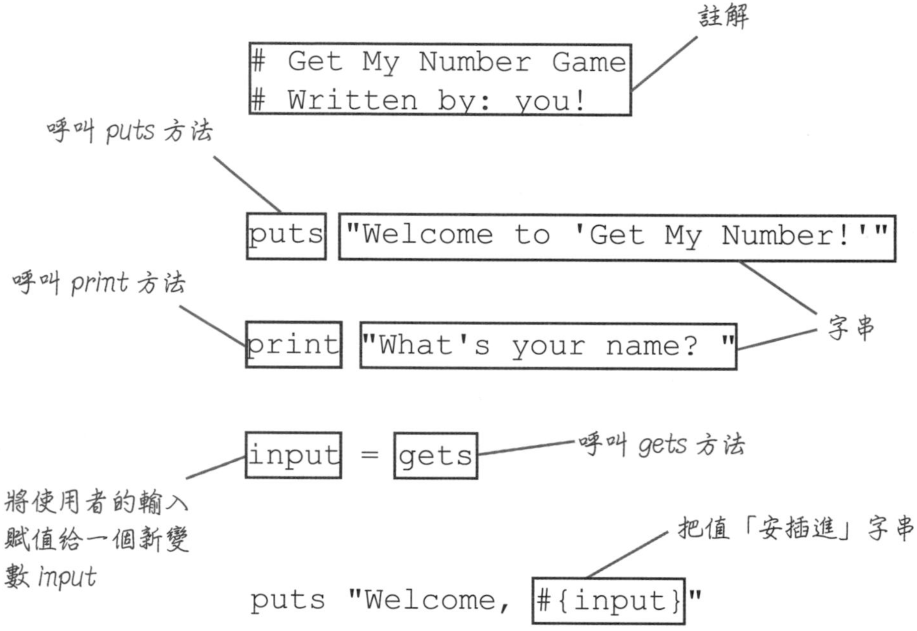
註解
Get My Number Game
Written by: you!
呼叫 puts 方法
puts "Welcome to 'Get My Number!'"
呼叫 print 方法
print "What's your name? "
字串
input = gets
呼叫 gets 方法
將使用者的輸入賦值給一個新變數 input
把值「安插進」字串
puts "Welcome, #{input}"

接下來我們將以幾頁的篇幅來說明此命令稿中每個組件的細節。但是在開始之前，讓我們先試著執行看看！

執行命令稿

我們已經撰寫了一支符合第一項要求的簡單命令稿：以玩家的名字印出歡迎詞。現在，你將會學到如何執行命令稿，使得你可以看到我們所建立的歡迎詞。

動手做！

第一步

以你慣用的文字編輯器開啟一個新文件，鍵入如下的程式碼。

```
# Get My Number Game
# Written by: you!

puts "Welcome to 'Get My Number!'"
print "What's your name? "

input = gets

puts "Welcome, #{input}"
```

get_number.rb

第二步

儲存文件並以 *get_number.rb* 為檔名。

第三步

開啟終端機視窗，切換至你的程式所在之目錄。

第四步

鍵入 **ruby get _ number.rb** 以便執行程式。

第五步

你將會看到一段歡迎詞以及一段提示。鍵入你的名字並按下 Enter/Return 鍵。

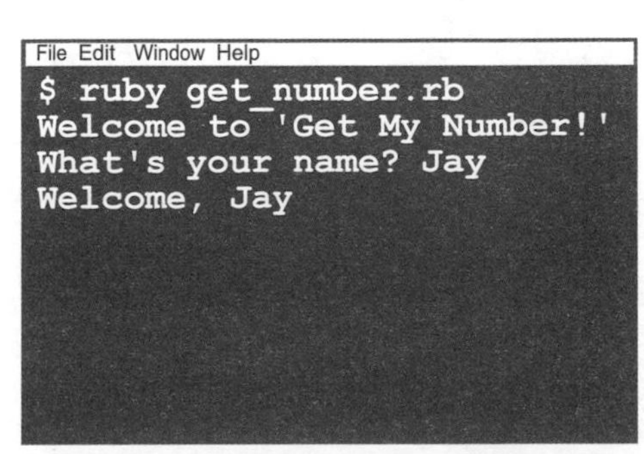
File Edit Window Help
$ ruby get_number.rb
Welcome to 'Get My Number!'
What's your name? Jay
Welcome, Jay

讓我們以幾頁的篇幅進一步檢視此程式碼中每個部分。

註解

我們的原始碼一開始有兩列註解。Ruby 會忽略以井字號（#）開頭的所有內容，直到該列結束為止，這樣你就可以為你自己和你的同事留下說明或注意事項。

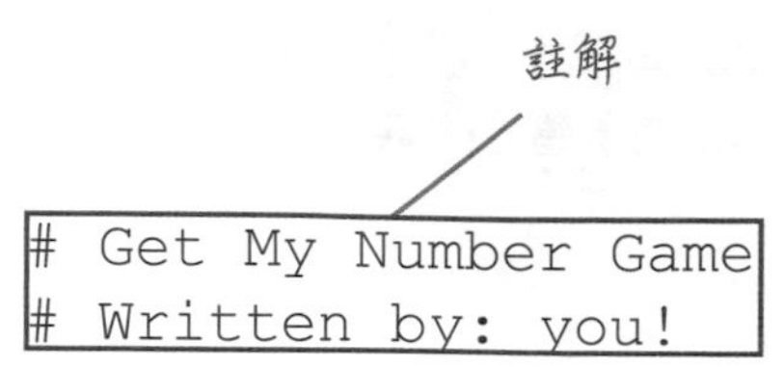
註解
Get My Number Game
Written by: you!

若你把一個 # 放入你的程式碼，那麼從該處開始直到該列結束，所有內容將會被視為註解。它的作用就好像 Java 或 JavaScript 中的雙斜線（//）。

puts 與 print

程式碼中，我們首先會呼叫 `puts` 方法（puts 是 "put string" 的簡寫）以便把文字顯示在標準輸出（通常是終端機）上。我們會把一個字串（內含所要顯示的文字）傳遞給 `puts`。

呼叫 puts 方法

```
puts "Welcome to 'Get My Number!'"
print "What's your name? "
```

呼叫 print 方法

字串

接著我們會把另一個字串傳遞給下一列的 `print` 方法，以便詢問使用者的名字。`print` 方法的行為就像 `puts`，但是 `puts` 會自動在字串結尾添加一個換列符號（如果字串結尾還沒有這個符號的話）以便跳到下一列，然而 `print` 並不會這麼做。為了美觀的理由，傳遞給 `print` 的字串中，我們使用了一個空格做為結尾，這樣我們所顯示的文字就不會與使用者所鍵入的名字黏在一起。

等等，你說 print 和 puts 都是方法…你不是需要使用點號運算符來指定被你呼叫方法的物件嗎？

有時你不必為方法的呼叫指定接收者。

`puts` 和 `print` 這兩個方法很重要，而且經常被用到，因此 Ruby 的**頂層執行環境**（*top-level execution environment*）納入了這兩個方法以供呼叫。在你的 Ruby 程式碼中，你不必指定接收者就可以呼叫頂層環境中所定義的方法。第 2 章一開始將會介紹如何定義這樣的方法。

方法引數

puts 方法需要取得字串並把它印到標準輸出（你的終端機視窗）。

```
puts "first line"
```

被傳遞給 puts 方法的字串稱為方法**引數**（*argument*）

puts方法可以取得多個引數；只需要使用逗號隔開引數就行了。每個引數會自成一列地被印出。

```
puts "second line", "third line", "fourth line"
```

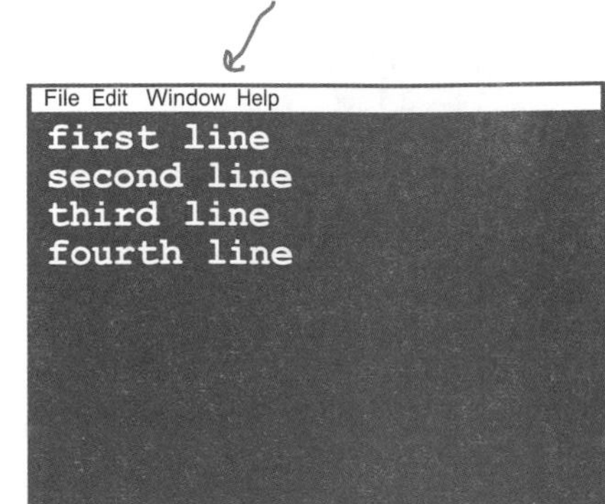
你將會在你的終端機之上
看到如下的結果。
File Edit Window Help
first line
second line
third line
fourth line

gets

gets 方法（gets 是 "get string" 的簡寫）會從標準輸入讀取一列資料（你在終端機上所鍵入的字符）。當你呼叫 gets，會導致程式暫停直到使用者鍵入他們的名字以及按下 Enter 鍵，最後 gets 會回傳使用者所鍵入的文字。

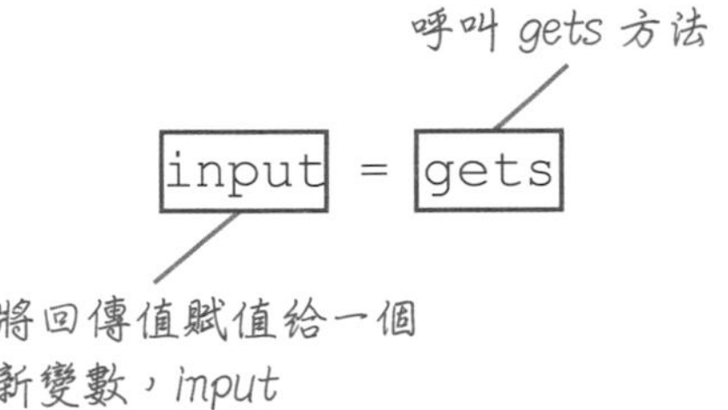
呼叫 gets 方法
input = gets
將回傳值賦值給一個
新變數，input

如同 puts 和 print，你可以在程式碼中任何一處呼叫 gets 而不必指定接收者。

方法呼叫中的圓括號可以省略

Ruby 中，方法引數會被放在一對圓括號裡：

```
puts("one", "two")
```

但是你可以省略這一對圓括號，以 puts 呼叫為例，大多數的 Ruby 程式設計者傾向省略圓括號：

```
puts "one", "two"
```

如上所述，gets 方法會從標準輸入讀取一列資料。它（通常）不需要任何引數：

```
gets
```

一般 Ruby 程式設計者認為，若一個方法不需要引數，則可以省略圓括號。所以，即使這是個有效的程式碼，也要避免這麼做：

```
gets()
```

← 不要這麼做！

一般常識

如果沒有引數，方法呼叫可以省略圓括號。即使有引數，你也可以省略方法呼叫的圓括號，但這可能會讓程式碼變得較難閱讀。如果有疑義，請使用圓括號！

字串安插

最後，我們的命令稿會再次使用一個字串來呼叫 puts。這次比較特別，因為我們會把變數裡的值**安插**（*interpolate*）到字串中。每當被雙引號括住的字串包含 #{...} 標記時，Ruby 會使用大括號裡的值來填空（fill in the blank）。#{...} 標記可能會出現在字串中任何位置：開頭、結尾或是中間某處。

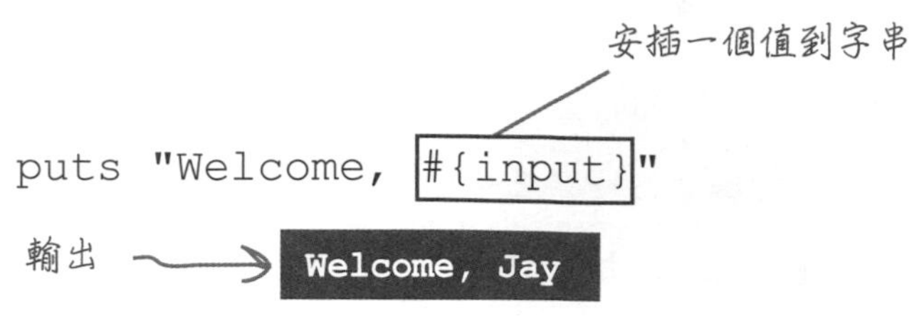
安插一個值到字串
puts "Welcome, #{input}"
輸出
Welcome, Jay

#{...} 標記之中不一定要使用變數─你可以使用任何的 Ruby 運算式。

```
puts "The answer is #{6 * 7}."
```

輸出 → **The answer is 42.**

注意，Ruby 只會在被**雙**引號括住的字串中進行安插操作。如果你在被**單**引號括住的字串中使用 #{...} 標記，它將會被按字面印出。

```
puts 'Welcome, #{input}'
```

輸出 → **Welcome, #{input}**

沒有蠢問題

問：**分號在哪裡？**

答：Ruby 中，你可以使用分號來隔開指令述句（或簡稱述句），但是你一般不應該這麼做。（這會讓程式碼變得較難閱讀。）

```
puts "Hello";   ← 不要這麼做！
puts "World";
```

Ruby 會把各自獨立的程式列視為不同的述句，因此不必使用分號。

```
puts "Hello"
puts "World"
```

問：**其他的語言需要我把命令稿放入具有 main 方法的類別中。Ruby 不用嗎？**

答：不用！這是 Ruby 令人驚豔的一個特點─簡單的程式不需要一堆儀式。只要寫幾個述句，就大功告成了！

Ruby 中，簡單的程式不需要一堆儀式。

字串裡藏了什麼？

```
File Edit Window Help
$ ruby get_number.rb
Welcome to 'Get My Number!'
What's your name? Jay
Welcome, Jay
```

要怎麼歡迎使用者呢？讓我們向使用者展現一點熱情！至少在歡迎詞之後加上一個驚嘆號！

嗯，這很容易。讓我們把一個驚嘆號添加到歡迎詞字串中所安插的值之後。

```
puts "Welcome to 'Get My Number!'"
print "What's your name? "

input = gets

puts "Welcome, #{input}!"
```

就是添加這個字符！

但如果我們再次執行程式，我們將會看到驚嘆號並未緊跟在使用者的名字之後，它跑到下一列去了！

```
File Edit Window Help
$ ruby get_number.rb
Welcome to 'Get My Number!'
What's your name? Jay
Welcome, Jay
!
```

呃，哦！為什麼跑到這裡來了？

為什麼會這樣？或許 input 變數中發生了什麼事…

但是，使用 input 方法，看不出有任何異樣。如果我們將下面這一列添加到該程式碼之前，將會看到這樣的輸出：

```
puts input
```

```
Jay
```

使用 inspect 和 p 方法來檢視物件

現在讓我們再試一次，這次使用的是 Ruby 程式中專門用於排除問題的方法，`inspect`。每個 Ruby 物件都會有 `inspect` 方法可供呼叫。它會把物件轉換成適合除錯的字串表達形式。也就是，它將揭示物件通常不會在程式輸出中呈現的面向。

下面是對我們的字串呼叫 `inspect` 的結果：

```
puts input.inspect
```

```
"Jay\n"
```

← 啊哈！

字串結尾的 `\n` 是什麼？我們將會在下一頁解開這個謎團…

印出 `inspect` 結果的需求是如此普遍，於是 Ruby 提供了另一個快捷的方式：`p` 方法。它的運作方式如同 `puts`，不過在印出結果之前，它會對每個引數呼叫 `inspect`。

下面的程式碼（呼叫 `p`）等效於前面的程式碼：

```
p input
```

```
"Jay\n"
```

記住 `p` 方法；之後的章節中，我們將會用它來協助 Ruby 程式碼的除錯！

inspect 方法將揭示物件通常不會在程式輸出中呈現的資訊。

字串中的規避序列

p方法的使用，揭示了使用者之輸入的結尾處出現了意想不到的資料：

```
p input
```

```
"Jay\n"
```

結尾處的這兩個字符，倒斜線（\）與緊跟在後面的 n，實際上代表一個字符：一個換列符（newline character）。（之所以會這樣命名，是因為它會使得終端機的輸出換到下一列。）換列符之所以會出現在使用者輸入的結尾處，是因為當使用者完成輸入時，會按下 Return 鍵，這個額外的字符就這樣被記錄了下來。於是換列符就會出現在 gets 方法的回傳值中。

倒斜線（\）與緊跟在後面的 n，稱為**規避序列**（*escape sequence*）—原始碼中，用於表示字串中不按正規方式呈現的字符。

最常被使用的規避序列是 \n（換列符，正如我們所看到的）以及 \t（跳格符，用於縮排）。

```
puts "First line\nSecond line\nThird line"
puts "\tIndented line"
```

```
First line
Second line
Third line
        Indented line
```

常被使用的規避序列

若你將此字符放入「被雙引號括住的」字串中…	…你會得到此字符…
\n	換列（newline）
\t	跳格（tab）
\"	雙引號（double-quote）
\'	單引號（single-quote）
\\	倒斜線（backslash）

通常，當你試圖把一個雙引號（"）放入被雙引號括住的字串中，它將會被視為字串的結尾符號，因而會導致錯誤[譯註]：

```
puts ""It's okay," he said."
```

錯誤 ⟶

```
syntax error, unexpected
tCONSTANT
```

我們可以在雙引號之前放置一個倒斜線符號來規避雙引號，這樣即使在被雙引號括住的字串中放入雙引號也不會導致錯誤。

```
puts "\"It's okay,\" he said."
```

```
"It's okay," he said.
```

最後，因為 \ 是規避序列的起始標記，我們還需要一個方法來表示非規避序列起始標記的倒斜線符號。使用 \\ 我們就可以得到字面上的倒斜線。

```
puts "One backslash: \\"
```

```
One backslash: \
```

切記，這些規避序列多半僅適用於被**雙**引號括住的字串。在被**單**引號括住的字串中，大多數的規避序列只有字面上的作用。

```
puts '\n\t\"'
```

```
\n\t\"
```

譯註：在 irb 中執行這列述句後，並須按下 CTRL D 以及 Return 鍵才會看到錯誤訊息。

呼叫字串物件上的 chomp 方法

```
File Edit Window Help
$ ruby get_number.rb
Welcome to 'Get My Number!'
What's your name? Jay
Welcome, Jay
!
```

要怎麼歡迎使用者呢？讓我們向使用者展現一點熱情！至少在歡迎詞之後加上一個驚嘆號！我們能怎麼做呢？

我們可以使用 chomp 方法來移除換列符。

如果字串的結尾字符是一個換列符，chomp 方法將會移除它。它非常適合用於清理，例如，gets 所回傳的字符。

不同於 print、puts 和 gets，chomp 方法的應用範圍較窄，所以只有字串物件會提供此方法。這意味，我們需要把 input 變數中的字串指定為 chomp 方法的**接收者**（*receiver*）。我們需要對 input 使用點號運算符。

```
# Get My Number Game（猜數字）遊戲
# 作者：就是你！

puts "Welcome to 'Get My Number!'"
print "What's your name? "

input = gets

name = input.chomp

puts "Welcome, #{name}!"
```

我們將會把 chomp 的回傳值存入一個名為 name 的新變數。

呼叫 chomp 方法。

以 input 中的字串做為 chomp 方法的接收者。

點號運算符

歡迎詞中使用的是 name，而非 input。

chomp 會回傳相同的字串，但是結尾處的換列符已被移除。我們會將此字串存入名為 name 的變數，該變數是歡迎詞的一部分，它會連同歡迎詞一起被印出。

現在如果我們再次執行此程式，我們將會看到我們投入感情的新歡迎詞能夠正常呈現了！

```
File Edit Window Help
$ ruby get_number.rb
Welcome to 'Get My Number!'
What's your name? Jay
Welcome, Jay!
```

物件上提供了哪些方法？

你無法對任何物件呼叫任何方法。如果你試圖這麼做，你將會看到錯誤訊息：

```
puts 42.upcase
```

錯誤 → `undefined method `upcase' for 42:Fixnum (NoMethodError)`

想想看，是不是真的錯了。畢竟，把一個數字轉換成大寫並沒有多大的意義，不是嗎？

然而，一個數字有哪些方法可供呼叫呢？要回答這個問題，可以呼叫一個名為 methods 的方法：

```
puts 42.methods
```

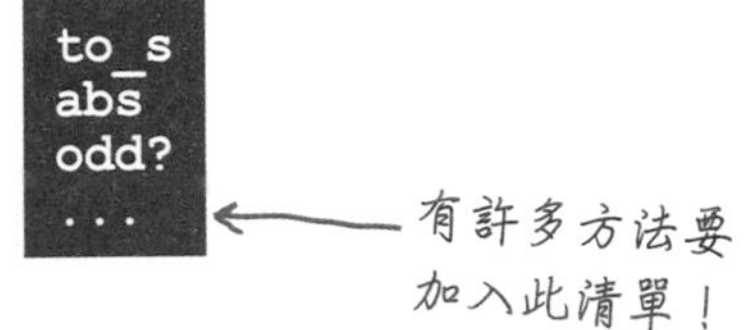

如果你呼叫的是字串的 methods，你將會得到不同的清單：

```
puts "hello".methods
```

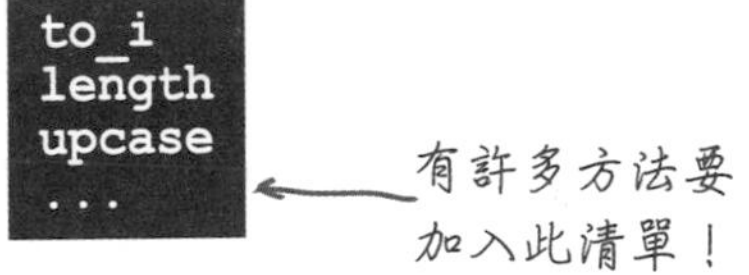

為什麼會有這樣的差異？這和物件所屬的類別有關。**類別**（*class*）是一個用於建立新物件的藍圖，此外，它決定了物件有哪些方法可供呼叫。

還有一個方法可以讓物件告訴我們，它隸屬哪個類別。這個方法就叫做 *class*。讓我們試著對幾個物件呼叫此方法。

```
puts 42.class
puts "hello".class
puts true.class
```

```
Fixnum
String
TrueClass
```

下一章，我們將會更深入地探討類別，敬請期待！

沒有蠢問題

問：我如何能夠知道這些方法的使用方式？

答：第 11 章，我們將會探討如何在文件中查詢類別所提供的方法。但現在，這些方法有很多其實你都不需要知道。（或許你永遠也不需要知道。）別擔心，如果這個方法很重要，我們將會說明它的使用方式！

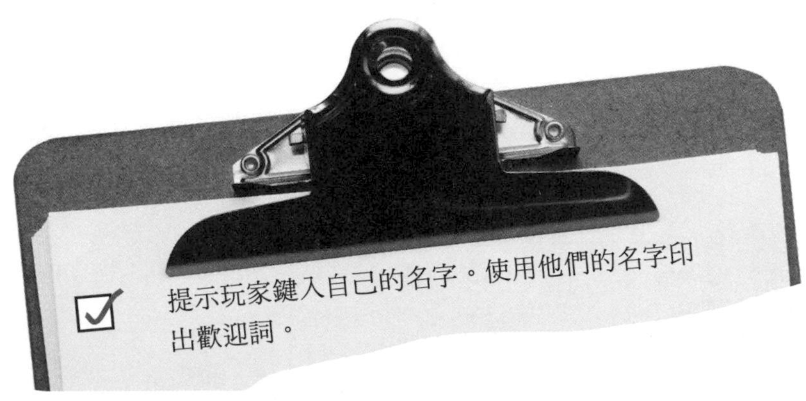

提示玩家鍵入自己的名字。使用他們的名字印出歡迎詞。

這就是第一項要求的所有程式碼。你可以在要求清單中予以核實。

產生隨機數字

我們的玩家歡迎詞已經完成。
讓我們來看下一項要求。

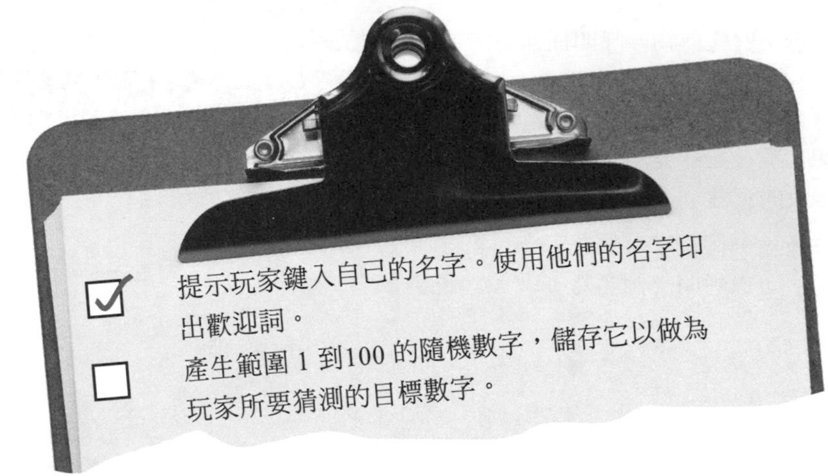

提示玩家鍵入自己的名字。使用他們的名字印出歡迎詞。
產生範圍 1 到100 的隨機數字，儲存它以做為玩家所要猜測的目標數字。

rand 將會在所給定的範圍內產生一個隨機數字。它應該能夠為我們產生目標數字。

我們將需要以一個數字做為引數傳遞給 rand，該數字應是範圍的上限（100）。讓我們試著呼叫 rand 兩次：

```
puts rand(100)
puts rand(100)
```

```
67
25
```

看起來挺不錯的，但有一個問題：rand 所產生的數字將會介於零到「你所指定之最大值減 1」之間。這意味，我們將會得到範圍 0–99 的隨機數字，而不是我們需要得到之範圍 1–100 的隨機數字。

不過，這很容易修正。我們只需要把 rand 所回傳的值加 1 就行了。這將讓我們回到 1–100 的範圍！

```
rand(100) + 1
```

我們將會把結果存入一個名為 target 的新變數。

```
# （猜數字）遊戲
# 作者：就是你！

puts "Welcome to 'Get My Number!'"

# 取得玩家的名字，並歡迎他們。
print "What's your name? "
input = gets
name = input.chomp
puts "Welcome, #{name}!"

# 儲存供玩家猜測的隨機數字。
puts "I've got a random number between 1 and 100."
puts "Can you guess it?"
target = rand(100) + 1
```

我們的新程式碼！

轉換為字串

又完成了一項要求。讓我們來看看下一項…

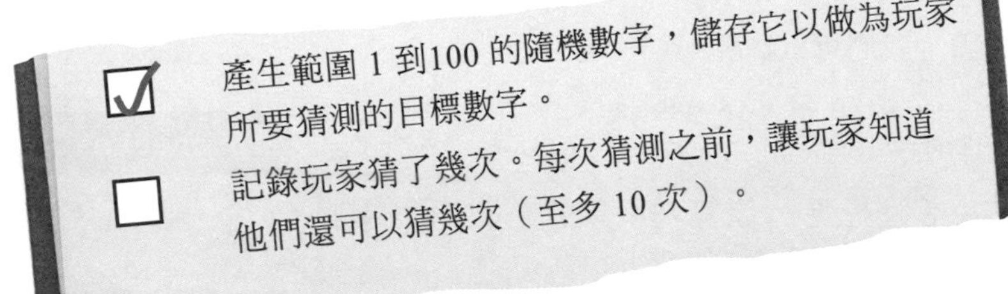

產生範圍 1 到100 的隨機數字，儲存它以做為玩家所要猜測的目標數字。
記錄玩家猜了幾次。每次猜測之前，讓玩家知道他們還可以猜幾次（至多 10 次）。

『記錄玩家猜了幾次…』看來我們需要一個變數來儲存所要猜測的數字。顯然，當玩家第一次啟動遊戲的時候，他們並沒有做任何猜測，所以我們將會建立一個名為 num _ guesses 變數，並把它初始化為 0。

```
num_guesses = 0
```

現在，為了顯示玩家還可以猜幾次，你首先可能會想要使用加號（+）把字串連接在一起，就像許多其他語言那樣。然而，這麼做是沒有用的：

```
remaining_guesses = 10 - num_guesses
puts remaining_guesses + " guesses left."
```

發生了一個錯誤。

+ 運算符可用於對數字求和以及連接字串，由於 remaining _ guesses 是一個數字，因此加號所進行的是對數字求和的運算。

該怎麼辦呢？你需要把數字轉換成字串。幾乎所有的 Ruby 物件都會具有一個 to _ s 方法，你可以呼叫該方法以便進行此轉換；現在讓我們來試一下。

```
remaining_guesses = 10 - num_guesses
puts remaining_guesses.to_s + " guesses left."
```

```
10 guesses left.
```

可以了！首先將數字轉換成字串，讓 Ruby 確定你想要進行的是字串連接，而非加法運算。

不過，Ruby 還提供了一個更簡單的方法。讓我們繼續看下去…

Ruby 讓字串的處理變容易了

只要進行字串安插（string interpolation）就可以免去自己動手呼叫 to _ s 將數字轉換成字串的麻煩。正如你在歡迎使用者的程式碼中所見，當你在被雙引號括住的字串中使用 #{...}，大括號裡的程式碼會被求值，如果有必要會把它轉換成字串，安插到較長的字串裡。

自動進行字串轉換，意味著，我們可以擺脫 to _ s 呼叫。

```
remaining_guesses = 10 - num_guesses
puts "#{remaining_guesses} guesses left."
```

```
10 guesses left.
```

Ruby 允許我們直接在大括號裡進行運算，所以我們也可以擺脫 remaining _ guesses 變數。

```
puts "#{10 - num_guesses} guesses left."
```

```
10 guesses left.
```

#{...} 可以出現在字串中任何地方，所以要讓輸出更具用戶友善性也很容易。

```
puts "You've got #{10 - num_guesses} guesses left."
```

```
You've got 10 guesses left.
```

現在玩家將會知道他還可以猜幾次。我們可以在要求清單中予以核實！

```
# Get My Number （猜數字）遊戲
# 作者：就是你！

puts "Welcome to 'Get My Number!'"

# 取得玩家的名字，並歡迎他們。
print "What's your name? "
input = gets
name = input.chomp
puts "Welcome, #{name}!"

# 儲存供玩家猜測的隨機數字。
puts "I've got a random number between 1 and 100."
puts "Can you guess it?"
target = rand(100) + 1

# 記錄玩家已經猜了幾次。
num_guesses = 0

puts "You've got #{10 - num_guesses} guesses left."
```

我們的新程式碼！

將字串轉換成數字

- [x] 記錄玩家猜了幾次。每次猜測之前，讓玩家知道他們還可以猜幾次（至多 10 次）。
- [ ] 提示玩家猜測目標數字。

下一項要求是提示玩家猜測目標數字。所以我們需要印出提示訊息，然後記錄使用者所猜測的數字。你可能還記得，gets 方法可用於取得使用者的輸入。（我們之前曾使用 get 來取得玩家的名字。）不幸的是，只使用 gets 無法取得使用者所輸入的數字，因為 gets 所傳回的是字串。之後當我們使用 > 和 < 運算符來比較目標數字與玩家所猜的數字時，便會發生問題。

```
print "Make a guess: "
guess = gets
guess < target
guess > target
```

執行這些述句會發生錯誤！

我們需要把 gets 方法所回傳的字串轉換成數字，這樣我們才可以拿它與目標數字做比較。這非常容易！字串所提供的 to_i 方法可為我們進行轉換。

因此我們的程式碼將會對 gets 所回傳的字串呼叫 to_i。我們根本不必先把字串放入變數；我們只要使用點號運算符就可以直接對回傳值呼叫方法。

```
guess = gets.to_i
```

當你對一個字串呼叫 to_i，它會忽略數字之後任何非數值的字符。所以我們根本不必移除 gets 所留下的換列字符。

常見的轉換

如果你對物件呼叫此方法…	…你會取回此類物件。
to_s	字串
to_i	整數
to_f	符點數

我們可以印出比較的結果來檢查修改後的程式碼。

```
puts guess < target
```

true

好多了—我們已經可以比較玩家所猜的數字與目標數字。於是我們又完成了一項要求！

```
...

# 儲存供玩家猜測的隨機數字。
puts "I've got a random number between 1 and 100."
puts "Can you guess it?"
target = rand(100) + 1

# 記錄玩家已經猜了幾次。
num_guesses = 0

puts "You've got #{10 - num_guesses} guesses left."
print "Make a guess: "
guess = gets.to_i
```

新增加的程式碼！

條件式述句

完成四項要求後，我們還剩下兩組要求需要完成！讓我們來檢視下一組要求。

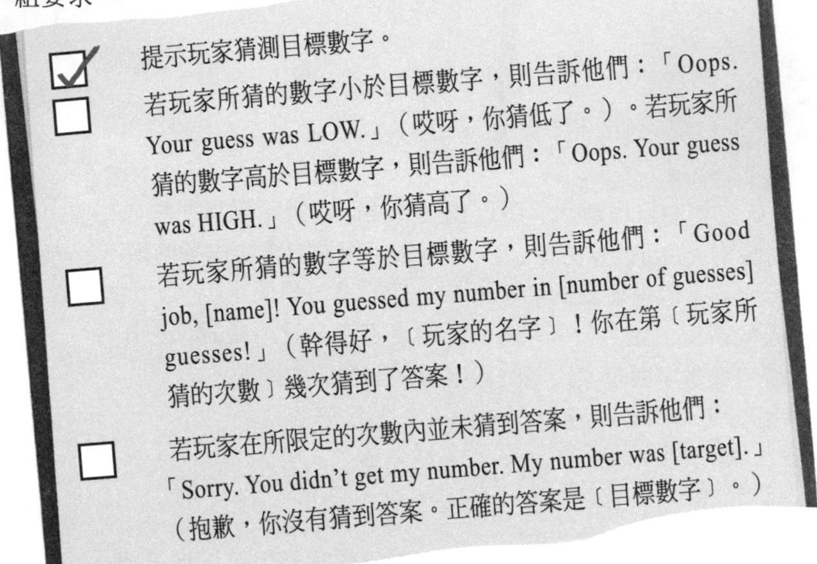

提示玩家猜測目標數字。
若玩家所猜的數字小於目標數字，則告訴他們：「Oops. Your guess was LOW.」（哎呀，你猜低了。）。若玩家所猜的數字高於目標數字，則告訴他們：「Oops. Your guess was HIGH.」（哎呀，你猜高了。）
若玩家所猜的數字等於目標數字，則告訴他們：「Good job, [name]! You guessed my number in [number of guesses] guesses!」（幹得好，〔玩家的名字〕！你在第〔玩家所猜的次數〕幾次猜到了答案！）
若玩家在所限定的次數內並未猜到答案，則告訴他們：「Sorry. You didn't get my number. My number was [target].」（抱歉，你沒有猜到答案。正確的答案是〔目標數字〕。）

現在，我們需要比較玩家所猜測的數字與目標數字。如果猜高了，我們會印出訊息告訴玩家；如果猜低了，我們也會印出訊息告訴玩家…看起來我們需要在特定條件下執行部分程式碼的能力。

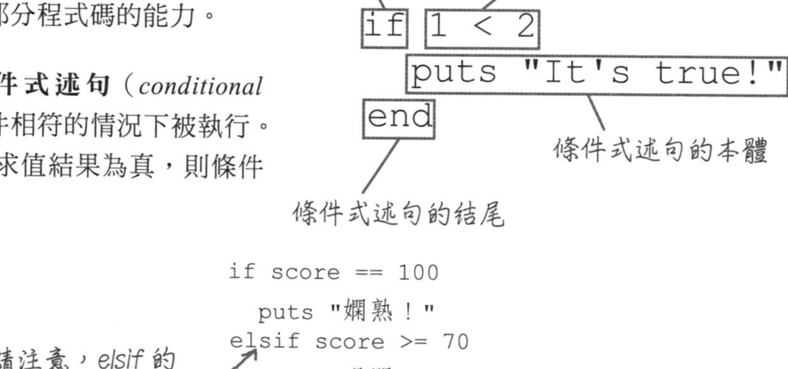

如同大多數其他語言，Ruby 也具有**條件式述句**（*conditional statement*）：此述句會使得程式碼只在條件相符的情況下被執行。條件式述句中會有一個運算式被求值，若求值結果為真，則條件式述句的本體會被執行，否則會被跳過。

如同大多數其他語言，Ruby 在條件式述句中也支援多重分支，其形式為 if/elsif/else。

```
if score == 100
  puts "嫻熟！"
elsif score >= 70
  puts "過關！"
else
  puts "學校放暑假！"
end
```

請注意，elsif 的中間沒有 "e"！

條件式述句可以根據**布林**（*Boolean*）運算式的求值結果（不是真就是假）來判斷是否應該執行其所包含的程式碼。Ruby 具有 true 和 false 兩個常數，可用於表示真與假這兩個布林值。

```
if true
  puts "我將被印出！"
end
```

```
if false
  puts "我不會！"
end
```

條件式述句（續）

Ruby 還提供了我們經常用到的比較運算符。

```
if 1 == 1
  puts "我將被印出！"
end
```

```
if 1 >= 2
  puts "我不會！"
end
```

```
if 1 > 2
  puts "我不會！"
end
```

```
if 2 <= 2
  puts "我將被印出！"
end
```

```
if 1 < 2
  puts "我將被印出！"
end
```

```
if 2 != 2
  puts "我不會！"
end
```

大聲說：「不等於」

Ruby 所提供的邏輯否定運算符，!，可讓真值變為假值、假值被為真值。Ruby 還提供了更具可讀性的關鍵字，not，它與 ! 基本上是相同的東西。

```
if ! true
  puts "我將不會被印出！"
end
```

```
if not true
  puts "我將不會被印出！"
end
```

```
if ! false
  puts "我會！"
end
```

```
if not false
  puts "我會！"
end
```

如果需要檢查兩項條件是否皆為真，可以使用 && (and) 運算符。如果需要檢查兩項條件是否有一個為真，可以使用 || (or) 運算符。

```
if true && true
  puts "我將被印出！"
end
```

```
if false || true
  puts "我將被印出！"
end
```

```
if true && false
  puts "我不會！"
end
```

```
if false || false
  puts "我不會！"
end
```

我注意到，你在 if 與 end 之間將程式碼內縮。這是必須的嗎？

內縮兩個空格

```
if true
  puts "我將被印出！"
end
```

不是必須的，（不同於一些其他的語言，例如 Python）內縮對 Ruby 程式而言並不具任何意義。

在 if 述句、迴圈、方法、類別…之間將程式碼內縮，僅僅是一種好的撰碼風格。它讓你的同事（甚至是你自己！）能夠清楚瞭解程式碼的結構。

我們需要比較玩家所猜測的數字與隨機產生的目標數字。讓我們使用所學到的條件式述句知識來實現這一組的要求。

get_number.rb

```
# Get My Number （猜數字）遊戲
# 作者：就是你！

puts "Welcome to 'Get My Number!'"

# 取得玩家的名字，並歡迎他們。
print "What's your name? "
input = gets
name = input.chomp
puts "Welcome, #{name}!"

# 儲存供玩家猜測的隨機數字。
puts "I've got a random number between 1 and 100."
puts "Can you guess it?"
target = rand(100) + 1

# 記錄玩家已經猜了幾次。
num_guesses = 0

# 記錄玩家是否已經猜對。
guessed_it = false

puts "You've got #{10 - num_guesses} guesses left."
print "Make a guess: "
guess = gets.to_i

# 比較玩家所猜測的數字與目標數字。
# 印出適當的訊息。
if guess < target
  puts "Oops. Your guess was LOW."
elsif guess > target
  puts "Oops. Your guess was HIGH."
elsif guess == target
  puts "Good job, #{name}!"
  puts "You guessed my number in #{num_guesses} guesses!"
  guessed_it = true
end

# 若玩家在所限定的次數內並未猜到答案，則告訴他們目標數字。
if not guessed_it
  puts "Sorry. You didn't get my number. (It was #{target}.)"
end
```

加入此變數以便記錄我們是否應該印出 "you lost"（你猜錯）訊息。之後，在玩家猜對的時候，我們還會利用它來結束遊戲。

這就是我們的 if 述句。

稍後我們將會看到較簡潔的方式。

if 的相反是 unless

儘管可以這麼做，但是有一些難閱讀：

```
if not guessed_it
  puts "Sorry. You didn't get my number. (It was #{target}.)"
end
```

Ruby 的條件式述句很大程度上就像大多數其他語言。但是 Ruby 具有一個額外的關鍵字：unless。

if 述句中的程式碼，只有在條件式的求值結果為**真**（*true*）才會被執行，但是 unless 述句中的程式碼，只有在條件式的求值結果為**假**（*false*）才會被執行。

```
unless true
  puts "我將不會被印出！"
end
```

```
unless false
  puts "我會！"
end
```

Ruby 中，儘管 else 與 elsif 可以跟 unless 一起使用：

```
unless light == "red"
  puts "Go!"
else  ← 讓人困惑！
  puts "Stop!"
end
```

但是程式碼會變得很難讀懂。如果你需要 else 子句，請為主要子句使用 if！

```
if light == "red"
  puts "Stop!"  ← 搬到這裡
else
  puts "Go!"
end
```

unless 關鍵字是 Ruby 如何致力於讓程式碼更容易閱讀的一個好例子。你可以在否定運算符導致程式碼難以懂讀的情況下使用 unless。因此，你可以把如下的程式碼：

```
if ! (light == "red")
  puts "Go!"
end
```

改寫成這樣：

```
unless light == "red"
  puts "Go!"
end
```

我們可以使用 unless 來整理最後一道條件式述句。

```
unless guessed_it
  puts "Sorry. You didn't get my number. (It was #{target}.)"
end
```

清楚多了！而且我們的條件式述句運作得很好！

現在如果你執行 get_number.rb，你將會看到如右邊所示的內容…

```
File Edit Window Help
$ ruby get_number.rb
Welcome to 'Get My Number!'
What's your name? Jay
Welcome, Jay!
I've got a random number between 1 and 100.
Can you guess it?
You've got 10 guesses left.
Make a guess: 50
Oops. Your guess was HIGH.
Sorry. You didn't get my number. (It was 34.)
```

然而就目前的情況來看，玩家只猜了 1 次一卻被認為猜了 10 次。接下來我們將會解決此問題…

迴圈

目前為止，我們的工作進行得相當順利！我們的猜謎遊戲就只剩下一項要求了！

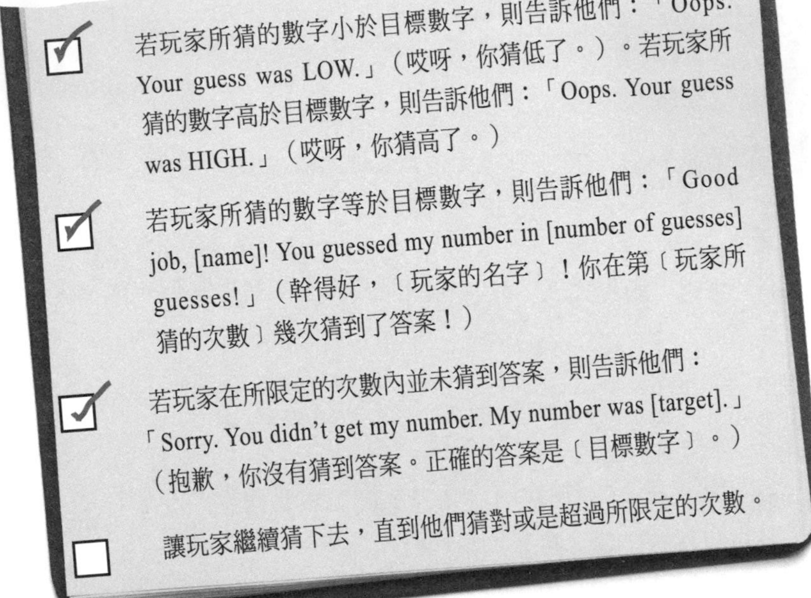

☑ 若玩家所猜的數字小於目標數字，則告訴他們：「Oops. Your guess was LOW.」（哎呀，你猜低了。）。若玩家所猜的數字高於目標數字，則告訴他們：「Oops. Your guess was HIGH.」（哎呀，你猜高了。）
☑ 若玩家所猜的數字等於目標數字，則告訴他們：「Good job, [name]! You guessed my number in [number of guesses] guesses!」（幹得好，〔玩家的名字〕！你在第〔玩家所猜的次數〕幾次猜到了答案！）
☑ 若玩家在所限定的次數內並未猜到答案，則告訴他們：「Sorry. You didn't get my number. My number was [target].」（抱歉，你沒有猜到答案。正確的答案是〔目標數字〕。）
☐ 讓玩家繼續猜下去，直到他們猜對或是超過所限定的次數。

目前，玩家已經猜過一次。由於目標數字有 100 個可能，這似乎是個賠率相當不公平的遊戲。我們需要持續詢問玩家 10 次，或者是等到玩家提供正確的答案。

提示玩家猜數字的時候到了，我們只需要將程式碼再執行一次就行了。我們可以使用一個**迴圈**（*loop*）來重複執行一段程式碼。或許你在其他語言中已經看過迴圈。如果你有需要反覆執行一或多道述句，你可以把它們放到一個迴圈裡。

`while` 迴圈組成自：一個單字 `while`、一個布林運算式（就像在 `if` 或 `unless` 述句中那樣）、你想要反覆執行的程式碼，以及一個單字 `end`。只要條件式的求值結果為真，就會反覆執行迴圈主體中的程式碼。

迴圈的開頭　　條件式

```
while number < 5
  puts "still looping"
end
```

迴圈的主體

迴圈的結尾

下面是一個使用 `while` 迴圈進行計數的簡單範例。

```
number = 1
while number <= 5
  puts number
  number += 1
end
```

```
1
2
3
4
5
```

就像 `unless` 述句是 `if` 述句的反義，Ruby 中，`until` 迴圈是 `while` 迴圈的反義。`until` 迴圈會反覆執行，直到條件式的求值結果為真（也就是，若條件式的結果為假，迴圈會反覆執行）。

下面是一個使用 `until` 迴圈進行計數的簡單範例。

```
number = 1
until number > 5
  puts number
  number += 1
end
```

```
1
2
3
4
5
```

讓我們來修改條件判斷程式碼，以便在 while 迴圈中執行：

玩家猜了 10 次之後，或是在此之前玩家猜對了，迴圈將會停止執行。

此處的程式碼是完全一樣的；我們只是把它嵌套到迴圈裡。

我們需要在迴圈的每個循環將猜測次數加 1，因此迴圈不會永遠循環下去。

此處的程式碼也是完全一樣的。

用於標示迴圈到此結束。

```
# 記錄玩家已經猜了幾次。
num_guesses = 0

# 記錄玩家是否已經猜對。
guessed_it = false

while num_guesses < 10 && guessed_it == false

  puts "You've got #{10 - num_guesses} guesses left."
  print "Make a guess: "
  guess = gets.to_i

  num_guesses += 1

  # 比較玩家所猜測的數字與目標數字。
  # 印出適當的訊息。
  if guess < target
    puts "Oops. Your guess was LOW."
  elsif guess > target
    puts "Oops. Your guess was HIGH."
  elsif guess == target
    puts "Good job, #{name}!"
    puts "You guessed my number in #{num_guesses} guesses!"
    guessed_it = true
  end

end

unless guessed_it
  puts "Sorry. You didn't get my number. (It was #{target}.)"
end
```

我們還可以改善程式碼的可讀性。正如我們可以使用 unless 來取代 if 述句，我們也可以使用 until 來取代 while 迴圈，以改善其可讀性。

修改之前

```
while num_guesses < 10 && guessed_it == false
  ...
end
```

修改之後

```
until num_guesses == 10 || guessed_it
  ...
end
```

此處是完整的程式碼列表。

get_number.rb

```
# Get My Number （猜數字）遊戲
# 作者：就是你！

puts "Welcome to 'Get My Number!'"

# 取得玩家的名字，並歡迎他們。
print "What's your name? "
input = gets
name = input.chomp
puts "Welcome, #{name}!"

# 儲存供玩家猜測的隨機數字。
puts "I've got a random number between 1 and 100."
puts "Can you guess it?"
target = rand(100) + 1

# 記錄玩家已經猜了幾次。
num_guesses = 0

# 記錄玩家是否已經猜對。
guessed_it = false

until num_guesses == 10 || guessed_it

  puts "You've got #{10 - num_guesses} guesses left."
  print "Make a guess: "
  guess = gets.to_i

  num_guesses += 1

  # 比較玩家所猜測的數字與目標數字。
  # 印出適當的訊息。
  if guess < target
    puts "Oops. Your guess was LOW."
  elsif guess > target
    puts "Oops. Your guess was HIGH."
  elsif guess == target
    puts "Good job, #{name}!"
    puts "You guessed my number in #{num_guesses} guesses!"
    guessed_it = true
  end

end

# 若玩家未及時猜對，則顯示目標數字。
unless guessed_it
  puts "Sorry. You didn't get my number. (It was #{target}.)"
end
```

讓我們來試玩一下遊戲

我們的迴圈已經就定位了—於是也完成了最後一項要求！讓我們開啟一個終端機視窗，並試著執行一下程式！

讓玩家繼續猜下去，直到他們猜對或是超過所限定的次數。

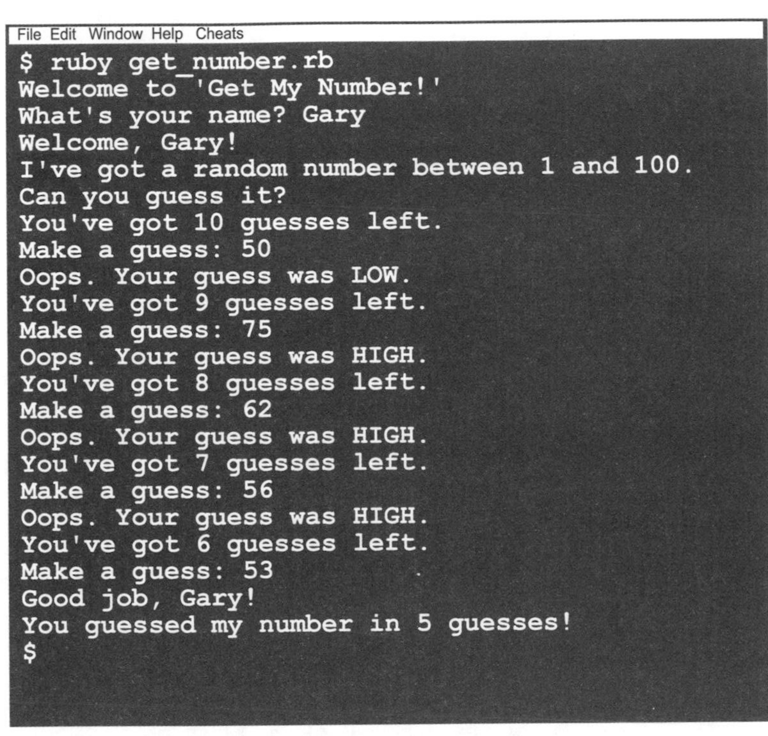

```
File Edit Window Help Cheats
$ ruby get_number.rb
Welcome to 'Get My Number!'
What's your name? Gary
Welcome, Gary!
I've got a random number between 1 and 100.
Can you guess it?
You've got 10 guesses left.
Make a guess: 50
Oops. Your guess was LOW.
You've got 9 guesses left.
Make a guess: 75
Oops. Your guess was HIGH.
You've got 8 guesses left.
Make a guess: 62
Oops. Your guess was HIGH.
You've got 7 guesses left.
Make a guess: 56
Oops. Your guess was HIGH.
You've got 6 guesses left.
Make a guess: 53
Good job, Gary!
You guessed my number in 5 guesses!
$
```

我們的玩家將會愛上這個遊戲！你實現了我們需要的一切功能，而且也準時做到了！

Ruby 中，只要使用變數、字串、方法呼叫、條件式以及迴圈就可以撰寫出一個完整的遊戲！更棒的是，你只使用了不到 30 列的程式碼！為自己倒一杯冷飲—這是你應得的！

你的 Ruby 工具箱

第 1 章已經閱讀完畢，現在你可以把方法呼叫、條件式以及迴圈加入你的工具箱。

述句(Statements)

條件式述句會在條件符合的情況下執行所包含的程式碼。

迴圈會反覆執行其所包含的程式碼，而且會在條件符合的情況下結束迴圈。

接下來…

現在你的程式碼全都被放在一起了。下一章，你將會學到如何使用類別與方法，把你的程式碼劃分成容易維護的團塊。

要點提示

- Ruby 是一種解譯式語言。執行 Ruby 程式碼之前，不需要編譯它們。
- 對變數賦值之前，不需要先宣告它們。也不需要為它們指定資料型態。
- Ruby 會把從 # 開始到該列結束的一切內容視為註解一可以忽略。
- 引號中的文字會被視為字串一字符串。
- 如果你在 Ruby 字串中使用 #{...}，大括號裡的運算式會被安插進字串。
- 方法呼叫可能需要一或多個引數，引數之間請以逗號隔開。
- 方法呼叫中的圓括號可有可無。如果沒有傳遞任何引數，請予以省略。
- `inspect`、`p` 等方法可用於檢視 Ruby 物件的除錯輸出。
- 你可以透過規避序列（例如 `\n` 和 `\t`）的使用，把特殊字符含括到「被雙引號夾住的字串」（double-quoted strings）中。
- 你可以使用互動式 Ruby 解譯器，或 irb，快速測試 Ruby 運算式的結果。
- 呼叫幾乎任何物件都會提供的 `to_s` 方法，可以把物件轉換成字串。呼叫字串所提供的 `to_i` 方法，可以把字串轉換成整數。
- `unless` 是 `if` 的相反；除非述句的求值結果為假，否則不會執行程式碼。
- `until` 是 `while` 的相反；反覆執行程式碼直到條件式的求值結果為真。

2 方法和類別

井然有序

我該如何在這堆程式碼中尋
找東西？希望開發人員有把
它劃分成方法和類別 ...

你已經錯過了。 你一直像專業人士那樣呼叫方法以及建立物件。但是你呼叫的方法以及建立的物件，都是 Ruby 為你定義的。現在，該你了。你將學到如何建立你自己的方法。你還會建立你自己的**類別**（*class*）—新物件的模板。由你來決定，基於你的類別之物件，將是什麼樣子。你將會使用**實體變數**（*instance variable*）來定義物件對自己的認知，以及使用**實體方法**（*instance method*）來定義物件所能做的事情。最重要的是，你將發現，要讓你的程式碼變得更容易閱讀和維護，該如何定義你自己的類別。

定義方法

Got-A-Motor, Inc.（『來買車』公司）正在開發「虛擬試駕」應用程式（"virtual test-drive" app），好讓他們的顧客能夠在自己的電腦上試開車子，而不必親自到展示廳。就此處所要介紹的第一個版本而言，他們需要建立一些方法，讓使用者能夠踩下虛擬油門、聽到虛擬喇叭聲以及使用近光或遠光模式打開頭燈。

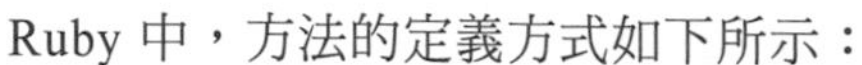
Ruby 中，方法的定義方式如下所示：

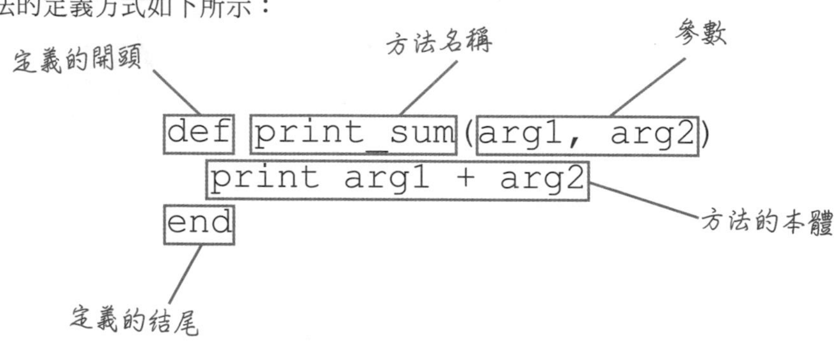
定義的開頭
方法名稱
參數
def print_sum(arg1, arg2)
print arg1 + arg2
end
方法的本體
定義的結尾

如果你想要呼叫包含引數的方法，你將需要為方法的定義加入**參數**（*parameter*）。參數將會出現在方法名稱之後的圓括號裡。（如果沒有參數，則應該省略圓括號。）方法呼叫上的每個引數會被存入方法定義中相對應的參數。

方法的本體組成自，當方法被呼叫時，將被執行之一或多個 Ruby 述句。

讓我們來建立自己的方法，以實現試駕應用程式的行為。

這裡有兩個方法分別用於加速（accelerating）以及讓喇叭發聲（sounding the horn）。這兩個方法的使用就像 Ruby 方法一樣簡單；每一個方法的本體都具有一對用於印出字串的述句。

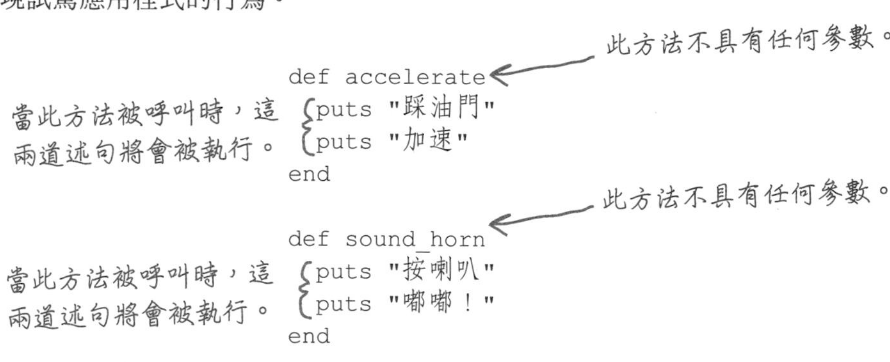
此方法不具有任何參數。
def accelerate
當此方法被呼叫時，這兩道述句將會被執行。
puts "踩油門"
puts "加速"
end
此方法不具有任何參數。
def sound_horn
當此方法被呼叫時，這兩道述句將會被執行。
puts "按喇叭"
puts "嘟嘟！"
end

use _ headlights 方法稍微複雜一些；它需要一個參數，該參數會被安插到輸出字串裡。

```
def use_headlights(brightness)
  puts "打開 #{brightness} 頭燈"
  puts "當心小鹿！"
end
```

一個方法參數

該參數會被使用於輸出

這樣就可以了！把方法定義好之後，接著就可以呼叫它們。

呼叫你所定義的方法

你可以呼叫你自己所定義的方法，就像任何其他方法那樣。讓我們來測試這些新定義之模擬汽車的方法。

Ruby 允許你在任何地方呼叫你所定義的方法─即使是在定義方法的同一個原始檔案中。因為此刻這是一個簡單的程式，為了方便起見，我們將會這麼做。宣告方法之後我們會立即呼叫方法。

```
def accelerate
  puts "Stepping on the gas"
  puts "Speeding up"
end

def sound_horn
  puts "Pressing the horn button"
  puts "Beep beep!"
end

def use_headlights(brightness)
  puts "Turning on #{brightness} headlights"
  puts "Watch out for deer!"
end

sound_horn
accelerate
use_headlights("high-beam")
```

呼叫方法，但不傳入引數

這將會傳入 "brightness" 引數

vehicle_methods.rb

當我們以終端機視窗來執行原始檔案，我們將會看到方法呼叫的執行結果！

```
File Edit Window Help
$ ruby vehicle_methods.rb
Pressing the horn button
Beep beep!
Stepping on the gas
Speeding up
Turning on high-beam headlights
Watch out for deer!
$
```

我發現，你在進行方法呼叫的時候，並未使用點號運算符來指定接收者，就像我們在呼叫 puts 和 print 等方法的時候那樣。

沒錯。就像 puts 和 print 那樣，這些方法都存在於頂層執行環境。

定義在任何類別以外的方法（正如此例所示）皆存在於頂層執行環境。就像我們稍早在第 1 章所見，你可以在程式碼中任何地方呼叫它們，不必使用點號運算符指定接收者。

方法名稱

方法名稱可以是一或多個小寫單字，單字之間以底線符號隔開。（如同變數名稱。）數字儘管有效，但很少使用。

名稱以問號（？）或驚嘆號（！）結尾的方法也是有效的。這些結尾字符對 Ruby 而言，並沒有任何特殊意義。但習慣上，名稱以？結尾的方法會回傳一個布林（真／假）值，名稱以！結尾的方法可能會有令人意外的副作用。

最後，名稱以等號（=）結尾的方法也是有效的。本章中，名稱以這個字符結尾的方法，會被當作**屬性寫入器**（*attribute writer*），稍後在討論類別的時候，會對此做更進一步的說明。Ruby 將會特別看待這個結尾字符，所以不要把它用在一般方法之上，否則你可能會發現它的行為很奇怪！

參數

如果你需要把資料傳入你的方法，你可以在方法名稱之後加上一或多個參數，參數之間以逗號隔開。在你的方法本體中，你可以把參數當成變數來存取。

```
def print_area(length, width)
  puts length * width
end
```

可選參數

Got-A-Motor 的開發人員對於我們目前所做的虛擬試駕系統，基本上還算滿意⋯。

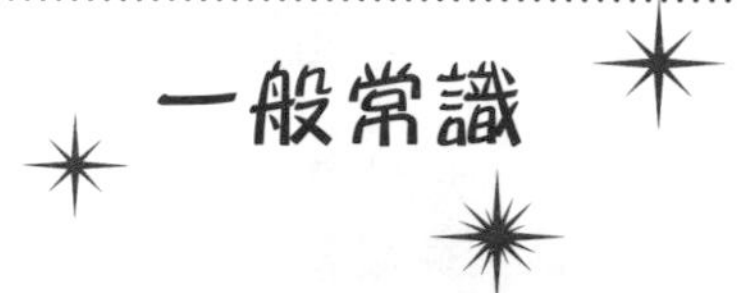

方法名稱應該採用「蛇形命名法」（snake case）：一或多個小寫單字，單字之間以底線符號隔開，就像變數名稱那樣。

```
def bark
end

def wag_tail
end
```

與方法呼叫一樣，如果沒有參數，方法定義應該省略圓括號。請不要採用下面的做法，儘管這是有效的：

```
def no_args()
  puts "Bad Rubyist!"
end
```

但如果有參數，你應該總是加上圓括號。（早在第 1 章，我們就有看到方法呼叫的例外情況。但是就方法的宣告而言沒有例外。）儘管省略圓括號是有效的，但同樣的，請不要採用下面的做法：

```
def with_args first, second
  puts "No! Bad!"
end
```

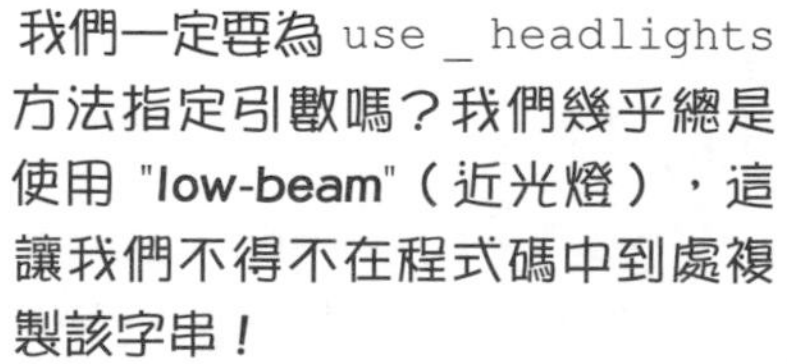

我們一定要為 use _ headlights
方法指定引數嗎？我們幾乎總是
使用 "low-beam"（近光燈），這
讓我們不得不在程式碼中到處複
製該字串！


```
use_headlights("low-beam")
stop_engine
buy_coffee
start_engine
use_headlights("low-beam")
accelerate
create_obstacle("deer")
use_headlights("high-beam")
```

可選參數（續）

這種情況相當普遍—你有 90% 的時間在使用一個特定的引數，你已經對到處複製它感到厭煩。但是你不能把相對應的參數拿掉，因為你有 10% 的時間需要使用不同的值。

不過，有一個簡單的解決方案：**讓參數變成可選用**（*make the parameter optional*）。你可以在方法宣告中提供預設值。

例如，下面是一個為部分參數使用預設值的方法：

```
def order_soda(flavor, size = "medium", quantity = 1)
  if quantity == 1
    plural = "soda"
  else
    plural = "sodas"
  end
  puts "#{quantity} #{size} #{flavor} #{plural}, coming right up!"
end
```

size 的預設值。

quantity 的預設值。

現在，如果你想要改寫預設值，你只要為引數指定你想要的值就行了。如果你對預設值感到滿意，可以逕自跳過該引數。

```
order_soda("orange")
order_soda("lemon-lime", "small", 2)
order_soda("grape", "large")
```

指定 flavor；讓 size 和 quantity 使用預設值。

指定每一個引數。

指定 flavor 和 size；讓 quantity 使用預設值。

```
1 medium orange soda, coming right up!
2 small lemon-lime sodas, coming right up!
1 large grape soda, coming right up!
```

可選參數的使用，需要知道一件事：可選參數必須出現在你打算賦值的任何其他參數之後。如果你把需要賦值的參數擺到可選參數之後，你將無法省略可選參數：

```
def order_soda(flavor, size = "medium", quantity)
  ...
end

order_soda("grape")
```

不要把可選參數擺到需要賦值的參數之前！

錯誤

```
wrong number of
arguments (1 for 2..3)
```

問：**引數與參數之間有何不同？**

答：方法**定義**中所定義和使用的是**參數**（*parameter*）。你在方法**呼叫**中所提供的是**引數**（*argument*）。

```
def say_hello(name)
  puts "Hello, #{name}!"
end
```

參數

參數

```
say_hello("Marcy")
```

引數

方法呼叫中，你所傳入的每一個引數，會被存入方法定義中相對應的參數。

參數和引數這兩個術語，主要用於區分我們現在所談論的是方法定義還是方法呼叫。

可選參數（續）

讓我們為 use_headlights 使用可選參數，希望使用此方法的開發人員能夠瞭解我們的善意。

```
def use_headlights(brightness = "low-beam")
  puts "Turning on #{brightness} headlights"
  puts "Watch out for deer!"
end
```

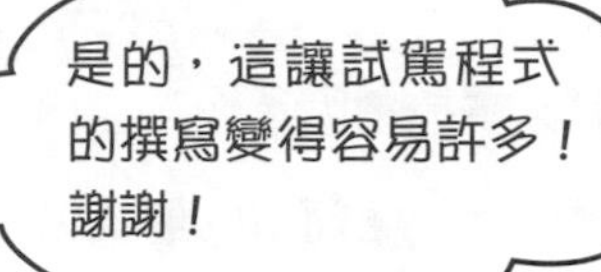
是的，這讓試駕程式
的撰寫變得容易許多！
謝謝！

現在，他們不必再為 brightness 賦值，除非他們想要使用遠光燈（high beam）。

使用預設值 "low-beam"

```
use_headlights
use_headlights("high-beam")
```

覆寫預設值

```
Turning on low-beam headlights
Watch out for deer!
Turning on high-beam headlights
Watch out for deer!
```

```
use_headlights
stop_engine
start_engine
use_headlights
accelerate
use_headlights("high-beam")
```

不需要使用引數！

習題

我們已經為 Got-A-Motor 公司的虛擬試駕 app 完成了方法的撰寫。讓我們把它們載入 irb，搭著它們兜風去。

步驟一： 把我們的方法存入一個名為 *vehicle_methods.rb* 的檔案。

步驟二： 開啟一個終端機視窗，找到並切換至保存該檔案的目錄。

vehicle_methods.rb

```
def accelerate
  puts "Stepping on the gas"
  puts "Speeding up"
end

def sound_horn
  puts "Pressing the horn button"
  puts "Beep beep!"
end

def use_headlights(brightness = "low-beam")
  puts "Turning on #{brightness} headlights"
  puts "Watch out for deer!"
end
```

習題（續）

步驟三： 因為我們要從檔案將程式碼載入 irb，而且我們希望能夠從當前目錄載入 Ruby 檔案。所以這次我們將以稍微不同的方式來調用 irb。

在終端機視窗上，鍵入下面這一道命令，並按 Enter 鍵：

```
irb -I .
```

這個旗標是指「搜尋當前目錄以便找到所要載入的檔案。」

`-I` 是一個命令列旗標；旗標是一個附加在命令之後的字串，用於改變命令的運作方式。此例中，`-I` 用於改變 Ruby 的搜尋目錄，以便找到所要載入檔案。而點號（.）代表當前目錄。

步驟四： 現在，irb 應該已被載入，我們應該能夠使用我們的方法來載入檔案。鍵入下面這一道命令：

```
require "vehicle_methods"
```

預設情況下，Ruby 會搜尋 *.rb* 檔案，因此你可以省略副檔名。如果執行結果為 true，代表你的檔案已被成功載入。

現在你可以鍵入命令，呼叫我們的任何方法，它們將會被執行！

這裡是執行例：

```
File Edit Window Help
$ irb -I .
irb(main):001:0> require "vehicle_methods"
 => true
irb(main):002:0> sound_horn
Pressing the horn button
Beep beep!
 => nil
irb(main):003:0> use_headlights
Turning on low-beam headlights
Watch out for deer!
 => nil
irb(main):004:0> use_headlights("high-beam")
Turning on high-beam headlights
Watch out for deer!
 => nil
irb(main):005:0> exit
$
```

回傳值

Got-A-Motor 公司希望「試駕應用程式」（test-drive app）可以凸顯他們的汽車有多麼省油。他們希望能夠顯示汽車上一次旅程的燃油效率，以及平均燃油效率。

首先，你必須把汽車之「短程里程表」（trip odometer）上的哩數除以上一次加滿燃油所需之加侖數。接著，你必須把「總里程表」（main odometer）上的值除以汽車的燃油總用量（lifetime fuel use）。此二者都是把哩數除以燃油加侖數。所以你還需要撰寫兩個方法嗎？

不需要！如同大多數的程式語言，Ruby 的方法也具有**回傳值**（*return value*），回傳值就是「方法」回傳給「方法呼叫者」的值。使用 return 關鍵字，Ruby 方法可以把一個值回傳給它的呼叫者。

方法可以回傳一個值給呼叫它的程式碼。

你可以只撰寫一個 mileage 方法，並且在你的輸出中使用它的回傳值。

```
def mileage(miles_driven, gas_used)
  return miles_driven / gas_used
end
```

於是你就可以使用同一個方法來計算前面所提到的兩種燃油效率。

```
trip_mileage = mileage(400, 12)
puts "You got #{trip_mileage} MPG on this trip."

lifetime_mileage = mileage(11432, 366)
puts "This car averages #{lifetime_mileage} MPG."
```

```
You got 33 MPG on this trip.
This car averages 31 MPG.
```

隱式回傳值

在前面的方法中，你實際上不需要使用 return 關鍵字。在一個方法中，最後一個運算式的求值結果會自動成為該方法的回傳值。所以我們的 mileage 可以被改寫成不使用 return 關鍵字：

```
def mileage(miles_driven, gas_used)
  miles_driven / gas_used
end
```

你仍然可以使用相同的方式來呼叫它。

```
puts mileage(400, 12)
```

```
33
```

一般常識

相較於顯式回傳值（也就是，使用 return 關鍵字），Ruby 的愛好者通常更喜歡隱式返回值。既然有簡潔的寫法：

```
def area(length, width)
  length * width
end
```

就沒有理由這麼寫：

```
def area(length, width)
  return length * width
end
```

提早從方法返回

加果 return 關鍵字通常是非必要的，為什麼 Ruby 還要提供它呢？

某些情況下 return 關鍵字仍然很有用。

return 關鍵字會導致方法結束執行，因此跟在其後的程式碼將不會被執行。某些情況下（例如，執行這些程式碼毫無意義或是會導致傷害的時候）這會很有用。

例如，考慮一下這種情況：一輛全新尚未到過任何地方的汽車，其所行駛的哩數以及所使用的燃油量皆為零。如果對這樣的汽車呼叫 mileage 方法，會發生什麼事？

嗯，mileage 會進行 miles_driven 除以 gas_used 的運算…而且，正如你可能在其他程式語言已經學到的，任何值除以零是一個錯誤！

```
puts mileage(0, 0)
```

錯誤 →

```
in `/': divided by 0
(ZeroDivisionError)
```

通過測試 gas_used 的值是否為零，可以解決這個問題：如果值為零，我們可以提早從方法返回。

```
def mileage(miles_driven, gas_used)
  if gas_used == 0    ← 若尚未使用燃油…
    return 0.0        ← …則回傳零。
  end
  miles_driven / gas_used  ← 如果 gas_used 的值為零，此程式碼將不會執行。
end
```

如果我們再執行相同的程式碼一次，我們將會看到它回傳 0.0，而不會試圖去進行除法運算。問題解決了！

```
puts mileage(0, 0)
```

```
0.0
```

方法是減少重複以及組織程式碼的好辦法。但是有時單靠方法是不夠的。現在讓我們告別 Got-A-Motor 公司的朋友，去看看一個有點毛茸茸（fuzzier）的問題…

一些散亂的方法

Fuzzy Friends 動物救援協會的人正在進行募款活動，他們建立了一個具互動性的故事書應用程式，以便提高知名度。他們已經向你的公司尋求協助。他們需要許多不同類型的動物，每一個都具有自己的聲音和行為。

他們建立了一些方法，用於模擬動物的聲音和行為。呼叫這些方法的時候，他們會指定動物類型以做為第一個引數，後面跟著任何必要的額外引數。

這是它們迄今為止的樣子：

```
def talk(animal_type, name)
  if animal_type == "bird"
    puts "#{name} says Chirp! Chirp!"
  elsif animal_type == "dog"
    puts "#{name} says Bark!"
  elsif animal_type == "cat"
    puts "#{name} says Meow!"
  end
end
```

animal_type（動物類型）參數用於選擇所要列印的是哪一個字串。

```
def move(animal_type, name, destination)
  if animal_type == "bird"
    puts "#{name} flies to the #{destination}."
  elsif animal_type == "dog"
    puts "#{name} runs to the #{destination}."
  elsif animal_type == "cat"
    puts "#{name} runs to the #{destination}."
  end
end

def report_age(name, age)
  puts "#{name} is #{age} years old."
end
```

此方法對任何動物類型都一樣，所以沒有 animal_type（動物類型）參數。

下面是呼叫這些方法的典型範例：

```
move("bird", "Whistler", "tree")
talk("dog", "Sadie")
talk("bird", "Whistler")
move("cat", "Smudge", "house")
report_age("Smudge", 6)
```

```
Whistler flies to the tree.
Sadie says Bark!
Whistler says Chirp! Chirp!
Smudge runs to the house.
Smudge is 6 years old.
```

Fuzzy Friends 需要你再添加 10 種動物類型以及 30 種行為，就可以完成 1.0 版！

引數太多了

這三種動物類型以及**兩**種行為看起來相當散亂。if 與 elsif 述句已經夠長了，何況還要加上這些方法引數！是不是還有更好的辦法來組織此程式碼？

虛擬故事書的這些方法有一個問題，就是我們需要傳遞的資料太多了。讓我們來看看 move 方法的幾個呼叫例：

我們需要 destination（目的地）引數…

```
move("bird", "Whistler", "tree")
move("cat", "Smudge", "house")
```

…但是我們真的每一次都必須傳遞這些資料嗎？

destination（目的地）引數在此處是不可省略的。沒有了目的地，move 方法就會變得毫無意義。但是我們真的必須記住 animal _ type 和 name 等引數，以便在每一次呼叫方法的時候能夠傳遞它們？這會導致難以區分哪個引數是哪一個！

if 述句太多了

還不只是方法引數的問題—方法裡的程式碼也相當散亂。想想看，如果我們再添加 10 種動物類型，talk 會變成什麼樣子。

每次你想要改變一個動物的叫聲（你將被要求去改變程式碼中聲音的部分；你也是這麼想的），你將必須搜尋所有的 elsif 子句以便找到合適的動物類型…當 talk 方法的程式碼變得更為複雜，像是添加動畫以及聲音檔播放功能，會發生什麼事呢？當所有與行為有關的方法也變複雜時，會發生什麼事呢？

我們需要的是一個更好的辦法，以便表示我們要處理的是哪種動物類型。我們需要一個更好的辦法來根據動物類型拆分程式碼，這樣維護起來會比較容易。我們需要一個更好的辦法來保存每一種動物屬性，像是它們的名稱以及年齡，這樣我們就不必傳遞這麼多引數了。

我們需要一個地方來保存動物的資料以及運算該資料的程式碼。我們需要**類別**（*class*）和**物件**（*object*）。

```
def talk(animal_type, name)
  if animal_type == "bird"
    puts "#{name} says Chirp! Chirp!"
  elsif animal_type == "dog"
    puts "#{name} says Bark!"
  elsif animal_type == "cat"
    puts "#{name} says Meow!"
  elsif animal_type == "lion"
    puts "#{name} says Roar!"
  elsif animal_type == "cow"
    puts "#{name} says Moo."
  elsif animal_type == "bob"
    puts "#{name} says Hello."
  elsif animal_type == "duck"
    puts "#{name} says Quack."
  ...
  end
end
```

已無空間可用於列出此處的程式碼…

設計一個類別

使用物件的好處是，物件會把一組資料以及運算這些資料的方法擺在同一個地方。希望我們的 Fuzzy Friends 應用程式也能獲得這樣的好處。

著手建立你自己的物件之前，你需要先定義類別。**類別**是建立物件的藍圖。當你使用一個類別來建立物件，類別描述了該物件所知道的事情，以及該物件所能做的工作。

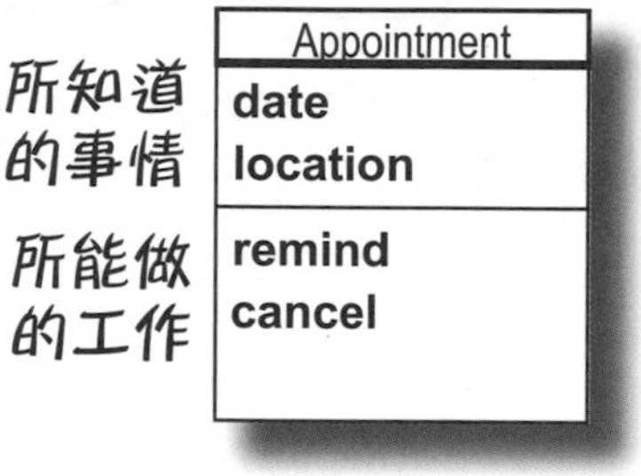

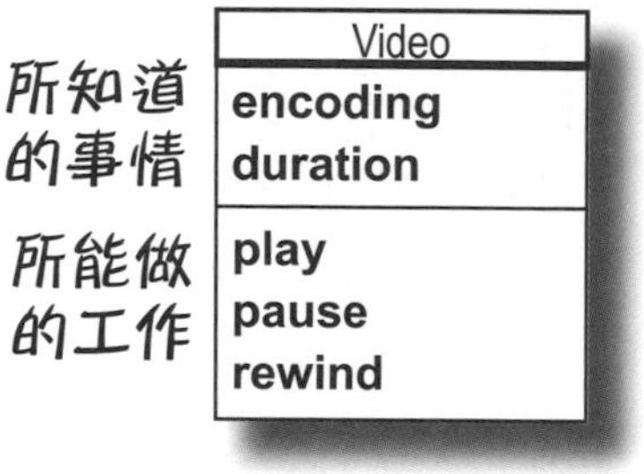

一個物件所知道的事情，稱為：

實體變數

一個物件所能做的工作，稱為：

實體方法

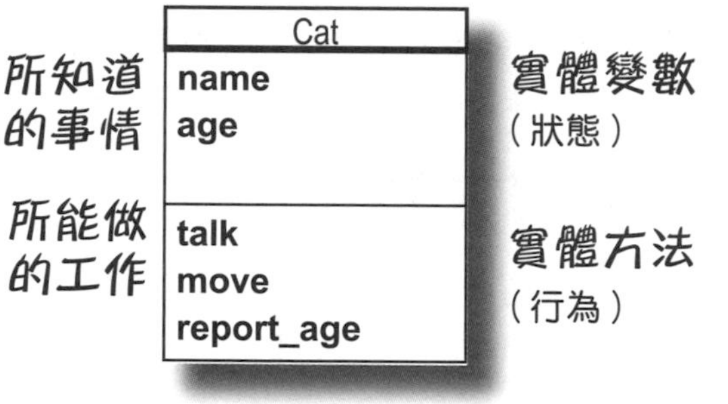

類別的一個**實體**（*instance*）就是使用該類別所建立的一**個**物件。你只需要撰寫一個類別，但你可以使用該類別建立**許多**實體。

實體（instance）是物件（object）的另一種說法。

實體變數（*instance variable*）就是隸屬一個物件的變數。實體變數組成了該物件**所知道的事情**。它們代表了物件的狀態（也就是，資料），就類別的每一個實體而言，它們可以具有不同的值。

實體方法（*instance method*）就是一個物件可供直接呼叫的方法。實體方法組成了該物件**所能做的工作**。它們可以存取物件的實體變數，以及根據這些變數的值來改變它們的行為。

類別與物件之間有何區別？

類別是物件的藍圖。類別會告訴 Ruby 如何建立特定資料型態的物件。物件具有實體變數和實體方法，但是這些變數和方法其實是類別的一部分。

若類別是餅乾模型，那麼物件就是由它所做成的餅乾。

就類別的方法中所用到的實體變數而言，類別的每一個實體可以具有自己的值。舉例來說，你將只會定義 `Dog` 類別一次。在 `Dog` 類別的方法中，你將只會指定 Dog 實體一次，而 Dog 實體應該具有 `name` 和 `age` 等實體變數。但是每個 `Dog` 物件將會具有自己的名字（name）和年齡（age），不同於其他的 `Dog` 實體。

Dog 類別

Dog	
name age	**實體變數**（狀態）
talk move report_age	**實體方法**（行為）

你的第一個類別

此處的類別範例可用於我們的互動故事書：這是一個 Dog 類別。

我們使用 class 關鍵字來開始一個新類別的定義，後面跟著我們的新類別的名稱。

在類別的定義中，可以包含方法的定義。我們在此處所定義的任何方法將會成為類別之實體上的實體方法。

我們會使用 end 關鍵字來結束類別的定義。

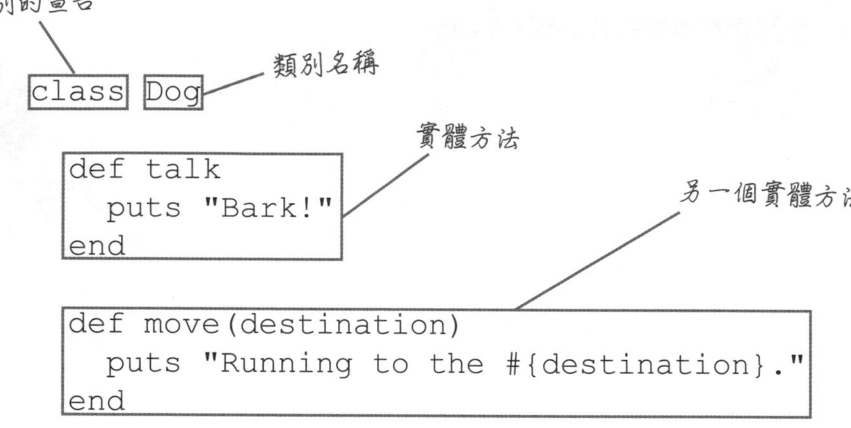
新類別的宣告
class Dog
類別名稱
實體方法
def talk
puts "Bark!"
end
另一個實體方法
def move(destination)
puts "Running to the #{destination}."
end

```
end
```

结束類別的宣告

此類別的類別圖看起來可能像這樣…

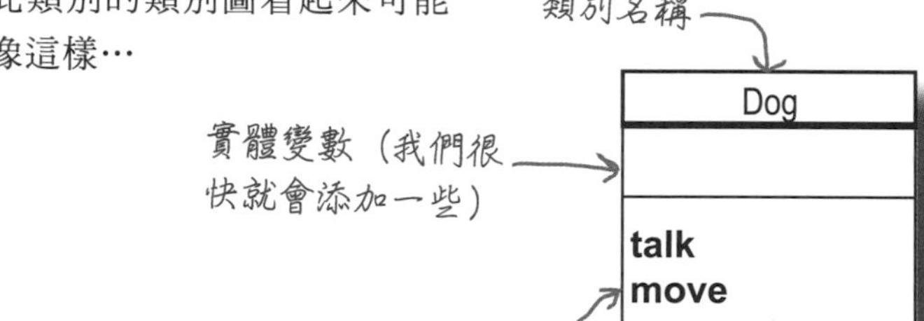
類別名稱
Dog
實體變數（我們很快就會添加一些）
talk
move

實體方法

建立新的實體（物件）

如果我們呼叫一個類別的 new 方法，它將會傳回此類別的一個新實體。接著我們可以把該實體賦值給一個變數，或是對它進行我們需要做的任何其他事情。

```
fido = Dog.new
rex = Dog.new
```

一旦我們擁有了類別的一或多個實體，我們就可以呼叫它們的實體方法。目前為止我們都是以相同的方式來呼叫物件的任何方法：我們會使用點號運算符為「方法的接收者」指定一個實體。

```
fido.talk
rex.move("food bowl")
```

```
Bark!
Running to the food bowl.
```

將大型的方法分割成類別

動物救援協會的解決方案係使用字串來追蹤他們所處理的是哪種類型的動物。而且，他們把不同類型的動物應該以不同方式做出回應的所有知識全都內嵌在大型的 if/else 述句中。然而他們的做法總不免有些笨重。

```
def talk(animal_type, name)
  if animal_type == "bird"
    puts "#{name} says Chirp! Chirp!"
  elsif animal_type == "dog"
    puts "#{name} says Bark!"
  elsif animal_type == "cat"
    puts "#{name} says Meow!"
  end
end
```

採用物件導向的做法

現在你已經知道如何建立類別，我們可以採取物件導向的做法來解決問題。我們不再需要建立一個大型的方法來包含所有動物類型的行為。我們可以透過類別來表示每一種類型的動物。然後，為每一個類別放入小型的方法，其中只定義了該動物類型特有的行為。

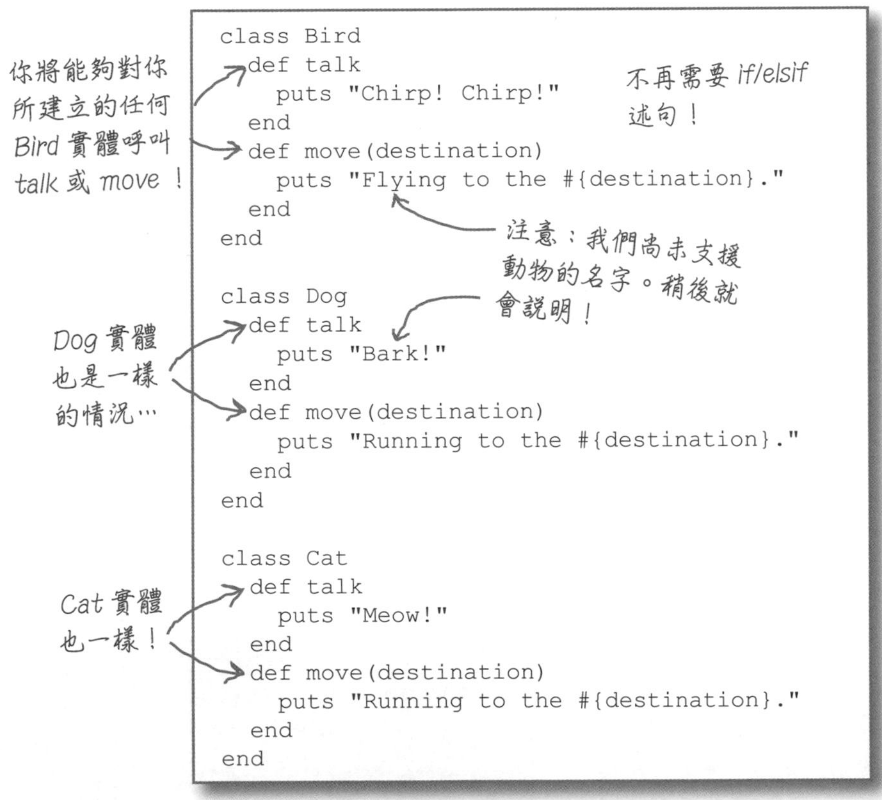

你將能夠對你所建立的任何 Bird 實體呼叫 talk 或 move！
不再需要 if/elsif 述句！
注意：我們尚未支援動物的名字。稍後就會說明！
Dog 實體也是一樣的情況…
Cat 實體也一樣！

```
class Bird
  def talk
    puts "Chirp! Chirp!"
  end
  def move(destination)
    puts "Flying to the #{destination}."
  end
end

class Dog
  def talk
    puts "Bark!"
  end
  def move(destination)
    puts "Running to the #{destination}."
  end
end

class Cat
  def talk
    puts "Meow!"
  end
  def move(destination)
    puts "Running to the #{destination}."
  end
end
```

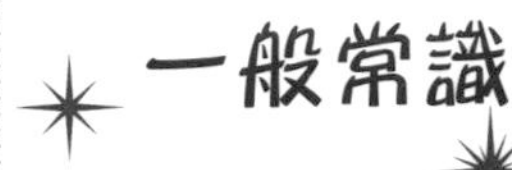

一般常識

Ruby 的類別名稱必須以大寫字母開頭。其餘的字母應該小寫。

```
class Appointment
  ...
end
```

如果類別名稱中包含多個單字，每個單字的開頭字母應該大寫。

```
class AddressBook
  ...
end
class PhoneNumber
  ...
end
```

還記得變數名稱的命名慣例（單字之間以底線符號隔開）稱為「蛇形命名法」（snake case）？類別名稱的命名風格稱為「駝峰式命名法」（camel case）因為大寫字母的部分看起來像駱駝的駝峰。

為我們的新動物類別建立實體

定義好類別後，我們可以為它們建立新的實體（以類別為基礎的新物件）以及呼叫它們的方法。

與方法一樣，Ruby 中，用於為類別建立實體的程式碼與用於宣告類別的程式碼可以存在於同一個檔案中。在較大型的應用程式中，你可能不會想要以這種方式來組織你的程式碼，但由於現在這是一個簡單的應用程式，所以我們可以把建立實體的程式碼直接擺在類別宣告的程式碼下面。

animals.rb

```
class Bird
  def talk
    puts "Chirp! Chirp!"
  end
  def move(destination)
    puts "Flying to the #{destination}."
  end
end

class Dog
  def talk
    puts "Bark!"
  end
  def move(destination)
    puts "Running to the #{destination}."
  end
end

class Cat
  def talk
    puts "Meow!"
  end
  def move(destination)
    puts "Running to the #{destination}."
  end
end

bird = Bird.new
dog = Dog.new
cat = Cat.new

bird.move("tree")
dog.talk
bird.talk
cat.move("house")
```

為我們的類別建立新的實體。

呼叫實體的方法。

如果我們把上面的程式碼存入一個名為 *animals.rb* 檔案，然後從終端機視窗來執行 `ruby animals.rb`，我們將會看到實體方法的輸出！

File Edit Window Help

```
$ ruby animals.rb
Flying to the tree.
Bark!
Chirp! Chirp!
Running to the house.
$
```

更新具有實體方法的類別圖

如果為我們的新類別畫出類別圖，它們看起來將會像這樣：

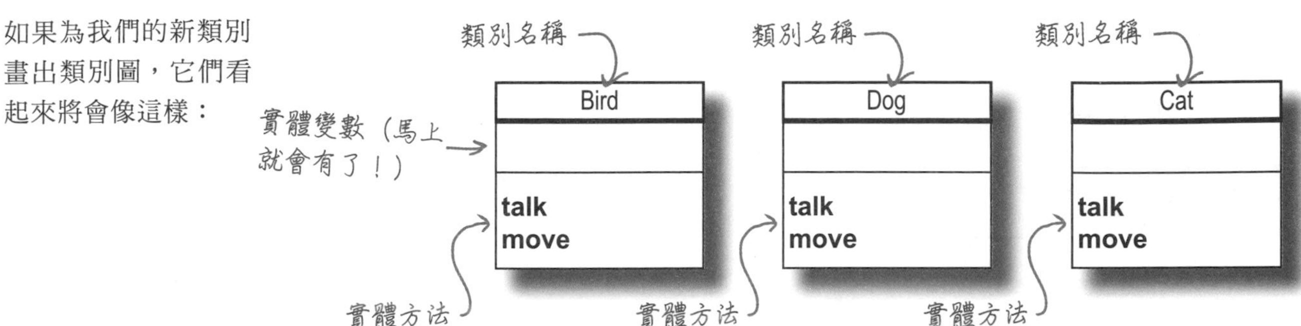
類別名稱
類別名稱
類別名稱
Bird
Dog
Cat
實體變數（馬上就會有了！）
talk
move
talk
move
talk
move
實體方法
實體方法
實體方法

此刻，類別的實體具有兩個實體方法（也就是，它們可以做的事情）：talk 和 move。然而，它們尚未具備任何實體變數（也就是，它們所知道的事情）。我們馬上就會有了。

程式碼磁貼

冰箱上有一支可運行的 Ruby 程式。儘管有部分程式碼片段位於正確的位置上，但是其他的程式碼片段則被隨意移動過。你能夠將這些程式碼片段重新復原成可運行的程式，以便產生底下所列示的輸出？

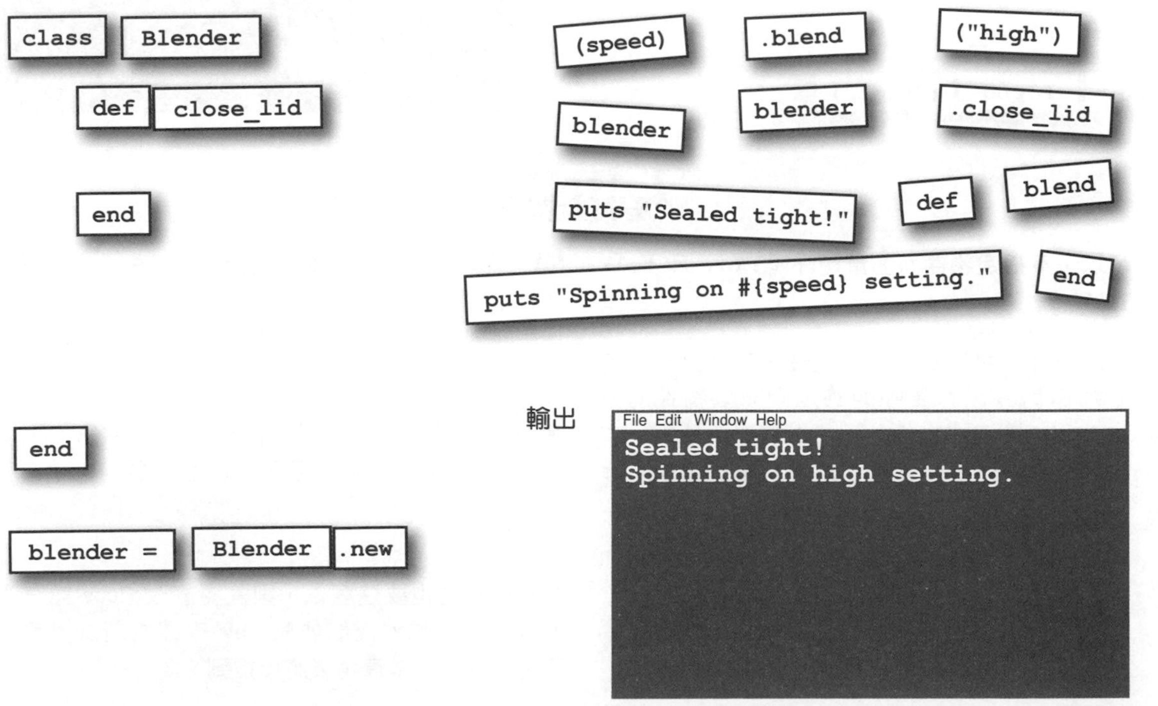
class
Blender
def
close_lid
end
end
blender =
Blender
.new
(speed)
.blend
("high")
blender
blender
.close_lid
puts "Sealed tight!"
def
blend
puts "Spinning on #{speed} setting."
end
輸出
File Edit Window Help
Sealed tight!
Spinning on high setting.

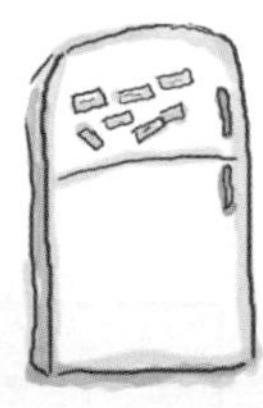

程式碼磁貼解答

冰箱上有一支可運行的 Ruby 程式。儘管有部分程式碼片段位於正確的位置上，但是其他的程式碼片段則被隨意移動過。你能夠將這些程式碼片段重新復原成可運行的程式，以便產生底下所列示的輸出？

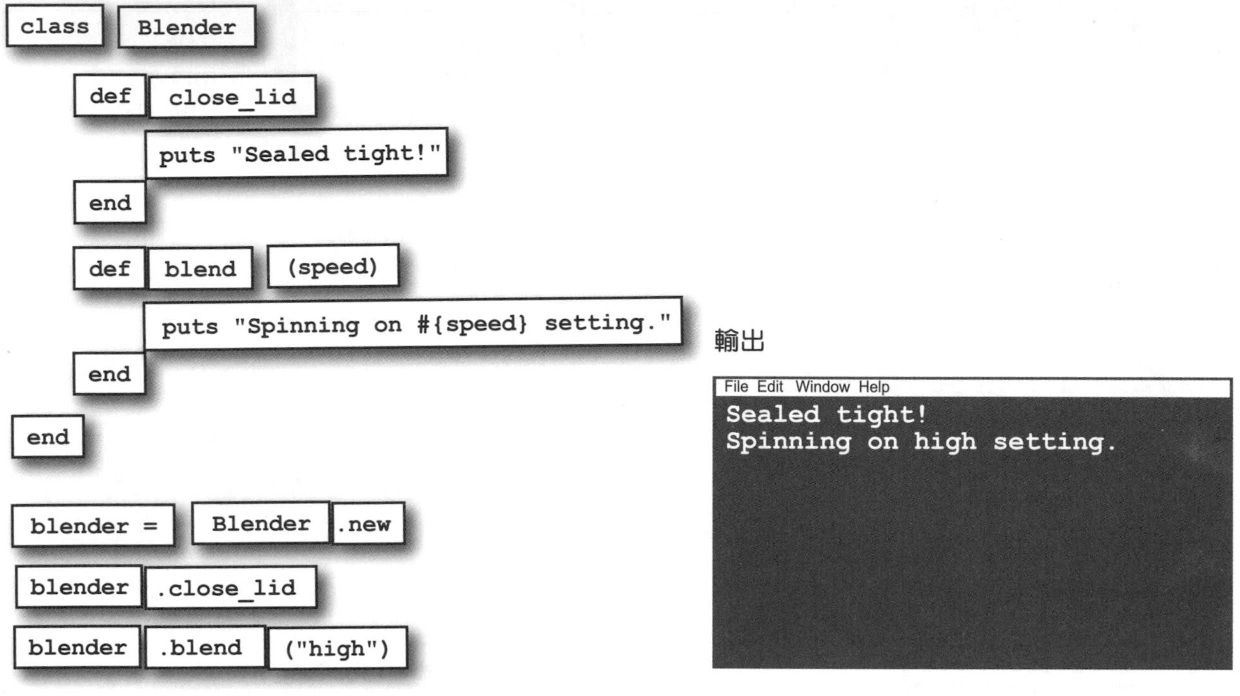
class Blender
def close_lid
puts "Sealed tight!"
end
def blend (speed)
puts "Spinning on #{speed} setting."
end
end
blender = Blender.new
blender.close_lid
blender.blend ("high")
輸出
File Edit Window Help
Sealed tight!
Spinning on high setting.

沒有蠢問題

問：我可以（不指定物件而）直接呼叫 move 和 talk 這些新方法嗎？

答：在類別之外不可以這麼做。記住，指定接收者的目的在告訴 Ruby，你想要呼叫的是哪一個物件的方法。move 和 talk 是實體方法；呼叫實體方法時，不明確指出你呼叫的方法位於類別的哪個實體，沒有任何意義。如果你真的這麼做，你將會得到如下的錯誤：

```
move("food bowl")

undefined method `move' for
main:Object (NoMethodError)
```

問：你說我們必須呼叫類別的 new 方法，以便建立物件。早在第一章的時候，你還說數值和字串是物件。為什麼我們不以呼叫 new 方法的方式來建立新的數值或字串？

答：開發者經常需要建立新的數值和字串，所以語言中內建了特殊的簡寫：字串和數值字面。

```
new_string = "Hello!"
new_float = 4.2
```

若其他類別也要這麼做，則需要修改 Ruby 語言本身，所以大多數類別僅能依靠 new 來建立新的實體。（然而也有例外；本章稍後將會提到。）

我們的物件不「知道」它們的名字和年齡！

動物救援協會的主要開發人員指出，我們漏掉了這個基於類別之解決方案的兩個問題：

當我們呼叫這些方法的時候，應該看到動物的名字！還有 report_age 方法在哪裡？

```
Flying to the tree.
Bark!
Chirp! Chirp!
Running to the house.
```

她說得有道理；我們遺漏了原始程式的兩項功能。

讓我們著手把 name 參數讀進 talk 和 move 方法：

就像之前那樣，當我們呼叫這些方法，將必須提供一個名字。

```
class Bird
  def talk(name)
    puts "#{name} says Chirp! Chirp!"
  end
  def move(name, destination)
    puts "#{name} flies to the #{destination}."
  end
end

class Dog
  def talk(name)
    puts "#{name} says Bark!"
  end
  def move(name, destination)
    puts "#{name} runs to the #{destination}."
  end
end

class Cat
  def talk(name)
    puts "#{name} says Meow!"
  end
  def move(name, destination)
    puts "#{name} runs to the #{destination}."
  end
end
```

就像之前那樣，我們將會在輸出中使用名字。

（又是）引數太多了

現在我們已經把 name 參數加入 talk 和 move 方法，我們又可以傳入想要印出的動物名字。

```
dog = Dog.new
dog_name = "Lucy"
dog.talk(dog_name)
dog.move(dog_name, "fence")

cat = Cat.new
cat_name = "Fluffy"
cat.talk(cat_name)
cat.move(cat_name, "litter box")
```

```
Lucy says Bark!
Lucy runs to the fence.
Fluffy says Meow!
Fluffy runs to the litter box.
```

得了吧。我們已經有一個用於保存動物物件的變數。你真的希望我們到處傳遞具有動物名稱的第二個變數？真倒楣！

```
dog = Dog.new
dog_name = "Lucy"
cat = Cat.new
cat_name = "Fluffy"
```

事實上，我們可以做得更好。我們可以使用實體變數來保存物件裡的資料。

物件導向程式設計的主要優勢之一是，可以把資料和處理資料的方法放在同一個地方。讓我們試著把名字存入動物物件，這樣我們就不必傳遞這麼多引數給我們的實體方法。

區域變數存活到方法結束為止

目前為止，我們已經討論過**區域變數**（*local variable*）一也就是，有效範圍被侷限在當前作用域（通常是當前方法）的變數。只要當前作用域結束，區域變數便不復存在，所以它們將無法被用於保存動物的名字，正如底下將會看到的。

此處可以看到 Dog 類別的新版本，它具有一個額外的方法，make _ up _ name。當我們呼叫 make _ up _ name，它會為犬物件保存名字，以便稍後供 talk 方法取用。

```
class Dog

  def make_up_name
    name = "Sandy"
  end

  def talk
    puts "#{name} says Bark!"
  end

end
```

保存了一個名字。

試圖取用之前所保存的名字。

然而，此刻若呼叫 talk 方法，我們會看到錯誤訊息，指出 name 變數並不存在：

```
dog = Dog.new
dog.make_up_name
dog.talk
```

錯誤

```
in `talk': undefined local
variable or method `name' for
#<Dog:0x007fa3188ae428>
```

發生了什麼事？早在 make _ up _ name 方法中，我們就已經定義過 name 變數！

不過，問題是，我們使用的是一個**區域**（*local*）變數。區域變數的有效範圍侷限在建立它們的方法中。本例中，只要 make _ up _ name 方法結束，name 變數便不復存在。

```
class Dog

  def make_up_name
    name = "Sandy"
  end

  def talk
    puts "#{name} says Bark!"
  end

end
```

只要方法結束，name 便離開了作用域。

執行到這裡，此變數已不復存在！

相信我們，讓區域變數短命是一件好事。程式中，如果你可以隨處存取任何變數，你隨時都有可能會無意中參用到錯誤的變數！如同大多數的語言，Ruby 會限制變數的作用域，以避免發生此類錯誤。

想像一下，如果這是一個區域變數…

```
def alert_ceo
  message = "Sell your stock."
  email(ceo, message)
end

email(shareholders, message)
```

…在此處存取該區域變數…

哇！好險。

錯誤

```
undefined local variable
or method `message'
```

只要實體存在實體變數就存在

只要區域變數的作用域結束，我們所建立的區域變數就會消失。但是，如果這是真的，我們如何能夠把 Dog 物件的名字與 Dog 物件保存在一起？我們將需要一種新的變數。

物件的實體變數與物件共存亡。

物件可以把資料存入**實體變數**（*instance variable*）：也就是，被繫結到物件實體的變數。被寫入實體變數的資料，與物件共存亡，只有當物件被移除，資料才會從記憶體中移除。

實體變數不僅看起來像一個普通的變數，而且依循相同的命名慣例。語法上的唯一差別是，它的名稱開頭多了一個 @（唸成 at）符號。

`my_variable`	`@my_variable`
區域變數	實體變數

下面我們又列出了 Dog 類別的程式碼，看起來如同之前所列示的程式碼，但這次我們添加了兩個 @ 符號，把兩個區域變數轉換成了一個實體變數。

```
class Dog

  def make_up_name
    @name = "Sandy"
  end

  def talk
    puts "#{@name} says Bark!"
  end

end
```

將一個值存入實體變數。（指向 `@name = "Sandy"`）

取用實體變數（指向 `#{@name}`）

現在我們可以像之前那樣呼叫 talk 方法，而且程式碼將會順利運作！make_up_name 方法中所建立的實體變數 @name，在 talk 方法中仍可存取。

```
dog = Dog.new
dog.make_up_name
dog.talk
```

```
Sandy says Bark!
```

只要實體存在實體變數就存在（續）

有了實體變數之後，我們輕易就能添加 move 和 report _ age 等方法…

```
class Dog

  def make_up_name
    @name = "Sandy"
  end

  def talk
    puts "#{@name} says Bark!"
  end

  def move(destination)
    puts "#{@name} runs to the #{destination}."
  end

  def make_up_age
    @age = 5
  end

  def report_age
    puts "#{@name} is #{@age} years old."
  end

end

dog = Dog.new
dog.make_up_name
dog.move("yard")
dog.make_up_age
dog.report_age
```

我們的新程式碼！

```
Sandy runs to the yard.
Sandy is 5 years old.
```

有了實體變數之後，我們終於可以填補犬物件之類別圖中的空缺！

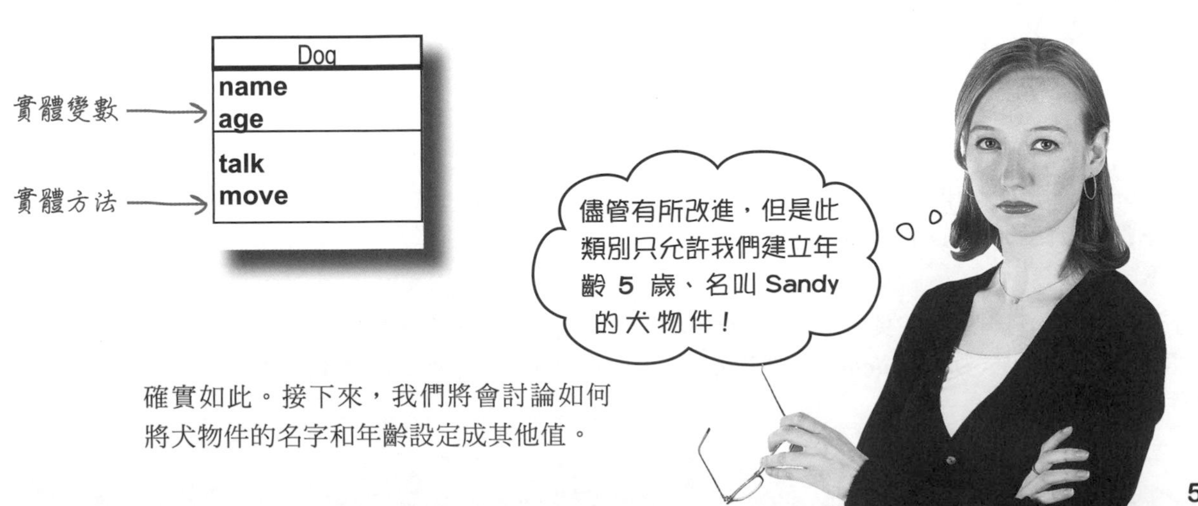

確實如此。接下來，我們將會討論如何將犬物件的名字和年齡設定成其他值。

封裝

現在我們可以使用實體變數來為我們的動物保存名字和年齡。但是 make _ up _ name 和 make _ up _ age 等方法只允許我們使用固定的值（當程式執行時，我們無法改變它們）。我們需要想辦法把它們設定成任何我們希望的值。

```
class Dog

  def make_up_name
    @name = "Sandy"
  end

  def make_up_age
    @age = 5
  end
...
end
```

不過這樣的程式碼將無法執行：

```
fido = Dog.new
fido.@age = 3
```

錯誤

```
syntax error, unexpected tIVAR
```

Ruby 絕不允許我們從類別的外面直接存取實體變數。這並非獨斷獨行；而是為了防止其他程式和類別隨意修改你的實體變數。

讓我們假設你可以直接更新實體變數的值。這要如何避免程式的其他部分將這些變數設定成無效值？

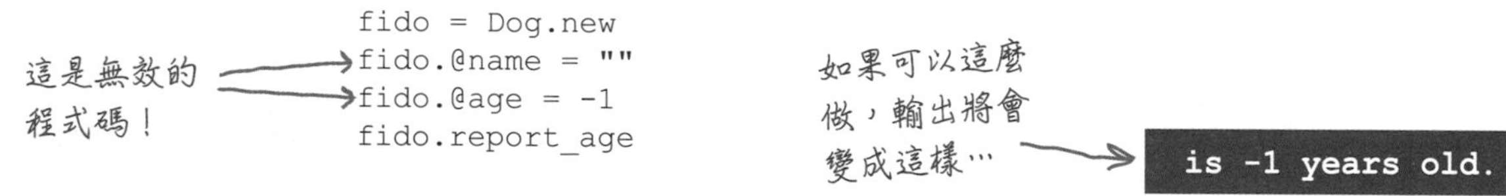

fido = Dog.new
fido.@name = ""
fido.@age = -1
fido.report_age
這是無效的程式碼！
如果可以這麼做，輸出將會變成這樣…
is -1 years old.

是誰多大了？此物件的資料顯然是無效的，而且使用者居然可以看到這樣的輸出！

空白的名字、負值的年齡僅僅是開始而已。接著可能發生有人無意間將電話號碼賦值給 Appointment 物件的實體變數 @date，或是把零賦值給所有 Invoice 物件的實體變數 @sales _ tax。這些情況都會導致程式出錯！

為了避免物件的資料暴露在具惡意（或思慮不周）的使用者面前，大多數的物件導向語言皆鼓勵**封裝**（*encapsulation*）的概念：防止程式的其他部分直接存取或修改物件的實體變數。

屬性存取器方法

為了鼓勵封裝，讓你的實體免於無效的資料，Ruby 不允許你從類別之外存取或變更實體變數。不過，你可以建立**存取器方法**（*accessor method*），它會為你把值寫入實體變數以及從實體變數把值讀回來。一旦你透過存取器方法來存取你的資料，你輕易就能擴充這些方法，讓它們來驗證你的資料—拒絕任何錯誤的值。

Ruby 具有兩種存取器方法：**屬性寫入器**（*attribute writer*）以及**屬性閱讀器**（*attribute reader*）。〔**屬性**（*attribute*）是關於物件的一段資料。〕屬性寫入器方法可以設定實體變數，而屬性閱讀器方法則可以取回實體變數的值。

下面是一個簡單的類別，它對名為 *my_attribute* 的屬性提供了寫入器和閱讀器方法：

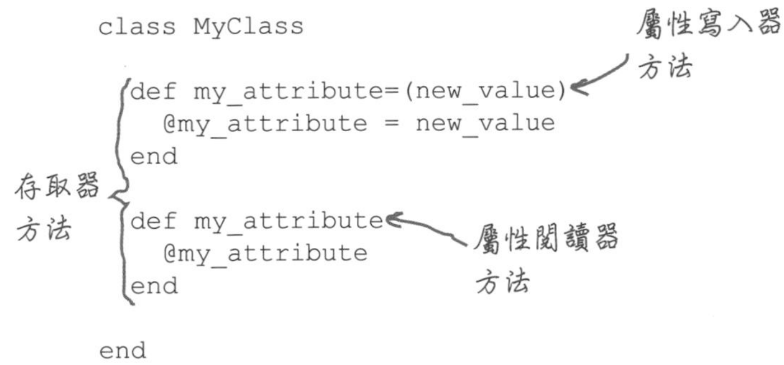
class MyClass
屬性寫入器方法
def my_attribute=(new_value)
@my_attribute = new_value
end
存取器方法
def my_attribute
@my_attribute
end
屬性閱讀器方法
end

如果我們為上面的類別建立了一個新的實體…　`my_instance = MyClass.new`

…我們可以這樣來設定屬性…　`my_instance.my_attribute = "a value"`

…以及這樣來讀取屬性。　`puts my_instance.my_attribute`

存取器方法只是一般的實體方法；我們之所以將它們稱為「存取器方法」（accessor method）只是因為它們的主要用途是存取實體變數。

屬性閱讀器方法便是一個例子；它是一個相當普通的方法，可用於回傳 `@my_attribute` 的當前值。

```
def my_attribute
  @my_attribute
end
```

閱讀器沒有什麼神奇之處！它只會回傳當前值。

屬性存取器方法（續）

如同屬性「閱讀器」（*reader*）方法，屬性「寫入器」（*writer*）方法也是一個相當普通的方法。我們之所以稱它為「屬性寫入器」（attribute writer）方法，只是因為它的主要用途是更新實體變數的值。

```
class MyClass

  def my_attribute=(new_value)
    @my_attribute = new_value
  end

  ...

end
```

屬性寫入器方法

它或許是一個相當普通的方法，但是它的呼叫卻有些特別。

記得本章稍早曾提到 Ruby 方法名稱的結尾可以是 =（等號）嗎？名稱以等號結尾的方法可做為屬性寫入器。

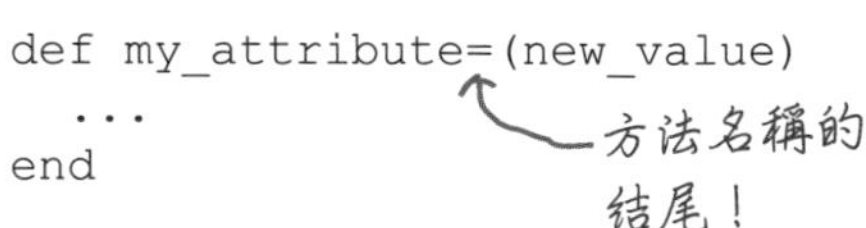
方法名稱的
結尾！

```
def my_attribute=(new_value)
  ...
end
```

當 Ruby 在你的程式碼中看到這樣的述句：

```
my_instance.my_attribute = "a value"
```

…會把它轉譯成呼叫 `my_attribute=` 實體方法。= 右邊的值會被當成引數傳入該方法：

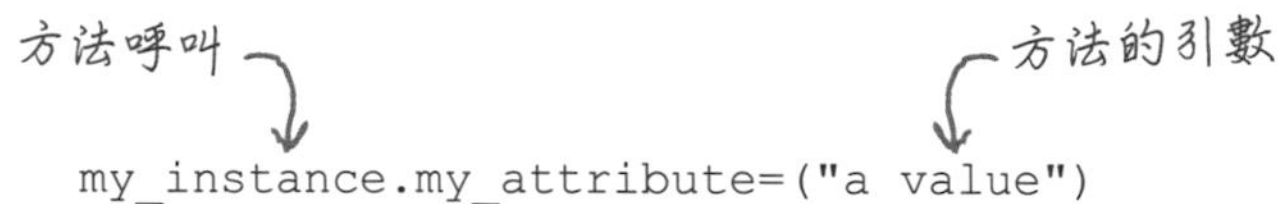
方法呼叫
方法的引數

```
my_instance.my_attribute=("a value")
```

上面所列示的是有效的 Ruby 程式碼，如果你喜歡的話，可以自己試著執行看看：

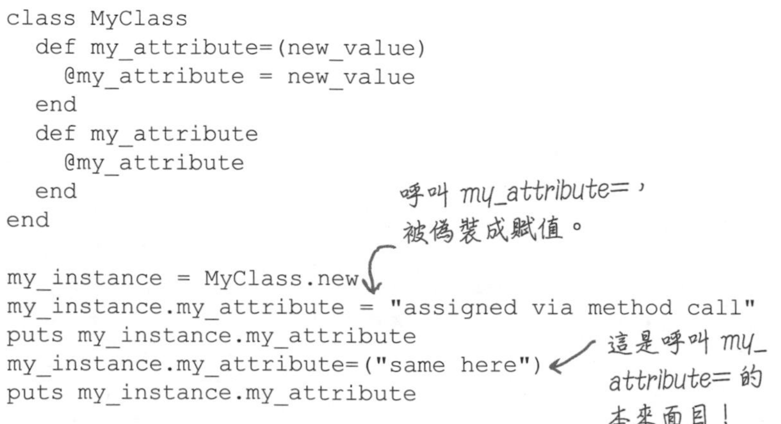
呼叫 my_attribute=，
被偽裝成賦值。
這是呼叫 my_
attribute= 的
本來面目！

```
class MyClass
  def my_attribute=(new_value)
    @my_attribute = new_value
  end
  def my_attribute
    @my_attribute
  end
end

my_instance = MyClass.new
my_instance.my_attribute = "assigned via method call"
puts my_instance.my_attribute
my_instance.my_attribute=("same here")
puts my_instance.my_attribute
```

一般常識

列出呼叫屬性寫入器的替代做法僅止於示範，目的是讓你瞭解幕後發生了什麼事。在實際的 Ruby 程式中，你應該只使用賦值的語法！

```
assigned via method call
same here
```

使用存取器方法

現在我們已經做好了將所學到的知識使用在 Fuzzy Friends 應用程式的準備。首先更新 `Dog` 類別的方法，好讓我們能夠讀取和寫入 `@name` 和 `@age` 等實體變數。我們還會在 `report_age` 方法中使用 `@name` 和 `@age`。稍後我們將會添加資料驗證的功能。

```
class Dog

  def name=(new_value)
    @name = new_value
  end

  def name
    @name
  end

  def age=(new_value)
    @age = new_value
  end

  def age
    @age
  end

  def report_age
    puts "#{@name} is #{@age} years old."
  end

end
```

把新值寫入 @name。

從 @name 讀出值。

把新值寫入 @age。

從 @age 讀出值。

存取器方法準備就緒後，我們可以從 `Dog` 類別之外（間接）設定和使用 `@name` 和 `@age` 等實體變數！

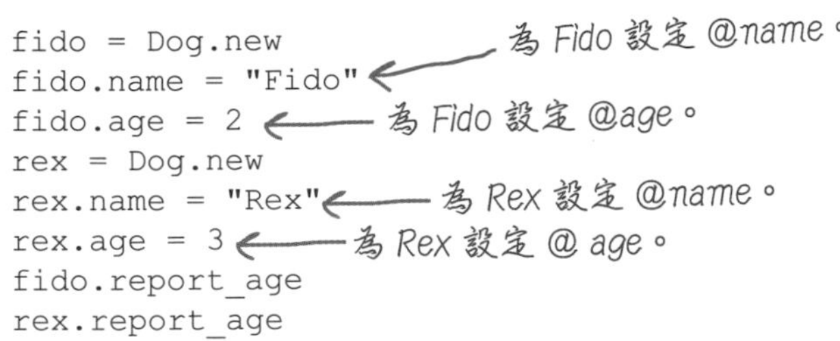

fido = Dog.new
fido.name = "Fido"
fido.age = 2
rex = Dog.new
rex.name = "Rex"
rex.age = 3
fido.report_age
rex.report_age
為 Fido 設定 @name。
為 Fido 設定 @age。
為 Rex 設定 @name。
為 Rex 設定 @ age。


```
Fido is 2 years old.
Rex is 3 years old.
```

不過，以人工方式為每個屬性撰寫閱讀器和寫入器方法可能會很麻煩。接下來，我們將會看到比較容易的做法…

屬性閱讀器方法的名稱通常應該與我們所要讀取之實體變數的名稱一致（當然，不包括 @ 符號）。

```
def tail_length
  @tail_length
end
```

屬性寫入器方法也是同樣的狀況，但是你應該在名稱結尾處添加一個 = 方法。

```
def tail_length=(value)
  @tail_length = value
end
```

屬性寫入器和閱讀器

由於程式員常常需要為屬性建立這兩個存取器方法，因此 Ruby 為我們提供了簡寫一分別為 `attr_writer`、`attr_reader` 和 `attr_accessor`。在你的類別定義中呼叫這三個方法，將會自動為你定義新的存取器方法：

在你的類別定義中撰寫…

…Ruby 將會自動定義這些方法：

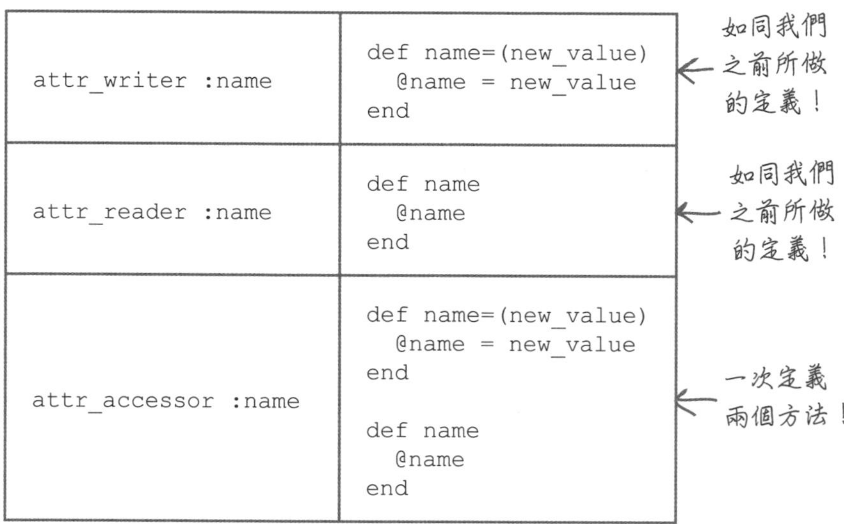

在你的類別定義中撰寫…	…Ruby 將會自動定義這些方法：

`attr_writer :name`	`def name=(new_value)`
	`  @name = new_value`
	`end`

`attr_reader :name`	`def name`
	`  @name`
	`end`

`attr_accessor :name`	`def name=(new_value)`
	`  @name = new_value`
	`end`
	
	`def name`
	`  @name`
	`end`

這三個方法都可以指定多個引數，如果你想要定義的存取器不只一個，你可以指定多個引數。

```
attr_accessor :name, :age
```

一次定義四個方法！

符號

附帶一提，`:name` 和 `:age` 都是符號。Ruby **符號**（*symbol*）係由一串字符所構成，如同一個字串。然而，與字串不同的是，符號的值不能改變。這使得符號在 Ruby 程式中非常適合用於參用（refer to）名稱（通常）不會改變的任何東西，譬如說，方法（method）。舉例來說，如果你在 irb 中呼叫一個物件上名為 `methods` 的方法，你將會看到它回傳一串符號。

`:hello`　`:over_easy`　`:east`

Ruby 符號

```
> Object.new.methods
=> [:class, :singleton_class, :clone, ...]
```

Ruby 程式碼中符號的參用，係以一個冒號（:）做為開頭。符號應該採用小寫字母，單字之間以底線符號隔開，就像變數名稱那樣。

實務上屬性寫入器和閱讀器的撰寫方式

Dog 類別在存取器方法這個部分用到了 12 列程式碼。使用 attr _ accessor 方法，我們可以把這些程式碼縮寫成 1 列！

這讓我們得以為 Dog 類別瘦身…

從此處…

```
class Dog

  def name=(new_value)
    @name = new_value
  end

  def name
    @name
  end

  def age=(new_value)
    @age = new_value
  end

  def age
    @age
  end

  def report_age
    puts "#{@name} is #{@age} years old."
  end

  def talk
    puts "#{@name} says Bark!"
  end

  def move(destination)
    puts "#{@name} runs to the #{destination}."
  end

end
```

…對應到此處！

等效！

等效！

```
class Dog

  attr_accessor :name, :age

  def report_age
    puts "#{@name} is #{@age} years old."
  end

  def talk
    puts "#{@name} says Bark!"
  end

  def move(destination)
    puts "#{@name} runs to the #{destination}."
  end

end
```

很有效率吧？而且還很容易閱讀！

但是，我們不要忘記撰寫存取器方法的初衷。目的是讓我們的實體變數能夠免於無效的資料。現在，這些方法尚未做到…稍後將會說明如何修改程式碼！

我們對類別和物件的使用還不是很熟悉。讓我們再試著操作一次 irb。我們將會載入一個簡單的類別，這樣我們就能夠以互動的方式來為它建立一些實體。

第一步：

將此類別的定義存入一個名為 *mage.rb* 的檔案。

```
class Mage

  attr_accessor :name, :spell

  def enchant(target)
    puts "#{@name} casts #{@spell} on #{target.name}!"
  end

end
```

mage.rb

第二步：

在終端機視窗中，找到你用於儲存檔案的目錄。

第三步：

我們希望能夠從當前目錄載入 Ruby 檔案，所以正如前面的練習，我們會鍵入下面的命令以便啟動 irb：

```
irb -I .
```

第四步：

如之前那樣，我們需要載入我們先前所保存的 Ruby 程式碼。鍵入：

```
require "mage"
```

習題（續）

Mage（魔法師）類別的程式碼被載入後，你可以試著建立一些實體，為這些實體設定屬性，讓他們對彼此下咒語（cast spells at each other）！初學者可以照著做做看：

```
merlin = Mage.new
merlin.name = "Merlin"
morgana = Mage.new
morgana.name = "Morgana"
morgana.spell = "Shrink"
morgana.enchant(merlin)
```

這裡是 irb 的簡單操作例：

```
File Edit Window Help
$ irb -I .
irb(main):001:0> require 'mage'
 => true
irb(main):002:0> merlin = Mage.new
 => #<Mage:0x007fd432082308>
irb(main):003:0> merlin.name = "Merlin"
 => "Merlin"
irb(main):004:0> morgana = Mage.new
 => #<Mage:0x007fd43206b310>
irb(main):005:0> morgana.name = "Morgana"
 => "Morgana"
irb(main):006:0> morgana.spell = "Shrink"
 => "Shrink"
irb(main):007:0> morgana.enchant(merlin)
Morgana casts Shrink on Merlin!
 => nil
irb(main):008:0>
```

猜猜我是誰？

一群 Ruby 概念，盛裝參加「猜猜我是誰？」派對遊戲。他們將會給你一個提示一試著根據他們的說法，猜猜他們是誰。假設他們所說的都是實話。請將所猜出的參與者填入右邊的空格。（我們已經替你完成了第一題。）

今晚的參與者：你之前所見與「物件中保存資料」相關的任何術語！

	名稱
我就待在物件實體裡，用於保存與物件相關的資料。	實體變數
我是與物件相關之一段資料的另一個名稱。我被保存在實體變數裡。	______
在方法中，我用於保存資料。一旦該方法返回，我就會消失。	______
我是一種實體方法。我的主要用途是讀或寫實體變數。	______
在 Ruby 程式中，我被用於參用名稱不會改變的任何東西（譬如說，方法）。	______

名稱

我就待在物件實體裡，用於保存與物件相關的資料。	實體變數
我是與物件相關之一段資料的另一個名稱。我被保存在實體變數裡。	屬性
在方法中，我用於保存資料。一旦該方法返回，我就會消失。	區域變數
我是一種實體方法。我的主要用途是讀或寫實體變數。	存取器方法
在 Ruby 程式中，我被用於參用名稱不會改變的任何東西（譬如說，方法）。	符號

問：存取器方法與實體方法有什麼區別？

答：「存取器方法」（accessor method）只是用於描述特定「實體方法」（instance method）的一種說法，此類實體方法的主要用途是取得或設定實體變數的值。就其他方面而言，存取器方法是一個普通的實體方法。

問：我在實體方法之外建立了一個實體變數，但是當我試圖存取它時，它卻不見了。為什麼？

```
class Widget
  @size = 'large'
  def show_size
    puts "Size: #{@size}"
  end
end

widget = Widget.new
widget.show_size
```

空白！

```
Size:
```

答：當你在實體方法之外建立實體變數時，你其實是在類別「物件」之上建立實體變數。（沒有錯，Ruby 中，類別本身也是物件。）

儘管有潛在的用途，但是已超出了本書的討論範圍。就目前而言，幾乎可以肯定這不會是你想要使用的功能。相反的，你會想要在實體方法中建立實體變數：

```
class Widget
  def set_size
    @size = 'large'
  end
  ...
end
```

池畔風光

你的**任務**就是從池中取出程式碼片段，並用它們來為程式碼填空。每個程式碼片段的使用**請勿**超過一次，你不需要用完所有的程式碼片段。你的**目標**是讓程式碼能夠運行，以及產生此處所示的輸出。

```
class Robot

  def ____
    @head
  end

  def _____(value)
    @arms = value
  end

  ___________ :legs, :body

  attr_writer _____

  _____________ :feet

  def assemble
    @legs = "RubyTek Walkers"
    @body = "BurlyBot Frame"
    _____ = "SuperAI 9000"
  end

  def diagnostic
    puts _____
    puts @eyes
  end

end
```

```
robot = Robot.new

robot.assemble

robot.arms = "MagGrip Claws"
robot.eyes = "X-Ray Scopes"
robot.feet = "MagGrip Boots"

puts robot.head
puts robot.legs
puts robot.body
puts robot.feet
robot.diagnostic
```

輸出

```
File Edit Window Help
SuperAI 9000
RubyTek Walkers
BurlyBot Frame
MagGrip Boots
MagGrip Claws
X-Ray Scopes
```

注意：池中每一件東西只能使用一次！

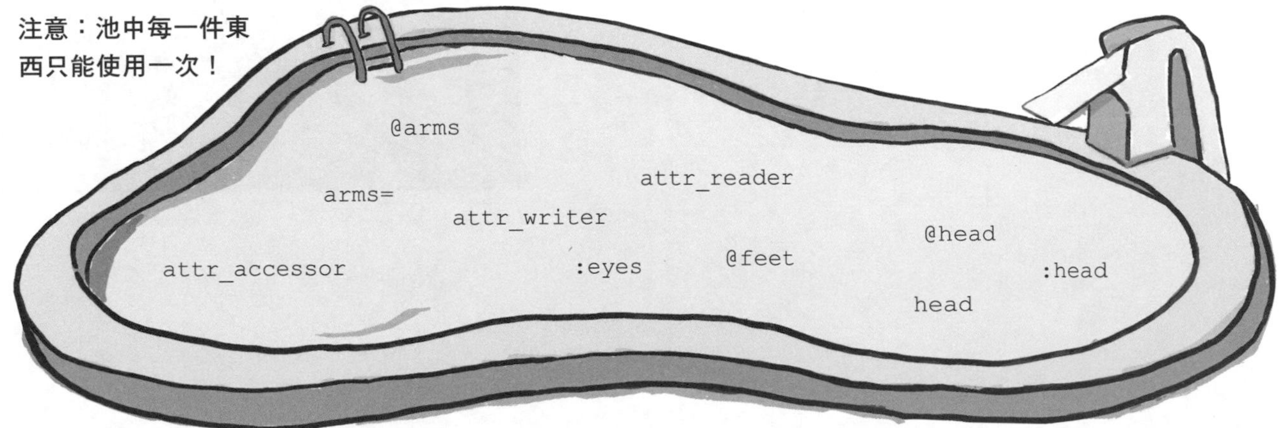

池畔風光解答

你的**任務**就是從池中取出程式碼片段，並用它們來為程式碼填空。每個程式碼片段的使用**請勿**超過一次，你不需要用完所有的程式碼片段。你的**目標**是讓程式碼能夠運行，以及產生此處所示的輸出。

```
class Robot

  def head
    @head
  end

  def arms=(value)
    @arms = value
  end

  attr_reader :legs, :body

  attr_writer :eyes

  attr_accessor :feet

  def assemble
    @legs = "RubyTek Walkers"
    @body = "BurlyBot Frame"
    @head = "SuperAI 9000"
  end

  def diagnostic
    puts @arms
    puts @eyes
  end

end
```

```
robot = Robot.new

robot.assemble

robot.arms = "MagGrip Claws"
robot.eyes = "X-Ray Scopes"
robot.feet = "MagGrip Boots"

puts robot.head
puts robot.legs
puts robot.body
puts robot.feet
robot.diagnostic
```

輸出

File Edit Window Help Lasers

```
SuperAI 9000
RubyTek Walkers
BurlyBot Frame
MagGrip Boots
MagGrip Claws
X-Ray Scopes
```

使用存取器來確保資料的有效性

還記得這個如噩夢般的場景？Ruby 讓程式直接存取實體變數，有人為 Dog 實體提供了空的名稱以及負值的年齡。壞消息是：儘管現在你已經為 Dog 類別添加了屬性寫入器方法，人們還是可以這麼做！

```
joey = Dog.new
joey.name = ""
joey.age = -1
joey.report_age
```

```
 is -1 years old.
```

不要慌！同樣的寫入器方法將可協助我們避免未來發生此情況。我們將會把某個簡單的資料驗證程序（validation）加入方法，它會在無效值被傳入時，印出錯誤訊息。

因為 name= 和 age= 只是普通的 Ruby 方法，所以添加驗證程序相當容易；我們將會使用一般的 if 述句來尋找空字串（就 name= 而言）或負值（就 age= 而言）。如果我們遇到無效的值，我們就會印出錯誤訊息。只有當值是有效的時候，我們才會實際去設定 @name 或 @age 等實體變數。

```
class Dog

  attr_reader :name, :age

  def name=(value)
    if value == ""
      puts "Name can't be blank!"
    else
      @name = value
    end
  end

  def age=(value)
    if value < 0
      puts "An age of #{value} isn't valid!"
    else
      @age = value
    end
  end

  def report_age
    puts "#{@name} is #{@age} years old."
  end

end
```

我們只有自動定義閱讀器方法，因為我們要自行定義寫入器方法。（指向 attr_reader）

如果名字是空字串，則印出錯誤訊息。（指向 if value == ""）

只在名字是有效值的時候，設定實體變數。（指向 @name = value）

如果年齡是負值，則印出錯誤訊息。（指向 if value < 0）

只在年齡是有效值的時候，設定實體變數。（指向 @age = value）

錯誤—「緊急停止」按鈕

所以現在如果我們設定無效的名字或年
齡便會看到警告訊息。太好了。但隨後呼叫
report _ age 的時候，名字和年齡都是空的！


```
glitch = Dog.new
glitch.name = ""
glitch.age = -256
glitch.report_age
```

```
Name can't be blank!
An age of -256 isn't valid!
 is  years old.
```

空的！

我們需要以一個更有意義的方式來處理 name= 和 age= 等存取器方法中無效的參數，而不只是印出訊息。讓我們來修改 name= 和 age= 等方法中的驗證程式碼，以便使用 Ruby 的內建方法，raise，來報告任何錯誤。

```
raise "Something bad happened!"
```

raise 的意思是 "raise an issue"（引發一個問題）。也就是，你的程式引發了一個問題，請注意。

你呼叫 raise 的時候，會傳入一個用於描述錯誤的字串。當 Ruby 遇到此呼叫，會停下正在做的事，印出你的錯誤訊息。因為此程式不會對錯誤做任何處理，所以程式將會立即結束。

在我們的屬性寫入器方法中使用 raise

這裡是程式碼已經修改過的 Dog 類別…

我們的兩個寫入器方法已經使用了 raise 方法，現在我們的 if 述句不需要使用 else 子句。如果所傳入的是無效值，raise 述句會被執行，程式會因而中止。於是用於對實體變數賦值的述句，絕對不會被執行。

```
class Dog

  attr_reader :name, :age

  def name=(value)
    if value == ""
      raise "Name can't be blank!"
    end
    @name = value
  end

  def age=(value)
    if value < 0
      raise "An age of #{value} isn't valid!"
    end
    @age = value
  end

  def report_age
    puts "#{@name} is #{@age} years old."
  end

end
```

如果 value 的值是無效的…（指向 `if value == ""`）

…執行到此處為止。（指向 `raise "Name can't be blank!"`）

如果 raise 被呼叫，此述句將不會被執行。（指向 `@name = value`）

如果 value 的值是無效的…（指向 `if value < 0`）

…執行到此處為止。（指向 `raise "An age of #{value} isn't valid!"`）

如果 raise 被呼叫，此述句將不會被執行。（指向 `@age = value`）

現在，如果有一個空的名稱被傳入 name=，Ruby 將會回報錯誤，整個程式會因而結束。

```
anonymous = Dog.new
anonymous.name = ""
```

錯誤 → in `name=': Name can't be blank! (RuntimeError)

如果有人試圖把年齡設定為小於零的值，你將會得到另一個錯誤訊息。

```
joey = Dog.new
joey.age = -1
```

錯誤 → in `age=': An age of -1 isn't valid! (RuntimeError)

第 12 章中，我們將會看到，這樣的錯誤也可以由程式的其他部分來處理，所以程式仍會繼續執行下去。但現在，頑皮的開發人員試圖把空的名字或負值的年齡傳入你的 Dog 實體，便會立刻發現他們必須改寫他們的程式碼。

真棒！現在如果開發人員的程式碼中存在錯誤，在使用者發現它之前，開發人員就會注意到。做得好！

我們的完整 Dog 類別

下面是完整的 Dog 類別，其中包含了若干用於建立 Dog 實體的程式碼。

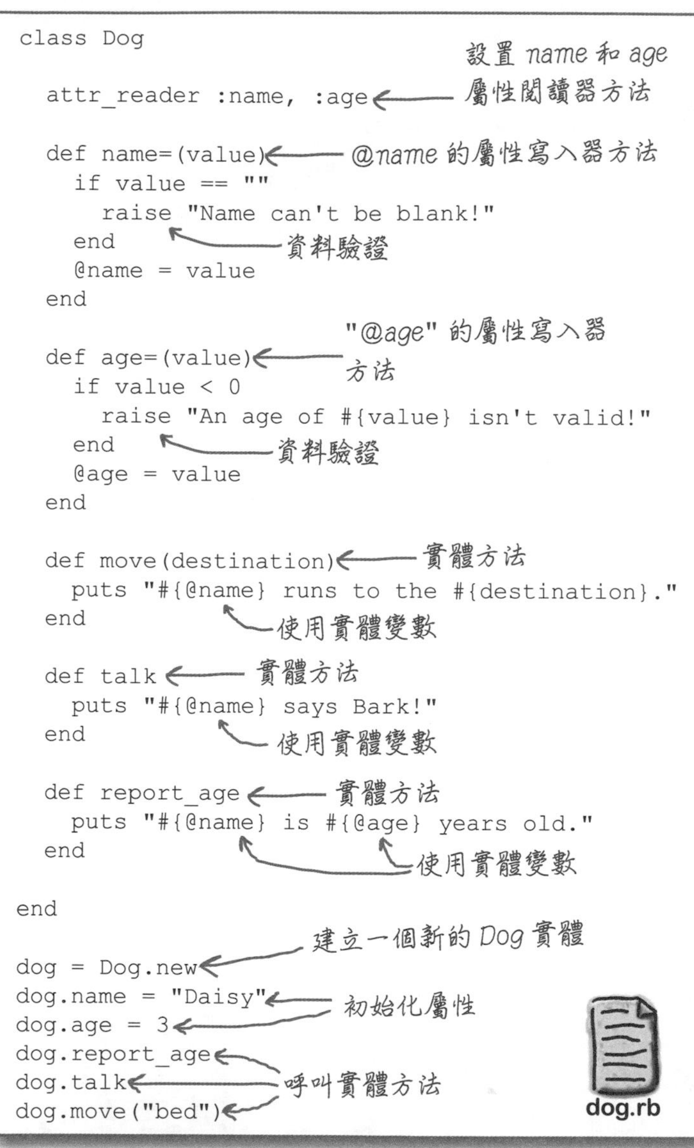

```ruby
class Dog

  attr_reader :name, :age

  def name=(value)
    if value == ""
      raise "Name can't be blank!"
    end
    @name = value
  end

  def age=(value)
    if value < 0
      raise "An age of #{value} isn't valid!"
    end
    @age = value
  end

  def move(destination)
    puts "#{@name} runs to the #{destination}."
  end

  def talk
    puts "#{@name} says Bark!"
  end

  def report_age
    puts "#{@name} is #{@age} years old."
  end

end

dog = Dog.new
dog.name = "Daisy"
dog.age = 3
dog.report_age
dog.talk
dog.move("bed")
```

實體變數（狀態）

實體方法（行為）

有了做為**屬性存器**（*attribute accessor*）的實體方法後，讓我們來取得和設定實體變數的內容。

```ruby
puts dog.name
dog.age = 3
puts dog.age
```

```
Daisy
3
```

實體方法讓我們的犬物件得以做一些事情，像是移動、發出聲音以及回報年齡。我們可以透過實體方法來使用物件之實體變數中的資料。

```ruby
dog.report_age
dog.talk
dog.move("bed")
```

```
Daisy is 3 years old.
Daisy says Bark!
Daisy runs to the bed.
```

我們的屬性寫入器方法已經可以驗證傳入的資料，如果傳入無效的值便會引發錯誤。

```ruby
dog.name = ""
```

錯誤 →

```
in `name=': Name
can't be blank!
(RuntimeError)
```

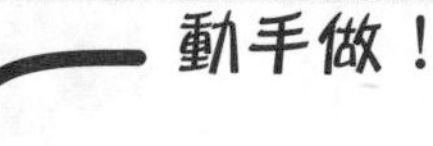

將上面的程式碼鍵入名為 *dog.rb* 檔案。試著添加更多的 Dog 實體！然後從終端機視窗來執行 **ruby dog.rb**。

你的 Ruby 工具箱

第 2 章已經閱讀完畢，現在你可以把方法（method）以及類別（class）加入你的工具箱。

述句(Statements)

條件…
下執…
迴圈…
碼，…
結束…

方法(Methods)

你可以透過提供預設值，讓方法的參數變成可選用。

方法名稱的結尾可以是 ?、! 或 =。

方法會把最後一個運算式的求值結果回傳給它的呼叫者。你還可以使用 return 述句來為方法指定回傳值。

類別(Classes)

類別是用於建立物件實體的模板。

一個物件的類別可以定義它的實體方法（物件所能做的事情）。

在實體方法中，你可以建立實體變數（物件對自己的瞭解）。

要點提示

- 一個方法的本體組成自一或多個 Ruby 述句，當該方法被呼叫時，方法的本體將會被呼叫。
- 當（而且只有當）你沒有定義任何參數的時候，方法的定義應該省略圓括號。
- 如果你沒有指定回傳值，方法將會回傳最後一個運算式的求值結果。
- 方法的定義若出現在類別定義中，會被視為該類別的實體方法。
- 在類別定義的外部，僅能經由存取器方法來存取實體變數。
- 在你的類別定義中，你可以呼叫 `attr_writer`、`attr_reader` 和 `attr_accessor` 等方法來快速定義存取器方法。
- 把資料存入實體變數之前，可以使用存取器方法來驗證資料。
- 在你的程式中，可以透過 `raise` 方法的呼叫來回報錯誤。

接下來…

有了完整的 Dog 類別，現在我們只需要為 Cat 和 Bird 等類別添加相同的功能。

對複製程式碼的景象感到不安？別擔心！下一章所探討的繼承，將可簡化此工作！

3 繼承

依靠你的父類別

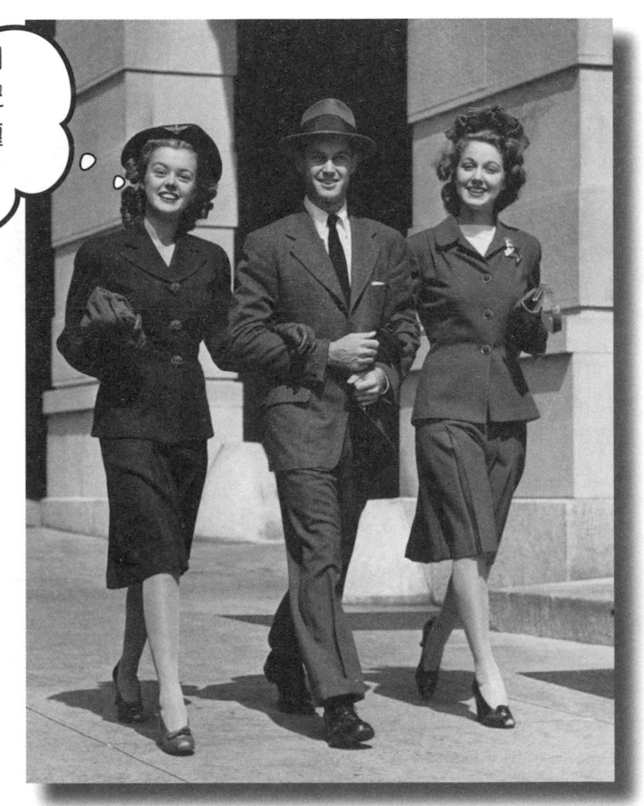

我和兄弟姊妹曾為繼承的問題爭執過。但是現在我們已經學會如何共享一切，問題便迎刃而解了！

有這麼多重複的地方！ 你的新類別可用於表示不同類型的車輛和動物，真棒。但是你必須在類別之間複製實體方法。這些副本開始出現不同步的情況—有些是正確的，有些是有瑕疵的。類別不是應該讓程式碼更容易維護才對？

本章中，我們將會學到如何透過**繼承**（*inheritance*）來讓你的類別共享方法。較少的副本意味著維護起來較容易！

複製、貼上… 真浪費…

回到 Got-A-Motor 公司，開發團隊想要自己嘗試物件導向程式設計（object-oriented programming）的做法。他們已經把原本的虛擬試駕應用程式轉變成為每種車輛類型使用不同的類別。他們目前有用於表示汽車（car）、卡車（truck）以及摩托車（motorcycle）的類別。

下面是這些類別的結構現在看起來的樣子：

	Car
實體變數	odometer gas_used
實體方法	mileage accelerate sound_horn

	Truck
實體變數	odometer gas_used
實體方法	mileage accelerate sound_horn

	Motorcycle
實體變數	odometer gas_used
實體方法	mileage accelerate sound_horn

由於顧客的要求，管理層要求把 steering（操縱方向盤）加入所有的車輛類型。Mike（Got-A-Motor 公司的菜鳥開發人員）認為他有辦法滿足這項要求。

沒問題！我只需要把 `steer` 方法添加到 `Car` 類別。然後複製它，並把它貼到其他類別上去，就像我之前對另外三個方法所做那樣！

Mike 為虛擬試駕類別所撰寫的程式碼

```
class Car

  attr_accessor :odometer
  attr_accessor :gas_used

  def mileage
    @odometer / @gas_used
  end

  def accelerate
    puts "Floor it!"
  end

  def sound_horn
    puts "Beep! Beep!"
  end
                    複製！
  def steer
    puts "Turn front 2 wheels."
  end

end
```

```
class Truck

  attr_accessor :odometer
  attr_accessor :gas_used

  def mileage
    @odometer / @gas_used
  end

  def accelerate
    puts "Floor it!"
  end

  def sound_horn
    puts "Beep! Beep!"
  end
                    貼上！
  def steer
    puts "Turn front 2 wheels."
  end

end
```

```
class Motorcycle

  attr_accessor :odometer
  attr_accessor :gas_used

  def mileage
    @odometer / @gas_used
  end

  def accelerate
    puts "Floor it!"
  end

  def sound_horn
    puts "Beep! Beep!"
  end
                    貼上！
  def steer
    puts "Turn front 2 wheels."
  end

end
```

但是 Marcy（團隊裡經驗豐富的物件導向開發人員）對這種做法持保留的態度。

複製貼上這種做法是一個餿主意。如果我們需要修改一個方法呢？我們必須到每個類別去修改它！並請注意 **Motorcycle** 類別一摩托車並不具有兩個前輪！

Marcy 說得沒錯；噩夢就要發生了。首先，讓我們弄清楚如何解決重複的問題。然後，我們會修正 Motorcycle 物件的實體方法 steer。

繼承來解圍！

幸運的是，就像大多數物件導向語言，Ruby 包括了**繼承**（*inheritance*）的概念，這個概念讓類別得以從另一個類別繼承方法。如果一個類別具有某個功能，那麼繼承它的類別會自動獲得該功能。

繼承讓你得以把常用的方法移往單一類別，而不必在多個類似的類別中重複定義方法。然後你可以讓其他類別繼承該類別。具有常用方法的類別稱為**超類別**（*superclass*）或稱**父類別**，而繼承這些方法的類別稱為**子類別**（*subclass*）。

如果一個父類別具有實體方法，那麼它的子類別會自動繼承這些方法。欲使用這些方法，你可以從父類別取得需要使用的方法，而不必在每個子類別裡複製方法的程式碼。

下面說明在虛擬試駕應用程式中如何使用繼承來擺脫複製程式碼的噩夢…

繼承讓多個子類別得以從單一父類別取得所要使用的方法。

❶ 我們發現 `Car`、`Truck` 和 `Motorcycle` 等類別具有若干共同的實體方法和屬性。

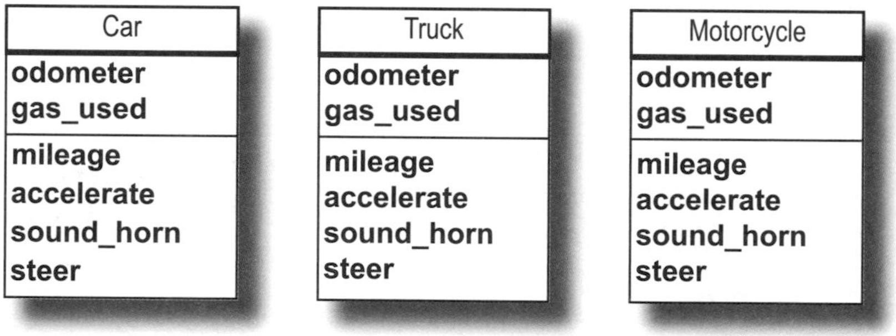

Car
odometer gas_used
mileage accelerate sound_horn steer

Truck
odometer gas_used
mileage accelerate sound_horn steer

Motorcycle
odometer gas_used
mileage accelerate sound_horn steer

❷ 每個類別用於代表一種類型的車輛。所以我們會建立一個新的類別，將該類別取名為 `Vehicle`，並把常用的方法和屬性移往該處。

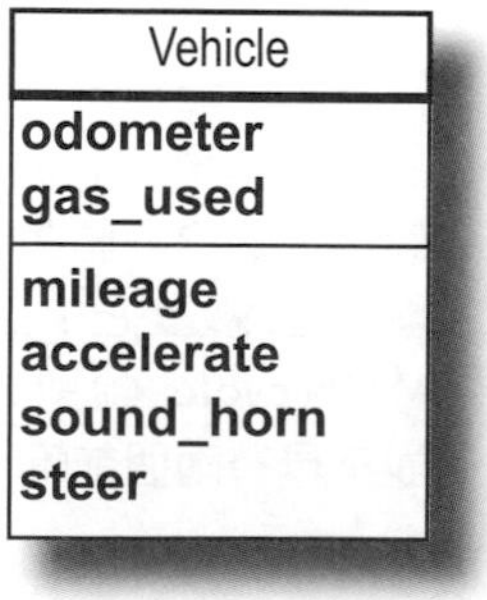

Vehicle
odometer gas_used
mileage accelerate sound_horn steer

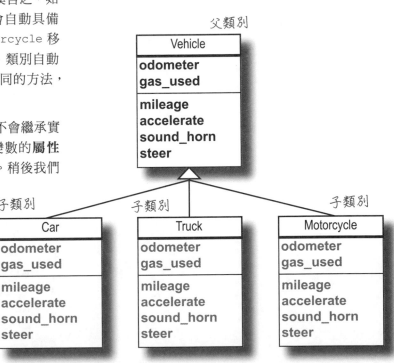

繼承來解圍！（續）

父類別

Vehicle

odometer
gas_used

mileage
accelerate
sound_horn
steer

3 然後，我們可以讓其他類別繼承 Vehicle 類別。

這代表繼承

子類別 Car

子類別 Truck

子類別 Motorcycle

Vehicle 類別稱為另三個類別的**父類別**。而 Car、Truck 和 Motorcycle 則稱為 Vehicle 的**子類別**。

子類別繼承了父類別的所有方法和屬性。換言之，如果父類別具有某個功能，它的子類別便會自動具備該功能。我們可以從 Car、Truck 和 Motorcycle 移除重複的方法，因為它們將會從 Vehicle 類別自動繼承這些方法。於是所有類別仍舊具有相同的方法，但是每個方法只需維持一個副本！

注意，技術上來說，在 Ruby 中，子類別不會繼承實體變數；它們所繼承的是用於建立這些變數的**屬性存取器方法**（*attribute accessor method*）。稍後我們將會說明這個微妙的差異。

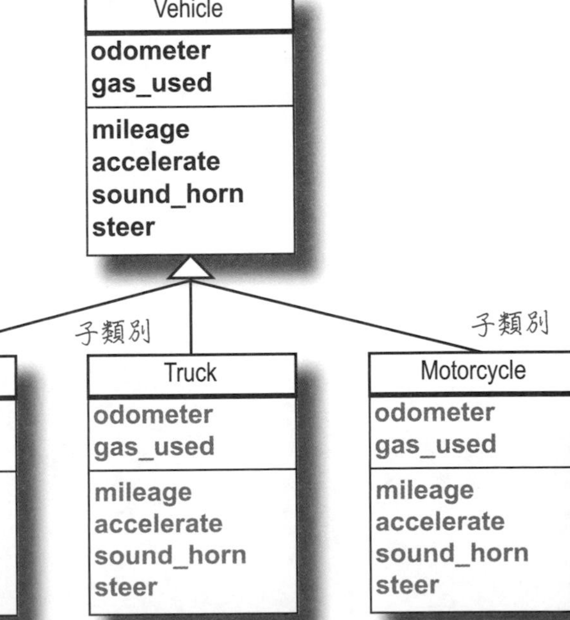

你仍舊可以對子類別的實體呼叫這些繼承而來的方法和屬性存取器，就好像它們是在子類別中直接宣告的！

定義父類別（沒有什麼特別的）

為了消除 Car、Truck 和 Motorcycle 等類別中重複的方法，Marcy 做了這樣的設計。他把共享的方法和屬性移往 Vehicle 類別。Car、Truck 和 Motorcycle 皆為 Vehicle 的子類別，它們繼承了 Vehicle 的所有方法。

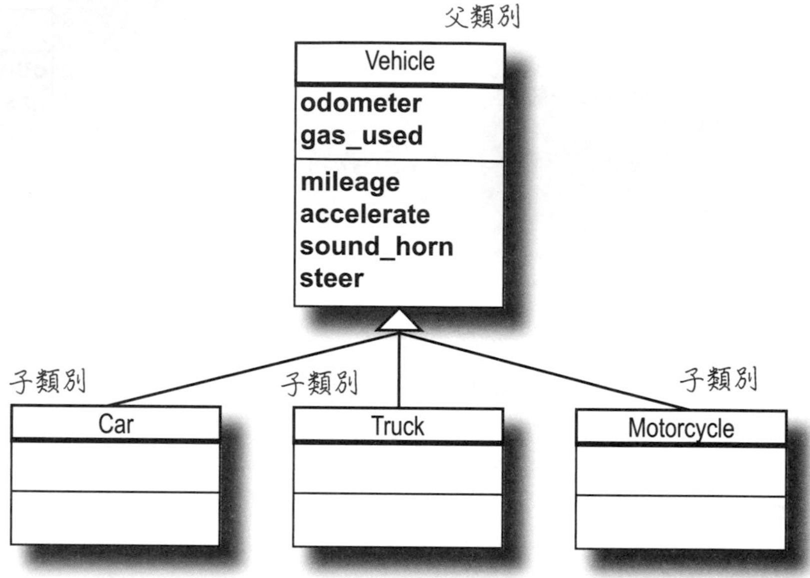

Ruby 中，定義父類別實際上不需要使用特殊的語法；它只是一個普通的類別。（大部分的物件導向語言都是這樣的。）

```
class Vehicle

  attr_accessor :odometer
  attr_accessor :gas_used

  def accelerate
    puts "Floor it!"
  end

  def sound_horn
    puts "Beep! Beep!"
  end

  def steer
    puts "Turn front 2 wheels."
  end

  def mileage
    return @odometer / @gas_used
  end

end
```

當我們宣告一個子類別，所有屬性都將會被繼承。

也包括所有實體方法。

定義子類別（真的很簡單）

子類別的語法並不會太複雜。除非你要為子類別指定所要繼承的父類別，否則子類別的定義看起來就像一般類別的定義。

Ruby 之所以使用小於（<）符號是因為子類別是父類別的一個子集合。（所有汽車都是車輛，但是並非所有車輛皆為汽車。）你可以把子類別視為小於父類別。

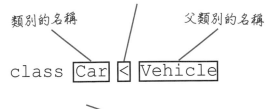

```
class Car < Vehicle

end
```

類別的名稱

小於符號。唸成「繼承自」或「實體化為」。

父類別的名稱

我們可以在此處定義額外的方法和屬性，但是現在我們只會使用繼承而來的方法和屬性。

所以我們需要這麼寫，好讓 Car、Truck 和 Motorcycle 能夠成為 Vehicle 的子類別：

```
class Car < Vehicle
end

class Truck < Vehicle
end

class Motorcycle < Vehicle
end
```

只要你把 Car、Truck 和 Motorcycle 定義成子類別，它們就會繼承 Vehicle 的所有屬性和實體方法。即使子類別本身不包含任何程式碼，我們所建立的任何實體將可獲得父類別的所有功能！

```
truck = Truck.new
truck.accelerate
truck.steer

car = Car.new
car.odometer = 11432
car.gas_used = 366

puts "Lifetime MPG:"
puts car.mileage
```

```
Floor it!
Turn front 2 wheels.
Lifetime MPG:
31
```

現在我們的 Car、Truck 和 Motorcycle 類別皆具有相同的功能，但是沒有重複的程式碼。透過繼承將能夠免去許多維護上的麻煩！

添加方法到子類別

就目前的情況來看，Truck 類別與 Car 或 Motorcycle 等類別之間並無差異。但如果不是為了運貨，卡車有何用處？ Got-A-Motor 公司想要為 Truck 實體添加 load _ bed 方法以及 cargo 屬性，以便存取車斗所乘載的貨物。

然而，不應該把 cargo 和 load _ bed 添加到 Vehicle 類別。儘管這麼做 Truck 類別會繼承它們，但是 Car 和 Motorcycle 也會。汽車和摩托車並不具備承載貨物的車斗（cargo bed）！

因此，我們可以把 cargo 屬性和 load _ bed 方法直接定義在 Truck 類別。

```
class Truck < Vehicle

  attr_accessor :cargo

  def load_bed(contents)
    puts "Securing #{contents} in the truck bed."
    @cargo = contents
  end

end
```

現在如果我們再次畫出 Vehicle 的類別圖，看起來會像這樣：

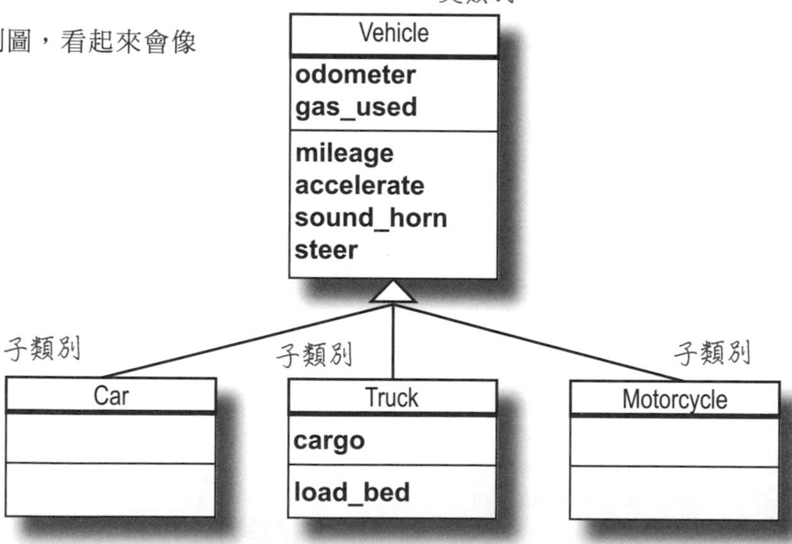

添加了這些程式碼，我們可以建立新的 Truck 實體，然後承載和存取貨物。

```
truck = Truck.new
truck.load_bed("259 bouncy balls")
puts "The truck is carrying #{truck.cargo}."
```

```
Securing 259 bouncy balls in the truck bed.
The truck is carrying 259 bouncy balls.
```

除了繼承而來的方法，子類別還可以添加新的方法

除了從父類別繼承而來的方法，子類別還可以定義自己的方法。Truck 不僅具有從 Vehicle 繼承而來的屬性和方法，還添加了 cargo 和 load _ bed。

如果繪製類別圖的時候，納入繼承而來的屬性和方法，看起來會像這樣：

父類別

Vehicle
odometer gas_used
mileage accelerate sound_horn steer

子類別

Car	Truck	Motorcycle
odometer gas_used	odometer gas_used cargo	odometer gas_used
mileage accelerate sound_horn steer	mileage accelerate sound_horn steer load_bed	mileage accelerate sound_horn steer

所以，除了 cargo 屬性和 load _ bed 方法，我們的 Truck 實體還可以存取繼承而來的所有屬性和方法。

```
truck.odometer = 11432
truck.gas_used = 366
puts "Average MPG:"
puts truck.mileage
```

```
Average MPG:
31
```

所以，子類別除了從它的父類別繼承實體方法，它還繼承了實體變數？

Ruby 岔題

令人驚訝地，答案是否定的。稍安勿躁；我們需要兩頁的篇幅來做進一步的說明…

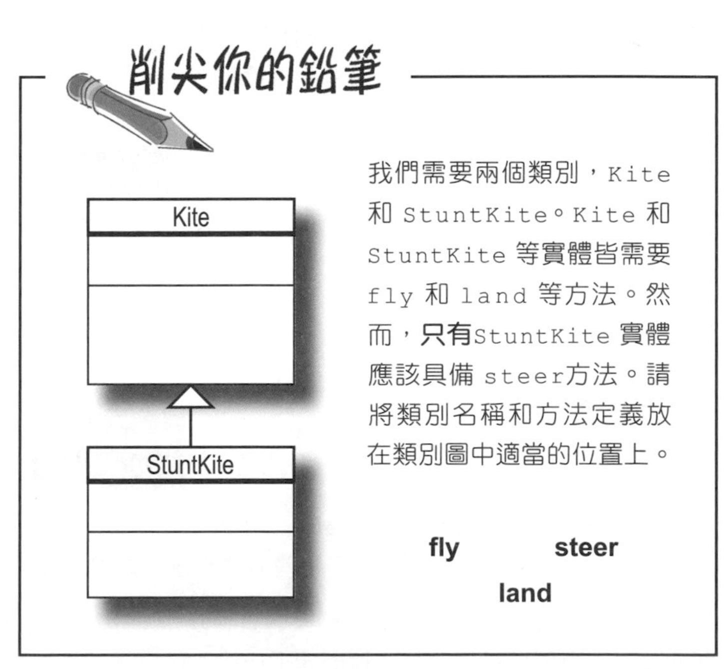

我們需要兩個類別，Kite 和 StuntKite。Kite 和 StuntKite 等實體皆需要 fly 和 land 等方法。然而，**只有**StuntKite 實體應該具備 steer方法。請將類別名稱和方法定義放在類別圖中適當的位置上。

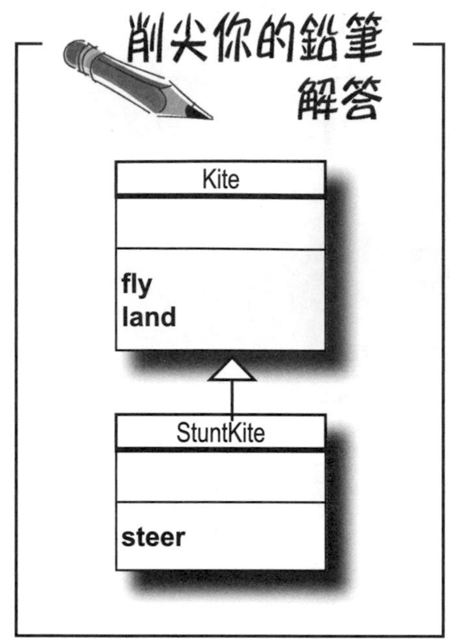

實體變數屬於物件，而非類別！

很容易形式一種印象，定義於父類別的實體變數會由子類別所繼承，但這並非它在 Ruby 中的運作方式。讓我們再看一次我們的類別圖，這次把重點放在 Vehicle 和 Car 等類別的屬性存取器方法…

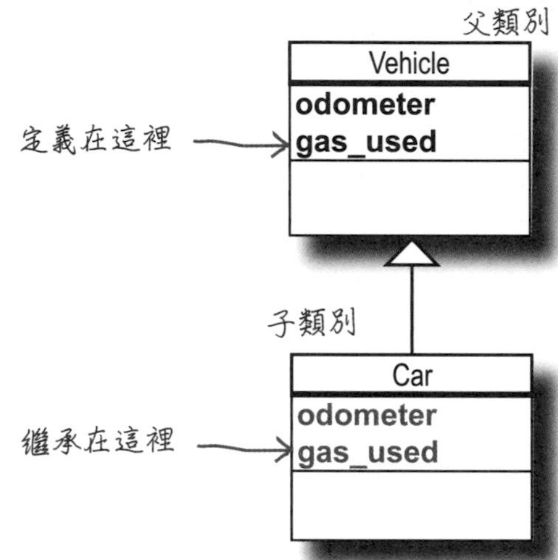

你可能會認為，Car 會從 Vehicle 繼承 @odometer 和 @gas _ used 等實體變數。嗯，讓我們來測試看看… 所有的 Ruby 物件皆具有一個名為 instance _ variables 的方法，對物件呼叫該方法，將能夠看到物件具有哪些實體變數。

```
car = Car.new
puts car.instance_variables
```

沒有輸出是因為 car 目前尚未具有任何實體變數！等到我們呼叫物件的實體方法，才會在物件之上建立實體變數。所以讓我們先呼叫 odometer 和 gas _ used等屬性寫入器方法，再檢視輸出結果。

```
car.odometer = 22914
car.gas_used = 728
puts car.instance_variables
```

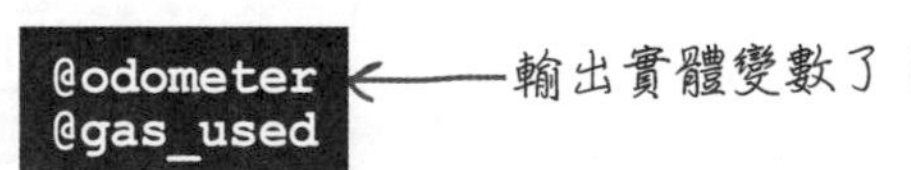

所以 Car 類別不會繼承 @odometer 和 @gas _ used 等實體變數…而是繼承 ometer= 和 gas _ used= 等實體方法，並使用這些方法來建立實體變數！

許多其他的物件導向語言會把實體變數宣告在類別中，Ruby 的做法與此不同。儘管只有這方面的差異，但值得我們花時間瞭解一下…

實體變數屬於物件，而非類別！（續）

那麼，為什麼瞭解實體變數屬於物件而非類別，這件事很重要？只要你按照 Ruby 的規定來做，並能夠確保實體變數的名稱與存取器方法的名稱一致，你就不必擔心。但如果你不按照 Ruby 的規定來做，那麼你就要小心了！你可能會發現，子類別因為改寫（overwrite）了父類別的實體變數，影響到了父類別的功能。

假設我們有一個不符合規定的父類別，它使用 `@storage` 實體變數來為它的 `name=` 和 `name` 存取器方法保存值。接著假設有一個子類別使用相同的變數名稱，`@storage`，來為它的 `salary=` 和 `salary` 存取器方法保存值。

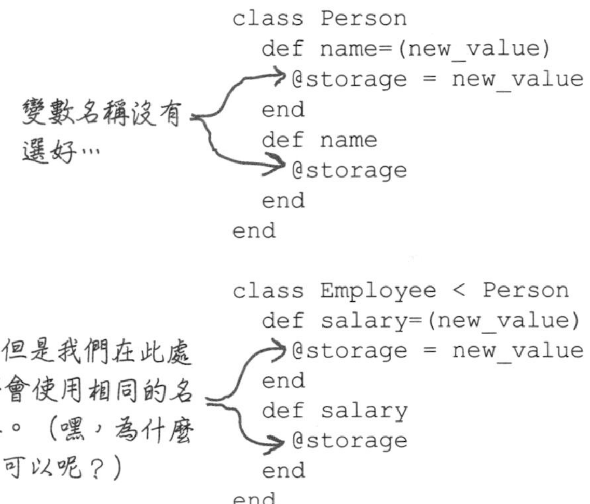

變數名稱沒有選好…
…但是我們在此處將會使用相同的名稱。（嘿，為什麼不可以呢？）

```
class Person
  def name=(new_value)
    @storage = new_value
  end
  def name
    @storage
  end
end

class Employee < Person
  def salary=(new_value)
    @storage = new_value
  end
  def salary
    @storage
  end
end
```

當我們實際使用 `Employee` 子類別的時候，我們將會發現，只要我們對 `salary` 屬性賦值，我們就會覆寫 `name` 屬性，因為它們使用了相同的實體變數。

```
employee = Employee.new
employee.name = "John Smith"
employee.salary = 80000
puts employee.name
```

一個好不尋常的名字！

```
80000
```

確保你總是使用與你的屬性存取器名稱一致的合理變數名稱。這個簡單的練習應該足以讓你遠離麻煩！

覆寫方法

Marcy（團隊裡經驗豐富的物件導向開發人員）改寫了 Car、Truck 和 Motorcycle 等 Vehicle 的子類別。這些子類別自己不需要具備任何的方法和屬性—它們都可以繼承自父類別！但是 Mike 指出這個設計有一個問題…

靠，太厲害了。但是你忘了一個小細節：Motorcycle 類別需要一個專用的 steer 方法！

```
motorcycle = Motorcycle.new
motorcycle.steer
```

```
Turn front 2 wheels.
```

摩托車的前輪只有一個！

這不是問題—我可以為 Motorcycle 類別覆寫該方法！

如果父類別的行為並非子類別需要的，繼承功能為你提供了另一個有用的機制：方法**覆寫**（*override*）。這個機制讓你得以使用子類別專用的方法來取代從父類別繼承來的方法。

```
class Motorcycle < Vehicle
  def steer
    puts "Turn front wheel."
  end
end
```

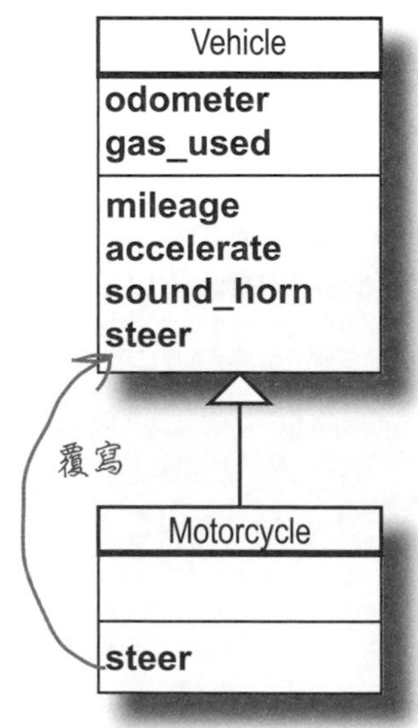

現在，如果我們呼叫一個 Motorcycle 實體的 steer 方法，我們所用到的是經過覆寫的方法—亦即，我們所用到的是 Motorcycle 類別中所定義的 steer 方法，而非從 Vehicle 繼承來的方法。

```
motorcycle.steer
```

```
Turn front wheel.
```

覆寫方法（續）

但如果我們呼叫一個 Motorcycle 實體的任何其他方法，我們所用到的是繼承來的方法。

```
motorcycle.accelerate
```

```
Floor it!
```

這是如何運作的？

如果 Ruby 看到呼叫端所要求的方法定義於子類別，它將會呼叫該方法並停在該處。

但如果沒有在子類別找到該方法，Ruby 將會到父類別中尋找該方法，然後會到父類別的父類別中…依此類推，沿著繼承鏈往上尋找。

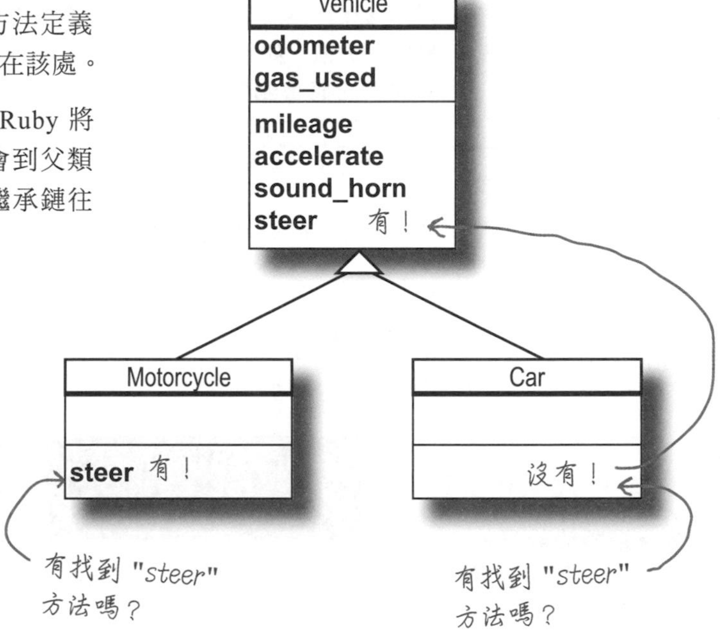

似乎一切又可以正常運作了！如果需要改變程式，可以在 Vehicle 類別中進行，所做的改變會自動傳播到子類別；也就是說，每個子類別都會馬上得到更新的好處。如果一個子類別需要特殊的行為，直接覆寫從父類別繼承來的方法就可以了。

Got-A-Motor 公司的類別整理好了！接著，讓我們來檢視 Fuzzy Friends 動物救援協會的程式碼。他們的應用程式的類別中仍具有大量冗餘的方法。繼承和方法覆寫將可以協助解決此問題。

沒有蠢問題

問：Ruby 的繼承可以有多個層級嗎？也就是，子類別可以有自己的子類別嗎？

答：是的！如果你需要覆寫某個子類別之實體的方法，你可能會考慮為該子類別建立子類別。

```
class Car < Vehicle
end

class DragRacer < Car
  def accelerate
    puts "Inject nitrous!"
  end
end
```

但不要做得太過火。這種設計很快就會變得非常複雜。Ruby 並不會對繼承層級的深度做任何限制，但是大多數的 Ruby 開發人員不會讓繼承的深度超過一或兩個層級。

問：你說，當我們對類別的某個實體呼叫方法，如果 Ruby 無法找到該方法，它將會到父類別中尋找，然後到父類別的父類別…如果繼承鏈中所有父類別中都找不到會如何呢？

答：尋找過最後一個父類別後，Ruby 會放棄尋找。這個時候你會看到之前曾看過的 `undefined method` 錯誤訊息。

```
Car.new.fly
```

```
undefined method
`fly' for
#<Car:0x007ffec48c>
```

問：設計一個繼承階層的時候，應該先設計子類別或是父類別？

答：都可以！你可能還沒有意識到，一開始撰寫應用程式就需要用到繼承。

當你發現兩個相關的類別需要用到類似或相同的方法，你只需要讓這些類別成為一個新建立之父類別的子類別。然後將這些共用的方法移進父類別。此時就是子類別先設計。

同樣的，當你發現某個方法只有類別的某個實體在使用，你可以為既有的類別建立一個新的子類別，並把方法移往該處。此時就是父類別先設計！

程式碼磁貼

冰箱上有一支 Ruby 程式被混在一起。你能夠將這些程式碼片段重新復原成可運行的父類別和子類別，讓底下的範例程式碼得以執行，以及產生所列示的輸出？

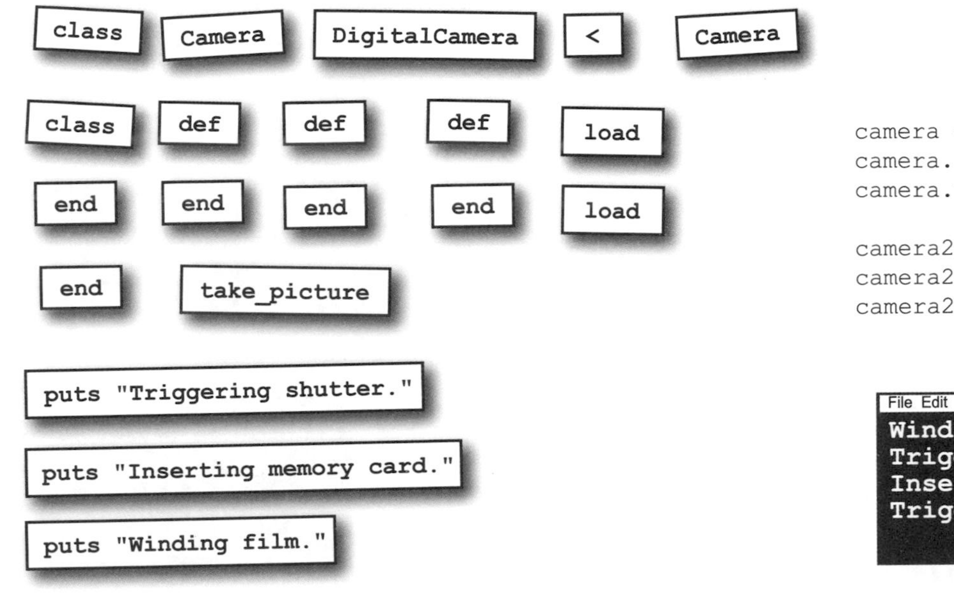

範例程式碼：

```
camera = Camera.new
camera.load
camera.take_picture

camera2 = DigitalCamera.new
camera2.load
camera2.take_picture
```

輸出：

```
File Edit Window Help
Winding film.
Triggering shutter.
Inserting memory card.
Triggering shutter.
```

請將左邊的概念配對到右邊的定義。

子類別（Subclass）	我會使用新的功能來取代從父類別繼承來的方法。
覆寫（Overriding）	我讓多個類別得以共享單一方法或屬性。
繼承（Inheritance）	我是一個類別，我保存的方法程式碼，可由一或多個其他類別所共享。
父類別（Superclass）	我是一個類別，我會從父類別繼承一或多個方法或屬性。

程式碼磁貼解答

冰箱上有一支 Ruby 程式被混在一起。你能夠將這些程式碼片段重新復原成可運行的父類別和子類別，讓底下的範例程式碼得以執行，以及產生所列示的輸出？

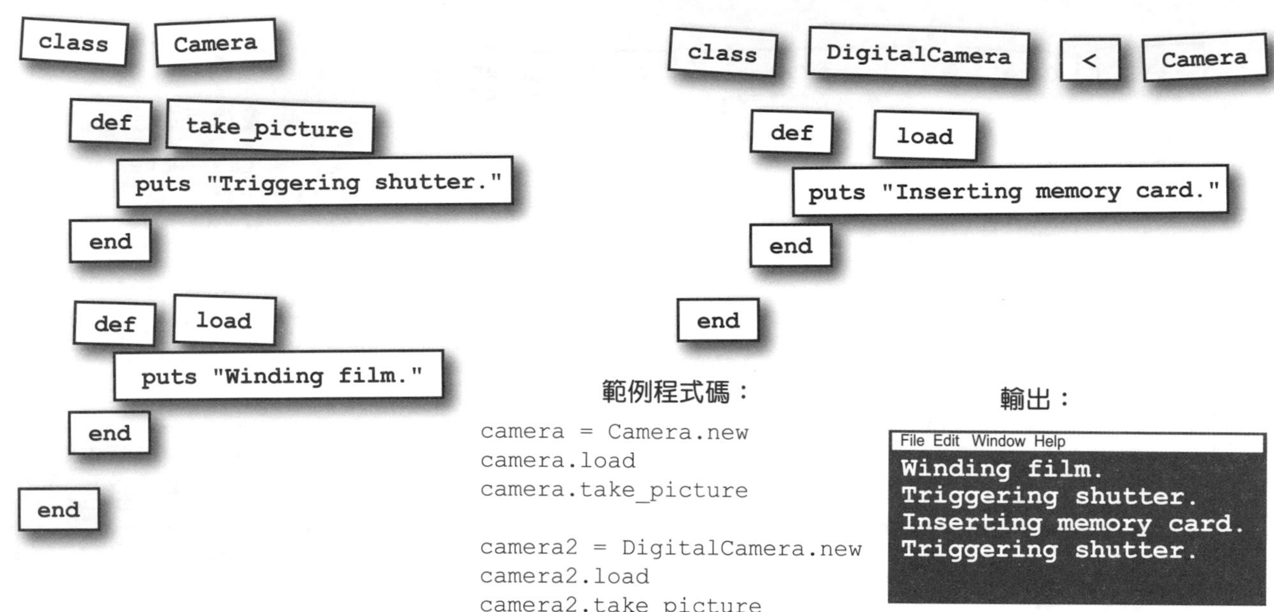

class Camera
def take_picture
puts "Triggering shutter."
end
def load
puts "Winding film."
end
end
class DigitalCamera < Camera
def load
puts "Inserting memory card."
end
end

範例程式碼：

```
camera = Camera.new
camera.load
camera.take_picture

camera2 = DigitalCamera.new
camera2.load
camera2.take_picture
```

輸出：

```
File Edit Window Help
Winding film.
Triggering shutter.
Inserting memory card.
Triggering shutter.
```

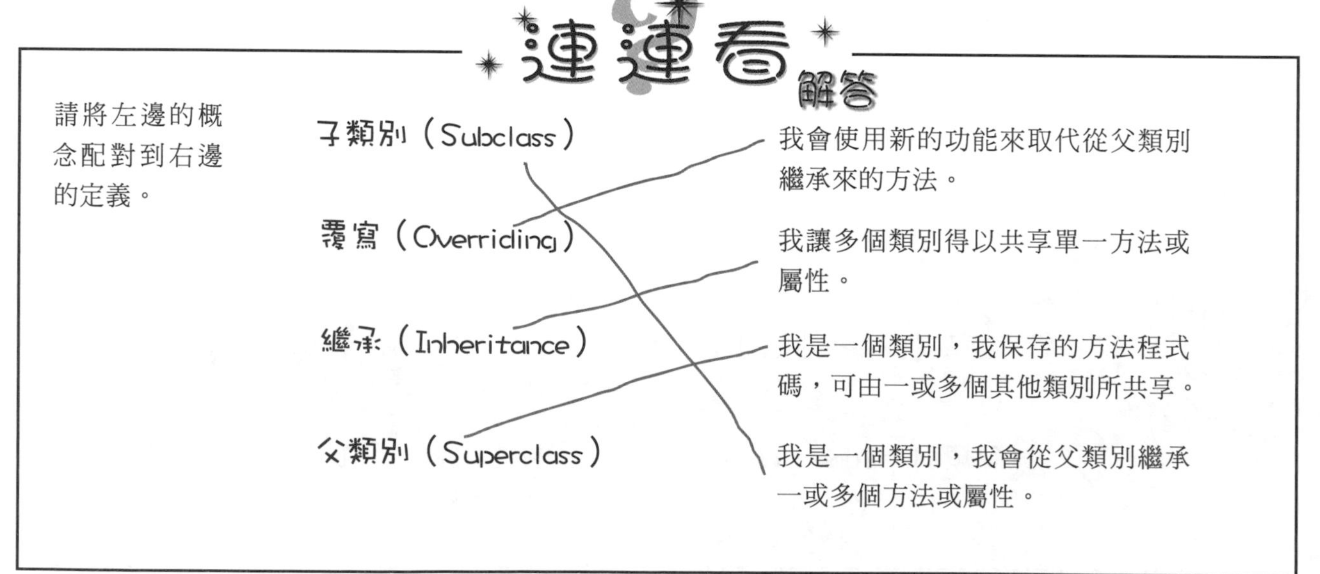

連連看解答
請將左邊的概念配對到右邊的定義。
子類別（Subclass）
覆寫（Overriding）
繼承（Inheritance）
父類別（Superclass）
我會使用新的功能來取代從父類別繼承來的方法。
我讓多個類別得以共享單一方法或屬性。
我是一個類別，我保存的方法程式碼，可由一或多個其他類別所共享。
我是一個類別，我會從父類別繼承一或多個方法或屬性。

利用繼承來更新我們的動物類別

還記得上一章 Fuzzy Friends 的虛擬故事書應用程式嗎？我們對 Dog 類別做了許多不錯的調整。我們添加了 name 和 age 等屬性存取器方法（並具驗證功能），以及將 talk、move 和 report _ age 等方法更新為使用 @name 和 @age 等實體變數。

讓我們回顧一下修改後的程式碼：

建立方法以便取得 @name 和 @age 的當前值。

建立我們自己的屬性寫入器方法，這樣我們就可以檢查新傳入的值是否有效。

Dog 物件的其他實體方法

```
class Dog

  attr_reader :name, :age

  def name=(value)
    if value == ""
      raise "Name can't be blank!"
    end
    @name = value
  end

  def age=(value)
    if value < 0
      raise "An age of #{value} isn't valid!"
    end
    @age = value
  end

  def talk
    puts "#{@name} says Bark!"
  end

  def move(destination)
    puts "#{@name} runs to the #{destination}."
  end

  def report_age
    puts "#{@name} is #{@age} years old."
  end

end
```

儘管所需要的功能幾乎完全相同，Bird 和 Cat 等類別的進度已經完全落後。

讓我們使用繼承這個新概念來設計程式，使得我們能夠一次更新所有類別（以及讓它們未來能夠自動被更新）。

設計動物類別層級

我們為 Dog 類別添加了許多新功能，現在我們希望也能夠為 Cat 和 Bird 等類別提供這些新功能…

我們希望所有類別都能夠具備 name 和 age 等屬性，以及 talk、move 和 report _ age 等方法。讓我們將這些屬性和方法全都移往一個新類別，並稱之為 Animal。

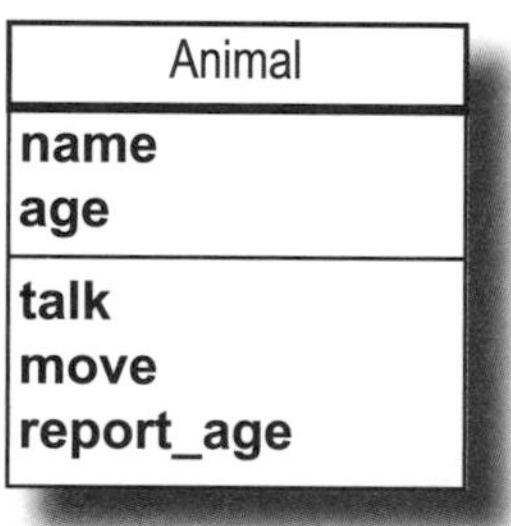

然後，我們會把 Dog、Bird 和 Cat 宣告為 Animal 的子類別。這三個子類別將會從它們的父類別繼承所有的屬性和實體方法。我們馬上就可以趕上進度了！

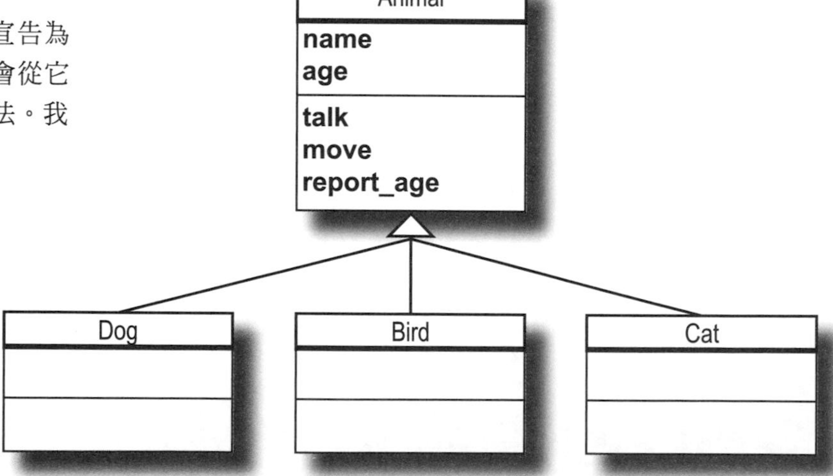

Animal 類別和其子類別的程式碼

這裡是 Animal 父類別的程式碼，其中包含了從 Dog 移過來的舊方法…

這個部分的程式碼來自原先的 Dog 類別！

```
class Animal

  attr_reader :name, :age

  def name=(value)
    if value == ""
      raise "Name can't be blank!"
    end
    @name = value
  end

  def age=(value)
    if value < 0
      raise "An age of #{value} isn't valid!"
    end
    @age = value
  end

  def talk
    puts "#{@name} says Bark!"
  end

  def move(destination)
    puts "#{@name} runs to the #{destination}."
  end

  def report_age
    puts "#{@name} is #{@age} years old."
  end

end
```

這裡是其他的類別，已被改寫為 Animal 的子類別。

```
class Dog < Animal
end

class Bird < Animal
end

class Cat < Animal
end
```

此處不必撰寫任何方法；這些類別將會從上面的 Animal 類別繼承所有的方法！

在 Animal 的子類別中覆寫方法

隨著 Dog、Bird 和 Cat 被改寫為 Animal 的子類別，它們自己不需要具備任何的方法或屬性一它們會從父類別繼承一切所需！

```
whiskers = Cat.new
whiskers.name = "Whiskers"
fido = Dog.new
fido.name = "Fido"
polly = Bird.new
polly.name = "Polly"

polly.age = 2
polly.report_age
fido.move("yard")
whiskers.talk
```

```
Polly is 2 years old.
Fido runs to the yard.
Whiskers says Bark!
```

等等…Whiskers 是一隻貓…

看起來還不錯，但是有一個問題…我們的 Cat 實體怎麼會發出狗的叫聲。

這些子類別係從 Animal 繼承此方法：

```
def talk
  puts "#{@name} says Bark!"
end
```

對 Dog 來說，這是恰當的行為，但是對 Cat 或 Bird 來說這樣的行為並不太恰當。

```
whiskers = Cat.new
whiskers.name = "Whiskers"
polly = Bird.new
polly.name = "Polly"

whiskers.talk
polly.talk
```

```
Whiskers says Bark!
Polly says Bark!
```

下面的程式碼將會覆寫從 Animal 繼承來的 talk 方法：

```
class Cat < Animal
  def talk        ← 覆寫繼承來的方法
    puts "#{@name} says Meow!"
  end
end

class Bird < Animal
  def talk        ← 覆寫繼承來的方法
    puts "#{@name} says Chirp! Chirp!"
  end
end
```

現在如果你呼叫 Cat 或 Bird 等實體的 talk 方法，你將會呼叫到經覆寫的方法。

```
whiskers.talk
polly.talk
```

```
Whiskers says Meow!
Polly says Chirp! Chirp!
```

我們需要使用遭覆寫的方法！

接下來，Fuzzy Friends 公司想要把 armadillo（犰狳）加入他們的互動式故事書。（沒錯，他們希望這些小食蟻獸般的動物能夠捲成球狀。但我們不確定是為什麼。）我們只需要把 Armadillo 添加為 Animal 的子類別。

但是這裡有一個問題：在 armadillo 可以跑到任何地方之前，牠們必須是展開的（unroll）。move 方法將必須被覆寫以反映此事實。

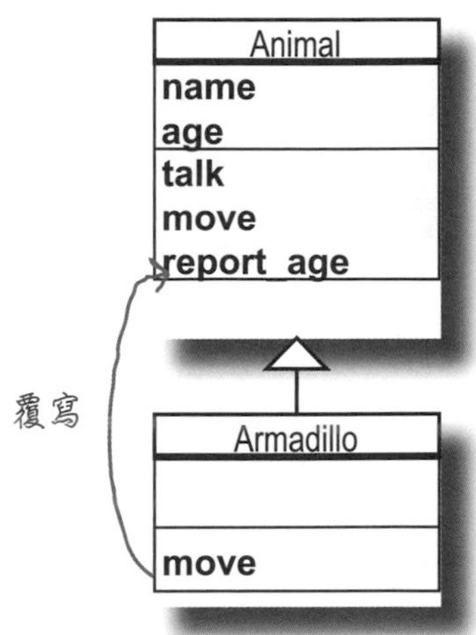

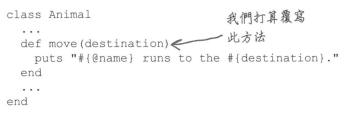

```
class Animal
  ...
  def move(destination)
    puts "#{@name} runs to the #{destination}."
  end
  ...
end
```

我們打算覆寫此方法

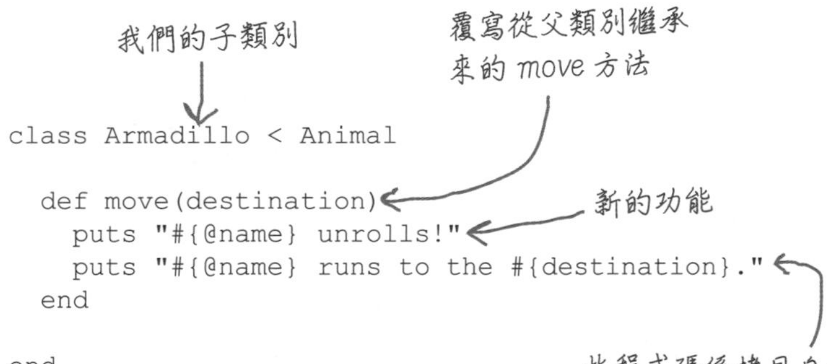


```
class Armadillo < Animal

  def move(destination)
    puts "#{@name} unrolls!"
    puts "#{@name} runs to the #{destination}."
  end

end
```

此程式碼係拷貝自父類別的方法。（好啦，雖然此處只有一列，但是在真實世界的應用程式中，可能會有許多列！）

這麼做可行，但不幸的是，我們必須複製 Animal 類別的 move 方法。

如果我們不僅要使用新的程式碼來覆寫 move 方法，還想要利用父類別既有的程式碼呢？ Ruby 提供了一個機制可以達到此目的…

super 關鍵字

當你在一個方法中使用 super 關鍵字，會導致父類別中同名的方法被呼叫。

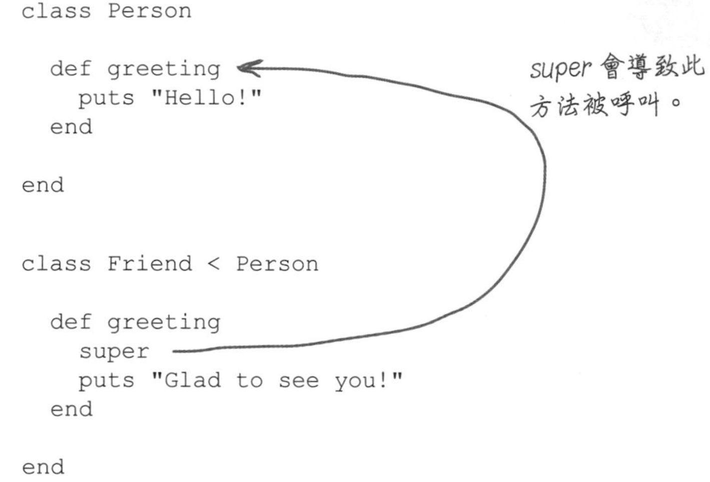
class Person
def greeting
puts "Hello!"
end
end
class Friend < Person
def greeting
super
puts "Glad to see you!"
end
end
super 會導致此方法被呼叫。

如果我們呼叫**子類別**上這個**進行覆寫**（*overriding*）的方法，我們將看到 super 關鍵字如同在呼叫**父類別**上**遭覆寫**（*overridden*）的方法：

```
Friend.new.greeting
```

```
Hello!
Glad to see you!
```

super 關鍵字在各方面看起來都像是一個普通的方法呼叫。

例如，父類別上這個方法的回傳值會成為 super 運算式的求值結果：

```
class Person

  def greeting
    "Hello!"
  end

end

class Friend < Person

  def greeting
    basic_greeting = super
    "#{basic_greeting} Glad to see you!"
  end

end

puts Friend.new.greeting
```

方法的回傳值

把 "Hello!" 賦值給 basic_greeting

```
Hello! Glad to see you!
```

super 關鍵字（續）

使用 super 關鍵字的另一種方式就像一般的方法呼叫：你可以傳遞引數給它，而這些引數將會傳遞給父類別的方法。

```
class Person

  def greet_by_name(name)
    "Hello, #{name}!"
  end

end

class Friend < Person

  def greet_by_name(name)
    basic_greeting = super(name)
    "#{basic_greeting} Glad to see you!"
  end

end

puts Friend.new.greet_by_name("Meghan")
```

方法呼叫中包含引數。

```
Hello, Meghan! Glad to see you!
```

但是 super 有一個地方不同於一般的方法呼叫：如果你並未傳遞引數給它，Ruby 將會自動把你傳遞給子類別方法的引數拿來呼叫父類別方法。

```
class Friend < Person

  def greet_by_name(name)
    basic_greeting = super
    "#{basic_greeting} Glad to see you!"
  end

end

puts Friend.new.greet_by_name("Bert")
```

呼叫 Friend 的 greet_by_name 方法，必須傳入 name 引數…

…所以 name 引數也會轉遞給 Person 的 greet_by_name 方法。

```
Hello, Bert! Glad to see you!
```

照過來！

super 與 super() 並不一樣。

就其本身而言，super 如同以「進行覆寫的方法」所收到的引數來呼叫遭覆寫的方法。但是 super() 如同在呼叫遭覆寫的方法時未傳入引數，即使進行覆寫的方法有收到引數。

使用 super 的子類別

現在讓我們使用所學到 super 新知識，從 Armadillo 類別中的 move 方法除去重複的程式碼。

這是我們將會從 Animal 父類別繼承到的方法：

```
class Animal
  ...
  def move(destination)
    puts "#{@name} runs to the #{destination}."
  end
  ...
end
```

這是 Armadillo 類別中該方法經覆寫的版本：

```
class Armadillo < Animal

  def move(destination)
    puts "#{@name} unrolls!"
    puts "#{@name} runs to the #{destination}."
  end

end
```

此處是重複的程式碼。

我們可以把子類別之 move 方法中重複的程式碼代換成呼叫 super，以便利用父類別之 move 方法所提供的功能。

呼叫 super 的時候，如果傳入 destination 引數，該引數將會被轉遞給 Animal 的 move 方法：

```
class Armadillo < Animal

  def move(destination)
    puts "#{@name} unrolls!"
    super(destination)
  end

end
```

明確指定引數…

或者…

呼叫 super 的時候，如果沒有傳入引數，Ruby 會自動把 destination 參數轉遞給父類別的 move 方法：

```
class Armadillo < Animal

  def move(destination)
    puts "#{@name} unrolls!"
    super
  end

end
```

自動轉遞 move 被呼叫時所傳入的引數。

無論採用哪種方式，程式碼都運作得很好！

```
dillon = Armadillo.new
dillon.name = "Dillon"
dillon.move("burrow")
```

```
Dillon unrolls!
Dillon runs to the burrow.
```

掌握並利用類別繼承的特性，便能除去程式碼中重複的部分，就像是從海棉擠出水一般。你的同事將會感激你—較少的程式碼意味著較少的錯誤！幹得好！

下面你將會發現三個 Ruby 類別。右邊的程式碼片段將會用到這些類別，不是直接就是通過繼承。請為下面每個程式碼片段填空，填入你所認為的輸出結果。別忘了考慮方法覆寫與 super 關鍵字所造成的影響！

(我們已經替你完成了第一個答案。)

```
class Robot

  attr_accessor :name

  def activate
    puts "#{@name} is powering up"
  end

  def move(destination)
    puts "#{@name} walks to #{destination}"
  end

end

class TankBot < Robot

  attr_accessor :weapon

  def attack
    puts "#{@name} fires #{@weapon}"
  end

  def move(destination)
    puts "#{@name} rolls to #{destination}"
  end

end

class SolarBot < Robot

  def activate
    puts "#{@name} deploys solar panel"
    super
  end

end
```

你的答案

```
tank = TankBot.new
tank.name = "Hugo"
tank.weapon = "laser"
tank.activate
tank.move("test dummy")
tank.attack
```

Hugo is powering up.........................

....

....

```
sunny = SolarBot.new
sunny.name = "Sunny"
sunny.activate
sunny.move("tanning bed")
```

....

....

....

下面你將會發現三個 Ruby 類別。右邊的程式碼片段將會用到這些類別，不是直接就是通過繼承。請為下面每個程式碼片段填空，填入你所認為的輸出結果。別忘了考慮方法覆寫與 super 關鍵字所造成的影響！

```
class Robot

  attr_accessor :name

  def activate
    puts "#{@name} is powering up"
  end

  def move(destination)
    puts "#{@name} walks to #{destination}"
  end

end

class TankBot < Robot

  attr_accessor :weapon

  def attack
    puts "#{@name} fires #{@weapon}"
  end

  def move(destination)
    puts "#{@name} rolls to #{destination}"
  end

end

class SolarBot < Robot

  def activate
    puts "#{@name} deploys solar panel"
    super
  end

end
```

```
tank = TankBot.new
tank.name = "Hugo"
tank.weapon = "laser"
tank.activate
tank.move("test dummy")
tank.attack
```

Hugo is powering up

Hugo rolls to test dummy

Hugo fires laser

```
sunny = SolarBot.new
sunny.name = "Sunny"
sunny.activate
sunny.move("tanning bed")
```

Sunny deploys solar panel

Sunny is powering up

Sunny walks to tanning bed

難以顯示的犬物件

最後還需要對 Dog 類別做一項改進，便可宣告完成。現在，如果我們把一個 Dog 實體傳遞給 print 或 puts 等方法，輸出結果並沒有多大的用處：

```
lucy = Dog.new
lucy.name = "Lucy"
lucy.age = 4

rex = Dog.new
rex.name = "Rex"
rex.age = 2

puts lucy, rex
```

我們所看到的輸出結果

```
#<Dog:0x007fb2b50c4468>
#<Dog:0x007fb2b3902000>
```

從輸出結果可以看出他們都是 Dog 物件，但是除此之外，我們很難看出這個 Dog 物件與另一個 Dog 物件有何不同。如果輸出結果能夠像這樣就好了：

```
Lucy the dog, age 4
Rex the dog, age 2
```

我們希望看到的輸出結果…

當你傳遞一個物件給 puts 方法，Ruby 會自動呼叫該物件的 to_s 實體方法，將該物件轉換成字串，以便印出。如果直接呼叫物件的 to_s，會得到一樣的結果：

```
puts lucy.to_s, rex.to_s
```

```
#<Dog:0x007fb2b50c4468>
#<Dog:0x007fb2b3902000>
```

現在，這裡有一個問題：to_s 實體方法來自何處？

Dog 物件上大部分的實體方法到底來自何處？如果你呼叫 Dog 實體上名為 methods 的方法，輸出結果中，只有頭幾個實體方法，看起來是熟悉的…

```
puts rex.methods
```

名為 clone、hash、inspect…的實體方法，並非是我們自己定義的；它們並未被定義在 Dog 類別之上。它們也非繼承自父類別 Animal。

但是－你可能會對此感到驚訝－它們繼承自某個地方。

Object 類別

Dog 實體是從何處繼承這些實體方法的？我們並未在 Animal 父類別中定義它們。而且我們並沒有為 Animal 指定父類別…

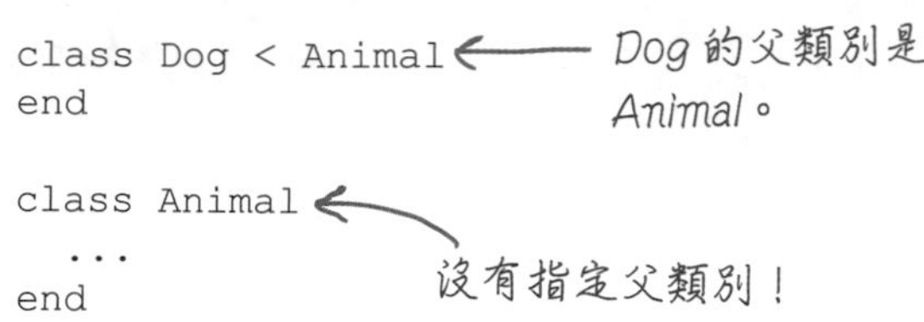

Dog（目前為止我們所知道）的繼承圖：

Animal: name, age; talk, move, report_age
Dog

Ruby 類別具有一個名為 superclass 的方法，你可以呼叫它以取得它們的父類別。呼叫 Dog 上之 superclass 方法所得到的結果並不令人意外：

```
puts Dog.superclass
```

Animal

但如果呼叫 Animal 上之 superclass 方法會得到什麼結果呢？

```
puts Animal.superclass
```

Object

哇！這是從哪裡來的？

當你定義一個新類別，Ruby 會自動把一個名為 Object 的類別設定為它的父類別（除非你自己有指定一個父類別）。

所以：

```
class Animal
  ...
end
```

…等效於：

```
class Animal < Object
  ...
end
```

Dog 實際的繼承圖：

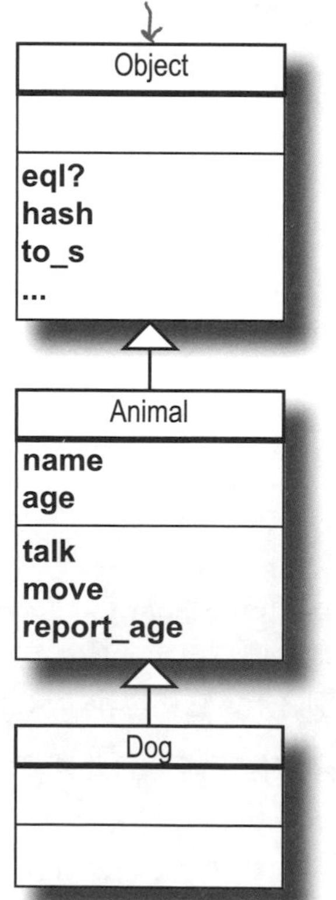

為什麼每一個 Ruby 物件皆會繼承 Object 類別？

如果你並沒有為所定義的類別指定父類別，Ruby 會自動替該類別設置一個名為 `Object` 的父類別。

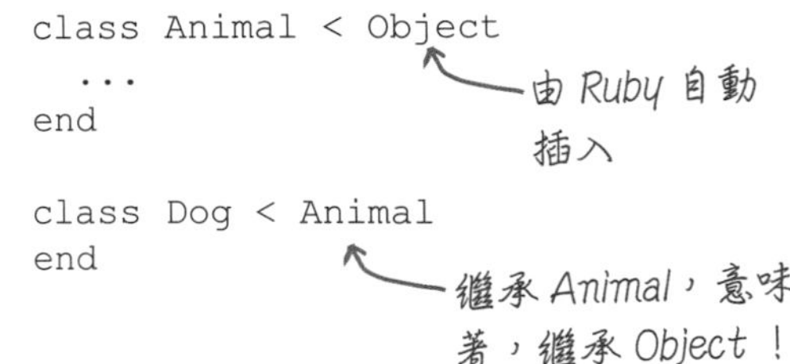

class Animal < Object
...
end
由 Ruby 自動插入
class Dog < Animal
end
繼承 Animal，意味著，繼承 Object！

即使你有為你的類別指定父類別，該父類別也可能繼承 `Object`。也就是說，幾乎每一個 Ruby 物件，不是直接就是間接，以 `Object` 為父類別！

Ruby 會這麼做是因為 `Object` 類別為幾乎所有的 Ruby 物件定義了所需要的許多有用方法。這包括目前為止我們對物件所呼叫的許多方法：

- `to_s` 方法：把物件轉換成字串以便印出。
- `inspect` 方法：把物件轉換成除錯字串。
- `class` 方法：告訴你，一個物件是哪一個類別的實體。
- `methods` 方法：告訴你，一個物件具有哪些實體方法。
- `instance_variables` 方法：列出一個物件的實體變數清單。

以及許多其他方法。從 `Object` 類別繼承來的方法是 Ruby 用於處理物件的基礎工具。

希望這些資訊對你有些用處，但是對我們原先的問題並無任何幫助：我們的 `Dog` 物件仍舊會印出亂碼形式的結果。

該怎麼做呢？

Ruby 物件從 Object 類別繼承了許多做為基礎工具的方法。

覆寫繼承來的方法

我們把 Dog 類別的父類別指定為 Animal 類別。我們知道，因為我們並沒有為 Animal 指定父類別，Ruby 會自動把 Object 類別指定為它的父類別。

也就是說，Animal 實體會從 Object 類別繼承 to _ s 方法。接著，Dog 實體會從 Animal 繼承 to _ s。當我們把一個 Dog 物件傳遞給 puts 或 print，它的 to _ s 方法會被呼叫，以便把它轉換成一個字串。

你知道接下來要做什麼嗎？如果 to _ s 方法是 Dog 實體被列印成亂碼的原因，而 to _ s 是繼承來的方法，我們只需要在 Dog 類別上覆寫 to _ s 就行了！

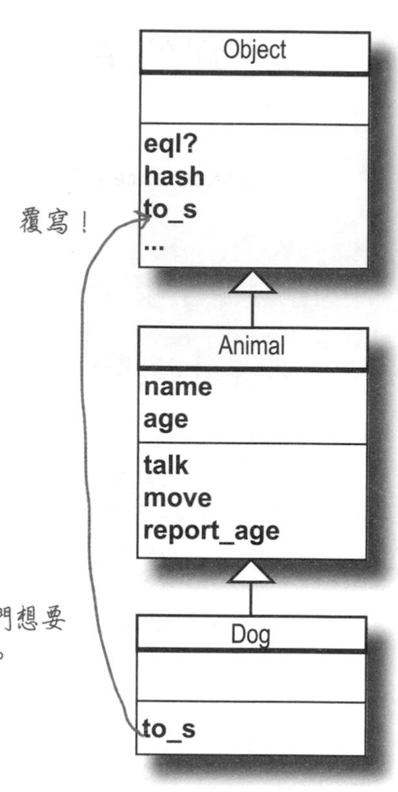


```
class Dog < Animal

  def to_s
    "#{@name} the dog, age #{@age}"
  end

end
```

此回傳值就是我們想要看到的字串格式。

準備好了嗎？讓我們來測試一下：

```
lucy = Dog.new
lucy.name = "Lucy"
lucy.age = 4

rex = Dog.new
rex.name = "Rex"
rex.age = 2

puts lucy.to_s, rex.to_s
```

```
Lucy the dog, age 4
Rex the dog, age 2
```

可以了！結果不再是 #<Dog:0x007fb2b50c4468>。而是可供閱讀的形式。

再調整一下：列印物件時，會自動呼叫 to _ s 方法，所以我們不必自己動手：

```
puts lucy, rex
```

```
Lucy the dog, age 4
Rex the dog, age 2
```

這個新的輸出格式，讓虛擬故事書的除錯變得簡單許多。而且你對 Ruby 物件的運作原理也有了一個重大的發現：繼承扮演著至關重要的角色！

問：**進行測試的時候，我使用的是 irb，而不是 ruby 命令。在我覆寫 to _ s 之後，如果我把 lucy = Dog.new 鍵入 irb，我所看到的仍舊是 #<Dog:0x007fb2b50c4468> 形式的結果。為什麼我無法看到狗的名字和年齡？**

答：irb 顯示給你看的值是對物件呼叫 inspect（而非 to _ s）的結果。除非你有設定名字和年齡，並把物件傳遞給 puts，否則你將無法看到 to _ s 的執行結果。

你的 Ruby 工具箱

第 3 章已經閱讀完畢！你可以把繼承（inheritance）加入你的工具箱。

述句(Statements)
方法(Methods)
類別(Classes)
繼承(Inheritance)
繼承機制讓一個子類別得以從父類別繼承方法。
一個子類別除了可以有繼承來的方法，還可以定義自己的方法。
子類別可以覆寫繼承來的方法，以自己的版本來取代它們。

要點提示

- 任何一般的 Ruby 類別都可以做為父類別（superclass）之用。
- 欲定義一個子類別（subclass），只需要在類別定義中指定父類別就行了。
- 子類別無法從父類別繼承實體變數，但是可以繼承用於建立和存取實體變數的方法。
- `super` 關鍵字可以被使用在子類別的方法中，用於呼叫父類別上遭覆寫的同名方法。
- 如果你沒有為 `super` 關鍵字指定引數，它將會把子類別的方法被呼叫時所取得的引數，全部傳遞給父類別中同名的方法。
- `super` 關鍵字的求值結果將會是因而被呼叫之父類別方法的回傳值。
- 當你定義了一個類別，Ruby 會自動把 `Object` 類別設定成它的父類別，除非你有自己指定父類別。
- 幾乎每個 Ruby 物件都會具有 `Object` 類別所提供的實體方法，不是直接繼承就是透過另一個父類別間接繼承。
- `to_s`、`methods`、`instance_variables` 和 `class` 等方法皆繼承自 `Object` 類別。

接下來…

如果你建立了一個新的 `Dog` 實體，但是在設定它的 `name` 屬性**之前**，你呼叫它的 `move` 方法，結果會如何？（如果你願意的話，可以測試一下；結果不會很好。）下一章，我們將要探討的 `initialize` 方法，可以幫我們避免這種不幸的事。

4 實體初始化

一個好的開始

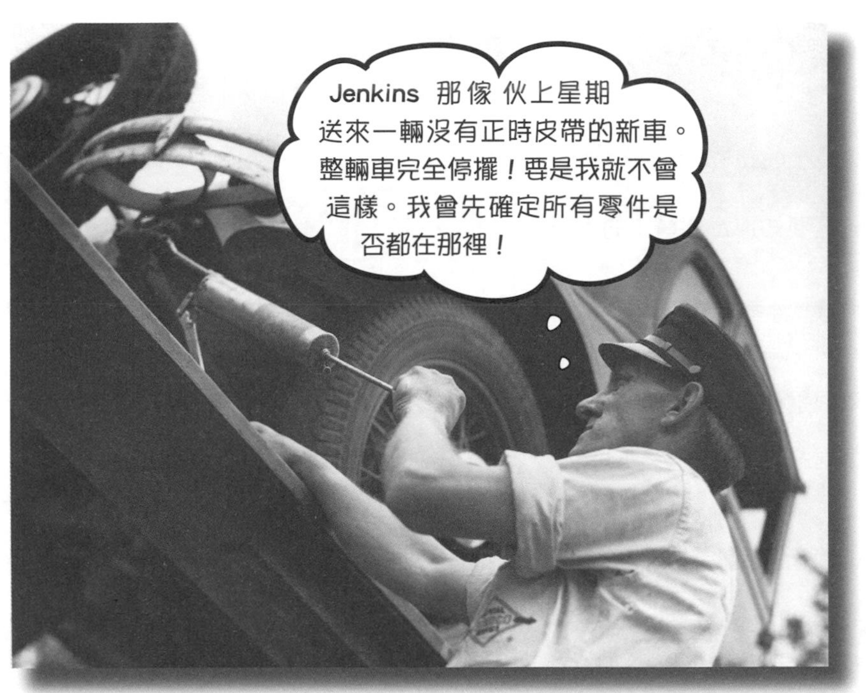

現在，你的類別是一顆定時炸彈。你所建立的每個實體起初都是一張白紙。如果你在添加資料之前呼叫某些實體方法，將會引發錯誤，導致整個程式停擺。

本章中，我們將會告訴你如何建立能夠安全使用的物件。首先我們會介紹 `initialize` 方法，此方法讓你得以在建立物件的時候，傳入引數來設置物件的資料。接著我們會介紹如何撰寫**類別方法**，使用此方法可讓物件的建立和設置更為容易。

Chargemore 的薪資系統

你負責為 Chargemore（賺更多）公司，這是一家新的連鎖百貨公司，建立薪資系統。他們需要一個能夠為員工列印薪資單的系統。

Chargemore 的員工採用的是雙週薪制。有些員工是以年薪按比例來計算雙週的薪資，有些員工是以雙週的工作時數來計算薪資。但是，對於初學者來說，我們只會專注在受薪的員工。

每份薪資單需要包含以下資訊：

- 員工的名字
- 每兩週支付給員工的薪資

所以…這個系統需要知道每個員工的：

- 名字
- 薪資

這個系統將需要做這件事：

- 計算並印出每兩週所支付的薪資

這聽起來是 `Employee` 類別派得上用場的地方！讓我們使用第 2 章所提到的技術來嘗試看看。

我們將會為 `@name` 和 `@name` 等實體變數設置屬性閱讀器方法，然後加入（具驗證程序的）寫入器方法。接著我們將會加入 `print _ pay _ stub` 實體方法，以便印出員工的名字以及員工雙週的薪資。

Employee
name salary
print_pay_stub

@name = "Kara Byrd"
@salary = 45000

@name = "Ben Weber"
@salary = 50000

@name = "Amy Blake"
@salary = 50000

Employee 類別

下面是實作 Employee 類別的程式碼⋯

```
class Employee

  attr_reader :name, :salary

  def name=(name)
    if name == ""
      raise "Name can't be blank!"
    end
    @name = name
  end

  def salary=(salary)
    if salary < 0
      raise "A salary of #{salary} isn't valid!"
    end
    @salary = salary
  end

  def print_pay_stub
    puts "Name: #{@name}"
    pay_for_period = (@salary / 365) * 14
    puts "Pay This Period: $#{pay_for_period}"
  end

end
```

我們需要自己動手建立屬性寫入器方法，因此我們可以驗證資料的正確性。但是，我們可以讓閱讀器方法自動建立。

若名字是空值，則回報錯誤。

將名字存入實體變數。

若薪資是負值，則回報錯誤。

將薪資存入實體變數。

印出員工的名字。

以年薪按 14 日的比例計算員工的薪水。

印出所支付的薪水。

(是的，我們知道此程式並未考慮到閏年、假日，以及真正的薪資應用程式必須考慮到的一堆其他事情。但是我們希望 print _ pay _ stub 方法不要超過一頁的篇幅。)

建立新的 Employee 實體

我們已經定義了一個 Employee 類別，現在我們可以建立新的實體，以及對它們的 name 和 salary 屬性賦值。

```
amy = Employee.new
amy.name = "Amy Blake"
amy.salary = 50000
```

有了 name= 方法中的驗證程式碼，我們可以避免 name 被意外賦予空值。

```
kara = Employee.new
kara.name = ""
```

錯誤 →

```
in `name=': Name can't be
blank! (RuntimeError)
```

salary= 方法中的驗證程式碼可確保 salary 不會被賦予負值。

```
ben = Employee.new
ben.salary = -246
```

錯誤 →

```
in `salary=': A salary
of -246 isn't valid!
(RuntimeError)
```

當 Employee 實體被正確設置，我們可以使用所保存的名字和薪資來印出員工每兩週需要支付的薪水。

```
amy.print_pay_stub
```

```
Name: Amy Blake
Pay This Period: $1904
```

← 很接近，但是小數哪去了？

嗯…但是顯示貨幣的時候，通常會顯示到小數第二位。 以美元進行計算真的會得到這樣的結果？

讓我們的 Employee 類別更完美之前，看起來有一個瑕疵需要我們解決。這將需要我們岔題兩次。（但是你將會學到一些格式化的技能，稍後你將會用到這些技能一保證！）

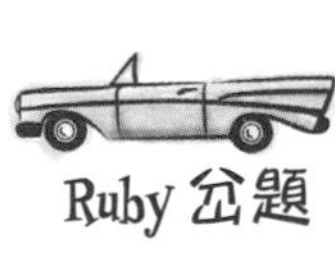

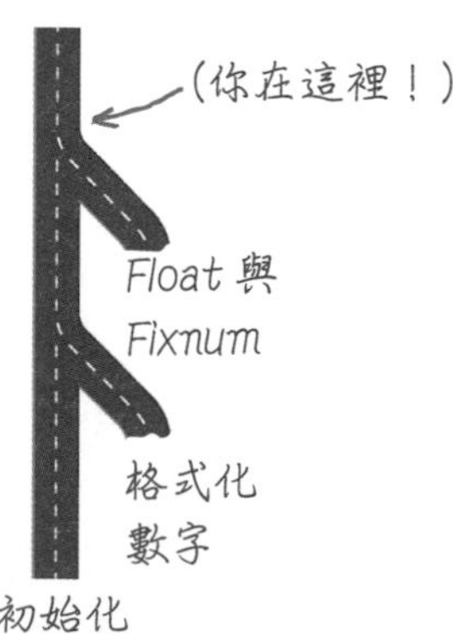

1. 支付給員工的薪資中，小數的部分已被截去。要解決此問題，我們將需要看一下，Ruby 中，Float 與 Fixnum 等數值類別的差異。

2. 但是我們也不希望顯示太多小數，所以我們將需要來瞭解 format 方法如何正確地格式化我們的數字。

除法的問題

我正努力讓 `Employee` 類別更完美，以協助我們計算 Chargemore 百貨公司員工的薪資。但是我們首先必須注意一個小細節…

```
Name: Amy Blake
Pay This Period: $1904
```

等等。雖然很接近，但
是小數哪去了？事實
上，這差了好幾美元！

確實如此。進行紙筆計算（或者執行計算機應用程式）可以確定 Amy 的薪資是 $1917.81，被捨入到小數第二位。所以另外的 $13.81 哪去了？

為了找到答案，讓我們啟動 irb，逐步進行數學計算。

首先，讓我們來計算一天的薪資。

irb 中：

```
>> 50000 / 365
=> 136
```

年薪除以一年的天數

相較於自己動手計算，幾乎一天少一美元：

$$50{,}000 \div 365 = 136.9863...$$

當我們計算十四天的薪資，這個誤差會變大：

```
>> 136 * 14
=> 1904
```

相較於自己動手計算的結果：

$$136.9863 \times 14 = 1917.8082...$$

幾乎少了 $14 美元。乘以許多的薪資和許多的員工，所得到的是憤怒的員工。我們馬上就要來解決此問題…

對 Ruby 的 Fixnum 類別進行除法運算

Ruby 運算式（用於計算員工兩週的薪資）的求值結果與自己動手計算的結果並不相符…

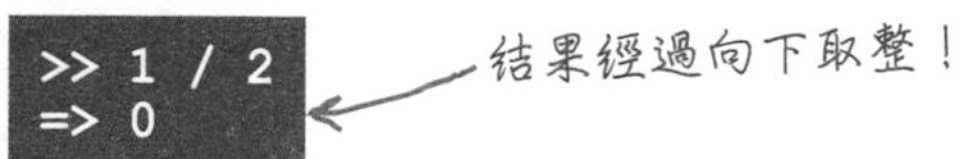

```
>> 50000 / 365 * 14
=> 1904
```

50,000 ÷ 365 × 14 = 1917.8082...

這裡的問題在於，當我們對 Fixnum 類別（用於表示整數的 Ruby 類別）的實體進行除法運算，Ruby 會向下捨入到最接近的整數（或簡稱向下取整）。

```
>> 1 / 2
=> 0
```

结果經過向下取整！

會向下取整是因為 Fixnum 的實體無法儲存帶小數的數值。它們僅用於儲存整數，像是計算某個部門的員工數或是購物車裡的商品數，它們便可以派上用場。當你建立 Fixnum 的實體，等於是在告訴 Ruby：「在這裡，我只想要處理整數。如果進行數學運算的時候，得到帶有小數的結果，我希望你可以丟掉那些討厭的小數。」

我們如何知道，我們所處理的是否為 Fixnum 實體？我們可以呼叫它們的 class 實體方法。（記得我們在第 3 章所討論的 Object 類別嗎？class 方法是從 Object 繼承來的實體方法。）

```
>> salary = 50000
=> 50000
>> salary.class
=> Fixnum
```

或者，如果你不想自找麻煩，你只需要記住，程式碼中不帶小數的任何數值，Ruby 都會將其視為 Fixnum。

程式碼中帶小數的任何數值，Ruby 都會將其視為 Float（用於表示浮點數的 Ruby 類別）：

```
>> salary = 50000.0
=> 50000.0
>> salary.class
=> Float
```

如果有小數點，它就是一個 Float。
如果沒有小數點，它就是一個 Fixnum。

273	273.4
Fixnum	**Float**

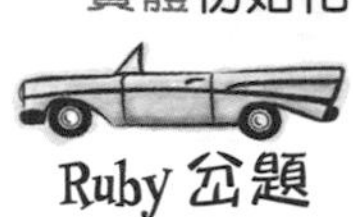

對 Ruby 的 Float 類別進行除法運算

讓我們來看看，如果我們把一個 Fixnum（整數）實體除以另一個 Fixnum，Ruby 是否會對結果向下取整。

應該是 136.9863...

```
>> 50000 / 365
=> 136
```

解決方案就是在運算中使用 Float 實體，我們可以透過讓數值包含小數點來達成此目的。如果你這麼做了，Ruby 將會把一個 Float 實體傳回給你：

```
>> 50000.0 / 365.0
=> 136.986301369863
>> (50000.0 / 365.0).class
=> Float
```

被除數與除數不必皆為 Float 實體；只要有一個運算元是 Float，Ruby 將會回傳一個 Float 給你。

```
>> 50000.0 / 365
=> 136.986301369863
```

對加法、減法和乘法等運算而言也是如此；如果有一個運算元是 Float，Ruby 將會回傳一個 Float 給你：

```
>> 50000 + 1.5
=> 50001.5
>> 50000 - 1.5
=> 49998.5
>> 50000 * 1.5
=> 75000.0
```

當第一個運算元是…	而且第二個運算元是…	則結果是…
Fixnum	Fixnum	Fixnum
Fixnum	Float	Float
Float	Fixnum	Float
Float	Float	Float

當然，對加法、減法和乘法運算而言，兩個運算元是否皆為 Fixnum 實體並無所謂，因為結果不會有小數被捨去之虞。只有除法運算會受到影響。所以，注意這項規則：

進行除法運算的時候，要確保至少有一個運算元是 Float。

讓我們來看看，我們是否可以把這個辛苦得來的知識用在解決 Employee 類別的問題。

修正 Employee 中薪資的捨入誤差

只要有一個運算元是 Float，除法運算就不會有小數被捨去之虞。

```
>> 50000 / 365.0
=> 136.986301369863
```

有了這項規則，我們可以修改 Employee 類別，避免員工薪資中的小數部分被捨去：

```
class Employee

  ...

  def print_pay_stub
    puts "Name: #{@name}"
    pay_for_period = (@salary / 365.0) * 14
    puts "Pay This Period: $#{pay_for_period}"
  end

end
```

← 為了簡潔起見，此處省略了閱讀器／寫入器的程式碼。

現在，不管 @salary 是否為 Float，我們都會得到 Float 的結果。

← 印出所需支付的薪資。

```
employee = Employee.new
employee.name = "Jane Doe"
employee.salary = 50000
employee.print_pay_stub
```

← 在這裡使用 Fixnum 就好了！

但是，現在我們有了一個新問題；看看輸出發生了什麼事！

```
Name: Jane Doe
Pay This Period: $1917.8082191780823
```

所顯示的結果似乎太過精確！畢竟，貨幣一般都會計算到小數第二位。所以，在我們回頭來讓 Employee 類別更完善之前，我們需要在…

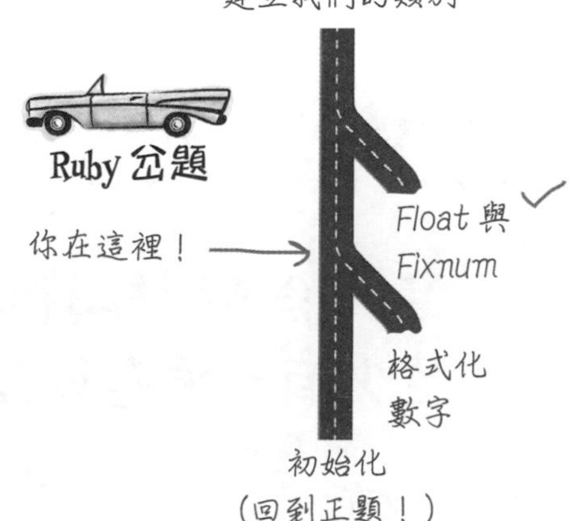

格式化數字以便列印

我們的 print _ pay _ stub 方法顯示了太多小數。我們需要弄清楚如何把所要顯示的薪資捨入到小數第二位（1 美分 = 0.01 美元）。

```
Name: Jane Doe
Pay This Period: $1917.8082191780823
```

為了處理格式化的種種問題，Ruby 提供了 format 方法。

下面是此方法的使用實例。看起來可能有些混亂，但是接下來我們將會以幾頁的篇幅來說明它！

```
result = format("Rounded to two decimal places: %0.2f", 3.14159265)
puts result
```

把數值捨入到小數第 2 位並印出它。

```
Rounded to two decimal places: 3.14
```

所以看起來 format 可以協助我們把所要顯示的員工薪資限制在正確的小數位數上。問題是要如何進行？為了能夠有效地使用此方法，我們將需要知道 format 的兩個功能：

1. 格式序列（前面所看到的 %0.2f 就是格式序列）
2. 格式序列寬度（就是格式序列中的 0.2）

Fun 輕鬆

後面幾頁中，我們將會詳細說明 format 的這些引數的意義。

我們知道這些「方法呼叫」看起來有些混亂。我們將會看到許多例子，應該可以清理這些混亂。我們將會專注在小數的格式化，因為在你的 Ruby 職業生涯中 format 可能是你經常使用的東西。

格式序列

format 的第一個引數用於格式化輸出。它的大部分內容會以原樣出現在輸出裡。其中的百分比符號（%）將被視為**格式序列**（*format sequence*）的開頭，其所構成的字串將會被特定格式的值所取代。其餘引數則是這些格式序列的值。

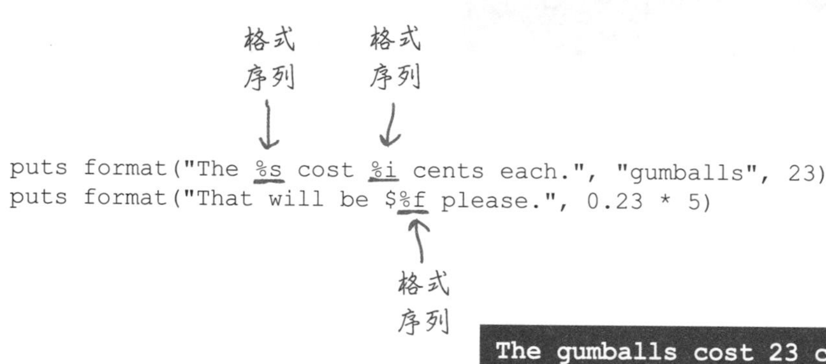


```
puts format("The %s cost %i cents each.", "gumballs", 23)
puts format("That will be $%f please.", 0.23 * 5)
```

```
The gumballs cost 23 cents each.
That will be $1.150000 please.
```

我們馬上會說明如何解決此問題。

格式序列型態

百分比符號之後的字母用於指定我們所預期的何種型態的值。最常見的型態有：

%s	字串
%i	整數
%f	浮點小數

```
puts format("A string: %s", "hello")
puts format("An integer: %i", 15)
puts format("A float: %f", 3.1415)
```

```
A string: hello
An integer: 15
A float: 3.141500
```

所以 %f 是浮點小數…在 print_pay_stub 中，我們可以使用該序列型態來格式化貨幣的值。

但是，就其本身而言，%f 序列型態對我們的幫助並不大。結果仍舊顯示了太多的小數位數。

```
puts format("$%f", 1917.8082191780823)
```

接下來，我們將會說明如何解決該情況：格式序列寬度。

格式序列寬度

這是格式序列中最有用的部分：它們讓你得以指定所產生欄位的寬度。

比方說，我們想要格式化純文字表格中的資料。我們需要替被格式化的資料填入適當的空格，好讓各行（column）能夠正確對齊。

格式序列中，你可以在百分比符號之後指定最小寬度。如果該格式序列之引數的寬度小於最小寬度，它將會被填充空格，直至達到最小寬度。

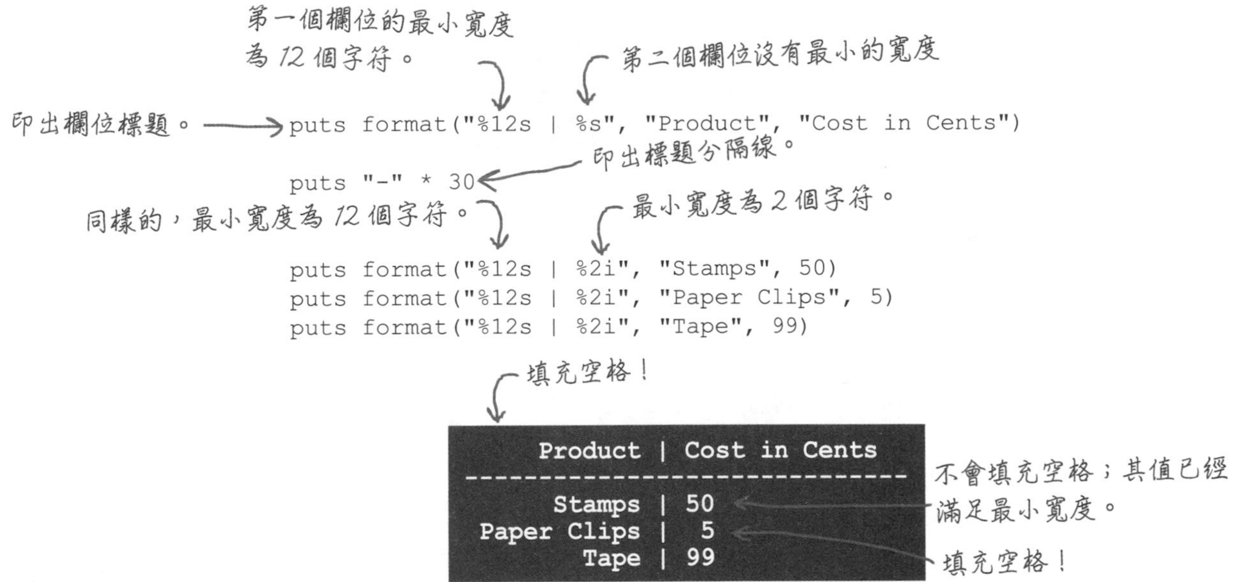

第一個欄位的最小寬度為 12 個字符。
第二個欄位沒有最小的寬度
印出欄位標題。
puts format("%12s | %s", "Product", "Cost in Cents")
印出標題分隔線。
puts "-" * 30
同樣的，最小寬度為 12 個字符。
最小寬度為 2 個字符。
puts format("%12s | %2i", "Stamps", 50)
puts format("%12s | %2i", "Paper Clips", 5)
puts format("%12s | %2i", "Tape", 99)
填充空格！
Product | Cost in Cents

Stamps | 50
Paper Clips | 5
Tape | 99
不會填充空格；其值已經滿足最小寬度。
填充空格！

現在我們來到了今日任務很重要的部分：你可以使用格式序列寬度來指定浮點數值的精度（所顯示的位數）。

下面是它的用法：

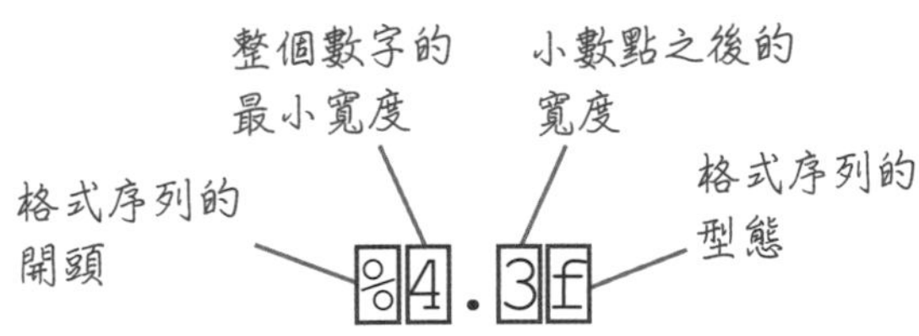

整個數字的最小寬度包括小數。如果有指定，較短的數字將會被填充空格，直至達到此寬度。如果省略，不會有任何空格被加入。

小數點之後的寬度是所要顯示的最大位數。如果所給定的是較精確的數字，它將會被（向上或向下）捨入到所指定的小數位數。

浮點數的格式序列寬度

所以當我們在處理浮點數的時候，格式序列寬度讓我們得以指定小數點之前和之後所要顯示的位數。難道這就是修正薪資單（pay stub）的關鍵？

下面是各種寬度值的快速演示：

```
def test_format(format_string)
  print "Testing '#{format_string}': "
  puts format(format_string, 12.3456)
end

test_format "%7.3f"
test_format "%7.2f"
test_format "%7.1f"
test_format "%.1f"
test_format "%.2f"
```

```
Testing '%7.3f':  12.346
Testing '%7.2f':   12.35
Testing '%7.1f':    12.3
Testing '%.1f': 12.3
Testing '%.2f': 12.35
```

捨入到小數第三位
捨入到小數第二位
捨入到小數第一位
捨入到小數第一位，沒有填充空格
捨入到小數第二位，沒有填充空格

最後一個格式，"%.2f"，讓我們得以把任何精度的浮點數捨入到小數第二位。（它也不會作任何非必要的填充。）這是顯示貨幣的理想格式，正是我們的 print _ pay _ stub 方法需要採用的做法！

```
puts format("$%.2f", 2514.2727367874069)
puts format("$%.2f", 1150.6849315068494)
puts format("$%.2f", 3068.4931506849316)
```

```
$2514.27
$1150.68
$3068.49
```

全都捨入到小數第二位

之前，Employee 類別的 print _ pay _ stub 方法在印出薪資計算結果的時候，顯示了多餘的小數位數：

```
salary = 50000
puts "$#{(salary / 365.0) * 14}"
```

```
$1917.8082191780823
```

但是現在我們終於有一個格式序列可以把浮點數捨入到小數第二位：

```
puts format("$%.2f", (salary / 365.0) * 14 )
```

```
$1917.81
```

讓我們試著在 print _ pay _ stub 方法中使用 format。

```
class Employee
  ...
  def print_pay_stub
    puts "Name: #{@name}"
    pay_for_period = (@salary / 365.0) * 14
    formatted_pay = format("%.2f", pay_for_period)
    puts "Pay This Period: $#{formatted_pay}"
  end
end
```

所取得的字串中包含了被捨入到小數第二位的員工薪資。

印出經格式化的薪資字串。

使用 format 來修正我們的薪資單

我們可以使用跟之前一樣的值來測試經修改的 print _ pay _ stub:

```
amy = Employee.new
amy.name = "Amy Blake"
amy.salary = 50000
amy.print_pay_stub
```

```
Name: Amy Blake
Pay This Period: $1917.81
```

優秀！沒有多餘的小數位數！（而且更重要的是，員工的薪水也不會少給！）

我們岔題了兩次，但是最後終於能夠讓 Employee 類別印出正確的薪資單！接著我們將回頭來讓我們的類別更完善…

檢視下面所列示的 Ruby 述句，並寫下你所認為的結果。進行除法運算的時候，記得考慮格式序列所造成的影響。我們已經替你完成了第一題。

```
format "%.2f", 3 / 4.0
```

0.75

```
format "%.1f", 3 / 4.0
```

....

```
format "$%.2f", 3 / 4.0
```

....

```
format "%i", 3 / 4.0
```

....

```
format "%.2f", 3 / 4
```

....

檢視下面所列示的 Ruby 述句，並寫下你所認為的結果。進行除法運算的時候，記得考慮格式序列所造成的影響。

```
format "%.2f", 3 / 4.0
```

0.75 ← 此格式序列代表顯示到小數點後兩位。

```
format "%.1f", 3 / 4.0
```

0.8 ← 求值結果超過了所指定的小數位數，所以被四捨五入了。

```
format "$%.2f", 3 / 4.0
```

$0.75 ← 字串中不屬於格式序列的部分會照原樣輸出。

```
format "%i", 3 / 4.0
```

0 ← %i 格式序列用於印出整數，所以引數會被下取整數。

```
format "%.2f", 3 / 4
```

0.00 ← 兩個除法運算元皆為整數。結果會被四捨五入成整數 (0)。

當我們忘記設定物件的屬性…

現在你已經能夠以正確的格式來印出員工的薪資，你可以慢條斯理、愉快地使用新的 `Employee` 類別來處理薪資單。可是，直到你建立了一個新的 `Employee` 實體，但在呼叫 `print_pay_stub` 之前忘記設定 `name` 和 `salary` 等屬性：

```
employee = Employee.new
employee.print_pay_stub
```

不是錯誤，而是空值！

```
Name:
in `print_pay_stub': undefined method
`/' for nil:NilClass
```

← 錯誤！

發生了什麼事？我們忘記設定名字；名字是空值，是很自然的。但 "undefined method for nil" 錯誤是指什麼？ `nil` 到底是什麼鬼東西？

這類錯誤在 Ruby 中相當常見，所以讓我們利用幾頁的篇幅來說明它。

讓我們把 `print_pay_stub` 方法修改成印出 `@name` 和 `@salary` 的值，這樣我們就可以知道發生了什麼事。

```
class Employee

  ...

  def print_pay_stub
    puts @name, @salary
  end

end
```

印出值。

之後我們將會恢復程式碼的其餘部分。

nil 代表沒有

現在讓我們建立一個新的 Employee 實體以及呼叫經過修改的方法：

這應該會印出 @name 與 @salary。

```
employee = Employee.new
employee.print_pay_stub
```

嗯，這不是很有用。或許我們錯過了一些東西。

早在第 1 章我們已經知道 inspect 和 p 等方法可以揭露一般輸出不會顯示的資訊：

```
class Employee
  ...
  def print_pay_stub
    p @name, @salary
  end
end
```

以除錯格式印出值。

讓我們建立另一個實體，並對實體方法進行另一次呼叫…

```
employee = Employee.new
employee.print_pay_stub
```

Ruby 具有一個特殊值，nil，代表沒有。也就是，沒有值。

nil 代表沒有，並不意味真的什麼都沒有。就像在 Ruby 中任何其他東西那樣，它是一個物件，而且具有自己的類別：

```
puts nil.class
```

NilClass

但如果確實有東西在那裡，為什麼在輸出中我們什麼也沒有看到？

這是因為來自 NilClass 的實體方法 to _ s 總是傳回一個空字串。

```
puts nil.to_s
```

為了印出物件，puts 和 print 等方法會自動呼叫物件的 to _ s 方法以便將它轉換成字串。這就是為什麼，當我們使用 puts 試圖印出 @name 和 @salary 的值，我們所看到的是兩個空列；這兩個值都被設成了 nil；所以我們最後會印出兩個空字串。

與 to _ s 不同，來自 NilClass 的實體方法 inspect 總是會回傳 "nil" 字串。

```
puts nil.inspect
```

nil

你可能還記得 p 方法在印出每個物件之前會呼叫它們的 inspect 方法。這就是一旦我們呼叫 @name 和 @salary 上的 p 方法，它們的 nil 值會在輸出中出現的原因。

"/" 是一個方法

所以，當你首次為 Employee 類別建立一個實體，它的實體變數 @name 和 @salary 的值皆為 nil。尤其是 @salary 變數，如果你在呼叫 print_pay_stub 方法的時候沒有先設定它，就會發生問題：

錯誤 →
```
in `print_pay_stub': undefined method `/' for nil:NilClass
```
↑ nil 值！

這個錯誤顯然與 nil 值有關。但是它說 undefined method '/' …除法運算符真的是一個方法？

Ruby 中，是這樣沒錯；大多數的數學運算符都被實作成方法。當 Ruby 在你的程式碼中看到如下的運算式：

```
6 + 2
```

…會把它轉換成呼叫 Fixnum 物件 6 之上一個名為 + 的方法，並以 + 右邊的物件（也就是，2）做為引數：

這是一個方法呼叫！ 其他運算元會被當成引數傳入。

```
6.+(2)
```

下面這兩種形式都是完全有效的 Ruby 程式碼，你可以試著自己執行看看：

```
puts 6 + 2
puts 6.+(2)
```

```
8
8
```

對大多數其他的數學運算符而言也是如此。

```
puts 7 - 3
puts 7.-(3)
puts 3.0 * 2
puts 3.0.*(2)
puts 8.0 / 4.0
puts 8.0./(4.0)
```

```
4
4
6.0
6.0
2.0
2.0
```

即使是比較運算符也被實作成方法。

```
puts 9 < 7
puts 9.<(7)
puts 9 > 7
puts 9.>(7)
```

```
false
false
true
true
```

儘管 Fixnum 和 Float 等類別有定義這些運算符方法，但 NilClass 卻沒有。

```
puts nil./(365.0)
```

錯誤 →
```
undefined method `/' for nil:NilClass
```

事實上，nil 並未定義你在其他 Ruby 物件上所看到的大多數實體方法。

為什麼會這樣呢？如果你正在對 nil 進行數學運算，幾乎肯定是因為你忘記對其中的運算元賦值。此時你會希望引發錯誤，以便提醒你注意問題。

例如，當你忘了為 Employee 設定 salary 便是一個錯誤。現在我們知道了這個錯誤的原因，應該想辦法避免再次發生此錯誤。

initialize 方法

我們試圖呼叫 Employee 類別之實體上的 print _ pay _ stub 方法，但是當我們試圖存取 @name 和 @salary 等實體變數的時候，卻得到 nil 值。

Employee
name
salary
print_pay_stub

```
employee = Employee.new
employee.print_pay_stub
```

結果一片混亂。

不是一個錯誤，而是一個空值！

```
Name:
in `print_pay_stub': undefined method
`/' for nil:NilClass
```

錯誤！

print _ pay _ stub 方法的程式碼如下所示：

```
def print_pay_stub
  puts "Name: #{@name}"
  pay_for_period = (@salary / 365.0) * 14
  formatted_pay = format("$%.2f", pay_for_period)
  puts "Pay This Period: #{formatted_pay}"
end
```

呼叫 @name 上之 to _ s 方法所得到的結果。因為其值為 nil，所以會印出一個空字串。

呼叫 @salary 上之 "/"（實際上是一個實體方法）所得到的結果。因為其值為 nil，所以會引發錯誤。

此問題的關鍵在於：當我們建立一個 Employee 實體的時候，該實體係處在無效的狀態；也就是，除非你對 @name 和 @salary 等實體變數賦值，否則你呼叫 print _ pay _ stub 的時候會引發錯誤。

如果我們在建立 Employee 之實體的當時有對 @name 和 @salary 賦值，將可降低發生錯誤的可能性。

為了協助我們處理此情況，Ruby 提供了一個機制：initialize 方法。initialize 方法使得你有機會在任何人試圖呼叫物件的方法之前，讓物件變得可以安全使用。

```
class MyClass
  def initialize
    puts "Setting up new instance!"
  end
end
```

新物件被建立之後，Ruby 會呼叫該物件之上的 initialize 方法。

當你呼叫 MyClass.new，Ruby 會配置一些記憶體空間以便保存新建立的 MyClass 物件，然後會呼叫該物件上之 initialize 實體方法。

```
MyClass.new
```

```
Setting up new instance!
```

使用 initialize 讓 Employee 得以被安全使用

讓我們新增 initialize 方法，它將會在任何其他實體方法被呼叫之前為新的 Employee 實體設置 @name 和 @salary。

```
class Employee

  attr_reader :name, :salary

  def name=(name)
    if name == ""
      raise "Name can't be blank!"
    end
    @name = name
  end

  def salary=(salary)
    if salary < 0
      raise "A salary of #{salary} isn't valid!"
    end
    @salary = salary
  end

  def initialize
    @name = "Anonymous"
    @salary = 0.0
  end

  def print_pay_stub
    puts "Name: #{@name}"
    pay_for_period = (@salary / 365.0) * 14
    formatted_pay = format("$%.2f", pay_for_period)
    puts "Pay This Period: #{formatted_pay}"
  end

end
```

我們的新方法（def initialize ... end）

設定 @name 實體變數。

設定 @salary 實體變數。

現在我們已經設置了 initialize 方法，它會為任何新建立的 Employee 實體設定 @name 和 @salary，所以我們立即就可以安全地呼叫它們之上的 print _ pay _ stub！

```
employee = Employee.new
employee.print_pay_stub
```

設定 @name 和 @salary（employee = Employee.new）

列印成功（employee.print_pay_stub）

```
Name: Anonymous
Pay This Period: $0.00
```

initialize 的引數

我們的 initialize 方法現在會把 @name 的預設值設定為 "Anonymous" 以及把 @salary 的預設值設定為 0.0。如果我們可以提供預設值以外的值那就更好了。

傳遞給 new 方法的任何引數都會被傳遞給 initialize。

```
class MyClass
  def initialize(my_param)
    puts "Got a parameter from 'new': #{my_param}"
  end
end

MyClass.new("hello")
```

轉遞給 initialize！

```
Got a parameter from 'new': hello
```

透過這個功能，我們可以讓 Employee.new 的呼叫者為 name 和 salary 設定該有的初始值。欲達成此目的，我們只需要為 initialize 添加 name 和 salary 等參數，以及使用它們來設定 @name 和 @salary 等實體變數。

```
class Employee

  ...

  def initialize(name, salary)
    @name = name
    @salary = salary
  end

  ...

end
```

使用 name 參數來設定 @name 實體變數。

使用 salary 參數來設定 @salary 實體變數。

就這樣，我們可以經由 Employee.new 的引數來設定 @name 和 @salary！

```
employee = Employee.new("Amy Blake", 50000)
employee.print_pay_stub
```

轉遞給 initialize！

```
Name: Amy Blake
Pay This Period: $1917.81
```

當然，一旦你這樣做，你就要小心了。如果你沒有傳遞任何引數給 new，就沒有引數會被轉遞給 initialize。此外，如果你呼叫 Ruby 方法的時候沒有提供正確數目的引數，也會發生同樣的結果：錯誤。

```
employee = Employee.new
```

錯誤

```
in `initialize': wrong number
of arguments (0 for 2)
```

稍後我們將會看到一個解決方案。

為 initialize 使用可選參數

如果我們以 initialize 方法來為實體變數設定預設值，我們就無法指定自己的值…

```
class Employee
  ...
  def initialize
    @name = "Anonymous"
    @salary = 0.0
  end
  ...
end
```

設定 @name 實體變數。

設定 @salary 實體變數。

如果我們為 initialize 添加參數，我們就必須為名字和薪資賦值，不能依靠預設值…

```
class Employee
  ...
  def initialize(name, salary)
    @name = name
    @salary = salary
  end
  ...
end
```

使用 name 參數來設定 @name 實體變數。

使用 salary 參數來設定 @salary 實體變數。

可以有兩全其美的方法？

有！因為 initialize 是一個普通的方法，所以我們可以使用普通方法的所有功能。這包括了可選參數。（還記得第 2 章所做的說明？）

宣告參數的時候我們可以指定預設值。如果我們忽略參數，則會得到預設值。因此我們可以按往常那樣把這些參數賦值給實體變數。

```
class Employee
  ...
  def initialize(name = "Anonymous", salary = 0.0)
    @name = name
    @salary = salary
  end
  ...
end
```

指定預設參數值

做了這樣的改變後，只要我們忽略引數，就會得到適當的預設值！

```
Employee.new("Jane Doe", 50000).print_pay_stub
Employee.new("Jane Doe").print_pay_stub
Employee.new.print_pay_stub
```

```
Name: Jane Doe
Pay This Period: $1917.81
Name: Jane Doe
Pay This Period: $0.00
Name: Anonymous
Pay This Period: $0.00
```

池畔風光

你的**任務**就是從池中取出程式碼片段，並把它們放到程式碼中的空格上。每個程式碼片段的使用**請勿**超過一次，你不需要用完所有的程式碼片段。你的**目標**是讓程式碼能夠運行，以及產生此處所示的輸出。

```
class Car

  def ________(______)
    _______ = engine
  end

  def rev_engine
    @engine.make_sound
  end

end

class Engine

  def initialize(_____ = _________)
    @sound = sound
  end

  def make_sound
    puts @sound
  end

end

engine = Engine.___
car = Car.new(______)
car.rev_engine
```

輸出：

```
File Edit Window Help
Vroom!!
```

注意：池中每一件東西只能使用一次！

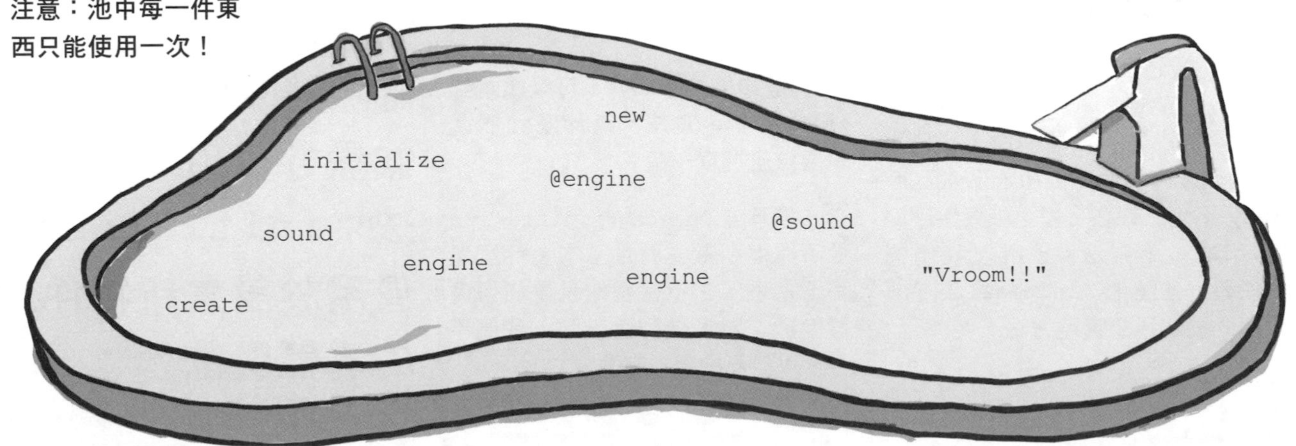

池畔風光解答

```
class Car

  def initialize(engine)
    @engine = engine
  end

  def rev_engine
    @engine.make_sound
  end

end

engine = Engine.new
car = Car.new(engine)
car.rev_engine
```

```
class Engine

  def initialize(sound = "Vroom!!")
    @sound = sound
  end

  def make_sound
    puts @sound
  end

end
```

輸出：

```
Vroom!!
```

沒有蠢問題

問：Ruby 的 initialize 方法與其他物件導向語言的建構程序（constructor）有何不同？

答：它們的目的是相同的：讓類別得以準備可供使用的新實體。在大多數其他語言中，建構程序是一個特殊結構，然而 Ruby 的 initialize 只是一個普通的實體方法。

問：為什麼我必須呼叫 MyClass.new？我不能直接呼叫 initialize 嗎？

答：實際建立物件的時候需要使用 new 方法；initialize 僅用於設置新物件的實體變數。不使用 new，就沒有物件可供初始化！因此，Ruby 不允許你在實體之外直接呼叫 initialize 方法。（所以我們的說法有一些簡化；initialize 有一點不同於普通的實體方法。）

問：MyClass.new 總是會呼叫新物件的 initialize 嗎？

答：是的，沒有錯。

問：那麼沒有定義 initialize 的類別，我們如何能夠呼叫它們的 new 方法？

答：即使沒有定義，它們還是會具備一個…所有的 Ruby 類別都會從父類別 Object 繼承 initialize 方法。

問：但如果 Employee 可以繼承到 initialize 方法，為什麼我們還需要自己撰寫一個？

答：繼承自 Object 的 initialize 並不具備引數，而且基本上什麼事都不會做。它不會替你設置任何實體變數；為了做到這一點，我們不得不以自己的版本來覆寫它。

問：initialize 方法可以有回傳值嗎？

答：可以，但是 Ruby 將會忽略它。initialize 方法只能用於替你的類別設置新的實體，所以如果你需要一個回傳值，你應該在程式碼中其他的地方進行。

實際建立物件的時候需要使用 new 方法；initialize 僅用於設置新物件的實體變數。

initialize 會繞過我們的驗證程序

剛才所介紹的 initialize 方法相當不錯。它讓我們得以確保員工的名字和薪資總是有被設值。但是你記得存取器方法中的驗證程序嗎？initialize 方法完全跳過了它，這樣我們將會看到無效的資料！
@name = "Steve Wilson (HR Manager)"
@salary = 80000

我們的屬性寫入器方法，name=，可以避免我們把空字串指定給員工的名字：

```
ben = Employee.new
ben.name = ""
```

錯誤 → `in `name=': Name can't be blank! (RuntimeError)`

此外，我們的屬性寫入器方法，salary=，可以確保我們不會為薪資設定負值：

```
kara = Employee.new
kara.salary = -246
```

錯誤 → `in `salary=': A salary of -246 isn't valid! (RuntimeError)`

告訴你一個壞消息：因為你的 initialize 方法會直接對 @name 和 @salary 等實體變數賦值，所以無效的資料可以藉此繞過驗證程序！

```
employee = Employee.new("", -246)
employee.print_pay_stub
```

輸出中出現空的名字！

```
Name:
Pay This Period: $-9.44
```

← 負的薪資！

initialize 與驗證

我們可以透過把相同的驗證程式碼加入 initialize 方法，讓我們的 initialize 方法得以驗證其參數…

```
class Employee
  ...
  def name=(name)
    if name == ""
      raise "Name can't be blank!"
    end
    @name = name
  end

  def salary=(salary)
    if salary < 0
      raise "A salary of #{salary} isn't valid!"
    end
    @salary = salary
  end

  def initialize(name = "Anonymous", salary = 0.0)
    if name == ""
      raise "Name can't be blank!"
    end
    @name = name
    if salary < 0
      raise "A salary of #{salary} isn't valid!"
    end
    @salary = salary
  end
  ...
end
```

重複的程式碼！

重複的程式碼！

但是存在重複的程式碼會導致問題。如果之後我們改變了 initialize 中的驗證程式碼，但是忘了更新 name= 方法？name 的設定將會有不同的規則，這取決於你如何設定它！

Ruby 程式員會試著遵循 DRY 的原則，DRY 是 Don't Repeat Yourself 的首字母縮寫。也就是說，你應該儘量避免重複的程式碼，因為這可能會導致錯誤。

如果我們在 initialize 方法中呼叫 name= 和 alary= 等方法呢？這讓我們得以設定 @name 和 @salary 等實體變數。也可以讓我們在程式碼不重複的情況下執行驗證程序！

使用 self 呼叫相同實體上的其他方法

我們需要在**相同物件**的 initialize 方法中，呼叫 name= 和 salary= 等屬性寫入器方法。這讓我們得以在設定 @name 和 @salary 等實體變數之前，執行寫入器方法的驗證程式碼。

不幸的是，這樣的程式碼無法正常運作…

```
class Employee
  ...
  def initialize(name = "Anonymous", salary = 0.0)
    name = name
    salary = salary
  end
  ...
end

amy = Employee.new("Amy Blake", 50000)
amy.print_pay_stub
```

無法正常運作—Ruby 會認為你在對變數賦值！

@name 和 @salary 的值又是 nil 了！

```
Name:
in `print_pay_stub': undefined method
`/' for nil:NilClass (NoMethodError)
```

initialize 方法中的程式碼不會把 name= 和 salary= 視為對屬性寫入器方法的呼叫，而會把 name 和 salary 等區域變數重新設定為它們已經包含的值！（如果這聽起來像是一個無用和無意義的做法，那是因為它本來就是。）

我們需要做的是，讓 Ruby 瞭解我們打算呼叫 name= 和 salary= 等實體方法。實體方法的呼叫通常需要點號運算符。

但是現在我們位於 initialize 實體方法中…我們要把什麼擺在點號運算符的左邊？

我們不能使用 amy 變數；在類別中參用類別本身的一個實體，是一件蠢事。此外，amy 位於 initialize 方法的作用域之外。

```
class Employee
  ...
  def initialize(name = "Anonymous", salary = 0.0)
    amy.name = name
    amy.salary = salary
  end
  ...
end

amy = Employee.new("Amy Blake", 50000)
```

作用域不在此處！

錯誤

```
in `initialize': undefined local variable or method `amy'
```

使用 self 呼叫相同實體上的其他方法（續）

我們需要把某個東西擺在點號運算符的左邊，好讓我們在 initialize 方法中能夠呼叫 Employee 類別的屬性存取器方法 name= 和 salary=。問題是，我們應該擺上什麼東西呢？在實體方法中，我們如何能夠參用當前實體呢？

```
class Employee
  ...
  def initialize(name = "Anonymous", salary = 0.0)
    amy.name = name
    amy.salary = salary
  end
  ...
end

amy = Employee.new("Amy Blake", 50000)
```

作用域不在此處！

Ruby 有一個答案：self 關鍵字。在實體方法中，self 總是會指向當前物件。

讓我們用一個簡單的類別來做說明：

```
class MyClass
  def first_method
    puts "Current instance within first_method: #{self}"
  end
end
```

在實體方法中，self 關鍵字將會指向當前物件。

如果我們建立了一個實體並且呼叫它的 first _ method，在該實體方法中我們可以看到 self，而 self 會指向被呼叫了該方法的物件。

```
my_object = MyClass.new
puts "my_object refers to this object: #{my_object}"
my_object.first_method
```

```
my_object refers to this object: #<MyClass:0x007f91fb0ae508>
Current instance within first_method: #<MyClass:0x007f91fb0ae508>
```

相同的物件！

my _ object 和 self 的字串表示法包含了物件的唯一識別碼。（第 8 章將會對此做更進一步的說明。）既然識別碼一樣，所以是同一個物件！

使用 self 呼叫相同實體上的其他方法（續）

我們還可以在第一個實體方法中，使用 self 和點號運算符來呼叫第二個實體方法。

```
class MyClass
  def first_method
    puts "Current instance within first_method: #{self}"
    self.second_method
  end

  def second_method
    puts "Current instance within second_method: #{self}"
  end
end

my_object = MyClass.new
my_object.first_method
```

呼叫此處！

```
Current instance within first_method: #<MyClass:0x007ffd4b077510>
Current instance within second_method: #<MyClass:0x007ffd4b077510>
```

相同的物件！

有了 self，我們只要使用點號運算符，就可以讓 Ruby 清楚，我們想要呼叫 name= 和 salary= 等實體方法，而不是設定 name 和 salary 等變數…

```
class Employee
  ...
  def initialize(name = "Anonymous", salary = 0.0)
    self.name = name
    self.salary = salary
  end
  ...
end
```

無疑是呼叫 name= 方法

無疑是呼叫 salary= 方法

讓我們試著呼叫這個新的建構程序，看看它是否可以順利運作！

```
amy = Employee.new("Amy Blake", 50000)
amy.print_pay_stub
```

```
Name: Amy Blake
Pay This Period: $1917.81
```

使用 self 呼叫相同實體上的其他方法（續）

成功了！由於 self 和點號運算符，現在我們可以讓 Ruby（以及任何其他人）清楚，我們是在呼叫屬性寫入器方法，而不是在對變數賦值。

而且，由於我們採用的是存取器方法，這意味，在程式碼不重複的情況下，我們也可以讓驗證程序順利進行！

```
employee = Employee.new("", 50000)
```

錯誤 → `in `name=': Name can't be blank!`

```
employee = Employee.new("Jane Doe", -99999)
```

錯誤 → `in `salary=': A salary of -99999 isn't valid!`

新員工的名字不再會是空白、薪資不再會是負值？而且不會拖延薪資系統專案？幹得好！

當 self 是可選用的時候

現在，我們的 print _ pay _ stub 可以直接存取 @name 和 @salary 等實體變數。

```
class Employee

  def print_pay_stub
    puts "Name: #{@name}"
    pay_for_period = (@salary / 365.0) * 14
    formatted_pay = format("$%.2f", pay_for_period)
    puts "Pay This Period: #{formatted_pay}"
  end

end
```

但是我們在 Employee 類別中定義了 name 和 salary 等屬性閱讀器方法；我們可以使用它們，不必直接存取實體變數。（這樣一來，如果你修改 name 方法，讓姓氏先顯示，或是修改 salary 方法，讓它根據一個演算法來計算薪資，就不需要更新 print _ pay _ stub 了。）

呼叫 name 和 salary 的時候，我們只要使用 self 關鍵字和點號運算符就可以了：

```
class Employee

  attr_reader :name, :salary

  ...

  def print_pay_stub
    puts "Name: #{self.name}"
    pay_for_period = (self.salary / 365.0) * 14
    formatted_pay = format("$%.2f", pay_for_period)
    puts "Pay This Period: #{formatted_pay}"
  end

end

Employee.new("Amy Blake", 50000).print_pay_stub
```

```
Name: Amy Blake
Pay This Period: $1917.81
```

當 self 是可選用的時候（續）

但是當你從一個實體方法呼叫另一個實體方法的時候，Ruby 有一個規則可以讓你少打一點字…如果你沒有使用點號運算符來指定方法呼叫的接收者，接收者預設為當前物件 self。

```
class Employee
  ...
  def print_pay_stub
    puts "Name: #{name}"
    pay_for_period = (salary / 365.0) * 14
    formatted_pay = format("$%.2f", pay_for_period)
    puts "Pay This Period: #{formatted_pay}"
  end
  ...
end

Employee.new("Amy Blake", 50000).print_pay_stub
```

省略 self；仍舊可以運作！

省略 self；仍舊可以運作！

仍舊可以運作！

```
Name: Amy Blake
Pay This Period: $1917.81
```

正如我們在前一節所見，呼叫屬性寫入器方法的時候必須包含 self 關鍵字，否則 Ruby 會把 = 誤認為是變數賦值。但是對於任何其他類型的實體方法呼叫，如果你想要的話，可以省略 self。

如果你沒有使用點號運算符來指定接收者，接收者預設為當前物件 self。

透過繼承實作時薪員工

你為 Chargemore 公司所建立的 `Employee` 類別運作得很好！它會準確印出格式正確的薪資單，由於你撰寫了 `initialize` 方法，要建立新的 `Employee` 實體真的很容易。

但是，此刻，它只能處理受薪員工（salaried employee）。現在讓我們來看看如何支援按時薪支付的員工。

時薪員工的需求基本上如同受薪員工；我們需要能夠印出包括員工名字和薪資的薪資單。只差在我們計算薪資的方式。對時薪員工來說，我們會把他們每小時的工資（hourly wage）乘以他們每週的工時，然後將結果加倍以取得兩週的薪資。

(salary / 365.0) * 14
時薪員工的薪資計算公式

hourly_wage * hours_per_week * 2
受薪員工的薪資計算公式

因為受薪員工與時薪員工是如此的相似，所以可以讓他們共享同一個父類別的功能。然後，我們將會建立兩個子類別以便保存不同的薪資計算邏輯。

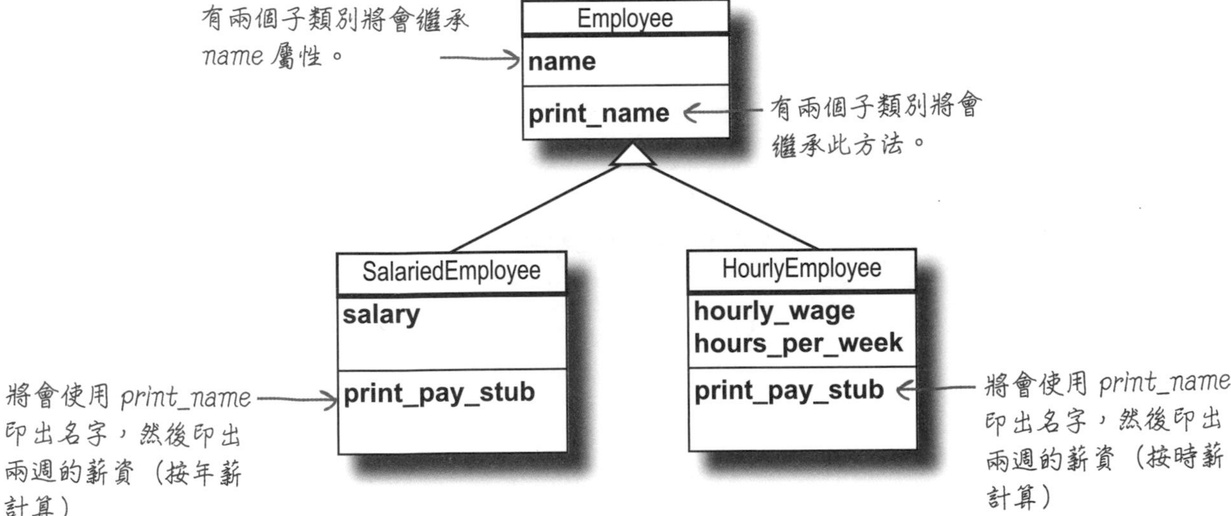

透過繼承實作時薪員工（續）

讓我們把 SalariedEmployee 與 HourlyEmployee 的共同邏輯擺在父類別 Employee。

因為受薪員工與時薪員工的薪資單都需要包含員工的名字，我們將會把 name 屬性留在父類別中，讓子類別共享。我們將會把列印名字的程式碼移往父類別的 print _ name 方法。

```
class Employee

  attr_reader :name

  def name=(name)
    # 驗證和設定 @name 的程式碼
  end

  def print_name
    puts "Name: #{name}"
  end

end
```

為了簡單起見我們將會省略所有的屬性存取器程式碼。

記住，這如同在呼叫 self.name。

我們將會把受薪員工的薪資計算邏輯移往 SalariedEmployee 類別，但我們將會呼叫繼承來的 print _ name 方法，以便印出員工的名字。

```
class SalariedEmployee < Employee

  attr_reader :salary

  def salary=(salary)
    # 驗證和設定 @salary 的程式碼
  end

  def print_pay_stub
    print_name
    pay_for_period = (salary / 365.0) * 14
    formatted_pay = format("$%.2f", pay_for_period)
    puts "Pay This Period: #{formatted_pay}"
  end

end
```

呼叫從父類別繼承來的 print_name 方法。

此程式碼如同之前 Employee 的 print_pay_stub 方法。

進行這些修改之後，我們可以建立一個新的 SalariedEmployee 實體，並像之前那樣設定它的名字和薪資，以及印出薪資單：:

```
salaried_employee = SalariedEmployee.new
salaried_employee.name = "Jane Doe"
salaried_employee.salary = 50000
salaried_employee.print_pay_stub
```

```
Name: Jane Doe
Pay This Period: $1917.81
```

透過繼承實作時薪員工（續）

現在我們將會建立一個之前沒有的 HourlyEmployee 類別。與 SalariedEmployee 不同之處在於，它保存的是每小時的工資（hourly wage）與每週的工時，以及使用它們來計算為期兩週的薪資。與 SalariedEmployee 相同之處在於，它會把保存和列印員工名字的程式碼放到父類別 Employee。

```
class HourlyEmployee < Employee

  attr_reader :hourly_wage, :hours_per_week

  def hourly_wage=(hourly_wage)
    # 驗證和設定@hourly_wage 的程式碼
  end

  def hours_per_week=(hours_per_week)
    # 驗證和設定@hours_per_week 的程式碼
  end

  def print_pay_stub
    print_name
    pay_for_period = hourly_wage * hours_per_week * 2
    formatted_pay = format("$%.2f", pay_for_period)
    puts "Pay This Period: #{formatted_pay}"
  end

end
```

現在我們可以建立 HourlyEmployee 的實體。但我們設定的不是年薪，而是設定每小時的工資以及每週的工時。然後這些值會被用於計算薪資單上的薪水。

```
hourly_employee = HourlyEmployee.new
hourly_employee.name = "John Smith"
hourly_employee.hourly_wage = 14.97
hourly_employee.hours_per_week = 30
hourly_employee.print_pay_stub
```

```
Name: John Smith
Pay This Period: $898.20
```

這麼做還不錯！透過繼承，我們可以實作時薪員工的薪資單以及受薪員工的薪資單，而且可以盡量減少它們之間重複的程式碼。

不過，在混亂之中我們遺漏了 initialize 方法。我們之前能夠在建立 Employee 物件的同時設定它的資料，但是新的類別無法讓我們這麼做。我們必須回頭添加 initialize 方法。

恢復 initialize 方法

為了讓 SalariedEmployee 和 HourlyEmployee 等物件一建立就可以安全運作，我們將需要為這兩個物件添加 initialize 方法。

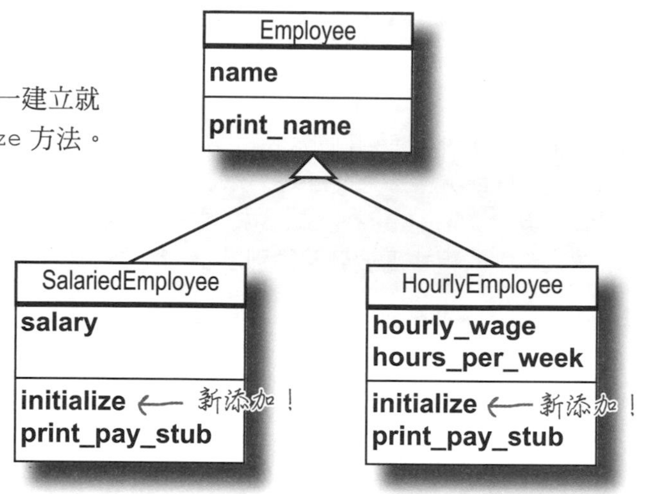

如同我們之前對 Employee 類別所做的那樣，initialize 方法將需要為「我們想要設定之每個物件屬性」取得參數。SalariedEmployee 的 initialize 方法看起來如同之前的 Employee 類別（因為所要設定的屬性一樣），但是 HourlyEmployee 的 initialize 方法需要取得不同的參數（以及設定不同的屬性）。

```
class SalariedEmployee < Employee
  ...
  def initialize(name = "Anonymous", salary = 0.0)
    self.name = name
    self.salary = salary
  end
  ...
end

class HourlyEmployee < Employee
  ...
  def initialize(name = "Anonymous", hourly_wage = 0.0, hours_per_week = 0.0)
    self.name = name
    self.hourly_wage = hourly_wage
    self.hours_per_week = hours_per_week
  end
  ...
end
```

這就像之前 Employee 類別的 initialize 方法。

同樣的，我們可以通過提供預設值來讓參數變成可選用。

此方法需要取得三個參數以及設定三個屬性。

添加 initialize 方法之後，我們就能夠像之前那樣把引數傳遞給每個類別的 new 方法。我們的物件一經建立便隨時可用。

```
salaried_employee = SalariedEmployee.new("Jane Doe", 50000)
salaried_employee.print_pay_stub

hourly_employee = HourlyEmployee.new("John Smith", 14.97, 30)
hourly_employee.print_pay_stub
```

```
Name: Jane Doe
Pay This Period: $1917.81
Name: John Smith
Pay This Period: $898.20
```

繼承與 initialize

不過，我們剛建立的 initialize 方法有一個小弱點：用於設定員工姓名的程式碼與我們的兩個子類別重複。

```
class SalariedEmployee < Employee
  ...
  def initialize(name = "Anonymous", salary = 0.0)
    self.name = name
    self.salary = salary
  end
  ...
end

class HourlyEmployee < Employee
  ...
  def initialize(name = "Anonymous", hourly_wage = 0.0, hours_per_week = 0.0)
    self.name = name  ← 與 SalariedEmployee 重複！*
    self.hourly_wage = hourly_wage
    self.hours_per_week = hours_per_week
  end
  ...
end
```

就子類別的所有其他部分而言，我們會把 name 屬性委託給父類別 Employee 處理。在該處我們還定義了閱讀器和寫入器方法。我們甚至會經由 print _ name 方法（該方法呼叫自子類別各自的 print _ pay _ stub 方法）印出姓名。

```
class Employee

  attr_reader :name        由父類別保存 name
                           屬性。
  def name=(name)  ←
    # 驗證和設定 @name 的程式碼
  end

  def print_name
    puts "Name: #{name}"  ← 由父類別保存列印姓名
  end                       的程式碼讓子類別共享。

end
```

但是我們的 initialize 並沒有做到這一點。我們可以讓它做到嗎？

可以！我們之前提到過，讓我們再說一次：initialize 只是一個普通的實體方法。也就是說，它可以像任何其他方法那樣被繼承、被覆寫，而且進行覆寫的方法也可以經由 super 來呼叫它。下一頁我們將會做進一步的說明。

* 好啦，我們知道重複的程式碼只有一列。我們示範的技術在程式碼大量重複的情況下也有幫助。

super 與 initialize

為了消除 Employee 之子類別中重複的 name 設置程式碼，我們可以把處理 name 的程式碼移往父類別中的 initialize 方法，然後讓子類別的 initialize 方法以 super 來呼叫它。SalariedEmployee 將會保留年薪（salary）的設置邏輯，HourlyEmployee 將會保留每小時工資（hourly wage）和每週工時（hours per week）的設置邏輯，而且這兩個類別可以把設置 name 的共享邏輯委託給它們共享的父類別。

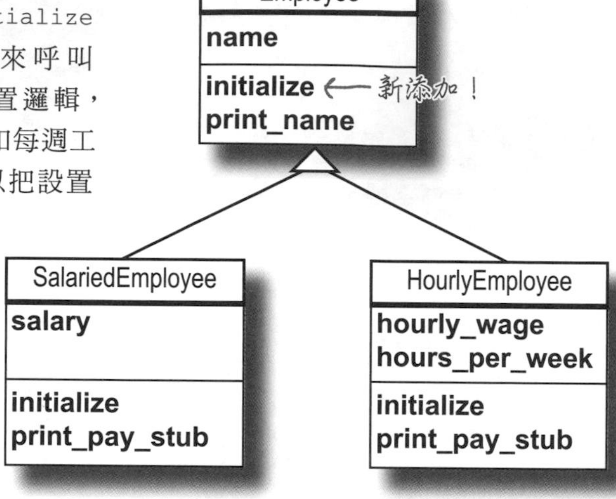

首先，讓我們試著把 name 的處理邏輯從 SalariedEmployee 中的 initialize 方法移往 Employee 類別。

```
class Employee
  ...
  def initialize(name = "Anonymous")
    self.name = name
  end
  ...
end

class SalariedEmployee < Employee
  ...
  def initialize(name = "Anonymous", salary = 0.0)
    super
    self.salary = salary
  end
  ...
end
```

新的 initialize 方法只會處理 name！

試圖呼叫 Employee 中的 initialize 以便設置 name。

但是當我們使用剛修改的 initialize 方法出現了一個問題…

```
salaried_employee = SalariedEmployee.new("Jane Doe", 50000)
salaried_employee.print_pay_stub
```

錯誤 →

```
in `initialize': wrong number of arguments (2 for 0..1)
```

super 與 initialize（續）

哎呀！我們忘了 super 的一個關鍵細節（稍早曾提到過）─如果你沒有指定引數，它會以「使用它的子類別方法所接收到的引數」來呼叫父類別的方法。（這句話適用於當你在其他的實體方法中使用 super 的時候，也適用於當你在 initialize 中使用 super 的時候。）SalariedEmployee 中的 initialize 方法收到了**兩個**參數，於是 super 會把**這兩個參數**傳遞給 Employee 中的 initialize 方法。（即使它只接受一**個**引數。）

解決的辦法就是指定我們想要傳遞的參數：name 參數。

```
class SalariedEmployee < Employee
  ...
  def initialize(name = "Anonymous", salary = 0.0)
    super(name)
    self.salary = salary
  end
  ...
end
```

呼叫 Employee 中的 initialize，而且只傳遞 name。

讓我們再次初始化一個新的 SalariedEmployee 實體…

```
salaried_employee = SalariedEmployee.new("Jane Doe", 50000)
salaried_employee.print_pay_stub
```

```
Name: Jane Doe
Pay This Period: $1917.81
```

奏效！讓我們對 HourlyEmployee 類別做相同的修改…

```
class HourlyEmployee < Employee
  ...
  def initialize(name = "Anonymous", hourly_wage = 0.0, hours_per_week = 0.0)
    super(name)
    self.hourly_wage = hourly_wage
    self.hours_per_week = hours_per_week
  end
  ...
end
```

呼叫 Employee 中的 initialize，而且只傳遞 name。

```
hourly_employee = HourlyEmployee.new("John Smith", 14.97, 30)
hourly_employee.print_pay_stub
```

```
Name: John Smith
Pay This Period: $898.20
```

之前我們在 SalariedEmployee 和 HourlyEmployee 中的 print_pay_stub 裡使用 super，並把員工姓名的列印委託給父類別 Employee。現在我們只是對 initialize 方法做相同的事情，讓父類別處理 name 屬性的設定。

為什麼奏效？因為 initialize 是一個實體方法。一般實體方法可以應用的任何 Ruby 功能，你都可以應用在 initialize 上。

問：如果我在子類別中覆寫 initialize，當進行覆寫的 initialize 方法執行時，父類別的 initialize 方法也會執行嗎？

答：不會，除非你明確地使用 super 關鍵字來呼叫它。記住，Ruby 中，initialize 只是一個普通的方法。如果你呼叫一個 Dog 實體的 move 方法，Animal 類別的 move 也會執行嗎？不會，除非你使用了 super。initialize 方法也是一樣的。

許多其他的物件導向語言，在呼叫子類別的建構程序（constructor）之前，會自動呼叫父類別的建構程序，但 Ruby 不會。

問：如果我明確使用 super 來呼叫父類別的 initialize 方法，它是我在子類別的 initialize 方法中必須做的第一件事嗎？

答：如果你的子類別所依賴的實體變數係由父類別的 initialize 方法來設置，那麼在做任何其他事情之前，你可能會想要調用 super。但是 Ruby 不需要你這麼做。如同其他方法，initialize 中，你可以在你想要的任何一處調用 super。

問：你說除非呼叫 super，否則父類別的 initialize 方法並不會執行… 如果這是真的，那麼在下面的例子中，要如何設定 @last _ name？

```
class Parent
  attr_accessor :last_name
  def initialize(last_name)
    @last_name = last_name
  end
end

class Child < Parent
end

child = Child.new("Smith")
puts child.last_name
```

答：因為 initialize 繼承自父類別。就 Ruby 實體方法而言，如果你想要執行父類別的方法，你只需要呼叫 super，而且你可以在子類別中覆寫它。如果你沒有覆寫它，那麼就會直接執行繼承來的方法。initialize 的運作方式也是這樣的。

程式碼磁貼

冰箱上有一支 Ruby 程式被混在一起。你能夠將這些程式碼片段重新復原成可運行的父類別和子類別，讓底下的範例程式碼得以執行，以及產生所列示的輸出？

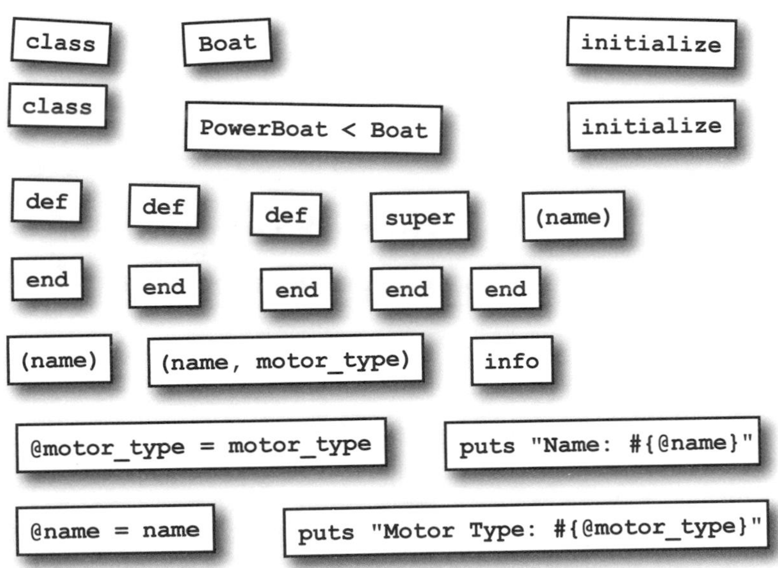

範例程式碼：

```
boat = PowerBoat.new("Guppy", "outboard")
boat.info
```

輸出：

```
File Edit Window Help
Name: Guppy
Motor Type: outboard
```

程式碼磁貼解答

冰箱上有一支 Ruby 程式被混在一起。你能夠將這些程式碼片段重新復原成可運行的父類別和子類別，讓底下的範例程式碼得以執行，以及產生所列示的輸出？

```
class Boat

  def initialize(name)
    @name = name
  end

end
```

```
class PowerBoat < Boat

  def initialize(name, motor_type)
    super(name)
    @motor_type = motor_type
  end

  def info
    puts "Name: #{@name}"
    puts "Motor Type: #{@motor_type}"
  end

end
```

範例程式碼：

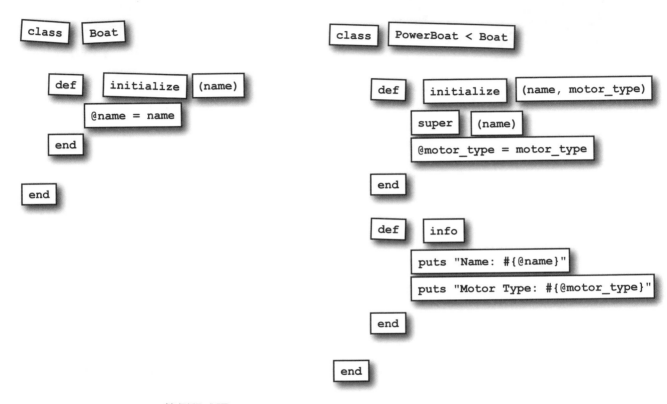

```
boat = PowerBoat.new("Guppy", "outboard")
boat.info
```

輸出：

```
File Edit Window Help
Name: Guppy
Motor Type: outboard
```

相同的類別、相同的屬性值

HourlyEmployee 類別完成後，Chargemore 公司可以著手為他們的新商店舉辦一場員工招聘會。結果，他們需要為市中心第一家商店建立以下員工物件：

Ruby 允許我們依需要添加任意多個空格字符，所以我們可以對齊程式碼，讓它變得較容易閱讀。

```
ivan    = HourlyEmployee.new("Ivan Stokes",      12.75, 25)
harold  = HourlyEmployee.new("Harold Nguyen",    12.75, 25)
tamara  = HourlyEmployee.new("Tamara Wells",     12.75, 25)
susie   = HourlyEmployee.new("Susie Powell",     12.75, 25)

edwin   = HourlyEmployee.new("Edwin Burgess",    10.50, 20)
ethel   = HourlyEmployee.new("Ethel Harris",     10.50, 20)

angela  = HourlyEmployee.new("Angela Matthews", 19.25, 30)
stewart = HourlyEmployee.new("Stewart Sanchez", 19.25, 30)
```

hourly_wage（每小時工資）

hours_per_week（每週工時）

如果檢視上面的程式碼，你可能會發現，有多組的物件會把同樣的引數傳遞給 new 方法。這是因為：第一組物件是新商店的收銀人員、第二組物件是清潔人員、第三組物件是保全人員。

Chargemore 公司新進的收銀人員都是以相同的基本工資和每週工時來計算薪資。儘管清潔人員的基本工資和工時不同於收銀人員，但是所有清潔人員均相同。保全人員也是同樣的情況。（之後每個人是否調薪，取決於自己的績效，但是一開始都是一樣的。）

結果是，這些對 new 的呼叫中有大量重複的引數，提高了打錯字的機率。這只是第一家 Chargemore 商店的第一波招聘，所以事情只會變得更糟糕。要造成此情況似乎很容易。

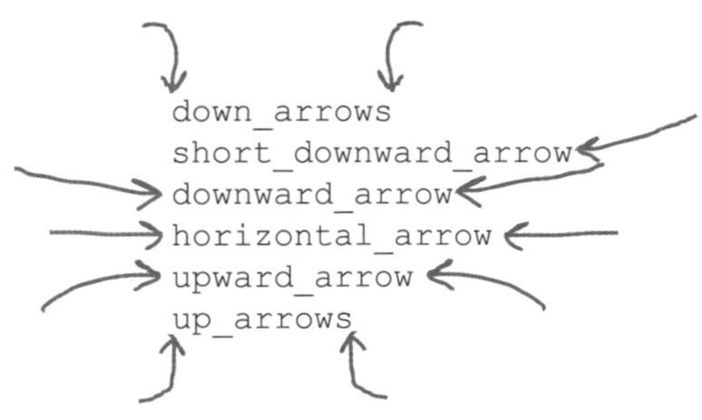

沒有效率的工廠方法

當你需要為一個類別建立具有相同資料的許多實體，你通常可以透過建立**工廠方法**（*factory method*）來避免重複，工廠方法讓我們在建立物件的時候得以預填所需的屬性值。（工廠方法是一個程式設計模式，不僅可以在 Ruby 中使用，也可以在任何物件導向的語言中使用。）

但是如果我們只使用現在所擁有的工具，我們所建立的工廠方法是不會有任何效率的。

為了說明我們的意思，讓我們試著建立一個方法，該方法會以收銀人員的基本工資和每週工時來設置新的 HourlyEmployee 物件。

```
class HourlyEmployee
  ...
  def turn_into_cashier
    self.hourly_wage = 12.75   ← 設定每小時工資。
    self.hours_per_week = 25   ← 設定每週工時。
  end
  ...
end

ivan = HourlyEmployee.new("Ivan Stokes")
ivan.turn_into_cashier
ivan.print_pay_stub
```

```
Name: Ivan Stokes
Pay This Period: $637.50
```

是的，可以這麼做。為什麼這麼做沒有效率呢？讓我們再看一次（建立新的 HourlyEmployee 物件時必定會執行的）initialize 方法…

```
class HourlyEmployee
  ...
  def initialize(name = "Anonymous", hourly_wage = 0, hours_per_week = 0)
    super(name)
    self.hourly_wage = hourly_wage          ← 設定每小時工資。
    self.hours_per_week = hours_per_week    ← 設定每週工時。
  end
  ...
end
```

我們在 initialize 中設定 hourly _ wage 和 hours _ per _ week 等屬性，然後在 turn _ into _ cashier 中又回頭來設定它們！

對 Ruby 來說這是沒有效率的做法，對我們來說也可能是沒有效率的做法。如果我們在 initialize 中沒有為 hourly _ wage 和 hours _ per _ week on 指定預設值呢？那麼我們就必須自己指定這些引數！

```
ivan = HourlyEmployee.new("Ivan Stokes", 0, 0)   ← 我們也沒有指定這些值！
ivan.turn_into_cashier
```

這是把工廠方法撰寫成實體方法所導致的問題：我們正試圖為類別建立一個新的實體，但是必須已經有一個實體讓我們執行其上的方法！一定還有更好的方式…

幸運的是，有！就是接下來我們將要學習的類別方法。

類別方法

你的類別還沒有具備一個實體，但是你需要一個。而且你需要一個方法來替你設置它。這個方法應該放在哪裡呢？

你可以把這個方法獨自放到一個小型的 Ruby 原始檔案，但如果能夠把它以及它想要為其建立實體的類別放在一起，那就更好了。但是，你不能讓它成為類別的實體方法。如果你已經有類別的一個實體，就不需要再建立一個，不是嗎？

針對這樣的情況，Ruby 提供了**類別方法**（*class method*）：你可以直接在類別之上調用此方法，而不需要透過該類別的任何實體。你不一定要以類別方法做為工廠方法，但是它足以勝任此工作。

Ruby 中，類別方法的定義非常類似於任何其他方法的定義。所不同的是：類別方法係定義在類別之中。

class MyClass
將方法定義在類別之上
方法名稱
def MyClass.my_class_method(p1, p2)
參數
方法本體
puts "Hello from MyClass!"
puts "My parameters: #{p1}, #{p2}"
end
結束定義
end

在類別定義中（但在任何實體方法定義之外），Ruby 會把 `self` 設定成指向當前正在定義的類別。所以許多 Ruby 程式設計者喜歡以 `self` 來取代類別名稱：

指向 *MyClass*！

```
class MyClass

  def self.my_class_method(p1, p2)
    puts "Hello from MyClass!"
    puts "My parameters: #{p1}, #{p2}"
  end

end
```

在大多數情況下，類別方法的定義方式就像你之前所習慣的那樣：

- 你可以在方法本體中放入任意多個 Ruby 述句。
- 你可以使用 `return` 關鍵字回傳一個值。如果你沒有這麼做，方法本體中最後一個運算式的求值結果會被當作回傳值。
- 你可以選擇為方法定義一或多個可接受的參數，而且可以透過定義預設值來建立可選參數。

類別方法（續）

我們新定義了一個類別，MyClass，它只具有一個類別方法：

```
class MyClass

  def self.my_class_method(p1, p2)
    puts "Hello from MyClass!"
    puts "My parameters: #{p1}, #{p2}"
  end

end
```

一旦定義好一個類別方法，你就可以在類別之上直接呼叫它：

```
MyClass.my_class_method(1, 2)
```

```
Hello from MyClass!
My parameters: 1, 2
```

或許你看到呼叫類別方法的語法會覺得很熟悉…

```
MyClass.new
```

沒錯，new 是一個類別方法！如果你仔細想想，這是很合理的；new 不能是實體方法，因為在一開始的時候並不存在任何實體！你必須要求類別為自己建立一個實體。

我們已經知道如何建立類別方法，現在讓我們來看看是否可以撰寫一些工廠方法，以便建立已預填基本工資和每週工時的 HourlyEmployee 物件。我們需要為收銀人員（cashier）、清潔人員（janitor）和保全人員（security guard）等三種職務撰寫工廠方法。

```
class HourlyEmployee < Employee
  ...
  def self.security_guard(name)
    HourlyEmployee.new(name, 19.25, 30)
  end

  def self.cashier(name)
    HourlyEmployee.new(name, 12.75, 25)
  end

  def self.janitor(name)
    HourlyEmployee.new(name, 10.50, 20)
  end
  ...
end
```

以員工的姓名做為參數。

為每一種員工類型使用預先定義的 hourly_wage 和 hours_per_week。

以所給定的姓名來建構一個 employee 物件。

收銀人員也是如此。

清潔人員也是如此。

我們不會事先知道員工的姓名，所以每個類別方法需要取得這個參數。不過，我們知道每種職務之 hourly _ wage 和 hours _ per _ week 的值。我們會把這三個引數傳遞給類別的 new 方法，並取回新的 HourlyEmployee 物件。然後從類別方法傳回該新物件。

類別方法（續）

現在讓我們直接呼叫類別上的工廠方法，但只提供員工的姓名。

```
angela = HourlyEmployee.security_guard("Angela Matthews")
edwin = HourlyEmployee.janitor("Edwin Burgess")
ivan = HourlyEmployee.cashier("Ivan Stokes")
```

所回傳的 `HourlyEmployee` 實體被完整設置了我們所提供的姓名，以及員工職務應有的 `hourly_wage` 和 `hours_per_week` 值。我們可以著手印出員工的薪資單了！

```
angela.print_pay_stub
edwin.print_pay_stub
ivan.print_pay_stub
```

```
Name: Angela Matthews
Pay This Period: $1155.00
Name: Edwin Burgess
Pay This Period: $420.00
Name: Ivan Stokes
Pay This Period: $637.50
```

本章中，你不僅已經瞭解到新物件建立時的一些陷阱。而且還學到了物件建立後，確保可以安全使用它們的一些技術。使用設計良好的 `initialize` 方法和工廠方法，新物件的建立和設置其實挺容易的！

使用設計良好的 initialize 方法和工廠方法，新物件的建立和設置其實挺容易的！

我們的完整原始碼

employees.rb

```
class Employee

  attr_reader :name

  def name=(name)
    if name == ""
      raise "Name can't be blank!"
    end
    @name = name
  end

  def initialize(name = "Anonymous")
    self.name = name
  end

  def print_name
    puts "Name: #{name}"
  end

end

class SalariedEmployee < Employee

  attr_reader :salary

  def salary=(salary)
    if salary < 0
      raise "A salary of #{salary} isn't valid!"
    end
    @salary = salary
  end

  def initialize(name = "Anonymous", salary = 0.0)
    super(name)
    self.salary = salary
  end

  def print_pay_stub
    print_name
    pay_for_period = (salary / 365.0) * 14
    formatted_pay = format("$%.2f", pay_for_period)
    puts "Pay This Period: #{formatted_pay}"
  end

end
```

（attr_reader :name）name 屬性將由 SalariedEmployee 與 HourlyEmployee 所繼承。

（def initialize）SalariedEmployee 與 HourlyEmployee 的 initialize 方法將會經由 super 來呼叫此方法。

（def print_name）SalariedEmployee 與 HourlyEmployee 的 print_pay_stub 方法將會呼叫此方法。

（attr_reader :salary）這是受薪員工特有的屬性。

（def initialize）當我們呼叫 SalariedEmployee.new 便會呼叫它。

（super(name)）呼叫父類別的 initialize 方法，只傳入 name。

（self.salary = salary）由我們自己設定 salary，因為它是此類別特有的屬性。

（print_name）讓父類別印出姓名。

（pay_for_period）計算兩週的薪資。

（formatted_pay）以兩位小數來格式化所要印出的薪資。

接下頁！

employees.rb
（續）

```
class HourlyEmployee < Employee

  def self.security_guard(name)
    HourlyEmployee.new(name, 19.25, 30)
  end
  def self.cashier(name)
    HourlyEmployee.new(name, 12.75, 25)
  end
  def self.janitor(name)
    HourlyEmployee.new(name, 10.50, 20)
  end

  attr_reader :hourly_wage, :hours_per_week

  def hourly_wage=(hourly_wage)
    if hourly_wage < 0
      raise "An hourly wage of #{hourly_wage} isn't valid!"
    end
    @hourly_wage = hourly_wage
  end

  def hours_per_week=(hours_per_week)
    if hours_per_week < 0
      raise "#{hours_per_week} hours per week isn't valid!"
    end
    @hours_per_week = hours_per_week
  end

  def initialize(name = "Anonymous", hourly_wage = 0.0, hours_per_week = 0.0)
    super(name)
    self.hourly_wage = hourly_wage
    self.hours_per_week = hours_per_week
  end

  def print_pay_stub
    print_name
    pay_for_period = hourly_wage * hours_per_week * 2
    formatted_pay = format("$%.2f", pay_for_period)
    puts "Pay This Period: #{formatted_pay}"
  end

end

jane = SalariedEmployee.new("Jane Doe", 50000)
jane.print_pay_stub

angela = HourlyEmployee.security_guard("Angela Matthews")
ivan = HourlyEmployee.cashier("Ivan Stokes")
angela.print_pay_stub
ivan.print_pay_stub
```

定義類別方法。（def self.security_guard(name)）

以所指定的姓名以及預先定義的每小時工資和每週工時來建立一個新的實體。（HourlyEmployee.new(name, 19.25, 30)）

對其他類型的時薪員工而言也是一樣的情況。（def self.cashier(name)、def self.janitor(name)）

這些是時薪員工特有的屬性。（attr_reader :hourly_wage, :hours_per_week）

當我們呼叫 *HourlyEmployee.new* 便會呼叫它。（def initialize）

呼叫父類別的 *initialize* 方法，只傳入 *name*。（super(name)）

由我們自己來設定，因為它們是此類別特有的屬性。（self.hourly_wage、self.hours_per_week）

讓父類別印出姓名。（print_name）

計算兩週的薪資。（pay_for_period = hourly_wage * hours_per_week * 2）

以兩位小數來格式化所要印出的薪資。（formatted_pay = format("$%.2f", pay_for_period)）

你的 Ruby 工具箱

第 4 章已經閱讀完畢！你可以把 `initialize` 方法和類別方法加入你的工具箱。

述句(Statements)

方法(Methods)

類別(Classes)

繼承(Inheritance)

建立物件 (Creating objects)

為一個類別建立新實體的時候，Ruby會呼叫該類別的 **initialize** 方法。你可以使用 **initialize** 來設置新物件的實體變數。

你可以直接在類別之上調用類別方法，而不需要透過該類別的任何實體。類別方法非常適合做為工廠方法。

要點提示

- 具有小數點的數值字面（number literal）會被視為 `Float` 實體。如果沒有小數點，它們將會被視為 `Fixnum` 實體。
- 如果數學運算中有一個運算元是 `Float`，求值結果將會是一個 `Float`。
- `format` 方法可以使用格式序列將被格式化的值插入一個字串。
- 格式序列型態（format sequence type）指出了將被插入之值的型態，包括浮點數、整數、字串...等等。
- 格式序列寬度（format sequence width）決定了被格式化的值在字串中將佔用幾個字符。
- `nil` 代表沒有一沒有值。
- Ruby 中，運算符，例如 +、-、* 和 /，被實作成方法。當 Ruby 在你的程式碼中遇到運算符，會把它轉換成方法呼叫。
- 在實體方法中，`self` 關鍵字會指向被呼叫了該方法的實體。
- 呼叫實體方法的時候，如果你沒有指定接收者，接收者預定為 `self`。
- 在類別本體中，你可以使用 `def ClassName.method_name` 或 `def self.method_name` 的方式來定義類別方法。

接下來…

到目前為止，我們都是一次處理一個物件。但是比較常見的是一次處理多個物件。下一章，我們將會示範如何使用陣列來建立一群物件。我們還會示範如何使用區塊來處理陣列中每個項目。

5 陣列與區塊

優於迴圈

index = 0。while index < guests.length。為什麼我會招惹上 index 這個東西？我不能直接為每位客人辦理登記？

有一大堆程式需要進行清單的處理。地址清單。電話清單。產品清單。Matz（Ruby 的創造者）知道這件事。所以為了讓清單的處理在 Ruby 中可以很容易，他付出了許多心血。首先，他讓**陣列**（Ruby 中用於保存清單的物件）具備許多有用的方法，使得你能夠對清單進行幾乎任何處理。其次，他意識到，使用迴圈來處理清單中每筆資料項，雖然單調乏味，但是開發人員多半會這麼做。所以他把**區塊（block）**加入了語言，讓開發人員不再需要使用迴圈程式碼。區塊到底是什麼？繼續看下去就知道了…

陣列

你的新客戶的線上商店需要撰寫一支結帳程式。他們需要使用三個不同的方法來處理訂單。第一個方法會把所有價格加總在一起。第二個方法會向顧客的帳戶退款。第三個方法會取原價的 1/3 做為折扣並顯示結果。

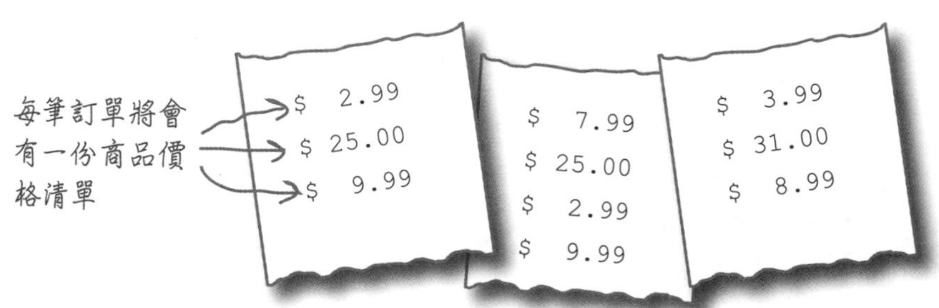

嗯，所以你會有一份價格清單（或價格的集合）而且你事先不知道將會有多少筆價格…。這意味，你不能使用變數來保存它們—沒有辦法知道要建立多少個變數。你將需要把這些價格保存在一個陣列中。

陣列用於保存由物件所構成的集合。

陣列（*array*）用於保存由物件所構成的集合。你可以按照需要來調整這個集合的大小。陣列可用於保存任何型態（包括陣列）的物件。你可以在同一個陣列中存入多種型態的物件。

我們可以建立一個陣列物件並使用陣列字面來對它進行初始化。陣列字面就是使用逗號把一串值隔開並把它們放到一對方括號（[]）裡。

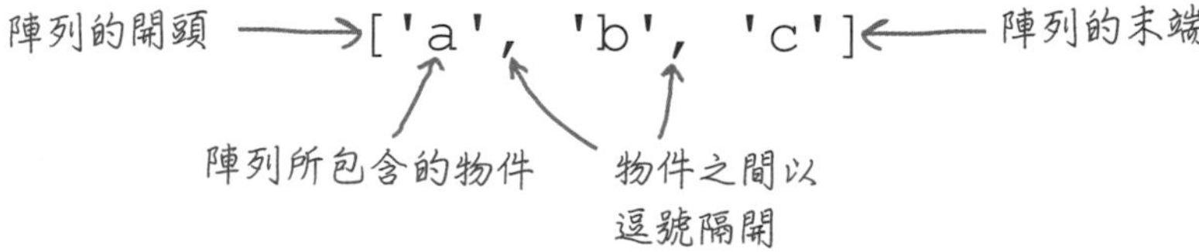

現在讓我們建立一個陣列以便保存第一筆訂單中的商品價格。

```
prices = [2.99, 25.00, 9.99]
```

但建立陣列的時候，你不必知道陣列的完整內容。你還可以在陣列建立之後操作它們…

存取陣列

所以現在我們有一個地方可以保存所有的商品價格。要取出我們存入陣列的價格，我們首先必須指定我們想要的是哪一個。

陣列中每筆資料項會被由左到右編上號碼（從 0 開始）。這就是所謂的陣列**索引**（*index*）。

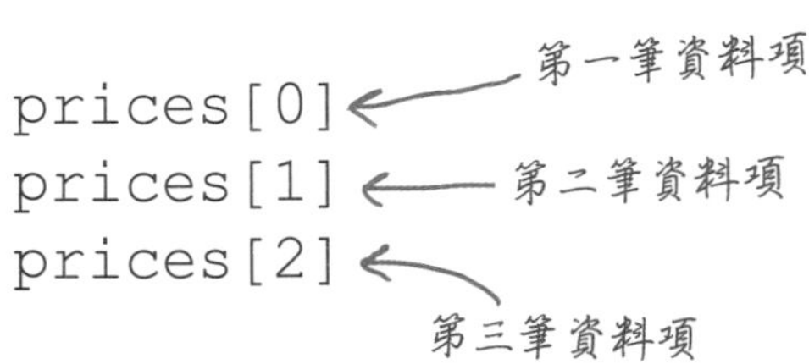

欲取出一筆資料項，你必須在方括號中指定你想要取出之資料項的整數索引值：

```
prices[0]
prices[1]
prices[2]
```

prices[0] ← 第一筆資料項
prices[1] ← 第二筆資料項
prices[2] ← 第三筆資料項

所以我們可以印出陣列裡的元素：

```
puts prices[0]
puts prices[2]
puts prices[1]
```

```
3.99
25.0
8.99
```

你可以使用 = 對所指定的陣列索引賦值，非常像對變數賦值。

```
prices[0] = 0.99
prices[1] = 1.99
prices[2] = 2.99
p prices
```

（p 和 inspect 等方法對陣列也很有用！）→ p prices

```
[0.99, 1.99, 2.99]
```

賦值的時候，如果你所指定的索引在陣列末端之後，該陣列將會因而變大。

```
prices[3] = 3.99
p prices
```

```
[0.99, 1.99, 2.99, 3.99]
```

這裡是新元素。

對元素賦值的時候，如果該元素超過陣列末端許多，陣列仍然會因而變大，以容納該元素。但是其間的索引不會包含任何值。

```
prices[6] = 6.99
p prices
```

```
[0.99, 1.99, 2.99, 3.99, nil, nil, 6.99]
```

nil 表示此處沒有任何值！

此處是我們所賦值的元素。

如你所見，Ruby 會把 nil（你可能還記得，這代表不存在任何值）放到你尚未賦值的陣列索引。

讀取元素的時候，如果該元素超過陣列的末端，你也會讀回 nil。

```
p prices[7]
```

← 陣列只會擴展到索引 6！

```
nil
```

陣列也是物件！

如同 Ruby 中任何其他東西，陣列也是物件：

```
prices = [7.99, 25.00, 3.99, 9.99]
puts prices.class
```

```
Array
```

這意味，它們具備許多可以直接操作陣列的有用方法。例如：

你不必使用 `prices[0]` 之類的陣列索引，因為有容易閱讀的方法可以使用：

```
puts prices.first
```

```
7.99
```

```
puts prices.last
```

```
9.99
```

有取得陣列大小的方法可以使用：

```
puts prices.length
```

```
4
```

有讓你在陣列中尋找值的方法可以使用：

```
puts prices.include?(25.00)
```

```
true
```

```
puts prices.find_index(9.99)
```

```
3
```

有讓你得以插入或移除元素導致陣列增大或縮小的方法可以使用：

```
prices.push(0.99)
p prices
```

```
[7.99, 25.0, 3.99, 9.99, 0.99]
```

```
prices.pop
p prices
```

```
[7.99, 25.0, 3.99, 9.99]
```

```
prices.shift
p prices
```

```
[25.0, 3.99, 9.99]
```

<< 運算符（如同大多數運算符，在幕後其實是一個方法）也可用於添加元素：

```
prices << 5.99
prices << 8.99
p prices
```

```
[25.0, 3.99, 9.99, 5.99, 8.99]
```

陣列具有可以把自己轉換成字串的方法：

```
puts ["d", "o", "g"].join
puts ["d", "o", "g"].join("-")
```

```
dog
d-o-g
```

而字串具有可以把自己轉換成陣列的方法：

```
p "d-o-g".chars
```

```
["d", "-", "o", "-", "g"]
```

```
p "d-o-g".split("-")
```

```
["d", "o", "g"]
```

開啟一個新的終端機視窗，鍵入 `irb` 並按下 Enter/Return 鍵。檢視底下每一列 Ruby 述句，並於其後寫下你所猜測的結果。然後試著把運算式鍵入 irb 並按下 Enter 鍵。看看你所做的猜測是否與 irb 所回傳的結果相符！

```
mix = ["one", 2, "three", Time.new]
```
....

```
mix.length
```
....

```
mix[0]
```
....

```
mix[1]
```
....

```
mix[0].capitalize
```
....

```
mix[1].capitalize
```
....

```
letters = ["b", "c", "b", "a"]
```
....

```
letters.shift
```
....

```
letters
```
....

```
letters.join("/")
```
....

```
letters.pop
```
....

```
letters
```
....

開啟一個新的終端機視窗，鍵入 irb 並按下 Enter/Return 鍵。檢視底下每一列 Ruby 述句，並於其後寫下你所猜測的結果。然後試著把運算式鍵入 irb 並按下 Enter 鍵。看看你所做的猜測是否與 irb 所回傳的結果相符！

```
mix = ["one", 2, "three", Time.new]
```

["one", 2, "three", 2014-01-01 11:11:11]

你可以在相同的陣列中存入不同類別的實體！

```
mix.length
```

4

```
mix[0]
```

"one"

```
mix[1]
```

2

```
mix[0].capitalize
```

你可以直接對你所取回物件呼叫方法。

"One"

```
mix[1].capitalize
```

undefined method `capitalize' for 2:Fixnum

如果陣列中保存了不同類別的實體，要注意你所呼叫的是什麼方法！

```
letters = ["b", "c", "b", "a"]
```

["b", "c", "b", "a"]

```
letters.shift
```

"b" ← shift 會從陣列中移除第一個元素，並回傳該元素。

```
letters
```

["c", "b", "a"] ← shift 會對陣列造成永久的改變。

```
letters.join("/")
```

"c/b/a"

```
letters.pop
```

"a" ← pop 會從陣列中移除最後一個元素，並回傳該元素。

```
letters
```

["c", "b"] ← pop 也會對陣列造成永久的改變。

迭代陣列中每筆資料項

現在，我們只能存取我們在程式碼中所指定的特定陣列索引。要印出陣列中所有價格，我們必須這麼做：

```
prices = [3.99, 25.00, 8.99]

puts prices[0]
puts prices[1]
puts prices[2]
```

第一筆資料項（prices[0]）
第二筆資料項（prices[1]）
第三筆資料項（prices[2]）

當陣列非常大或事先不知道陣列的大小，這麼做是行不通的。

但是我們可以使用 while 迴圈來處理陣列中所有元素，一次處理一個。

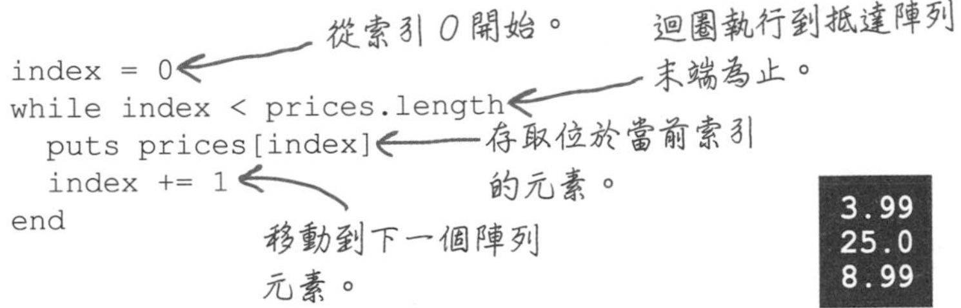
從索引 0 開始。
迴圈執行到抵達陣列末端為止。
存取位於當前索引的元素。
移動到下一個陣列元素。

```
index = 0
while index < prices.length
  puts prices[index]
  index += 1
end
```

```
3.99
25.0
8.99
```

BANG!

照過來！

呼叫陣列的實體方法 length，你所得到的是其所保存的元素個數，而不是最後一個元素的索引。

所以此程式碼將不會讓你取得最後一個元素：

```
p prices[prices.length]
```

```
nil
```

但是此程式碼可以：

```
p prices[prices.length - 1]
```

```
8.99
```

同樣的，這樣的迴圈將會超出陣列的末端：

```
index = 0
while index <= prices.length
  puts prices[index]
  index += 1
end
```

我們不希望索引等於長度！

因為**陣列從零開始起算**，你需要確保你的索引值**小於 prices.length**：

```
index = 0
while index < prices.length
  puts prices[index]
  index += 1
end
```

我們希望索引小於長度。

重複執行的迴圈

知道如何把訂單中的商品價格存入陣列以及如何使用 while 迴圈處理每一個價格之後，現在讓我們來設計你的客戶需要用到的三個方法：

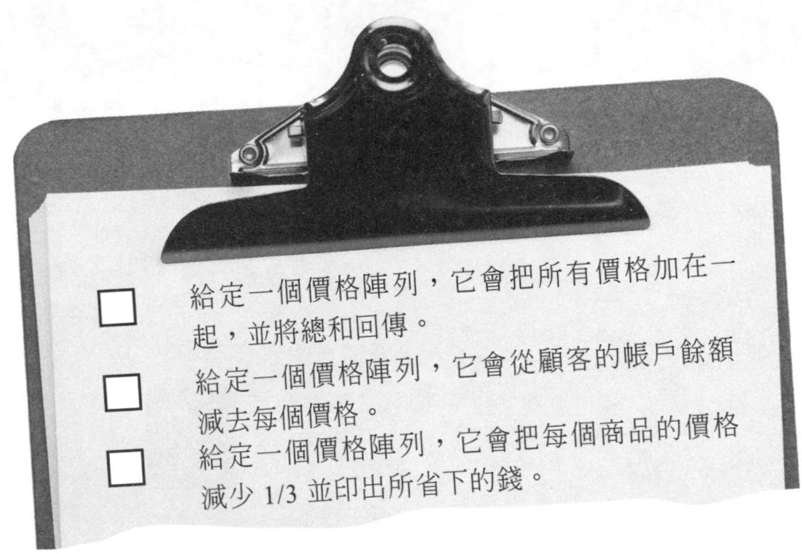
給定一個價格陣列，它會把所有價格加在一起，並將總和回傳。
給定一個價格陣列，它會從顧客的帳戶餘額減去每個價格。
給定一個價格陣列，它會把每個商品的價格減少 1/3 並印出所省下的錢。

第一個方法用於取得所有價格以及把它們加總在一起。我們將會建立一個方法，它會保存陣列中這些價格的累積總合。它將會迭代陣列中每一個元素，並將之加入總和（我們將會把總和保存在一個變數中）。處理完所有元素之後，此方法將會回傳總和。

```
def total(prices)
  amount = 0
  index = 0
  while index < prices.length
    amount += prices[index]
    index += 1
  end
  amount
end

prices = [3.99, 25.00, 8.99]

puts format("%.2f", total(prices))
```

total 的值從 0 開始。

從第一個陣列索引開始。

當仍在陣列中時…

把當前的價格加入總和。

移動到下一個價格。

回傳總和。

建立一個陣列以便保存訂單中的商品價格。

```
37.98
```

確保能夠顯示正確的小數位數。

把 prices 陣列傳入方法並對結果格式化。

重複執行的迴圈（續）

第二個方法用於處理訂單的退款。它需要迴圈來迭代陣列中每一筆資料項，以及從顧客的帳戶餘額減去價格總和。

```
def refund(prices)
  amount = 0
  index = 0
  while index < prices.length
    amount -= prices[index]
    index += 1
  end
  amount
end

puts format("%.2f", refund(prices))
```

total 的值從 0 開始。
從第一個陣列索引開始。
當仍在陣列中時…
減去當前的價格。
移動到下一個價格。
回傳退款總和。
把 prices 陣列傳入方法並對结果格式化。

```
-37.98
```

第三個方法用於讓每個商品的價格減少 1/3 並印出所省下的錢。

```
def show_discounts(prices)
  index = 0
  while index < prices.length
    amount_off = prices[index] / 3.0
    puts format("Your discount: $%.2f", amount_off)
    index += 1
  end
end

show_discounts(prices)
```

從第一個陣列索引開始。
當仍在陣列中時…
確定當前價格的折扣。
格式化價格。
移動到下一個價格。
把 prices 陣列傳入方法。

```
Your discount: $1.33
Your discount: $8.33
Your discount: $3.00
```

這還不賴！迭代陣列中每筆資料項讓我們得以實作你的客戶需要用到的三個方法！

- [x] 給定一個價格陣列，它會把所有價格加在一起，並將總和回傳。
- [x] 給定一個價格陣列，它會從顧客的帳戶餘額減去每個價格。
- [x] 給定一個價格陣列，它會把每個商品的價格減少 1/3 並印出所省下的錢。

重複執行的迴圈（續）

但如果我們把這三個方法放在一起看，你將會發現有許多重複的程式碼。這似乎與使用迴圈迭代價格陣列（array of prices）有關。下面我們已經標示出重複的程式碼。

標示出三個方法中重複的程式碼。

但是，中間這列程式碼不同…

```
def total(prices)
  amount = 0
  index = 0
  while index < prices.length
    amount += prices[index]
    index += 1
  end
  amount
end
```

不同…

```
def refund(prices)
  amount = 0
  index = 0
  while index < prices.length
    amount -= prices[index]
    index += 1
  end
  amount
end
```

不同…

```
def show_discounts(prices)
  index = 0
  while index < prices.length
    amount_off = prices[index] / 3.0
    puts format("Your discount: $%.2f", amount_off)
    index += 1
  end
end
```

這絕對違反 DRY（不要重複）的原則。我們需要回頭重構這些方法。

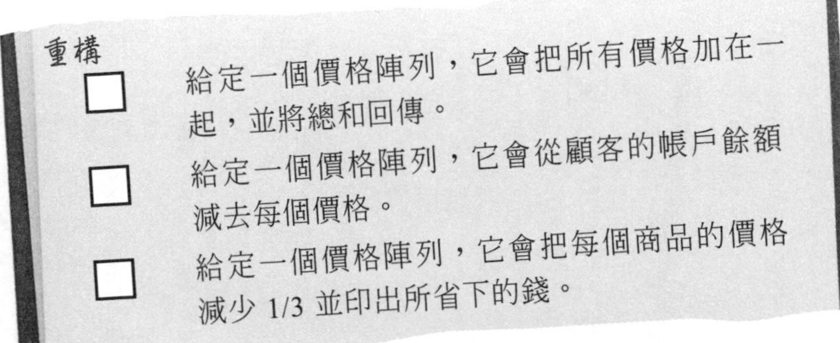
重構
給定一個價格陣列，它會把所有價格加在一起，並將總和回傳。
給定一個價格陣列，它會從顧客的帳戶餘額減去每個價格。
給定一個價格陣列，它會把每個商品的價格減少 1/3 並印出所省下的錢。

避免重複…錯誤的方式…

因為需要迭代陣列元素的關係，total、refund 和 show _ discounts 等方法有許多重複之處。如果我們能夠「取出重複的程式碼，把它們放進另一個方法，並讓 total、refund 和 show _ discounts 呼叫該方法」就好了。

但是讓一個方法結合 total、refund 和 show _ discounts 中所有邏輯，將會造成非常混亂的情況…迴圈本身的程式碼是重複沒錯，但是迴圈中間的程式碼卻完全不同。此外，total 和 refund 等方法需要一個變數來記錄總和，但是 show _ discounts 不需要。

讓我們來檢視這樣一個方法看起來究竟有多可怕。（當我們告訴你一個更好的解決方案，希望你對此能夠有充分的體會。）我們將會試著以一個額外的參數 operation 來撰寫一個方法。我們將會以 operation 中的值來切換我們所使用的變數以及迴圈中間所執行的程式碼。

```
def do_something_with_every_item(array, operation)

  if operation == "total" or operation == "refund"
    amount = 0
  end
  index = 0
  while index < array.length

    if operation == "total"
      amount += array[index]
    elsif operation == "refund"
      amount -= array[index]
    elsif operation == "show discounts"
      amount_off = array[index] / 3.0
      puts format("Your discount: $%.2f", amount_off)
    end

    index += 1
  end

  if operation == "total" or operation == "refund"
    return amount
  end

end
```

operation 應該被設定成 "total"、"refund" 或 "show discounts"。別打錯了！

我們不需要為 "show discounts" 操作使用此變數。

此處是迴圈的開頭—程式碼不再重複！

為當前的操作使用正確的邏輯。

我們不需要為 "show discounts" 操作傳回此變數的值。

注意，這麼做是並不高明。弄得到處都是 if 述句，每一個皆用於檢查 operation 參數的值。某些情況下，我們會使用 amount 變數，但是其他情況下則不會。某些情況下，我們會回傳一個值，但是其他情況下則不會。程式寫得並不漂亮，而且它的做法讓我們很容易在呼叫它的時候犯錯。

但如果你不以此方式撰寫程式，你要如何在執行迴圈之前設置你需要用到的變數？你要如何執行迴圈中間你需要用到的程式碼？

程式碼團塊？

問題是重複的程式碼位於每個方法的頂端和末端圍繞著需要改變的程式碼。

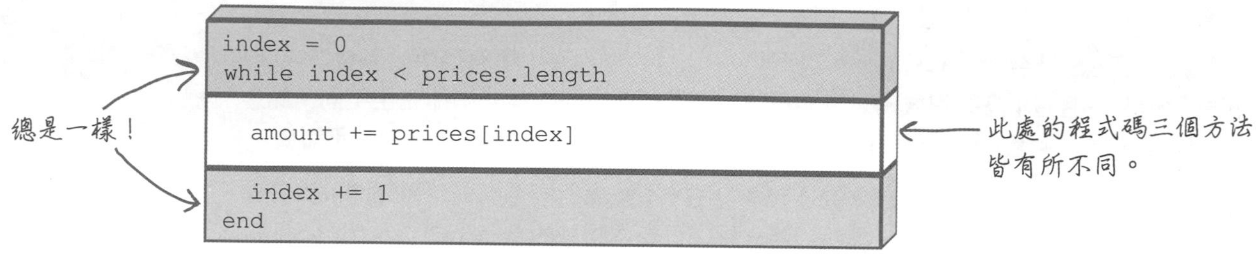
index = 0
while index < prices.length
amount += prices[index]
index += 1
end
總是一樣！
此處的程式碼三個方法皆有所不同。

如果能夠取出不同的其他程式碼團塊（也就是，一段程式碼）…

```
amount -= prices[index]
```

```
amount_off = prices[index] / 3.0
puts format("Your discount: $%.2f", amount_off)
```

…把它們置換到陣列迴圈程式碼的中間，當然是再好不過了。這樣我們只要為總是一樣的程式碼維持**一個副本**就行了。

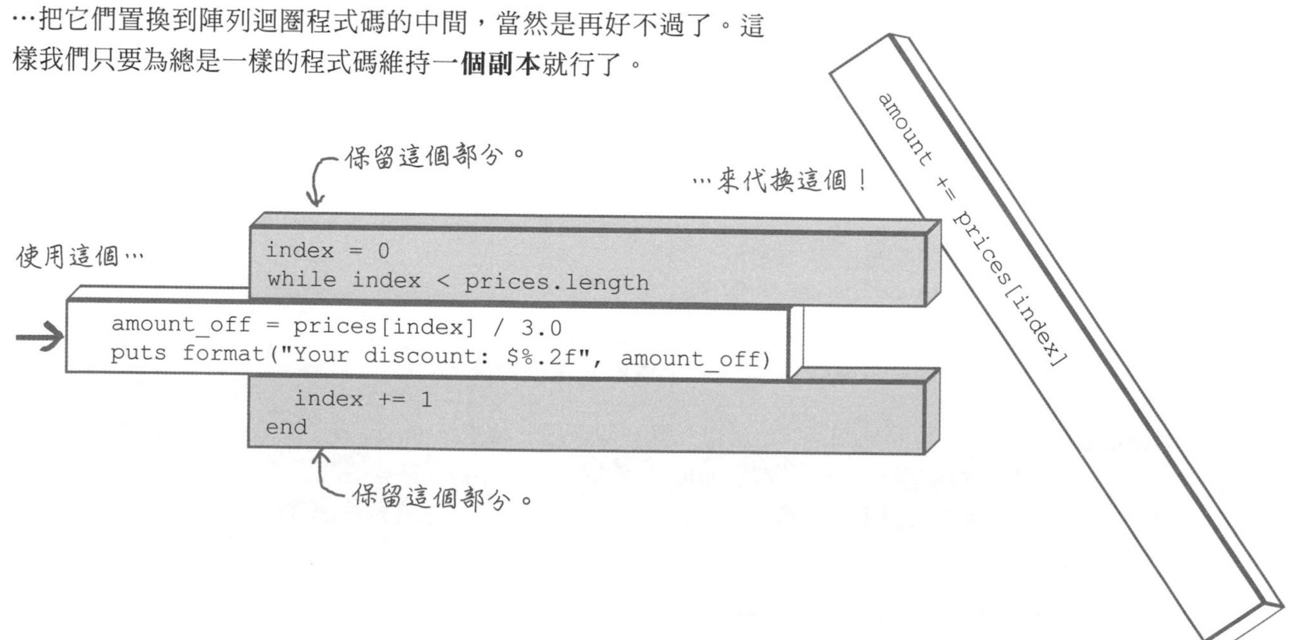
保留這個部分。
…來代換這個！
使用這個…
index = 0
while index < prices.length
amount_off = prices[index] / 3.0
puts format("Your discount: $%.2f", amount_off)
index += 1
end
amount += prices[index]
保留這個部分。

區塊

如果我們能夠把程式碼團塊當成引數傳入方法呢？我們可以把「與迴圈有關的程式碼」放在方法的頂端和末端，然後我們就可以在中間執行我們所傳入的程式碼！

事實上，我們可以使用 Ruby 的區塊做到這一點。

區塊（*block*）就是伴隨方法呼叫（associate with a method call）的一個程式碼團塊（a chunk of code），它可以調用（也就是，執行）區塊一或許多次。**方法和區塊會聯手處理你的資料**。

區塊是一個令人費解的東西。但請堅持下去！

不可諱言的，區塊是本書中最難的部分。即使你撰寫過其他語言的程式，你可能從未看過像 Ruby 區塊這樣的東西。但請堅持下去，因為回報是很大的。

想像一下，如果你今後的職業生涯必須撰寫的所有方法，都會有其他人免費替你撰寫一半的程式碼。他們會在開始和結束之處撰寫繁瑣的程式碼，只在中間留下一個小空格，讓你得以插入自己的程式碼，以便執行你的業務。

如果我們告訴你區塊可以幫你這個忙，你會不惜一切代價地去學習它，對不對？

嗯，要學習它，你必須有耐心而且堅持不懈。我們會協助你的。我們將會從不同的角度反覆檢視每個概念。我們將會提供習題讓你做練習。切勿跳過這些習題，因為它們可以協助你瞭解和記憶區塊的運作原理。

我們承諾，現在你花時間所下的功夫，將會為你今後的 Ruby 職業生涯帶來好處。讓我們開始吧！

呼叫方法的時候，你可以提供一個區塊。讓該方法得以調用區塊中的程式碼。

定義接受區塊的方法

區塊和方法可以協同工作。事實上，要使用區塊還需要存在一個能夠接受它的方法。所以，首先，讓我們來定義一個能夠與區塊協同工作的方法。

（本節中，我們將會告訴你如何使用 & 符號來讓方法接受區塊，以及讓所呼叫的方法，呼叫該區塊。這並非與區塊協同工作的最快捷方式，但是比較淺顯易懂。稍後我們將會告訴你較常用的方式，yield。）

一開始所舉的例子會儘量簡單。我們所定義的這個方法將會印出一段訊息、方法被調用時所收到的區塊以及印出另一段訊息。

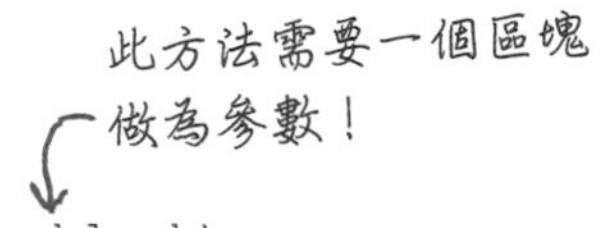


```
def my_method(&my_block)
  puts "We're in the method, about to invoke your block!"
  my_block.call
  puts "We're back in the method!"
end
```

透過 call 方法來呼叫區塊。（指向 my_block.call）

如果你在方法定義中把 & 符號擺在最後一個參數之前，Ruby 將會認為有一個伴隨方法呼叫的區塊。它將會接受此區塊，把區塊轉換成一個物件，並將之存入參數。

```
def my_method(&my_block)
  ...
end
```

呼叫此方法的時候若傳入一個區塊，
該區塊將會被存入 my_block。

記住，區塊只是一個用於傳入方法的程式碼團塊。被保存下來的區塊將會提供一個名為 `call` 的實體方法，讓你得以呼叫它。
`call` 方法將會調用區塊的程式碼。

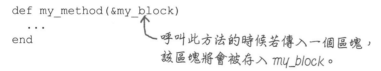

```
def my_method(&my_block)
  ...
  my_block.call
  ...
end
```

沒有 & 符號；定義參數
時才會使用 & 符號。（指向 my_block.call）

執行區塊的程式碼。（指向 my_block.call）

好啦，我們知道，你到現在還沒有看到實際的區塊，你急著想要看看它們的樣子。說明過如何定義方法之後，現在可以讓你看了…

你的第一個區塊

準備好了嗎？快來看：你的第一個 Ruby 區塊。

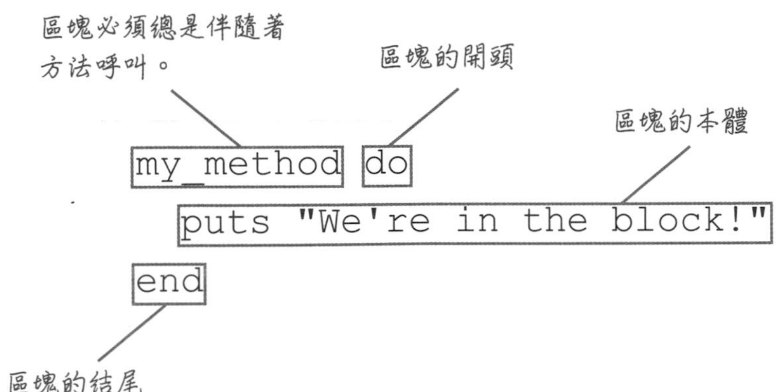

區塊必須總是伴隨著方法呼叫。
區塊的開頭
區塊的本體
my_method do
puts "We're in the block!"
end
區塊的結尾

這就是了！就像我們所說的，區塊只是一個傳給方法的**程式碼團塊**。調用剛才所定義的 my _ method，我們會把一個區塊放在它的後面。my _ method 將會在它的 my _ block 參數中取得此區塊。

- 區塊的開頭用關鍵字 do 來做標記，區塊的結尾用關鍵字 end 來做標記。
- 區塊的本體由 do 與 end 之間一或多列的 Ruby 程式碼所構成。你可以把所喜歡的任何程式碼放在這裡。
- 當區塊被方法呼叫時，區塊本體中的程式碼將會被執行。
- 區塊執行後，控制權將會回到調用區塊的方法。

沒有蠢問題

問：**我可以單獨使用區塊嗎？**

答：不，這將會導致語法錯誤。區塊必須與方法一起使用。

```
do
  puts "Woooo!"
end
```

```
syntax error,
unexpected
keyword_do_block
```

這應該不會對你造成妨礙；如果你撰寫了一個未伴隨方法呼叫的區塊，那麼無論你想要表達什麼大概都可以用獨立的 Ruby 述句來完成。

所以我們可以呼叫 my _ method 並把上面的區塊傳遞給它：

```
def my_method(&my_block)
  puts "We're in the method, about to invoke your block!"
  my_block.call
  puts "We're back in the method!"
end

my_method do
  puts "We're in the block!"
end
```

呼叫 my_method

區塊。它將會被存入 my_block 參數。

…這是我們將會看到的輸出：

```
We're in the method, about to invoke your block!
We're in the block!
We're back in the method!
```

方法與區塊之間的控制流程

我們宣告了一個名為 my _ method 的方法，呼叫它的時候伴隨著一個區塊，並得到輸出：

```
my_method do
  puts "We're in the block!"
end
```

```
We're in the method, about to invoke your block!
We're in the block!
We're back in the method!
```

讓我們逐步來分析方法和區塊中所發生的事情。

❶ 首先會執行 my _ method 本體中的 puts 述句。

方法：

```
def my_method(&my_block)
  puts "We're in the method, about to invoke your block!"
  my_block.call
  puts "We're back in the method!"
end
```

區塊：

```
do
  puts "We're in the block!"
end
```

```
We're in the method, about to invoke your block!
```

❷ 接著會執行 my _ block.call 運算式，控制權會因而轉移至區塊。於是會執行區塊本體中的 puts 運算式。

```
def my_method(&my_block)
  puts "We're in the method, about to invoke your block!"
  my_block.call
  puts "We're back in the method!"
end
```

```
do
  puts "We're in the block!"
end
```

```
We're in the block!
```

❸ 當區塊本體中所有述句皆已執行後，控制權會回到方法。因此會執行 my _ method 本體中第二道 puts 運算式，然後從方法返回。

```
def my_method(&my_block)
  puts "We're in the method, about to invoke your block!"
  my_block.call
  puts "We're back in the method!"
end
```

```
do
  puts "We're in the block!"
end
```

```
We're back in the method!
```

以不同的區塊來呼叫相同的方法

同一個方法可以被傳入**不同的區塊**。

因此我們可以把不同的區塊傳遞給我們剛才所定義的方法，以便做不同的事情：

```
my_method do
  puts "It's a block party!"
end
```

```
We're in the method, about to invoke your block!
It's a block party!
We're back in the method!
```

```
my_method do
  puts "Wooooo!"
end
```

```
We're in the method, about to invoke your block!
Wooooo!
We're back in the method!
```

儘管方法中的程式碼總是**一樣**，但是你可以**改變**你在區塊中所提供的程式碼。

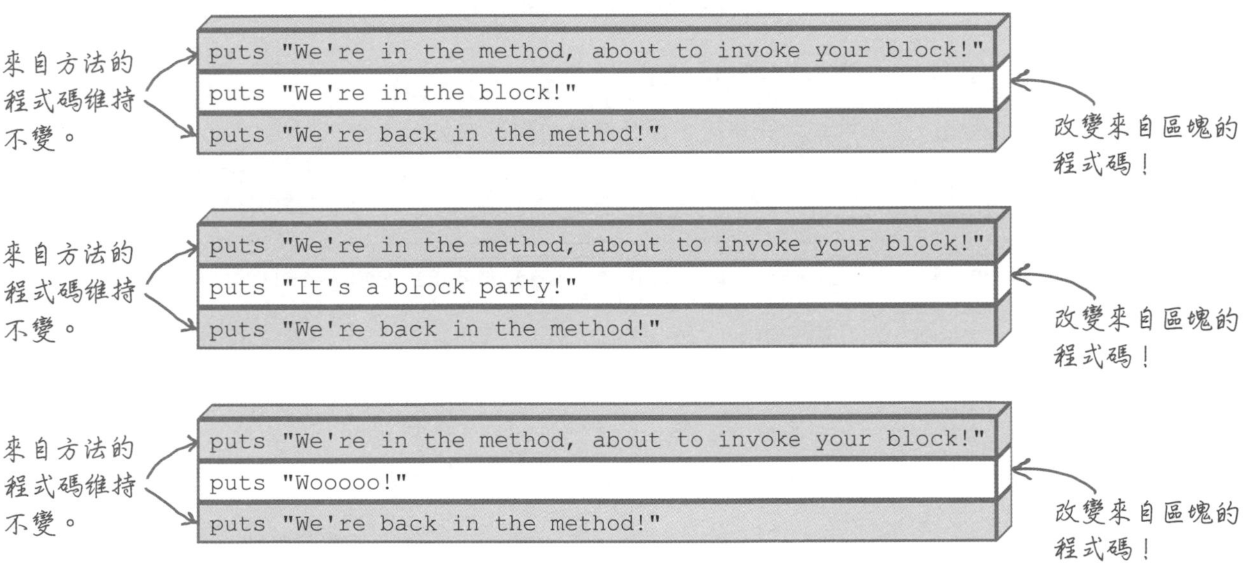
來自方法的程式碼維持不變。
puts "We're in the method, about to invoke your block!"
puts "We're in the block!"
puts "We're back in the method!"
改變來自區塊的程式碼！
來自方法的程式碼維持不變。
puts "We're in the method, about to invoke your block!"
puts "It's a block party!"
puts "We're back in the method!"
改變來自區塊的程式碼！
來自方法的程式碼維持不變。
puts "We're in the method, about to invoke your block!"
puts "Wooooo!"
puts "We're back in the method!"
改變來自區塊的程式碼！

多次呼叫一個區塊

方法可以隨心所欲地多次調用區塊。

此方法如同我們之前的方法，只不過它具有兩道 my _ block.call 運算式：

宣告另一個可以傳入區塊的方法。

呼叫區塊。

再次呼叫區塊。

呼叫該方法並傳入一個區塊。

```
def twice(&my_block)
  puts "In the method, about to call the block!"
  my_block.call
  puts "Back in the method, about to call the block again!"
  my_block.call
  puts "Back in the method, about to return!"
end

twice do
  puts "Woooo!"
end
```

此方法的名稱恰如其分：正如你在輸出中所見，此方法的確呼叫了我們的區塊兩次！

```
In the method, about to call the block!
Woooo!
Back in the method, about to call the block again!
Woooo!
Back in the method, about to return!
```

1. 依序執行方法本體中的述句，直到遇到第一道 my _ block.call 運算式。接著會執行區塊。當區塊執行完畢後，控制權會回到方法。

```
def twice(&my_block)
  puts "In the method, about to call the block!"
  my_block.call
  puts "Back in the method, about to call the block again!"
  my_block.call
  puts "Back in the method, about to return!"
end
```

```
do
  puts "Woooo!"
end
```

2. 方法本體會繼續執行下去，直到遇到第二道 my _ block.call 運算式，於是會再次執行區塊。當區塊執行完畢後，控制權會回到方法，因此會執行剩下來的任何述句。

```
def twice(&my_block)
  puts "In the method, about to call the block!"
  my_block.call
  puts "Back in the method, about to call the block again!"
  my_block.call
  puts "Back in the method, about to return!"
end
```

```
do
  puts "Woooo!"
end
```

區塊參數

我們在第 2 章曾學到過，定義 Ruby 方法的時候，你可以指定它，讓它接受一或多個參數：

```
def print_parameters(p1, p2)
  puts p1, p2
end
```

你可能還知道，呼叫方法的時候，你可以透過傳入引數來指定這些參數的值。

```
print_parameters("one", "two")
```

```
one
two
```

同樣的，方法也可以把一或多個引數傳入區塊。區塊參數類似方法參數；區塊執行的時候，它們就是被傳入的值，可以在區塊本體中被存取到。

問：我可以只定義一個區塊，並在多個方法中使用它？

答：使用 Ruby 的 Proc（但這已超出了本書的範圍）就可以做這樣的事情。但是實務上你將不會想要這麼做。區塊與特定的方法呼叫密切相關，可以說特定的區塊通常只能與單一方法協同工作。

問：一個方法可以同時搭配多個區塊？

答：不可以。單一區塊迄今為止是最常見的情況，總之讓 Ruby 支援多個區塊所造成的語法混亂將會得不償失。如果你真的想要這樣做，你也可以使用 Ruby 的 Proc（但同樣的，這已超出了本書的範圍）。

call 的引數可以被傳入區塊：

要讓區塊接收來自方法的一或多個參數，你可以在區塊的開頭處，透過在一對豎線符號（|）之間定義它們來達成此目的：

```
def give(&my_block)
  my_block.call("2 turtle doves", "1 partridge")
end

give do |present1, present2|
  puts "My method gave to me..."
  puts present1, present2
end
```

傳遞給區塊（"2 turtle doves"）

傳遞給區塊（"1 partridge"）

第 1 個參數

第 2 個參數

如果有多個參數，請使用逗號隔開它們。

所以，當方法呼叫伴隨著一個區塊，call 的引數會被傳給區塊做為參數，然後這些參數會被印出來。當區塊執行完畢後，一如往常，控制權又會回到方法。

```
def give(&my _ block)
  my _ block.call("2 turtle doves", "1 partridge")
end
```

"2 turtle doves"　"1 partridge"

```
do |present1, present2|
  puts "My method gave to me..."
  puts present1, present2
end
```

```
My method gave to me...
2 turtle doves
1 partridge
```

使用 yield 關鍵字

到目前為止，我們一直都是把區塊視為方法的一個引數。而且我們宣告了一個額外的方法參數，它會把區塊當成一個物件，然後我們會使用該物件的 call 方法。

```
def twice(&my_block)
  my_block.call
  my_block.call
end
```

但是，我們有提到，這並非接收區塊的最簡單方式。現在，讓我們來學習較不明顯但是較為簡潔的方式：yield 關鍵字。

yield 關鍵字將會找到並調用伴隨方法呼叫的區塊—不需要為了接收區塊而宣告參數。

此方法的功能等同於前面的方法：

```
def twice
  yield
  yield
end
```

和 call 一樣，我們也可以提供一或多個引數給 yield，它將會把這些引數傳給區塊當作參數。同樣的，這兩個方法在功能上是等效的：

```
def give(&my_block)
  my_block.call("2 turtle doves", "1 partridge")
end

def give
  yield "2 turtle doves", "1 partridge"
end
```

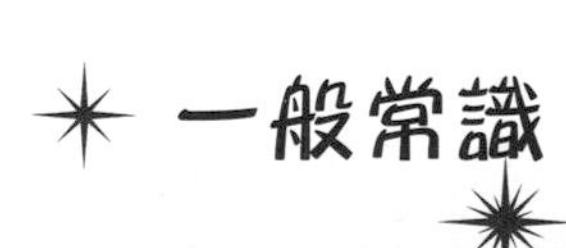

宣告 &block 參數僅適用於一些罕見的情況（但這已超出了本書的範圍之外）。但是現在你已經瞭解了 yield 關鍵字，你應該可以在大多數的情況下使用它。它更簡潔、更容易閱讀。

區塊的格式

到目前為止，我們的區塊都是使用 do...end 的格式。但是 Ruby 還具有第二個區塊格式：「大括號」。一般情況下，這兩種格式你都會看到，所以你應該認識它們。

```
def run_block
  yield
end

run_block do
  puts "do/end"
end

run_block { puts "braces" }
```

到目前為止我們一直都在使用 do…end 格式（指向 run_block do）

「大括號」格式（指向 run_block { puts "braces" }）

區塊的開頭（指向 {）

區塊的結尾（指向 }）

區塊本體如同 do…end

除了 do 和 end 被代換成一對大括號，語法和功能並無不同。

```
do/end
braces
```

如同 do...end 區塊可以接受參數，大括號區塊也可以這麼做：

```
def take_this
  yield "present"
end

take_this do |thing|
  puts "do/end block got #{thing}"
end

take_this { |thing| puts "braces block got #{thing}" }
```

```
do/end block got present
braces block got present
```

順便說一句，或許你已經注意到，我們所有的 do...end 區塊皆橫跨多列，但是我們的大括號區塊皆出現在同一列。這是大部分 Ruby 社群所採行的另一個慣例。其實這麼做，也是有效的語法：

打破慣例！

```
take_this { |thing|
  puts "braces: got #{thing}"
}
take_this do |thing| puts "do/end: got #{thing}" end
```

打破慣例（而且實在太醜了）！

```
braces: got present
do/end: got present
```

Ruby 的區塊若剛好只有一列應該用一對大括號夾住它。區塊若橫跨多列應該用 do...end 夾住它。

這並非區塊格式的唯一慣例，但它卻是最常見的一個。

但是這不僅違反慣例，而且真的很醜陋。

圍爐夜話

今晚主題：**方法與區塊談論他們彼此的合作關係。**

方法：

區塊！謝謝你的到來。今晚 call 你來是要告訴人們，區塊和方法是如何協同工作的。曾有人問我，在這個協同工作的關係中，你做了哪些貢獻，我認為我們可以為大家釐清這些問題。

區塊：

當然，方法！我會隨 call 隨到的。

方法：

方法的大部分工作定義得相當清楚。我的任務，舉例來說，是迭代陣列中每一筆資料項。

區塊：

是的。這並不是一個迷人的工作，卻是一個重要的工作。

方法：

當然！這是許多開發者需要完成的任務；我的服務需求量很大。但是後來我遇到了一個問題：我要如何處理每一個陣列元素？每個開發者都需要不同的東西！而這正是區塊派上用場之處…

區塊：

精確地說，每一個開發者都可以撰寫自己的區塊以便描述他們到底想對陣列中每一個元素做什麼。

方法：

我認識另一個方法，他什麼也不做，只會開啟和關閉檔案。他非常擅長那個部分的任務。但是他不知道該如何處理檔案的內容…

區塊：

…所以他會呼叫區塊，對吧？區塊會印出檔案的內容，或者更新它們，或者進行開發人員需要完成的任何其他工作。這真的是很棒的合作關係！

方法：

我負責處理各種任務需要完成的一般工作…

區塊：

我負責處理個別任務特有的邏輯。

這裡定義了三個 Ruby 方法，每一個都會取得一個區塊：

```
def call_block(&block)
  puts 1
  block.call
  puts 3
end
```

```
def call_twice
  puts 1
  yield
  yield
  puts 3
end
```

```
def pass_parameters_to_block
  puts 1
  yield 9, 3
  puts 3
end
```

下面我們會呼叫上面的方法。請找出每個方法呼叫所產生的輸出。

（我們已經替你完成了第一個方法呼叫。）

B ......
```
call_block do
  puts 2
end
```

......
```
call_block { puts "two" }
```

......
```
call_twice { puts 2 }
```

......
```
call_twice do
  puts "two"
end
```

......
```
pass_parameters_to_block do |param1, param2|
  puts param1 + param2
end
```

......
```
pass_parameters_to_block do |param1, param2|
  puts param1 / param2
end
```

A
```
1
2
2
3
```

B
```
1
2
3
```

C
```
1
3
3
```

D
```
1
12
3
```

E
```
1
two
3
```

F
```
1
two
two
3
```

這裡定義了三個 Ruby 方法，每一個都會取得一個區塊：

```
def call_block(&block)
  puts 1
  block.call
  puts 3
end
```

```
def call_twice
  puts 1
  yield
  yield
  puts 3
end
```

```
def pass_parameters_to_block
  puts 1
  yield 9, 3
  puts 3
end
```

下面我們會呼叫上面的方法。請找出每個方法呼叫所產生的輸出。

B

```
call_block do
  puts 2
end
```

E

```
call_block { puts "two" }
```

A

```
call_twice { puts 2 }
```

F

```
call_twice do
  puts "two"
end
```

D

```
pass_parameters_to_block do |param1, param2|
  puts param1 + param2
end
```

C

```
pass_parameters_to_block do |param1, param2|
  puts param1 / param2
end
```

A

```
1
2
2
3
```

B

```
1
2
3
```

C

```
1
3
3
```

D

```
1
12
3
```

E

```
1
two
3
```

F

```
1
two
two
3
```

each 方法

為了到達此處，我們學習了許多東西，像是：如何撰寫區塊、方法如何呼叫區塊、方法如何傳遞參數給區塊。現在，我們終於可以好好研究，讓我們得以在 total、refund 和 show_discounts 等方法中擺脫重複之迴圈程式碼的 each 方法。each 是每個 Array 物件都會提供的實體方法。

你已經知道一個方法可以透過 yield 來呼叫伴隨的區塊許多次，而且每次都可以傳入不同的值：

```
def my_method
  yield 1
  yield 2
  yield 3
end

my_method { |param| puts param }
```

```
1
2
3
```

each 方法會使用 Ruby 的這個功能來迭代陣列中每一筆資料項，以及把這些資料項傳給區塊，一次一個。

```
["a", "b", "c"].each { |param| puts param }
```

```
a
b
c
```

如果我們自己撰寫功能如同 each 的方法，它看起與我們一直在撰寫的程式碼非常相似：

```
class Array

  def each
    index = 0
    while index < self.length
      yield self[index]
      index += 1
    end
  end

end
```

這就像 *total*、*refund* 和 *show_discounts* 等方法中的迴圈！

記住，*self* 會指向當前物件—就此列來說，就是當前陣列。

主要的差別：我們會使用 *yield* 把當前元素傳遞給區塊！

然後移動到下一個元素，就像之前那樣。

我們會迭代陣列中每一個元素，就像我們在 total、refund 和 show_discounts 等方法中所做那樣。主要的差別在於我們會使用 yield 關鍵字把元素傳遞給區塊，而不會把處理當前陣列元素的程式碼放到迴圈的中間。

逐步檢視 each 方法

我們會使用 each 方法和一個區塊來處理陣列中每一筆資料項：

```
["a", "b", "c"].each { |param| puts param }
```

a
b
c

讓我們逐步檢視 each 方法對區塊的每次呼叫，看看它在做什麼。

1. while 迴圈的第一個循環，index 會被設定為 0，所以陣列的第一個元素會被傳遞給區塊做為參數。區塊本體會印出參數。然後控制權會回到方法，索引會遞增，而 while 迴圈會繼續下一個循環。

```
def each
  index = 0
  while index < self.length
    yield self[index]              "a"   { |param| puts param }
    index += 1
  end
end
```

a

2. 現在是 while 迴圈的第二個循環，index 會被設定為 1，所以陣列的第二個元素會被傳遞給區塊做為參數。和之前一樣，區塊本體會印出參數，控制權會回到方法，索引會遞增，迴圈會繼續下一個循環。

```
def each
  index = 0
  while index < self.length
    yield self[index]              "b"   { |param| puts param }
    index += 1
  end
end
```

b

3. 在第三個陣列元素被傳遞給區塊及印出後，控制權會回到方法，while 迴圈會就此結束，因為我們已經抵達陣列的末端。迴圈不再循環意味著不再呼叫區塊；這樣我們就大功告成了！

```
def each
  index = 0
  while index < self.length
    yield self[index]              "c"   { |param| puts param }
    index += 1
  end
end
```

c

就這樣了！我們找到了一個可以處理重複之迴圈程式碼的方式，它讓我們得以在迴圈中間執行我們自己的程式碼（使用區塊）。讓我們來使用它吧！

以 each 和區塊來重構我們的程式碼

我們的結帳系統需要我們實作三個方法。這三個方法用於迭代陣列內容的程式碼幾乎相同。

然而要擺脫這種重複並不容易，因為這三個方法在迴圈的中間具有不同的程式碼。

標示出三個方法中重複的程式碼。

但是，中間這列程式碼不同…

```
def total(prices)
  amount = 0
  index = 0
  while index < prices.length
    amount += prices[index]
    index += 1
  end
  amount
end
```

不同…

```
def refund(prices)
  amount = 0
  index = 0
  while index < prices.length
    amount -= prices[index]
    index += 1
  end
  amount
end
```

不同…

```
def show_discounts(prices)
  index = 0
  while index < prices.length
    amount_off = prices[index] / 3.0
    puts format("Your discount: $%.2f", amount_off)
    index += 1
  end
end
```

但是現在我們終於能夠掌握 each 方法，它讓我們得以迭代陣列中的元素，並把這些元素傳遞給區塊處理。

```
["a", "b", "c"].each { |param| puts param }
```

```
a
b
c
```

讓我們來看看我們是否能夠使用 each 來重構這三個方法和消除重複的程式碼。

重構

- [ ] 給定一個價格陣列，它會把所有價格加在一起，並把總和回傳。
- [ ] 給定一個價格陣列，它會從顧客的帳戶餘額減去每個價格。
- [ ] 給定一個價格陣列，它會把每個商品的價格減少 1/3 並印出所省下的錢。

以 each 和區塊來重構我們的程式碼（續）

首先重構 total 方法。如同其他方法，它包含了迭代陣列中之商品價格的程式碼。在迴圈程式碼的中間，total 會把當前的商品價格加入總和。

看來 each 方法很適合用於擺脫重複的迴圈程式碼！我們可以取出中間用於把商品價格加入總和的程式碼，把它擺入傳遞給 each 的區塊。

```
index = 0
while index < prices.length
  amount += prices[index]
  index += 1
end
```

從此處…

…到此處！

```
prices.each { |price| amount += price }
```

我們再也不必自己動手取出陣列中的資料項；"each" 會替我們完成此事！

讓我們把 total 方法重新定義為使用 each，然後試著執行看看。

```
def total(prices)
  amount = 0
  prices.each do |price|
    amount += price
  end
  amount
end

prices = [3.99, 25.00, 8.99]

puts format("%.2f", total(prices))
```

一開始總和為 0

處理每個商品價格

把當前商品價格加入總和。

回傳最後的總和

```
37.98
```

完美！算出了最後的總和。each 方法真的管用！

以 each 和區塊來重構我們的程式碼（續）

each 會把陣列中每一個元素傳入區塊做為參數。區塊中的程式碼會把當前的陣列元素加入 amount 變數，然後控制權會回到 each。

```
prices = [3.99, 25.00, 8.99]
puts format("%.2f", total(prices))
```

```
37.98
```

❶

```
def each
  index = 0
  while index < self.length
    yield self[index]
    index += 1
  end
end
```

```
3.99
do |price|
  amount += price
end
```

❷

```
def each
  index = 0
  while index < self.length
    yield self[index]
    index += 1
  end
end
```

```
25.00
do |price|
  amount += price
end
```

❸

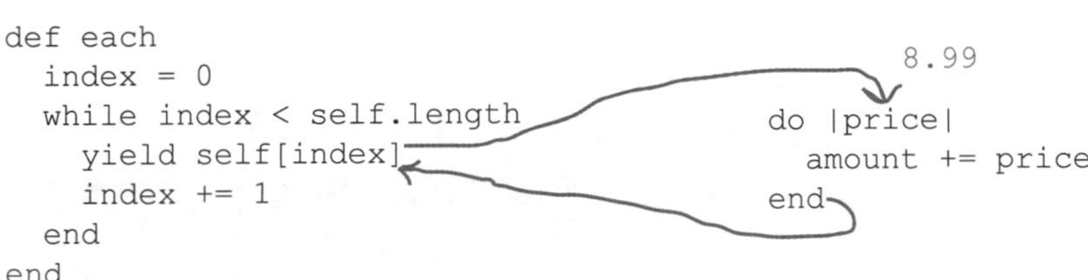

```
def each
  index = 0
  while index < self.length
    yield self[index]
    index += 1
  end
end
```

```
8.99
do |price|
  amount += price
end
```

我們已經成功重構 total 方法！

但是在我們繼續重構另外兩個方法之前，讓我們來仔細看看 amount 變數如何與區塊互動。

重構

給定一個價格陣列，它會把所有價格加在一起，並把總和回傳。

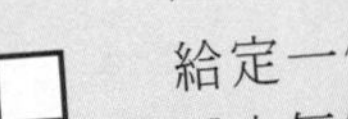

給定一個價格陣列，它會從顧客的帳戶餘額減去每個價格。

給定一個價格陣列，它會把每個商品的價格減少 1/3 並印出所省下的錢。

區塊以及變數作用域

我們應該指出新的 `total` 方法的一些事情。你有沒有注意到，我們在區塊的內部和外部都有使用 `amount` 變數？

```
def total(prices)
  amount = 0
  prices.each do |price|
    amount += price
  end
  amount
end
```

正如第 2 章所說，定義於方法中之區域變數的**作用域**（*scope*）被侷限在該方法的本體中。你無法在方法的外部存取方法內部的區域變數。

```
def my_method
  greeting = "hello"   ← 在方法中定義變數。
end

my_method   ← 呼叫該方法。

puts greeting   ← 試圖印出該變數。
```

錯誤 → undefined local variable or method `greeting'

如果變數是在區塊內部定義的也是同樣的情況。

```
def run_block
  yield
end

run_block do
  greeting = "hello"   ← 在區塊中定義變數。
end

puts greeting   ← 試圖印出變數。
```

錯誤 → undefined local variable or method `greeting'

但如果變數是在區塊之前定義的，你可以在區塊本體內存取它。即使在區塊結束後，你還可以繼續存取它！

```
greeting = nil   ← 在區塊之前定義變數。

run_block do
  greeting = "hello"   ← 在區塊之內為變數指定新值。
end

puts greeting   ← 印出變數。
```

hello

區塊以及變數作用域（續）

因為 Ruby 的區塊可以存取宣告於區塊本體之外的變數，我們的 total 方法能夠使用 each 和一個區塊來更新 amount 變數。

```
def total(prices)
  amount = 0
  prices.each do |price|
    amount += price
  end
  amount
end
```

我們可以像這樣來呼叫 total:

```
total([3.99, 25.00, 8.99])
```

首先會把 amount 變數設定為 0，接著會呼叫陣列的 each 方法。陣列中每個元素的值會被傳遞給區塊。每當區塊被呼叫，amount 就會被更新：

1

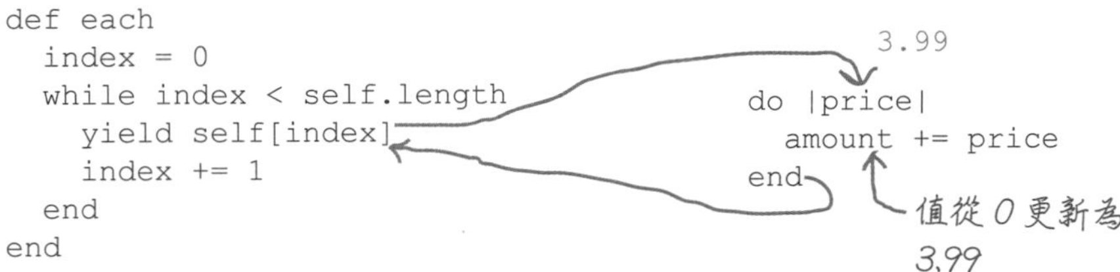
def each
  index = 0
  while index < self.length
    yield self[index]
    index += 1
  end
end
3.99
do |price|
  amount += price
end
值從 0 更新為 3.99

2

```
def each
  index = 0
  while index < self.length
    yield self[index]
    index += 1
  end
end
```

25.00

```
do |price|
  amount += price
end
```

值從 3.99 更新為 28.99

3

```
def each
  index = 0
  while index < self.length
    yield self[index]
    index += 1
  end
end
```

8.99

```
do |price|
  amount += price
end
```

值從 28.99 更新為 37.98

當 each 方法執行完畢後，amount 仍然被設定為最終值 37.98。該值會從方法回傳。

沒有蠢問題

問：為什麼區塊可以存取區塊本體之外所宣告的變數，而方法卻不行？這樣是否不安全？

答：你可以在程式的其他地方存取一個方法，即使遠離其被宣告之處（甚至是在不同的程式碼中）。伴隨方法呼叫的區塊，相對而言，你通常只能在方法呼叫期間存取到它。區塊以及其所存取的變數會被擺在你的程式碼中相同的地方。這意味，你可以輕易看到與區塊互動的所有變數，也就是說，存取它們不容易發生危險的意外情況。

為 refund 方法使用 each

total 方法經我們修改之後擺脫了重複的迴圈程式碼。我們需要對 refund 和 show_discounts 等方法做同樣的事，然後就大功告成了！

更新 refund 方法的過程與用於 total 的過程非常相似。我們只需要從迴圈程式碼的中間取出特有的程式碼，並把它移入將被傳遞給 each 的區塊。

```
def refund(prices)
  amount = 0
  index = 0
  while index < prices.length
    amount -= prices[index]
    index += 1
  end
  amount
end
```

從這裡…

…移到這裡！

```
def refund(prices)
  amount = 0
  prices.each do |price|
    amount -= price
  end
  amount
end
```

同樣的，我們不必自行從陣列取出它們；each 會替我們完成！

簡潔多了，而且方法呼叫仍能順利運作，跟之前一樣！

```
prices = [3.99, 25.00, 8.99]
puts format("%.2f", refund(prices))
```

```
-37.98
```

呼叫 each 和區塊的過程中，我們所看到的控制流程與 total 方法中所看到的非常類似：

1

```
def each
  index = 0
  while index < self.length
    yield self[index]
    index += 1
  end
end
```

3.99

```
do |price|
  amount -= price
end
```

值從 0 更新為 -3.99

2

```
def each
  index = 0
  while index < self.length
    yield self[index]
    index += 1
  end
end
```

25.00

```
do |price|
  amount -= price
end
```

值從 -3.99 更新為 -28.99

3

```
def each
  index = 0
  while index < self.length
    yield self[index]
    index += 1
  end
end
```

8.99

```
do |price|
  amount -= price
end
```

值從 -28.99 更新為 -37.98

為最後一個方法使用 each

還剩一個方法，我們就大功告成了！同樣的，show_discounts 也是從迴圈的中間取出不同的程式碼，並把它移入將被傳遞給 each 的區塊。

```
def show_discounts(prices)
  index = 0
  while index < prices.length
    amount_off = prices[index] / 3.0
    puts format("Your discount: $%.2f", amount_off)
    index += 1
  end
end
```

從這裡⋯

⋯移到這裡！

```
def show_discounts(prices)
  prices.each do |price|
    amount_off = price / 3.0
    puts format("Your discount: $%.2f", amount_off)
  end
end
```

同樣的，對你的方法的使用者來說，沒有人會發現你修改過程式碼！

```
prices = [3.99, 25.00, 8.99]
show_discounts(prices)
```

```
Your discount: $1.33
Your discount: $8.33
Your discount: $3.00
```

下面所示為呼叫區塊的過程：

❶

```
def each
  index = 0
  while index < self.length
    yield self[index]
    index += 1
  end
end
```

3.99

```
prices.each do |price|
  amount_off = price / 3.0
  puts format("Your discount: $%.2f", amount_off)
end
```

```
Your discount: $1.33
```

❷

```
def each
  index = 0
  while index < self.length
    yield self[index]
    index += 1
  end
end
```

25.00

```
prices.each do |price|
  amount_off = price / 3.0
  puts format("Your discount: $%.2f", amount_off)
end
```

```
Your discount: $8.33
```

❸

```
def each
  index = 0
  while index < self.length
    yield self[index]
    index += 1
  end
end
```

8.99

```
prices.each do |price|
  amount_off = price / 3.0
  puts format("Your discount: $%.2f", amount_off)
end
```

```
Your discount: $3.00
```

我們的完整結帳程式碼

prices.rb

```
def total(prices)
  amount = 0
  prices.each do |price|
    amount += price
  end
  amount
end

def refund(prices)
  amount = 0
  prices.each do |price|
    amount -= price
  end
  amount
end

def show_discounts(prices)
  prices.each do |price|
    amount_off = price / 3.0
    puts format("Your discount: $%.2f", amount_off)
  end
end

prices = [3.99, 25.00, 8.99]

puts format("%.2f", total(prices))
puts format("%.2f", refund(prices))
show_discounts(prices)
```

總和一開始為 0
處理每個價格
把當前的價格加入總和
傳回最終的總和
總和一開始為 0
處理每個價格
減去當前的價格
傳回最終的總和
處理每個價格
計算折扣
格式化並印出當前的折扣

首先把程式碼存入一個名為 *prices.rb* 的檔案。然後試著由終端機來執行它！

```
$ ruby prices.rb
37.98
-37.98
Your discount: $1.33
Your discount: $8.33
Your discount: $3.00
```

終於擺脫了重複的迴圈程式碼！

終於大功告成！我們已經為我們的方法之重複的迴圈程式碼完成了重構！我們能夠把程式碼中不同的部分移入區塊，並使用 each 方法來取代程式碼中相同的部分！

重構

- ☑ 給定一個價格陣列，它會把所有價格加在一起，並把總和回傳。
- ☑ 給定一個價格陣列，它會從顧客的帳戶餘額減去每個價格。
- ☑ 給定一個價格陣列，它會把每個商品的價格減少 1/3 並印出所省下的錢。

池畔風光

你的**任務**就是從池中取出程式碼片段，並把它們放到程式碼中的空格上。每個程式碼片段的使用**請勿**超過一次，你不需要用完所有的程式碼片段。你的**目標**是讓程式碼能夠運行，以及產生此處所示的輸出。

```
def pig_latin(words)

  original_length = 0
  __________ = 0

  words.____ do ______
    puts "Original word: #{word}"
    _______________ += word.length
    letters = word.chars
    first_letter = letters.shift
    new_word = "#{letters.join}#{first_letter}ay"
    puts "Pig Latin word: #{________}"
    __________ += new_word.length
  end

  puts "Total original length: #{_______________}"
  puts "Total Pig Latin length: #{new_length}"

end

my_words = ["blocks", "totally", "rock"]
pig_latin(________)
```

輸出：

```
File Edit Window Help
Original word: blocks
Pig Latin word: locksbay
Original word: totally
Pig Latin word: otallytay
Original word: rock
Pig Latin word: ockray
Original total length: 17
Total Pig Latin length: 23
```

注意：池中每一件東西只能使用一次！

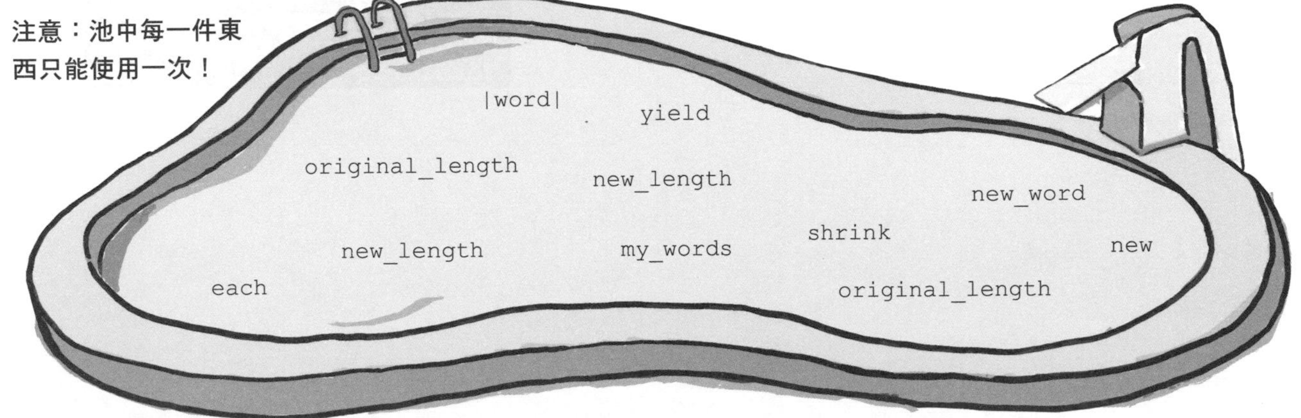

池畔風光解答

```
def pig_latin(words)

  original_length = 0
  new_length = 0

  words.each do |word|
    puts "Original word: #{word}"
    original_length += word.length
    letters = word.chars
    first_letter = letters.shift
    new_word = "#{letters.join}#{first_letter}ay"
    puts "Pig Latin word: #{new_word}"
    new_length += new_word.length
  end

  puts "Total original length: #{original_length}"
  puts "Total Pig Latin length: #{new_length}"

end

my_words = ["blocks", "totally", "rock"]
pig_latin(my_words)
```

輸出：

```
File Edit Window Help
Original word: blocks
Pig Latin word: locksbay
Original word: totally
Pig Latin word: otallytay
Original word: rock
Pig Latin word: ockray
Original total length: 17
Total Pig Latin length: 23
```

能源與器具，區塊與方法

假設有兩種器具：攪拌器和電鑽。它們的用途截然不同：一個用於烘培，一個用於木工。然而它們也有非常相似之處：它們都需要電力。

現在，想像一下這樣的世界：每當你想要使用攪拌器或電鑽，你就必須自己接電線到電力公司。聽起來很乏味（而且相當危險），對吧？

這就是為什麼，蓋房子的時候，會有電工來為每個房間安裝電源插座。插座通過相同的介面（電源插頭）為途截然不同的器具提供相同的能源（電力）。

電工並不知道攪拌器和電鑽的運作原理，而且也不在乎。他只需要利用自己的技能和所受過的訓練，讓電流得以從電力公司安全地送到插座。

同樣的，器具的設計者也不必知道家中的電力是如何連接的。他們只需要知道如何從插座取出電力，使得他們的裝置能夠運作。

你可以把「以區塊為參數之」方法的作者想成是電工。他們不知道區塊的運作方式，而且也不在乎。他們只需要利用對問題的瞭解（例如，迭代陣列的元素）把必要的資料傳入區塊。

```
def wire
  yield "current"
end
```

你可以把「呼叫方法時伴隨著區塊」想成是把器具的電線插入插座。如同插座提供電力，區塊參數為「提供資料給你的區塊的方法」提供了安全、一致的介面。你的區塊不必擔心資料是如何送到的，它只需要處理傳遞給它的參數就行了。

就像電源插座

```
wire { |power| puts "Using #{power} to turn drill bit" }
wire { |power| puts "Using #{power} to spin mixer" }
```

```
Using current to turn drill bit
Using current to spin mixer
```

當然，不是所有器具都需要用電；有些需要使用其他能源。火爐和熔爐需要的是煤氣。自動灑水器和噴霧器需要的是水。

正如有多種能源可以提供多種器具的需要，Ruby 中有許多方法可以提供資料給區塊。each 方法只是一個開始。下一章我們將會看到一些其他的方法。

你的 Ruby 工具箱

第 5 章已經閱讀完畢！你可以把陣列和區塊加入你的工具箱。

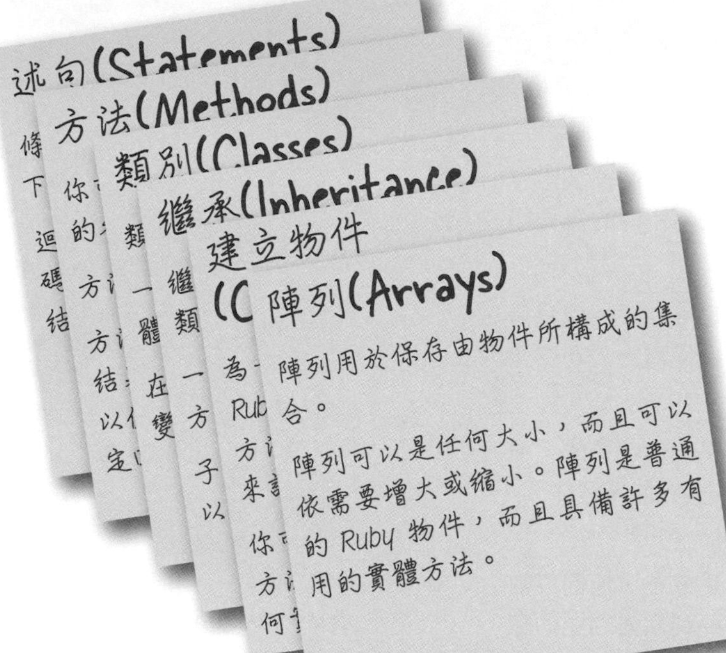

述句(Statements)
方法(Methods)
類別(Classes)
繼承(Inheritance)
建立物件
陣列(Arrays)
陣列用於保存由物件所構成的集合。
陣列可以是任何大小，而且可以依需要增大或縮小。陣列是普通的 Ruby 物件，而且具備許多有用的實體方法。

區塊(Blocks)

區塊就是伴隨方法呼叫的一個程式碼團塊。

當方法執行時，它可以調用伴隨著方法呼叫的區塊一次或多次。

每當區塊執行完畢，控制權會回到調用它的方法。

要點提示

- 索引（index）是一個數值可用於從陣列取回一個特定的資料項。陣列的索引從 0 起算。
- 你還可以使用索引來為特定的陣列位置指定新值。
- `length` 方法可用於取得陣列的資料項筆數。
- Ruby 區塊只允許伴隨著方法呼叫。
- 區塊的撰寫有兩種方式：使用 `do...end` 或使用一對大括號（`{}`）。
- 通過為參數名稱前綴一個 & 符號，你可以把最後一個方法參數指定為區塊。
- 然而，比較常見的做法是使用 `yield` 關鍵字。你不必通過指定方法參數來取得區塊一 `yield` 將會替你找到並調用它。
- 區塊可以從方法接收一或多個參數。區塊參數類似方法參數。
- 區塊可以取得或更新作用域如同區塊之區域變數的值。
- 陣列具有 `each` 方法，它會為陣列中每筆資料項調用一次區塊。

接下來…

你還不知道區塊能夠做的所有事情！區塊還可以把值回傳給方法，而方法能夠以各種方式來使用這些值。下一章我們將會介紹所有細節！

6 區塊的回傳值

我應該如何處理呢？

讓我來跟你核對一下清單 ... 要牛排嗎？好的。雞呢？好的。肝臟呢？扔了它？我辦事你放心！

你所看到的只是區塊能力的一小部分。截至目前為止，方法只是把資料交給區塊，並期待區塊會處理一切。但是區塊還可以把資料回傳給方法。此功能讓方法得以從區塊獲得指示，使其能夠做更多的工作。

本章中，我們將會介紹一些方法，它們讓你得以建立大型、複雜的集合，以及利用區塊的回傳值縮減其規模。

搜尋文字所構成的一個大集合

你在結帳程式的傑出表現被傳開了，所以馬上就有生意上門，你的下一個客戶是電影工作室。他們每年都會發行大量的電影，為所有電影製作廣告是一項艱鉅的任務。他們要你撰寫一支程式，該程式將會搜查影評中的文字，找到描述特定電影的形容詞，並把這些形容詞拼貼成廣告：

影評家認為，Hindenburg（興登堡遇難記）是一部：

"浪漫"
"扣人心弦"
"爆炸性"

的電影

他們提供了一個樣本檔給你，看看你是否能夠為 Truncated 的影評拼貼出一個新版本。

不過檢視檔案之後你會發現這是一個艱難的任務：

為了便於處理，每一列文字皆標上編號…

第 1 列 Normally producers and directors would stop this kind of garbage from getting published. Truncated is amazing in that it got past those hurdles.

第 2 列 --Joseph Goldstein, "Truncated: Awful," New York Minute

第 3 列 Guppies is destined to be the family film favorite of the summer.

第 4 列 --Bill Mosher, "Go see Guppies," Topeka Obscurant

第 5 列 Truncated is funny: it can't be categorized as comedy, romance, or horror, because none of those genres would want to be associated with it.

第 6 列 --Liz Smith, "Truncated Disappoints," Chicago Some-Times

第 7 列 I'm pretty sure this was shot on a mobile phone. Truncated is astounding in its disregard for filmmaking aesthetics.

第 8 列 --Bill Mosher, "Don't See Truncated," Topeka Obscurant

影評人的署名需要被略過。

這裡參雜了其他電影的評語。

形容詞在拼貼的時候是首字母大寫，但是在影評的文字中不是。

沒有錯，這個工作有些複雜。但是別擔心：陣列和區塊可以協助你！

搜尋文字所構成的一個大集合（續）

讓我們把我們的工作分解成一份任務清單：

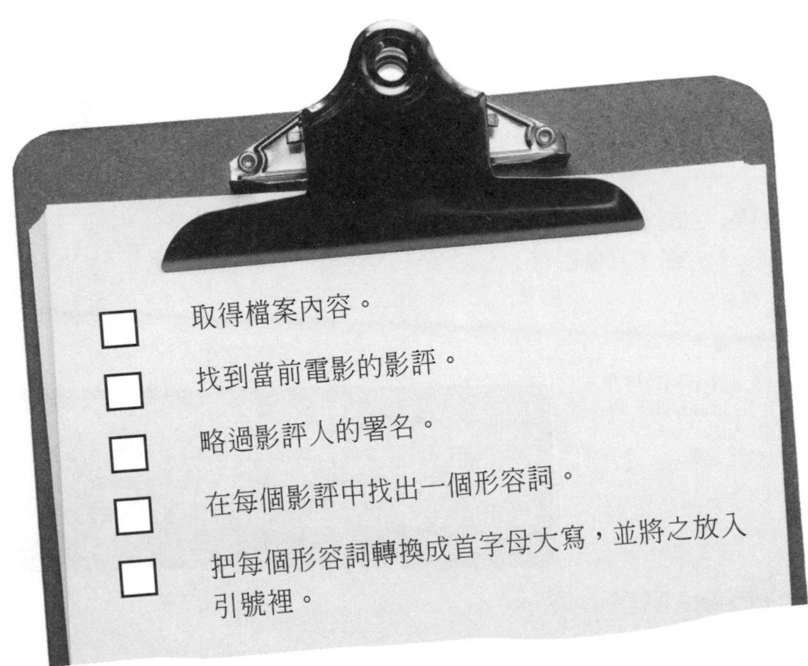
取得檔案內容。
找到當前電影的影評。
略過影評人的署名。
在每個影評中找出一個形容詞。
把每個形容詞轉換成首字母大寫，並將之放入引號裡。

有五項任務需要完成。這聽起來很簡單。讓我們開始吧！

開啟檔案

我們的第一項任務是開啟具影評內容的文字檔。這比聽起來更簡單—Ruby 具有一個內建的類別，名為 File，可用於表示磁碟上的檔案。欲開啟當前目錄（資料夾）中名為 *reviews.txt* 的檔案以便從中讀取資料，你可以呼叫 File 類別上的 open 方法：

```
review_file = File.open("reviews.txt")
```

open 方法會回傳一個新的 File 物件。（它實際上會替你呼叫 File.new，而且會回傳呼叫的結果。）

這個 File 實體有許多不同的方法可供呼叫，但是就當前的目的來說，最有用的是 readlines 方法，它會回傳一個陣列，內含檔案中所有文字列。

```
lines = review_file.readlines
puts "Line 4: #{lines[3]}"
puts "Line 1: #{lines[0]}"
```

（此處所列示的輸出結果經過編排。）

```
Line 4:     --Bill Mosher, "Go see Guppies",
Topeka Obscurant
Line 1: Normally producers and directors would
stop this kind of garbage from getting published.
Truncated is amazing in that it got past those
hurdles.
```

關閉檔案以策安全

開啟檔案及讀取其內容後，下一步應該關閉檔案。關閉檔案是在告訴作業系統：「這個檔案我已經使用完畢，現在可以給其他人使用了。」

```
review_file.close
```

為什麼我們要這麼做呢？因為如果你忘記關閉檔案，將會發生不好的事情。

如果作業系統偵測到你一次開啟太多檔案，將會讓你得到錯誤的結果。如果你試圖在不關閉檔案的情況下多次讀取相同檔案中的所有內容，第一次之後的所有嘗試將不會得到任何內容（因為你已經讀取到檔案末端，所以之後什麼也沒有）。如果你正在撰寫一個檔案，除非你關閉該檔案，否則任何其他程式將無看到你所做的改變。這件事非常重要，請銘記在心。

把你弄緊張了？別這樣。一如往常，Ruby 對此類問題提供了友善開發者（developer-friendly）的解決方案。

關閉檔案以策安全，使用區塊

Ruby 提供了一個辦法，讓你得以開啟檔案，對它做你需要做的事，完成之後，自動關閉它。秘訣就是呼叫 `File.open` 時候伴隨著一個區塊！

我們只需要把這段程式碼：

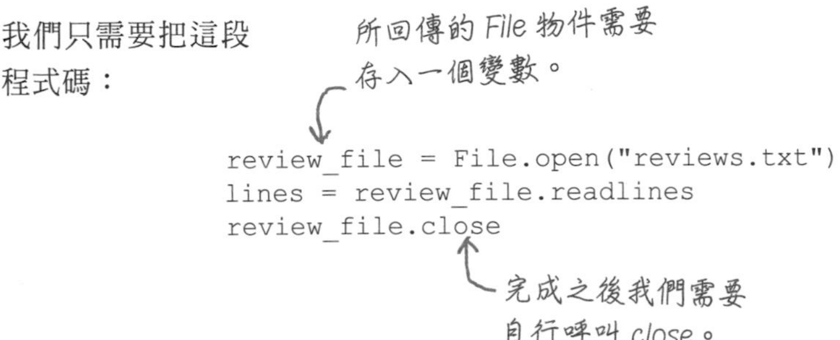

完成之後我們需要自行呼叫 close。

修改成：

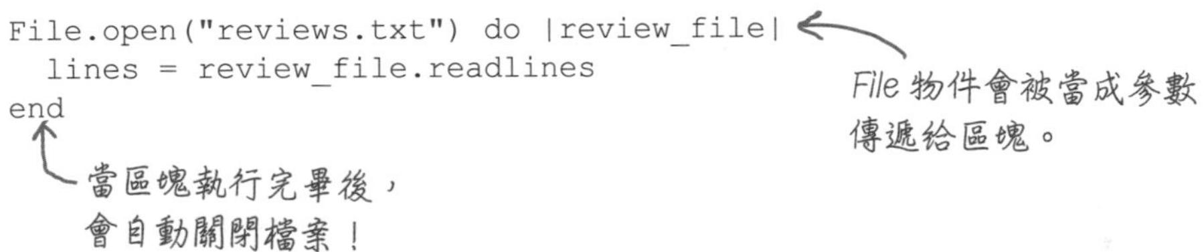

呼叫 `File.open` 的時候伴隨著一個區塊就只是為了自動關閉檔案？嗯，儘管這個過程中的第一個和最後一個步驟都有相當明確的定義…

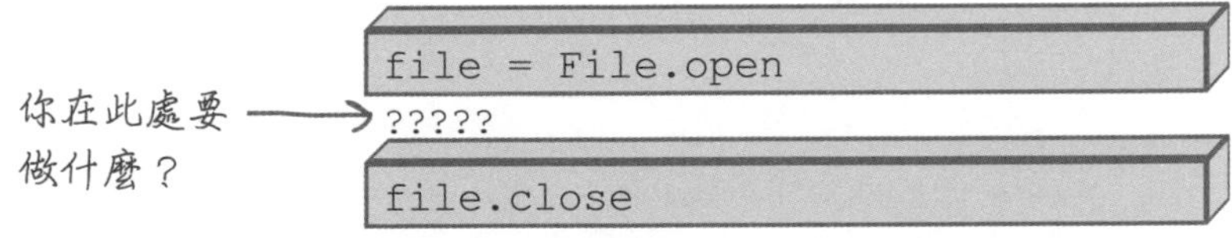

…但是 `File.open` 的創造者並**不知道**你打算對所開啟的檔案做什麼。你是要一次讀取一列的內容？還是一次讀取所有內容？這就是為什麼他們會通過傳入區塊的方式讓你自己決定要做什麼。

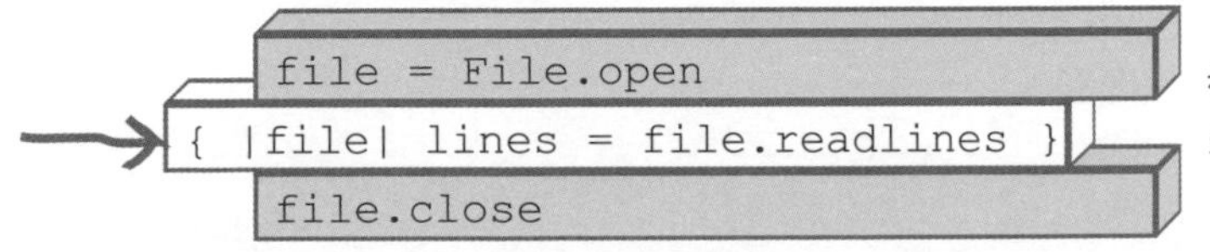

file = File.open
你在此處要做什麼？
{ |file| lines = file.readlines }
file.close
我們將會使用區塊在此處插入程式碼！

不要忘了變數的作用域！

不使用區塊的時候，我們可以順利地存取 `File` 物件所回傳的文字列陣列（array of lines）。

```
review_file = File.open("reviews.txt")
lines = review_file.readlines
review_file.close

puts lines.length
```

然而，轉換成使用區塊的時候卻發生了一個問題。我們把 `readlines` 所回傳的陣列存入區塊中的一個變數，但是我們無法在區塊之外存取它。

```
File.open("reviews.txt") do |review_file|
  lines = review_file.readlines
end

puts lines.length
```

```
undefined local variable
or method `lines'
```

問題在於 `lines` 變數是在區塊中建立的。正如我們在第 5 章所學到的，在區塊中所建立的變數，其作用域侷限在該區塊的本體。這些變數在區塊之外是看不到的。

但是，我們在第 5 章也學到，在區塊之前所宣告的區域變數，可以在區塊本體內被看到（當然，在區塊之外仍然可以被看到）。所以最簡單的解決方案，就是在宣告區塊之前建立 `lines` 變數。

```
lines = []

File.open("reviews.txt") do |review_file|
  lines = review_file.readlines     ← 仍然位於作用域！
end

puts lines.length
      ↑ 仍然位於作用域！
```

8

好了，我們已經能夠關閉檔案，並且取得影評的內容。我們要如何處理它們？我們將在下一節討論這個問題。

問：`File.open` 如何能夠同時處理有區塊和沒有區塊的情況？

答： 在 Ruby 方法中，你可以呼叫 `block_given?` 方法來檢查方法的呼叫者是否有給定一個區塊，據此改變方法的行為。

如果為 `File.open` 撰寫我們自己（經簡化）的版本，它看起來可能會像這個樣子：

```
def File.open(name, mode)
  file = File.new(name, mode)
  if block_given?
    yield(file)
  else
    return file
  end
end
```

如果有給定一個區塊，則 `file` 會被傳入區塊，以便在區塊中使用。如果沒有，則直接回傳 `file`。

下面有三段 Ruby 命令稿。請為每段命令稿填空，使其能夠順利執行並產生所給定的輸出。

❶

```
def yield_number
  yield 4
end

______________

yield_number { |number| array << number }

p array
```

```
[1, 2, 3, 4]
```

❷

```
________

[1, 2, 3].each { |number| sum += number }

puts sum
```

```
6
```

❸

```
______________

File.open("sample.txt") do |file|
  contents = file.readlines
end

puts contents
```

```
This is the first line in the file.
This is the second.
This is the last line.
```

下面有三段 Ruby 命令稿。請為每段命令稿填空，使其能夠順利執行並產生所給定的輸出。

1

```
def yield_number
  yield 4
end

array = [1, 2, 3]

yield_number { |number| array << number }

p array
```

```
[1, 2, 3, 4]
```

2

```
sum = 0

[1, 2, 3].each { |number| sum += number }

puts sum
```

```
6
```

3

```
contents = []

File.open("sample.txt") do |file|
  contents = file.readlines
end

puts contents
```

在此處填入任何值都可以，因為我們在區塊中會賦予它全新的值。

```
This is the first line in the file.
This is the second.
This is the last line.
```

尋找我們想要的陣列元素，使用區塊

我們已經開啟了檔案並使用 readlines 方法取得一個陣列，陣列中包含了從檔案讀出的每一列內容。於是清單中第一項任務便告完成！

讓我們來看一下還剩下哪幾項任務：

- [x] 取得檔案內容。
- [ ] 找到當前電影的影評。
- [ ] 略過影評人的署名。
- [ ] 在每個影評中找出一個形容詞。
- [ ] 把每個形容詞轉換成首字母大寫，並將之放入引號裡。

看來我們不能指望文字檔中只包含目標電影的影評。其他電影的影評也參雜在其中：

```
第 1 列  Normally producers and directors would stop this kind of
         garbage from getting published. Truncated is amazing in that
         it got past those hurdles.
第 2 列     --Joseph Goldstein, "Truncated: Awful," New York Minute
第 3 列  Guppies is destined to be the family film favorite of the
         summer.
第 4 列     --Bill Mosher, "Go see Guppies," Topeka Obscurant
第 5 列  Truncated is funny: it can't be categorized as comedy,
         romance, or horror, because none of those genres would want
         to be associated with it.
第 6 列     --Liz Smith, "Truncated Disappoints," Chicago Some-Times
         ...
```

這是另一部電影的影評！

reviews.txt

幸運的是，每篇影評至少都會提及電影的片名一次。這讓我們得以找到目標電影的影評。

```
Normally producers and directors would stop this kind of
garbage from getting published. Truncated is amazing in that it
got past those hurdles.
```

我們可以在字串中尋找這個。

以冗長的方式找到陣列元素，使用 each

你可以對 String 類別的任何實體呼叫 include? 方法以判斷它是否包含某個子字串（你所傳入的引數）。記住，按慣例，名稱以 ? 結尾的方法會回傳一個布林值。如果字串包含所指定的子字串，include? 方法將會回傳 true，如果不包含，則會回傳 false。

```
my_string = "I like apples, bananas, and oranges"
puts my_string.include?("bananas")
puts my_string.include?("elephants")
```

```
true
false
```

不管你想要尋找的子字串位於字串的開頭、結尾或中間某個位置都沒關係；include? 將會找到它。

所以我們可以使用 include? 方法以及目前為止所學到的技術來找出相關的影評…

之前的程式碼，用於讀取檔案的內容。

```
lines = []

File.open("reviews.txt") do |review_file|
  lines = review_file.readlines
end

relevant_lines = []

lines.each do |line|
  if line.include?("Truncated")
    relevant_lines << line
  end
end

puts relevant_lines
```

記得在區塊之外建立變數！

處理來自檔案的每一列文字。

把當前的文字列傳入區塊做為參數。

把當前的文字列加入影評陣列（*array of reviews*）。

其他片名的影評會被移除！

```
Normally producers and directors would stop this kind of
garbage from getting published. Truncated is amazing in that
it got past those hurdles.
    --Joseph Goldstein, "Truncated: Awful," New York Minute
Truncated is funny: it can't be categorized as comedy,
romance, or horror, because none of those genres would want
to be associated with it.
    --Liz Smith, "Truncated Disappoints," Chicago Some-Times
I'm pretty sure this was shot on a mobile phone. Truncated
is astounding in its disregard for filmmaking aesthetics.
    --Bill Mosher, "Don't See Truncated," Topeka Obscurant
```

介紹一個更快的方法…

但實際上，Ruby 提供了一個更快的方式可以做到這一點。find _ all 方法可以使用區塊來檢測陣列中每一個元素。它會回傳一個新陣列，其中只會包含檢測後回傳真值的元素。

我們可以使用 find _ all 方法以及在區塊中呼叫 include? 來達到同樣的結果：

```
lines = []

File.open("reviews.txt") do |review_file|
  lines = review_file.readlines
end

relevant_lines = lines.find_all { |line| line.include?("Truncated") }
```

縮減後的程式碼一樣管用：只有包含 "Truncated" 子字串的文字列會被複製到新陣列！

```
puts relevant_lines
```

```
Normally producers and directors would stop this kind of
garbage from getting published. Truncated is amazing in that
it got past those hurdles.
    --Joseph Goldstein, "Truncated: Awful," New York Minute
Truncated is funny: it can't be categorized as comedy,
romance, or horror, because none of those genres would want
to be associated with it.
    --Liz Smith, "Truncated Disappoints," Chicago Some-Times
I'm pretty sure this was shot on a mobile phone. Truncated
is astounding in its disregard for filmmaking aesthetics.
    --Bill Mosher, "Don't See Truncated," Topeka Obscurant
```

六列程式碼縮減成一列…不壞，對吧？

呃，哦。我們又讓你驚呆了嗎？

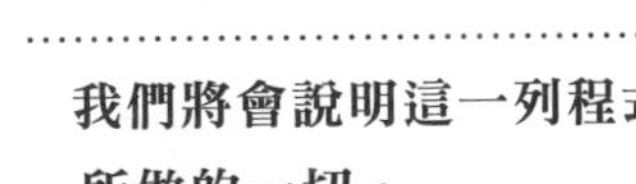

我們將會說明這一列程式碼在幕後所做的一切。

在接下來的幾頁中，我們將會詳細地說明你需要知道的一切，好讓你充分瞭解 find _ all 是如何工作的。Ruby 還有許多其他方法以類似的方式運作，所以相信我們，你所做的努力是值得的！

區塊具有一個回傳值

我們剛才看到了 `find_all` 方法。你可以把具有選擇邏輯的區塊傳遞給它，`find_all` 只會從陣列中找出符合區塊規範的元素。

```
lines.find_all { |line| line.include?("Truncated") }
```

所謂「符合區塊規範的元素」是指會讓區塊回傳真值的元素。`find_all` 方法會使用區塊的回傳值來決定哪些元素需要保留、哪些需要丟棄。

閱讀到此處，或許你已經注意到區塊與方法之間有一些相似性…

方法：

- 可接受參數
- 具有本體，本體中包含 Ruby 運算式
- 會回傳一個值

區塊：

- 可接受參數
- 具有本體，本體中包含 Ruby 運算式
- 會回傳一個值 ← 等等，什麼？它們有嗎？

沒錯，如同方法，Ruby 區塊會回傳其所包含之最後一個運算式的求值結果！該值會被回傳給方法做為 `yield` 關鍵字的結果。

讓我們以實際的範例來做說明，首先建立一個簡單的方法，然後以不同的區塊來呼叫它，以檢視其回傳值：

```
def print_block_result
  block_result = yield
  puts block_result
end

print_block_result { 1 + 1 }

print_block_result do
  "I'm not the last expression, so I'm not the return value."
  "I'm the result!"
end

print_block_result { "I hated Truncated".include?("Truncated") }
```

（`block_result = yield`：把區塊的執行結果賦值給一個變數。）

（`print_block_result { 1 + 1 }`：程式碼執行後，區塊會回傳 2。）

（`"I'm the result!"`：只有最後一個運算式的求值結果會被回傳。）

（`include?("Truncated")`：程式碼執行後，區塊會回傳 true。）

```
2
I'm the result!
true
```

區塊中最後一個運算式的求值結果會被回傳給方法。

區塊具有一個回傳值（續）

當然，方法不僅能印出區塊區的回傳值，還可以對它進行數學運算：

```
def triple_block_result
  puts 3 * yield
end

triple_block_result { 2 }
triple_block_result { 5 }
```

區塊回傳 2。

區塊回傳 5。

```
6
15
```

或是在字串中使用它：

```
def greet
  puts "Hello, #{yield}!"
end

greet { "Liz" }
```

```
Hello, Liz!
```

區塊會回傳此值！

或是在條件式中使用它：

```
def alert_if_true
  if yield
    puts "Block returned true!"
  else
    puts "Block returned false."
  end
end

alert_if_true { 2 + 2 == 5 }
alert_if_true { 2 > 1 }
```

區塊回傳 *false*。

區塊回傳 *true*。

```
Block returned false.
Block returned true!
```

接下來，我們將會詳細說明 `find_all` 如何利用區塊的回傳值，讓你得到想要的陣列元素。

照過來！

我們說區塊具有一個「回傳值」，並不意味著，你應該使用 return 關鍵字。

在區塊中使用 return 關鍵字，語法上並無錯誤，但是我們不建議你這麼做。在區塊本體中，return 關鍵字會從定義區塊的方法而非區塊本身返回。這非常可能不是你想要做的事。

```
def print_block_value
  puts yield
end

def other_method
  print_block_value { return 1 + 1 }
end

other_method
```

前面的程式碼什麼也不會印出，因為在定義區塊的時候 other _ method 就返回了。

如果你把區塊修改成直接使用它的最後一個運算式做為回傳值，那麼一切都會如預期般運作：

```
def other_method
  print_block_value { 1 + 1 }
end

other_method
```

2

問：所有區塊都會回傳一個值嗎？

答：是的！它們會回傳區塊本體中最後一個運算式的求值結果。

問：如果這是真的，為什麼我們不早一點學習呢？

答：沒有這個需要。儘管區塊會回傳一個值，但是其所伴隨的方法不一定會使用它。舉例來說，each 方法會忽略區塊所回傳的值。

問：我可以把參數傳遞給區塊並使用它的回傳值嗎？

答：是的！你可以傳遞參數、或使用回傳值、或這兩件事都做、或這兩件事都不做；這都取決於你。

```
def one_two
  result = yield(1, 2)
  puts result
end

one_two do |param1, param2|
  param1 + param2
end
```

程式碼磁貼

冰箱上有一支 Ruby 程式被混在一起。你能夠重新復原這些程式碼片段，使其產生所列示的輸出？

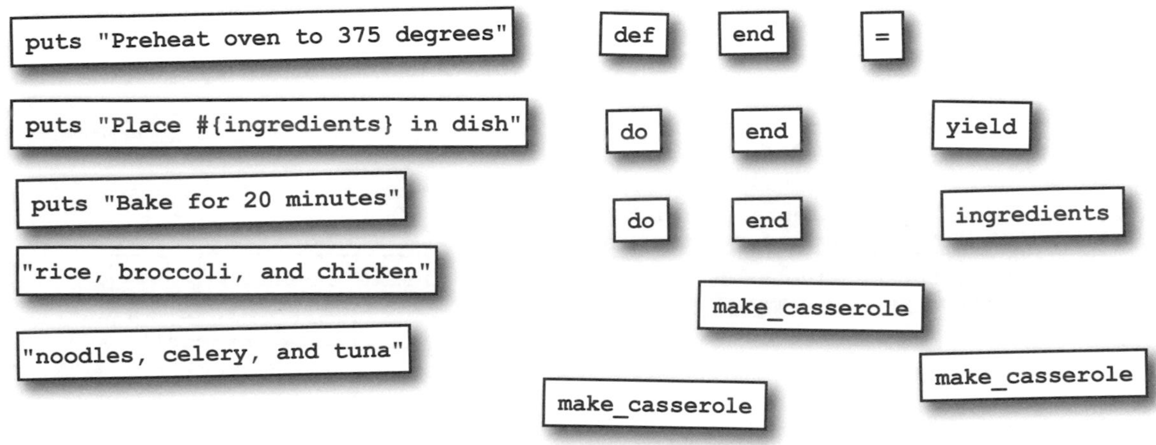
puts "Preheat oven to 375 degrees"
def
end
=
puts "Place #{ingredients} in dish"
do
end
yield
puts "Bake for 20 minutes"
do
end
ingredients
"rice, broccoli, and chicken"
make_casserole
"noodles, celery, and tuna"
make_casserole
make_casserole

輸出：

```
File Edit Window Help
Preheat oven to 375 degrees
Place noodles, celery, and tuna in dish
Bake for 20 minutes
Preheat oven to 375 degrees
Place rice, broccoli, and chicken in dish
Bake for 20 minutes
```

程式碼磁貼解答

冰箱上有一支 Ruby 程式被混在一起。你能夠重新復原這些程式碼片段，使其產生所列示的輸出？

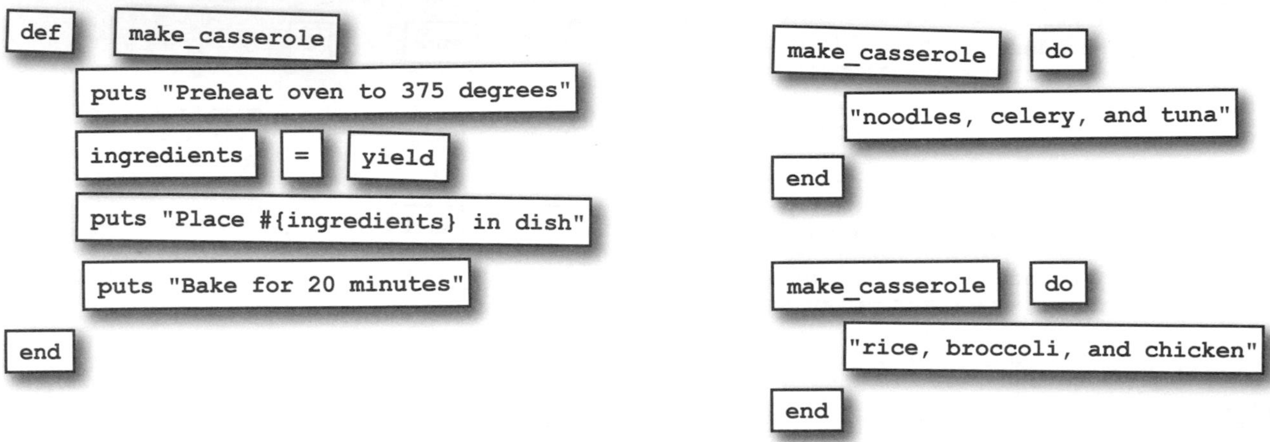

def
make_casserole
puts "Preheat oven to 375 degrees"
ingredients
=
yield
puts "Place #{ingredients} in dish"
puts "Bake for 20 minutes"
end
make_casserole
do
"noodles, celery, and tuna"
end
make_casserole
do
"rice, broccoli, and chicken"
end

輸出：

```
File Edit Window Help
Preheat oven to 375 degrees
Place noodles, celery, and tuna in dish
Bake for 20 minutes
Preheat oven to 375 degrees
Place rice, broccoli, and chicken in dish
Bake for 20 minutes
```

方法如何使用區塊的回傳值？

已經來到瞭解這段程式碼的時刻：

```
lines.find_all { |line| line.include?("Truncated") }
```

最後一步是瞭解 find _ all 方法的運作原理。它會把陣列中每個元素傳遞給區塊，並且建立一個新的陣列，其中存放了會讓區塊回傳真值的元素。

```
p [1, 2, 3, 4, 5].find_all { |number| number.even? }
p [1, 2, 3, 4, 5].find_all { |number| number.odd? }
```

```
[2, 4]
[1, 3, 5]
```

你可以把區塊所回傳的值視為傳送給方法的一組指令。find _ all 方法的任務是留下一些陣列元素，並把其他的元素丟掉。但它依賴的是「區塊用於要求它留下元素的」回傳值。

你可以把區塊所回傳的值視為區塊傳送給方法的<u>指令</u>。

這個選擇過程的關鍵在於區塊的回傳值。區塊本體甚至不必以當前的陣列元素做為參數（儘管實際上大多數的程式都會這麼做）。如果區塊對任何元素皆回傳 true，所有陣列元素都會被納入…

```
p ['a', 'b', 'c'].find_all { |item| true }
```

```
["a", "b", "c"]
```

…但是如果區塊對任何元素皆回傳 false，所有陣列元素都會被排除。

```
p ['a', 'b', 'c'].find_all { |item| false }
```

```
[]
```

如果為 find _ all 撰寫我們自己的版本，它看起來可能會像這個樣子：

```
def find_all
  matching_items = []
  self.each do |item|
    if yield(item)
      matching_items << item
    end
  end
  matching_items
end
```

建立一個新陣列用於保存讓區塊回傳 true 的元素。

處理每個元素。

把元素傳遞給區塊。若結果為 true…

…把它加入 matching_items 陣列。

如果此程式碼看起來很熟悉，本該如此。它是我們稍早之程式碼（用於找出與目標電影相關之文字列）的較通用的版本！

舊的程式碼：

```
relevant_lines = []
lines.each do |line|
  if line.include?("Truncated")
    relevant_lines << line
  end
end
puts relevant_lines
```

全部放在一起

知道了 find _ all 方法的運作原理之後，現在我們對此程式碼的做法已接近瞭解的程度。

```
lines = []

File.open("reviews.txt") do |review_file|
  lines = review_file.readlines
end

relevant_lines = lines.find_all { |line| line.include?("Truncated") }
```

我們差不多已經瞭解此程式碼！

下面是我們已經學會的內容（不一定按照順序）：

- 區塊中最後一個運算式會成為區塊的回傳值。

執行結果將會做為區塊的回傳值。

```
lines.find_all { |line| line.include?("Truncated") }
```

- 如果字串中包含所指定的子字串，則 include? 方法會回傳 true，否則會回傳 false。

```
lines.find_all { |line| line.include?("Truncated") }
```

若 line 中包含 "Truncated"，則回傳 true。

- find _ all 方法會把陣列中每一個元素傳遞給區塊，而且會建立一個新的陣列，其中存放了會讓區塊回傳真值的元素。

```
lines.find_all { |line| line.include?("Truncated") }
```

執行結果將會是一個陣列，用於存放 lines 之中包含 "Truncated" 字串的所有元素。

讓我們來看看 find _ all 方法和區塊的內部，在處理檔案頭幾列的文字列時，會做哪些事情…

進一步檢視區塊的回傳值

1. find _ all 方法把檔案內容的第一列傳遞給區塊，而區塊會以 line 參數來接收它。區塊會檢測 line 是否包含 "Truncated" 字串。因為第一列包含該字串，所以區塊的回傳值為 true。返回方法後，此列的內容會被加入 matching _ items 陣列（也就是，相符資料項所構成的陣列）。

find_all 會傳入整個文字列的內容；因為空間不夠，我們省略了其他部分！

區塊回傳 true，所以當前文字列的內容會被加入 matching_items！

```
def find_all
  matching_items = []
  self.each do |item|
    if yield(item)
      matching_items << item
    end
  end
end
```

"...Truncated is amazing..."

```
{ |line| line.include?("Truncated") }
```

true

2. find _ all 方法把檔案內容的第二列傳遞給區塊。同樣的，因為 line 區塊參數包含 "Truncated" 字串，所以的回傳值會再次為 true。返回方法後，此列的內容也會被加入 matching _ items 陣列。

另一個區塊回傳值為 true，所以此列的內容也會被加入。

```
def find_all
  matching_items = []
  self.each do |item|
    if yield(item)
      matching_items << item
    end
  end
end
```

"...Truncated: Awful..."

```
{ |line| line.include?("Truncated") }
```

true

3. 檔案內容的第三列不包含 "Truncated" 字串，所以區塊的回傳值為 false。此列的內容並不會被加入陣列。

區塊回傳 false，所以此列的內容並不會被加入。

```
def find_all
  matching_items = []
  self.each do |item|
    if yield(item)
      matching_items << item
    end
  end
end
```

"...Guppies is destined..."

```
{ |line| line.include?("Truncated") }
```

false

…依此類推，直到檔案內容的最後一列。如果區塊回傳真值，find _ all 方法就會把當前元素加入新陣列，如果區塊回傳假值，則會跳過它。結果這個新陣列只會包含有提到目標電影的文字列！

```
p relevant_lines
```

因為空間的不夠，省略了其他部分！

```
["...Truncated is amazing...",
 "...Truncated: Awful...",
 "...Truncated is funny...",
 "...Truncated Disappoints...",
 "...Truncated is astounding...",
 "...Don't See Truncated..."]
```

使用區塊除去我們不想要的元素

使用 find_all 方法，我們可以順利找到目標電影的所有影評，並把它們存入 relevant_lines 陣列。於是清單中第二項任務便告完成！

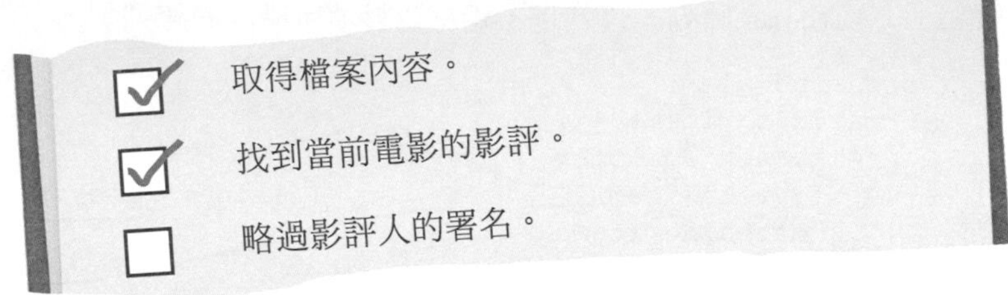

取得檔案內容。
找到當前電影的影評。
略過影評人的署名。

我們的下一項任務是略過影評人的署名，因為我們只想要從每個影評的內文裡找出形容詞。

我們想要略過這些地方：

```
Normally producers and directors would stop this kind of
garbage from getting published. Truncated is amazing in that
it got past those hurdles.
   --Joseph Goldstein, "Truncated: Awful," New York Minute
Truncated is funny: it can't be categorized as comedy,
romance, or horror, because none of those genres would want
to be associated with it.
   --Liz Smith, "Truncated Disappoints," Chicago Some-Times
...
```

幸運的是，它們有明確的標示。它們都是以 -- 字符做為開頭，所以使用 include? 方法來判斷字串中是否包含署名應該很容易。

之前，我們使用 find_all 方法來保存包含特定字串的文字列。reject 方法的作用與 find_all 基本上是相反的一它會把陣列中的元素傳遞給區塊，但如果區塊回傳真值，它會把相對應的元素丟掉。如果說 find_all 會根據區塊的指示來保存某些資料項，那麼 reject 則會根據區塊的指示來丟掉某些資料項。

如果為 reject 撰寫我們自己的版本，它看起來與 find_all 非常類似：

```
def reject
  kept_items = []
  self.each do |item|
    unless yield(item)
      kept_items << item
    end
  end
  kept_items
end
```

建立一個新的陣列用於保存讓區塊回傳 false 的元素。

處理每一個元素。

把元素傳給區塊。若結果為 false…

…把它加入用於保存元素的陣列。

reject 的回傳值

reject 的運作就像 find _ all，但是當區塊回傳真值時，它不會保存元素，而會丟掉元素。若我們使用 reject，應該輕易就能略過影評人的署名！

❶ reject 方法把檔案內容的第一列傳遞給區塊。line 區塊參數不包含 "--" 字串，所以區塊的回傳值為 false。返回方法後，此列的內容會被加入 kept _ items 陣列。

區塊回傳 false，所以當前的文字列會被加入 kept_items 陣列。

```
def reject
  kept_items = []
  self.each do |item|
    unless yield(item)
      kept_items << item
    end
  end
  kept_items
end
```

"...Truncated is amazing..."

```
{ |line| line.include?("--") }
```

false

❷ reject 方法把檔案內容的第二列傳遞給區塊。line 區塊參數包含 "--" 字串，所以區塊的回傳值為 true，於是方法會丟掉此列的內容。

區塊回傳 true，所以當前的文字列不會被加入 kept_items 陣列。

```
def reject
  kept_items = []
  self.each do |item|
    unless yield(item)
      kept_items << item
    end
  end
  kept_items
end
```

"...--Joseph Goldstein..."

```
{ |line| line.include?("--") }
```

true

❸ 第三列的內容不包含 "--"，所以區塊的回傳值為 false，於是方法會保存此列的內容。

區塊回傳 false，所以會保存此列的內容。

```
def reject
  kept_items = []
  self.each do |item|
    unless yield(item)
      kept_items << item
    end
  end
  kept_items
end
```

"...Truncated is funny..."

```
{ |line| line.include?("--") }
```

false

…檔案內容的其餘文字列依此類推。若文字列包含 "--"，reject 方法不會將該列加入新陣列。結果新陣列會略過署名而且只會包含影評！

```
["...Truncated is amazing...",
 "...Truncated is funny...",
 "...Truncated is astounding..."]
```

把字串轉換成單字陣列

我們會丟掉影評人的署名，使得新陣列只會包含每個影評的文字內容。於是清單中第三項任務便告完成！還有兩項任務要進行…

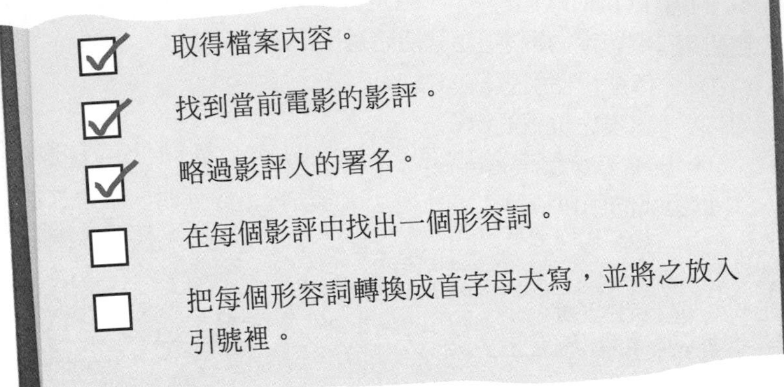
取得檔案內容。
找到當前電影的影評。
略過影評人的署名。
在每個影評中找出一個形容詞。
把每個形容詞轉換成首字母大寫，並將之放入引號裡。

下一項任務需要用到幾個新方法。它們不會使用區塊，但是它們超有用的。

我們需要找出每個影評中的形容詞：

```
p reviews
```

```
["...Truncated is amazing...",
 "...Truncated is funny...",
 "...Truncated is astounding..."]
```

我們只需要形容詞…

看看上面，你將會發現到一個模式…。我們需要的形容詞總是跟在 *is* 之後。

所以我們需要取得跟在一個單字之後的另一個單字…。我們現在擁有的是字串。我們怎樣才能把這些字串轉換成單字？

我們可以使用字串的 `split` 實體方法來把字串分割成子字串陣列（array of substrings）。

```
p "1-800-555-0199".split("-")
p "his/her".split("/")
p "apple, avocado, anvil".split(", ")
```

```
["1", "800", "555", "0199"]
["his", "her"]
["apple", "avocado", "anvil"]
```

`split` 的引數是**分隔符**（*separator*）：一或多個可以把字串分隔成多個部分的字符。

英文的分隔符是什麼？一個空格！如果我們把 " "（一個空格字符）傳遞給 `split`，我們將會得到一個陣列。讓我們試著對第一個影評執行看看。

```
string = reviews.first
words = string.split(" ")
p words
```

```
["Normally", "producers", "and", "directors",
"would", "stop", "this", "kind", "of", "garbage",
"from", "getting", "published.", "Truncated", "is",
"amazing", "in", "that", "it", "got", "past",
"those", "hurdles."]
```

你所得到的是一個單字陣列（array of words）！

找到一個陣列元素的索引

split 方法會把我們的影評字串轉換成一個單字陣列。現在，我們需要找到該陣列中特定的單字。同樣的，Ruby 已經為我們準備好了一個方法。如果你傳遞一個引數給 find_index 方法，它將會找出該元素在陣列中首次出現之位置的索引。

```
p ["1", "800", "555", "0199"].find_index("800")
p ["his", "her"].find_index("his")
p ["apple", "avocado", "anvil"].find_index("anvil")
```

```
1
0
2
```

使用 find_index，我們可以撰寫一個方法，它會把字串分割成一個單字陣列，找出特定單字的索引，回傳該單字之後的單字。

```
def find_adjective(string)
  words = string.split(" ")
  index = words.find_index("is")
  words[index + 1]
end
```

把句子分割成單字。

找到 "is" 的陣列索引。

找到 "is" 之後的單字並回傳它。

我們可以對影評測試一下我們的方法…

```
adjective = find_adjective(reviews.first)
```

```
amazing
```

有我們需要的形容詞！但是，只能處理一個影評。接著，我們需要處理所有的影評並建立一個陣列，以便保存我們找到的形容詞。使用 each 方法，要完成此工作並不難。

```
adjectives = []

reviews.each do |review|
  adjectives << find_adjective(review)
end

puts adjectives
```

```
amazing
funny
astounding
```

建立一個新陣列以便加入形容詞。
對陣列中每個影評…
…呼叫我們所撰寫的方法，並把形容詞加入清單。

現在我們得到了一個形容詞陣列，陣列中每個元素來自相對應的影評！

但是你相信嗎，有更簡單的方法可根據影評陣列（array of reviews）建立形容詞陣列（array of adjectives）？

根據一個陣列來建立另一個陣列，使用困難的方式

使用 each 和我們的新方法 find _ adjective，迭代影評陣列來建立形容詞陣列毫無問題。

但根據一個陣列的內容來建立另一個新的陣列，實際上是一個常見的操作，每一次都需要類似的程式碼。這裡有一些例子：

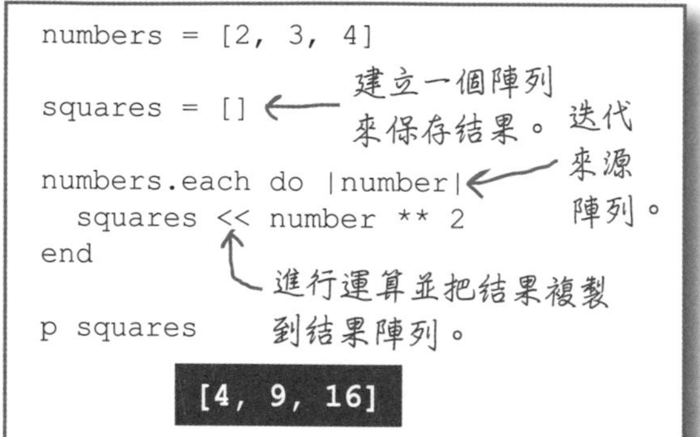

numbers = [2, 3, 4]
squares = []
建立一個陣列來保存结果。
numbers.each do |number|
squares << number ** 2
end
迭代來源陣列。
進行運算並把结果複製到结果陣列。
p squares
[4, 9, 16]

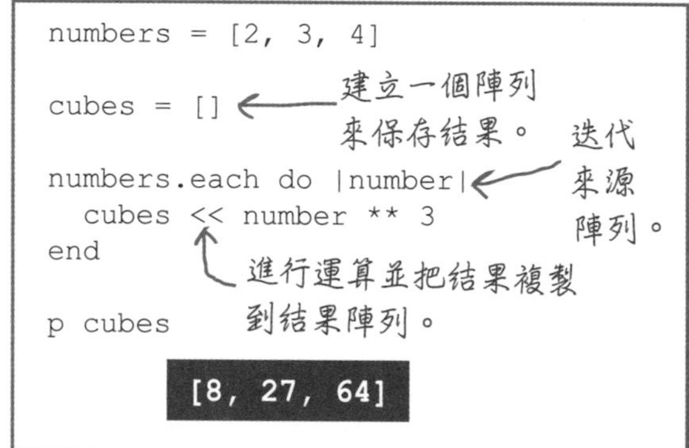

numbers = [2, 3, 4]
cubes = []
建立一個陣列來保存结果。
numbers.each do |number|
cubes << number ** 3
end
迭代來源陣列。
進行運算並把结果複製到结果陣列。
p cubes
[8, 27, 64]


```
phone_numbers = ["1-800-555-0199", "1-402-555-0123"]

area_codes = []   ← 建立一個陣列來保存结果。

phone_numbers.each do |phone_number|   ← 迭代來源陣列。
  area_codes << phone_number.split("-")[1]
end
        ↑ 進行運算並將结果複製到结果陣列。
p area_codes
```

["800", "402"]

在這些例子中，我們必須設置一個新陣列以便保存結果，迭代來源陣列並把一些程式邏輯應用在它的每一個資料項上，以及把結果加入新陣列。（如同我們的形容詞找尋程式碼那樣。）有一些重複⋯

如果陣列能夠提供一個神奇的處理器，那豈不是很好？你丟進一個陣列，它會對其中的元素執行一些（可替換的）程式邏輯，它會丟出一個新的陣列，其中包含了你需要的元素！

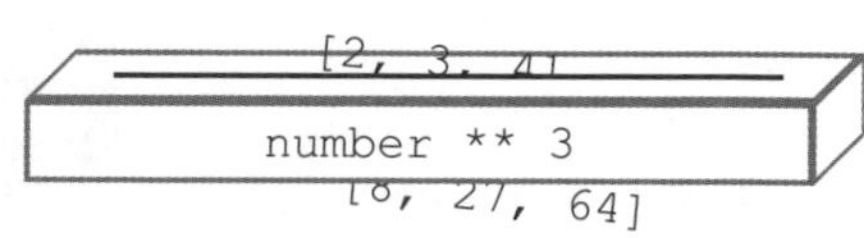

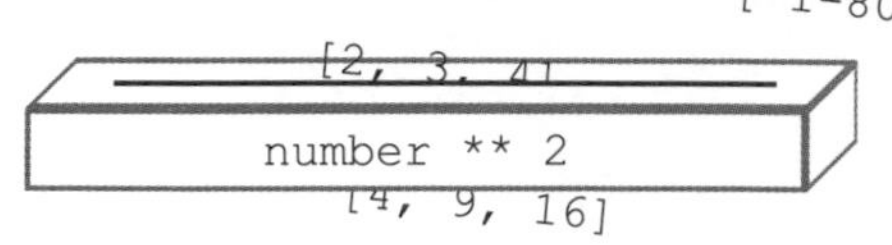

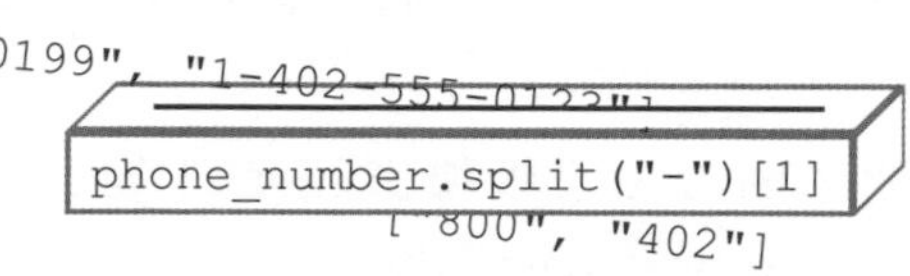

根據一個陣列來建立另一個陣列，使用 map

Ruby 剛好有我們想要的神奇陣列處理器：map 方法。map 方法會取得陣列中每一個元素，並把它傳入區塊，而且會建立一個新的陣列來保存區塊的回傳值。

沒有必要預先建立结果陣列—"map" 會替我們建立！

以每個數字的平方做為新陣列的元素。

以每個數字的立方做為新陣列的元素。

```
squares = [2, 3, 4].map { |number| number ** 2 }
cubes = [2, 3, 4].map { |number| number ** 3 }
area_codes = ['1-800-555-0199', '1-402-555-0123'].map do |phone|
  phone.split("-")[1]
end
p squares, cubes, area_codes
```

以區域號碼做為新陣列的元素。

```
[4, 9, 16]
[8, 27, 64]
["800", "402"]
```

map 方法類似於 find_all 和 reject，因為它會處理陣列中每一個元素。但是 find_all 和 reject 會使用區塊的回傳值來決定是否要把舊陣列的**來源元素**複製到新陣列。而 map 方法會把區塊的**回傳值**加入新陣列。

如果為 map 撰寫我們自己的版本，它看起來可能會像這個樣子：

建立一個新的陣列來保存區塊的回傳值。

```
def map
  results = []
  self.each do |item|
    results << yield(item)
  end
  results
end
```

迭代每一個元素。

把元素傳遞給區塊，並把回傳值加入新陣列。

回傳由區塊回傳值所構成的陣列。

map 方法可以把我們用於收集形容詞的程式碼縮減成一列！

陣列的元素皆來自 find_adjective 的回傳值。

```
adjectives = reviews.map { |review| find_adjective(review) }
```

呼叫我們的方法。它的回傳值將會是區塊的回傳值。

map 的回傳值是一個陣列，其中的元素皆來自區塊的回傳值：

```
p adjectives
```

```
["amazing", "funny", "astounding"]
```

根據一個陣列來建立另一個陣列，使用 map（續）

讓我們逐步來看看 map 方法和我們的區塊是如何處理影評陣列的…

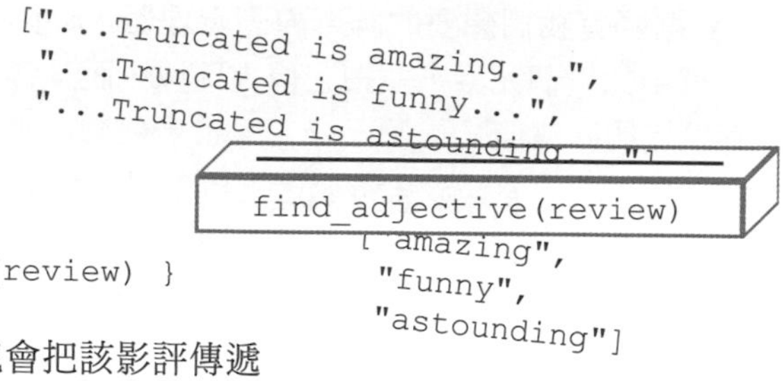

```
["...Truncated is amazing...",
 "...Truncated is funny...",
 "...Truncated is astounding..."]
        find_adjective(review)
["amazing",
 "funny",
 "astounding"]
```

```
adjectives = reviews.map { |review| find_adjective(review) }
```

❶ map 方法把我們的第一個影評傳遞給區塊。接著，區塊會把該影評傳遞給 find _ adjective，這會導致 find _ adjective 回傳 "amazing"。find _ adjective 的回傳值也會成為區塊的回傳值。回到 map 方法後，"amazing" 會被加入結果陣列（results）。

```
def map
  results = []             "...Truncated is amazing..."
  self.each do |item|
    results << yield(item)              { |review| find_adjective(review) }
  end                                                  "amazing"
  results
end
```

❷ 第二影評被傳遞給區塊，這會導致 find _ adjective 回傳 "funny"。回到方法後，新的形容詞會被加入結果陣列。

```
def map
  results = []             "...Truncated is funny..."
  self.each do |item|
    results << yield(item)              { |review| find_adjective(review) }
  end                                                  "funny"
  results
end
```

❸ 第三個影評會導致 find _ adjective 回傳 "astounding"，該回傳值會被加入結果陣列。

```
def map
  results = []             "...Truncated is astounding..."
  self.each do |item|
    results << yield(item)              { |review| find_adjective(review) }
  end                                                  "astounding"
  results
end
```

又完成了一項任務！還剩下一項任務，這項任務將會很簡單！

- [x] 在每個影評中找出一個形容詞。
- [ ] 把每個形容詞轉換成首字母大寫，並將之放入引號裡。

map 區塊本體中一些額外的邏輯

我們已經可以使用 map 找出每一個影評中的形容詞：

```
adjectives = reviews.map { |review| find_adjective(review) }
```

最後，我們需要把形容詞轉換成首字母大寫，並將之放入引號裡。我們可以在區塊中進行此工作，就在 find _ adjective 方法呼叫之後。

現在區塊會取得多列文字，所以按慣例我們會改用 "do…end" 區塊。

```
adjectives = reviews.map do |review|
  adjective = find_adjective(review)
  "'#{adjective.capitalize}'"
end
```

稍後我們需要處理此值，所以我們會把它賦值給一個變數，而不會回傳它。

這是我們的新回傳值。

下面是這個修改過的程式碼所產生的新回傳值：

1

```
def map
  results = []
  self.each do |item|
    results << yield(item)
  end
  results
end
```

"...Truncated is amazing..."

```
do |review|
  adjective = find_adjective(review)
  "'#{adjective.capitalize}'"
end
```

"'Amazing'"

2

```
def map
  results = []
  self.each do |item|
    results << yield(item)
  end
  results
end
```

"...Truncated is funny..."

```
do |review|
  adjective = find_adjective(review)
  "'#{adjective.capitalize}'"
end
```

"'Funny'"

3

```
def map
  results = []
  self.each do |item|
    results << yield(item)
  end
  results
end
```

"...Truncated is astounding..."

```
do |review|
  adjective = find_adjective(review)
  "'#{adjective.capitalize}'"
end
```

"'Astounding'"

最後的成品

這就是我們的最後一項任務。恭喜你，大功告成了！

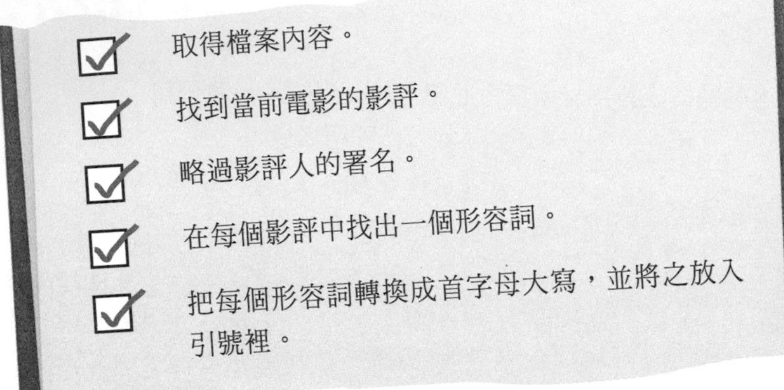
取得檔案內容。
找到當前電影的影評。
略過影評人的署名。
在每個影評中找出一個形容詞。
把每個形容詞轉換成首字母大寫，並將之放入引號裡。

你已經學會如何使用區塊回傳值在陣列中找到你想要的元素、排除你不想要的元素，甚至是使用一個演算法來建立一個全新的陣列！

在其他語言中，要處理如此複雜的文字檔，需要用到幾十列的程式碼，而且會大量的重複。find_all、reject 和 map 等方法會替你處理這一切！要學會使用它們可能不容易，但是現在你已經可以掌握它們，你可以把這些強大的新工具加入你的工具箱！

下面是程式碼的完整列表：

```
def find_adjective(string)
  words = string.split(" ")
  index = words.find_index("is")
  words[index + 1]
end

lines = []
File.open("reviews.txt") do |review_file|
  lines = review_file.readlines
end

relevant_lines = lines.find_all { |line| line.include?("Truncated") }
reviews = relevant_lines.reject { |line| line.include?("--") }

adjectives = reviews.map do |review|
  adjective = find_adjective(review)
  "'#{adjective.capitalize}'"
end

puts "The critics agree, Truncated is:"
puts adjectives
```

- def find_adjective(string)：稍後我們將會呼叫此方法，以便在每一個影評中找出形容詞。
- words = string.split(" ")：把字串分割成單字並存入單字陣列（words）。
- index = words.find_index("is")：找到 "is" 的索引。
- words[index + 1]：回傳 "is" 的下一個單字。
- lines = []：我們需要在區塊之外建立此變數。
- File.open("reviews.txt") do |review_file|：開啟檔案，並在處理完畢後自動關閉它。
- lines = review_file.readlines：把檔案中每一個文字列讀進陣列。
- relevant_lines = lines.find_all …：找出包含電影名稱的文字列。
- reviews = relevant_lines.reject …：排除影評人署名。
- adjectives = reviews.map do |review|：處理每一個影評。
- adjective = find_adjective(review)：找出形容詞。
- "'#{adjective.capitalize}'"：回傳形容詞、轉換成首字母大寫並加上引號。

```
The critics agree, Truncated is:
'Amazing'
'Funny'
'Astounding'
```

開啟一個新的視窗，鍵入 `irb` 並按下 Enter/Return 鍵。先為下面每一道 Ruby 運算式寫下你所猜測的執行結果，再試著把運算式鍵入 irb 以及按下 Enter 鍵。看看你所做的猜測是否與 irb 的回傳值相符！

```
[1, 2, 3, 4].find_all { |number| number.odd? }          ............................

[1, 2, 3, 4].find_all { |number| true }                 ............................

[1, 2, 3, 4].find_all { |number| false }                ............................

[1, 2, 3, 4].find { |number| number.even? }             ............................

[1, 2, 3, 4].reject { |number| number.odd? }            ............................

[1, 2, 3, 4].all? { |number| number.odd? }              ............................

[1, 2, 3, 4].any? { |number| number.odd? }              ............................

[1, 2, 3, 4].none? { |number| number > 4 }              ............................

[1, 2, 3, 4].count { |number| number.odd? }             ............................

[1, 2, 3, 4].partition { |number| number.odd? }         ............................
```

```
['$', '$$', '$$$'].map { |string| string.length }       ............................

['$', '$$', '$$$'].max_by { |string| string.length }    ............................

['$', '$$', '$$$'].min_by { |string| string.length }    ............................
```

開啟一個新的視窗，鍵入 `irb` 並按下 Enter/Return 鍵。先為下面每一道 Ruby 運算式寫下你所猜測的執行結果，再試著把運算式鍵入 irb 以及按下 Enter 鍵。看看你所做的猜測是否與 irb 的回傳值相符！

```
[1, 2, 3, 4].find_all { |number| number.odd? }
```

[1, 3] ← 陣列中所存放的是讓區塊回傳 true 的值。

```
[1, 2, 3, 4].find_all { |number| true }
```

[1, 2, 3, 4] ← 若區塊總是回傳 true，所有的值都存入陣列。

```
[1, 2, 3, 4].find_all { |number| false }
```

[] ← 若區塊不會回傳 true，所有的值都不會存入陣列。

```
[1, 2, 3, 4].find { |number| number.even? }
```

2 ← "find" 會回傳第一個「讓區塊回傳 true 的」值。

```
[1, 2, 3, 4].reject { |number| number.odd? }
```

[2, 4] ← 陣列中所存放的是讓區塊回傳 false 的值。

```
[1, 2, 3, 4].all? { |number| number.odd? }
```

false ← 若區塊會對「所有」元素回傳 true，則 "all?" 回傳 true。

```
[1, 2, 3, 4].any? { |number| number.odd? }
```

true ← 若區塊會對「任何」元素回傳 true，則 "any?" 回傳 true。

```
[1, 2, 3, 4].none? { |number| number > 4 }
```

true ← 若區塊會對「所有」元素回傳 FALSE，則 "none?" 回傳 true。

```
[1, 2, 3, 4].count { |number| number.odd? }
```

2 ← 讓區塊回傳 true 的元素數目。

```
[1, 2, 3, 4].partition { |number| number.odd? }
```

[[1, 3], [2, 4]] ← 有兩個陣列，第一個陣列中所存放的是讓區塊回傳 TRUE 的元素，第二個陣列中所存放的是讓區塊回傳 FALSE 的元素。

```
['$', '$$', '$$$'].map { |string| string.length }
```

[1, 2, 3] ← 陣列中所存放的是區塊的回傳值。

```
['$', '$$', '$$$'].max_by { |string| string.length }
```

"$$$" ← 讓區塊回傳「最大」值的元素。

```
['$', '$$', '$$$'].min_by { |string| string.length }
```

"$" ← 讓區塊回傳「最小」值的元素。

你的 Ruby 工具箱

第 6 章已經閱讀完畢！你可以把區塊回傳值加入你的工具箱。

陣列(Arrays)
區塊(Blocks)
區塊回傳值
(Block Return Values)
區塊本體中最後一個運算式的求值結果會被回傳給方法，做為 yield 關鍵字的值。
方法可以使用區塊回傳值來尋找一個集合中的元素，判斷如何排序元素以及做其他的事情。

要點提示

- 如果你傳遞一個區塊給 File.open，它將會把檔案傳給區塊，這樣你就可以對檔案做你需要做的事。當區塊結束時，檔案將會自動被關閉。
- 字串具有一個稱為 include? 的實體方法，它需要一個子字串做為引數。如果字串中包含該子字串，它將會回傳 true，否則會回傳 false。
- 當你需要在陣列中找出滿足某種條件的所有元素，可以使用 find_all 方法。它將會把陣列的每個元素傳遞給區塊，而且會回傳一個新陣列，其中存放了能夠讓區塊回傳真值的所有元素。
- reject 方法的工作原理如同 find_all，但是作用剛好相反，它會把讓區塊回傳真值的所有元素排除在外。
- 字串的 split 方法需要一個分隔符做為引數。它會在字串中找到分隔符的每個實體，以及回傳一個陣列，其中存放了分隔符之間的子字串。
- find_index 方法會找出引數在陣列中首次出現之位置的索引。
- map 方法會取得陣列中每一個元素，將之傳遞給區塊，而且會建立一個新陣列，其中存放了區塊的回傳值。

接下來…

陣列有其侷限性。如果你需要在陣列中找到一個特定值，你必須從頭開始，逐一尋找每筆資料項。下一章，我們將會告訴你另一種集合—雜湊（hash）—它將可以幫你更快找到東西。

7 雜湊

為資料加上標籤

威爾遜、威爾遜…。不在這裡。
如果這筆資料有標籤 … 我就
能夠更快找到它了！

把東西堆成一疊是很容易沒錯，找東西的時候你就知道了。你已經知道如何使用陣列來建立物件所構成的集合。你知道如何處理陣列中每一筆資料項，以及如何找到你想要的資料項。在這兩種情況下，你會從陣列的開頭著手，迭代每個物件。你見過以大型集合為參數的方法。你知道這所導致的問題：進行方法呼叫時，你需要記住這個大型集合中各資料項的確切順序。

如果這類集合中所有資料都具有標籤呢？你可以很快地找到你需要的元素！本章中，我們將要介紹的 Ruby **雜湊**（**hash**）就可以做到這一點。

計票

Sleepy Creek 郡教育委員會（County School Board）今年有一個席位開放競爭，而民調的結果顯示，大家的支持率都很接近。現在是大選之夜，候選人們看到選票滾滾而來都感到非常興奮。

"occupation" => "Manager"}

"occupation" => "Accountant"}

今年所使用的「電子投票機」會把選票記錄到文字檔裡，每一列一張。（預算有限，所以市議會選擇了廉價的投票機供應商。）

這裡有一個檔案，其中包含了 A 區的所有選票：

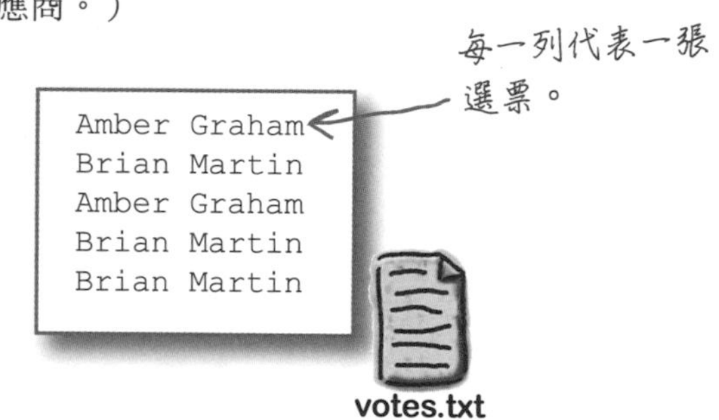

每一列代表一張選票。

```
Amber Graham
Brian Martin
Amber Graham
Brian Martin
Brian Martin
```

我們需要處理檔案的每一列，並計算每個名字出現了幾次。得票最多的名字將會是最後的贏家！

開發團隊的第一要務是讀取 *votes.txt* 檔案的內容。這個部分很簡單；就像我們之前在第 6 章用於讀取影評檔案的程式碼。

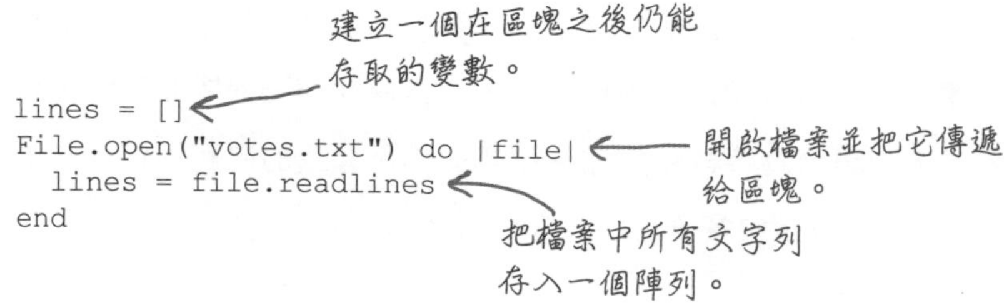

建立一個在區塊之後仍能存取的變數。
開啟檔案並把它傳遞給區塊。
把檔案中所有文字列存入一個陣列。

```
lines = []
File.open("votes.txt") do |file|
  lines = file.readlines
end
```

現在我們需要從檔案的每一列取得名字，並且記錄名字出現的次數。

陣列的陣列…並不理想

但是我們要如何把這些名字與相對應的得票數記錄起來？我們將會介紹兩種做法。第一種做法會使用第 5 章所介紹的陣列。第二種做法會使用一個新的資料結構，**雜湊**（*hash*）。

如果我們只能使用陣列，我們可能會使用**陣列的陣列**（*array of arrays*）來保存任何資料。沒錯：Ruby 的陣列可以保存任何物件，包括其他陣列。所以我們可以建立一個陣列來保存候選人的名字以及相對應的得票數：

```
["Brian Martin", 1]
```

我們可以將此陣列放入另一個用於保存所有候選人和其得票數的陣列：

外部陣列 → 內部陣列 →

```
[
  ["Amber Graham", 1],
  ["Brian Martin", 1]
]
```

← 在此處插入新陣列…

對於文字檔中我們所遇到的每個名字…

```
"Mikey Moose"
```

…我們需要迭代外部陣列，並檢查該名字是否與內部某個陣列的第一個元素相符。

"Mikey Moose" 嗎？不是…
"Mikey Moose" 嗎？不是…

```
[
  ["Amber Graham", 1],
  ["Brian Martin", 1],
  ...
]
```

如果不相符，我們將會以該名字來建立一個新的內部陣列。

```
[
  ["Amber Graham", 1],
  ["Brian Martin", 1],
  ["Mikey Moose", 1]
]
```

← 在此處插入新陣列…

但如果我們在文字檔中所遇到的名字已經存在於這個「陣列的陣列」…

```
"Brian Martin"
```

…那麼為該名字更新得票數。

"Brian Martin" 嗎？不是。
"Brian Martin" 嗎？是的。

```
[
  ["Amber Graham", 1],
  ["Brian Martin", 2],
  ["Mikey Moose", 1]
]
```

← 更新得票數。

儘管你可以這麼做，但是這將需要額外的程式碼，而且當所處理的是大型的清單，迭代每個元素需要花很長的時間。像往常一樣，Ruby 有更好的方式。

雜湊

把每位候選人的得票數存入陣列的問題是，之後反覆查詢的時候很沒效率。對於我們所要尋找的每一個名字，我們必須看過其他的名字。

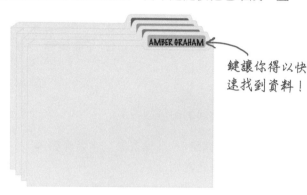

"Mikey Moose" 嗎？不是…
"Mikey Moose" 嗎？不是…
"Mikey Moose" 嗎？

```
[
  ["Amber Graham", 4],
  ["Brian Martin", 5],
  ["Mikey Moose", 2]
]
```

把資料放入陣列就像是把它堆成一大疊；你可以取回特定的資料項，但是你必須看過其他資料項才有辦法找到它。

Ruby 中，還可以使用**雜湊**（*hash*）來儲存資料所構成的集合。**雜湊** 是一個集合，在此集合中，你可以使用鍵（key）來存取每一個值。透過「鍵」，要從你的雜湊中取回資料相當容易。這就像是為檔案夾加上標籤，而不是隨便把它堆成一疊。

從項端開始；
在整疊中尋找。

陣列

鍵讓你得以快
速找到資料！

雜湊

如同陣列的使用，你可以建立一個新的雜湊，並在同一時間使用雜湊字面（hash literal）為它添加資料。它的語法看起來像這樣：

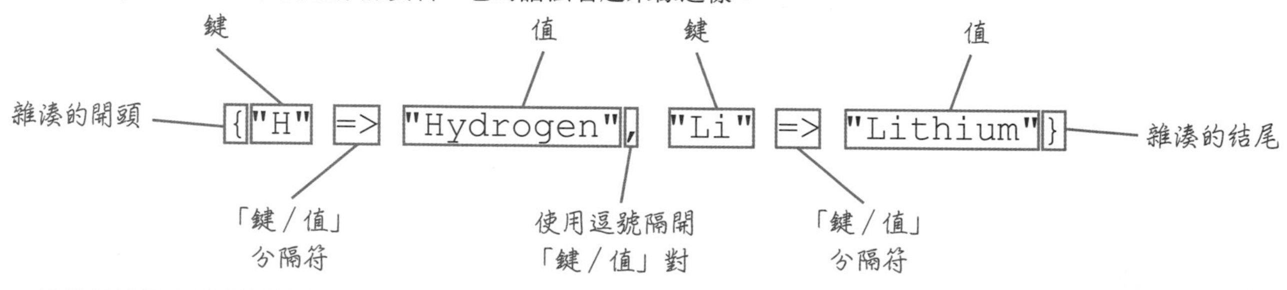

=> 符號用於指出哪個鍵指向哪個值。它看起來有一點像火箭，所以有時被稱為「雜湊火箭」（hash rocket）。

我們可以把一個新的雜湊賦值給一個變數：

```
elements = {"H" => "Hydrogen", "Li" => "Lithium"}
```

然後我們可以使用鍵從雜湊中取出值。雜湊字面使用的是大括號，而存取個別值的時候使用的是方括號。它看起來就像是從陣列中取出值的語法，但是方括號中的數值索引變成了雜湊鍵。

在此處使用雜湊鍵，你就可以取得相對應的值。

```
puts elements["Li"]
puts elements["H"]
```

```
Lithium
Hydrogen
```

雜湊（續）

我們還可以為既有的雜湊添加新的鍵和值。同樣的，所使用的語法看起來很像在對陣列元素賦值：

我們要對此雜湊鍵賦值　　新值

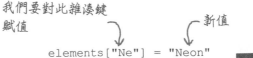

```
elements["Ne"] = "Neon"
puts elements["Ne"]
```

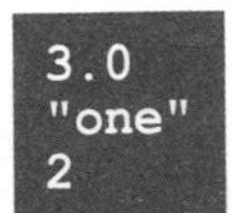

陣列只能使用整數做為索引，然而雜湊可以使用任何物件做為鍵（包括數值、字串和符號）。

```
mush = {1 => "one", "two" => 2, :three => 3.0}

p mush[:three]
p mush[1]
p mush["two"]
```

```
3.0
"one"
2
```

陣列只能使用整數做為索引，但是雜湊可以使用任何物件做為鍵。

儘管陣列與雜湊有顯著的差異，但極為相似，值得我們花點時間來比較它們…

陣列：

- 陣列可以依需要長大和縮小。
- 陣列可以保存任何物件，甚至包含雜湊或其他陣列。
- 陣列可以同時保存多個類別的實體。
- 陣列字面被放在一對方括號（square brackets）裡。
- 只有整數可以做為索引。
- 一個元素的索引決定自其在陣列中的位置。

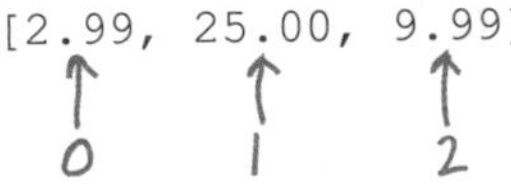

雜湊：

- 雜湊可以依需要長大和縮小。
- 雜湊可以保存任何物件，甚至包含陣列或其他雜湊。
- 雜湊可以同時保存多個類別的實體。
- 雜湊字面被放在一對大括號（curly braces）裡。
- 任何物件都可以做為鍵。
- 鍵不用計算，每一個鍵必須在添加值的時候予以指定。

```
{"M" => "Monday", "T" => "Tuesday"}
```

鍵　值　鍵　值

請為底下的程式碼填空，讓它產生此處所示的輸出。

```
my_hash = {"one" => _____, :three => "four", _ => "six"}
puts my_hash[5]
puts my_hash["one"]
puts my_hash[______]
my_hash[_______] = 8
puts my_hash["seven"]
```

輸出：

```
six
two
four
8
```

請為底下的程式碼填空，讓它產生此處所示的輸出。

```
my_hash = {"one" => "two", :three => "four", 5 => "six"}
puts my_hash[5]
puts my_hash["one"]
puts my_hash[:three]
my_hash["seven"] = 8
puts my_hash["seven"]
```

輸出：

```
six
two
four
8
```

雜湊就是物件

正如我們之前一直提到的，Ruby 中一切皆為物件。我們知道陣列是物件，所以得知雜湊也是物件可能不會出乎你的意料。

```
protons = {"H" => 1, "Li" => 3, "Ne" => 10}
puts protons.class
```

```
Hash
```

如同大多數的 Ruby 物件，雜湊具有許多有用的實體方法。這裡有一些例子…

它們具有每一個 Ruby 物件都具有的方法，像是 inspect:

```
puts protons.inspect
```

```
{"H"=>1, "Li"=>3, "Ne"=>10}
```

length 方法讓你得以確定雜湊中保存了多少的「鍵／值」對：

```
puts protons.length
```

```
3
```

它們具有方法可用於快速測試雜湊是否包含特定的鍵或值：

```
puts protons.has_key?("Ne")
```

```
true
```

```
puts protons.has_value?(3)
```

```
true
```

它們具有方法可讓你取得包含所有鍵或所有值的陣列：

```
p protons.keys
```

```
["H", "Li", "Ne"]
```

```
p protons.values
```

```
[1, 3, 10]
```

如同陣列，它們具有方法可以讓你使用區塊來迭代雜湊的內容。舉例來說，each 方法可以使用具有兩個參數（一個用於鍵、一個用於值）的區塊。（稍後會進一步說明 each。）

```
protons.each do |element, count|
  puts "#{element}: #{count}"
end
```

```
H: 1
Li: 3
Ne: 10
```

開啟一個新的終端機或命令提示字元，鍵入 `irb`，並按下 Enter/Return 鍵。為底下列示的 Ruby 運算式寫下你所猜測的結果。然後試著把這些運算式鍵入 irb 並按下 Enter 鍵。看看你的猜測是否與 irb 回傳的結果相符！

```
protons = { "He" => 2 }                      ....................

protons["He"]                                ....................

protons["C"] = 6                             ....................

protons["C"]                                 ....................

protons.has_key?("C")                        ....................

protons.has_value?(119)                      ....................

protons.keys                                 ....................

protons.values                               ....................

protons.merge({ "C" => 0, "Uh" => 147.2 })   ....................................................
```

問：為什麼它叫做「雜湊」（hash）？

答：坦白說，這不是最好的名稱。其他語言將此類結構稱為「映射」（map）、「字典」（dictionary），或「關連式陣列」（associative array）因為鍵與值是相關聯的。Ruby 中，它被稱為「雜湊」，因為有一個稱為雜湊表（hash table）的演算法被用於快速查找雜湊中的鍵。該演算法的細節已經超出了本書的範圍，但是你可以使用搜尋引擎來做進一步的瞭解。

開啟一個新的終端機或命令提示字元，鍵入 `irb`，並按下 Enter/Return 鍵。為底下列示的 Ruby 運算式寫下你所猜測的結果。然後試著把這些運算式鍵入 irb 並按下 Enter 鍵。看看你的猜測是否與 irb 回傳的結果相符！

運算式	結果	說明
`protons = { "He" => 2 }`	{"He"=>2}	賦值述句的結果，一如往常，就是所賦予的值。
`protons["He"]`	2	提供鍵，取得相對應的值。
`protons["C"] = 6`	6	所賦予的值。
`protons["C"]`	6	取回我們剛才賦予雜湊的值。
`protons.has_key?("C")`	true	傳回 *true*，因為雜湊包括所給定的鍵。
`protons.has_value?(119)`	false	傳回 *false*，因為雜湊中沒有鍵具有所給定的值。
`protons.keys`	["He", "C"]	陣列中包含雜湊的每一個鍵。
`protons.values`	[2, 6]	陣列中包含雜湊的每一個值。

若新雜湊中的鍵已經存在於舊雜湊中，舊值會被改寫。

若鍵尚不存在，則會添加進雜湊。

運算式	結果
`protons.merge({ "C" => 0, "Uh" => 147.2 })`	{"He"=>2, "C"=>0, "Uh"=>147.2}

雜湊預設回傳 nil

```
Amber Graham
Brian Martin
Amber Graham
Brian Martin
Brian Martin
```

讓我們來看一下讀取自投票範例檔的「文字列陣列」(array of lines)。我們需要計算此陣列中每個名字出現的次數。

```
p lines
```

```
["Amber Graham\n", "Brian Martin\n", "Amber Graham\n",
 "Brian Martin\n", "Brian Martin\n"]
```

這些換列字符讀取自檔案。

回到我們稍早所討論的陣列的陣列(array of arrays),讓我們使用雜湊來保存得票數。當我們在 `lines` 陣裡中遇到一個名字,如果該名字不存在於雜湊中,我們將會把它加入雜湊。

如果我們讀取到這列文字… → "Amber Graham"

```
{
  "Amber Graham" => 1,
}
```

…我們將會把此鍵和值加入雜湊。

每當我們遇到新的名字,我們就會以它為鍵、以 1 為值,將之加入雜湊。

如果我們讀取到這列文字… → "Brian Martin"

```
{
  "Amber Graham" => 1,
  "Brian Martin" => 1,
}
```

…我們將會把此鍵和值加入雜湊。

如果我們所遇到的名字已經加入雜湊,我們將會更新它的值(得票數)。

如果我們再次讀取到相同的名字… → "Amber Graham"

```
{
  "Amber Graham" => 2,
  "Brian Martin" => 1,
}
```

…我們將會更新相對應的值。

…依此類推,直到我們完成計票。

雖然我們打算這麼做,但是程式碼的第一個版本會發生錯誤…

```
votes = {}

lines.each do |line|
  name = line.chomp
  votes[name] += 1
end

p votes
```

設置一個空雜湊。

移除換列符號。

把當前名字的得票數加 1。

錯誤

```
undefined
method `+' for
nil:NilClass
```

發生了什麼事?正如我們在第 5 章所看到的,如果你試圖存取尚未被賦值的陣列元素,你將會得到 `nil` 的結果。如果你所存取的雜湊鍵並未被賦值,預設值也是 `nil`。

```
array = []
p array[999]
hash = {}
p hash["I don't exist"]
```

不存在

不存在

當我們試圖對一個未被賦值之候選人名字存取得票數,我們會得到 `nil` 的結果。若我們對 `nil` 進行加法運算,則會發生錯誤。

雜湊預設傳回 nil（續）

若我們首次遇到一個候選人的名字，我們從雜湊取回的不是得票數而是 nil。而當我們試圖對它進行加法運算，則會發生錯誤。

```
lines.each do |line|
  name = line.chomp
  votes[name] += 1
end
```

```
undefined method `+'
for nil:NilClass
```

要解決這個問題，我們可以測試當前的雜湊鍵是否為 nil。如果不是，我們就可以放心地把相對應的值加 1。但如果是 nil，我們就需要為該鍵設置一個初始值（得票數為 1）。

```
lines = []
File.open("votes.txt") do |file|
  lines = file.readlines
end

votes = {}

lines.each do |line|
  name = line.chomp
  if votes[name] != nil  ← 如果我們之前看過這個名字…
    votes[name] += 1  ← …把得票數加 1。
  else  ← 如果我們第一次看到這個名字…
    votes[name] = 1  ← …把它加入雜湊，並把 1 賦值給它。
  end
end

p votes
```

輸出中，我們看到了因而產生的雜湊。我們的程式碼可以運作了！

```
{"Amber Graham"=>2, "Brian Martin"=>3}
```

nil（而且只有 nil）是 falsy

不過，還可以做一點改進；條件述句有一些醜陋。

```
if votes[name] != nil
```

我們可以利用「任何 Ruby 運算式皆可以使用在條件式述句中」這個事實，來整理它。它們大部分會被視為真值。（Ruby 開發者常把這些值稱為 truthy。）

```
if "any string"  ← 真值
  puts "I'll be printed!"
end
```

```
if 42  ← 真值
  puts "I'll be printed!"
end
```

```
if ["any array"]  ← 真值
  puts "I'll be printed!"
end
```

事實上，除了布林值 false，Ruby 只會把 nil 視為假值。（Ruby 開發者常會把 nil 稱為 falsy。）

```
if false  ← 假值
  puts "I won't be printed!"
end
```

```
if nil  ← 假值
  puts "I won't, either!"
end
```

nil（而且只有 nil）是 falsy（續）

Ruby 把 nil 視為假值，使得我們測試雜湊鍵是否有被賦值變得比較容易。舉例來說，如果你在 if 述句中存取一個雜湊值，如果該值存在，則其中的程式碼將被執行。如果該值不存在，程式碼將不會被執行。

```
votes = {}
if votes["Kremit the Toad"]
  puts "I won't be printed!"
end
votes ["Kremit the Toad"] = 1
if votes["Kremit the Toad"]
  puts "I'll be printed!"
end
```

值為 nil，也就是 falsy。

值為 1，也就是 truthy。

只要把條件式述句從 if votes[name] != nil 變更為 if votes[name] 就可以讓我們的條件式述句變得比較容易閱讀。

```
lines.each do |line|
  name = line.chomp
  if votes[name]
    votes[name] += 1
  else
    votes[name] = 1
  end
end

p votes
```

我們不再需要使用 "if votes[name] != nil" 那麼醜陋的程式碼。

```
{"Amber Graham"=>2, "Brian Martin"=>3}
```

我們的程式碼仍舊能夠像之前那樣順利運作；只是它變得比較整齊。這看起來好像沒有什麼，但是對於必須測試物件是否存在的一般程式來說卻有很大的好處。久而久之，此技術將可以讓你少打許多字！

照過來！

我們說只有 nil 是 falsy 就是只有 nil 是 falsy。

在一些其他語言中被視為 falsy 的大多數值—像是空字串、空陣列和數字 0 — 在 Ruby 中會被視為 truthy。

習題

猜測底下程式碼的輸出結果，並把它填入旁邊的空格。

（我們已經替你完成了第一列。）

```
school = {
  "Simone" => "here",
  "Jeanie" => "here"
}

names = ["Simone", "Ferriss", "Jeanie", "Cameron"]

names.each do |name|
  if school[name]
    puts "#{name} is present"
  else
    puts "#{name} is absent"
  end
end
```

Simone is present

....

....

....

猜測底下程式碼的輸出結果，並把它填入旁邊的空格。

```
school = {
  "Simone" => "here",
  "Jeanie" => "here"
}

names = ["Simone", "Ferriss", "Jeanie", "Cameron"]

names.each do |name|
  if school[name]
    puts "#{name} is present"
  else
    puts "#{name} is absent"
  end
end
```

Simone is present
Ferriss is absent
Jeanie is present
Cameron is absent

預設回傳 nil 以外的值

用於檢查雜湊中是否存在某個鍵的 if/else 述句裡，計算選票的程式碼似乎不成比例…

```
votes = {}

lines.each do |line|
  name = line.chomp
  if votes[name]
    votes[name] += 1
  else
    votes[name] = 1
  end
end
```

如果 votes[name] 的值不是 nil…

…把既有的得票數加 1。

如果 votes[name] 的值為 nil…

…把名字加入雜湊並將 1 賦值給它。

我們需要 if 述句。按規則，當你試圖存取尚未被賦值的雜湊鍵，你會取得 nil 的結果。當我們試圖對尚不存在的鍵進行加法運算，將會發生錯誤（因為你無法對 nil 進行加法運算）。

```
lines.each do |line|
  name = line.chomp
  votes[name] += 1
end
```

對首次遇到的名字來說，會得到 nil 的結果，試圖將它加 1…

錯誤 →

```
undefined method `+'
for nil:NilClass
```

但如果未被賦值的鍵可以讓我們取回 nil 以外的值呢？一個我們可以把它加 1 的值呢？讓我們來看看如何做到這一點…

預設回傳 nil 以外的值（續）

除了使用雜湊字面（{}），你還可以透過呼叫 Hash.new 的方式來建立新的雜湊。不帶任何引數的情況下，Hash.new 就像 {}，其所建立的雜湊會為尚未被賦值的鍵回傳 nil。

建立一個新雜湊。

```
votes = Hash.new
votes["Amber Graham"] = 1
p votes["Amber Graham"]
p votes["Brian Martin"]
```

當我們存取已被賦值的鍵，會取回我們所賦予的值。

當我們存取尚未賦值的鍵，會取回 nil。

```
1
nil
```

但當你呼叫 Hash.new 的時候傳入一個物件做為引數，該引數將會成為雜湊的預設物件。每當你存取一個尚未被賦值的雜湊鍵，你所得到的將不會是 nil，而是你所指定的預設物件。

以 0 這個預設物件來建立一個新雜湊。

```
votes = Hash.new(0)
votes["Amber Graham"] = 1
p votes["Amber Graham"]
p votes["Brian Martin"]
```

當我們存取已被賦值的鍵，會取回我們所賦予的值。

當我們存取尚未賦值的鍵，會取回預設物件。

```
1
0
```

讓我們使用雜湊的預設物件來縮短我們的計票程式碼…

當我們使用 Hash.new(0) 來建立我們的雜湊，如果我們試圖對任何尚未被賦值的鍵存取計票值時，它將會回傳預設物件（0）。若我們一次又一次地遇到相同的名字，0 這個值將會依次遞增為 1、2 …。

照過來！

如果不使用數字做為雜湊的預設物件可能會導致錯誤！

第 8 章將會說明如何使用其他物件做為雜湊的預設物件。在此之前，不要使用數字以外的物件做為雜湊的預設物件！

```
lines = []
File.open("votes.txt") do |file|
  lines = file.readlines
end

votes = Hash.new(0)

lines.each do |line|
  name = line.chomp
  votes[name] += 1
end

p votes
```

以 0 這個預設物件來建立一個新雜湊。

只要回傳一個值就將它加 1：若雜湊鍵從未被更新過，則會傳回 0，否則會回傳當前的計票值。

```
{"Amber Graham"=>2, "Brian Martin"=>3}
```

我們現在可以完全擺脫 if 述句了！

正如你從輸出所看到的，程式碼仍能照常運行。

雜湊鍵正規化

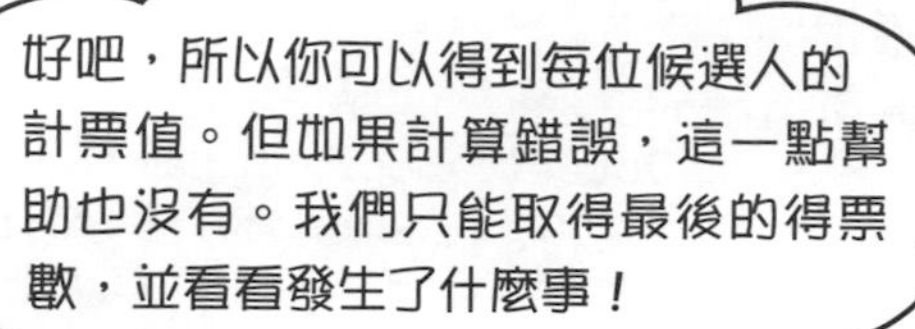

好吧，所以你可以得到每位候選人的
計票值。但如果計算錯誤，這一點幫
助也沒有。我們只能取得最後的得票
數，並看看發生了什麼事！

```
Amber Graham
Brian Martin
Amber Graham
Brian Martin
Brian Martin
amber graham
brian martin
amber graham
amber graham
```

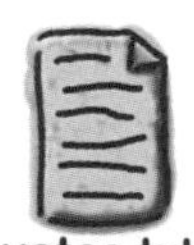
votes.txt

```
{"name" => "Kevin Wagner",
 "occupation" => "Election Volunteer"}
```

如果使用現有的程式碼來處理這個新的檔案，我們將會得到如下的結果：

```
{"Amber Graham"=>2, "Brian Martin"=>3, "amber graham"=>3, "brian martin"=>1}
```

這兩筆不應該是獨立的資料項。

嗯，這樣是不行的…看起來好像是最後幾張選票被加到了以小寫名稱做為鍵的候選人，它們被當作完全不同的候選人！

這凸顯了一個問題，當你在處理雜湊時：如果你想要存取或修改一個值，你所提供的鍵必須與雜湊中既有的鍵完全相符。否則，它將會被視為一個全新的鍵。

```
votes = Hash.new(0)
votes["Amber Graham"] = 1
p votes["Amber Graham"]
p votes["amber graham"]
```

存取既有的值

此鍵未曾被賦值過！

```
1
0
```

那麼我們如何確保文字檔中新的小寫字母資料項與首字母大寫資料項相符？我們需要將輸入正規化：我們需要使用一個標準的方式來表示候選人的名字，並以這樣的名字來做為我們的雜湊鍵。

雜湊鍵正規化（續）

幸運的是，此例中，候選人名字的正規化相當容易。我們將會加入一列程式碼以確保每個名字的大小寫與先前存入雜湊的鍵相符。

```
lines = []
File.open("votes.txt") do |file|
  lines = file.readlines
end

votes = Hash.new(0)

lines.each do |line|
  name = line.chomp
  name.upcase!
  votes[name] += 1
end

p votes
```

使用名字做為雜湊鍵之前，將它變更為全字母大寫。

我們在輸出中看到了更新後的雜湊內容：來自小寫資料項的選票現在被加入了大寫資料項的得票數。我們的計票值現在是正確的了！

```
{"AMBER GRAHAM"=>5, "BRIAN MARTIN"=>4}
```

找到了最後的贏家！

照過來！

存取值的時候，你也需要將鍵正規化。

把值加入雜湊的時候，如果你有將鍵正規化，那麼你在存取值的時候，也必須將鍵正規化。否則，可能會出現值不見的情況，因為它們實際上是不同的鍵！

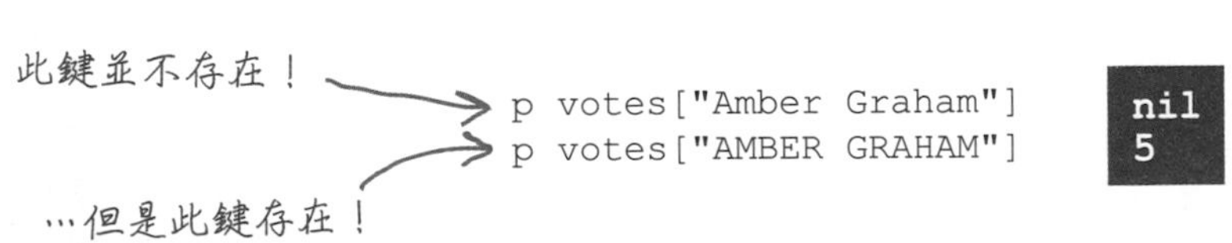

此鍵並不存在！

```
p votes["Amber Graham"]
p votes["AMBER GRAHAM"]
```

```
nil
5
```

…但是此鍵存在！

雜湊以及 each

我們已經處理過範例檔中的每一列，並且建構了一個雜湊，用於保存得票數：

```
p votes
```

```
{"AMBER GRAHAM"=>5, "BRIAN MARTIN"=>4}
```

如果列印的時候，我們可以讓每個候選人的名字與其計票值自成一列，那就更好了。

正如我們在第 5 章所學到的，陣列的 each 方法可以伴隨著一個具有單一參數的區塊。each 方法會把陣列的每一個元素傳遞給區塊處理，一次一個。雜湊的 each 方法也是以同樣的方式運作。唯一的差別是，雜湊的 each 方法會預期伴隨的區塊具有兩個參數：一個是鍵，一個是相對應的值。

```
hash = { "one" => 1, "two" => 2 }
hash.each do |key, value|
  puts "#{key}: #{value}"
end
```

```
one: 1
two: 2
```

沒有蠢問題

問：如果我們呼叫一個雜湊的 each 方法，但是傳遞給它一個具有單一參數的區塊，會發生什麼情況呢？

答：雜湊的 each 方法允許你這麼做；它將會把一個「具兩元素的陣列」(two-element array) 傳遞給區塊，該陣列的兩個元素來自雜湊中每個鍵／值對 (key/value pair) 的鍵和值。但是最常見的做法還是使用具有兩個參數的區塊。

我們可以使用 each 方法印出雜湊 votes 中每個候選人的名字以及相對應的計票值：

```
lines = []
File.open("votes.txt") do |file|
  lines = file.readlines
end

votes = Hash.new(0)

lines.each do |line|
  name = line.chomp
  name.upcase!
  votes[name] += 1
end

votes.each do |name, count|
  puts "#{name}: #{count}"
end
```

處理每個鍵／值對 → `votes.each do |name, count|`

鍵來這裡 → name；值來這裡 → count

列印出來的是整齊的結果。

```
AMBER GRAHAM: 5
BRIAN MARTIN: 4
```

是的！我贏了！我想要對這場艱苦選戰的對手致意 ...

這就是雜湊的一個典型用途—用在需要不斷為「所給定的鍵」查詢值的程式中。接下來，我們將要來看雜湊另一個常見的用途：做為方法引數。

圍爐夜話

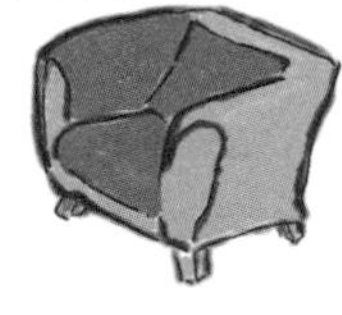

今晚主題：**陣列與雜湊談論彼此的差異**

雜湊：
很高興再次見到你，陣列。

陣列：
但無論如何，我真的不希望來這裡，雜湊。

雜湊：
沒有必要這樣。

陣列：
不是嗎？為每個人保存集合的工作，我做得好好的，然後你跑來了，結果開發人員都異口同聲說：「有雜湊可用，為什麼我還要使用陣列，雜湊實在太酷了！」

雜湊：
嗯，我確實有一定的魅力… 但是有些時候開發人員仍然會使用陣列，而不使用雜湊。

陣列：
你說得對！陣列比雜湊還有效率！如果你想要以加入元素的順序取回元素（例如，使用 each），那麼你會想要使用陣列，因為這樣你就不必等待雜湊替你安排資料。

雜湊：
沒錯，為了保存所有元素，使得我能夠快速取回它們，有許多工作要做！但是，如果你想要從集合的中間取回特定的資料項，這是值得的。只要給我正確的鍵，我總是能夠知道找到值的正確位置。

陣列：
嘿，我們陣列也有辦法取回資料，你知道的。

雜湊：
是的，但是開發人員必須知道資料儲存位置的確切索引，對吧？要記下這些數字是相當痛苦的事情！若不想記下這些數字，你就得逐一搜尋每個元素…

陣列：
但關鍵是，我能夠做到。如果你想要建構一個簡單的佇列（queue），我仍舊是較佳的選項。

雜湊：
同意。開發人員應該都知道陣列和雜湊，而且會為他們當前的任務做出正確的選擇。

陣列：
有道理。

有一堆方法引數

假設我們正要建立一個應用程式，用於記錄候選人的基本資訊，讓投票的人能夠對候選人有所瞭解。我們建立了一個 Candidate 類別，以便把所有候選人的資訊保存在一個地方。為了方便起見，我們設置了一個 initialize 方法，使得我們能夠以直接呼叫 Candidate.new 的方式來設定所有實體的屬性。

```
class Candidate
  attr_accessor :name, :age, :occupation, :hobby, :birthplace
  def initialize(name, age, occupation, hobby, birthplace)
    self.name = name
    self.age = age
    self.occupation = occupation
    self.hobby = hobby
    self.birthplace = birthplace
  end
end
```

設置屬性存取器。

設置 Candidate.new 以便取得引數。

使用參數來設定物件屬性。

讓我們在類別定義之後添加一些程式碼，以便建立一個 Candidate 實體並印出它的資料。

```
def print_summary(candidate)
  puts "Candidate: #{candidate.name}"
  puts "Age: #{candidate.age}"
  puts "Occupation: #{candidate.occupation}"
  puts "Hobby: #{candidate.hobby}"
  puts "Birthplace: #{candidate.birthplace}"
end

candidate = Candidate.new("Carl Barnes", 49, "Attorney", nil, "Miami")
print_summary(candidate)
```

即使引數不存在我們也必須提供它。

```
Candidate: Carl Barnes
Age: 49
Occupation: Attorney
Hobby:
Birthplace: Miami
```

Candidate.new 的首次呼叫，讓我們覺得它的用法應該可以更順暢。我們必須提供所有引數，不論我們是否使用它們。

若 birthplace 參數不存在，我們可以讓 hobby 參數變為選項…

```
class Candidate
  attr_accessor :name, :age, :occupation, :hobby, :birthplace
  def initialize(name, age, occupation, hobby = nil, birthplace)
    ...
  end
end
```

提供預設值讓參數變為選項…

但是 birthplace 存在，如果我們試圖省略 hobby 會發生錯誤…

```
Candidate.new("Carl Barnes", 49, "Attorney", , "Miami")
```

錯誤

```
syntax error, unexpected ',', expecting ')'
```

有一堆方法引數（續）

如果忘記方法引數該出現的順序，我們可能會遇到另一個問題…

```
candidate = Candidate.new("Amy Nguyen", 37, "Lacrosse", "Engineer", "Seattle")
print_summary(candidate)
```

等等，這些引數是什麼順序？

這清楚地呈現了為方法使用一長串參數時所導致的問題。順序混亂會導致我們難以省略不需要的引數。

糟糕！這兩個引數顛倒了！

```
Candidate: Amy Nguyen
Age: 37
Occupation: Lacrosse
Hobby: Engineer
Birthplace: Seattle
```

以雜湊做為方法參數

以往 Ruby 開發者都是以雜湊做為方法參數的方式來處理此類問題。下面是一個簡單的 `area` 方法，它並未使用獨立的 `length` 和 `width` 參數，而是使用單一的雜湊。（我們知道這有一點混亂。稍後，我們將會介紹一些快捷的方式，可以讓雜湊參數更具可讀性！）

以一個雜湊取代多個參數。

Ruby 按慣例會以符號做為雜湊鍵。

```
def area(options)
  options[:length] * options[:width]
end
```

從雜湊而非個別參數存取值。

```
puts area({:length => 2, :width => 4})
```

```
8
```

我們所傳入的不是多個引數，而是具有適當之鍵與值的單一雜湊。

Ruby 按慣例會使用符號，而非字串，來做為雜湊參數的鍵，因為查找符號會比查找字串更有效率。

相較於一般方法參數，使用雜湊參數會帶來許多好處…

使用一般參數：

- 引數必須以正確順序出現。
- 引數可能難以區別。
- 必要參數必須出現在可選參數的前面。

使用雜湊參數：

- 雜湊鍵能夠以任何順序出現。
- 鍵的作用有如每個值的標籤。
- 你可以跳著對任何鍵賦值。

Candidate 類別中的雜湊參數

下面可以看到 Candidate 類別中被修改成使用雜湊參數的 initialize 方法。

```
class Candidate
  attr_accessor :name, :age, :occupation, :hobby, :birthplace
  def initialize(name, options)
    self.name = name
    self.age = options[:age]
    self.occupation = options[:occupation]
    self.hobby = options[:hobby]
    self.birthplace = options[:birthplace]
  end
end
```

name 仍舊是獨立的字串。

此為雜湊參數。

像平常那樣對 name 賦值。

從雜湊而非直接從參數取得值。

現在我們呼叫 Candidate.new 的時候可以傳入字串形式的名字以及一個雜湊（內含 Candidate 所有其他的屬性值）：

現在很清楚哪個屬性是哪一個！

```
candidate = Candidate.new("Amy Nguyen",
  {:age => 37, :occupation => "Engineer", :hobby => "Lacrosse", :birthplace => "Seattle"})
p candidate
```

```
#<Candidate:0x007fbd7a02e858 @name="Amy Nguyen", @age=37,
 @occupation="Engineer", @hobby="Lacrosse", @birthplace="Seattle">
```

屬性再也不會顛倒了！

如果我們想要的話，我們可以省略一或多個雜湊鍵。相對應的屬性將會被賦予雜湊的預設物件 nil。

我們可以省略 hobby。

```
candidate = Candidate.new("Carl Barnes",
  {:age => 49, :occupation => "Attorney", :birthplace => "Miami"})
p candidate
```

```
#<Candidate:0x007f8aaa042a68 @name="Carl Barnes", @age=49,
 @occupation="Attorney", @hobby=nil, @birthplace="Miami">
```

被省略的屬性值預設為 nil。

我們能夠以任何順序放入雜湊鍵：

```
candidate = Candidate.new("Amy Nguyen",
  {:birthplace => "Seattle", :hobby => "Lacrosse", :occupation => "Engineer", :age => 37})
p candidate
```

```
#<Candidate:0x007f81a890e8c8 @name="Amy Nguyen", @age=37,
  @occupation="Engineer", @hobby="Lacrosse", @birthplace="Seattle">
```

省略大括號！

我們得承認，相較於使用一般引數的方法呼叫，在引數中使用大括號的方法呼叫有點醜：

```
candidate = Candidate.new("Carl Barnes",
  {:age => 49, :occupation => "Attorney"})
```

…這就是為什麼 Ruby 允許你省略大括號，只要雜湊引數是最後一個引數：

```
candidate = Candidate.new("Carl Barnes",
  :age => 49, :occupation => "Attorney")
p candidate
```

沒有大括號！

```
#<Candidate:0x007fb412802c30
 @name="Carl Barnes", @age=49,
 @occupation="Attorney",
 @hobby=nil, @birthplace=nil>
```

因此，你會發現，大多數定義了雜湊參數的方法，都會把它定義成最後一個參數。

問：雜湊參數有任何特別的地方嗎？它看起來就像另一個方法參數！

答：它只是另一個方法參數；當你應該傳入雜湊，而你卻傳入整數、字串…等等，沒有人可以阻止你。但是當你的方法程式碼試圖對整數或字串存取鍵和值，可能會發生錯誤！

省略箭號！

Ruby 還有一個簡寫可供我們使用。如果一個雜湊以符號做為鍵，在輸入雜湊字面的時候，你可以省略符號的冒號（:）並把雜湊的箭號（=>）帶換成冒號。

```
candidate = Candidate.new("Amy Nguyen", age: 37,
  occupation: "Engineer", hobby: "Lacrosse")
p candidate
```

相同的符號，但更具可讀性！

```
#<Candidate:0x007f9dc412aa98
 @name="Amy Nguyen", @age=37,
 @occupation="Engineer",
 @hobby="Lacrosse",
 @birthplace=nil>
```

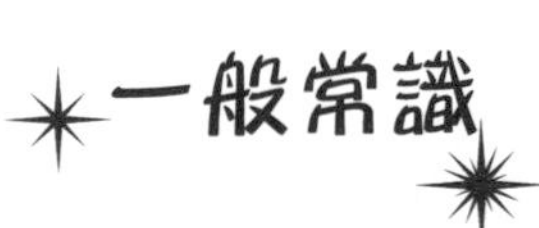

定義需要雜湊參數的方法，務必把雜湊參數放在最後，這樣你的方法的呼叫者就可以省略雜湊的大括號。呼叫使用雜湊引數的方法，可能的話，你應該省略大括號—這樣比較容易閱讀。最後，每當你要處理雜湊參數，你應該以符號做為雜湊鍵；這樣比較有效率。

我們承認這些雜湊引數起初相當醜陋。但是現在我們知道了讓它們更具可讀性的所有技巧，它們看起來相當不錯，你不覺得嗎？幾乎就像一般的方法引數，但是它們的旁邊多了方便的標籤！

```
Candidate.new("Carl Barnes", age: 49, occupation: "Attorney")
Candidate.new("Amy Nguyen", age: 37, occupation: "Engineer")
```

讓整個雜湊變成可選用

我們還可以對 Candidate 類別的 initialize 方法做最後一項改進。現在我們可以使用所有的雜湊鍵：

```
Candidate.new("Amy Nguyen", age: 37, occupation: "Engineer",
  hobby: "Lacrosse", birthplace: "Seattle")
```

或者我們可以省略大部分的雜湊鍵：

```
Candidate.new("Amy Nguyen", age: 37)
```

但是如果我們試圖省略所有的雜湊鍵，我們會遇到錯誤：

```
p Candidate.new("Amy Nguyen")
```

錯誤 →

```
in `initialize': wrong number
of arguments (1 for 2)
```

如果我們省略所有的雜湊鍵，那麼對 Ruby 而言，我們並未傳入雜湊引數。

我們可以透過把空雜湊（empty hash）設定為 options 引數的預設值來避免這種不一致：

```
class Candidate
  attr_accessor :name, :age, :occupation, :hobby, :birthplace
  def initialize(name, options = {})
    self.name = name
    self.age = options[:age]
    self.occupation = options[:occupation]
    self.hobby = options[:hobby]
    self.birthplace = options[:birthplace]
  end
end
```

← 如果沒有傳入雜湊，則使用空雜湊。

現在，如果沒有傳入雜湊引數，預設將會使用空雜湊。所有的 Candidate 屬性將會被設定為空雜湊的預設值 nil。

```
p Candidate.new("Carl Barnes")
```

```
#<Candidate:0x007fbe0981ec18 @name="Carl Barnes", @age=nil,
 @occupation=nil, @hobby=nil, @birthplace=nil>
```

然而，如果我們至少指定了一個鍵／值對，雜湊引數將會被視為跟之前一樣：

```
p Candidate.new("Carl Barnes", occupation: "Attorney")
```

```
#<Candidate:0x007fbe0981e970 @name="Carl Barnes", @age=nil,
 @occupation="Attorney", @hobby=nil, @birthplace=nil>
```

程式碼磁貼

冰箱上有一支 Ruby 程式被混在一起。你能夠把這些程式碼片段重新復原成可運行的 Ruby 程式，以便產生此處所列示的輸出？

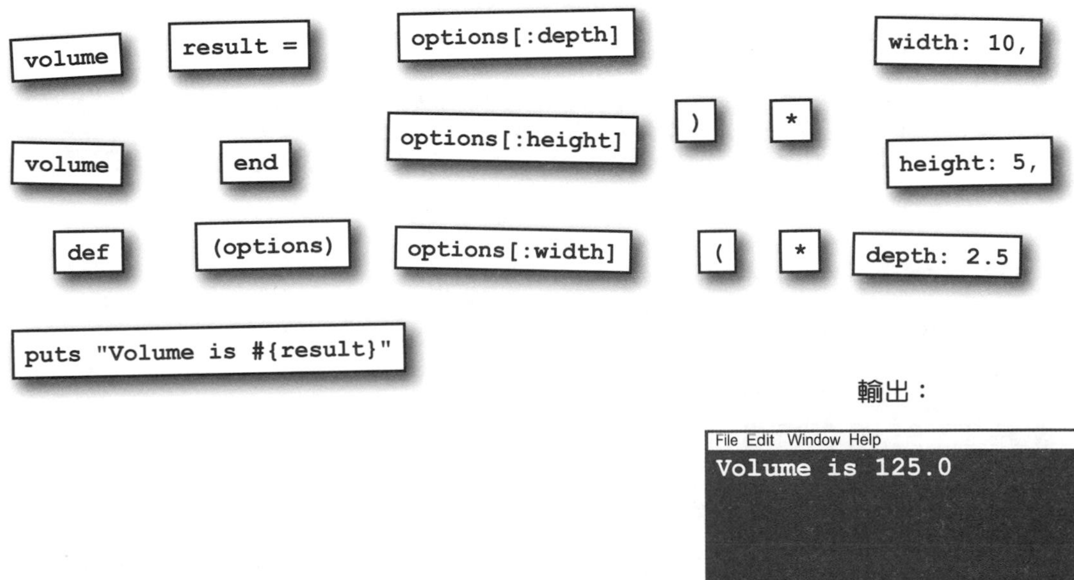

輸出：

```
File Edit Window Help
Volume is 125.0
```

程式碼磁貼解答

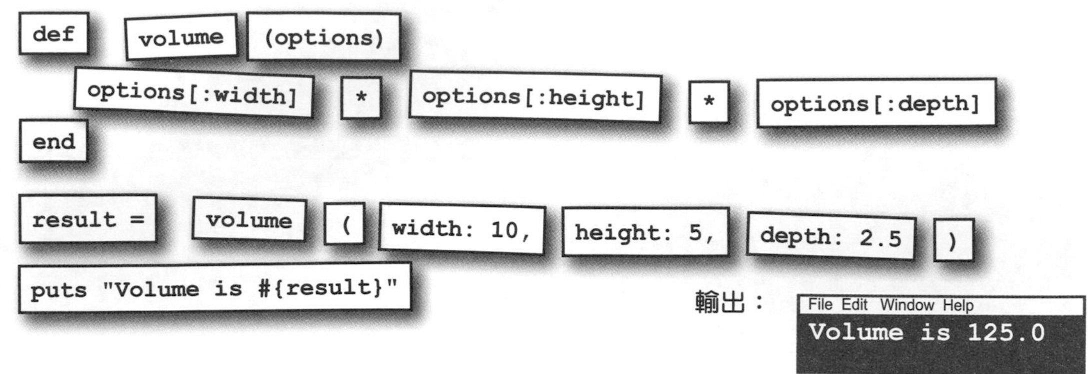
def
volume
(options)
options[:width]
*
options[:height]
*
options[:depth]
end
result =
volume
(
width: 10,
height: 5,
depth: 2.5
)
puts "Volume is #{result}"
輸出：
File Edit Window Help
Volume is 125.0

雜湊引數打錯字會誤事

雜湊引數有一項缺點我們還沒有討論到，它正等著為我們帶來麻煩…舉例來說，你或許以為這段程式碼會為新的 Candidate 實體設定 occupation 屬性，而當結果不是這樣，你可能會感到驚訝：

```
p Candidate.new("Amy Nguyen", occupaiton: "Engineer")
```

```
#<Candidate:0x007f862a022cb0 @name="Amy Nguyen", @age=nil,
 @occupation=nil, @hobby=nil, @birthplace=nil>
```

為什麼這仍然是 nil？

為什麼結果不如預期？因為我們在雜湊鍵中的符號名稱拼錯字了！

```
p Candidate.new("Amy Nguyen", occupaiton: "Engineer")
```

糟糕！

該程式碼甚至不會引發錯誤訊息。我們的 initialize 方法只會使用拼字正確的 options[:occupation] 鍵，結果當然是 nil，因為它並未被賦值過。

不會引發錯誤訊息，意味著之後難以診斷問題。這會讓我們不想要使用雜湊引數…

不要擔心。Ruby 在 2.0 版新增的關鍵字引數（keyword argument）功能可以避免此類問題。

關鍵字引數

除了在方法定義中指定單一雜湊參數，我們還可以指定我們想讓呼叫端提供的個別雜湊鍵，語法如下：

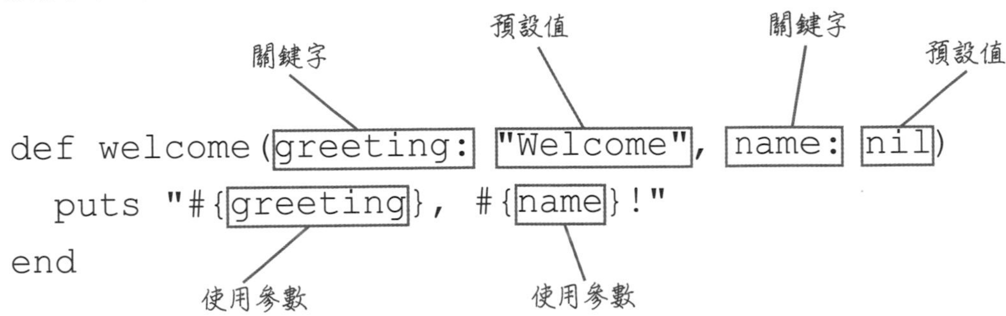

如果我們以這種方式定義方法，在方法的本體中，我們不必擔心為雜湊提供鍵的事情。Ruby 會把每個值存入個別的參數，我們可以透過名稱來直接存取參數，就像一般方法參數那樣。

有了這樣的方法定義，我們可以在呼叫該方法的時候提供鍵與值，就像我們之前所做的那樣：

```
welcome(greeting: "Hello", name: "Amy")
```

```
Hello, Amy!
```

事實上，呼叫端所傳入的是一個雜湊，跟之前一樣：

```
my_arguments = {greeting: "Hello", name: "Amy"}
welcome(my_arguments)
```

```
Hello, Amy!
```

在方法中，雜湊會得到特別的處理。方法呼叫所省略的任何關鍵字會被設定成我們所指定的預設值：

```
welcome(name: "Amy")
```

```
Welcome, Amy!
```

如果你提供了任何未知的關鍵字（或者打錯了字），將會引發錯誤：

```
welcome(greting: "Hello", nme: "Amy")
```

錯誤 →

```
ArgumentError: unknown
keywords: greting, nme
```

對我們的 Candidate 類別使用關鍵字引數

目前，我們的 Candidate 類別在它的 initialize 方法中使用了一個雜湊參數。它的程式碼有點醜，而且如果雜湊鍵有打錯字的地方，並不會警告呼叫端。

```
class Candidate
  attr_accessor :name, :age, :occupation, :hobby, :birthplace
  def initialize(name, options = {})
    self.name = name
    self.age = options[:age]
    self.occupation = options[:occupation]
    self.hobby = options[:hobby]
    self.birthplace = options[:birthplace]
  end
end
```

雜湊參數

存取雜湊中的值

讓我們把 Candidate 類別的 initialize 方法修改成使用關鍵字引數。

```
class Candidate
  attr_accessor :name, :age, :occupation, :hobby, :birthplace
  def initialize(name, age: nil, occupation: nil, hobby: nil, birthplace: "Sleepy Creek")
    self.name = name
    self.age = age
    self.occupation = occupation
    self.hobby = hobby
    self.birthplace = birthplace
  end
end
```

我們把雜湊參數帶換成關鍵字和預設值。

我們使用參數名稱取代雜湊鍵。

我們以 "Sleepy Creek" 做為 birthplace 關鍵字的預設值，並以 nil 做為其他關鍵字的預設值。我們還把方法本體中對雜湊 options 的所有引用代換成參數名稱。此方法現在比之前容易閱讀得多了！

它的呼叫方式跟之前一樣…

```
p Candidate.new("Amy Nguyen", age: 37, occupation: "Engineer")
```

```
#<Candidate:0x007fbf5b14e520 @name="Amy Nguyen",
 @age=37, @occupation="Engineer", @hobby=nil, @birthplace="Sleepy Creek">
```

所指定的值！　預設值！

…而且如果關鍵字有打錯字的地方，它將會警告呼叫端！

```
p Candidate.new("Amy Nguyen", occupaiton: "Engineer")
```

錯誤 →

```
ArgumentError: unknown keyword: occupaiton
```

必要關鍵字引數

現在，即使我們未能提供關於候選人的最基本資訊，仍舊可以呼叫 Candidate.new：

```
p Candidate.new("Carl Barnes")
```

所有屬性都被設定了預設值！

```
#<Candidate:0x007fe743885d38 @name="Carl Barnes",
 @age=nil, @occupation=nil, @hobby=nil, @birthplace="Sleepy Creek">
```

這並不理想。我們希望呼叫端至少能夠為候選人提供年齡和職業等資訊。

當初 initialize 方法使用一般方法參數的時候，這並不是問題；所有的引數都是必須的。

```
class Candidate
  attr_accessor :name, :age, :occupation, :hobby, :birthplace
  def initialize(name, age, occupation, hobby, birthplace)
    ...
  end
end
```

要讓方法參數變成可選用，唯一的方式就是為它提供預設值。

```
class Candidate
  attr_accessor :name, :age, :occupation, :hobby, :birthplace
  def initialize(name, age = nil, occupation = nil, hobby = nil, birthplace = nil)
    ...
  end
end
```

但是等等—現在我們為所有的關鍵字提供了預設值。

```
class Candidate
  attr_accessor :name, :age, :occupation, :hobby, :birthplace
  def initialize(name, age: nil, occupation: nil, hobby: nil, birthplace: "Sleepy Creek")

    ...
  end
end
```

如果你拿掉了一個普通方法參數的預設值，它就會成為必要的參數；呼叫方法的時候，你必須為它提供一個值。如果你拿掉了**關鍵字**引數的預設值，結果會如何呢？

必要關鍵字引數（續）

讓我們試著移除 age 和 occupation 等關鍵字的預設值，看看當我們呼叫 initialize 的時候，它們是否會成為必要引數。

然而，我們不能移除關鍵字之後的冒號。如果我們移除它了，Ruby 將會把 age 和 occupation 視為一般的方法參數。

照過來！

必要關鍵字引數是在 Ruby 2.1 加入的功能。

如果你執行的是 Ruby 2.0，而且試圖使用必要關鍵引數，你將會得到語法錯誤的結果。你將需要把 Ruby 升級到 2.1（或之後的版本）或者提供預設值。

```
class Candidate
  attr_accessor :name, :age, :occupation, :hobby, :birthplace
  def initialize(name, age, occupation, hobby: nil, birthplace: "Sleepy Creek")
    ...
  end
end
```

這是一般的參數，而不是關鍵字。

如果我們移除了預設值但是留下了關鍵字之後的冒號，結果會如何呢？

```
class Candidate
  attr_accessor :name, :age, :occupation, :hobby, :birthplace
  def initialize(name, age:, occupation:, hobby: nil, birthplace: "Sleepy Creek")
    self.name = name
    self.age = age
    self.occupation = occupation
    self.hobby = hobby
    self.birthplace = birthplace
  end
end
```

有關鍵字，但是沒有預設值！

我們仍然可以呼叫 Candidate.new，只要我們有提供必要關鍵字：

```
p Candidate.new("Carl Barnes", age: 49, occupation: "Attorney")
```

```
#<Candidate:0x007fcec281e5a0 @name="Carl Barnes",
@age=49, @occupation="Attorney", @hobby=nil, @birthplace="Sleepy Creek">
```

…如果我們省略必要關鍵字，Ruby 將會警告我們！

```
p Candidate.new("Carl Barnes")
```

錯誤 →

```
ArgumentError: missing
keywords: age, occupation
```

你已經習慣提供一長串無標籤的引數給 Candidate.new，而且順序必須完全正確。現在你學會了使用雜湊做為引數的方式，不論是明確地指定或是使用關鍵字引數在幕後進行，你的程式碼將會變得整齊許多！

此處定義了兩個 Ruby 方法。請為底下所列示的六個方法呼叫與輸出結果進行配對。

(我們已經替你完成第一個方法呼叫。)

```
def create(options = {})
  puts "Creating #{options[:database]} for owner #{options[:user]}..."
end

def connect(database:, host: "localhost", port: 3306, user: "root")
  puts "Connecting to #{database} on #{host} port #{port} as #{user}..."
end
```

A `create(database: "catalog", user: "carl")`

B `create(user: "carl")`

C `create`

D `connect(database: "catalog")`

E `connect(database: "catalog", password: "1234")`

F `connect(user: "carl")`

...... `Creating  for owner carl...`

...... `unknown keyword: password`

...... `Connecting to catalog on localhost port 3306 as root...`

A...... `Creating catalog for owner carl...`

...... `Creating  for owner ...`

...... `missing keyword: database`

此處定義了兩個 Ruby 方法。請為底下所列示的六個方法呼叫與輸出結果進行配對。

```
def create(options = {})
  puts "Creating #{options[:database]} for owner #{options[:user]}..."
end

def connect(database:, host: "localhost", port: 3306, user: "root")
  puts "Connecting to #{database} on #{host} port #{port} as #{user}..."
end
```

A `create(database: "catalog", user: "carl")`

B `create(user: "carl")`

C `create`

D `connect(database: "catalog")`

E `connect(database: "catalog", password: "1234")`

F `connect(user: "carl")`

B ...... `Creating  for owner carl...`

E ...... `unknown keyword: password`

D ...... `Connecting to catalog on localhost port 3306 as root...`

A ...... `Creating catalog for owner carl...`

C ...... `Creating  for owner ...`

F ...... `missing keyword: database`

你的 Ruby 工具箱

第 7 章已經閱讀完畢！你可以把雜湊加入你的工具箱。

這個註釋來自第 5 章，做為對照之用…

陣列(Arrays)

陣列用於保存由物件所構成的集合。

陣列可以是任何大小，而且可以依需要增大或縮小。

陣列是普通的 Ruby 物件，而且具備許多有用的實體方法…

雜湊(Hashes)

雜湊用於保存由物件所構成的集合，每個物件皆以一個雜湊鍵做為標籤。

你可以使用任何物件來做為雜湊鍵。然而陣列只能使用整數來做為索引。

雜湊也是 Ruby 物件，而且具有許多有用的實體方法。

…而這是本章的註解！

要點提示

- 雜湊字面（hash literal）會被放在一對大括號裡。它需要為每個值使用一個鍵，就像這樣：

```
{"one" => 1, "two" => 2}
```

- 當你存取一個尚未被賦值的雜湊鍵，預設會回傳 nil。
- 條件式述句中可以使用任何 Ruby 運算式。除了布林值 false，Ruby 只會把 nil 視為假值。
- 除了雜湊字面，你還可以使用 Hash.new 來建立新的雜湊。呼叫 Hash.new 的時候，如果你傳入一個物件做為引數，該物件將會成為雜湊的預設物件。當你存取任何尚未被賦值的雜湊鍵，你所得到的將不會是 nil，而是預設物件。
- 如果你所存取的鍵不完全等於雜湊中的鍵，它將會被視為完全不同的鍵。
- 雜湊的 each 方法之運作方式，很像陣列的 each 方法。差別在於，雜湊的 each 方法會預期伴隨的區塊具有兩個參數（而不是一個）：一個是鍵，一個是相對應的值。
- 如果你傳入一個雜湊做為方法的最後一個引數，Ruby 會允許你省略大括號。
- 如果雜湊以符號做為鍵，你可以省略冒號，並把 => 代換成一個冒號，就像這樣：

```
{name: "Kim", age: 28}
```

- 定義一個方法的時候，你可以指定呼叫端應該提供的關鍵字引數。關鍵字和值在幕後其實只是一個雜湊，但是值會被放進方法裡的具名參數。
- 你可以使用必要關鍵字引數，或是透過定義預設值讓它們變成可選用。

接下來…

你已經知道如何設置雜湊的預設值。但是當使用不正確時，雜湊預設值可能會導致奇怪的錯誤。這個問題與物件的址參器（reference）有關，這就是下一章我們要學習的內容…

8 址参器

信息交錯

媽，有個好人問我們是否準
備好交貨了，我說是的。嗯，
猩猩是什麼？

你的電子郵件曾經寄錯地址嗎？你可能很難應付隨之而來的混亂。嗯，Ruby 物件就好像是你通訊錄裡的聯絡地址，呼叫 Ruby 物件的方法就好像是傳送信息給它們。如果你的通訊錄被弄亂了，你的信息可能會送錯物件。本章將會協助你辨認發生這種情況的跡象，以及讓你的程式能夠再次順利運作。

一些容易混淆的錯誤

眾所周知—你的公司可以幫忙解決 Ruby 的問題。所以常有人帶著不尋常的難題上門…

這位天文學家認為他有一個聰明的方式，可以讓他少打一些程式碼。他不會為他想要建立的每個恆星鍵入 `my_star = CelestialBody.new` 和 `my_star.type = 'star'` 等程式碼，他只會**複製**原先的恆星並為其設定新名稱。

```
class CelestialBody
  attr_accessor :type, :name
end

altair = CelestialBody.new
altair.name = 'Altair'
altair.type = 'star'
polaris = altair
polaris.name = 'Polaris'
vega = polaris
vega.name = 'Vega'

puts altair.name, polaris.name, vega.name
```

為了節省時間，他會複製之前的恆星…

…並改變恆星的名稱。

相同的做法。

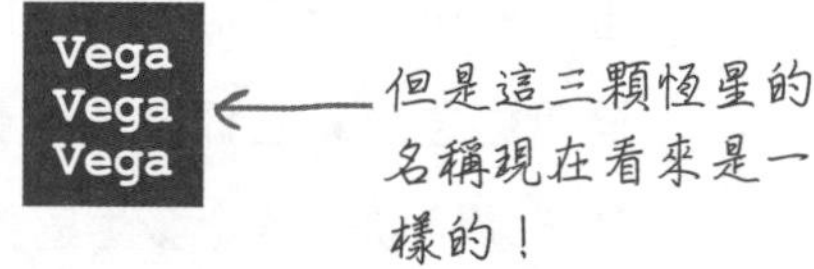

Vega
Vega
Vega
但是這三顆恆星的名稱現在看來是一樣的！

但此一計畫似乎事與願違。`CelestialBody` 的所有三個實體的名稱都一樣！

堆積

星表（star catalog）程式中的這個錯誤，源自一個潛在的問題：開發者以為他處理的是多個不同的物件，但他其實是反覆操作相同的物件。

為了瞭解何以會如此，我們將需要知道物件實際的存放位置，以及你的程式與物件溝通的方式。

Ruby 開發者常會提到「將物件放入變數」、「將物件存入陣列」、「將物件存入一個雜湊值」…等等。但是這其實是簡化的說法。因為實際上你並未把物件放入變數、陣列或雜湊。

其實，所有的 Ruby 物件皆存放於**堆積**（*heap*），堆積就是電腦的記憶體中用於保存物件的一個區域。

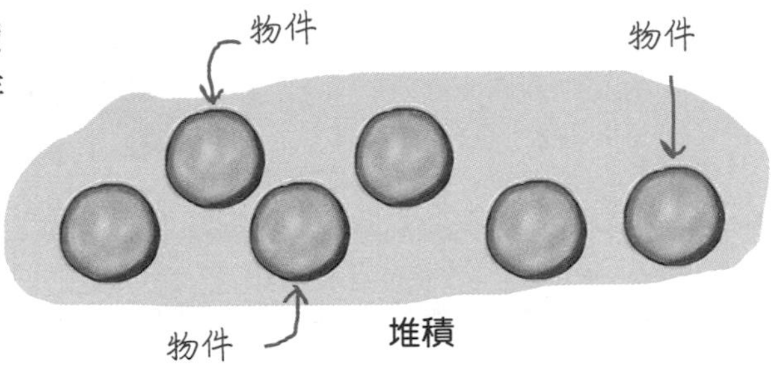

當一個新物件被建立，Ruby 會在堆積上配置空間以便保存它。

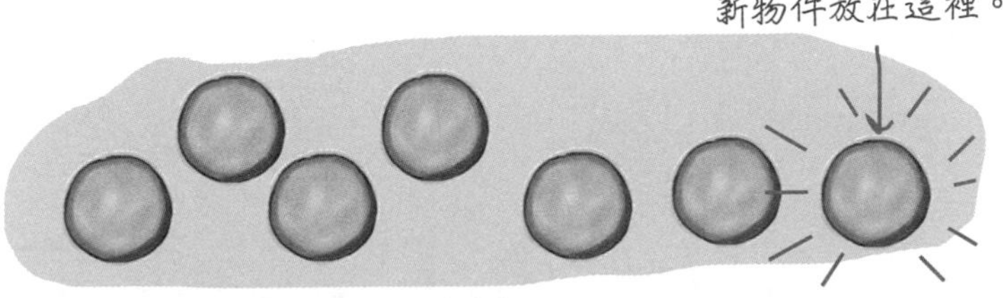

一般來說，你不需要關心堆積的事情—Ruby 會替你管理它。如果需要更多空間，堆積會隨之長大。不再使用的物件會從堆積中被清除。你通常不需要擔心這件事。

但是我們需要能夠從堆積**取回**所保存的資料項。要做到這一點可以使用**址參器**。要進一步瞭解它們，請繼續閱讀下去。

址參器

當你要寄信給某個人，你要怎麼做呢？城市中每個住宅都會有一個地址。你只需要把地址寫在信封上就可以了。然後郵差會根據地址找到該住宅並遞送信件。

當你的一個朋友搬進新的住所，然後給你他的地址，你就會把地址記在通訊錄上或其他方便取得的地方，好讓你之後可以跟他聯絡。

Ruby 會使用址參器（reference）來找到堆積上的物件，就像你可以使用地址來找到某個住宅。當有一個新物件被建立，它會回傳一個址參器給自己。你可以把該址參器存入一個變數、陣列或其他方便取得之處。如同住宅的地址，址參器可以讓 Ruby 知道物件位於堆積中何處。

址參器被保存在此處 → `car = Car.new` ← 回傳新 Car 實體的址參器

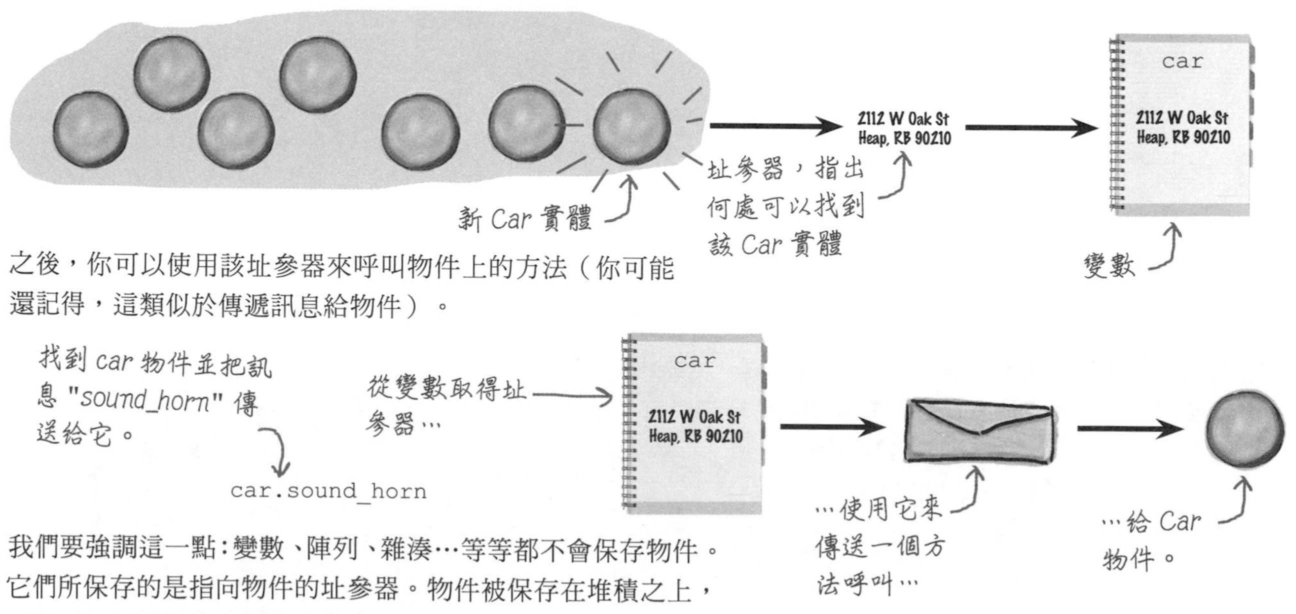

之後，你可以使用該址參器來呼叫物件上的方法（你可能還記得，這類似於傳遞訊息給物件）。


```
car.sound_horn
```

我們要強調這一點：變數、陣列、雜湊…等等都不會保存物件。它們所保存的是指向物件的址參器。物件被保存在堆積之上，而你可以透過保存在變數中的址參器來存取物件。

當址參器出錯時

Andy 上週認識了兩個動人的女生：Betty 和 Candace。更妙的是，他們都住在同一條街。

Andy Adams
2100 W Oak St
Heap, RB 90210

Betty Bell
2106 W Oak St
Heap, RB 90210

Candace Camden
2110 W Oak St
Heap, RB 90210

實際的 Oak Street（橡樹街）

Andy 打算把她們的地址都寫在他的通訊錄裡。遺憾的是，他不小心把這兩個女生的地址寫成一樣（都寫成 Betty 的地址）。

Andy 通訊錄中的 Oak Street（橡樹街）

那週之後，Betty 收到了 Andy 寄來的兩封信：

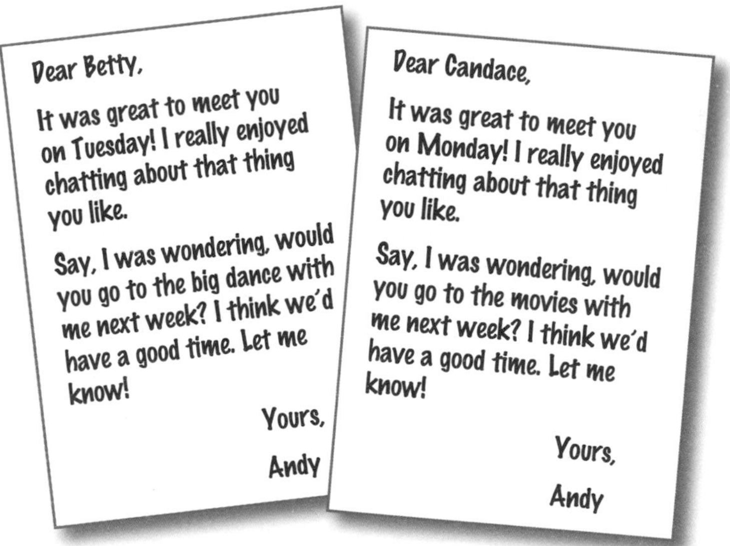

Dear Betty,

It was great to meet you on Tuesday! I really enjoyed chatting about that thing you like.

Say, I was wondering, would you go to the big dance with me next week? I think we'd have a good time. Let me know!

Yours,

Andy

Dear Candace,

It was great to meet you on Monday! I really enjoyed chatting about that thing you like.

Say, I was wondering, would you go to the movies with me next week? I think we'd have a good time. Let me know!

Yours,

Andy

現在，Betty 對 Andy 大為光火，而 Candace（沒有收到半封信）以為 Andy 不裡她了。

這一切與修正我們的 Ruby 程式有什麼關係？你即將發現…

別名

Andy 的困境，在 Ruby 中，可以使用這個稱為 `LoveInterest` 的簡單類別來模擬。`LoveInterest` 具有一個稱為 `request_date` 的實體方法，它只會印出肯定的答覆一次。之後如果該方法再次被呼叫，`LoveInterest` 將會答覆「我很忙」。

```
class LoveInterest

  def request_date
    if @busy
      puts "Sorry, I'm busy."
    else
      puts "Sure, let's go!"
      @busy = true
    end
  end

end
```

@busy 的值為 nil（而且會被視為 false）直到它被設定為其他值。

如果這不是第一次邀約…

…則給予否定的答覆。

給予肯定的答覆。

將此物件標記成無法接受任何未來的邀約。

正常情況下，使用這個類別，我們將會建立兩個獨立的物件，並把指向它們的址參器存入兩個獨立的變數。

```
betty = LoveInterest.new
candace = LoveInterest.new
```

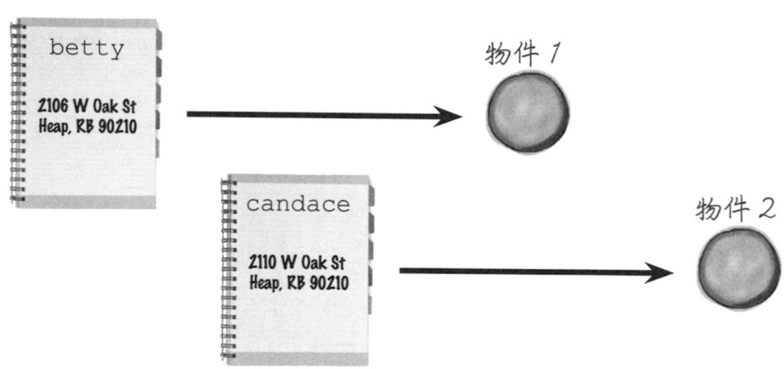

當我們使用兩個獨立的址參器來呼叫兩個獨立物件之上的 `request_date`，我們便會得到兩個肯定的答覆，正如我們的預期。

```
betty.request_date
candace.request_date
```

```
Sure, let's go!
Sure, let's go!
```

我們可以使用 `object_id` 實體方法（幾乎每一個 Ruby 物件都會具備此方法）來證實我們所處理的是兩個不同的物件。它會為每一個物件傳回獨一無二的識別碼。

```
p betty.object_id
p candace.object_id
```

```
70115845133840
70115845133820
```

兩個不同的物件

別名（續）

但是，假如我們把同一個址參器複製到兩個不同的變數（betty 和 candace），結果它們將會指向相同的物件。

這之所以稱為**別名**（*aliasing*）是因為同一件東西具有多個名字。若這不是你所預期的結果，可能會帶來危險！

```
betty = LoveInterest.new
candace = betty

p betty.object_id
p candace.object_id
```

```
70115845133560
70115845133560
```

同一個物件！

兩個址參器⋯

betty
2106 W Oak St
Heap, RB 90210

candace
2106 W Oak St
Heap, RB 90210

一個物件！

此情況下，我們所呼叫的都是同一個物件的 request _ date 方法。第一次，它會答覆「好啊，我們去吧」，但是第二次它會答覆「抱歉，我很忙」。

第二次邀約相同的物件！

```
betty.request_date
candace.request_date
```

```
Sure, let's go!
Sorry, I'm busy.
```

這個別名（aliasing）的行為似乎很熟悉⋯ 還記得那支出問題的星表程式？接下來讓我們再回頭來看一看。

這是一個 Ruby 類別：

```
class Counter

  def initialize
    @count = 0
  end

  def increment
    @count += 1
    puts @count
  end

end
```

而這是一些使用該類別的程式碼：

```
a = Counter.new
b = Counter.new
c = b
d = c

a.increment
b.increment
c.increment
d.increment
```

猜一猜這些程式碼的輸出結果，並在空格處寫下你的答案。

（我們已經為你完成了第一個答案。）

1.....
.....
.....
.....

這是一個 Ruby 類別：

```
class Counter

  def initialize
    @count = 0
  end

  def increment
    @count += 1
    puts @count
  end

end
```

而這是一些使用該類別的程式碼：

```
a = Counter.new
b = Counter.new
c = b
d = c

a.increment
b.increment
c.increment
d.increment
```

猜一猜這些程式碼的輸出結果，並在空格處寫下你的答案。

1
1
2
3

修正天文學家的程式

現在我們已經瞭解別名，讓我們再來看看天文學家出問題的星表程式，看看我們這一次是否能夠找出問題…

```
class CelestialBody
  attr_accessor :type, :name
end

altair = CelestialBody.new
altair.name = 'Altair'
altair.type = 'star'
polaris = altair
polaris.name = 'Polaris'
vega = polaris
vega.name = 'Vega'

puts altair.name, polaris.name, vega.name
```

為了節省時間，他想要複製之前的恆星…

…只是改變名稱的部分。

這裡也一樣

```
Vega
Vega
Vega
```

但是現在看起來這三個恆星的名稱都一樣！

如果我們試圖對這三個變數中的物件呼叫 object _ id ，我們將會看到這三個變數都參用到了相同的物件。相同的物件具有三個不同的名稱…聽起來就像是別名的另一個例子！

```
puts altair.object_id
puts polaris.object_id
puts vega.object_id
```

```
70189936850940
70189936850940
70189936850940
```

相同的物件！

修正天文學家的程式（續）

但是複製變數的內容，天文學家並沒有如他想的那樣，得到三個不同的 CelestialBody 實體。相反的，他無意中成為了別名的受害者一他只得到三個指向同一個 CelestialBody 實體的址參器！

保存指向一個新的 CelestialBody 實體的址參器

```
altair = CelestialBody.new
altair.name = 'Altair'
altair.type = 'star'
polaris = altair
polaris.name = 'Polaris'
vega = polaris
vega.name = 'Vega'

puts altair.name, polaris.name, vega.name
```

把相同的址參器複製到一個新變數！

把相同的址參器複製到第三個變數！

這個可憐、不知所措的物件，依序得到了如下的指令：

三個址參器指向…

altair 240 N Ivy St Heap, RB 90210

polaris 240 N Ivy St Heap, RB 90210

vega 240 N Ivy St Heap, RB 90210

同一個物件！

1. 把你的 name 屬性設定為 'Altair'，現在你的 type 屬性是 'star'。
2. 現在把你的名稱設定為 'Polaris'。
3. 現在你的名稱是 'Vega'。
4. 給我們你的 name 屬性 3 次。

CelestialBody 會忠實地執行指令，而且三次都會告訴我們它的名稱現在是 Vega。

```
Vega
Vega
Vega
```

幸運的是，程式的修正很容易。我們只需要把複製址參器的地方修改成實際建立 CelestialBody 實體就行了。

建立第一個 CelestialBody。

```
altair = CelestialBody.new
altair.name = 'Altair'
altair.type = 'star'
polaris = CelestialBody.new
polaris.name = 'Polaris'
polaris.type = 'star'
vega = CelestialBody.new
vega.name = 'Vega'
vega.type = 'star'

puts altair.name, polaris.name, vega.name
```

把「複製址參器」修改成取得指向第二個 CelestialBody 的址參器。

我們需要分別為每個物件設定 type 屬性。

取得指向第三個物件的址參器。

```
Altair
Polaris
Vega
```

正如我們從輸出中所見，問題解決了！

因此，我們所要做的就是避
免把址參器從一個變數複製
到另一個變數，這樣我們永遠
不會有別名的問題，對吧？

避免在變數之間複製址參器絕對是良策。但是也存在需要你瞭解別名運作原理的其他情況，正如我們稍後將看到的。

使用 inspect 快速辨識物件

在我們繼續下去之前，我們應該提一下辨識物件的快捷方式。我們已經說明過實體方法 `object_id` 的使用方式。如果對兩個變數中的物件呼叫此方法，所回傳的是相同的值，就表示它們指向相同的物件。

```
altair = CelestialBody.new
altair.name = 'Altair'
altair.type = 'star'
polaris = altair
polaris.name = 'Polaris'

puts altair.object_id, polaris.object_id
```

複製相同的址參器到一個新的變數！

```
70350315190400
70350315190400
```

相同的物件！

實體方法 `inspect` 所回傳的字串包含了一個以十六進位（由數字 0 到 9 與字母 a 到 f 所組成）表示的物件識別碼。你不需要知道十六進位的運作原理；只需要知道，如果兩個變數所指向的物件回傳**相同的值**，你所使用的是**相同物件**的兩個別名。**不同的值**代表**不同的物件**。

```
puts altair.inspect, polaris.inspect

vega = CelestialObject.new
puts vega.inspect
```

以十六進位表示物件識別碼

```
#<CelestialBody:0x007ff76b17f100 @name="Polaris", @type="star">
#<CelestialBody:0x007ff76b17f100 @name="Polaris", @type="star">
#<CelestialBody:0x007ff76b17edb8>
```

相同的物件（前兩行）

不同的物件（第三行）

使用雜湊預設物件的問題

天文學家帶著有更多問題的程式碼回來了…

我試圖把恆星和行星放入一個雜湊，但是一切又混在一起了！

他希望他的雜湊能夠把行星（planet）和衛星（moon）組合在一起。因為他的物件大部分是行星，他把雜湊預設物件設定成 type 屬性為 "planet" 的 CelestialBody 實體。（上一章曾介紹過雜湊預設物件；當你所存取的鍵未被賦值，雜湊將會回傳你所預設的物件。）

```
class CelestialBody
  attr_accessor :type, :name
end

default_body = CelestialBody.new
default_body.type = 'planet'
bodies = Hash.new(default_body)
```

設置一個行星（default_body 兩行）

讓 planet 成為所有未被賦值之雜湊鍵的預設值。

他相信，只要為它們指定名稱，就可以把行星加入雜湊。而這麼做似乎可行：

```
bodies['Mars'].name = 'Mars'
p bodies['Mars']
```

```
#<CelestialBody:0x007fc60d13e6f8 @type="planet", @name="Mars">
```

具有正確 type 屬性的 CelestialBody…

當天文學家希望把一個衛星加入雜湊，他也可以這麼做。除了 name 屬性，他只需要設定 type 屬性。

```
bodies['Europa'].name = 'Europa'
bodies['Europa'].type = 'moon'

p bodies['Europa']
```

```
#<CelestialBody:0x007fc60d13e6f8 @type="moon", @name="Europa">
```

type 屬性為 "moon" 的 CelestialBody

但隨後，當他繼續添加新的 CelestialBody 物件到雜湊，開始出現異常的行為…

使用雜湊預設物件的問題（續）

當天文學家試圖添加更多物件到雜湊，以 CelestialBody 做為預設物件的問題將會變得很明顯。當你添加一個衛星之後又添加了另一個行星，該行星的 type 屬性也會被設定為 "moon"！

```
bodies['Venus'].name = 'Venus'

p bodies['Venus']
```

這應該是一個行星。為什麼它會被設置為 "moon"？

```
#<CelestialBody:0x007fc60d13e6f8 @type="moon", @name="Venus">
```

如果存取先前加入雜湊的鍵，這些物件似乎也已經被修改過！

```
p bodies['Mars']
p bodies['Europa']
```

難道這不應該是一個 "planet"（行星）？

"Mars"（火星）和 "Europa"（歐羅巴）發生了什麼事？

```
#<CelestialBody:0x007fc60d13e6f8 @type="moon", @name="Venus">
#<CelestialBody:0x007fc60d13e6f8 @type="moon", @name="Venus">
```

但是我們並未修改這些物件…看看物件識別碼。這些不同的雜湊鍵為我們提供了指向相同物件的址參器！

好眼力！還記得我們說過，inspect 方法所回傳的字串中包含了十六進位的物件識別碼？正如你所知道的，p 方法在印出物件之前會呼叫物件的 inspect 方法。p 方法的執行結果告訴我們，所有的雜湊鍵均指向相同的物件！

```
p bodies['Venus']
p bodies['Mars']
p bodies['Europa']
```

這些都是相同的物件！

```
#<CelestialBody:0x007fc60d13e6f8 @type="moon", @name="Venus">
#<CelestialBody:0x007fc60d13e6f8 @type="moon", @name="Venus">
#<CelestialBody:0x007fc60d13e6f8 @type="moon", @name="Venus">
```

看起來我們好像又遇到了別名的問題！接下來我們將會告訴你如何修正此問題。

我們所修改的其實是雜湊預設物件！

此程式碼的核心問題是，我們所修改的其實不是雜湊值，而是**雜湊預設物件**（*hash default object*）。

我們可以使用 `default` 實體方法（所有的雜湊都會具有此方法）來證實這一點。它讓我們得以在雜湊建立之後檢視預設物件

讓我們在「把行星加入雜湊的程式碼」前後檢查預設物件。

```
class CelestialBody
  attr_accessor :type, :name
end

default_body = CelestialBody.new
default_body.type = 'planet'
bodies = Hash.new(default_body)

p bodies.default          ← 檢查預設物件。

bodies['Mars'].name = 'Mars'   ← 試著把一個值加入雜湊。

p bodies.default          ← 再次檢查預設物件。
```

添加雜湊值之前的雜湊預設物件。

添加雜湊值之後的雜湊預設物件。

```
#<CelestialBody:0x007f868a8274c8 @type="planet">
#<CelestialBody:0x007f868a8274c8 @type="planet", @name="Mars">
```

反而是把名稱加入預設物件！

那麼何以名稱會被加入預設物件？它不是應該成為 `bodies['Mars']` 的雜湊值？

如果我們檢視 `bodies['Mars']` 和雜湊預設物件的物件識別碼，我們將會找到答案：

```
p bodies['Mars']
p bodies.default
```

相同的物件識別碼！

相同的物件！

```
#<CelestialBody:0x007f868a8274c8 @type="planet", @name="Mars">
#<CelestialBody:0x007f868a8274c8 @type="planet", @name="Mars">
```

當我們存取 `bodies['Mars']`，我們仍會取得指向雜湊預設物件的址參器！但為什麼？

進一步檢視雜湊預設物件

上一章在介紹雜湊預設物件的時候有提到，每當你存取尚未被賦值的雜湊鍵，你將會得到預設物件。讓我們進一步檢視最後一個細節。

假設我們以學生的名稱為鍵、以他們的成績為值建立了一個雜湊。我們想要以 'A' 做為成績的預設值。

使用預設物件建立一個新的雜湊。

```
grades = Hash.new('A')
```

首先，雜湊完全是空的。以任何的學生名稱來查詢成績，將會取回雜湊預設物件 'A'。

```
p grades['Regina']
```

'A'

grades['Regina']
取得 "Regina" 的值？
雜湊
{}
沒有。
預設物件
"A"
是的！

如果我們有對雜湊鍵賦值，下次我們存取該雜湊鍵的時候，我們所取得的將會是所賦予的值，而不會是雜湊預設值。

```
grades['Regina'] = 'B'
p grades['Regina']
```

"B"

即使某些雜湊鍵有被賦值，對於任何未被事先賦值的鍵，我們仍舊會取得預設物件。

```
p grades['Carl']
```

"A"

如果你存取過某個雜湊值一次，但是又在沒有賦值的情況下存取該雜湊值一次，你所取回仍舊是預設物件。

```
p grades['Carl']
```

"A"

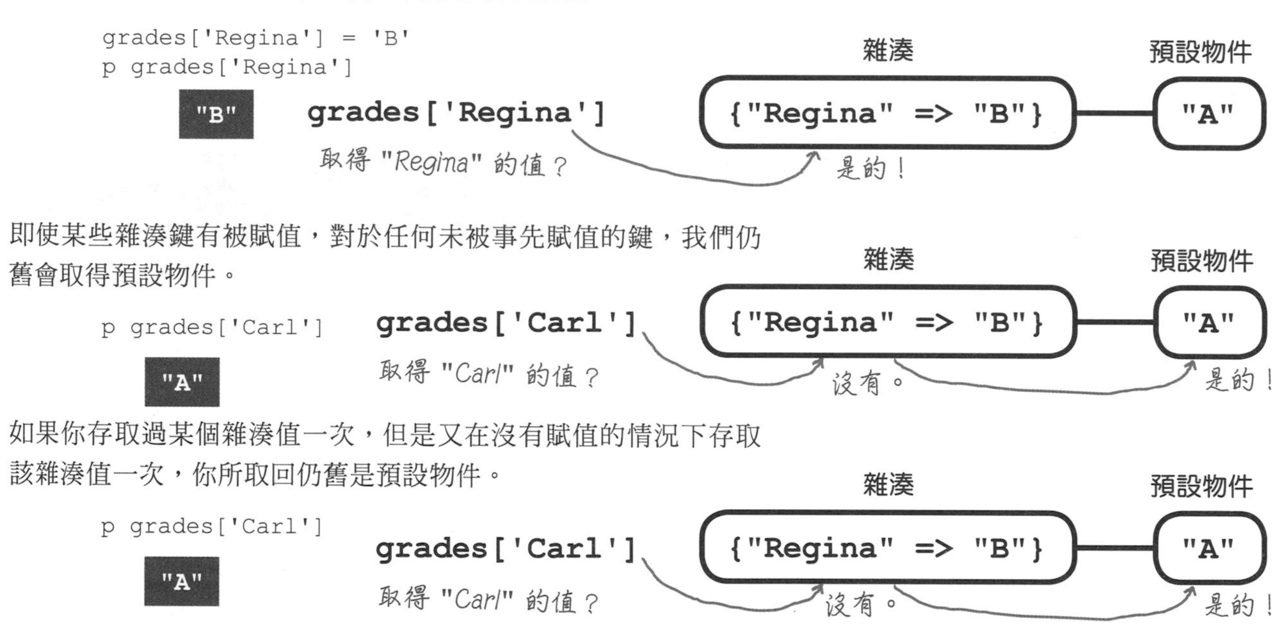

只有在對雜湊賦值之後，才會在檢索雜湊值的時候，回傳預設物件以外的東西。

```
grades['Carl'] = 'C'
p grades['Carl']
```

"C"

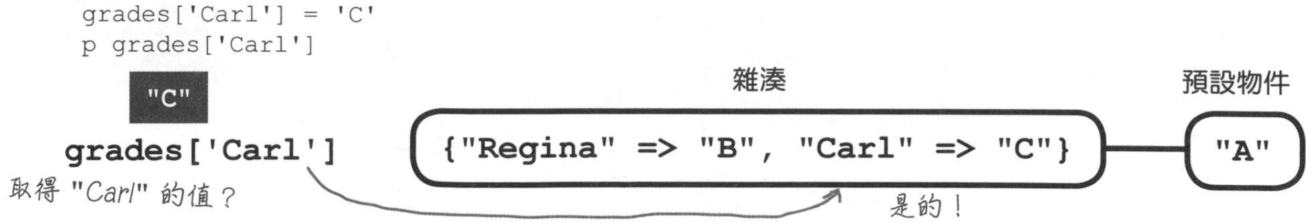

回到行星和衛星所構成的雜湊

這就是為什麼，當我們試圖在行星和衛星所構成之雜湊中為物件設定 type 和 name 等屬性，反而修改到了預設物件。我們實際上並未對雜湊賦予任何值。事實上，如果我們檢視雜湊本身，我們將會發現它根本是空的！

```
class CelestialBody
  attr_accessor :type, :name
end

default_body = CelestialBody.new
default_body.type = 'planet'
bodies = Hash.new(default_body)

bodies['Mars'].name = 'Mars'
bodies['Europa'].name = 'Europa'
bodies['Europa'].type = 'moon'
bodies['Venus'].name = 'Venus'

p bodies
```

```
{}
```

空的！

我以為我們有對雜湊賦值。這些不就是賦值述句嗎？

沒有對雜湊賦值嗎？

```
bodies['Mars'].name = 'Mars'
bodies['Europa'].name = 'Europa'
bodies['Europa'].type = 'moon'
bodies['Venus'].name = 'Venus'
```

實際上，這些述句所呼叫的是雜湊預設物件上的 name= 和 type= 等屬性寫入器方法。不要誤認為它們有對雜湊賦值。

當我們存取尚未被賦值的雜湊鍵，我們所取回的是預設物件。

```
default_body = CelestialBody.new
default_body.type = 'planet'
bodies = Hash.new(default_body)

p bodies['Mars']
```

```
#<CelestialBody:
  0x007fe0b98a76f8
  @type="planet">
```

雜湊　預設物件

bodies['Mars'] → {} → **#<CelestialBody @type="planet">**

取得 Mars 的值？ 沒有。 是的！

下面的述句並未對雜湊賦值。它試圖從雜湊（仍舊是空的）存取 'Mars' 鍵的值。因為 'Mars' 沒有相對應的值，所以它取得的是指向預設物件的址參器，因此所修改到的是預設物件。

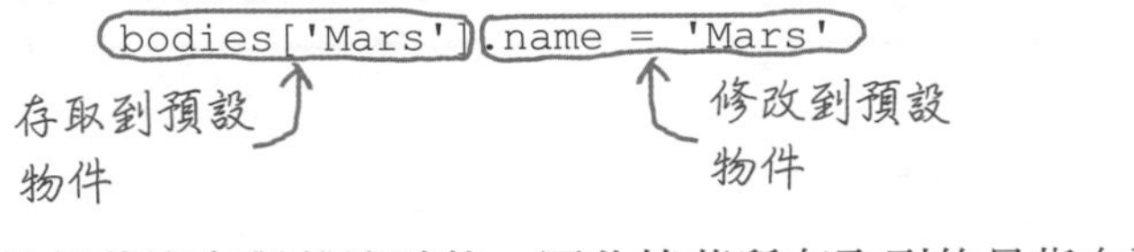

雜湊　預設物件

{} → **#<CelestialBody @type="planet", @name="Mars">**

屬性被添加到了預設物件！

由於仍舊沒有對雜湊賦值，因此接著所存取到的是指向預設物件的址參器。

幸運的是，我們有一個解決方案…

我們對雜湊預設值的盼望

我們已經確定此程式碼並未對雜湊賦值，它只是對雜湊進行了**存取**值的動作。它取得的是指向預設物件的址參器，然後（無意中）修改到了預設物件。

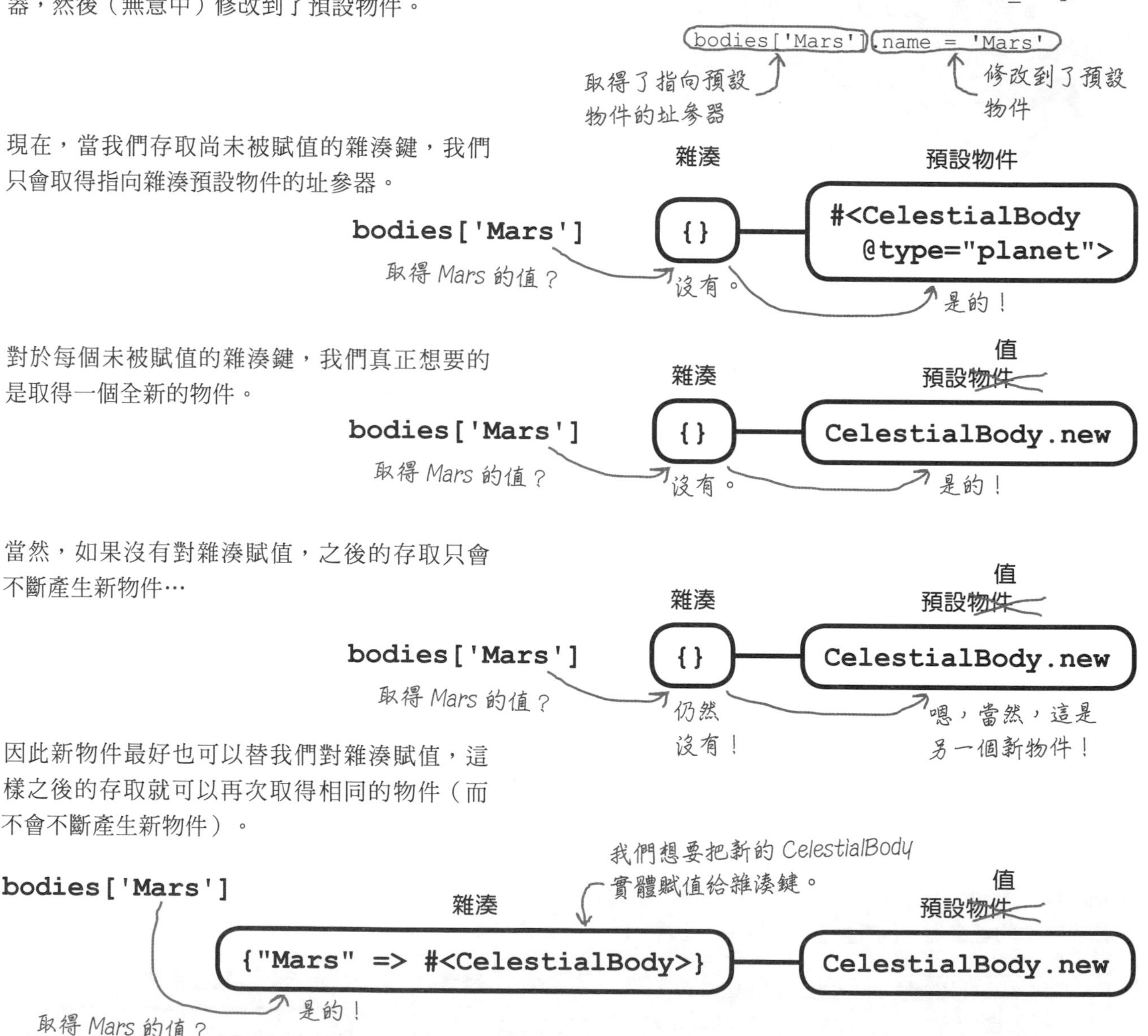

現在，當我們存取尚未被賦值的雜湊鍵，我們只會取得指向雜湊預設物件的址參器。

對於每個未被賦值的雜湊鍵，我們真正想要的是取得一個全新的物件。

當然，如果沒有對雜湊賦值，之後的存取只會不斷產生新物件…

因此新物件最好也可以替我們對雜湊賦值，這樣之後的存取就可以再次取得相同的物件（而不會不斷產生新物件）。

雜湊有一個功能可以為我們做到這一切！

雜湊預設區塊

你不用傳遞一個引數給 Hash.new 做為雜湊預設**物件**（*object*），你可以傳遞一個區塊給 Hash.new 做為雜湊預設**區塊**（*block*）。當你存取一個未被賦值的雜湊鍵：

- 區塊會被呼叫。
- 區塊會以「指向雜湊的址參器」及「當前鍵」（current key）做為區塊參數。這些區塊參數可用於進行「對雜湊賦值的」操作。
- 區塊回傳值會被傳回而成為雜湊鍵的當前值。

這些規則有點複雜，所以接下來我們將會對它們做更詳細的說明。但是現在讓我們來看一下你的第一個雜湊預設區塊：

```
bodies = Hash.new do |hash, key|
  body = CelestialBody.new
  body.type = "planet"
  hash[key] = body
  body
end
```

建立雜湊

之後當區塊被呼叫，它將會取得一個指向雜湊的址參器以及正要被存取的雜湊鍵。

我們在此處設置物件，它將會成為此雜湊鍵的值。

把物件賦值給當前雜湊鍵。

回傳物件

如果我們存取此雜湊的鍵，我們將會從每個鍵取得各自獨立的物件，就像我們所預期的那樣。

此程式碼跟前幾頁使用的一樣！

```
bodies['Mars'].name = 'Mars'
bodies['Europa'].name = 'Europa'
bodies['Europa'].type = 'moon'
bodies['Venus'].name = 'Venus'

p bodies['Mars']
p bodies['Europa']
p bodies['Venus']
```

三個獨立的物件

bodies['Mars'] →
bodies['Europa'] →
bodies['Venus'] →

```
#<CelestialBody:0x007fe701896580 @type="planet", @name="Mars">
#<CelestialBody:0x007fe7018964b8 @type="moon", @name="Europa">
#<CelestialBody:0x007fe7018963a0 @type="planet", @name="Venus">
```

但更好的是，當我們第一次存取任何雜湊鍵的時候，它會自動替我們對雜湊賦值！

已對雜湊賦值！

```
p bodies
```

```
{"Mars"=>#<CelestialBody:0x007fe701896580 @type="planet", @name="Mars">,
 "Europa"=>#<CelestialBody:0x007fe7018964b8 @type="moon", @name="Europa">,
 "Venus"=>#<CelestialBody:0x007fe7018963a0 @type="planet", @name="Venus">}
```

現在我們知道它可以順利運作，讓我們仔細看看該區塊的組成元件…

雜湊預設區塊：對雜湊賦值

大多數情況下，你將會想要把你的雜湊預設區塊所建立的值指派給雜湊。因此需要把「指向雜湊的址參器」及「當前鍵」傳遞給區塊，好讓你能夠這麼做。

當區塊後來被呼叫，它將會取得指向雜湊的址參器及所要存取的雜湊鍵。

```
bodies = Hash.new do |hash, key|
  body = CelestialBody.new
  body.type = "planet"
  hash[key] = body
  body
end
```

把物件賦值給當前雜湊鍵。

當我們在區塊本體中對雜湊賦值，事情就像我們一直期待的那樣。對於你所存取的每個新雜湊鍵都會產生一個新物件。在之後的存取中，我們會再次取回相同的物件，以及我們對它所做的任何修改。

產生一個新物件

回傳跟上一列相同的物件

我們所做的改變將會被保存起來。

```
p bodies['Europa']
p bodies['Europa']
bodies['Europa'].type = 'moon'
p bodies['Europa']
```

都是相同的物件

type 屬性沒有受到汙染。

```
#<CelestialBody:0x007fb6389eed00 @type="planet">
#<CelestialBody:0x007fb6389eed00 @type="planet">
#<CelestialBody:0x007fb6389eed00 @type="moon">
```

照過來！

不要忘了對雜湊賦值！

如果你忘了，所產生的值將會被扔掉。雜湊鍵仍然不會具有任何值，而且雜湊會一次又一次地呼叫區塊以產生新的預設值。

我們應該在此處對雜湊賦值。如果我們不這麼做…

```
bodies = Hash.new do |hash, key|
  body = CelestialBody.new
  body.type = "planet"
  body
end
```

…每次我們存取此鍵的時候，我們將會取得一個不同的物件。

我們所做的改變將會被丟棄！

```
p bodies['Europa']
p bodies['Europa']
bodies['Europa'].type = 'moon'
p bodies['Europa']
```

都是不同的物件！

type 仍舊是預設值！

```
#<CelestialBody:0x007ff95507ee90 @type="planet">
#<CelestialBody:0x007ff95507ecd8 @type="planet">
#<CelestialBody:0x007ff95507eaf8 @type="planet">
```

雜湊預設區塊：區塊的回傳值

當你首次存取一個未被賦值的雜湊鍵，雜湊預設區塊的回傳值會被當作雜湊鍵的值。

```
bodies = Hash.new do |hash, key|
  body = CelestialBody.new
  body.type = "planet"
  hash[key] = body
  body  <—— 這是回傳值…
end

p bodies['Mars']  <—— …就是我們在此處所得到的值！
```

```
#<CelestialBody:0x007fef7a9132c0 @type="planet">
```

在區塊本體中，只要你有對雜湊鍵賦值，之後對該鍵的存取並不會導致雜湊預設區塊被調用；相反的，你將會取得之前所賦予的值。

照過來！

確保區塊的回傳值與你之前賦予雜湊的值是相符的！

否則，你首次存取雜湊鍵所得到的值與你之後存取該鍵所得到的值全然不同。

```
bodies = Hash.new do |hash, key|
  body = CelestialBody.new
  body.type = "planet"
  hash[key] = body
  "I'm a little teapot"
end
              區塊的回傳值！
p bodies['Mars']
p bodies['Mars']
              指派給雜湊的值！
```

```
"I'm a little teapot"
#<CelestialBody:0x007fcf830ff000 @type="planet">
```

一般來說，你並不需要花力氣記住這條規則。正如我們在下一頁將看到的，為雜湊預設區塊設置適當的回傳值其實相當容易…

雜湊預設區塊：簡寫

到目前為止，在雜湊預設區塊中，我們都會專門使用一列述句來回傳一個值：

```
bodies = Hash.new do |hash, key|
  body = CelestialBody.new
  body.type = "planet"
  hash[key] = body
  body  ← 區塊的回傳值
end

p bodies['Mars']
```

```
#<CelestialBody:0x007fef7a9132c0 @type="planet">
```

但是 Ruby 提供了一個簡寫，可稍微減少預設區塊中的程式碼數量…

你已經知道，區塊中最後一道運算式的求值結果會成為區塊的回傳值…但我們沒有提到的是，Ruby 中，賦值運算式的求值結果與所賦予的值是一樣的。

```
p my_hash = {}
p my_array = []
p my_integer = 20
p my_hash['A'] = ['Apple']
p my_array[0] = 245
```

```
{}
[]
20
["Apple"]
245
```

運算式的值與所賦予的值是一樣的。

所以在雜湊預設區塊中，我們可以直接使用賦值運算式，因為它將會回傳我們所賦予的值。

```
greetings = Hash.new do |hash, key|
  hash[key] = "Hi, #{key}"
end

p greetings["Kayla"]
```

```
"Hi, Kayla"
```

當然，它也會把所賦予的值加入雜湊。

```
p greetings
```

```
{"Kayla"=>"Hi, Kayla"}
```

所以，在天文學家的雜湊中，我們不必專門使用一列述句來做為回傳值，我們可以直接使用賦值運算式的回傳值來做為區塊的回傳值。

```
bodies = Hash.new do |hash, key|
  body = CelestialBody.new
  body.type = "planet"
  hash[key] = body  ← 讓我們以此做為區塊回傳值。
end

p bodies['Mars']
```

```
#<CelestialBody:0x007fa769a3f2d8 @type="planet">
```

下面三個程式碼片段都應該以食物名稱的首字母為鍵、以首字母相同之食物名稱所構成的陣列為值來建立雜湊，但是其中只有一個程式碼片段可以達到此目的。請找出每個程式碼片段將會產生的輸出結果。

(我們已經替你完成了第一個程式碼片段。)

A

```
foods = Hash.new([])
foods['A'] << "Apple"
foods['A'] << "Avocado"
foods['B'] << "Bacon"
foods['B'] << "Bread"
p foods['A']
p foods['B']
p foods
```

B

```
foods = Hash.new { |hash, key| [] }
foods['A'] << "Apple"
foods['A'] << "Avocado"
foods['B'] << "Bacon"
foods['B'] << "Bread"
p foods['A']
p foods['B']
p foods
```

C

```
foods = Hash.new { |hash, key| hash[key] = [] }
foods['A'] << "Apple"
foods['A'] << "Avocado"
foods['B'] << "Bacon"
foods['B'] << "Bread"
p foods['A']
p foods['B']
p foods
```

......

```
[]
[]
{}
```

A......

```
["Apple", "Avocado", "Bacon", "Bread"]
["Apple", "Avocado", "Bacon", "Bread"]
{}
```

......

```
["Apple", "Avocado"]
["Bacon", "Bread"]
{"A"=>["Apple", "Avocado"], "B"=>["Bacon", "Bread"]}
```

下面三個程式碼片段都應該以食物名稱的首字母為鍵、以首字母相同之食物名稱所構成的陣列為值來建立雜湊，但是其中只有一個程式碼片段可以達到此目的。請找出每個程式碼片段將會產生的輸出結果。

A

```
foods = Hash.new([])
foods['A'] << "Apple"
foods['A'] << "Avocado"
foods['B'] << "Bacon"
foods['B'] << "Bread"
p foods['A']
p foods['B']
p foods
```

這個陣列將會做為所有雜湊鍵的預設值！

這些都會被加入相同的陣列！

B

```
foods = Hash.new { |hash, key| [] }
foods['A'] << "Apple"
foods['A'] << "Avocado"
foods['B'] << "Bacon"
foods['B'] << "Bread"
p foods['A']
p foods['B']
p foods
```

每次區塊被呼叫就會回傳一個新的空陣列，但是不會把它加入雜湊！

每個字串會被加入新陣列。然後該陣列會被丟棄！

C

```
foods = Hash.new { |hash, key| hash[key] = [] }
foods['A'] << "Apple"
foods['A'] << "Avocado"
foods['B'] << "Bacon"
foods['B'] << "Bread"
p foods['A']
p foods['B']
p foods
```

使用當前鍵，把一個新陣列指派給雜湊

- foods['A'] << "Apple"：添加到一個新陣列
- foods['A'] << "Avocado"：添加到跟 "Apple" 一樣的陣列
- foods['B'] << "Bacon"：添加到一個新陣列
- foods['B'] << "Bread"：添加到跟 "Bacon" 一樣的陣列

B

```
[]
[]
{}
```

A

```
["Apple", "Avocado", "Bacon", "Bread"]
["Apple", "Avocado", "Bacon", "Bread"]
{}
```

C

```
["Apple", "Avocado"]
["Bacon", "Bread"]
{"A"=>["Apple", "Avocado"], "B"=>["Bacon", "Bread"]}
```

天文學家的雜湊：我們的最終程式碼

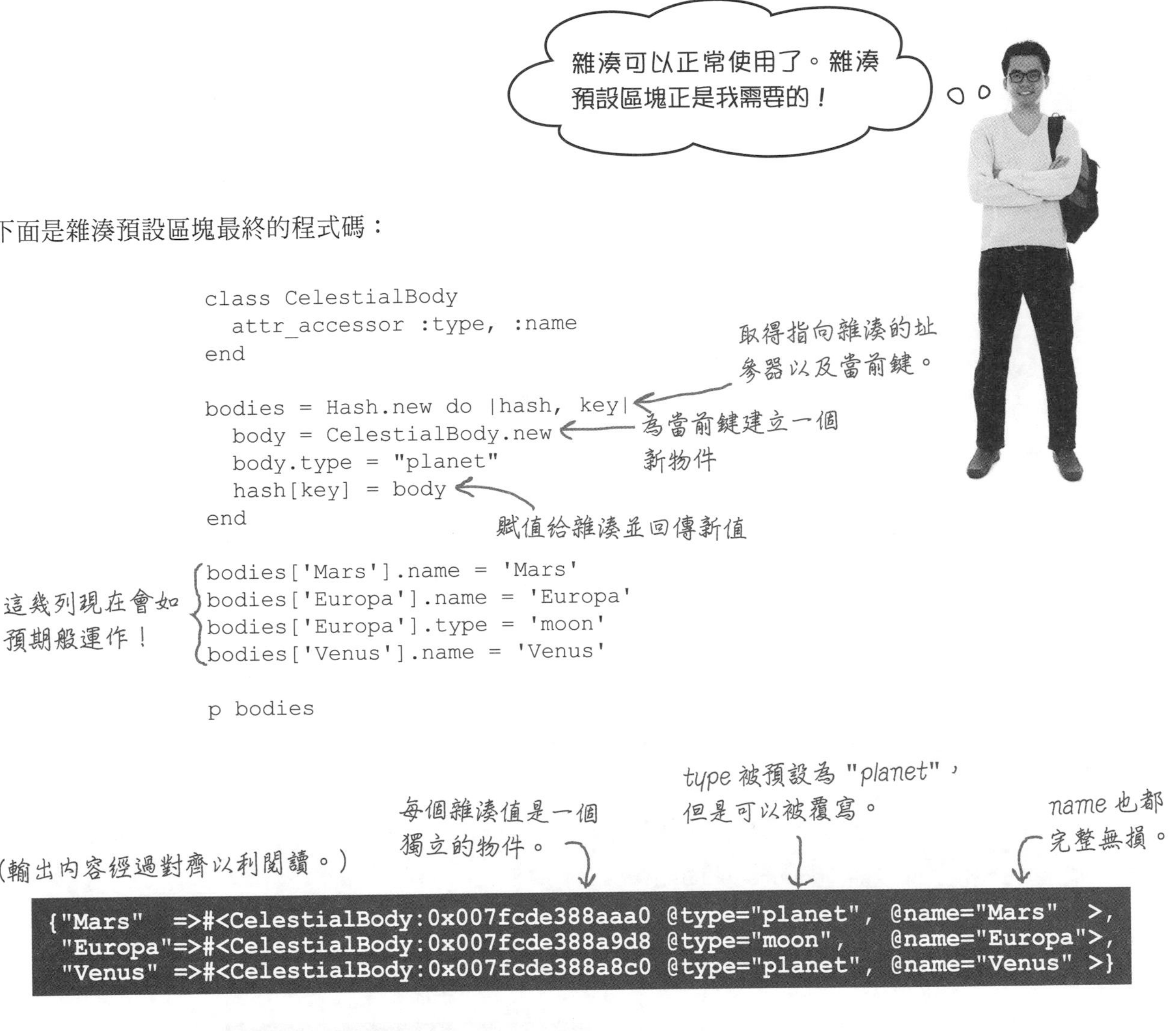
雜湊可以正常使用了。雜湊預設區塊正是我需要的！
取得指向雜湊的址參器以及當前鍵。
為當前鍵建立一個新物件
賦值給雜湊並回傳新值
這幾列現在會如預期般運作！

下面是雜湊預設區塊最終的程式碼：

```
class CelestialBody
  attr_accessor :type, :name
end

bodies = Hash.new do |hash, key|
  body = CelestialBody.new
  body.type = "planet"
  hash[key] = body
end

bodies['Mars'].name = 'Mars'
bodies['Europa'].name = 'Europa'
bodies['Europa'].type = 'moon'
bodies['Venus'].name = 'Venus'

p bodies
```

(輸出內容經過對齊以利閱讀。)

每個雜湊值是一個獨立的物件。

type 被預設為 "planet"，但是可以被覆寫。

name 也都完整無損。

```
{"Mars"  =>#<CelestialBody:0x007fcde388aaa0 @type="planet", @name="Mars"  >,
 "Europa"=>#<CelestialBody:0x007fcde388a9d8 @type="moon",   @name="Europa">,
 "Venus" =>#<CelestialBody:0x007fcde388a8c0 @type="planet", @name="Venus" >}
```

下面是這支程式現在的運作方式：

- 我們將會使用雜湊預設區塊來為每個雜湊鍵建立獨一無二的物件。（因為雜湊預設物件，只會提供指向單一物件的址參器，做為所有鍵的預設值。）
- 在區塊中，我們會把新物件賦值給當前雜湊鍵。
- 新物件將會成為賦值運算式的求值結果，也會成為區塊的回傳值。所以當我們首次存取一個雜湊鍵，會回傳一個新物件以做為相對應的值。

安心地使用雜湊預設物件

我還有一個問題。既然可以使用雜湊預設區塊，為什麼會有人想使用雜湊預設物件？

如果使用數字做為預設值，雜湊預設物件也可以運作得很好。

我只能使用數字？那麼之前我們使用 `CelestialBody` 做為預設物件的時候，Ruby 為什麼不警告我們？

好吧，這其實有點複雜。如果你不改變預設值，而且如果你有對雜湊賦值，雜湊預設物件可以運作得很好。只是數字讓它很容易就能夠遵循這些規則。

讓我們來看一個例子，它會計算陣列中字母出現的次數。（它的運作原理就像上一章的計票程式碼。）

```
letters = ['a', 'c', 'a', 'b', 'c', 'a']

counts = Hash.new(0)

letters.each do |letter|
  counts[letter] += 1
end

p counts
```

如果未賦值，則會取得雜湊預設值，但不會對它造成改變 → `counts[letter]`

`+= 1` ← 把值加 1 後再賦值給雜湊

```
{"a"=>3, "c"=>2, "b"=>1}
```

在此處使用雜湊預設物件可以運作得很好，因為我們遵循了上述兩項規則…

雜湊預設物件規則 #1：不要修改預設物件

如果你打算使用雜湊預設物件，切記不要修改該物件。否則，下次存取預設值的時候，你將會得到意外的結果。當我們為天文學家的雜湊使用預設物件（而非預設區塊）的時候，便會看到這樣的情況，並造成破壞：

```
default_body = CelestialBody.new
default_body.type = 'planet'
bodies = Hash.new(default_body)

bodies['Mars'].name = 'Mars'
```

設定雜湊的預設物件

取得指向預設物件的址參器

修改預設物件！

好吧，但是為什麼以數字做為預設物件就可以？當我們把預設值加 1，不就是改變預設值了嗎？

```
letters = ['a', 'c', 'a', 'b', 'c', 'a']

counts = Hash.new(0)

letters.each do |letter|
  counts[letter] += 1
end
```

難道這沒有改變預設物件？

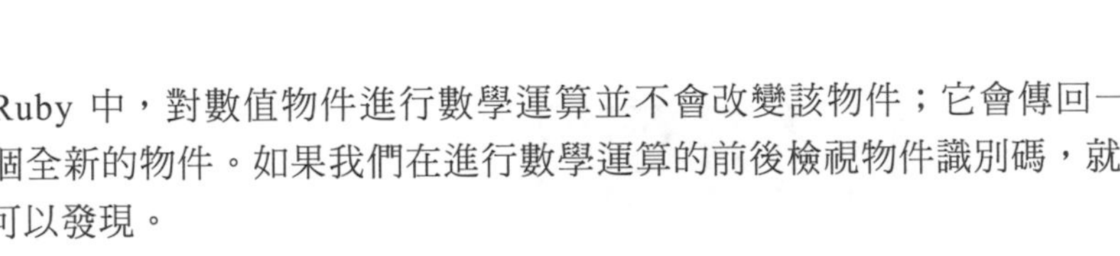

Ruby 中，對數值物件進行數學運算並不會改變該物件；它會傳回一個全新的物件。如果我們在進行數學運算的前後檢視物件識別碼，就可以發現。

```
number = 0
puts number.object_id
number = number + 1
puts number.object_id
```

```
1
3
```

兩個不同的物件！（整數的物件識別碼比其他物件都低得多，但那是實作細節，所以不要擔心。關鍵在於，它們是不同的。）

事實上，數值物件是**不可變的**：它們並不具備用於改變物件狀態的任何方法。可能會對數字造成改變的任何運算，將會讓你取得全新的物件。

這就是為什麼我們可以安心地以數字做為預設物件；可以肯定的是預設數字不會意外遭到改變。

數字讓我們得以安心使用雜湊預設物件，因為它們是<u>不可變的</u>。

雜湊預設物件規則 #2：對雜湊賦值

如果你打算使用雜湊預設物件，確定你真的有對雜湊賦值也是很重要的。正如我們從天文學家的雜湊所看到的，有時看來你好像有對雜湊賦值，但其實你並沒有…

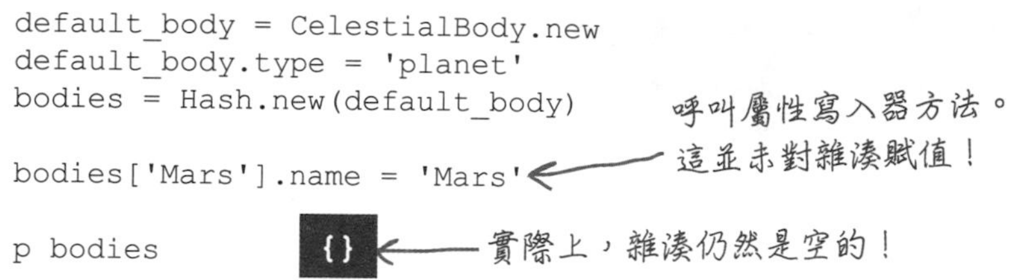
default_body = CelestialBody.new
default_body.type = 'planet'
bodies = Hash.new(default_body)
bodies['Mars'].name = 'Mars'
p bodies
{}
呼叫屬性寫入器方法。
這並未對雜湊賦值！
實際上，雜湊仍然是空的！

但是，當我們以**數字**做為預設物件，自然需要對雜湊進行實際的賦值。（因為數字是不可變的，除非我們有把遞增過的值指派給雜湊，否則它們是不會被保存下來的！）

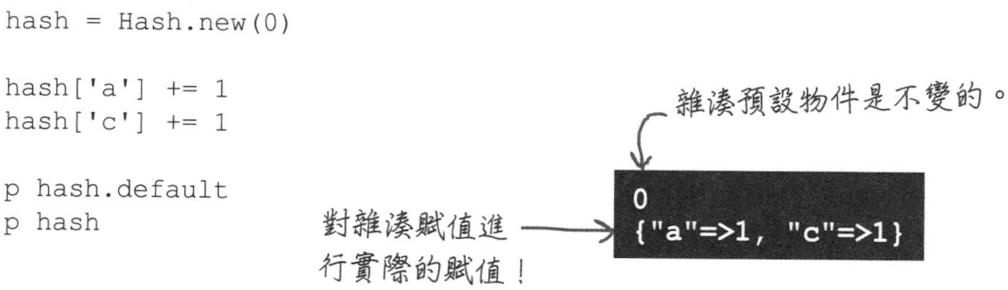
hash = Hash.new(0)
hash['a'] += 1
hash['c'] += 1
p hash.default
p hash
0
{"a"=>1, "c"=>1}
雜湊預設物件是不變的。
對雜湊賦值進行實際的賦值！

雜湊預設值的經驗法則

為了能夠使用雜湊預設值似乎需要記住許多事情。

確實如此。因此，我們有一個經驗法則將可讓你擺脫困境…

如果你的預設值是一個數字，你就可以使用雜湊預設物件。

如果你的預設值是任何其他值，你應該使用雜湊預設區塊。

當你對址參器有更多經驗後，這一切都將成為你的第二天性，時機到了，你就可以打破這個經驗法則。在此之前，這應該可以讓你避開大部分的問題。

瞭解 Ruby 址參器以及別名的問題，並無法幫你寫出更強大的 Ruby 程式。然而，當問題發生時，它將能夠幫你快速找到和修正問題。希望本章能夠讓你對址參器的運作原理有一個基本的瞭解，並讓你避免一開始所遇到的問題。

你的 Ruby 工具箱

第 8 章已經閱讀完畢！你可以把址參器加入你的工具箱。

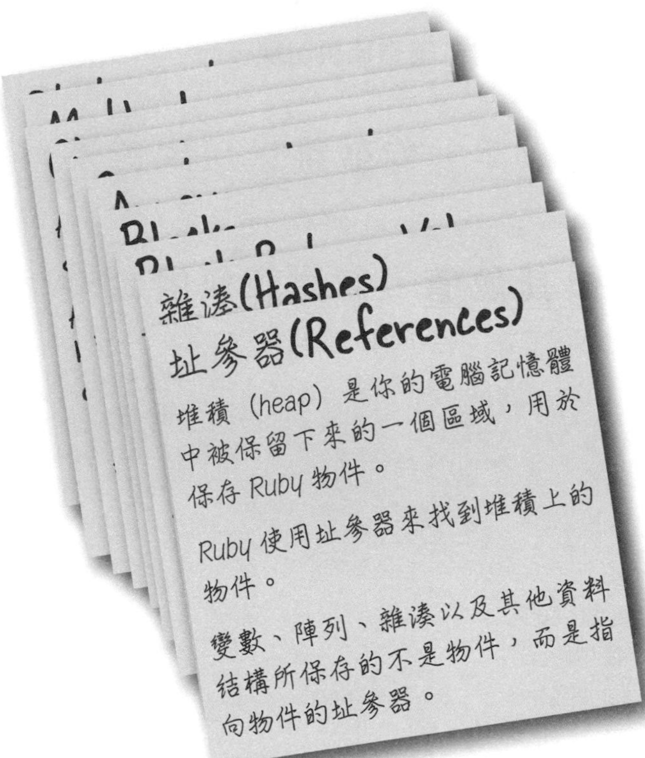

雜湊(Hashes)
址參器(References)
堆積（heap）是你的電腦記憶體中被保留下來的一個區域，用於保存 Ruby 物件。
Ruby 使用址參器來找到堆積上的物件。
變數、陣列、雜湊以及其他資料結構所保存的不是物件，而是指向物件的址參器。

接下來…

下一章，我們將回到組織程式碼的主題。你已經知道在類別之間如何以繼承來共用方法。但是在即使採用繼承也不合適的情況下，Ruby 提供了一種稱為 mixin 的做法，讓你得以在類別之間共享行為。接下來我們將要來瞭解這方面的內容！

要點提示

- 如果你需要保存更多物件，Ruby 將會替你增加堆積（heap）的容量。如果你不打算再使用一個物件，Ruby 將會替你從堆積把它刪除。
- 別名就是指向一個物件之址參器的副本，如果你無意中這樣做了，可能會導致問題。
- 大多數的 Ruby 物件都會提供一個稱為 `object_id` 的實體方法，它會為物件回傳一個獨一無二的識別碼。你可以用它來判斷是否有多個址參器指向同一個物件。
- `inspect` 方法所回傳的字串還包含了一個以十六進位表示的物件識別碼。
- 如果你為雜湊設定了一個預設物件，所有的未賦值雜湊鍵都將會回傳指向該預設物件的址參器。
- 因此，最好只使用不可變的物件，例如數字，做為雜湊預設物件。
- 如果你需要以任何其他類型的物件做為雜湊預設值，最好使用雜湊預設區塊，這樣就會為每個「鍵」建立獨一無二的物件。
- 雜湊預設區塊會以「指向雜湊的址參器」及「當前鍵」（current key）做為區塊參數。大多數情況下，你將會想要使用這些參數來對新物件賦值，做為「被給定之雜湊鍵」（given hash key）的值。
- 雜湊預設區塊的回傳值會被當作「所給定之鍵」（given key）的初始預設值。
- 賦值運算式（assignment expression）的求值結果與所賦予的值是一樣的。所以如果賦值運算式為區塊中最後一個運算式，則所賦予的值會變成區塊的回傳值。

9 mixin

混合起來

沙鍋焗蛋、蛋糕糊 ... 噢，可是 Harold 叔叔對蛋過敏。肉餅最好不要加蛋。

繼承有其侷限性。你只能從一個類別繼承方法。但如果你想要在多個類別之間共享多組行為呢？就像用於「啟動電池充電週期」以及「回報電池電量級別」的方法－手機、電鑽和電動車可能都需要用到這些方法。你打算為它們建立一個父類別？（這是不會有好下場的，試試看就知道。）別忘了，儘管電鑽和電動車可能需要用於啟動和停止馬達的方法，但是手機並不需要！

本章中，我們將要來瞭解用於「群聚方法」以及「在特定的類別之間共用這些方法」的強大機制：**模組**（**module**）和 **mixin**。

媒體共享 app

本週的客戶專案是一個用於共享視頻、音樂和其他媒體的 app。音樂和視頻都需要用到相同的功能：使用者需要能夠播放音樂和視頻，以及留下評語。（為了維持例子的簡單性，我們將會省略暫停、倒轉…等等功能。）

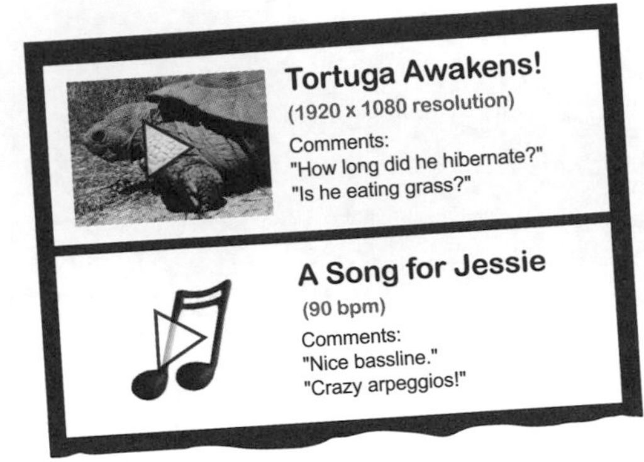

然而，有一些方面是不同的。我們需要記錄歌曲的每分鐘節拍數以及區分快歌和慢歌的能力。視頻並不需要每分鐘節拍數，但是需要記錄它們的解析度（它們的寬度和高度有多少像素）。

因為我們想要混合資料與行為（我們需要解析度、每分鐘節拍數之類的資料，以及播放之類的行為），所以把一切都放在 `Video` 和 `Song` 類別是有意義的。然而，有些行為（播放和留下評語）是共享的。繼承（inheritance）是目前為止我們能夠用於在類別之間共享行為的最佳工具。所以我們將會把 `Video` 和 `Song` 建立為 `Clip` 的子類別。`Clip` 將會具有一個名為 `comments` 的屬性閱讀器方法，以及 `play` 和 `add_comment` 等實體方法。

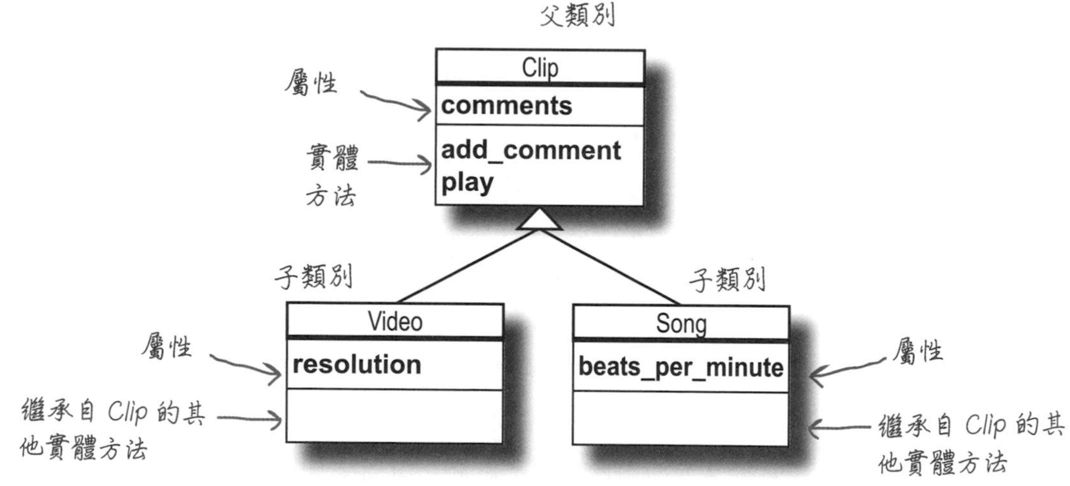

媒體共享 app …使用繼承

下面是用於定義 Clip、Video 和 Song 等類別以及測試它們的程式碼。resolution 和 beats _ per _ minute 等屬性相當簡單，所以我們將會把重點擺在 add _ comment 和 comments 等方法。

父類別

```
class Clip

  attr_reader :comments

  def initialize
    @comments = []
  end

  def add_comment(comment)
    comments << comment
  end

  def play
    puts "Playing #{object_id}..."
  end

end
```

定義方法以便回傳 @comments 實體變數的值。（attr_reader :comments）

建立新實體的時候，設置空陣列以便加入評語。（@comments = []）

呼叫 comments 方法以便取得 @comments 中之陣列，以及加入評語。（comments << comment）

顯示所要播放之物件的識別碼。（puts "Playing #{object_id}..."）

子類別

```
class Video < Clip
  attr_accessor :resolution
end
```

子類別

```
class Song < Clip
  attr_accessor :beats_per_minute
end

video = Video.new
video.add_comment("Cool slow motion effect!")
video.add_comment("Weird ending.")
song = Song.new
song.add_comment("Awesome beat.")

p video.comments, song.comments
```

設置新的 Video 物件。（video = Video.new）

加入評語。（video.add_comment("Cool slow motion effect!")）

設置新的 Song 物件。（song = Song.new）

加入評語。（song.add_comment("Awesome beat.")）

檢視所有評語。（p video.comments, song.comments）

```
["Cool slow motion effect!", "Weird ending."]
["Awesome beat."]
```

這一切似乎運作得相當不錯！但是之後你的客戶卻發生出人意外的情況…

這些類別中有一個與其他（完全）不同

你的客戶想要把照片加入媒體共享網站。視頻、音樂和照片之類的媒體應該讓使用者加入評語。當然，與視頻和音樂不同的是，照片不應該具備 play 方法；它們應該具備 show 方法。

所以，如果你要建立 Photo 類別，它的實體將需要一個名為 comments 的屬性存取器方法以及一個名為 add _ comment 的方法，狀況跟繼承自 Clip 的子類別 Video 和 Song 一樣。

使用到目前為止我們所學過的 Ruby 類別知識，我們有兩個可能的解決方案，但是每一個都有自己的問題…

選項一：把 Photo 設置成 Clip 的子類別

我們可以把 Photo 設置成 Clip 的子類別，讓它繼承 comments 和 add _ comment，就像其他的子類別。

但是這種做法有一個弱點：它（錯）把 Photo 當成一種 Clip。如果你把 Photo 建立成 Clip 的子類別。是的，它將會繼承 comments 和 add _ comment 等方法。但是它也會繼承 play 方法。

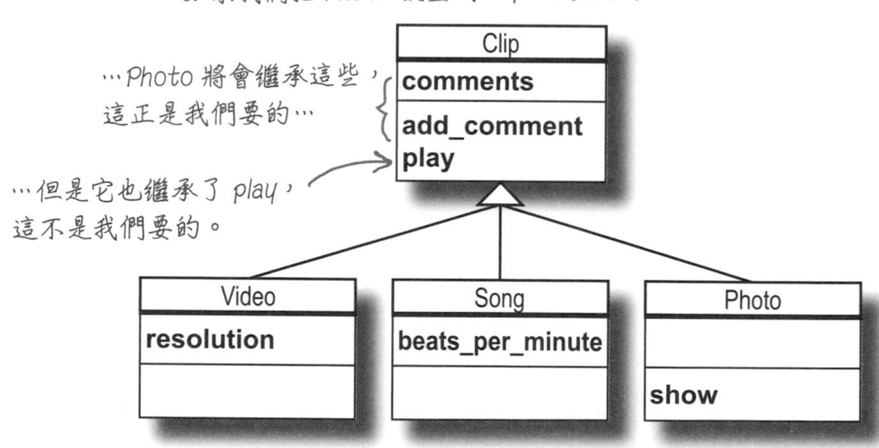

你無法播放照片。即使你在 Photo 類別覆寫 play 方法，使得它不會引發錯誤，之後檢視你的程式碼的每個開發者會對 Photo 何以具備 play 方法感到迷惑不解。

因此，透過建立 Clip 的子類別來取得 comments 和 add _ comment 等方法，似乎不像是一個好的選項。

選項二：把你想要使用的方法複製到 Photo 類別

第二個選項也好不到哪裡去：如果不想把 Photo 設置為 Clip 的子類別，你可以在 Photo 類別中再次實作 comments 和 add_comment 等方法。（也就是複製和貼上程式碼。）

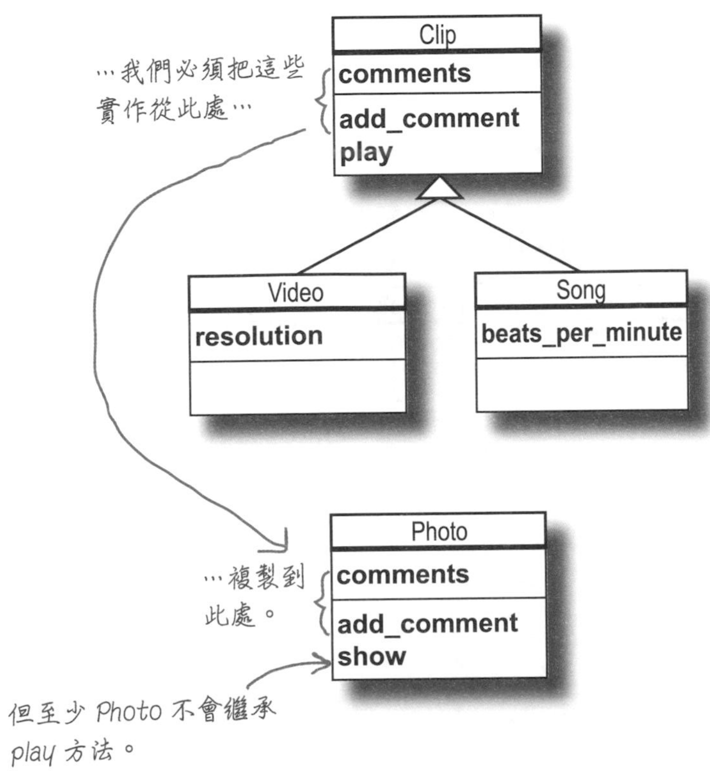

但是第 3 章的開頭曾提到這種做法的缺點。如果我們更改了 Photo 類別中的 comments 或 add_comment，我們也必須更改 Clip 類別中的程式碼。否則，這些方法的行為將會不同，而讓之後使用這些類別的開發者大吃一驚。

所以這也不是一個好選項。

非選項：多重繼承

我們需要一個解決方案，使得 Photo 不必繼承 play 方法，就可以在 Video、Song 和 Photo 等類別之間共享 comments 和 add _ comment 等方法的實作。

如果我們能夠把 play 方法留在 Clip 父類別中，並把 comments 和 add _ comment 等方法移往另一個父類別 AcceptsComments 那就再好不過了。這樣，Video 和 Song 就可以從 Clip 繼承 play 方法，以及從 AcceptsComments 繼承 comments 和 add _ comment 等方法。Photo 將只需要以 AcceptsComments 做為父類別，因此它只會繼承 comments 和 add _ comment，不會繼承 play。

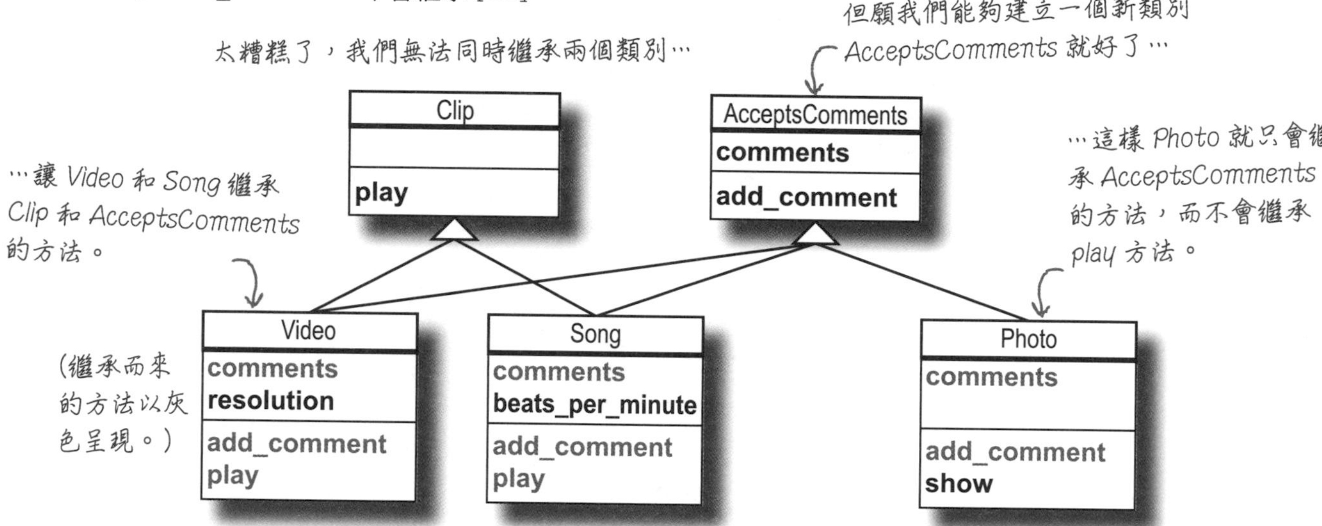

但這其實是在攪局：我們無法這麼做。繼承多個類別的概念稱為**多重繼承**（*multiple inheritance*），但是 Ruby 並不允許這麼做。（不只是 Ruby；Java、C#、Objective-C 和許多其他的物件導向語言都刻意不支援多重繼承。）

為什麼呢？因為這會造成混亂。多重繼承所造成的歧異需要複雜的規則來解決。支援多重繼承將會讓 Ruby 解譯器變大許多，以及讓 Ruby 程式碼變醜許多。

所以 Ruby 提供了另一個解決方案…

以模組做為 mixin

我們需要把一組方法加入多個類別，但是又不能使用繼承。我們該怎麼做呢？

Ruby 還允許我們使用**模組**（*module*）來群聚相關的方法。模組定義的開頭是關鍵字 `module` 以及模組名稱（首字母必須大寫），而結束是關鍵字 `end`。在它們之間是模組的本體，你可以宣告一或多個方法。

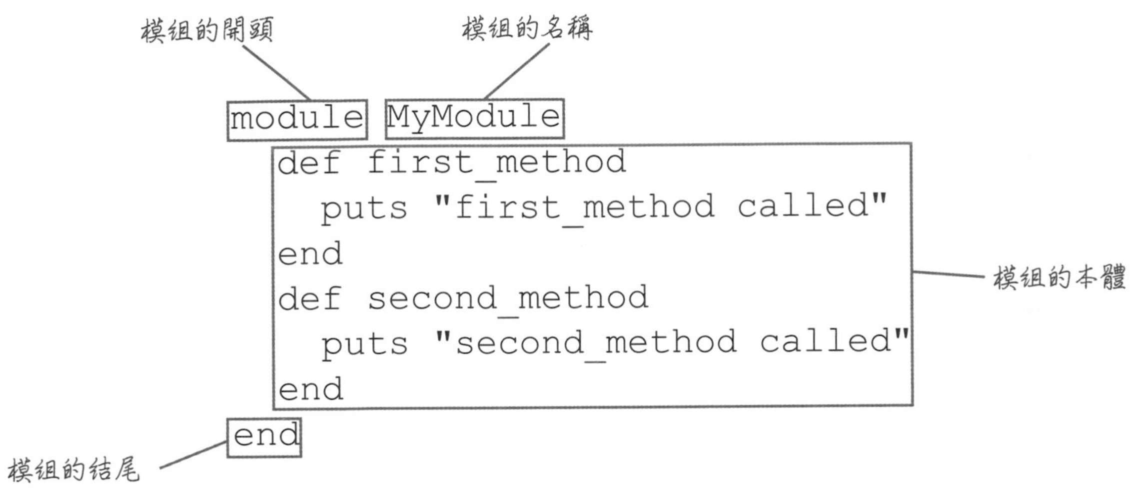

看起來像一個類別，對吧？那是因為類別其實就是一種模組。但是，有一個主要的區別。你可以為類別建立一個實體，但是你無法為模組建立一個實體：

```
MyModule.new
```

錯誤 → `undefined method `new' for MyModule:Module`

不過，你可以先宣告一個類別，再以模組做為 mixin（也就是，把模組混入類別）。當你這麼做之後，類別將可以把模組中的方法拿來當作實體方法。

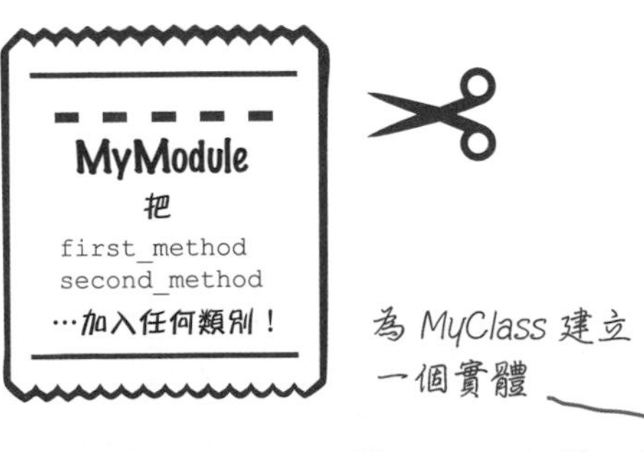


```
module MyModule
  def first_method
    puts "first_method called"
  end
  def second_method
    puts "second_method called"
  end
end

class MyClass
  include MyModule
end

my_object = MyClass.new
my_object.first_method
my_object.second_method
```

在混入此模組的任何類別中，這將會變成實體方法。（指向 first_method）

此處也一樣（指向 second_method）

把 MyModule 混入此類別（指向 include MyModule）

為 MyClass 建立一個實體（指向 my_object = MyClass.new）

呼叫從 MyModule 混入的實體方法。（指向 my_object.first_method、my_object.second_method）

```
first_method called
second_method called
```

以模組做為 mixin（續）

被設計來混入類別的模組常被稱為 **mixin**。就像一個父類別可以有多個子類別，mixin 可以混入任何數量的類別：

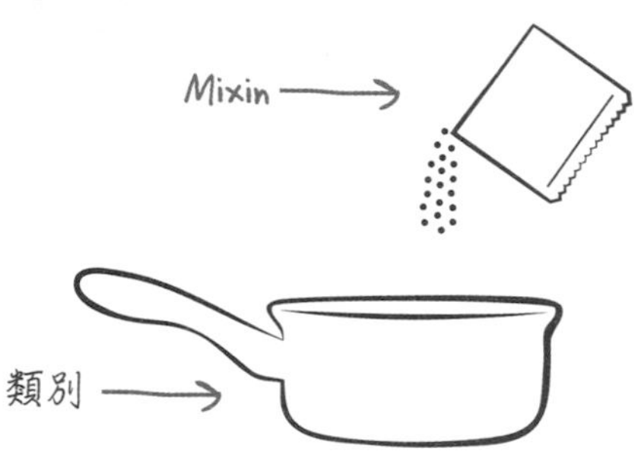


```
module Friendly
  def my_method
    puts "hello from Friendly"
  end
end

class ClassOne
  include Friendly
end

class ClassTwo
  include Friendly
end

ClassOne.new.my_method
ClassTwo.new.my_method
```

← 把 my_method 加入 ClassOne。

← 把 my_method 加入 ClassTwo。

```
hello from Friendly
hello from Friendly
```

現在，這是很酷的部分：你可以把任何數量的模組混入一個類別。該類別將可獲得這些模組的功能！

```
module Friendly
  def method_one
    puts "hello from Friendly"
  end
end

module Friendlier
  def method_two
    puts "hello from Friendlier!!"
  end
end

class MyClass
  include Friendly
  include Friendlier
end

my_object = MyClass.new
my_object.method_one
my_object.method_two
```

← 加入 method_one.

← 加入 method_two.

```
hello from Friendly
hello from Friendlier!!
```

不管一個類別是否具有父類別，你都可以把模組混入該類別。

即使具有父類別，你仍然可以加入 mixin！

```
class MySuperclass
end

class MySubclass < MySuperclass
  include Friendly
  include Friendlier
end

subclass_instance = MySubclass.new
subclass_instance.method_one
subclass_instance.method_two
```

```
hello from Friendly
hello from Friendlier!!
```

> ### 一般常識
>
> **如同類別名稱，模組名稱必須以一個大寫字母開頭。其餘字母習慣上會採用駝峰式大小寫（camel case）。**
>
> ```
> module Secured
>   ...
> end
> module PasswordProtected
>   ...
> end
> ```
>
> **做為 mixin 的模組，常用於描述物件的行為。所以還有一個慣例，就是使用行為的描述來做為 mixin 的名稱。可以的話，請使用一個形容詞來描述。**
>
> ```
> module Traceable
>   ...
> end
> ```
>
> **如果一個形容詞難以描述，使用多個字來做描述也是可以的。（例如，Commentable 並不是很好讀，所以 AcceptsComments 可能會更好。）**
>
> ```
> module AcceptsComments
>   ...
> end
> ```

Mixin，幕後的運作方式

第 3 章在介紹方法覆寫的時候曾提到，Ruby 會先在類別中尋找實體方法，再到父類別中尋找…

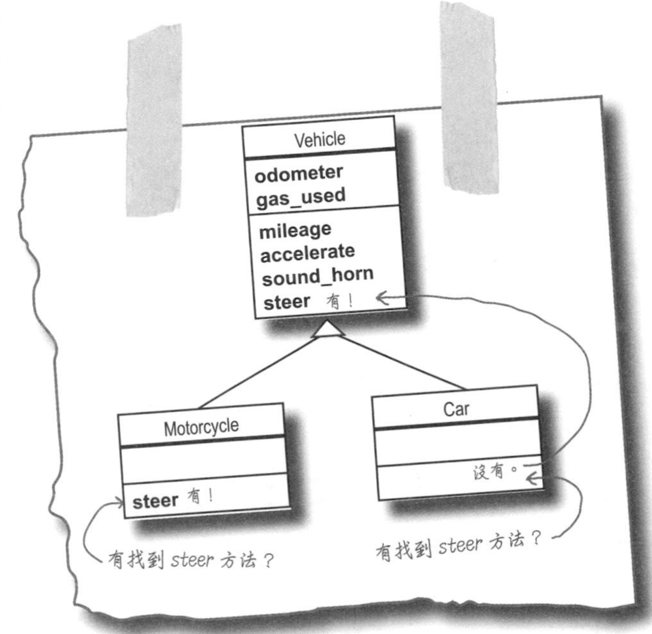

當你混入一個模組，它將會以非常類似的方式運作。Ruby 會把模組加入它用於尋找方法的清單，就放在被混入模組的類別與該類別的父類別之間。

```
class MySuperclass
end

module MyModule
  def my_method
    puts "hello from MyModule"
  end
end

class MyClass < MySuperclass
  include MyModule
end

my_object = MyClass.new
my_object.my_method
```

```
hello from MyModule
```

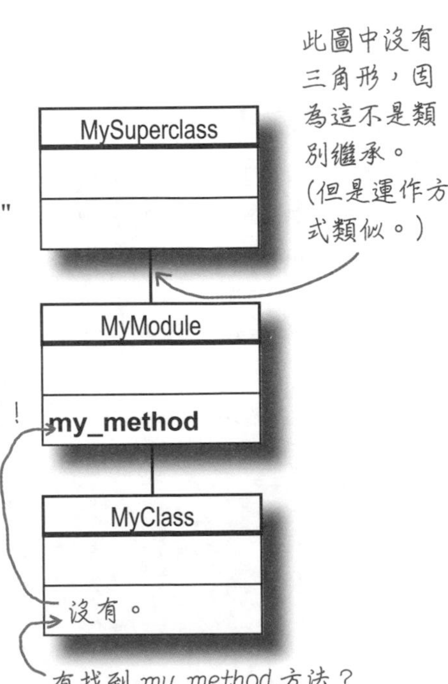

加入模組後，如果無法在類別找到方法，Ruby 將會到模組中尋找。這就是 mixin 把方法加入類別的原理！

沒有蠢問題

問：你說 Ruby 會把模組加入它用於尋找方法的清單，就放在被混入模組的類別與該類別的父類別之間。如果沒有定義父類別會發生什麼事？

答：記住，所有的 Ruby 類別都會具有 `Object` 父類別。所以，如果一個類別並未明確定義父類別，而你把一個模組混入該類別：

```
module MyModule
end

class MyClass
  include MyModule
end
```

…那麼在 `ancestors` 清單中，`MyModule` 將會被加入 `MyClass` 與 Object 之間。

問：如果模組被混入父類別會發生什麼事？它的子類別將會繼承被混入的方法嗎？

答：是的！如果 Ruby 在父類別中沒有找到方法，那麼它將會在父類別的 mixin 中尋找。所以，如果父類別有一個方法可以使用，子類別也有這個方法可以使用。

圍爐夜話

今晚主題：**模組與類別談論彼此的微妙關係**

模組： 有時候，我真的很羨慕你，類別。

類別： 為什麼這麼說，模組？我們都只是方法所構成的集合。

模組： 沒錯，但這就是我的全部一方法所構成的集合。你還可以建立自己的實體！

類別： 是的，但不像你想的那麼有趣。

模組： 而且你還可以從父類別繼承方法！

類別： 我只能從一個父類別繼承方法。Ruby 不允許多重繼承。這是一個懲罰；聽起來好像事情會變複雜。但是我可以隨意混入多個模組！

模組： 但是那有什麼好處？

類別： 嗯，透過繼承，你可以把與多個類別有關的方法放在同一個地方。但是你必須讓每個子類別共享所有方法！這對一些方法來說可能有意義，但是對其他方法來說並非如此。

模組： 噢，所以你可以把只適用於特定類別的方法移往模組？

類別： …然後把模組混入這些類別；說得沒錯！

模組： 嗯，這聽起來很有用。我想，我不再感覺如此糟糕了！

類別： 這真的很有用。我們是一對好搭檔！

程式碼磁貼

有一支 Ruby 程式散落在冰箱上。它包含了兩個模組、一個類別以及若干用於為類別建立實體和呼叫實體方法的程式碼。你能夠把這些程式碼片段重新復原成可運行的 Ruby 程式，以便產生所給定的輸出？

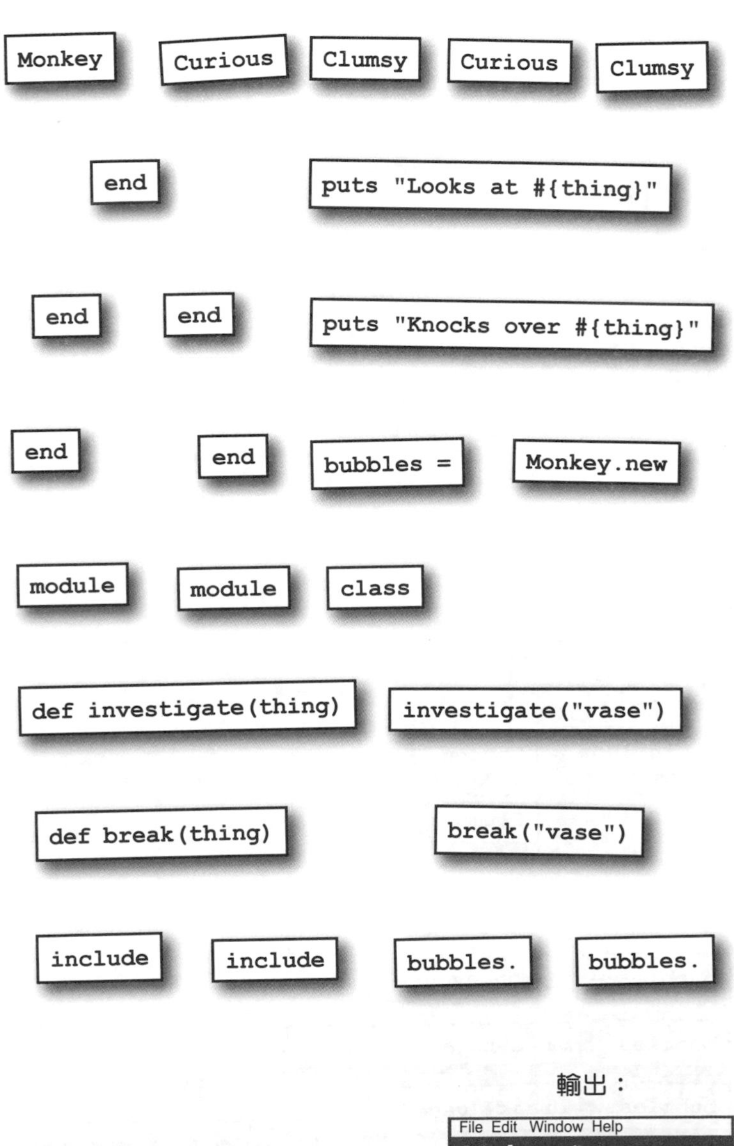
Monkey
Curious
Clumsy
Curious
Clumsy
end
puts "Looks at #{thing}"
end
end
puts "Knocks over #{thing}"
end
end
bubbles =
Monkey.new
module
module
class
def investigate(thing)
investigate("vase")
def break(thing)
break("vase")
include
include
bubbles.
bubbles.

輸出：

```
File Edit Window Help
Looks at vase
Knocks over vase
```

程式碼磁貼解答

有一支 Ruby 程式散落在冰箱上。它包含了兩個模組、一個類別以及若干用於為類別建立實體和呼叫實體方法的程式碼。你能夠把這些程式碼片段重新復原成可運行的 Ruby 程式，以便產生所給定的輸出？

```
module Curious
  def investigate(thing)
    puts "Looks at #{thing}"
  end
end

module Clumsy
  def break(thing)
    puts "Knocks over #{thing}"
  end
end

class Monkey
  include Curious
  include Clumsy
end

bubbles = Monkey.new
bubbles.investigate("vase")
bubbles.break("vase")
```

輸出：

```
File Edit Window Help
Looks at vase
Knocks over vase
```

為 comments 建立一個 mixin

我們需要 Video、Song 和 Photo 等類別共享 comments 和 add _ comment 等方法的單一實作，但是我們知道，我們無法使用多重繼承。

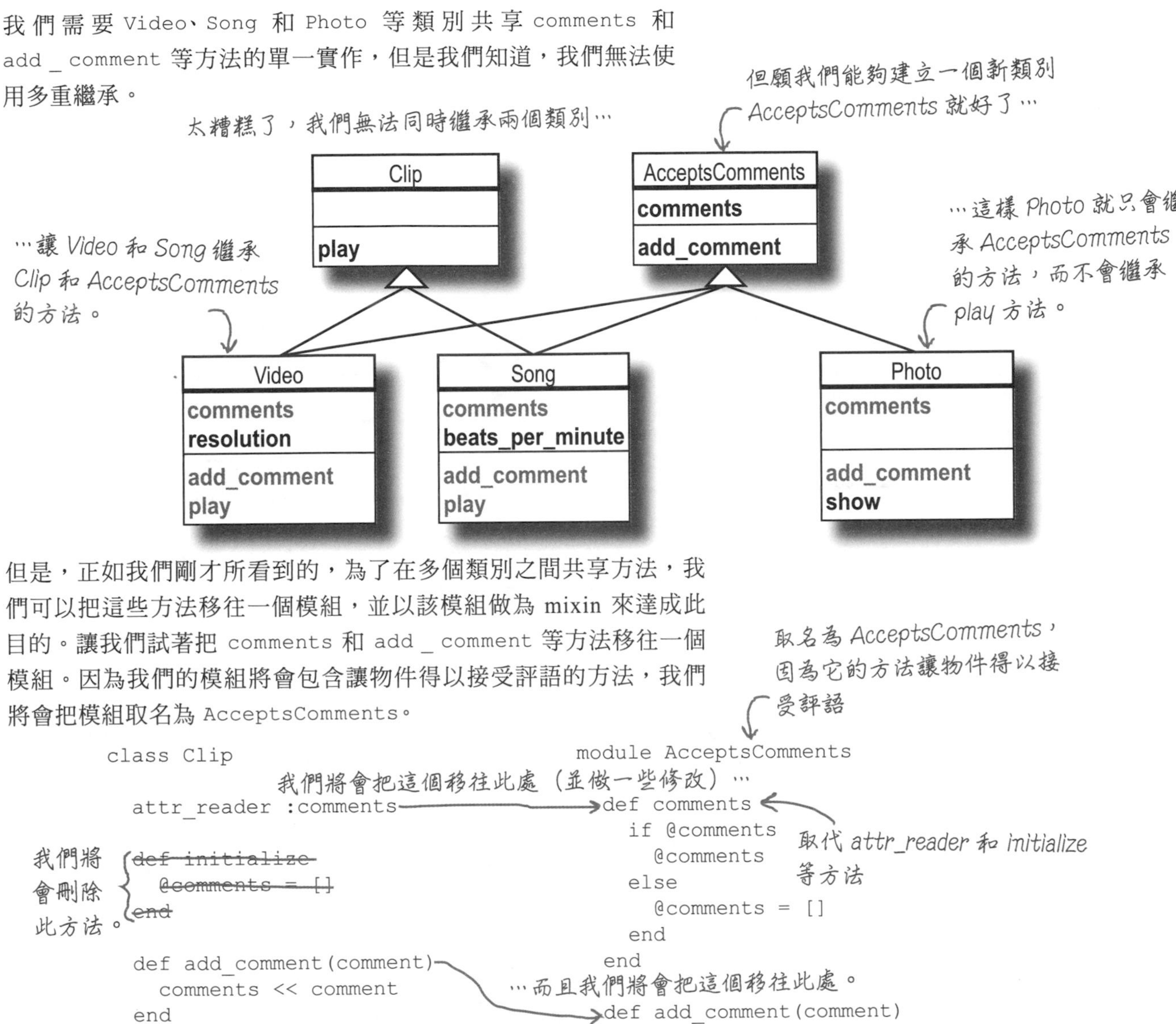

但是，正如我們剛才所看到的，為了在多個類別之間共享方法，我們可以把這些方法移往一個模組，並以該模組做為 mixin 來達成此目的。讓我們試著把 comments 和 add _ comment 等方法移往一個模組。因為我們的模組將會包含讓物件得以接受評語的方法，我們將會把模組取名為 AcceptsComments。

```
class Clip

  attr_reader :comments

  def initialize
    @comments = []
  end

  def add_comment(comment)
    comments << comment
  end

  def play
    puts "Playing #{object_id}..."
  end

end
```

```
module AcceptsComments
  def comments
    if @comments
      @comments
    else
      @comments = []
    end
  end
  def add_comment(comment)
    comments << comment
  end

end
```


除了把一些方法移往模組，我們還為 comments 加入了一些程式邏輯，以免除 initialize 方法之需要。我們將會說明為什麼，但首先來試試我們所做的改變。

使用我們的 comments mixin

讓我們把 AcceptsComments 模組混入 Video 和 Song 等類別 *，看看程式是否仍然以同樣的方式運作…

*我們也可以把 AcceptsComments 混入 Clip 類別，讓 Video 和 Song 來繼承其方法，不過我們覺得此處的做法比較明確。

```
module AcceptsComments
  def comments
    if @comments
      @comments
    else
      @comments = []
    end
  end
  def add_comment(comment)
    comments << comment
  end
end

class Clip
  def play
    puts "Playing #{object_id}..."
  end
end

class Video < Clip
  include AcceptsComments
  attr_accessor :resolution
end

class Song < Clip
  include AcceptsComments
  attr_accessor :beats_per_minute
end

video = Video.new
video.add_comment("Cool slow motion effect!")
video.add_comment("Weird ending.")
song = Song.new
song.add_comment("Awesome beat.")

p video.comments, song.comments
```

我們將會說明這段程式碼，但是首先我們想要試試這個模組。

從 AcceptsComments 模組混入所有方法。

從 AcceptsComments 模組混入所有方法。

如同之前的程式碼

相同的輸出

```
["Cool slow motion effect!", "Weird ending."]
["Awesome beat."]
```

mixin 可以運作了！Video 和 Song 仍舊有 comments 和 add_comment 等方法可用，但現在它們係混入自 AcceptsComments 而非繼承自 Clip。此外 Video 和 Song 也能夠順利地從 Clip 繼承 play 方法：

```
video.play
song.play
```

```
Playing 70322929946360...
Playing 70322929946280...
```

沒有蠢問題

問：你說，你無法為模組建立實體。那麼模組怎麼會有實體變數？

答：還記得在第 3 章中我們有提到，實體變數屬於物件而非類別的情況？模組也是同樣的情況。模組中「參用到實體變數」的方法，被混入類別之後會成為「實體方法」，但只有在「建立了這些實體變數」的物件「被呼叫了這些實體方法」的情況下。實體變數並不屬於模組；它們屬於被混入了模組之類別的實體。

使用我們的 comments mixin（續）

現在讓我們來建立一個 Photo 類別，看看我們是否可以混入 AcceptsComments 模組…

```
class Photo
  include AcceptsComments
  def show
    puts "Displaying #{object_id}..."
  end
end

photo = Photo.new
photo.add_comment("Beautiful colors.")

p photo.comments
```

從 AcceptsComments 模組混入 comments 和 add_comment 等方法。

```
["Beautiful colors."]
```

這個新建立的 Photo 類別具有需要用到的 show 方法，但是它並未具有不需要用到的 play 方法。（只有 Clip 的子類別會具有 play 方法。）這一切正如我們的預期！

```
photo.show
```

```
Displaying 70139324385180...
```

讓我們進一步檢視修改過的 comments 方法

知道它可以順利運作後，現在讓我們進一步檢視 comments 方法。該方法的新版本會尋找當前物件之上的實體變數 @comments。如果 @comments 未被賦值，它的值將會是 nil。在此情況下，若我們把一個空陣列賦值給 @comments，則 comments 將會回傳該空陣列。

在這之後，@comments 的值不再是 nil。因此後續對 comments 方法的呼叫，將會回傳我們賦值給 @comments 的陣列。

```
module AcceptsComments
  def comments
    if @comments
      @comments
    else
      @comments = []
    end
  end
  def add_comment(comment)
    comments << comment
  end
end
```

用於取代 attr_reader 與 initialize 方法。（指向 def comments…end）

如果 @comments 已被賦值…（指向 if @comments）

…回傳該值。（指向 @comments）

如果它尚未被賦值，則會把一個空陣列賦值給它，並回傳該陣列。（指向 @comments = []）

如果它尚未被賦值，則取回一個空串列；如果它已被賦值，則取回既有的串列。（指向 comments << comment）

我們並未修改 add _ comment 方法；它仍舊依賴 comments 方法來取得用於添加評語的陣列。所以若這是你第一次呼叫它，你的評語將會被加入一個新的空陣列。後續的呼叫將會繼續把評語加入相同的陣列，因為那是 comments 方法將會回傳的結果。

因為 comments 方法會為我們初始化 @comments 實體變數，因此我們不再需要父類別 Clip 上的 initialize 方法。所以我們可以把它刪除！

為什麼你不應該把 initialize 加入 mixin？

AcceptsComments 上修改過的 comments 方法，運作得跟之前一樣，而屬性閱讀器方法 comments 則運作在原先的父類別 Clip 上。我們不再需要使用 initialize 方法。

```
class Clip

  attr_reader :comments

  def initialize
    @comments = []
  end
  ...
end
```

我們將會刪除此方法。

我們將會把它移往此處（並做一些修改）…

```
module AcceptsComments
  def comments
    if @comments
      @comments
    else
      @comments = []
    end
  end
  ...
end
```

取代 attr_reader 與 initialize 方法

但是為什麼我們要自找麻煩地去更新 comments 方法？我們不能直接把 initialize 方法從 Clip 移往 AcceptsComments？

如果我們這麼做呢？

```
class Clip
  attr_reader :comments

  def initialize
    @comments = []
  end
  ...
end
```

```
module AcceptsComments
  attr_reader :comments

  def initialize
    @comments = []
  end
  ...
end
```

嗯，如果我們這麼做，initialize 方法一開始運作得很好。

把 initialize 方法混入 Photo 類別後，只要我們呼叫 Photo.new，就會呼叫該 initialize 方法。在閱讀器方法 comments 被呼叫之前，該 initialize 方法會把實體變數 @comments 設定為空陣列。

```
module AcceptsComments
  attr_reader :comments
  def initialize
    @comments = []
  end
  def add_comment(comment)
    comments << comment
  end
end

class Photo
  include AcceptsComments
  def show
    puts "Displaying #{object_id}..."
  end
end

photo = Photo.new
photo.add_comment("Beautiful colors.")
p photo.comments
```

當物件被建立，把 @comments 設定為空陣列。

首次呼叫的時候，@comments 已被設定！

呼叫 mixed 中的 initialize 方法。

```
["Beautiful colors."]
```

為什麼你不應該把 initialize 加入 mixin？（續）

在我們的模組中使用 initialize 方法一開始可以順利運作…直到我們把 initialize 方法添加到被混入了該模組的類別。

假設為了設置預定的格式，我們需要替 Photo 類別添加 initialize 方法：

```
class Photo
  include AcceptsComments
  def initialize
    @format = 'JPEG'
  end
  ...
end
```

添加 initialize 方法之後，如果我們建立了一個新的 Photo 實體，並呼叫該實體的 add _ comment 方法，則會發生錯誤！

```
photo = Photo.new
photo.add_comment("Beautiful colors.")
```

錯誤 → **in `add_comment': undefined method `<<' for nil:NilClass**

為了協助除錯，讓我們替兩個 initialize 方法添加了一些 puts 述句，這將使得整個問題變得更清晰…

```
module AcceptsComments
  ...
  def initialize
    puts "In initialize from AcceptsComments"
    @comments = []
  end
  ...
end
```

我們希望在輸出中看到此訊息。

```
class Photo
  include AcceptsComments
  def initialize
    puts "In initialize from Photo"
    @format = 'JPEG'
  end
  ...
end

photo = Photo.new
```

我們還希望在輸出中看到此訊息。

只有 Photo 中的 initialize 方法會被呼叫！

In initialize from Photo

結果，Photo 類別中所定義的 initialize 方法會被呼叫，但是 AcceptsComments 中所定義的 initialize 方法不會被呼叫！所以，就此處的程式碼來說，當我們呼叫 add _ comment 的時候，實體變數 @comments 仍舊會被設定為 nil，於是會發生錯誤。

問題出在類別中的 initialize 方法覆寫了來自 mixin 的 initialize 方法。

mixin 與方法覆寫

正如我們所見，當你把一個模組混入類別，Ruby 會把模組加入它用於尋找方法的清單，就放在被混入模組的類別與該類別的父類別之間。

```
class MySuperclass
end

module MyModule
  def my_method
    puts "hello from MyModule"
  end
end

class MyClass < MySuperclass
  include MyModule
end
```

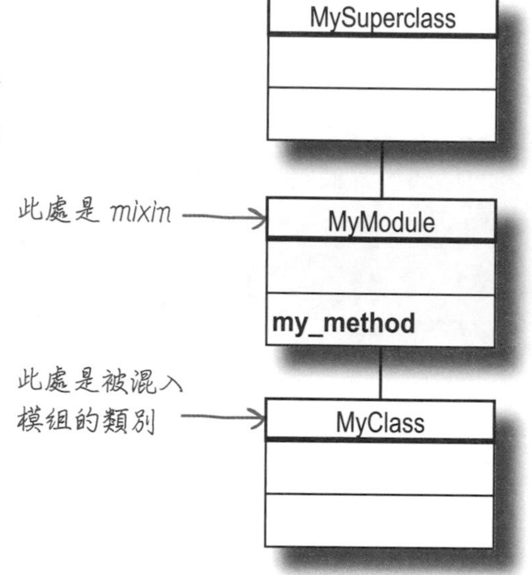

對於所給定的類別，你可以透過類別方法 `ancestors` 取得 Ruby 用於搜尋方法的清單。它將會回傳一個陣列（內含 mixin 與各父類別），Ruby 會依序到其中尋找所要使用的方法。

```
p MyClass.ancestors
```

此處是 mixin

```
[MyClass, MyModule, MySuperclass, Object, Kernel, BasicObject]
```

第 3 章中，我們曾看到，當 Ruby 在一類別之上找到所要尋找的方法，它就會調用該方法**然後停止尋找**。這讓子類別得以覆寫來自父類別的方法。

mixin 也是如此。Ruby 會在類別之 `ancestors` 陣列中所列示的模組和類別裡依序尋找實體方法。如果它在一個類別中找到所要尋找的方法，它就會調用該方法。於是 mixin 中任何同名的方法都會被忽略；也就是說，它會被類別的方法所覆寫。

```
module MyModule
  def my_method
    puts "hello from MyModule"
  end
end

class MyClass
  include MyModule
  def my_method
    puts "hello from MyClass"
  end
end

p MyClass.ancestors

MyClass.new.my_method
```

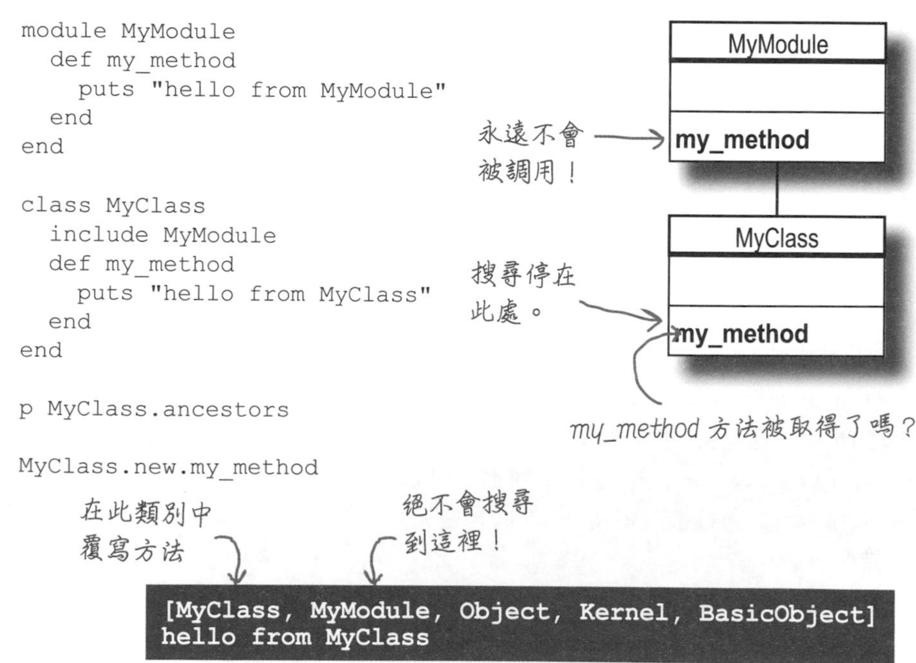


```
[MyClass, MyModule, Object, Kernel, BasicObject]
hello from MyClass
```

猜一猜底下程式碼的輸出結果，並把答案填寫在空白處。

```
module JetPropelled
  def move(destination)
    puts "Flying to #{destination}."
  end
end

class Robot
  def move(destination)
    puts "Walking to #{destination}."
  end
end

class TankBot < Robot
  include JetPropelled
  def move(destination)
    puts "Rolling to #{destination}."
  end
end

class HoverBot < Robot
  include JetPropelled
end

class FarmerBot < Robot
end

TankBot.new.move("hangar")
HoverBot.new.move("lab")
FarmerBot.new.move("field")
```

....

....

....

避免在模組中使用 initialize 方法

所以這就是為什麼，如果我們混入了具有 `initialize` 方法的 `AcceptsComments` 模組，之後將會出問題。如果我們為 `Photo` 類別添加了 `initialize` 方法，它將會覆寫 mixin（被混入的模組）中的 `initialize` 方法，導致實體變數 `@comments` 未被初始化。

```
module AcceptsComments
  attr_reader :comments
  def initialize
    @comments = []
  end
  def add_comment(comment)
    comments << comment   # ← 實體變數 @comments 的值為 nil，所以會發生錯誤！
  end
end

class Photo
  include AcceptsComments
  def initialize   # ← 覆寫 mixin 中的 initialize，所以它不會被執行到！
    @format = 'JPEG'
  end
end

photo = Photo.new
photo.add_comment("Beautiful colors.")
```

錯誤 →

```
in `add_comment': undefined
method `<<' for nil:NilClass
```

避免在模組中使用 initialize 方法（續）

這就是為什麼，我們不依靠 AcceptsComments 中的 initialize 方法，而是在 comments 方法中對實體變數 @comments 進行初始化。

用於取代 attr_reader 與 initialize 方法。

```
module AcceptsComments
  def comments
    if @comments
      @comments
    else
      @comments = []
    end
  end
  ...
end
```

如果 @comments 已被設定…

…回傳該值。

如果尚未被設定，則把一個空陣列賦值給它，並回傳該陣列。

Photo 類別中是否有 initialize 方法並不會有任何影響，因為 AcceptsComments 中沒有 initialize 方法會被它覆寫。當 comments 首次被呼叫，實體變數 @comments 會被設定為一個空陣列，而且一切都會運作得很好！

```
photo = Photo.new
photo.add_comment("Beautiful colors.")
p photo.comments
```

```
["Beautiful colors."]
```

所以這裡的教訓是：避免在你的模組中使用 initialize 方法。如果你需要在使用實體變數之前先設置它，你可以透過模組中的存取器方法達成此目的。

習題解答

猜一猜底下程式碼的輸出結果，並把答案填寫在空白處。

```
module JetPropelled
  def move(destination)
    puts "Flying to #{destination}."
  end
end

class Robot
  def move(destination)
    puts "Walking to #{destination}."
  end
end

class TankBot < Robot
  include JetPropelled
  def move(destination)
    puts "Rolling to #{destination}."
  end
end

class HoverBot < Robot
  include JetPropelled
end

class FarmerBot < Robot
end

TankBot.new.move("hangar")
HoverBot.new.move("lab")
FarmerBot.new.move("field")
```

覆寫 mixin 的方法！

以 mixin 的方法覆寫父類別的方法。

沒有 mixin，所以會呼叫父類別的方法。

Rolling to hangar.
Flying to lab.
Walking to field.

對賦值運算使用布林運算符 or

但是，這麼做有一些辛苦：comments 方法讓程式碼多了好幾列。如果能夠讓屬性存取器方法更簡潔，那就太好了，尤其是如果我們需要在許多地方用到它。

那麼，如果我們告訴你，我們能夠把 comments 方法中的五列程式碼縮減成只有一列，並維持相同的功能呢？這裡是一種做法：

只有在 @comments 的值為 nil，才把新值賦予 @comments

```
module AcceptsComments
  def comments
    if @comments
      @comments
    else
      @comments = []
    end
  end
end
```

只有在 @comments 的值為 nil，才把新值賦予 @comments

```
module AcceptsComments
  def comments
    @comments = @comments || []
  end
end
```

只有一列程式碼也能做到相同的功能！

正如我們在第一章所學到的，||（大聲讀出來 or）運算符用於測試兩個運算式的值是否有一個為 true（或非 nil）。如果左手邊的運算式為 true，左手邊之運算式的值將會成為 || 運算式的值。否則，右手邊之運算式的值將會成為 || 運算式的值。這說起來有些拗口，那麼看實際的例子或許會比較簡單：

程式碼	輸出
`p true || false`	`true`
`p false || true`	`true`
`p nil || true`	`true`
`p true || "righthand value"`	`true`
`p "lefthand value" || "righthand value"`	`"lefthand value"`
`p nil || []`	`[]`
`p [] || "righthand value"`	`[]`

所以，如果 @comments 的值為 nil，那麼 comments 方法中之 || 運算式的值，將會是一個空陣列。如果 @comments 的值不是 nil，那麼 @comments 的值就不會是 nil，於是 || 運算式的值，將會是 @comments 的值。

程式碼	輸出
`@comments = nil` `p @comments || []`	`[]`
`@comments = ["Beautiful colors."]` `p @comments || []`	`["Beautiful colors."]`

條件賦值運算符

|| 運算式的值會被賦值回 @comments。所以 @comments 會被重新賦值為它的當前值，或者，如果它的當前值為 nil，則會被賦值為一個空陣列。

程式碼	輸出
@comments = nil @comments = @comments || [] p @comments	[]
@comments = ["Beautiful colors."] @comments = @comments || [] p @comments	["Beautiful colors."]

Ruby 所提供的 ||= 運算符，又稱為**條件賦值運算符**（*conditional assignment operator*），是一個相當有用的簡寫，可以做同樣的事情。如果變數的值是 nil(或 false)，條件賦值運算符將會把一個新值賦予該變數。但如果該變數的值是任何其他值，||= 將會維持該值不變。

程式碼	輸出
@comments = nil @comments ||= [] p @comments	[]
@comments = ["Beautiful colors."] @comments ||= [] p @comments	["Beautiful colors."]

條件賦值運算符非常適合使用在 AcceptsComments 模組的 comments 方法中…

```
module AcceptsComments
  def comments
    @comments ||= []
  end
  def add_comment(comment)
    comments << comment
  end
end

class Photo
  include AcceptsComments
  def initialize
    @format = 'JPEG'
  end
end

photo = Photo.new
photo.add_comment("Beautiful colors.")
p photo.comments
```

如果 @comments 的值為 nil，則將一個空陣列賦值給它。然後回傳 @comments 的值。

輸出：["Beautiful colors."]

comments 方法的運作跟之前一樣，但現在它由五列縮減成一列！

猜一猜底下程式碼片段的輸出結果，並把答案填寫在空白處。
(我們已經替你完成了第一題。)

```
puts true || "my"
```
true..................

```
puts false || "friendship"
```
....

```
puts nil || "is"
```
....

```
puts "not" || "often"
```
....

```
first = nil
puts first || "easily"
```
....

```
second = "earned."
puts second || "purchased."
```
....

```
third = false
third ||= true
puts third
```
....

```
fourth = "love"
fourth ||= "praise"
puts fourth
```
....

```
fifth = "takes"
fifth ||= "gives"
puts fifth
```
....

```
sixth = nil
sixth ||= "work."
puts sixth
```
....

猜一猜底下程式碼片段的輸出結果，並把答案填寫在空白處。

```
puts true || "my"
```
true

```
puts false || "friendship"
```
friendship

```
puts nil || "is"
```
is

```
puts "not" || "often"
```
not

```
first = nil
puts first || "easily"
```
easily

```
second = "earned."
puts second || "purchased."
```
earned.

```
third = false
third ||= true
puts third
```
true

```
fourth = "love"
fourth ||= "praise"
puts fourth
```
love

```
fifth = "takes"
fifth ||= "gives"
puts fifth
```
takes

```
sixth = nil
sixth ||= "work."
puts sixth
```
work.

我們的完整程式碼

這裡列出了媒體共享 app 更新之後的完整程式碼。我們不需要在 AcceptsComments 模組中使用煩人的 initialize 方法，現在 comments 方法自己會把 @comments 初始化成一個陣列。一切都運作得很好！

```
module AcceptsComments
  def comments
    @comments ||= []
  end
  def add_comment(comment)
    comments << comment
  end
end
```

把預設值或當前值賦值給 @comments。不需要使用 initialize 方法！

把新的評語加入陣列。

使用 comments 方法取得 @comments 的值。

父類別

```
class Clip
  def play
    puts "Playing #{object_id}..."
  end
end
```

Video 與 Song 將會繼承此類別。

子類別

```
class Video < Clip
  include AcceptsComments
  attr_accessor :resolution
end
```

混入 comments 和 add_comment 等方法。

子類別

```
class Song < Clip
  include AcceptsComments
  attr_accessor :beats_per_minute
end
```

混入 comments 和 add_comment 等方法。

獨立的類別

```
class Photo
  include AcceptsComments
  def initialize
    @format = 'JPEG'
  end
end
```

混入 comments 和 add_comment 等方法。

不要擔心這會干擾到 AcceptsComments！

為 Video、Song 和 Photo 等類別建立實體，然後使用來自 mixin 的方法來添加和印出評語！

```
video = Video.new
video.add_comment("Cool slow motion effect!")
video.add_comment("Weird ending.")
song = Song.new
song.add_comment("Awesome beat.")
photo = Photo.new
photo.add_comment("Beautiful colors.")

p video.comments, song.comments, photo.comments
```

```
["Cool slow motion effect!", "Weird ending."]
["Awesome beat."]
["Beautiful colors."]
```

你的 Ruby 工具箱

第 9 章已經閱讀完畢！你可以把模組和 mixin 加入你的工具箱。

雜湊(Hashes)
模組(Modules)
模組是方法所構成的集合。
模組與類別的主要差異在於，你無法為模組建立實體。
Mixins
當你把模組混入一個類別，就好像把模組的所有方法加入該類別而成為實體方法。
雖然每一個類別僅能繼承一個父類別，但是你可以把任何數量的模組混入一個類別。

要點提示

- 模組的名稱必須以一個大寫字母開頭。其餘字母習慣上會採用駝峰式大小寫。
- 做為 mixin 的模組，常用於描述物件的行為。所以還有一個慣例，就是使用行為的描述（像是 `Traceable` 或 `PasswordProtected`）來做為 mixin 的名稱。
- 為了在任何被給定之類別的實體中尋找方法，Ruby 維護了一個搜尋清單。當你將模組混入一個類別，Ruby 會把該模組加入搜尋清單，就放在被混入模組的類別之後。
- 對於所給定的類別，你可以透過呼叫類別方法 `ancestors` 來取得 Ruby 用於搜尋方法的清單。
- 如果類別與 mixin 之上具有同名的實體方法，那麼類別的實體方法將會覆寫 mixin 的實體方法。
- 如同來自類別的實體方法，mixin 方法也可以在當前物件之上建立實體變數。
- 條件賦值運算符，`||=`，只會在變數的值為 `nil`（或 `false`）的時候，才會把新值賦予變數。所以適合用於為變數設定預設值。

接下來…

現在你已經知道如何建立和使用 mixin。但是這個驚人的工具可以用來做什麼呢？嗯，Ruby 對此有一些想法！它備妥了一些強大的模組，可以隨時混入你的類別。這就是我們在下一章要探討的主題！

10 Comparable 與 Enumerable

現成的 mixin

有時油漆店就有正確的顏色，但是我發現學會調色是值得的 ...

你已經知道 mixin 很有用。但是你還不知道它全部的能力。Ruby 核心程式庫包含了兩個令你驚訝的 mixin。第一個是 `Comparable`，用於比較物件。你可以使用 `<`、`>` 和 `==` 之類的運算符來比較數值和字串，但是 `Comparable` 將可讓你用它們來比較類別。第二個 mixin 是 `Enumerable`，用於處理集合。記得之前在處理陣列的時候，所使用之超有用的方法 `find_all`、`reject` 和 `map`？這些方法皆來自 `Enumerable`。但這只是 `Enumerable` 的一小部分功能。同樣的，你可以把它混入你的類別。請繼續往下讀！

Ruby 內建的 mixin

你已經知道模組的運作原理，現在讓我們來看看 Ruby 語言提供了哪些有用的模組…

信不信由你，其實你在第 1 章已經使用過 mixin。只是你不知道而已。

記得第 1 章的猜數字遊戲中我們使用 <、 > 和 == 來比較數字嗎？你可能還記得比較運算符在 Ruby 中其實是方法。

所有的數值類別都需要用到比較運算符，於是 Ruby 的創造者們就把它們加進了 `Numeric` 類別，此類別是 `Fixnum`、`Float` 以及 Ruby 中所有其他數值類別的父類別。

然而 `String` 類別也需要比較運算符。但是讓 `String` 成為 `Numeric` 的子類別似乎不是明智之舉。因為，這會讓 `String` 繼承一堆不適用的方法，像是 `abs`（取絕對值）以及 `modulo`（取餘數）。

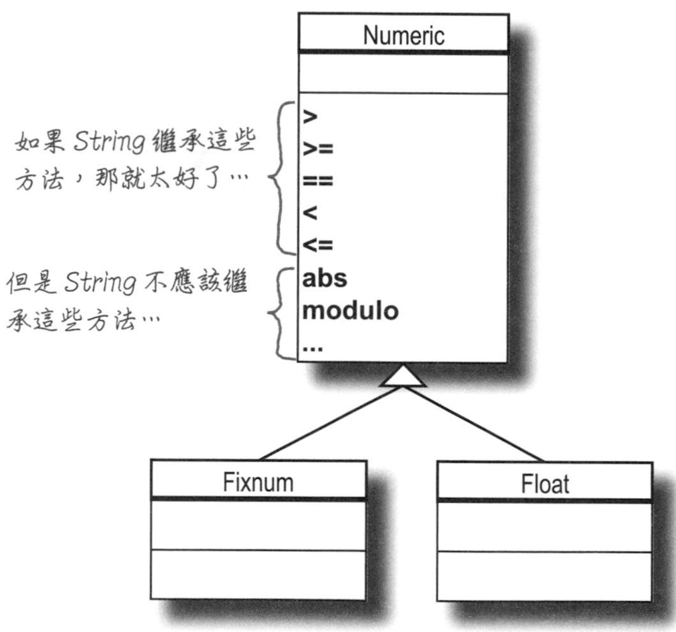

String
>
>=
==
<
<=
...
我們是否必須為 String 類別的這些方法維護一個獨立的副本？

所以我們不能真的讓 `String` 成為 `Numeric` 的子類別。這是否意味著，Ruby 的維護者們必須為 `Numeric` 類別的比較方法維持一個副本，並在 `String` 類別之上複製這些方法？

正如你在上一章所學到的，答案是否定的！因為我們可以透過模組將它們混入。

預覽 Comparable mixin

因為有這麼多不同的類別需要用到 <、<=、==、> 和 >= 等方法，使用繼承是不切實際的。所以 Ruby 的創造者們將這五個方法（加上第六個，between?，稍後會提到）放到一個名為 Comparable 的模組。

然後，他們將 Comparable 模組混入 Numeric、String 以及任何需要比較運算符的其他類別。就這樣，這些類別獲得了 <、<=、==、>、>= 和 between? 等方法！

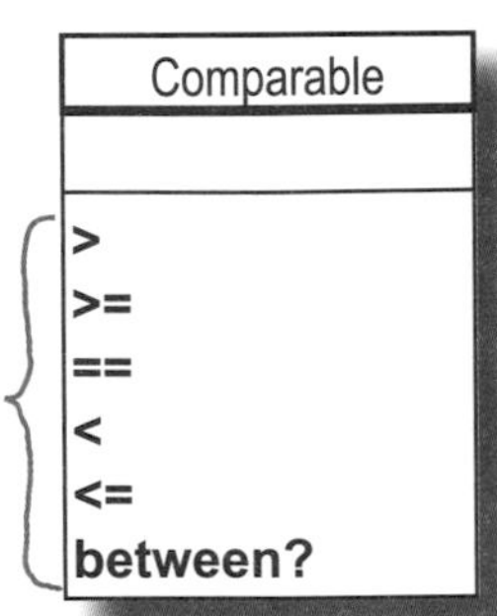

混入 Numeric 類別

Comparable
>
>=
==
<
<=
between?

記住，這不是類別繼承，所以此處沒有三角形。

Numeric
abs
modulo
...

數值特有的方法留在此處。

Fixnum

Float

這兩個類別繼承了 Comparable 與 Numeric 的所有方法。

把 Comparable 模組混入一個類別，讓該類別得以有比較運算符可用。

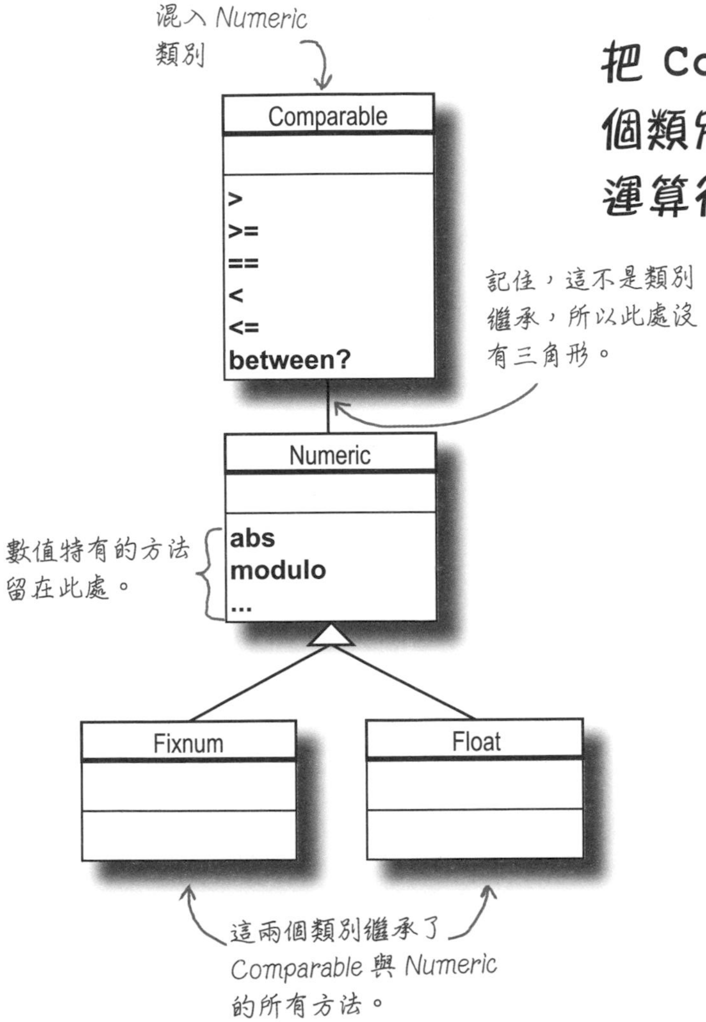

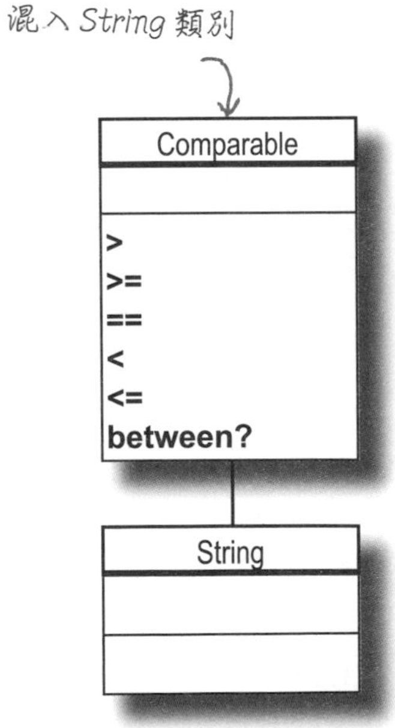

混入 String 類別

Comparable
>
>=
==
<
<=
between?

String

真正重要的是：你也可以把 Comparable 混入你的類別！嗯…但是我們應該把它使用在哪個類別？

選擇牛肉

我們想要花一點時間來談談比較貼近我們的話題：牛排。在美國，牛排的品質分為三個等級。從最好到最差依序是：

- Prime（極品）
- Choice（特選）
- Select（上選）

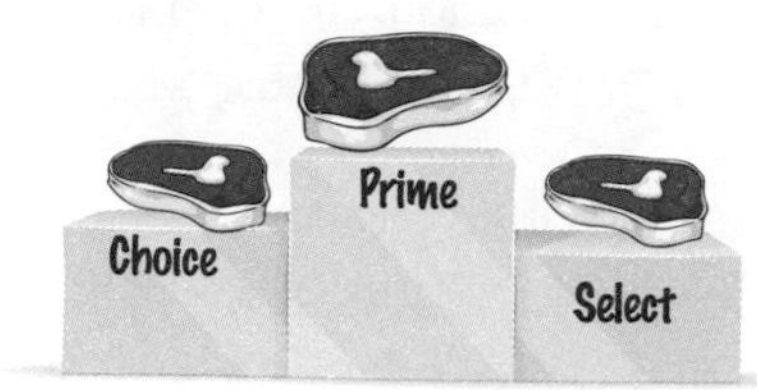

牛肉的等級

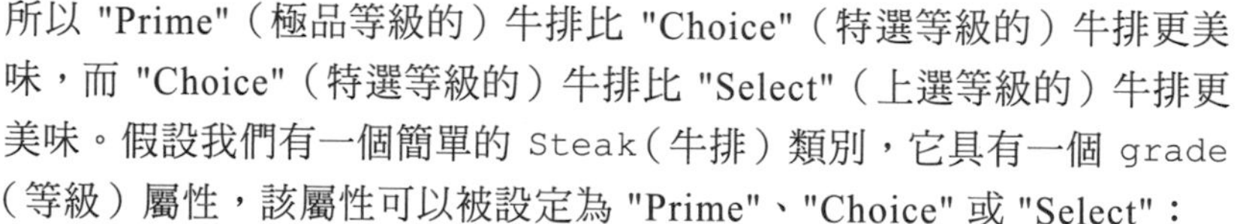
所以 "Prime"（極品等級的）牛排比 "Choice"（特選等級的）牛排更美味，而 "Choice"（特選等級的）牛排比 "Select"（上選等級的）牛排更美味。假設我們有一個簡單的 Steak（牛排）類別，它具有一個 grade（等級）屬性，該屬性可以被設定為 "Prime"、"Choice" 或 "Select"：

```
class Steak
  attr_accessor :grade
end
```

我們希望能夠直接比較 Steak 物件，這樣我們就可以知道所購買的是什麼。換句話說，我們希望能夠撰寫如下的程式碼：

```
if first_steak > second_steak  ← 我們還不能這麼做！
  puts "I'll take #{first_steak}"
end
```

正如我們在第 4 章所學到的，比較運算符，像是 >，實際上會呼叫所比較物件的實體方法。所以，如果你看到如下的程式碼：

```
4 > 3
```

…這實際上會被轉換成呼叫 4 這個物件上名為 > 的實體方法，並以 3 做為引數，就像這樣：

```
4.>(3)
```

因此，我們需要的是 Steak 類別上名為 > 的實體方法，並以所要比較的第二個 Steak 實體做為引數。

```
first_steak.>(second_steak)  ← 當我們可以這麼做時，我們也可以這麼做 "if first_steak > second_steak"…
```

在 Steak 類別之上實作一個大於方法

下面的程式碼是我們對 Steak 類別的 > 方法所做的第一次嘗試。它會比較當前物件，self，與第二個物件，如果 self 比較大，則回傳 true；如果第二個物件比較大，則回傳 false。我們將會比較兩個物件的 grade 屬性，以便確定哪一個比較大。

```
class Steak

  attr_accessor :grade

  def >(other)
    grade_scores = {"Prime" => 3, "Choice" => 2, "Select" => 1}
    grade_scores[grade] > grade_scores[other.grade]
  end

end

first_steak = Steak.new
first_steak.grade = "Prime"
second_steak = Steak.new
second_steak.grade = "Choice"

if first_steak > second_steak
  puts "I'll take #{first_steak.inspect}."
end
```

這是 Steak 的 other 實體，我們將會與這個實體做比較。

這個雜湊讓我們得以把 grade（等級）字串轉換成數值，以利比較。

若第一個 Steak 實體的等級大於第二個 Steak 實體的等級，則回傳 true。否則，回傳 false。

使用我們的新方法來比較兩個 Steak 實體。

```
I'll take #<Steak:0x007fc0bc20eae8 @grade="Prime">.
```

我們的新方法（>）的關鍵是雜湊 grade _ scores，它讓我們得以把等級（"Prime"、"Choice" 或 "Select"）轉換成數值大小。於是我們只要比較數值大小就可以了！

```
grade_scores = {"Prime" => 3, "Choice" => 2, "Select" => 1}
puts grade_scores["Prime"]
puts grade_scores["Choice"]
puts grade_scores["Prime"] > grade_scores["Select"]
```

```
3
2
true
```

> 方法準備就緒後，我們就可以在程式碼中使用 > 運算符來比較 Steak 實體。等級為 "Prime" 的 Steak 實體，將會大於等級為 "Choice" 的 Steak 實體，而等級為 "Choice" 的 Steak 實體將會大於等級為 "Select" 的 Steak 實體。

此處的程式碼有一個問題：每次呼叫 > 方法，就會建立一個新的雜湊物件並把它賦值給 grade _ scores 變數。這樣很沒效率。所以，請稍安勿躁，我們需要岔題一下，讓我們來談談「常數」（constant）…

常數

每當呼叫 Steak 類別的 > 方法，就會建立一個新的雜湊物件並把它賦值給 grade _ scores 變數。這樣很沒效率，因為雜湊的內容永遠不會改變。

```
class Steak

  attr_accessor :grade

  def >(other)
    grade_scores = {"Prime" => 3, "Choice" => 2, "Select" => 1}
    grade_scores[grade] > grade_scores[other.grade]
  end

end
```

每當 > 方法被呼叫，就會新建一個完全一樣的雜湊！

針對這種情況，Ruby 提供了**常數（constant）**：
這是一個址參器，指向不會改變的物件。

如果你把一個值指派給一個字母大寫的名稱，Ruby 將會把它當作常數，而非當作變數。習慣上，常數名稱應該是 ALL _ CAPS（全字母大寫）的形式。在類別或模組的本體中，你可以把值指派給一個常數，然後在該類別或模組中的任何一處存取該常數。

```
class MyClass
  MY_CONSTANT = 42
  def my_method
    puts MY_CONSTANT
  end
end

MyClass.new.my_method
```

```
42
```

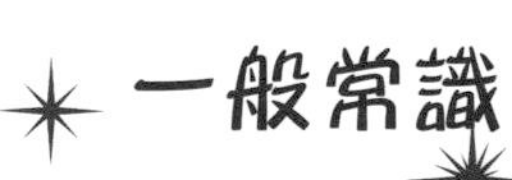

常數名稱採用全字母大寫（ALL CAPS）的形式。單字之間以底線符號隔開。

```
PHI = 1.618
SPEED_OF_LIGHT = 299792458
```

為了避免每當我們呼叫 > 方法的時候，必須為「與牛肉等級等效的數值」重新定義雜湊，讓我們把它定義成常數。然後，我們可以在 > 方法中直接存取常數。

```
class Steak

  GRADE_SCORES = {"Prime" => 3, "Choice" => 2, "Select" => 1}

  attr_accessor :grade

  def >(other)
    GRADE_SCORES[grade] > GRADE_SCORES[other.grade]
  end

end
```

在類別本體中定義常數。

我們可以在 Steak 類別的這個方法或任何其他方法中存取常數。

使用常數的程式碼與使用變數的程式碼採用相同的工作方式，但是我們只需要建立雜湊一次。這樣有效率多了！

還有更多方法要定義…

使用修改過的 > 方法來比較 Steak 運作得很好…

```
class Steak

  GRADE_SCORES = {"Prime" => 3, "Choice" => 2, "Select" => 1}

  attr_accessor :grade

  def >(other)
    GRADE_SCORES[grade] > GRADE_SCORES[other.grade]
  end

end

first_steak = Steak.new
first_steak.grade = "Prime"
second_steak = Steak.new
second_steak.grade = "Choice"

if first_steak > second_steak
  puts "I'll take #{first_steak.inspect}."
end
```

```
I'll take #<Steak:0x007fa5b5816ca0 @grade="Prime">.
```

但是我們只有 > 運算符可以使用。如果我們試圖使用，例如 <，我們的程式碼將會執行失敗：

```
if first_steak < second_steak
  puts "I'll take #{second_steak}."
end
```

```
undefined method `<' for #<Steak:0x007facdb0f2fa0 @grade="Prime">
```

<= 與 >= 也是同樣的情況。Object 具有 Steak 所繼承的 == 方法，所以 == 運算符不會引發錯誤，但是這個版本的 == 並不符合我們的需要（它只會在你比較，兩個指向完全一樣之物件的址參器，回傳 true）。

在使用這些方法之前，需要先實作它們。聽起來不像是一件好玩的事，不是嗎？嗯，有更好的解決方案。看來是學習 Comparable 模組的時候了！

Comparable mixin

Ruby 內建的 Comparable 模組讓你得以比較類別的各個實體。Comparable 所提供的方法讓你得以使用 <、<=、==、> 和 >= 等運算符（以及 between? 方法，你可以呼叫此方法來確定，類別的一個實體是否介於另外兩個實體之間）。

Comparable 模組會被混入 Ruby 的字串和數值類別（以及其他類別）以便實作前面這些運算符，你也可以使用這個模組！你只需要把 Comparable 模組所依賴的特定方法加入你的類別，然後混入該模組，你就可以免費獲得這些方法！

如果我們要自己撰寫 Comparable，它看起來可能會像這樣：

和之前一樣，*other* 是此實體將要比較的其他實體。

當然，*self* 會指向當前的實體。

```
module Comparable
  def <(other)
    (self <=> other) == -1
  end
  def >(other)
    (self <=> other) == 1
  end
  def ==(other)
    (self <=> other) == 0
  end
  def <=(other)
    comparison = (self <=> other)
    comparison == -1 || comparison == 0
  end
  def >=(other)
    comparison = (self <=> other)
    comparison == 1 || comparison == 0
  end
  def between?(first, second)
    (self <=> first) >= 0 && (self <=> second) <= 0
  end
end
```

其餘方法也是以相同的方式來使用 *other* 與 *self*。

太空船運算符

這些到處都可以看到的 <=>
符號是什麼？它們看起來有些
像 <= 或 >= 運算符。

那是「太空船運算符」（spaceship operator）。它是一種比較運算符。

許多 Ruby 開發者把 <=> 稱為「太空船運算符」，因為它看起來像一艘太空船。

你可以把 <=> 想成是 <、== 和 > 等運算符的組合。如果左邊的運算式小於右邊的運算式，它會回傳 -1；如果兩個運算式相等，它會回傳 0；如果左邊的運算式大於右邊的運算式，它會回傳 1。

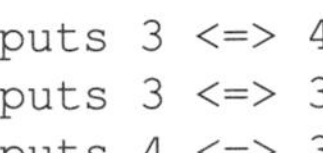

```
puts 3 <=> 4
puts 3 <=> 3
puts 4 <=> 3
```

```
-1
0
1
```

在 Steak 中實作太空船運算符

我們之前提到，在你的類別中加入 Comparable 所依賴的特定方法…其實就是太空船運算符方法。

如同 <、>、 == …等等，<=> 在幕後其實是一個方法。當 Ruby 在你的程式碼中遇到這樣的內容：

```
3 <=> 4
```

…便會把它轉換成一個實體方法的呼叫，就像這樣：

```
3.<=>(4)
```

也就是說：如果我們把實體方法 <=> 加入 Steak 類別，然後每當我們使用 <=> 運算符來比較一些 Steak 實體，我們的方法就會被呼叫！現在讓我們來試試看。

```
class Steak

  GRADE_SCORES = {"Prime" => 3, "Choice" => 2, "Select" => 1}

  attr_accessor :grade

  def <=>(other)
    if GRADE_SCORES[self.grade] < GRADE_SCORES[other.grade]
      return -1
    elsif GRADE_SCORES[self.grade] == GRADE_SCORES[other.grade]
      return 0
    else
      return 1
    end
  end

end

first_steak = Steak.new
first_steak.grade = "Prime"
second_steak = Steak.new
second_steak.grade = "Choice"

puts first_steak <=> second_steak
puts second_steak <=> first_steak
```

如果這個牛排的等級低於其他牛排的等級，則回傳 -1。

如果等級相等，則回傳 0。

否則，這個牛排的等級必定高於其他牛排的等級，所以回傳 1。

```
1
-1
```

如果 <=> 運算符左邊的牛排「大於」右邊的牛排，我們將會得到 1 的結果。如果它們相等，我們將會得到 0 的結果。如果左邊的牛排「小於」右邊的牛排，我們將會得到 -1 的結果

當然，到處使用 <=>，程式碼將不具可讀性。現在我們可以在 Steak 實體中使用 <=>，我們已經準備好把 Comparable 模組混入 Steak 類別，以及使用 <、>、<=、>=、== 和 between? 等方法！

把 Comparable 混入 Steak

現在太空船運算符已經能夠運作在 Steak 類別之上：

```
puts first_steak <=> second_steak
puts second_steak <=> first_steak
```

```
1
-1
```

…要讓 Comparable mixin 運作在 Steak 類別之上，就需要這麼做。讓我們試著混入 Comparable。要達成此目的，我們只需要多加一列程式碼：

```
class Steak

  include Comparable

  GRADE_SCORES = {"Prime" => 3, "Choice" => 2, "Select" => 1}

  attr_accessor :grade

  def <=>(other)
    if GRADE_SCORES[self.grade] < GRADE_SCORES[other.grade]
      return -1
    elsif GRADE_SCORES[self.grade] == GRADE_SCORES[other.grade]
      return 0
    else
      return 1
    end
  end

end
```

所有的 Steak 實體現在都具備 Comparable 的能力了！

混入 Comparable 模組後，所有的比較運算符（以及 between? 方法）應該就能夠立即為 Steak 實體所用：

```
prime = Steak.new
prime.grade = "Prime"
choice = Steak.new
choice.grade = "Choice"
select = Steak.new
select.grade = "Select"

puts "prime > choice: #{prime > choice}"
puts "prime < select: #{prime < select}"
puts "select == select: #{select == select}"
puts "select <= select: #{select <= select}"
puts "select >= choice: #{select >= choice}"
print "choice.between?(select, prime): "
puts choice.between?(select, prime)
```

```
prime > choice: true
prime < select: false
select == select: true
select <= select: true
select >= choice: false
choice.between?(select, prime): true
```

Comparable 方法的運作原理

當比較運算符 > 出現在你的程式碼中，> 運算符左邊之物件的 > 方法會因而被呼叫，並以 > 運算符右邊之物件做為 other 引數。

```
prime = Steak.new
prime.grade = "Prime"
choice = Steak.new
choice.grade = "Choice"

puts prime > choice
```

這將會呼叫 prime 變數中之 Steak 物件的 > 方法。

可以這麼做是因為你的類別被混入了 Comparable，所以 > 方法現在成為了所有 Steak 實體上的一個實體方法。

```
module Comparable
  ...
  def >(other)
    (self <=> other) == 1
  end
  ...
end
```

這將會呼叫 <=> 方法。

> 方法，接著會呼叫 <=> 實體方法（被直接定義在 Steak 類別中）來確定哪個牛排的等級比較高。> 方法會根據 <=> 的回傳值來回傳 true 或 false。

```
class Steak

  include Comparable

  GRADE_SCORES = {"Prime" => 3, "Choice" => 2, "Select" => 1}

  attr_accessor :grade

  def <=>(other)
    if GRADE_SCORES[self.grade] < GRADE_SCORES[other.grade]
      return -1
    elsif GRADE_SCORES[self.grade] == GRADE_SCORES[other.grade]
      return 0
    else
      return 1
    end
  end

end
```

這將會把 -1、0 或 1 回傳給 > 方法。

我們最終會選擇最美味的牛排！

<、<=、==、>= 和 between? 等方法的運作並無不同，也都是依賴 <=> 方法來確定是否回傳 true 或 false。實作 <=> 方法並混入 Comparable，你就可以免費取得 <、<=、==、>、>= 和 between? 等方法！不壞，不是嗎？

我將會選擇它！

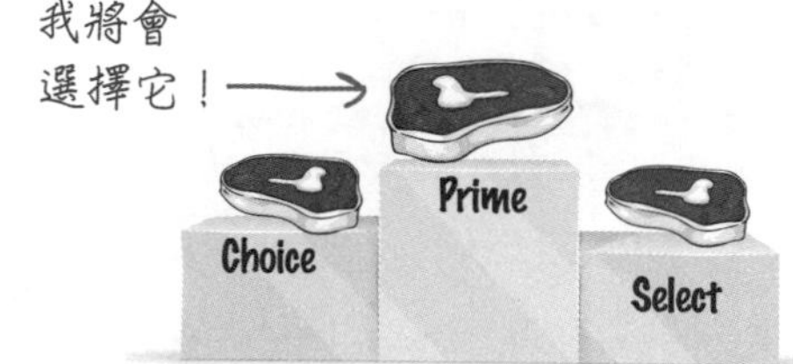

嗯，如果你喜歡它，你也會喜歡 Enumerable 模組…

池畔風光

你的**任務**就是從池中取出程式碼片段，並把它們放到程式碼中的空格上。每個程式碼片段的使用**請勿**超過一次，你不需要用完所有的程式碼片段。你的**目標**是讓程式碼能夠運行，以及產生此處所示的輸出。

```
class Apple

  _______ Comparable

  attr_accessor _______

  def __________(weight)
    _____.weight = weight
  end

  def ___(other)
    self.weight <=> _____.weight
  end

end

small_apple = Apple.new(0.17)
medium_apple = Apple.new(0.22)
big_apple = Apple.new(0.25)

puts "small_apple > medium_apple:"
puts small_apple > medium_apple
puts "medium_apple < big_apple:"
puts medium_apple < big_apple
```

輸出：

```
File Edit Window Help Pie
small_apple > medium_apple:
false
medium_apple < big_apple:
true
```

注意：池中每一件東西只能使用一次！

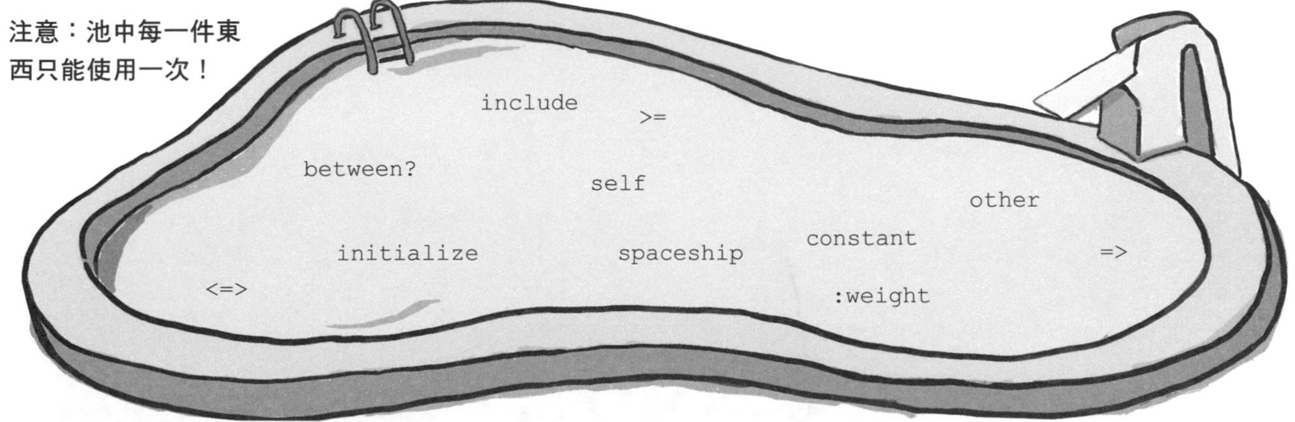

池畔風光解答

```
class Apple

  include Comparable

  attr_accessor :weight

  def initialize(weight)
    self.weight = weight
  end

  def <=>(other)
    self.weight <=> other.weight
  end

end

small_apple = Apple.new(0.17)
medium_apple = Apple.new(0.22)
big_apple = Apple.new(0.25)

puts "small_apple > medium_apple:"
puts small_apple > medium_apple
puts "medium_apple < big_apple:"
puts medium_apple < big_apple
```

輸出：

```
File Edit Window Help
small_apple > medium_apple:
false
medium_apple < big_apple:
true
```

我們的下一個 mixin

記得第 6 章那個令人驚嘆的 find _ all 方法？那個讓我們輕易就能根據我們希望的規範從陣列選出元素的方法？

```
relevant_lines = lines.find_all { |line| line.include?("Truncated") }
```

這個經過縮減的程式碼運作得一樣好：只有包含 "Truncated" 子字串的文字列會被複製到新陣列！

```
puts relevant_lines
```

```
Normally producers and directors would stop this kind of
garbage from getting published. Truncated is amazing in that
it got past those hurdles.
    --Joseph Goldstein, "Truncated: Awful," New York Minute
Truncated is funny: it can't be categorized as comedy,
romance, or horror, because none of those genres would want
to be associated with it.
    --Liz Smith, "Truncated Disappoints," Chicago Some-Times
I'm pretty sure this was shot on a mobile phone. Truncated
is astounding in its disregard for filmmaking aesthetics.
    --Bill Mosher, "Don't See Truncated," Topeka Obscurant
```

記得同一章所提到之超有用的 reject 和 map 方法？這些方法都來自同一個地方，但並非 Array 類別…

Enumerable 模組

正如 Ruby 的字串和數值類別會混入 Comparable 模組以實作它們的比較方法，Ruby 的許多集合類別（像是 Array 和 Hash）會混入 Enumerable 模組以實作用於處理集合的方法。這包括我們在第 6 章所用到的 find _ all、reject 和 map 等方法，以及 47 個其他方法：

把 Enumerable 混入類別以便加入用於處理集合的方法。

來自 Enumerable 的實體方法

```
all?                find_all         none?
any?                find_index       one?
chunk               first            partition
collect             flat_map         reduce
collect_concat      grep             reject
count               group_by         reverse_each
cycle               include?         select
detect              inject           slice_before
drop                lazy             sort
drop_while          map              sort_by
each_cons           max              take
each_entry          max_by           take_while
each_slice          member?          to_a
each_with_index     min              to_h
each_with_object    min_by           to_set
entries             minmax           zip
find                minmax_by
```

正如 Comparable，你可以混入 Enumerable 以便讓你自己的類別取得以上這些方法！你只需要提供 Enumerable 需要呼叫的一個特定方法。它是一個之前你在其他類別用過的方法：each 方法。Enumerable 中的方法將會呼叫你的 each 方法，以便在你的類別中迭代資料項，並對它們執行你需要進行的操作。

Comparable:

- 提供 <、>、== 以及另三個方法
- 會被 String、Fixnum 以及其他數值類別混入
- 依賴宿主類別提供 <=> 方法

Enumerable:

- 提供 find _ all、reject 和 map 以及 47 個其他方法
- 會被 Array、Hash 以及其他集合類別混入
- 依賴宿主類別提供 each 方法

本書已經沒有足夠的空間可以說明 Enumerable 中所有方法，但我們將會試著在接下來幾頁的篇幅中提到一些。此外，下一章 Ruby 文件中，我們將會告訴你到何處閱讀其餘的部分！

一個混入 Enumerable 的類別

為了測試 Enumerable 模組，我們將需要把它混入一個類別。但不是任何類別都可以這麼做…我們需要使用一個具有 each 方法的類別。

因此我們會建立一個 WordSplitter 類別，它可以處理一個字串中每個單字。它的 each 方法會使用「空格字符」把字串分割成各個單字，然後會把每個單字傳給一個區塊。程式碼簡單明瞭：

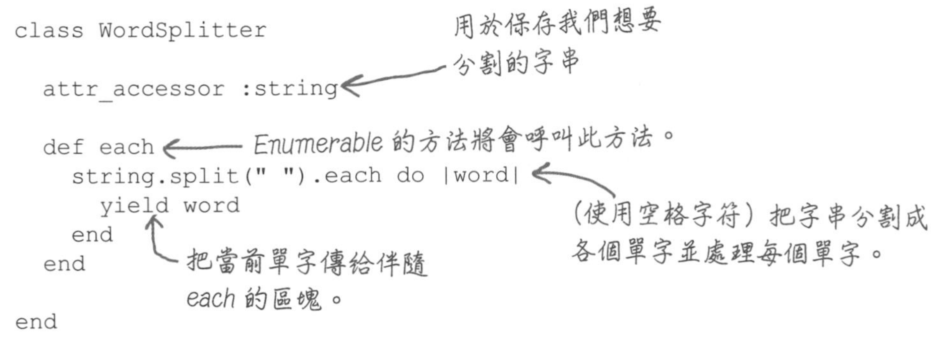


```
class WordSplitter

  attr_accessor :string

  def each
    string.split(" ").each do |word|
      yield word
    end
  end

end
```

我們可以透過建立一個新的 WordSplitter 物件來測試 each 方法，把一個字串賦值給它，然後呼叫伴隨著一個區塊的 each 方法，該區塊會印出每個單字：

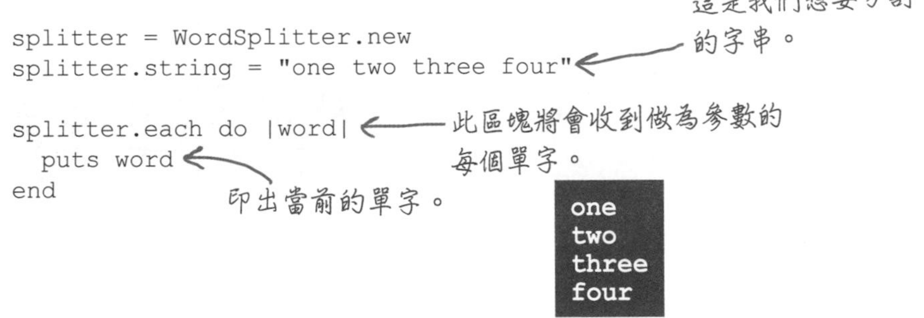

這是我們想要分割的字串。
此區塊將會收到做為參數的每個單字。
印出當前的單字。
one
two
three
four

```
splitter = WordSplitter.new
splitter.string = "one two three four"

splitter.each do |word|
  puts word
end
```

那個 each 方法是很酷啦…但我們想要的是 Enumerable 所提供的 50 個方法！嗯，有了 each 方法後，只要混入 Enumerable 就可以輕鬆取得額外的方法…

把 Enumerable 混入我們的類別

事不宜遲，讓我們把 Enumerable 混入我們的 WordSplitter 類別：

```
class WordSplitter

  include Enumerable

  attr_accessor :string

  def each
    string.split(" ").each do |word|
      yield word
    end
  end

end
```

混入 Enumerable

我們將會建立另一個實體並且設定它的 string 屬性：

```
splitter = WordSplitter.new
splitter.string = "how do you do"
```

現在，讓我們試著呼叫因而獲得的新方法！find_all、reject 和 map 等方法的運作就像我們在第 6 章所看到的，但是它們並非把陣列元素傳遞給區塊，而是傳遞單字給區塊！（因為 each 方法是從 WordSplitter 取得的。）

```
p splitter.find_all { |word| word.include?("d") }
p splitter.reject { |word| word.include?("d") }
p splitter.map { |word| word.reverse }
```

找出讓區塊傳回 true 的所有資料項。

放棄讓區塊傳回 true 的資料項。

傳回一個陣列，內含區塊的所有回傳值。

```
["do", "do"]
["how", "you"]
["woh", "od", "uoy", "od"]
```

我們也取得了許多其他方法：

```
p splitter.any? { |word| word.include?("e") }
p splitter.count
p splitter.first
p splitter.sort
```

若區塊有為任何資料項回傳 true，則此方法回傳 true。

這幾個方法並不需要區塊。

取得所有資料項的個數。

第一筆資料項。

取得一個陣列，內含排序過的所有資料項。

```
false
4
"how"
["do", "do", "how", "you"]
```

我們總共可以得到 50 個方法！只要添加一列程式碼到我們的類別，就可以讓我們的類別獲得這樣的能力！

在 Enumerable 模組中

如果為 Enumerable 模組撰寫我們自己的版本，每個方法將會包含對宿主類別之 each 方法的呼叫。Enumerable 的方法需要依賴 each 方法來取得所要處理的資料項。

find _ all、reject 和 map 等方法的程式碼看起來可能會像這樣：

```
module Enumerable

  def find_all
    matching_items = []
    self.each do |item|
      if yield(item)
        matching_items << item
      end
    end
    matching_items
  end

  def reject
    kept_items = []
    self.each do |item|
      unless yield(item)
        kept_items << item
      end
    end
    kept_items
  end

  def map
    results = []
    self.each do |item|
      results << yield(item)
    end
    results
  end

  ...

end
```

建立一個新陣列用於存放讓區塊回傳 *true* 的元素。

處理每一個元素。

傳遞元素給區塊。若结果為 *true*…

…則將它加入「相符元素」（*matching elements*）陣列。

建立一個新陣列用於存放讓區塊回傳 *false* 的元素。

處理每一個元素。

傳遞元素給區塊。若结果為 *false*…

…則將它加入「保存元素」（*kept elements*）陣列。

建立一個陣列用於保存區塊的回傳值。

迭代每一個元素。

傳遞元素給區塊，並把回傳值加入新陣列。

回傳「區塊回傳值」（*block return values*）陣列。

此處還有許多其他方法！

然而，我們自己定義的 Enumerable 模組中除了 find _ all、reject 和 map 還包含許多其他方法。這些方法都與所要處理的集合有關。這些方法將會包含對 each 方法的呼叫 。

正如 Comparable 模組中的方法需要依賴 <=> 方法來比較兩筆資料項，Enumerable 模組中的方法需要依賴 each 方法來處理集合中每筆資料項。Enumerable 自己並不具備 each 方法；Enumerable 依賴的是被混入之類別所提供的 each 方法。

本章只對 Comparable 和 Enumerable 等模組的用途做了一下簡單的介紹。我們鼓勵你嘗試其他類別。記住，如果你能夠為它撰寫 <=> 方法，你就可以替它混入 Comparable。如果你能夠為它撰寫 each 方法，你就可以替它混入 Enumerable！

讓我們在 irb 中載入並測試經 `Enumerable` 強化的 `WordSplitter` 類別！

第一步：

將此類別定義存入一個名為 *word_splitter.rb* 的檔案。

```
class WordSplitter

  include Enumerable

  attr_accessor :string

  def each
    string.split(" ").each do |word|
      yield word
    end
  end

end
```

word_splitter.rb

第二步：

從系統的命令提示字元（command prompt）切換到你用於保存檔案的目錄。

第三步：

鍵入如下的命令以執行 irb：

```
irb -I .
```

記住，這個部分讓你得以從當前目錄載入檔案。

第四步：

像之前一樣，我們需要載入我們所保存的 Ruby 程式碼。因此我們會這麼做：

```
require "word_splitter"
```

載入 WordSplitter 類別的程式碼後，你可以隨意建立任意數目的實體，設定它們的 string 屬性，按自己的意思測試所有的 Enumerable 方法！初學者可以試試下面的例子：

```
splitter = WordSplitter.new
splitter.string = "salad beefcake corn beef pasta beefy"

splitter.find_all { |word| word.include?("beef") }

splitter.reject { |word| word.include?("beef") }

splitter.map { |word| word.capitalize }

splitter.count

splitter.find { |word| word.include?("beef") }

splitter.first

splitter.group_by { |word| word.include?("beef") }

splitter.max_by { |word| word.length }

splitter.to_a
```

- `splitter.find_all`：找出內含 *beef* 的所有單字。
- `splitter.reject`：排除內含 *beef* 的所有單字。
- `splitter.map`：取得一個陣列，內含首字母大寫的所有單字。
- `splitter.count`：取得單字的數目。
- `splitter.find`：找出內含 *beef* 的第一個單字。
- `splitter.first`：取得第一個單字。
- `splitter.group_by`：把單字分割成兩個陣列：內含 *beef* 的單字以及不含 *beef* 的單字。
- `splitter.max_by`：找出最長的單字。
- `splitter.to_a`：取得一個陣列，內含所有單字。

下面是簡單的執行例：

```
File Edit Window Help Cow
$ irb -I .
irb(main):001:0> require "word_splitter"
 => true
irb(main):001:0> splitter = WordSplitter.new
 => #<WordSplitter:0x007fbf6c801eb0>
irb(main):001:0> splitter.string = "salad beefcake corn beef pasta beefy"
 => "salad beefcake corn beef pasta beefy"
irb(main):001:0> splitter.find_all { |word| word.include?("beef") }
 => ["beefcake", "beef", "beefy"]
irb(main):001:0> splitter.reject { |word| word.include?("beef") }
 => ["salad", "corn", "pasta"]
irb(main):001:0> splitter.map { |word| word.capitalize }
 => ["Salad", "Beefcake", "Corn", "Beef", "Pasta", "Beefy"]
irb(main):001:0>
```

你的 Ruby 工具箱

第 10 章已經閱讀完畢！你可以把 Comparable 和 Enumerable 加入你的工具箱。

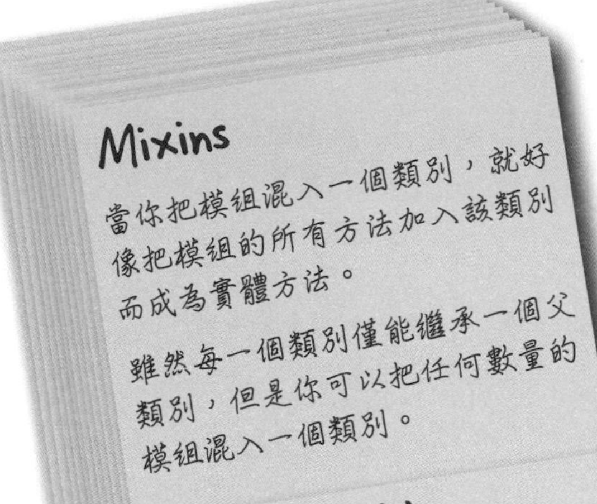

Mixins
當你把模組混入一個類別，就好像把模組的所有方法加入該類別而成為實體方法。
雖然每一個類別僅能繼承一個父類別，但是你可以把任何數量的模組混入一個類別。

Comparable

Comparable 模組所提供的方法，讓你得以在一個類別的實體上使用 <、<=、==、>= 和 > 等比較運算符。

Comparable 可以被混入具有 <=> 方法的任何類別。

Enumerable

Enumerable 模組為集合的處理提供了 50 個不同的方法。

Enumerable 可以被混入具有 each 方法的任何類別。

要點提示

- 常數是一個址參器（reference）指向永遠不會改變的物件。
- 你可以透過對常數賦值來定義一個常數，這類似於建立一個新變數。
- 按慣例，一個常數的名稱應該是 ALL_CAPS（全字母大寫），若具有多個單字，則以底線符號隔開。
- 透過混入 Comparable 模組，你可以把 **<**、**<=**、**==**、**>**、**>=** 和 between? 等方法加入 Numeric 和 String 等類別。
- 所謂的太空船運算符，**<=>**，會比較它的左邊和右邊的運算式。
- 若左邊的運算式小於右邊的運算式，則 **<=>** 會回傳 -1；若兩邊的運算式相等，則回傳 0；若左邊的運算式大於右邊的運算式，則回傳 1。
- Comparable 的方法會使用 **<=>** 方法來判斷兩個物件哪一個大，或它們是否相等。
- Ruby 的集合類別有許多（像是 Array 和 Hash）會從 Enumerable 模組取得與集合相關的方法。
- Enumerable 的方法會呼叫宿主類別（host class）的 each 方法以取得處理集合的方法。

接下來…

下一章，我們將會告訴你到何處學習這些很酷的類別、模組和方法：Ruby 的文件。你將學會如何自己使用它！

11 文件

閱讀手冊

本書沒有足夠的空間可用於教你 Ruby 的所有知識。俗語說：『給人魚吃，不如教人如何釣魚。』目前為止，我們都在給你魚吃。我們已經教過你，Ruby 中若干類別和模組的用法。但是還有許多未提及。所以該是教你如何釣魚的時候了。Ruby 的所有類別、模組以及方法都可以找到免費絕佳的說明文件。你只需要知道去何處找到它，以及如何解釋它。這就是本章將要教你的東西。

學習如何瞭解更多

你的團隊真的很享受轉換到 Ruby 的結果。他們對 `Array` 和 `Hash` 等類別以及 `Comparable` 和 `Enumerable` 等模組的所有能力印象深刻。但是有一個開發者注意到…

我們只知道從本書所學到的東西。我們自己要如何查找類別、模組和方法？
即使是基本的東西 ... 第 5 章所介紹的 Array 類別，也是同樣的情況。你要到何處學習陣列？
陣列用於保存物件所構成的集合。這個集合可以是任何大小。
陣列的開頭
['a', 'b', 'c']
陣列的結尾
這裡是陣列所包含的物件。
物件之間以逗號隔開。

好問題…現在可能是探討 Ruby 文件的好時機。

Ruby 的核心類別與模組

正如我們之前所說的，Ruby 具備了大量的類別和模組，可用於處理各式各樣常見的計算工作。其中有許多會在 Ruby 執行時自動被載入，不需要我們載入任何外部的程式庫；這些就是所謂的 Ruby **核心**（*core*）類別與模組。

每當 Ruby 啟動時，便會自動載入 Ruby 的核心類別與模組。

下面列出了 Ruby 的核心類別與模組，但並不完整：

被加上底線的是我們已經學過的類別與模組。→

```
Array          FalseClass    MatchData      Rational
BasicObject    Fiber         Math           Regexp
Bignum         File          Method         Signal
Binding        FileTest      Module         String
Class          Fixnum        Mutex          Struct
Comparable     Float         NilClass       Symbol
Complex        GC            Numeric        Thread
Dir            Hash          Object         ThreadGroup
Encoding       Integer       ObjectSpace    Time
Enumerable     Interrupt     Proc           TracePoint
Enumerator     IO            Process        TrueClass
Errno          Kernel        Random         UnboundMethod
Exception      Marshal       Range
```

文件

對此，我們所面臨的唯一障礙是，如何知道這些是什麼類別以及使用它們的方式。本章將會告訴你如何使用 Ruby 的文件來查明此事。

我們不會提到如何尋找部落格或論壇上的文章。程式語言的文件採用了特定的標準化格式。此類文件將會列出所有可用的類別與模組，並對每個類別或模組提供說明。而且會列出每個類別或模組的所有可用方法，以及對它們提供說明。

如果你使用過其他語言的文件，你將會發現 Ruby 文件的風格也差不太多。但是存在若干你需要瞭解的特殊之處。本章將會告訴你如何閱讀 Ruby 文件。

我們將會探討：

- 類別與模組的文件
- 方法的文件
- 如何把你自己的文件加入 Ruby 原始碼

讓我們開始吧！

現在你並不需要知道所有的類別與模組。

等你學會閱讀 Ruby 的文件後，試著在文件中查閱它們，好讓你可以熟悉它們。但是其中有些類別和模組你可能永遠不會用到，因此如果你不知道所有的類別與模組也不用擔心。

Html 文件

正如你在本書中稍後將看到的，Ruby 開發者會使用特殊格式的註解把文件直接加到他們的原始碼。我們可以從程式中提取出各種格式的文件，HTML 是其中最常見的。

把這個 HTML 文件放在網站上，透過搜尋引擎就可以找到任何新類別或模組的資訊。使用你喜歡的搜尋引擎，鍵入 `ruby` 以及你想要進一步瞭解之類別、模組或方法的名稱。（納入 *ruby* 單字有助於過濾掉其他程式語言中名稱類似的類別。）

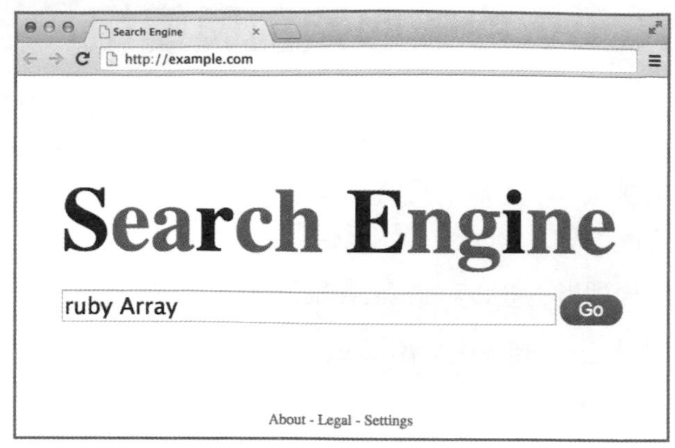

廣受歡迎的 Ruby 文件網站：

- *http://docs.ruby-lang.org*
- *http://ruby-doc.org*
- *http://www.rubydoc.info*

對於每一個類別或模組，文件中將會包含用途描述、它的使用範例以及它的類別和實體方法的清單。

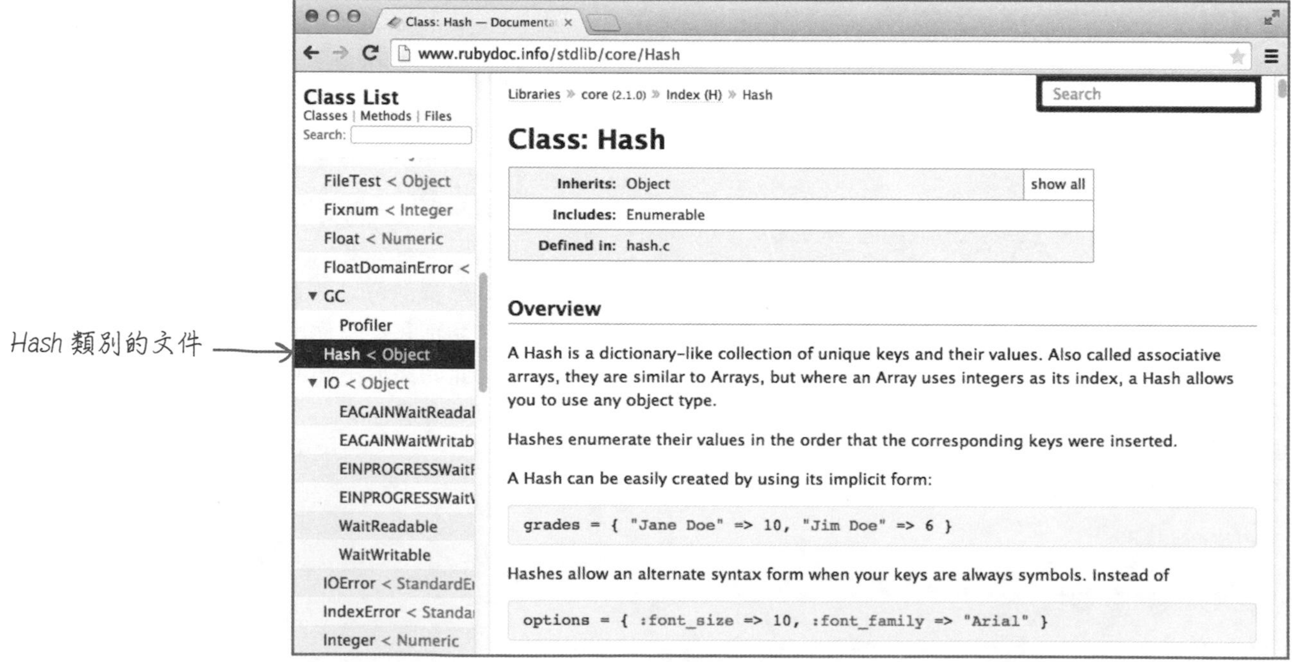

瀏覽 HTML 文件的時候，你還需要知道幾件事。接下來我們將以幾頁的篇幅來描述具體的細節。

列出可用的類別與模組

Ruby 文件網站通常會為可用的類別和模組提供索引。

舉例來說，如果你使用瀏覽器造訪此網頁：

http://www.rubydoc.info/stdlib/core

…你將會在左手邊看到類別清單。只需要單擊你想知道的類別名稱就行了。

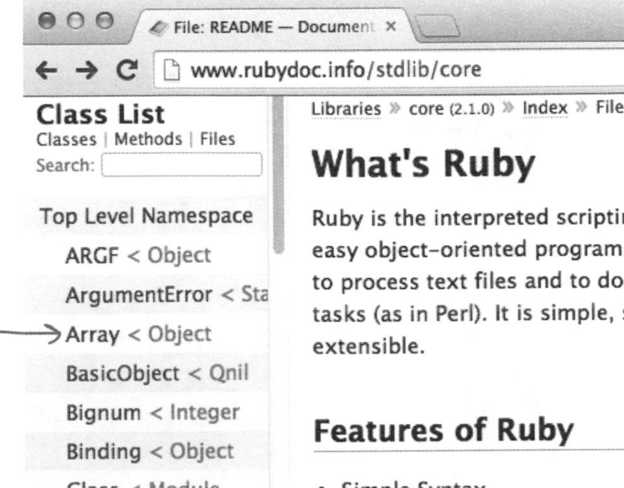

你將會看到一個頁面，內含所選類別的所有細節，包括：

- 類別名稱
- 父類別的名稱以及其文件的連結
- 該類別所混入的任何模組以及其文件的連結
- 類別用途的描述，通常包括示範用法的範例程式碼。

尋找實體方法

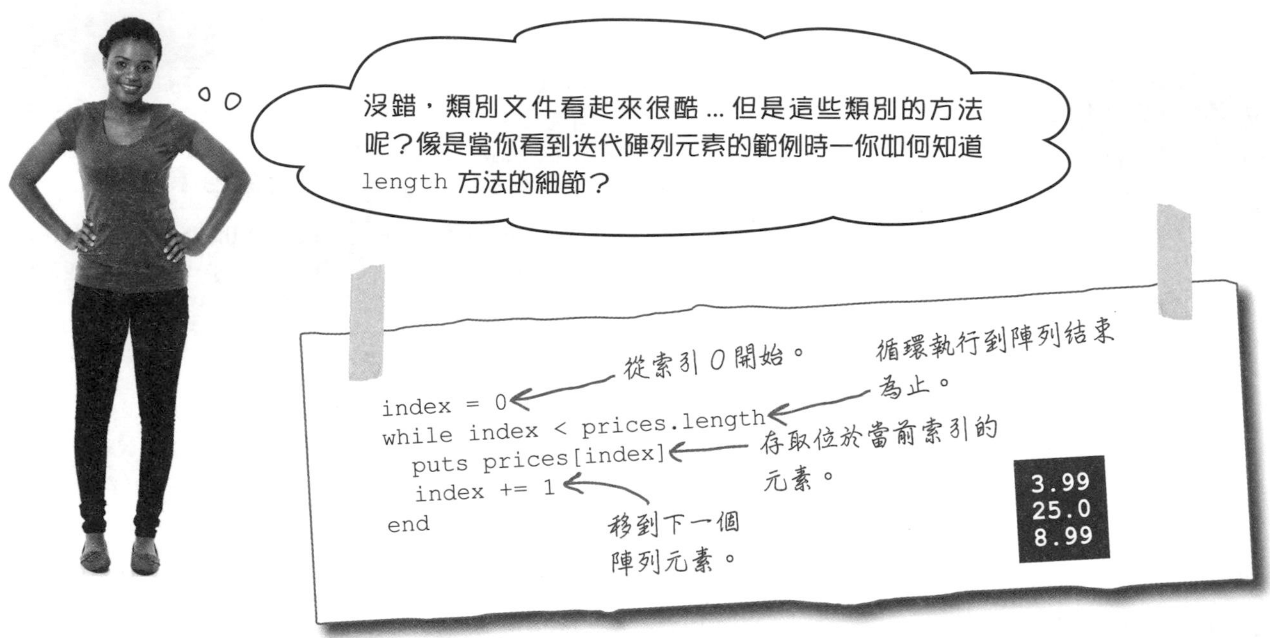

沒錯，類別文件看起來很酷 ... 但是這些類別的方法呢？像是當你看到迭代陣列元素的範例時一你如何知道 length 方法的細節？
index = 0
while index < prices.length
puts prices[index]
index += 1
end
從索引 0 開始。
循環執行到陣列结束為止。
存取位於當前索引的元素。
移到下一個陣列元素。
3.99
25.0
8.99

Ruby 的類別文件包括了類別之實體方法的資訊。

在每個類別的文件頁面上，我們將會找到類別之所有實體方法的索引。（在 rubydoc.info 的網站上，如果你將頁面往下捲動，你將會看到該索引。）

如同類別名稱的索引，每一個方法名稱也是一個指向方法之文件的連結。所以只要單擊你想要瞭解之方法的名稱就行了。

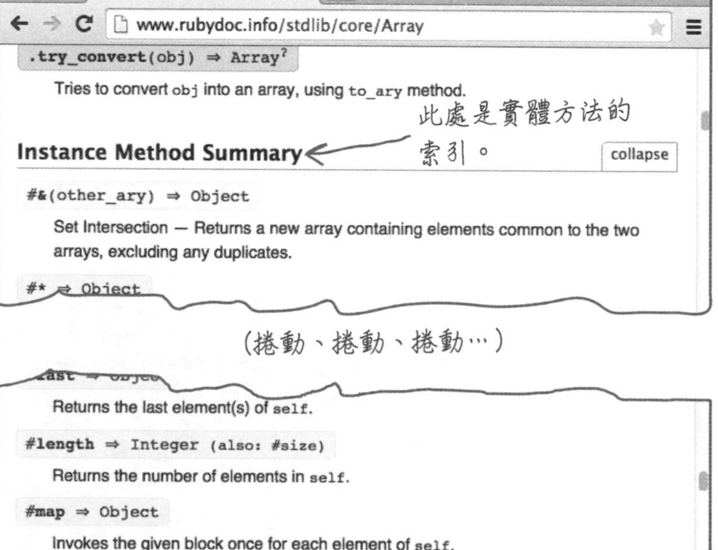

實體方法在文件中以 # 標示

那是 Ruby 文件中用於表示實體方法的慣例。

文件需要區分實體方法與類別方法，因為它們的稱謂不同。所以，按慣例，實體方法名稱的開頭處會被標上井字號（#）。

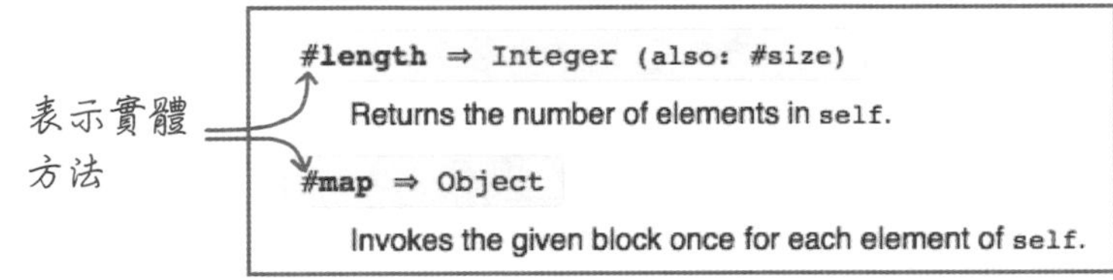

#length ⇒ Integer (also: #size)

Returns the number of elements in self.

#map ⇒ Object

Invokes the given block once for each element of self.

所以，如果你在文件中看到 `Array#length`，你可以把它讀成「`Array` 類別的實體方法 `length`。」

注意，此處的 `#` 僅用於表示文件中的實體方法。在實際的 Ruby 程式碼中，`#` 用於標記註解。所以，在實際的程式碼中，請勿鍵入 `[1, 2, 3]#length` 之類的程式碼！如果你這麼做了，Ruby 將會把 `#length` 視為註解，予以忽略。

照過來！

在實際的程式碼中請勿使用 # 來表示實體法！

在 Ruby 程式碼中，# 代表註解（除非它位於字串中）。如果你試圖在點號運算符的位置上使用 #，Ruby 將會把 # 之後的內容視為註解，而且可能會回報錯誤！

實體方法的文件

一旦你找到想要知道的實體方法並單擊它的名稱，你將會被帶到該方法的細節文件。

下面是 Array 物件之實體方法 length 的文件：

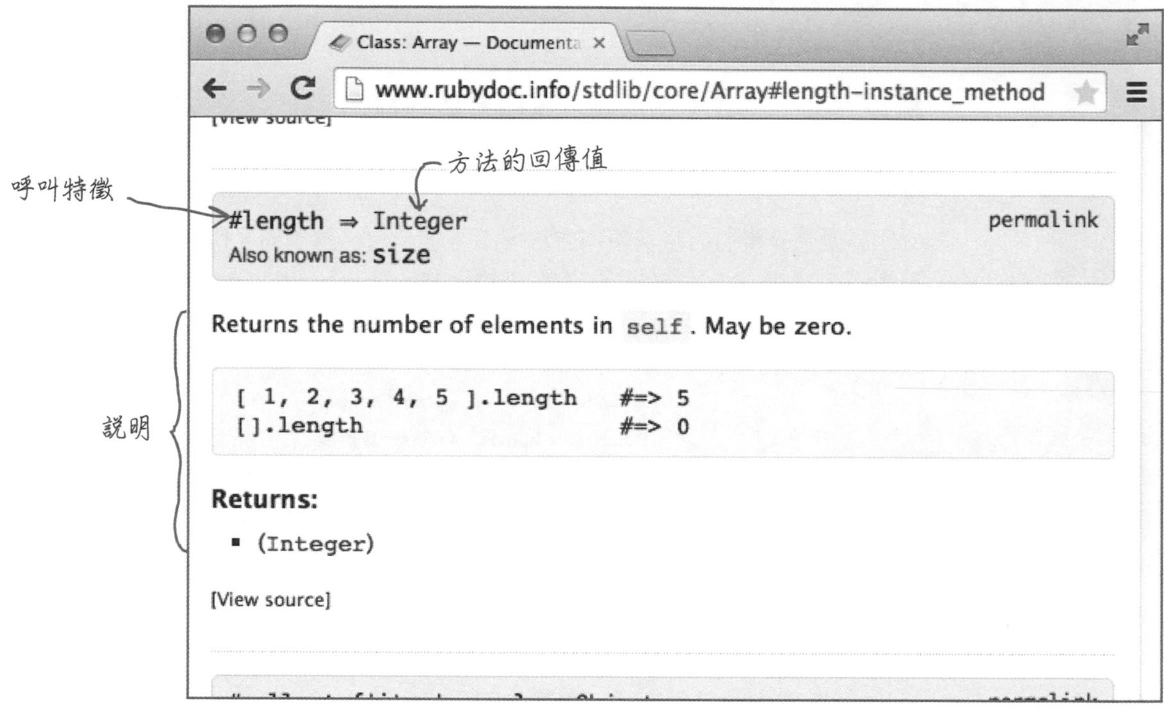

一般來說，方法的文件將會包含方法用途的說明，可能還包含一些程式碼範例以示範它的用法。

方法文件的頂端，你將會發現方法的**呼叫特徵**（*call signature*），它指出了方法的呼叫方式以及所預期的回傳值。

如果方法並不需要任何引數或區塊（例如，上面的 length 方法），它的呼叫特徵將只會包含方法名稱以及所預期之回傳值的類別。

「呼叫特徵」中的引數

如果一個方法需要引數，方法的呼叫特徵將會列出它們。

下面是 String 類別之實體方法 insert 的文件，該方法可讓你把一個字串插入另一個字串。第一個引數是特定字符的整數索引值，所要插入的字串應該插在它之前，第二個引數是所要插入的字串。

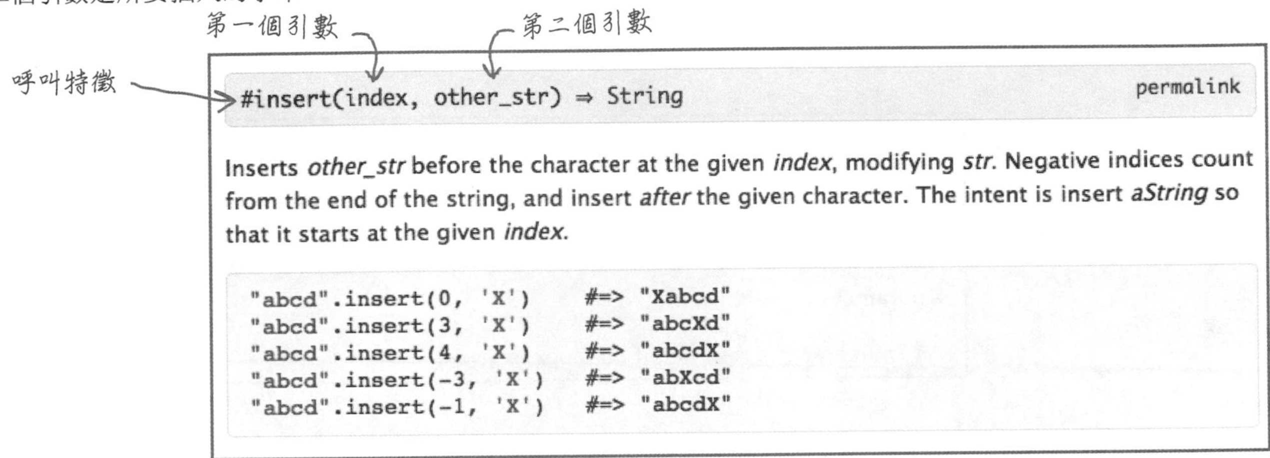

#insert(index, other_str) ⇒ String　　permalink

Inserts *other_str* before the character at the given *index*, modifying *str*. Negative indices count from the end of the string, and insert *after* the given character. The intent is insert *aString* so that it starts at the given *index*.

```
"abcd".insert(0, 'X')    #=> "Xabcd"
"abcd".insert(3, 'X')    #=> "abcXd"
"abcd".insert(4, 'X')    #=> "abcdX"
"abcd".insert(-3, 'X')   #=> "abXcd"
"abcd".insert(-1, 'X')   #=> "abcdX"
```

有時，相同的方法會有多種呼叫方式。這樣的方法在其文件頂端將會列出一個以上的呼叫特徵。

以字串的實體方法 index 為例。它的第一個引數可以是字串或正規運算式（regular expression）。（我們將會在附錄對正規運算式做簡要的說明；現在你只需要知道它們與字串是不同的類別。）所以 index 的文件中包含了兩個呼叫特徵：一個是以字串做為第一個引數，一個是以正規運算式做為第一個引數。

index 的第二個引數被放在一對方括號（[]）裡，代表該引數可有可無。

此方法的第一個呼叫特徵

此方法的第二個呼叫特徵

#index(substring[, offset]) ⇒ Fixnum　　permalink
#index(regexp[, offset]) ⇒ Fixnum

Returns the index of the first occurrence of the given *substring* or pattern (*regexp*) in *str*. Returns `nil` if not found. If the second parameter is present, it specifies the position in the string to begin the search.

```
"hello".index('e')              #=> 1
"hello".index('lo')             #=> 3
"hello".index('a')              #=> nil
"hello".index(?e)               #=> 1
"hello".index(/[aeiou]/, -3)    #=> 4
```

「呼叫特徵」中的區塊

如果方法的引數是一個區塊，也會在呼叫特徵中列出它。如果該區塊可有可無，那麼你將會看到兩個呼叫特徵，一個有區塊，一個沒有區塊。

以陣列的實體方法 each 為例，它的區塊引數可有可無，所以你將會看到兩個呼叫特徵（一個有區塊，一個沒有）。

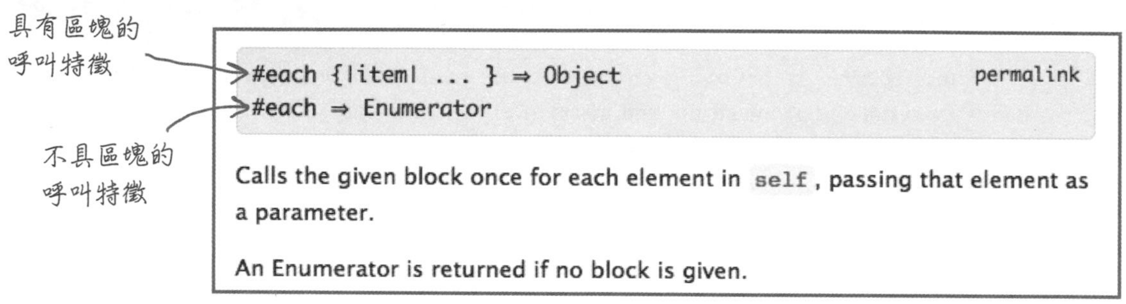

這兩個呼叫特徵也列出了不同的回傳值，因為具有區塊的呼叫所回傳的是被呼叫了 each 方法的陣列，而不具區塊的呼叫將會回傳 Enumerator 類別的一個實體。（Enumerator 已超出了本書的範圍，但它們基本上就是不以區塊來迭代集合的每一個元素。）

讓我們進一步檢視 each 方法具有區塊的呼叫特徵。如你所見，該方法的呼叫伴隨著一個具有單一參數的區塊，而且它會回傳一個物件—就是被呼叫了 each 方法的陣列。

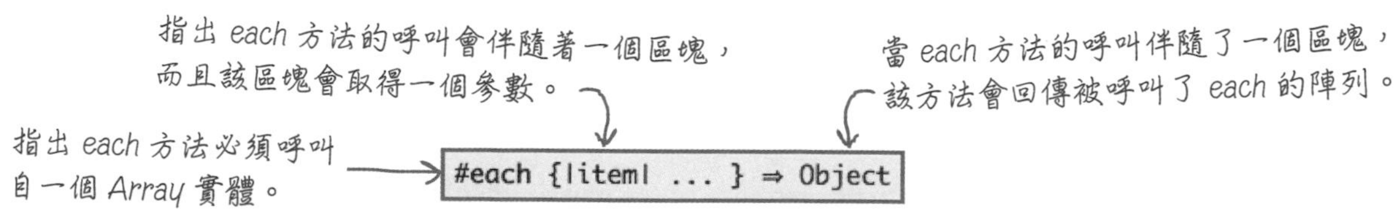

值得注意的是，呼叫特徵係以**假碼**（*pseudocode*）撰寫而成：此類程式碼實際上是無法執行的。儘管與 Ruby 的程式碼類似，但是它參用到的變數名稱並不存在，而且通常不適合把它複製到實際的程式裡。儘管如此，呼叫特徵是我們快速瞭解一個方法應該如何使用的最佳方式。

還有父類別與 mixin 的文件！

我可以找到 Array 類別之 length 和 each 等實體方法的文件。但是你還提到過 find _ all 方法，不過我找不到它的任何文件！

```
relevant_lines = lines.find_all { |line| line.include?("Truncated") }
```

這個經過縮減的程式碼運作得一樣好：只有包含 "Truncated" 子字串的文字列會被複製到新陣列！

```
puts relevant_lines
```

```
Normally producers and directors would stop this kind of
garbage from getting published. Truncated is amazing in that
it got past those hurdles.
    --Joseph Goldstein, "Truncated: Awful," New York Minute
Truncated is funny: it can't be categorized as comedy,
romance, or horror, because none of those genres would want
to be associated with it.
    --Liz Smith, "Truncated Disappoints," Chicago Some-Times
```

要找到來自 mixin 或父類別之方法的文件，你需要先找到該 mixin 或父類別的文件。

還記得第 10 章曾提到 Array 類別的實體方法 find _ all 來自 Enumerable 這個 mixin？所以你可以在 Enumerable 模組找到 find _ all 的文件！

一個類別的文件並不會重複列出繼承自父類別的方法或是從模組混入的方法。（否則文件經會變得龐大又重複。）所以當你試圖學習一個新類別的時候，也不要忘了閱讀它的父類別或混入它的任何模組之文件！

還有父類別與 mixin 的文件！（續）

HTML 形式的文件中將會包含方便的連結，讓你得以找到父類別和所有 mixin 的文件。你只要單擊類別或模組的名稱就可以參閱它們。

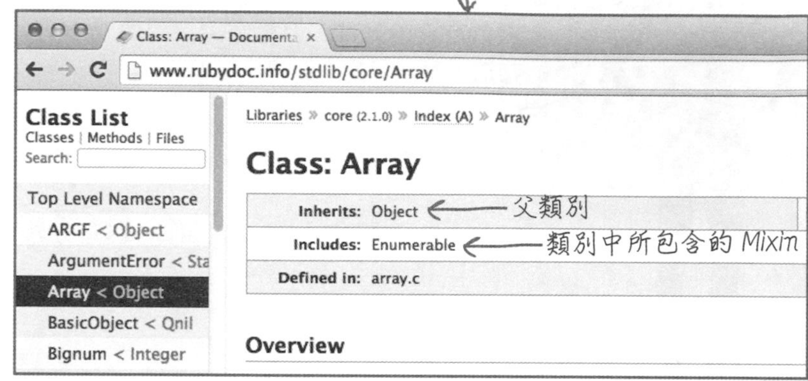

如果我們單擊 `Enumerable` 的連結並捲動該模組的實體方法索引，我們將會找到其中所列示的 `find_all`。（然後，正如之前所說，我們可以單擊方法的名稱來檢視完整的細節。）

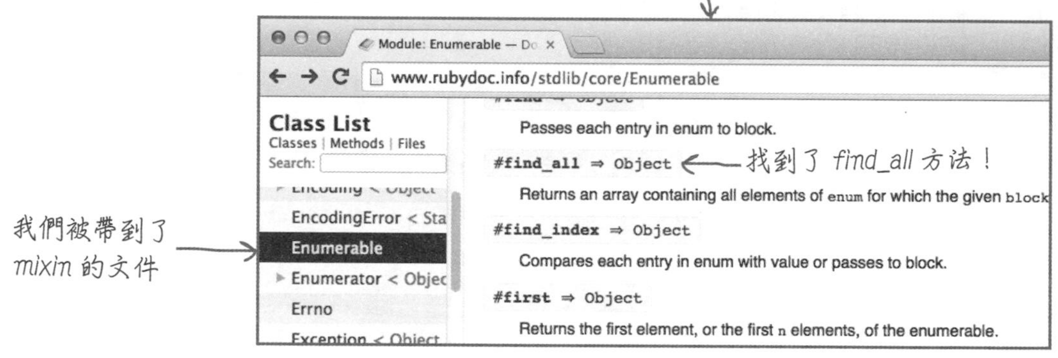

問：`find_all` 方法可能不會出現在 `Array` 類別的文件中，但是 `map` 以及一些其他的 `Enumerable` 方法卻會！這是怎麼回事？

答：還記得嗎？如果有一個方法存在於一個類別中，它將會覆寫 mixin 上同名的任何方法。Ruby 中有些核心類別混入了 `Enumerable`，但是後來由於效能的原因覆寫了它的一些方法。此情況下，方法的文件也會出現在類別之中。但是它們不會覆寫所有方法，所以檢視模組的文件仍舊很重要，這樣你就不會錯過任何方法！

池畔風光

你的**任務**就是從池中取出實體方法呼叫，並把它們放到程式碼中的空格上。但是，有一個問題：本書並未提到所有方法（至少，沒有那麼廣泛）。欲瞭解池中的方法以及找出你應該呼叫哪些方法，可以造訪 *http://www.rubydoc.info/stdlib/core/Array*（或是搜尋 "ruby array" 關鍵字）。此外，不要忘了檢視 `Array` 之父類別與 mixin 的文件！你的**目標**是讓程式碼能夠運行，以及產生此處所示的輸出。

```
array = [10, 5, 7, 3, 9]

first = array.______
puts "We pulled #{first} off the start of the array."

last = array.______
puts "We pulled #{last} off the end of the array."

largest = array.______
puts "The largest remaining number is #{largest}."
```

輸出：

```
We pulled 10 off the start of the array.
We pulled 9 off the end of the array.
The largest remaining number is 7.
```

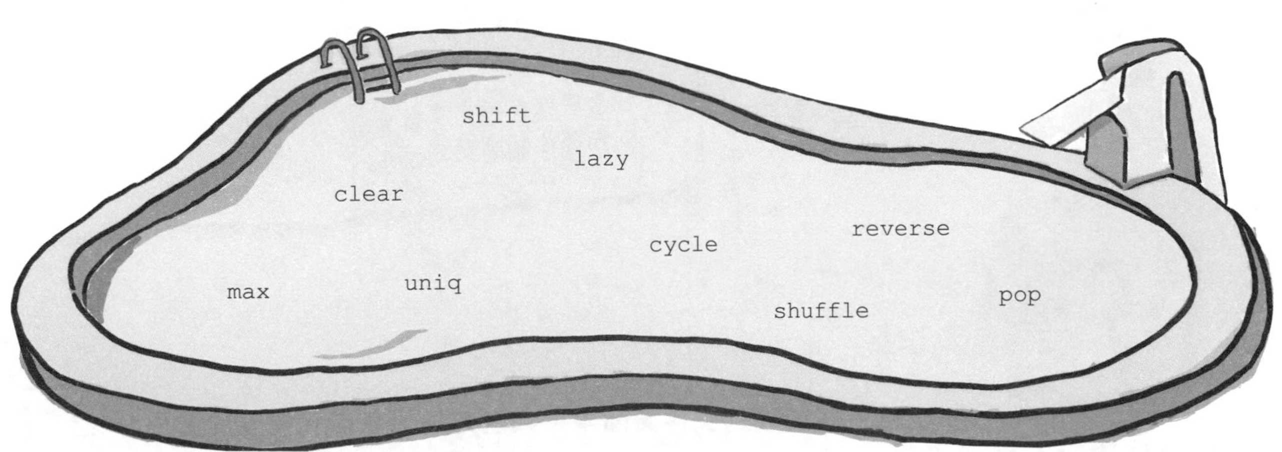

池畔風光解答

```
array = [10, 5, 7, 3, 9]

first = array.shift
puts "We pulled #{first} off the start of the array."

last = array.pop
puts "We pulled #{last} off the end of the array."

largest = array.max
puts "The largest remaining number is #{largest}."
```

輸出：

```
We pulled 10 off the start of the array.
We pulled 9 off the end of the array.
The largest remaining number is 7.
```

尋找類別方法

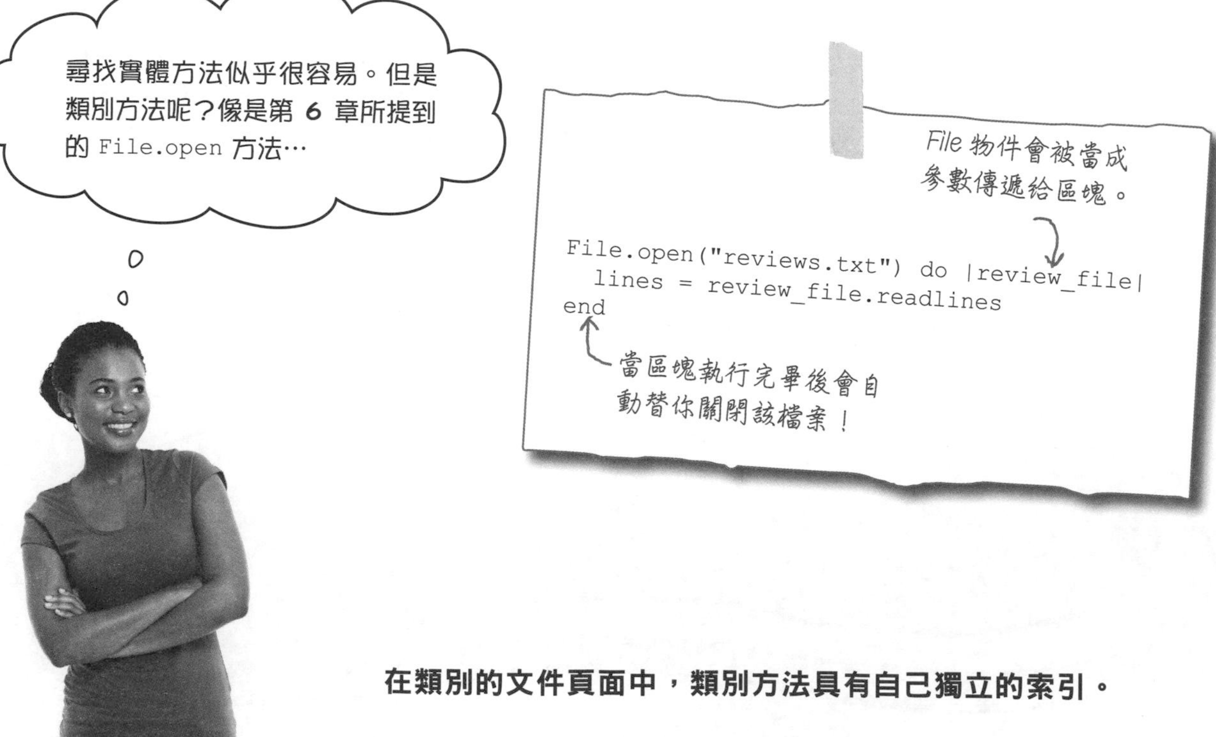

尋找實體方法似乎很容易。但是類別方法呢？像是第 6 章所提到的 File.open 方法…
File 物件會被當成參數傳遞給區塊。
File.open("reviews.txt") do |review_file|
lines = review_file.readlines
end
當區塊執行完畢後會自動替你關閉該檔案！

在類別的文件頁面中，類別方法具有自己獨立的索引。

尋找類別方法（續）

尋找類別方法文件就像是尋找實體方法文件，但是有兩個例外：

- 類別方法與實體方法被列在不同的索引之下。
- 類別方法名稱的前綴符號不同於實體方法名稱的前綴符號。

所以如果我們想要尋找 `File.open` 類別方法，我們會先來到 `File` 類別的文件，接著我們會捲動頁面直至我們來到類別方法的索引。（它應該出現在實體方法的索引之前。）然後我們會在該索引中捲動頁面，直至找到 `open` 方法，接著單擊它的名稱就可以看到它的詳細文件。

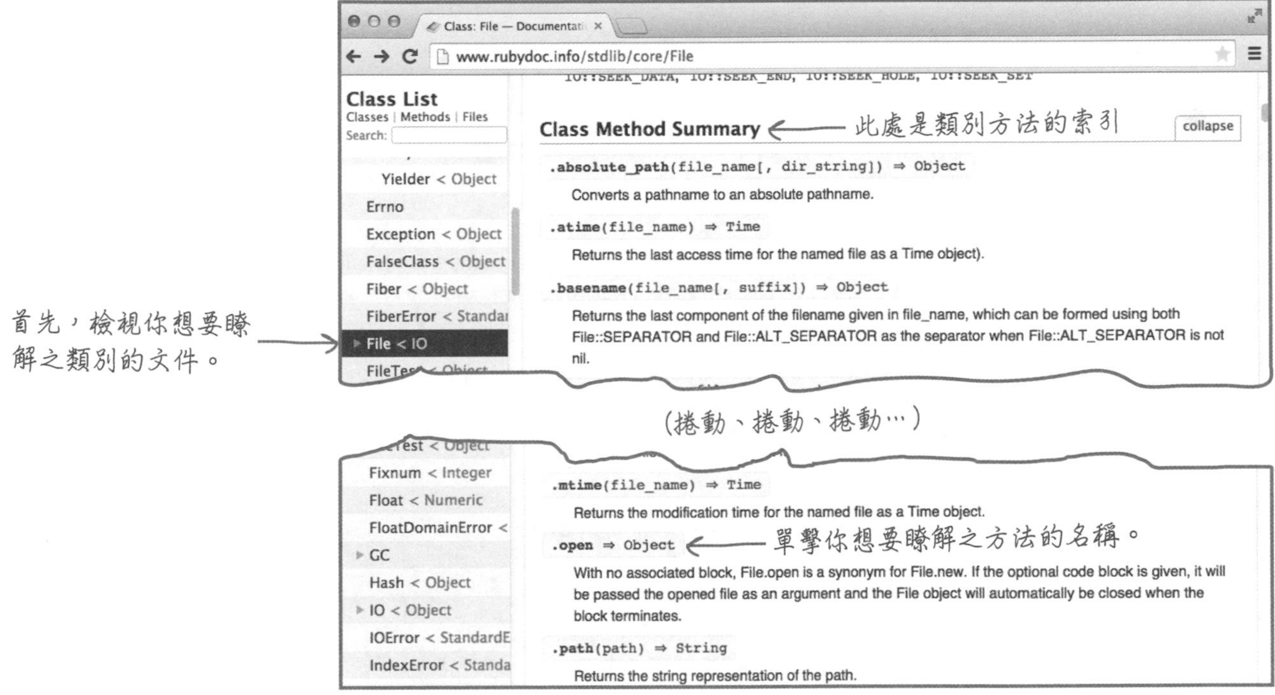

重要的是，不要把類別方法與實體方法搞混了。畢竟，你需要呼叫的是 `File` 類別而不是 `File` 之實體的 `open` 方法。所以實體方法名稱的開頭會被標上 #，而類別方法的名稱會被標上一個點號運算符（.），正如你在前面所看到的。

（正如你稍後將看到的，有些 HTML 文件會使用 ::，Ruby 的作用域解析運算符〔用於存取類別或模組中的常數或方法〕，來標記類別方法。如果你在方法名稱的開頭看到 :: 或 .，代表你所檢視的是類別方法。）

類別方法的文件

一旦你單擊類別方法索引中的連結，你將會來到特定方法的文件，這看起來與實體方法的文件很類似。

文件的頂端，你仍然可以看到方法的假碼呼叫特徵（pseudocode call signatures）。此外，方法名稱將會被標上「.」而非你在實體方法上所看到的「#」。在呼叫特徵中，常會省略類別名稱，但在實際的程式碼中是不可以省略的。下面的呼叫特徵中，你將會找到方法用途的說明，可能還包括示範用法的程式碼實例。

下面是 File.open 方法的文件。File.open 的區塊引數可有可無，所以可以看到兩個呼叫特徵：一個有區塊，一個沒有區塊。

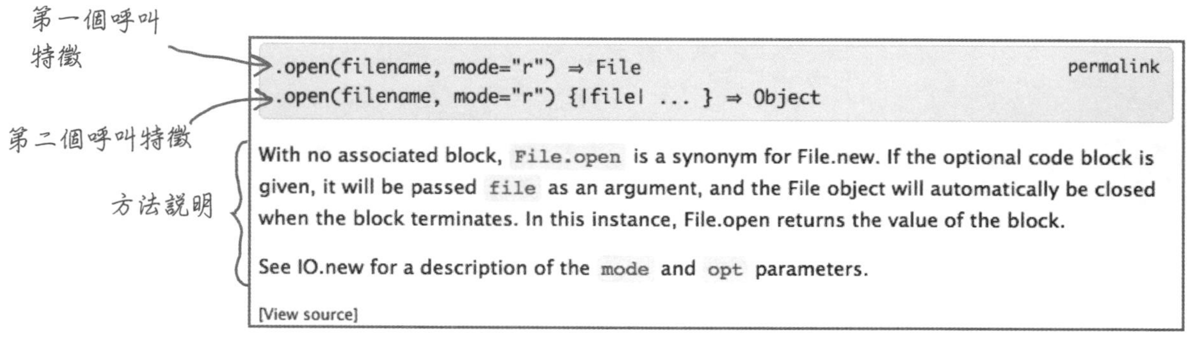


```
.open(filename, mode="r") ⇒ File
.open(filename, mode="r") {|file| ... } ⇒ Object
```

permalink

With no associated block, `File.open` is a synonym for File.new. If the optional code block is given, it will be passed `file` as an argument, and the File object will automatically be closed when the block terminates. In this instance, File.open returns the value of the block.

See IO.new for a description of the `mode` and `opt` parameters.

[View source]

同樣的，這兩個呼叫特徵也具有不同的回傳值。如果你省略區塊，File.open 將只會回傳一個新的 File 物件。

省略類別名稱 →

```
.open(filename, mode="r") ⇒ File
```

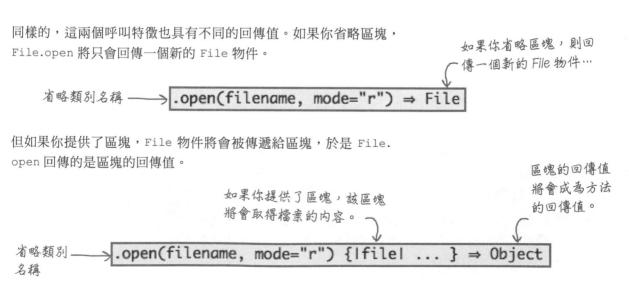

如果你省略區塊，則回傳一個新的 File 物件…

但如果你提供了區塊，File 物件將會被傳遞給區塊，於是 File.open 回傳的是區塊的回傳值。

如果你提供了區塊，該區塊將會取得檔案的內容。

區塊的回傳值將會成為方法的回傳值。

省略類別名稱 →

```
.open(filename, mode="r") {|file| ... } ⇒ Object
```

不存在之類別的文件？！

我卡住了。我利用 web 搜尋找到了看來非常有用之 Date 類別的文件 ...

Class: Date	
Inherits:	Object
Includes:	Comparable

Date 類別的文件

哦，是的，Date 類別在 Ruby 中被大量使用著。

Date 所提供的 today 類別方法可用於建立一個代表當前日期的物件…

today 類別方法的文件

```
.today([start = Date::ITALY]) ⇒ Object
```

Date.today #=> #<Date: 2011-06-11 ..>

Creates a date object denoting the present day.

…此外，它所提供的 year、month、day 等實體方法可用於取得年、月、日的值。

```
#year ⇒ Integer
```

Returns the year.

year 實體方法的文件

month 實體方法的文件

```
#mon ⇒ Fixnum
#month ⇒ Fixnum
```

Returns the month (1-12).

day 實體方法的文件

```
#mday ⇒ Fixnum
#day ⇒ Fixnum
```

Returns the day of the month (1-31).

聽起來真不錯，但是當我試圖在我的程式碼中使用 Date 類別，卻發生了錯誤！這是這麼回事？

```
today = Date.today
puts "#{today.year}-#{today.month}-#{today.day}"
```

錯誤

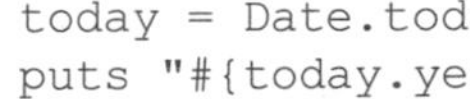
uninitialized constant Date (NameError)

該類別並非 Ruby 的核心類別；也就是，它並不會被自動載入。

Ruby 標準程式庫

本章一開始我們曾說，每當程式執行的時候，Ruby 的核心類別和模組就會被自動載入記憶體。但如果把每一個類別和模組全都載入將會是很可怕的事情；Ruby 的啟動將需要更長的時間，而且將會耗費更多的電腦記憶體。所以，如果一個類別或模組可能不是每支程式需要用到的，它就不會被自動載入。

因此，需要使用這些類別的程式必須明確載入它們。你可以經由 `require` 方法載入額外的 Ruby 程式碼。

Ruby 隨附了一些充滿程式庫檔案的目錄，內含有用的類別和模組—它們構成了 Ruby 的**標準程式庫**（*standard library*）。

標準程式庫是一個由類別和模組所構成的集合，隨著 Ruby 一同被散佈，但是在 Ruby 啟動的時候不會被載入。

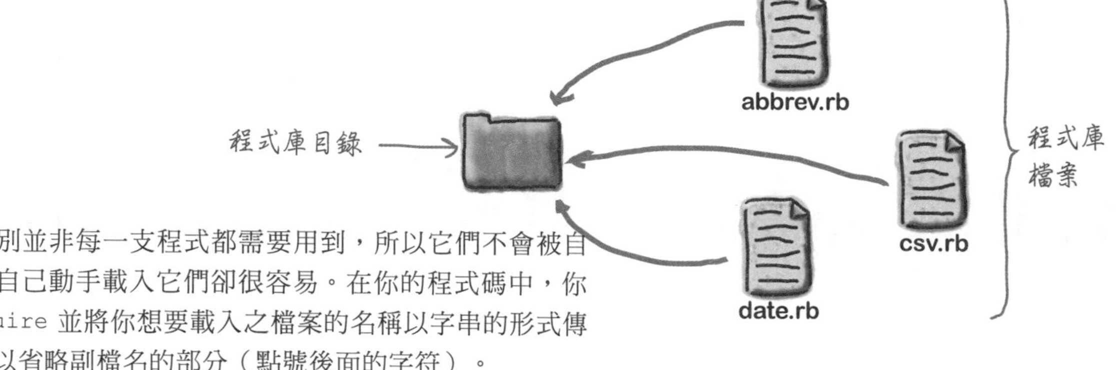

標準程式庫類別並非每一支程式都需要用到，所以它們不會被自動載入。但是自己動手載入它們卻很容易。在你的程式碼中，你可以呼叫 `require` 並將你想要載入之檔案的名稱以字串的形式傳遞給它。你可以省略副檔名的部分（點號後面的字符）。

```
require 'date'
```
← 不需要副檔名 .rb

Ruby 將會瀏覽它所知道的所有程式庫目錄。當所需要的檔案被找到，它將會被載入，你的程式將可以使用它所包含的類別和模組。

在目錄裡…

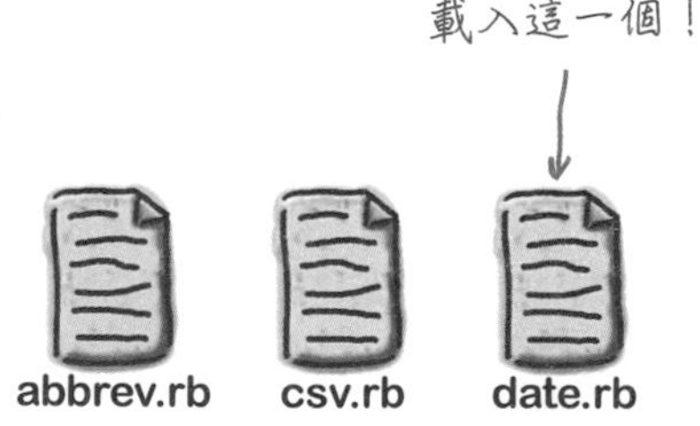

只要把 'date' 傳遞給 `require` 方法就可以修正此程式碼。這麼做將會載入 `Date` 類別，然後我們就可以隨心所欲地使用它！

```
require 'date'
today = Date.today
puts "#{today.year}-#{today.month}-#{today.day}"
```
← 載入 Date 類別。

```
2015-10-17
```

Ruby 標準程式庫（續）

Ruby 的標準程式庫中還有更多的類別和模組。

下面的列表並不完整：

所需檔案	類別／模組
'abbrev'	Abbrev
'base64'	Base64
'benchmark'	Benchmark
'bigdecimal'	BigDecimal
'cgi'	CGI
'complex'	Complex
'coverage'	Coverage
'csv'	CSV
'curses'	Curses
'date'	Date DateTime
'dbm'	DBM
'delegate'	Delegator
'digest/md5	Digest::MD5
'digest/sha1'	Digest::SHA1
'drb'	DRb
'erb'	ERB
'fiber'	Fiber
'fiddle'	Fiddle
'fileutils'	FileUtils
'find'	Find
'forwardable'	Forwardable
'getoptlong'	GetoptLong
'gserver'	GServer
'ipaddr'	IPAddr
'irb'	IRB
'json'	JSON

所需檔案	類別／模組
'logger'	Logger
'matrix'	Matrix
'minitest'	MiniTest
'monitor'	Monitor
'net/ftp'	Net::FTP
'net/http'	Net::HTTP
'net/imap'	Net::IMAP
'net/pop'	Net::POP3
'net/smtp'	Net::SMTP
'net/telnet'	Net::Telnet
'nkf'	NKF
'observer'	Observable
'open-uri'	OpenURI
'open3'	Open3
'openssl'	OpenSSL
'optparse'	OptionParser
'ostruct'	OpenStruct
'pathname'	Pathname
'pp'	PP
'prettyprint'	PrettyPrint
'prime'	Prime
'pstore'	PStore
'pty'	PTY
'readline'	Readline
'rexml'	REXML
'rinda'	Rinda
'ripper'	Ripper

所需檔案	類別／模組
'rss'	RSS
'set'	Set
'shellwords'	Shellwords
'singleton'	Singleton
'socket'	TCPServer TCPSocket UDPSocket
'stringio'	StringIO
'strscan'	StringScanner
'syslog'	Syslog
'tempfile'	Tempfile
'test/unit'	Test::Unit
'thread'	Thread
'thwait'	ThreadsWait
'time'	Time
'timeout'	Timeout
'tk'	Tk
'tracer'	Tracer
'tsort'	TSort
'uri'	URI
'weakref'	WeakRef
'webrick'	WEBrick
'win32ole'	WIN32OLE
'xmlrpc/client'	XMLRPC::Client
'xmlrpc/server'	XMLRPC::Server
'yaml'	YAML
'zlib'	ZLib

Fun 輕鬆

同樣的，現在你還不需要瞭解這些類別和模組。

你可以透過各種手段從上面的類別和模組中尋找你感興趣的類別和模組，但是你不要誤以為你必須瞭解所有的類別和模組。列出此表的目的是讓你感覺一下標準程式庫中有哪些類別和模組可用。

在標準程式庫中尋找類別和模組

本書篇幅有限，無法說明 Ruby 標準程式庫中所有類別。但是一如既往，你只要上網搜尋就可以找到更多資訊；搜尋 "ruby standard library" 就行了。

Search Engine

ruby standard library　Go

假設我們需要知道關於 Date 類別的進一步資訊。下面讓我們來看一下這應該如何進行…

這是你的搜尋結果裡可能會現在的許多頁面中的一個：

http://www.rubydoc.info/stdlib

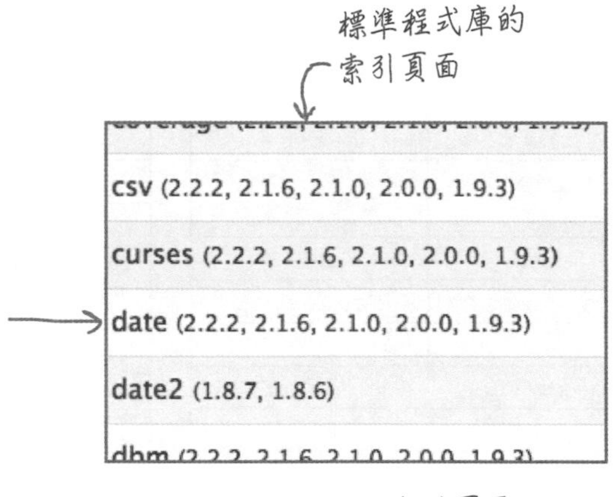

❶ 如果你造訪該頁面，你將會在左手邊看到一份套件（package）清單。單擊你想要瞭解的套件，你將會被帶到一個新的頁面。

單擊這裡！

❷ 如同 Ruby 的核心套件，你將會看到類別和模組的索引（然而數目少了很多，因為只列出了所選套件的內容）。單擊你想要瞭解的類別或模組。

單擊這裡！

❸ 你將會被帶到該類別的文件頁面，在該處你可以看到它的所有可用類別和實體方法！

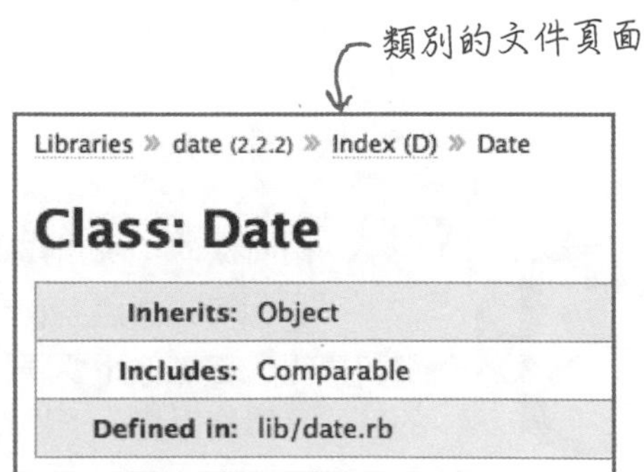

Ruby 的文件來自何處：rdoc

這很棒！看起來我可以使用此文件來學習
Ruby 的所有類別和模組。但是我的程式
碼呢？其他人怎麼知道如何使用它？

你可以使用 *rdoc*（這是 Ruby 隨附的一支程式）來為你的程式碼產生文件。rdoc 會解析你所指定的 Ruby 原始碼檔案，而且會輸出內含文件的 HTML 檔案。

下面的程式碼來自我們在第 10 章所建立的 `WordSplitter` 類別。讓我們來看看我們是否可以使用 rdoc 來為它產生 HTML 文件。

1. 將此程式碼保存到一個名為 *word_splitter.rb* 的檔案，如果你還沒有這麼做的話。

```
class WordSplitter

  include Enumerable

  attr_accessor :string

  def each
    string.split(" ").each do |word|
      yield word
    end
  end

end
```

word_splitter.rb

Ruby 的文件來自何處：rdoc（續）

2 在你的終端機視窗裡，切換到你保存檔案的目錄。然後鍵入下面這道命令：

```
rdoc word_splitter.rb
```

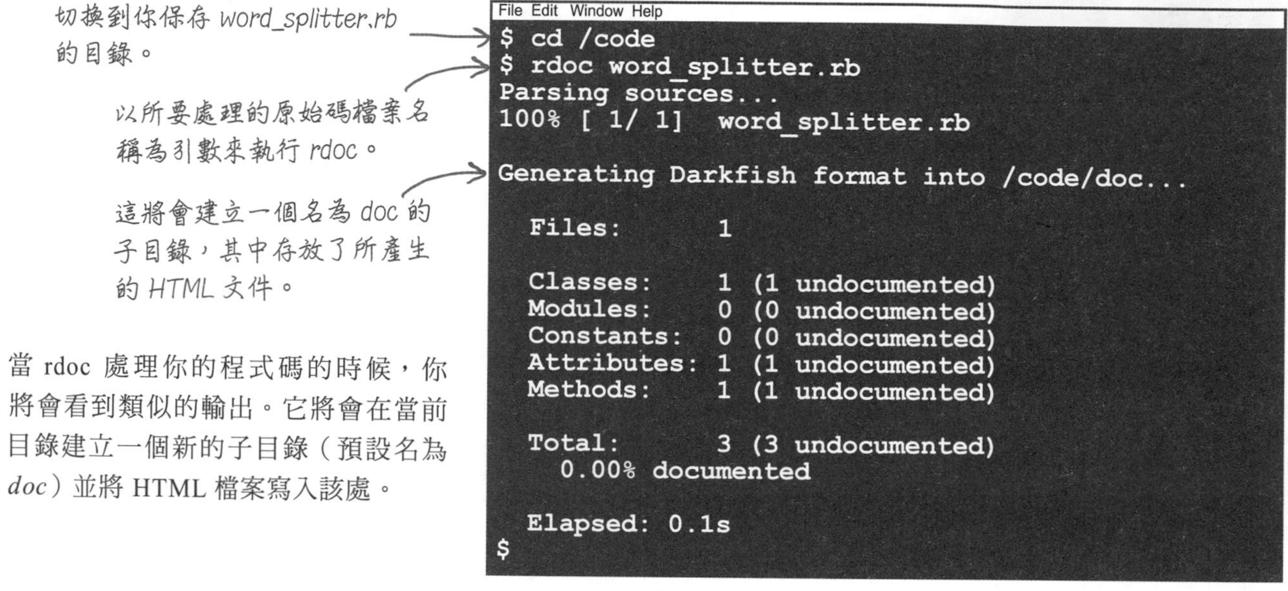

切換到你保存 word_splitter.rb 的目錄。
以所要處理的原始碼檔案名稱為引數來執行 rdoc。
這將會建立一個名為 doc 的子目錄，其中存放了所產生的 HTML 文件。
File Edit Window Help
$ cd /code
$ rdoc word_splitter.rb
Parsing sources...
100% [1/ 1] word_splitter.rb
Generating Darkfish format into /code/doc...
Files: 1
Classes: 1 (1 undocumented)
Modules: 0 (0 undocumented)
Constants: 0 (0 undocumented)
Attributes: 1 (1 undocumented)
Methods: 1 (1 undocumented)
Total: 3 (3 undocumented)
0.00% documented
Elapsed: 0.1s
$

當 rdoc 處理你的程式碼的時候，你將會看到類似的輸出。它將會在當前目錄建立一個新的子目錄（預設名為 *doc*）並將 HTML 檔案寫入該處。

3 rdoc 在 *doc* 子目錄中所建立的檔案中，你將會找到名為 *index.html* 檔案。使用你的網頁瀏覽器開啟此檔案（通常是雙擊它兩次）。

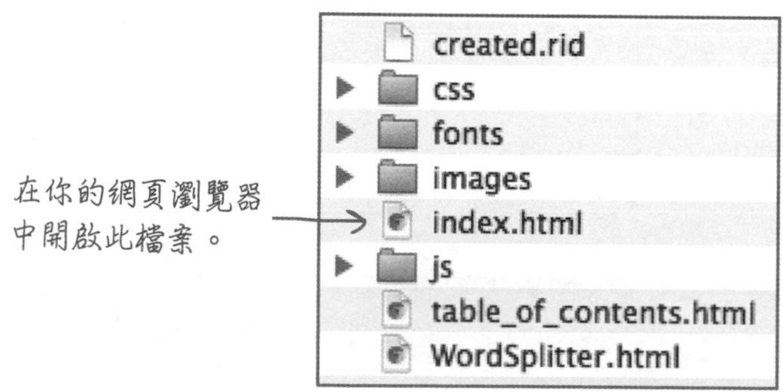

rdoc 可以從你的類別推斷出什麼？

當你開啟 rdoc 所產生的 *index.html* 檔案，你首先看到的將會是類別和模組的索引。因為我們的原始碼檔案只包含了 `WordSplitter` 類別，所以它是被列出的唯一類別。單擊它的名稱，你將會被帶到它的文件頁面。

Home
Pages Classes Methods
Class and Module Index
單擊類別名稱 → WordSplitter
Validate
Generated by RDoc 4.2.0.
Based on Darkfish by Michael Granger.

當 rdoc 處理我們的程式碼，它會注意到關於它的一些細節。當然，要從中找出類別名稱是很容易的。較不明確的是，我們沒有宣告父類別，這意味 `WordSplitter` 的父類別必定是 `Object`；rdoc 也會注意到這個事實。它會注意到被混入的任何模組，以及我們所宣告的任何屬性（包括該屬性是否具可讀性、可寫性或者兩者兼具）。

當它抵達實體方法定義，rdoc 的分析會變得非常詳細。當然，它會注意到方法的名稱。但是它會注意我們是否有為它定義任何參數（我們並沒有）。它甚至會到方法本體中尋找 `yield` 述句，由此推斷我們是否需要一個區塊。它還會注意 `yield` 述句中是否有變數的名稱。

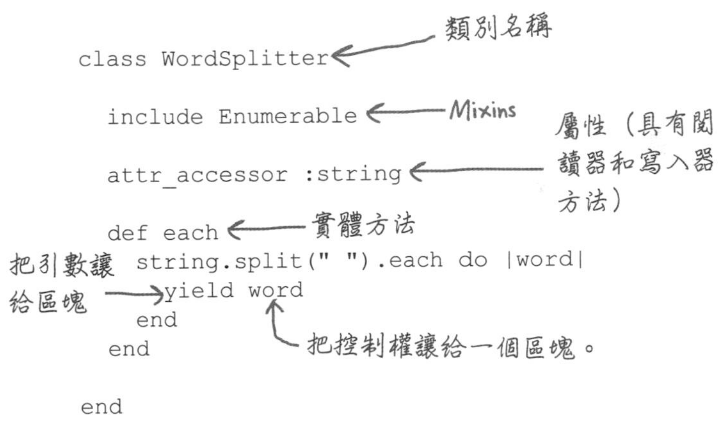
class WordSplitter
類別名稱
include Enumerable
Mixins
attr_accessor :string
屬性（具有閱讀器和寫入器方法）
def each
實體方法
string.split(" ").each do |word|
把引數讓給區塊
yield word
end
end
把控制權讓給一個區塊。
end

所有這些細節會被使用在為類別所產生的文件中：類別名稱、父類別、mixin 以及屬性。方法的索引（只有一個項目）。方法的完整文件會顯示它的引數，以及它需要區塊的事實。

類別名稱
Home
Pages Classes Methods
class WordSplitter
Parent
父類別 → Object
Attributes
string [RW] ← 屬性（具有閱讀器和寫入器方法）
Included Modules
Mixins → Enumerable
Methods
索引中的實體方法 → #each
Public Instance Methods
each() { |word| ... } ← 程式碼中具有 yield 述句，所以我們需要用到一個區塊。
沒有傳遞引數給方法
區塊的參數

使用註解添加你自己的文件

然而，為了讓想要瞭解 `WordSplitter` 類別的新用戶，直接檢視原始碼就能夠知道這些細節。我們真正需要的是類別及其方法的純英文說明。

值得慶幸的是，rdoc 讓我們輕輕鬆鬆就能替 HTML 文件添加說明—在你的原始碼檔案中使用老式的 Ruby 註解！這不僅可以把文件放在你的程式碼中容易更新之處，還可以幫助直接閱讀原始碼（而非 HTML 文件）的人。

欲替類別添加文件，只需要在 `class` 關鍵字的前面添加註解。（如果註解橫跨多列，在文件中它們將會被合併成一列。）欲替屬性添加文件，只需要在屬性宣告的前面添加註解。欲替類別和實體方法添加文件，只需要在方法的 `def` 關鍵字前面添加註解。

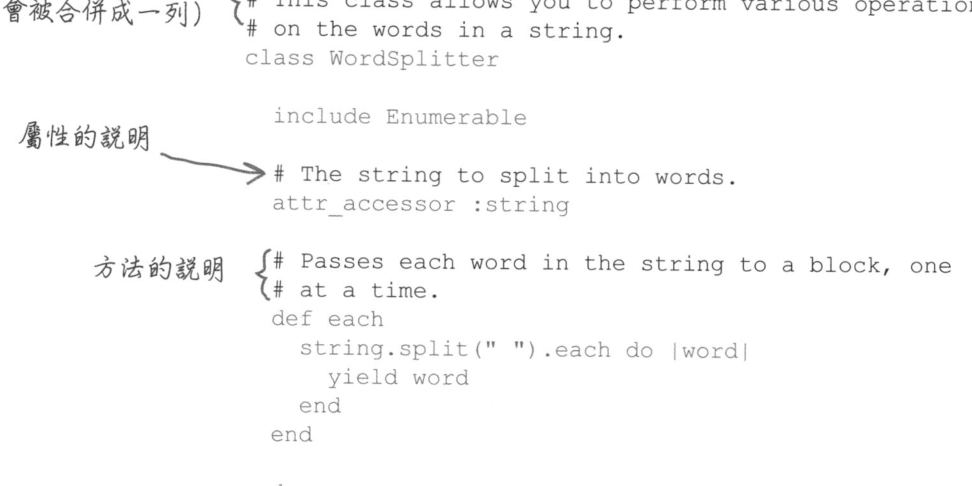


```
# This class allows you to perform various operations
# on the words in a string.
class WordSplitter

  include Enumerable

  # The string to split into words.
  attr_accessor :string

  # Passes each word in the string to a block, one
  # at a time.
  def each
    string.split(" ").each do |word|
      yield word
    end
  end

end
```

如果你再次對你的原始碼檔案執行 rdoc，HTML 檔案將會被新的版本所取代。開啟新產生的檔案，你將會看到自己的類別說明、屬性說明以及方法說明，所有的文件都會出現在正確的地方！

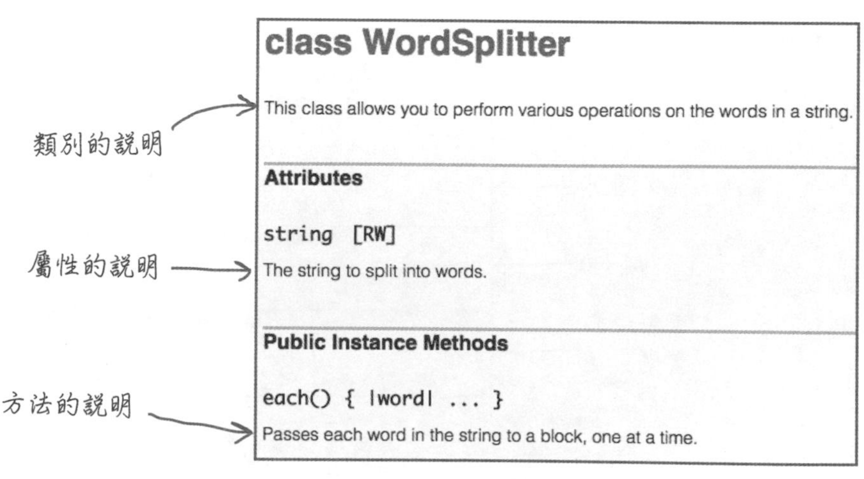

initialize 實體方法會被顯示成 new 類別方法

如你所知，如果你替類別添加了一個 initialize 方法，你無法直接呼叫它。你必須經由 new 類別方法來調用它。產生文件的時候也會考慮到這個特殊情況。讓我們試著為 WordSplitter 添加 initialize 方法以及文件，看看會發生什麼事…

```
class WordSplitter
  ...
  # Creates a new instance with its string
  # attribute set to the given string.
  def initialize(string)
    self.string = string
  end
  ...
end
```

如果我們重新執行 rdoc，並且重新載入 HTML 文件，結果文件中所看到的不是 initialize 實體方法，而是 new 類別方法。（在方法索引中，rdoc 會使用 :: 來標記類別方法。）我們的說明以及 string 引數也會被複製到 new 方法。

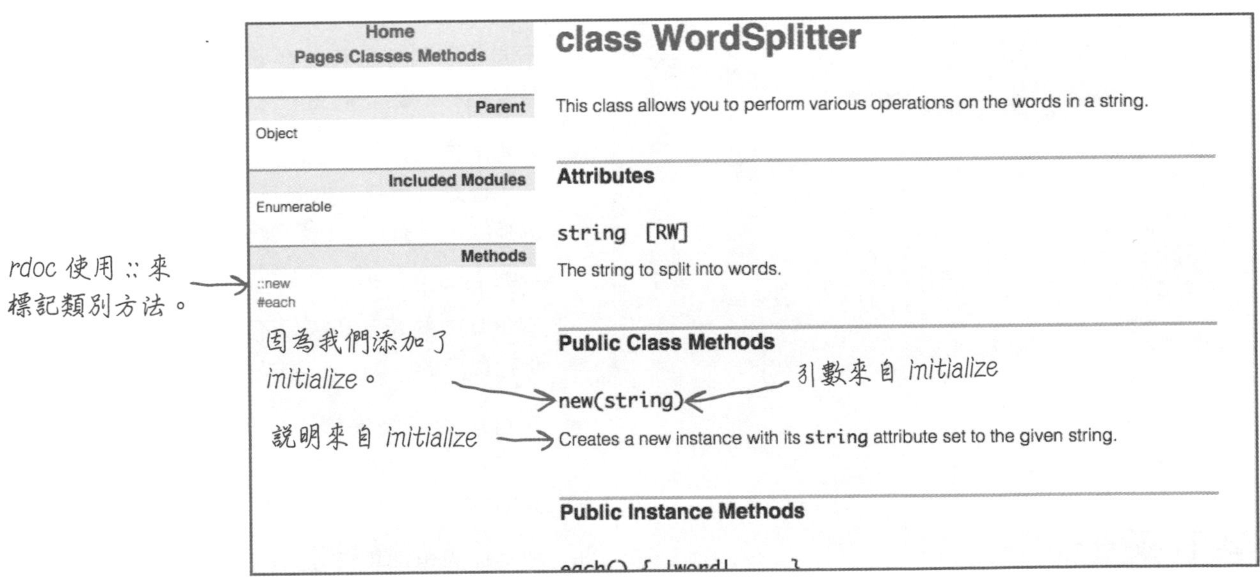

就這樣！欲替你的類別、模組和方法產生易於檢索、看起來專業的 HTML 文件，你只需要在程式碼中加入若干簡單的註解。

如果你想讓其他人找到並使用你的程式碼，好的文件是關鍵所在。Ruby 讓文件的添加和維護變得很容易。

你的 Ruby 工具箱

第 11 章已經閱讀完畢！你可以把 Ruby 文件加入你的工具箱。

文件(Documentation)
把 ruby <classname> 或 ruby <modulename> 鍵入任何搜尋引擎就可以找到所指定類別或模組的 HTML 文件。
rdoc 命令可用於為你的 Ruby 原始碼產生文件。

要點提示

- 每當 Ruby 執行時，Ruby 的核心類別和模組就會自動被載入。
- 類別的 HTML 文件將會包含連結，指向父類別以及任何被混入之模組的文件。
- HTML 文件將會包含所有的類別和實體方法的索引，每個索引會指向方法的完整文件。
- 實體方法通常會被標上井字號（#）。這種標記法僅用於文件；無法使用於 Ruby 程式碼。
- 類別方法通常會被標上點號運算符（.）或範圍解析運算符（::）。
- 方法文件將會包含一或多個呼叫特徵（call signature），每一個皆說明了引數與可被方法呼叫之區塊的不同組合。
- 不同的呼叫特徵有時會導致不同的回傳值。如果是這樣的話，將會在呼叫特徵中予以表明。
- 類別的方法將不會包含繼承而來的或混入的方法，但是將會包含指向其父類別和 mixin 之文件的連結，所有你可以看到全套的可用方法。
- 每一個 Ruby 安裝，包含了 Ruby 的標準程式庫：其中的類別和模組不會自動被載入，但是你可以透過 `require` 方法的呼叫來載入它們。
- 你可以透過終端機視窗執行 `rdoc your_source_file.rb` 的方式來替 Ruby 原始碼檔案中的類別和模組產生 HTML 文件。
- 如果你的類別具有 `initialize` 實體方法，文件中將會以 `new` 類別方法來呈現（因為這是使用者呼叫它的方式）。
- 欲替原始碼中之類別、模組、屬性存取器或方法添加文件，你可以透過在它的定義之前添加註解來達成。

接下來…

當事情出錯時，你的程式應該做什麼？僅使用目前為止我們告訴過你的工具或許就能夠偵測和處理所發生的問題，但是你的程式碼很快就會變得混亂。下一章，我們將會告訴你一個更好的做法：**例外**（*exception*）。

12 例外

處理非預期的情況

不敢相信，我居然把家庭
作業弄丟了 ... 但是我可以處理這
個情況。我將請老師寬限一下，
讓我再做一次。

在真實的世界中難免會發生非預期的情況。可能有人刪除了你的程式試圖要載入的檔案，或你的程式試圖要聯繫的伺服器停機了。你的程式可以檢查這些例外的情況，但是這些檢查程序將會與處理正常操作的程式碼混在一起。（這將會是一個難以閱讀的大混亂。）

本章將會探討 Ruby 的例外處理，它讓你得以撰寫處理例外的程式碼，而且能夠與常規程式碼分開。

不要把方法的回傳值用於錯誤訊息

必定存在的風險是，當使用者呼叫你的程式碼中之方法，有可能會犯錯。例如，讓我們來看這個模擬烤箱的簡單類別。使用者會建立一個新的實體，呼叫它的 turn _ on 方法，為想做的菜設定 contents 屬性（我們只買得起小烤箱，一次只能做一道菜），然後呼叫 bake 方法把這道菜烤成金黃色。

但是呼叫 bake 之前，使用者可能忘記開啟烤箱電源。他們也可能在把 contents 屬性的值設定為 nil 的時候呼叫 bake。所以針對這兩種情況我們建置了一些錯誤處理程序。它不會回傳烤好的食物，而會回傳錯誤字串。

```
class SmallOven

  attr_accessor :contents

  def turn_on
    puts "Turning oven on."
    @state = "on"
  end
  def turn_off
    puts "Turning oven off."
    @state = "off"
  end

  def bake
    unless @state == "on"
      return "You need to turn the oven on first!"
    end
    if @contents == nil
      return "There's nothing in the oven!"
    end
    "golden-brown #{contents}"
  end

end
```

如果烤箱電源沒有被開啟，警告使用者。

如果烤箱中沒有食物，警告使用者。

如果我們沒有忘記開啟烤箱電源以及放入食物，那麼一切都會運作得很好！

```
dinner = ['turkey', 'casserole', 'pie']
oven = SmallOven.new
oven.turn_on
dinner.each do |item|
  oven.contents = item
  puts "Serving #{oven.bake}."
end
```

處理菜單上個食物。

把食物放入烤箱。

烘烤及供應食物。

```
Turning oven on.
Serving golden-brown turkey.
Serving golden-brown casserole.
Serving golden-brown pie.
```

但是正如我們將看到的，當問題發生時，它的運作就不會很好。使用方法的回傳值來指示錯誤（正如前面的程式碼）會導致更多麻煩…

不要把方法的回傳值用於錯誤訊息（續）

所以，如果我們忘記把食物放入烤箱，會發生什麼事？如果我們不小心把烤箱的 contents 屬性設定為 nil，我們的程式碼將會「供應」（serve）警告訊息！

我們忘了一道菜！

```
dinner = ['turkey', nil, 'pie']
oven = SmallOven.new
oven.turn_on
dinner.each do |item|
  oven.contents = item
  puts "Serving #{oven.bake}."
end
```

這聽起來不太好吃！

```
Turning oven on.
Serving golden-brown turkey.
Serving There's nothing in the oven!.
Serving golden-brown pie.
```

這只是一道菜搞砸了。但更糟糕的是，如果你未能開啟烤箱電源一整頓飯都泡湯了！

```
dinner = ['turkey', 'casserole, 'pie']
oven = SmallOven.new
oven.turn_off
dinner.each do |item|
  oven.contents = item
  puts "Serving #{oven.bake}."
end
```

不小心關閉了烤箱電源！

我們可以吃這些嗎？

```
Turning oven off.
Serving You need to turn the oven on first!.
Serving You need to turn the oven on first!.
Serving You need to turn the oven on first!.
```

這裡的真正問題是，當有錯誤發生，我們的程式會繼續執行下去，好像一切正常。幸運的是，我們早在第 2 章就已經知道如何解決這種事情…

記得 raise 方法嗎？當錯誤發生，它會以一段錯誤訊息來停止程式的執行。相較於以方法的回傳值來傳遞錯誤訊息，這似乎安全多了…

```
class Dog

  attr_reader :name, :age

  def name=(value)
    if value == ""
      raise "Name can't be blank!"
    end
    @name = value
  end
```

若 value 是無效值…

…執行到此處停止。

若 raise 被呼叫，此述句將不會被執行。

使用 raise 來回報錯誤

讓我們試著在 SmallOven 中以 raise 的呼叫來取代錯誤回傳值：

```
class SmallOven

  attr_accessor :contents

  def turn_on
    puts "Turning oven on."
    @state = "on"
  end
  def turn_off
    puts "Turning oven off."
    @state = "off"
  end

  def bake
    unless @state == "on"
      raise "You need to turn the oven on first!"
    end
    if @contents == nil
      raise "There's nothing in the oven!"
    end
    "golden-brown #{contents}"
  end

end
```

當烤箱電源被關閉，如果我們試圖烘烤食物，將會引發錯誤。

當烤箱裡是空的，如果我們試圖烘烤食物，將會引發錯誤。

如果有錯誤被引發，這列程式碼將不會被執行！

現在，當烤箱是空的或電源被關閉，如果我們試圖烘烤食物，我們將會得到實際的錯誤訊息，而不會得到具 "Serving" 字樣的錯誤訊息…

```
oven = SmallOven.new
oven.turn_off
oven.contents = 'turkey'
puts "Serving #{oven.bake}."
```

不小心關閉烤箱電源。

```
Turning oven off.
oven.rb:16:in `bake': You need to turn the oven on first! (RuntimeError)
        from oven.rb:29:in `<main>'
```

```
oven = SmallOven.new
oven.turn_on
oven.contents = nil
puts "Serving #{oven.bake}."
```

烤箱是空的。

```
Turning oven on.
oven.rb:19:in `bake': There's nothing in the oven! (RuntimeError)
        from oven.rb:29:in `<main>'
```

使用 raise 帶來新的問題

之前，當我們在 bake 方法中使用回傳值報告錯誤的時候，我們有時會不小心把錯誤訊息當成食物。

我們忘了一道菜！

```
dinner = ['turkey', nil, 'pie']
oven = SmallOven.new
oven.turn_on
dinner.each do |item|
  oven.contents = item
  puts "Serving #{oven.bake}."
end
```

這聽起來不太好吃！

```
Turning oven on.
Serving golden-brown turkey.
Serving There's nothing in the oven!.
Serving golden-brown pie.
```

但是以舊版的程式來說：在供應我們錯誤訊息之後，至少它還會為我們供應甜點。以新版的程式來說：我們會在 bake 方法中使用 raise 來報告錯誤，偵測到問題的時候，我們的程式會因而停止執行。沒有派（pie）給我們了！

程式碼跟前面一樣…

```
dinner = ['turkey', nil, 'pie']
oven = SmallOven.new
oven.turn_on
dinner.each do |item|
  oven.contents = item
  puts "Serving #{oven.bake}."
end
```

停在 nil 項目，不會處理 pie 項目！

```
Turning oven on.
Serving golden-brown turkey.
oven.rb:19:in `bake': There's nothing in the oven! (RuntimeError)
        from oven.rb:31:in `block in <main>'
        from oven.rb:29:in `each'
        from oven.rb:29:in `<main>'
```

此外，我們所看到的錯誤訊息很醜陋。在錯誤訊息中指出命令稿的列號（line numbers）對開發者可能很有用，但是對一般使用者將只會造成混淆。

如果我們打算繼續在 bake 方法中使用 raise，我們將需要修正這些問題。要做到這一點，我們將需要瞭解**例外**（*exception*）…

例外：當有事出錯時

如果命令稿中只有一道呼叫 raise 的述句，我們將會看到如下的輸出：

```
raise "oops!"
```

```
myscript.rb:1:in `<main>': oops! (RuntimeError)
```

raise 方法會實際建立一個**例外**物件，這是一個代表錯誤的物件。如果它們沒有被處理，例外將會讓你的程式突然停止。下面是所發生的事情：

例外是一個代表錯誤的物件。

1. 當你呼叫 raise，你是在說：「有問題發生，我們需要停止我們現在所做的事情。」

2. raise 方法會建立一個例外物件，用於代表錯誤。

3. 如果你沒有對錯誤做任何處理，你的程式將會結束執行，而 Ruby 將會報告錯誤訊息。

raise "oops!"

RuntimeError

RuntimeError

哎…

```
myscript.rb:1:in `<main>':
oops! (RuntimeError)
```

但是還是有可能對例外進行**救援**（*rescue*）：攔截錯誤。你可以使用較具用戶友善性的方式來報告錯誤訊息，或者有時甚至是解決問題。

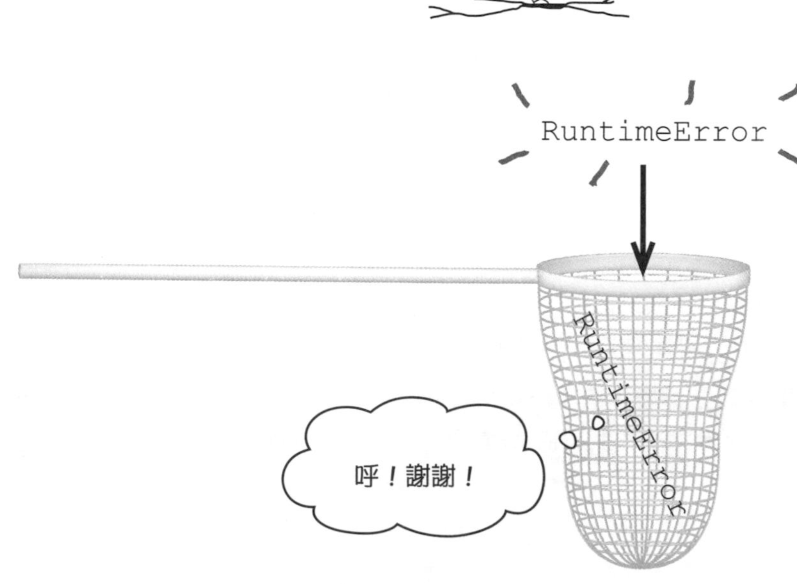

rescue 子句：一個解決問題的機會

如果你認為你有些程式碼可能會**引發**（*raise*）例外，你可以把它放在 begin/end 區塊裡，以及加上一或多個「遇到例外的時候將會執行的 `rescue` 子句」。`rescue` 子句中可能會包含用於把錯誤訊息寫入日誌檔（logfile）的程式碼、重新嘗試網路連線的程式碼，或是優雅地處理問題所需要進行的任何工作。

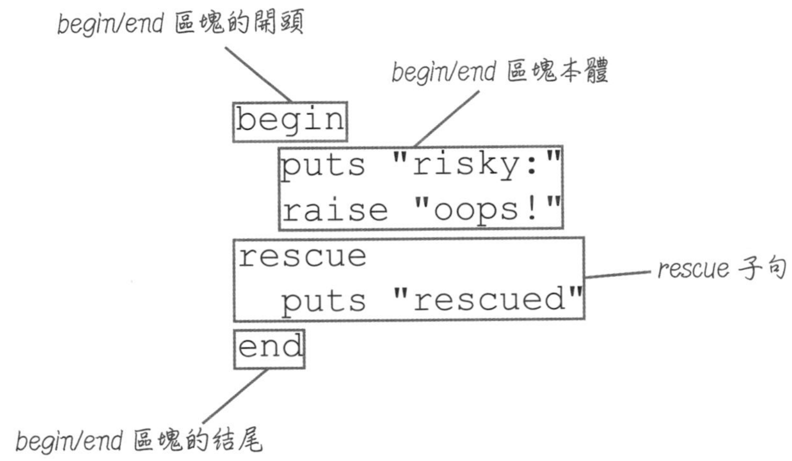

如果 begin 區塊本體中有任何運算式引發例外，程式碼的執行將會立即移往適當的 `rescue` 子句，如果有指定的話。

```
begin
  puts "I'll be run."
  raise "oops!"
  puts "I'll be skipped."
rescue
  puts "Rescued an exception!"
end
```

區塊本體中的運算式會正常執行，直到⋯（指向 `puts "I'll be run."`）

⋯引發了一個例外！（指向 `raise "oops!"`）

剩下的任何程式碼將會被跳過。（指向 `puts "I'll be skipped."`）

當例外被引發時，程式碼的執行將會移往此處。（指向 `rescue`）

```
I'll be run.
Rescued an exception!
```

一旦 `rescue` 子句執行完畢，begin/end 區塊之後的程式碼將會繼續正常執行下去。既然你會在 `rescue` 子句中處理問題，那麼你的程式碼就不需要結束執行了。

Ruby 尋找 rescue 子句

你可以從主程式（於任何方法之外）引發例外，但是更常見的是在方法中引發例外。如果出現這種情況，Ruby 首先會在方法中尋找 rescue 子句。如果沒有找到，將會立即退出方法（沒有回傳值）。

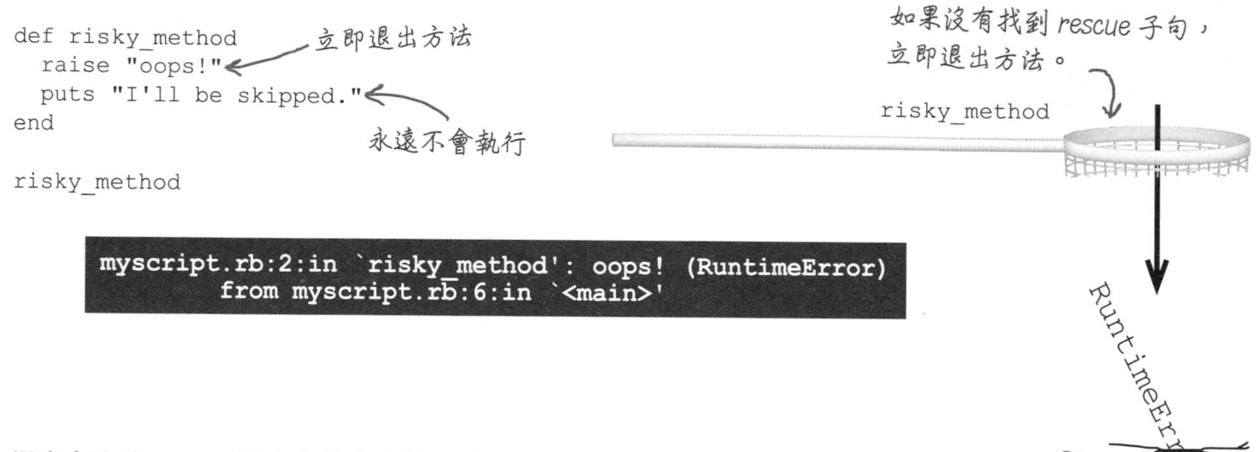

```
def risky_method
  raise "oops!"
  puts "I'll be skipped."
end

risky_method
```

```
myscript.rb:2:in `risky_method': oops! (RuntimeError)
        from myscript.rb:6:in `<main>'
```

立即退出方法
永遠不會執行
如果沒有找到 rescue 子句，
立即退出方法。
risky_method
RuntimeError

退出方法時，Ruby 還會在該方法被呼叫之處尋找 rescue 子句。因此，如果你認為你所呼叫的方法可能會拋出例外，你可以把該呼叫放在 begin/end 區塊裡並且加上一個 rescue 子句。

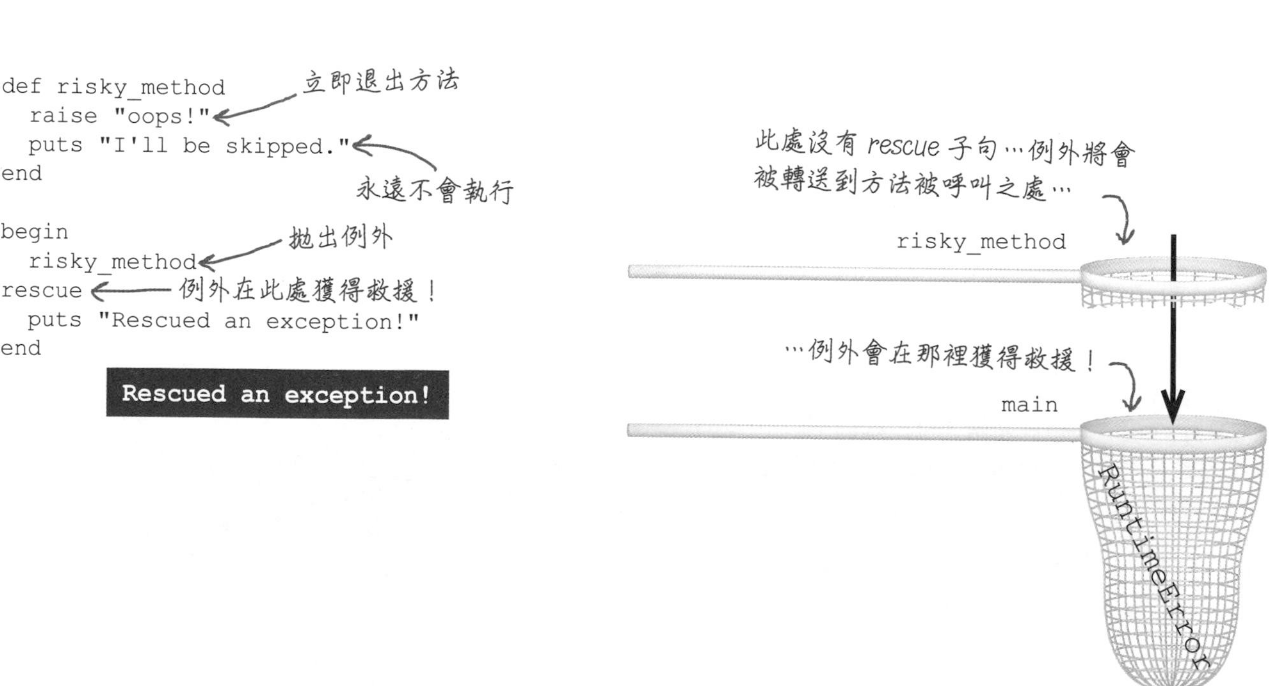

```
def risky_method
  raise "oops!"
  puts "I'll be skipped."
end

begin
  risky_method
rescue
  puts "Rescued an exception!"
end
```

```
Rescued an exception!
```

立即退出方法
永遠不會執行
拋出例外
例外在此處獲得救援！
此處沒有 rescue 子句…例外將會
被轉送到方法被呼叫之處…
risky_method
…例外會在那裡獲得救援！
main
RuntimeError

Ruby 尋找 rescue 子句（續）

這會在呼叫鏈（chain of calls）中繼續下去。如果方法的呼叫者不具備適當的 `rescue` 子句，Ruby 將會到呼叫鏈的上一層尋找 `rescue` 子句，直到發現適當的 `rescue` 子句。（如果沒有找到，程式便會終止執行。）

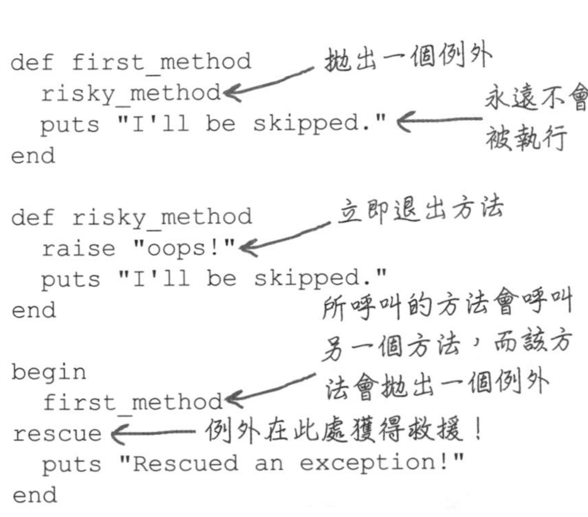

def first_method
  risky_method
  puts "I'll be skipped."
end
拋出一個例外
永遠不會被執行
def risky_method
  raise "oops!"
  puts "I'll be skipped."
end
立即退出方法
所呼叫的方法會呼叫另一個方法，而該方法會拋出一個例外
begin
  first_method
rescue
  puts "Rescued an exception!"
end
例外在此處獲得救援！
Rescued an exception!

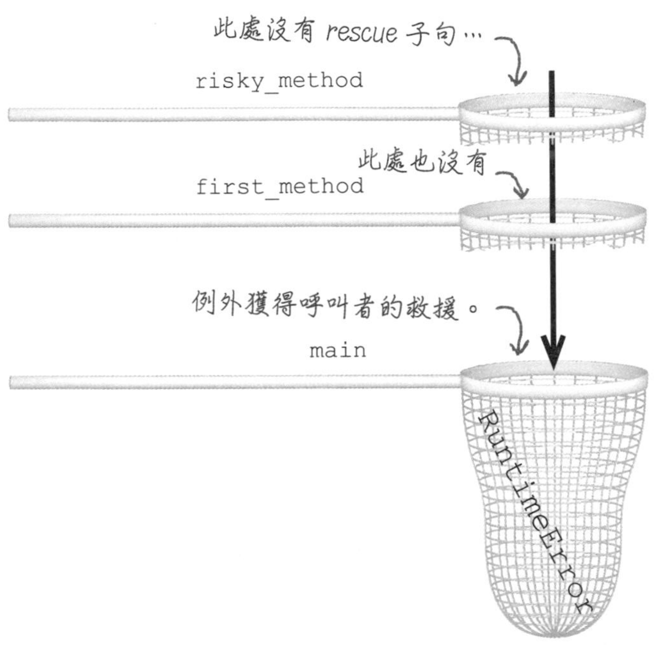

Ruby 會在發生例外的方法中尋找 rescue 子句。如果沒有找到，它會往呼叫鏈的上一層尋找，直到發現 rescue 子句或呼叫鏈結束。

為我們的 SmallOven 類別使用 rescue 子句

現在，如果我們呼叫 SmallOven 的實體方法 bake，但沒有設定實體的 contents 屬性，我們會得到一個具用戶友善性的錯誤訊息。此外，程式會立即停此執行，不會處理陣列中其餘的項目。

```
class SmallOven
  ...
  def bake
    unless @state == "on"
      raise "You need to turn the oven on first!"
    end
    if @contents == nil
      raise "There's nothing in the oven!"
    end
    "golden-brown #{contents}"
  end

end

dinner = ['turkey', nil, 'pie']
oven = SmallOven.new
oven.turn_on
dinner.each do |item|
  oven.contents = item
  puts "Serving #{oven.bake}."
end
```

我們忘了一道菜！

停止在 nil 項目，不會處理 pie！

```
Turning oven on.
Serving golden-brown turkey.
oven.rb:19:in `bake': There's nothing in the oven! (RuntimeError)
      from oven.rb:31:in `block in <main>'
      from oven.rb:29:in `each'
      from oven.rb:29:in `<main>'
```

讓我們添加一個 rescue 子句，看看我們是否可以印出較具用戶友善性的錯誤訊息。

```
dinner = ['turkey', nil, 'pie']
oven = SmallOven.new
oven.turn_on
dinner.each do |item|
  begin
    oven.contents = item
    puts "Serving #{oven.bake}."
  rescue
    puts "Error: There's nothing in the oven!"
  end
end
```

程式碼跟前面一樣，但現在被放在一個 begin/end 區塊裡

rescue ← 救援前兩列程式碼所引發的任何例外。

印出一列錯誤訊息。

```
Turning oven on.
Serving golden-brown turkey.
Error: There's nothing in the oven!
Serving golden-brown pie.
```

烘烤第一道菜。

為 nil 項目印出一列錯誤訊息。

繼續烘烤第三道菜。

好多了！陣列中所有項目都得到了處理，而且我們會得到一列具可讀性的錯誤訊息，完全可以避免從方法回傳錯誤字串所導致的風險！

我們需要描述問題的來源

當 bake 方法中發生錯誤，我們會把用於描述問題的字串傳遞給 raise 方法。

```
class SmallOven
  ...
  def bake
    unless @state == "on"
      raise "You need to turn the oven on first!"
    end
    if @contents == nil
      raise "There's nothing in the oven!"
    end
    "golden-brown #{contents}"
  end

end
```

如果烤箱的電源是關閉的，我們會傳遞此訊息給 *raise*…

當烤箱是空的，我們會傳遞不同的訊息…

我們根本沒有用到這些訊息；我們所印出的總是 rescue 子句中的字串，用於指出烤箱是空的。

但如果實際上烤箱不是空的，我們將會印出不正確的訊息！

```
dinner = ['turkey', 'casserole', 'pie']
oven = SmallOven.new
oven.turn_off
dinner.each do |item|
  begin
    oven.contents = item
    puts "Serving #{oven.bake}."
  rescue
    puts "Error: There's nothing in the oven!"
  end
end
```

如果烤箱的電源是關閉的

…我們會忽略傳遞給 *raise* 的訊息而使用此訊息！

不對！真正的問題是烤箱的電源是關閉的！

```
Turning oven off.
Error: There's nothing in the oven!
Error: There's nothing in the oven!
Error: There's nothing in the oven!
```

我們需要印出傳遞給 raise 的訊息…

例外訊息

當你傳遞一個字串給 raise 方法，它會使用該字串來設定所建立之例外物件的 message 屬性：

```
unless @state == "on"
  raise "You need to turn the oven on first!"
end
if @contents == nil
  raise "There's nothing in the oven!"
end
```

建立一個例外物件，並且設定它的 message 屬性

這裡也一樣

我們只需要移除我們的靜態錯誤訊息，以及在該處印出例外物件的 message 屬性。

我們可以透過在 rescue 那一列添加 => 以及我們想要的任何變數，把例外物件存入一個變數。（這個 => 與雜湊字面中所使用的符號一樣，但它在此處所做的事，與雜湊無關。）一旦我們取得例外物件，我們就可以印出它的 message 屬性。

```
begin
  raise "oops!"
rescue => my_exception
  puts my_exception.message
end
```

建立一個例外物件並以 "oops!" 做為它的訊息。

把例外物件存入一個變數。

印出例外訊息。

```
oops!
```

讓我們來修改我們的烤箱程式碼，以便把例外物件存入一個變數，並印出它的訊息：

```
dinner = ['turkey', 'casserole', 'pie']
oven = SmallOven.new
oven.turn_off
dinner.each do |item|
  begin
    oven.contents = item
    puts "Serving #{oven.bake}."
  rescue => error
    puts "Error: #{error.message}"
  end
end
```

關閉烤箱的電源。

把例外物件存入一個變數。

印出例外物件所包含的任何訊息。

```
Turning oven off.
Error: You need to turn the oven on first!
Error: You need to turn the oven on first!
Error: You need to turn the oven on first!
```

例外物件的訊息現在可以看到真正的問題了。

問題解決了。我們現在可以顯示傳遞給 raise 方法的任何例外訊息。

程式碼磁貼

有一支 Ruby 程式散落在冰箱上。你能夠把這些程式碼片段重新復原成可運行的 Ruby 程式，以便產生所給定的輸出？

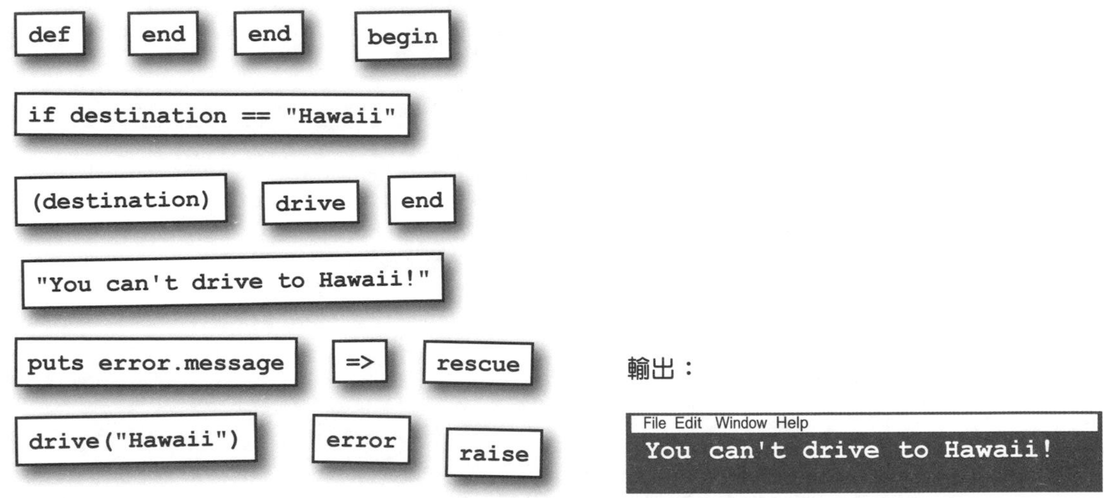
def
end
end
begin
if destination == "Hawaii"
(destination)
drive
end
"You can't drive to Hawaii!"
puts error.message
=>
rescue
drive("Hawaii")
error
raise
輸出：
File Edit Window Help
You can't drive to Hawaii!

程式碼磁貼解答

有一支 Ruby 程式散落在冰箱上。你能夠把這些程式碼片段重新復原成可運行的 Ruby 程式，以便產生所給定的輸出？

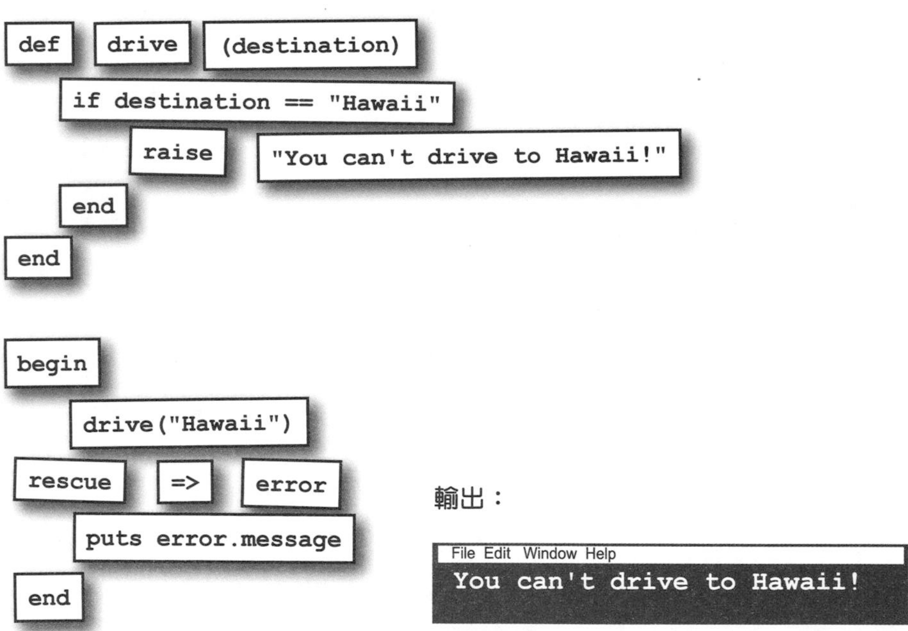
def
drive
(destination)
if destination == "Hawaii"
raise
"You can't drive to Hawaii!"
end
end
begin
drive("Hawaii")
rescue
=>
error
puts error.message
end
輸出：
File Edit Window Help
You can't drive to Hawaii!

我們到目前為止的程式碼…

自從我們試著改善烤箱模擬器程式碼，我們已經探討過許多基礎知識！讓我們回顧一下我們所做的修改。

在 SmallOven 類別的 bake 方法中，我們所添加的 raise 述句會在出現問題時引發一個例外。例外物件的 message 屬性會因為烤箱的電源是否關閉或是否為空，而有不同的設定。

```
class SmallOven

  attr_accessor :contents

  def turn_on
    puts "Turning oven on."
    @state = "on"
  end
  def turn_off
    puts "Turning oven off."
    @state = "off"
  end

  def bake
    unless @state == "on"
      raise "You need to turn the oven on first!"
    end
    if @contents == nil
      raise "There's nothing in the oven!"
    end
    "golden-brown #{contents}"
  end

end
```

如果我們試圖在烤箱的電源被關閉的時候進行烘烤，會引發錯誤。

如果我們試圖在烤箱是空的時候進行烘烤，會引發錯誤。

在我們呼叫 bake 方法的程式碼中，我們將 rescue 子句設置成，把例外物件存入一個名為 error 變數。然後我們會印出例外物件的 message 屬性，以指出究竟發生了什麼事。

```
dinner = ['turkey', 'casserole', 'pie']
oven = SmallOven.new
oven.turn_on
dinner.each do |item|
  begin
    oven.contents = item
    puts "Serving #{oven.bake}."
  rescue => error
    puts "Error: #{error.message}"
  end
end
```

把例外物件存入一個變數。

印出例外物件中所包含的任何訊息。

我們到目前為止的程式碼…（續）

所以，如果烤箱物件的 contents 屬性被設定 nil，我們將會看到錯誤訊息：

這將使得烤箱物件的 contents 屬性被設定為 nil！

```
dinner = ['turkey', nil, 'pie']
oven = SmallOven.new
oven.turn_on
dinner.each do |item|
  begin
    oven.contents = item
    puts "Serving #{oven.bake}."
  rescue => error
    puts "Error: #{error.message}"
  end
end
```

```
Turning oven on.
Serving golden-brown turkey.
Error: There's nothing in the oven!
Serving golden-brown pie.
```

有例外訊息。

…如果烤箱的電源被關閉，我們將會看到不同的訊息。

```
dinner = ['turkey', 'casserole', 'pie']
oven = SmallOven.new
oven.turn_off
dinner.each do |item|
  begin
    oven.contents = item
    puts "Serving #{oven.bake}."
  rescue => error
    puts "Error: #{error.message}"
  end
end
```

烤箱的電源被關閉。

```
Turning oven off.
Error: You need to turn the oven on first!
Error: You need to turn the oven on first!
Error: You need to turn the oven on first!
```

相同的例外被引發三次

對不同的例外使用不同的救援邏輯

但是當烤箱的電源被關閉，為一頓飯的每一道菜引發相同的例外似乎很蠢？此時打開烤箱的電源不就好了？

相同的例外被引發三次。

```
Turning oven off.
Error: You need to turn the oven on first!
Error: You need to turn the oven on first!
Error: You need to turn the oven on first!
```

如果我們的程式能夠偵測問題、開啟烤箱的電源以及再次烘烤食物，那就太好了。

但我們無法只是開啟烤箱的電源並對發生的任何例外再嘗試一次。如果 `contents` 屬性被設定為 `nil`，嘗試做第二次烘烤是沒有意義的！

```
class SmallOven
  ...
  def bake
    unless @state == "on"
      raise "You need to turn the oven on first!"
    end
    if @contents == nil
      raise "There's nothing in the oven!"
    end
    "golden-brown #{contents}"
  end

end
```

開啟烤箱電源並再嘗試一次，是處理此例外的好方式…

…但是這不必再嘗試！

我們需要透過一種方式來區分 `bake` 方法所可能引發的例外，這樣我們就知道以不同的方式來處理它們。我們可以使用例外的類別來達成此目的…

對不同的例外使用不同的救援邏輯（續）

我們之前提到例外也是物件。嗯，所有的物件都是一個類別的實體，對吧？你可以為特定的 rescue 子句指定其所能處理的例外類別。從那之後，rescue 子句將會忽略非指定類別（或它的一個子類別）之實體的任何例外。

你可以使用此功能把「例外」繞送到被設置成「以你想要的方式進行處理的 rescue 子句」。

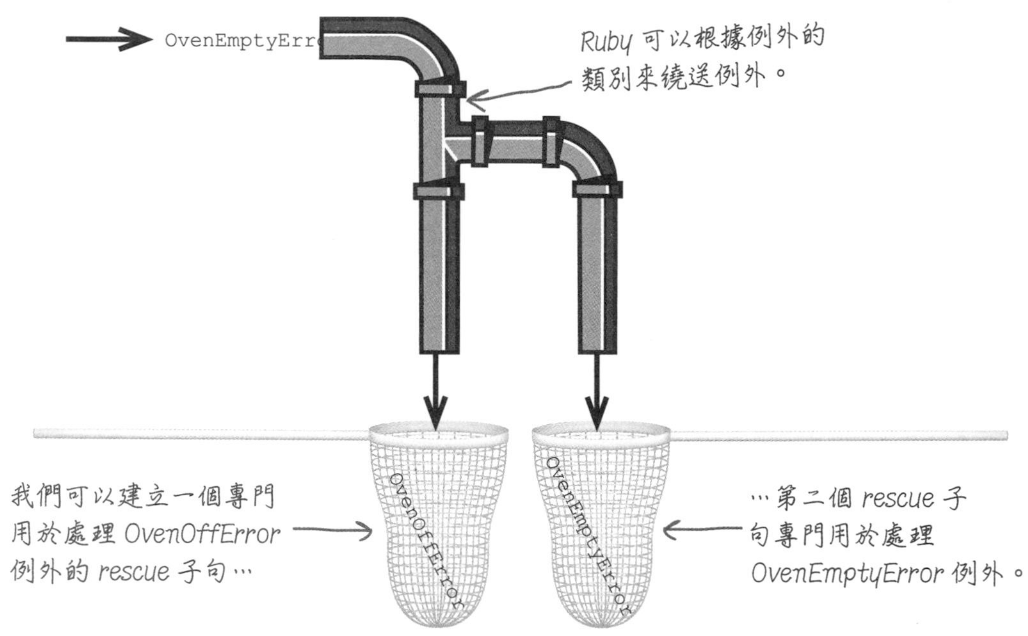

OvenEmptyError
Ruby 可以根據例外的類別來繞送例外。
OvenOffError
OvenEmptyError
我們可以建立一個專門用於處理 OvenOffError 例外的 rescue 子句…
…第二個 rescue 子句專門用於處理 OvenEmptyError 例外。

但如果我們打算以不同的方式處理不同的例外類別，我們首先需要為例外指定的類別…

例外類別

當 raise 被呼叫，它會建立一個例外物件…如果沒有對例外做任何救援，你會在 Ruby 結束執行時看到該物件的類別。

此例外物件是 RuntimeError 類別的一個實體。

```
raise "oops!"
```

```
myscript.rb:1:in `<main>': oops! (RuntimeError)
```

預設情況下，raise 會以 RuntimeError 類別的實體做為例外物件。但是你也可以指定其他類別，如果你想要的話。你只需要把類別名稱當成第一個引數（位於你想要做為例外訊息之字串的前面）傳遞給 raise 即可。

指定了一個例外類別

```
raise ArgumentError, "This method takes a String!"
```

```
myscript.rb:1:in `<main>':
This method takes a String! (ArgumentError)
```

所指定的例外類別被引發了！

指定了一個例外類別

```
raise ZeroDivisionError, "Can't cut a pie into 0 portions!"
```

```
myscript.rb:1:in `<main>':
Can't cut a pie into 0 portions! (ZeroDivisionError)
```

所指定的例外類別被引發了！

你甚至可以建立和引發你自己的例外類別。然而，你所得到的可能不是你希望的錯誤訊息：

```
class MyError  ← 這是行不通的！
end

raise MyError, "oops!"
```

```
myscript.rb:4:in `raise': exception
class/object expected (TypeError)
```

raise 方法引發了一個它自己的例外！

例外類別（續）

只有 Ruby 之 Exception 類別的子類別可用於表示例外。此處是 Ruby 之核心程式庫中，例外類別的部分階層結構：

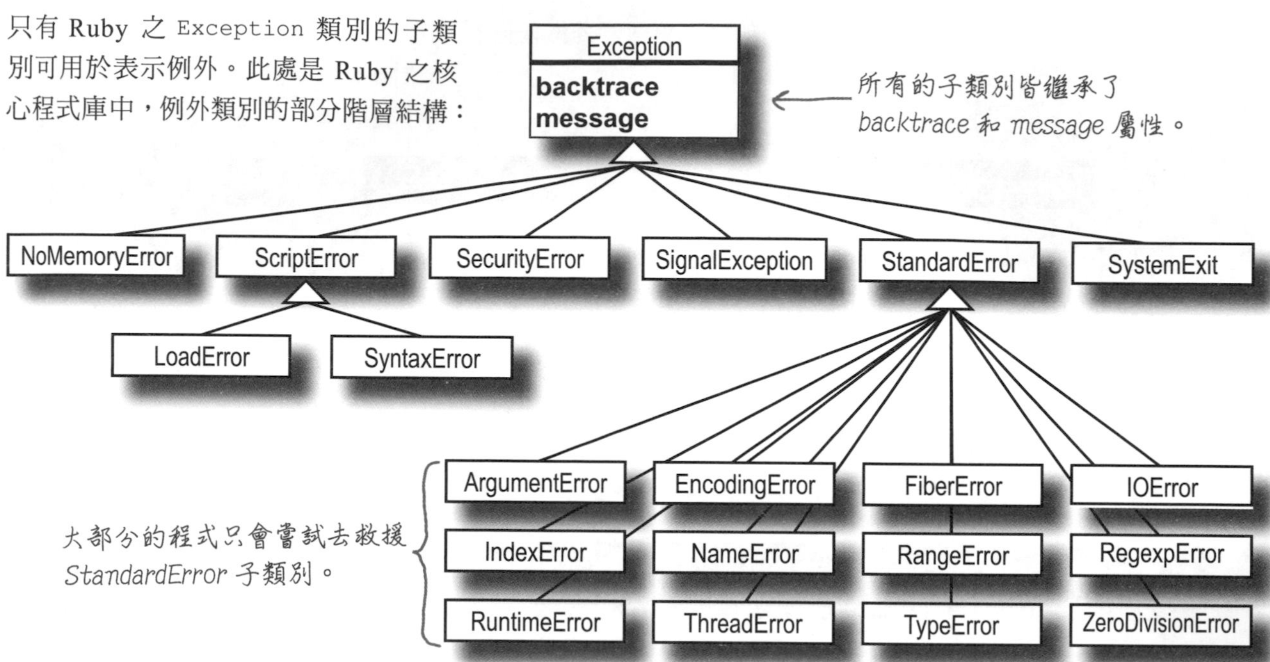

所以，如果你讓你的例外類別成為 Exception 的子類別，它將能夠使用在 raise 中…

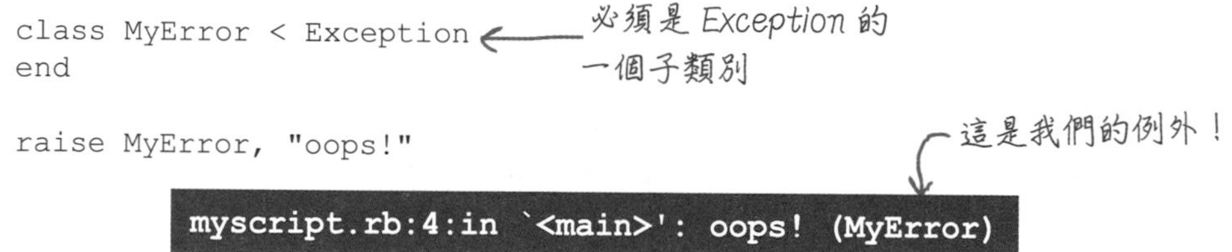


```
class MyError < Exception
end

raise MyError, "oops!"
```

```
myscript.rb:4:in `<main>': oops! (MyError)
```

…但請注意，Ruby 的例外類別多半是 StandardError 的子類別，而非 Exception 的直接子類別。按慣例，StandardError 代表了一般程式能夠處理的錯誤類型。Exception 的其他子類別代表了你的程式碼無法控制的問題，像是你的系統用完了記憶體或正在關機。

因此，儘管你能夠以 Exception 做為自定義例外的父類別，你通常應該以 StandardError 做為自定義例外的父類別。

```
class MyError < StandardError
end

raise MyError, "oops!"
```

通常，你應該繼承 StandardError 而非 Exception。

```
myscript.rb:4:in `<main>': oops! (MyError)
```

為 rescue 子句指定例外類別

現在我們可以建立我們自己的例外類別，我們需要能夠救援正確的類別。在 rescue 子句中，若把類別名稱擺在 rescue 關鍵字之後，表示所救援的例外是該類別（或它的某個子類別）的實體。

以下面的程式碼為例，其所引發的例外（PorridgeError）與 rescue 子句中所指定的例外類型（BeddingError）並不相符，所以例外不會獲得救援：

```
class PorridgeError < StandardError
end
class BeddingError < StandardError
end

def eat
  raise PorridgeError, "too hot"
end
def sleep
  raise BeddingError, "too soft"
end

begin
  eat
rescue BeddingError => error
  puts "This bed is #{error.message}!"
end
```

引發 PorridgeError → eat

只救援 BeddingError

PorridgeError 不會獲得救援。→

```
goldilocks.rb:7:in `eat': too hot (PorridgeError)
        from goldilocks.rb:14:in `<main>'
```

…但是與 rescue 子句中所列示的類別相符的任何例外，將會獲得救援：

引發 BeddingError
begin
sleep
rescue BeddingError => error
puts "This bed is #{error.message}!"
end
救援 BeddingError
相符的例外會獲得救援。
This bed is too soft!

總是為你的 rescue 子句指定例外類型是一個好主意。這樣，你將只會救援你知道如何處理的例外！

在相同的 begin/end 區塊中使用多個 rescue 子句

此程式碼將會救援 BeddingError 類型的例外，但是會忽略 PorridgeError 類型的例外。我們需要能夠救援這兩種例外類型…

```
class PorridgeError < StandardError
end
class BeddingError < StandardError
end

def eat
  raise PorridgeError, "too hot"
end
def sleep
  raise BeddingError, "too soft"
end

begin
  eat
rescue BeddingError => error
  puts "This bed is #{error.message}!"
end
```

引發 PorridgeError → eat

只救援 BeddingError → rescue BeddingError

PorridgeError 不會獲得救援。→

```
goldilocks.rb:7:in `eat': too hot (PorridgeError)
      from goldilocks.rb:14:in `<main>'
```

你可以把多個 rescue 子句加入相同的 begin/end 區塊，每一個用於指定它應該救援的例外類型。

```
begin
  eat
rescue BeddingError => error
  puts "This bed is #{error.message}!"
rescue PorridgeError => error
  puts "This porridge is #{error.message}!"
end
```

BeddingErrors 會被繞送到此處 → rescue BeddingError => error

PorridgeErrors 會被繞送到此處 → rescue PorridgeError => error

```
This porridge is too hot!
```

這讓你得以根據所救援的例外類型執行相對應的復原程式碼（recovery code）。

```
begin
  sleep
rescue BeddingError => error
  puts "This bed is #{error.message}!"
rescue PorridgeError => error
  puts "This porridge is #{error.message}!"
end
```

改為引發 BeddingError 類型的例外 → sleep

在此處獲得救援 → rescue BeddingError => error

```
This bed is too soft!
```

以自定義的例外類別來更新我們的烤箱程式碼

我們已經知道如何引發我們自己的例外類別，以及如何以不同的方式來處理不同的例外類別，現在讓我們試著更新我們的烤箱模擬器。如果烤箱的電源是關閉的，我們需要開啟它的電源，如果烤箱是空的，我們需要警告使用者。

我們將會建立兩個新的例外類別，用於表示可能會發生的兩種例外類型，並讓它們成為 `StandardError` 類別的子類別。接著為每個例外類別添加 `rescue` 子句。

定義新的例外類別。

```
class OvenOffError < StandardError
end
class OvenEmptyError < StandardError
end
```

若烤箱的電源是關閉的，則引發此類型的例外…

…若烤箱是空的，則引發不同類型的例外。

```
class SmallOven
  ...
  def bake
    unless @state == "on"
      raise OvenOffError, "You need to turn the oven on first!"
    end
    if @contents == nil
      raise OvenEmptyError, "There's nothing in the oven!"
    end
    "golden-brown #{contents}"
  end
end
```

我們又少了一道菜！

我們又忘了開啟烤箱的電源！

只救援 OvenEmptyError 類型的例外

只救援 OvenOffError 類型的例外

印出例外訊息，就像在舊的程式碼中那樣。

烤箱的電源必定是關閉的，所以開啟它的電源。

```
dinner = ['turkey', nil, 'pie']
oven = SmallOven.new
oven.turn_off
dinner.each do |item|
  begin
    oven.contents = item
    puts "Serving #{oven.bake}."
  rescue OvenEmptyError => error
    puts "Error: #{error.message}"
  rescue OvenOffError => error
    oven.turn_on
  end
end
```

OvenOffError 的 rescue 子句會開啟烤箱的電源。

OvenEmptyError 的 rescue 子句會印出警告訊息。

```
Turning oven off.
Turning oven on.
Error: There's nothing in the oven!
Serving golden-brown pie.
```

起作用了！當冷的烤箱引發 `OvenOffError` 類型的例外，將會調用適當的 `rescue` 子句以及開啟烤箱的電源。當 `nil` 值引發 `OvenEmptyError` 類型的例外，相對應的 `rescue` 子句將會印出警告訊息。

以 retry 於錯誤發生之後再嘗試一次

我們在這裡錯過了一些東西…用於處理 OvenOffError 的 rescue 子將會開啟烤箱的電源，以及順利地烘烤其餘的食物。但因為當我們試圖烘烤 turkey（火雞）的時候引發了 OvenOffError 類型的例外，所以 turkey 會被跳過！我們需要在烤箱的電源開啟後再回頭烘烤 turkey。

處理 OvenOffError 的 rescue 子句會開啟烤箱的電源。但是會跳過 turkey 的烘烤！

```
Turning oven off.
Turning oven on.
There's nothing in the oven!
Serving golden-brown pie.
```

retry 關鍵字應該可以滿足我們的需要。當 rescue 子句中包含 retry 關鍵字時，執行流將會回到 begin/end 區塊的開頭，該處的述句將會被重新執行。

舉例來說，如果因為試圖進行除以零的運算，讓我們遇到了一個例外，我們可以修改除數（divisor）並再試一次。

```
amount_won = 100
portions = 0
begin
  portion_size = amount_won / portions
  puts "You get $#{portion_size}."
rescue ZeroDivisionError
  puts "Revising portion count from 0 to 1."
  portions = 1
  retry
end
```

portions = 0：這將會導致 ZeroDivisionError。

修正除數之後，回到 begin 區塊的開頭

portions = 1：修正導致例外的情況。

```
Revising portion count from 0 to 1.
You get $100.
```

然而，使用 retry 的時候一定要小心。若你沒有成功修正導致例外的問題（或你的救援程式碼中有錯誤），則例外會再次被引發，於是會再嘗試一次，如此不斷循環下去！在這種情況下，你將需要按 Ctrl-C 以便結束 Ruby。

若前面的程式碼儘管有包含 retry 關鍵字但是沒有正確修正除數，我們將會進入一個無窮迴圈。

```
amount_won = 100
portions = 0
begin
  portion_size = amount_won / portions
  puts "You get $#{portion_size}."
rescue ZeroDivisionError
  puts "Revising portion count from 0 to 1."
  retry
end
```

如果我們漏掉了運算式 portions = 1…

…它會在問題沒有被修正的情況下再嘗試一次！

無窮迴圈

```
...
Revising portion count from 0 to 1.
Revising portion count from 0 to 1.
Revising portion count from 0 to 1.
^Cwin.rb:4:in `new': Interrupt
```

你將需要按 Ctrl-C 以便結束 Ruby。

以 retry 更新我們的烤箱程式碼

讓我們試著在開啟烤箱電源的述句之後添加 retry 關鍵字，看看這一次 turkey 是否會獲得處理：

```
dinner = ['turkey', nil, 'pie']
oven = SmallOven.new
oven.turn_off
dinner.each do |item|
  begin
    oven.contents = item
    puts "Serving #{oven.bake}."
  rescue OvenEmptyError => error
    puts "Error: #{error.message}"
  rescue OvenOffError => error
    oven.turn_on
    retry
  end
end
```

開啟烤箱電源之後重新啟動 begin 區塊。

OvenOffError 的 rescue 子句會開啟烤箱的電源。

begin 區塊會被再嘗試一下，於是會烘烤 turkey。

```
Turning oven off.
Turning oven on.
Serving golden-brown turkey.
Error: There's nothing in the oven!
Serving golden-brown pie.
```

我們做到了！我們不僅能夠修正引發例外的問題，而且 retry 子句還讓我們得以把食物再處理一次（這次成功了）！

請為底下的程式碼填空，讓它得以產生此處所列示的輸出。

```
class ______________ < StandardError
end

score = 52
begin
  if score > 60
    puts "passing grade"
  else
    _____ TestScoreError, "failing grade"
  end
rescue ______________ => error
  puts "Received #{error.________}. Taking make-up exam..."
  score = 63
  _____
end
```

輸出：

```
Received failing grade. Taking make-up exam...
passing grade
```

請為底下的程式碼填空，讓它得以產生此處所列示的輸出。

```
class TestScoreError < StandardError
end

score = 52
begin
  if score > 60
    puts "passing grade"
  else
    raise TestScoreError, "failing grade"
  end
rescue TestScoreError => error
  puts "Received #{error.message}. Taking make-up exam..."
  score = 63
  retry
end
```

輸出：

```
Received failing grade. Taking make-up exam...
passing grade
```

無論如何你應該做的事情

在之前的所有例子中，我們發現一件事：完成食物的處理後，我們並未關閉烤箱的電源。

然而，要關閉烤箱的電源並不只是添加一列程式碼那樣簡單。此程式碼將會讓烤箱的電源維持開啟的狀態，因為在 turn _ off 被呼叫之前已經引發了例外：

```
begin
  oven.turn_on
  oven.contents = nil
  puts "Serving #{oven.bake}."
  oven.turn_off
rescue OvenEmptyError => error
  puts "Error: #{error.message}"
end
```

引發了一個例外（指向 oven.contents = nil）

此處絕對不會被執行！（指向 oven.turn_off）

```
Turning oven on.
Error: There's nothing in the oven!
```

烤箱的電源絕對不會被關閉！

不管怎樣，千萬要讓我記得關閉烤箱的電源！上一次我燒掉了半條街。

我們還可以在 rescue 子句中呼叫 turn _ off…

```
begin
  oven.turn_on
  oven.contents = nil
  puts "Serving #{oven.bake}."
  oven.turn_off
rescue OvenEmptyError => error
  puts "Error: #{error.message}"
  oven.turn_off
end
```

把此處的程式碼複製…（指向第一個 oven.turn_off）

…到 rescue 子句。（指向第二個 oven.turn_off）

```
Turning oven on.
Error: There's nothing in the oven!
Turning oven off.
```

儘管引發例外，烤箱的電源仍會被關閉。

…但是必須像這樣複製程式碼也不是理想的做法。

ensure 子句

如果不論是否發生例外你都有一些程式碼需要執行，你可以把它放入 ensure 子句。ensure 子句應該出現在 begin/end 區塊中，以及所有的 rescue 子句之後。ensure 與 end 關鍵字之間的任何述句保證會在區塊結束之前被執行。

如果有例外被引發，ensure 子句將會被執行：

```
begin
  raise "oops!"
rescue
  puts "rescued an exception"
ensure
  puts "I run regardless"
end
```

執行 rescue 子句…

…接著執行 ensure 子句。

```
rescued an exception
I run regardless
```

如果沒有例外被引發，ensure 子句將會被執行：

```
begin
  puts "everything's fine"
rescue
  puts "rescued an exception"
ensure
  puts "I run regardless"
end
```

執行 begin 區塊的本體…

…接著執行 ensure 子句。

```
everything's fine
I run regardless
```

即使例外沒有獲得救援，在 Ruby 結束之前，仍然會先執行 ensure 子句！

```
begin
  raise "oops!"
ensure
  puts "I run regardless"
end
```

執行 ensure 子句…

…之後才結束 Ruby。

```
I run regardless
script.rb:2:in `<main>': oops! (RuntimeError)
```

有時無論是順利執行或是例外的情況，你都需要執行一些清理的程式碼。例如：即使檔案損壞，仍需要關閉檔案；即使沒有取得資料，仍需要終止網路連線；即使食物烤過頭了，仍需要關閉烤箱的電源。ensure 子句是擺放此類程式碼的好地方。

確保烤箱的電源會被關閉

讓我們試著把對 oven _ off 的呼叫移往 ensure 子句，看看結果如何…

```
begin
  oven.turn_on
  oven.contents = 'turkey'
  puts "Serving #{oven.bake}."
rescue OvenEmptyError => error
  puts "Error: #{error.message}"
ensure
  oven.turn_off
end
```

我們只需要把它放入 ensure 子句。

執行 begin 區塊…

```
Turning oven on.
Serving golden-brown turkey.
Turning oven off.
```

…接著執行 ensure 子句。

行了！ begin/end 區塊的本體完成工作後，就會執行 ensure 子句。

即使有引發例外，烤箱的電源仍舊會被關閉。首先會執行 rescue 子句，接著會執行 ensure 子句，於是會呼叫 turn _ off。

```
begin
  oven.turn_on
  oven.contents = nil
  puts "Serving #{oven.bake}."
rescue OvenEmptyError => error
  puts "Error: #{error.message}"
ensure
  oven.turn_off
end
```

引發例外

我們只需要把它放入 ensure 子句。

執行 rescue 子句…

```
Turning oven on.
Error: There's nothing in the oven!
Turning oven off.
```

…接著執行 ensure 子句。

在真實的世界中，事情不會總是按照計畫進行，這就是為什麼會有例外存在的原因。過去，例外將會讓你的程式突然停止執行。但現在，你已經知道如何處理例外，你將會發現例外實際上是讓你的程式碼得以順利執行的強大工具！

你的 Ruby 工具箱

第 12 章已經閱讀完畢！你可以把例外加入你的工具箱。

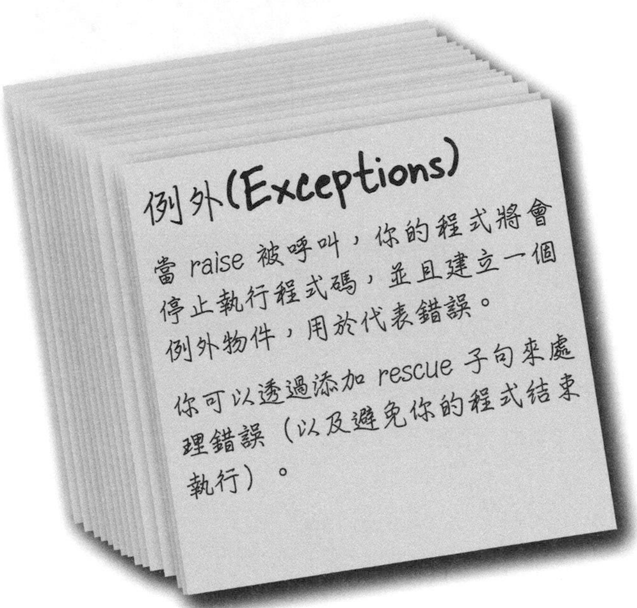

例外(Exceptions)
當 raise 被呼叫，你的程式將會停止執行程式碼，並且建立一個例外物件，用於代表錯誤。
你可以透過添加 rescue 子句來處理錯誤（以及避免你的程式結束執行）。

要點提示

- 如果你把 Exception 的名稱傳遞給 raise 方法，該類別的例外將會被建立。
- Exception及其子類別的實體具有一個 message 屬性，可用於為問題提供進一步的資訊。
- 如果你把一個字串當成第二個引數傳遞給 raise 方法，它將會被賦值給例外物件的 message 屬性。
- 你可以把 rescue 子句加入到一個 begin/end 區塊。如果 begin 關鍵字之後的程式碼引發了一個例外，rescue 子句中的程式碼將會被執行。
- 執行過 rescue 子句中的程式碼，接著會執行 begin/end 區塊之後的程式碼。.
- 如果例外發生在一個方法中，而且該方法中沒有 rescue 子句，Ruby 將會離開該方法，並在該方法被呼叫之處尋找 rescue 子句。
- 你可以為特定的 rescue 子句指定其所處理的例外類別。若例外不是所指定類別（或它的子類別）的一個實體，將不會獲得救援。
- 你可以把多個 rescue 子句加入到同一個 begin/end 區塊，每一個 rescue 子句用於處理不同類型的例外。
- 你可以在 rescue 子句中加入 retry 關鍵字，以便重新執行 begin/end 區塊裡的程式碼。
- 你可以在 begin/end 區塊結尾處加入 ensure 子句。無論是否有引發例外，都會在 begin/end 區塊結束之前執行 ensure 子句。

接下來…

即使是程式員也會犯錯，這就是為什麼對你的程式進行測試是如此的重要。但是自己動手來測試每一件事，既浪費時間又無聊。下一章，我們將會告訴你一個比較好的方式：**自動化測試**（*automated test*）。

13 單元測試

程式碼品質保證

交班之前我要測試所有設備。這樣，
加果有問題，我們可以在送出有缺
陷的產品之前，先予以修正！

你確定軟體的運作目前是正常的嗎？真的確定？在你把新版的軟體發送給用戶之前，你可能會想要測試一下新添加的功能，以確保它們的運作是正常的。但是你會想要測試舊有的功能，以確保它們不會影響新功能的運作嗎？所有的舊功能呢？如果此類問題讓你擔心，你的程式可能需要具備自動化測試的能力。自動化測試可確保程式的各組件能夠正常運作，即使是在程式碼變更之後。

單元測試（unit test）是一種最常見、最重要的自動化測試。Ruby 包含了一個用於進行單元測試的程式庫，稱為 **MiniTest**。本章將會告訴你，關於 MiniTest，你所需要知道的一切知識！

自動化測試可讓你在別人之前找到錯誤

開發人員 A 時常在餐廳遇到開發人員 B…

開發人員 A: 新工作怎麼樣了？

開發人員 B: 不太好。晚餐後我必須回辦公室。我們發現了一個錯誤，它會導致一些客戶被計費兩次。

開發人員 A: 哦。那個問題是何時出現在你的計費伺服器上的？

開發人員 B: 我們認為可能是幾個月前。那時我們的一個開發人員對計費程式碼做了一些修改。

開發人員 A: 哇，很久以前…你的測試沒有抓出它嗎？

開發人員 B: 測試？

開發人員 A: 你的自動化測試。當錯誤被導入程式碼，都沒有出現測試失敗的情況？

開發人員 B: 嗯，完全沒有。

開發人員 A: 什麼？！

你的客戶依賴著你的程式碼。當它失敗時，將會帶來災難性的結果。你的公司的聲譽會受到損害。你必須加班來修正錯誤。

這就是何以**自動化測試**（*automated test*）會被發明出來的原因。自動化測試是一支獨立的程式，它會執行主程式的各組件，並驗證它們的行為是否如預期。

每次添加新功能的時候，我都會執行我的程式，以便進行測試。這樣還不夠嗎？

除非你還有測試所有的舊功能，否則你無法確定你所做的修改是否會造成任何影響。自動化測試比手動測試節省時間，而且通常也較為徹底。

我們**應該**對程式進行自動化測試

讓我們來看一個自動化測試可以抓到錯誤的例子。這裡有一個簡單的類別，它會把字串陣列中每筆資料項結合成可用於英文句子的字串。如果有兩筆資料項，則會以 and 這個單字來結合它們（例如 "apple and orange"）。如果有兩筆以上的資料項，則會在適當之處添加逗號（例如 "apple, orange and pear"）。

```
class ListWithCommas
  attr_accessor :items
  def join
    last_item = "and #{items.last}"
    other_items = items.slice(0, items.length - 1).join(', ')
    "#{other_items} #{last_item}"
  end
end
```

將此設定為你想要結合成字串的陣列。

在最後一個資料項之前添加單字 and。

取得第一筆資料項至倒數第二筆資料項，並以逗號來結合它們。

把整個東西回傳成一個字串。

在我們的 join 方法中，我們會取得陣列中最後一筆資料項，並為它附加上 and 這個單字。接著我們會使用陣列的實體方法 slice 來取得所有資料項（最後一個資料項除外）。

我們最好花一些時間來說明一下 slice 方法。它會取得一個陣列的切片（slice）。它會從你所指定的索引開始，檢索出你所指定的元素個數。它會把這些元素回傳成一個新陣列。

從第二個元素開始⋯ ⋯檢索出三個元素。

```
p ['a', 'b', 'c', 'd', 'e'].slice(1, 3)
```

```
["b", "c", "d"]
```

我們的目標是取得所有元素，但最後一個元素除外。所以我們會要求一個從索引 0 開始的切片。而且我們會把陣列的長度減 1，以便取得切片的長度。

```
array = ['a', 'b', 'c', 'd', 'e']
p array.slice(0, array.length - 1)
```

```
["a", "b", "c", "d"]
```

檢索出第一個資料項⋯ ⋯直到倒數第二個資料項。

知道了 join 方法的運作原理後，現在讓我們試著執行看看：

```
two_subjects = ListWithCommas.new
two_subjects.items = ['my parents', 'a rodeo clown']
puts "A photo of #{two_subjects.join}"
three_subjects = ListWithCommas.new
three_subjects.items = ['my parents', 'a rodeo clown', 'a prize bull']
puts "A photo of #{three_subjects.join}"
```

看來 join 方法的運作似乎沒問題！直到我們對它做了一些修改⋯

```
A photo of my parents and a rodeo clown
A photo of my parents, a rodeo clown and a prize bull
```

我們應該對程式進行自動化測試（續）

然而，此輸出有一個小問題…

```
A photo of my parents, a rodeo clown and a prize bull
```

或許我們還不成熟，我們會把它當成笑話：the parents are a rodeo clown and a prize bull（我的父母是馬戲團小丑和得獎的公牛）。以這種方式來格式化字串還可能會導致其他的誤解。

為了解決這所導致的任何混亂，讓我們更新我們的程式碼，在單字 and 的前面加上一個額外的逗號（例如 "apple, orange, and pear"）。然後讓我們以三筆資料項重新測試 join 方法。

```
class ListWithCommas
  attr_accessor :items
  def join
    last_item = "and #{items.last}"
    other_items = items.slice(0, items.length - 1).join(', ')
    "#{other_items}, #{last_item}"
  end
end

three_subjects = ListWithCommas.new
three_subjects.items = ['my parents', 'a rodeo clown', 'a prize bull']
puts "A photo of #{three_subjects.join}"
```

在最後一筆資料項之前加上一個逗號。

有新的逗號。

```
A photo of my parents, a rodeo clown, and a prize bull
```

好啦！現在應該很清楚，它的意思是：父母出現在有小丑和公牛的照片中。

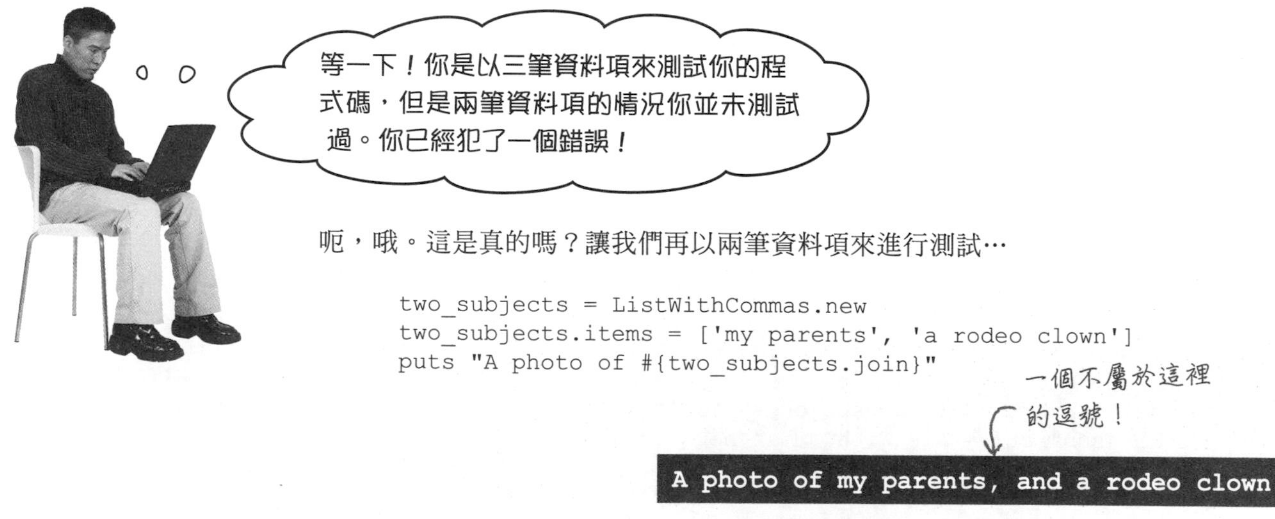

等一下！你是以三筆資料項來測試你的程
式碼，但是兩筆資料項的情況你並未測試
過。你已經犯了一個錯誤！

呃，哦。這是真的嗎？讓我們再以兩筆資料項來進行測試…

```
two_subjects = ListWithCommas.new
two_subjects.items = ['my parents', 'a rodeo clown']
puts "A photo of #{two_subjects.join}"
```

一個不屬於這裡的逗號！

```
A photo of my parents, and a rodeo clown
```

用於測試兩筆資料項時，join 方法應該回傳 "my parents and a rodeo clown"，但是卻多了一個逗號！我們剛才只顧著修正三筆資料項的問題，忘了測試其他情況。

我們應該對程式進行自動化測試（續）

如果我們有對此類別進行自動化測試，這個問題本來是可以避免的。

自動化測試會以一組特定的輸入來執行你的程式碼，並查找特定的結果。只要你的程式碼的輸出與所預期的值相符，代表測試「通過」（pass）。

但假設你不小心在程式碼中犯了一個錯誤（像是添加了一個額外的逗號）。你的程式碼的輸出與所預期的值不再相符，代表測試「失敗」（fail）。你馬上就知道程式碼有錯誤。

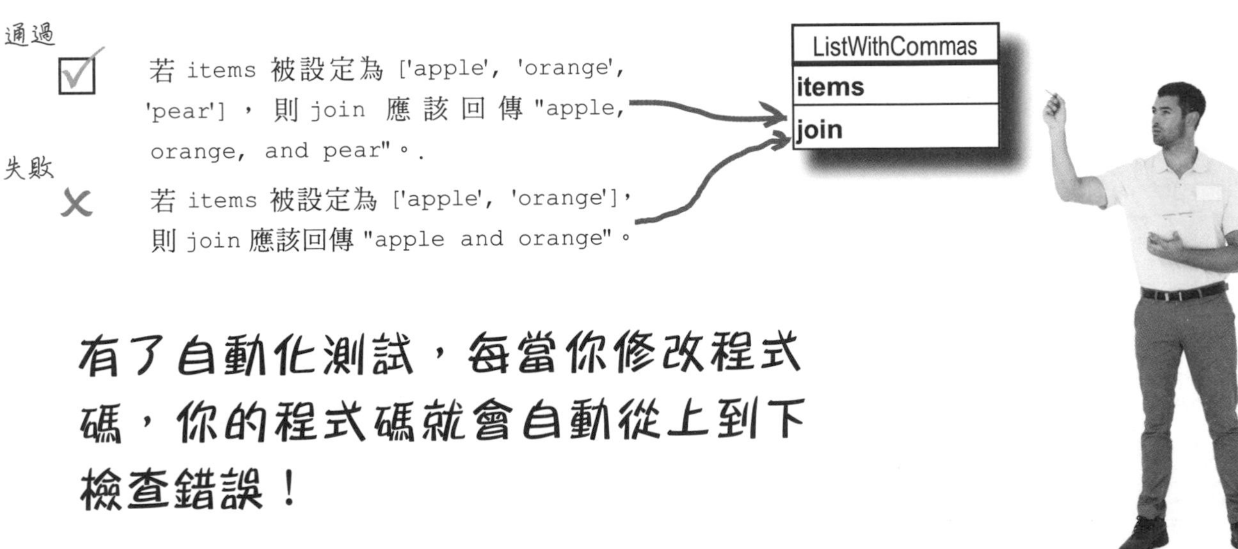

通過
若 items 被設定為 ['apple', 'orange', 'pear']，則 join 應該回傳 "apple, orange, and pear"。.
失敗
若 items 被設定為 ['apple', 'orange']，則 join 應該回傳 "apple and orange"。
ListWithCommas
items
join
有了自動化測試，每當你修改程式碼，你的程式碼就會自動從上到下檢查錯誤！

自動化測試的類型

實際上自動化測試有許多類型被廣泛使用著。下面是一些最常見的：

- **性能測試**（*performance test*）用於測量你的程式的執行速度。
- **整合測試**（*Integration test*）會執行整個程式，用於確保它的所有方法、類別和其他組件有被成功地整合在一起。
- **單元測試**（*unit test*）會執行你的程式的個別組件（單元），通常是個別的方法。

要撰寫這些測試類型，你可以下載程式庫來使用。但由於 Ruby 隨附了用於單元測試的程式庫，所以本章將會把重點放在單元測試上。

MiniTest：Ruby 的標準單元測試程式庫

Ruby 的標準程式庫提供了稱為 **MiniTest** 的單元測試框架。（Ruby 以往提供的是稱為 **Test::Unit** 的程式庫。新的程式庫稱為 MiniTest，它所做的事如同 Test::Unit，但程式碼的總列數較少。）

讓我們著手撰寫一支簡單的測試程式。它將不會測試任何實際的東西；我們首先要讓你知道 MiniTest 的運作方式。然後我們將會測試一些實際的 Ruby 程式碼。

我們首先會從標準程式庫要求 'minitest/autorun'，這將會載入 MiniTest 並把它設置成程式碼被載入時自動進行測試。

現在我們可以建立我們的測試程序。我們會為 `Minitest::Test` 類別建立一個新的子類別，並命名成你想要的任何名稱。`Minitest::Test` 的子類別可以進行單元測試。

進行測試時，MiniTest 會迭代測試類別，找出名稱開頭為 `test_` 的所有實體方法，並呼叫它們。（你可以使用其他名稱來添加方法，但是這將不會被視為測試方法。）我們將會為我們的類別添加兩個測試方法。

在我們的這兩個測試方法中，我們將會呼叫 `assert` 方法。`assert` 方法是從 `Minitest::Test` 繼承而來的許多方法之一，它可用於測試你的程式碼的行為是否與預期一樣。它的運作相當簡單：如果你把 `true` 值傳遞給它，代表測試通過，但如果你把 `false` 值傳遞給它，代表整個測試失敗，而且會立即停止測試。讓我們試著把 `true` 傳遞給一項測試，並把 `false` 傳遞給另一項測試。

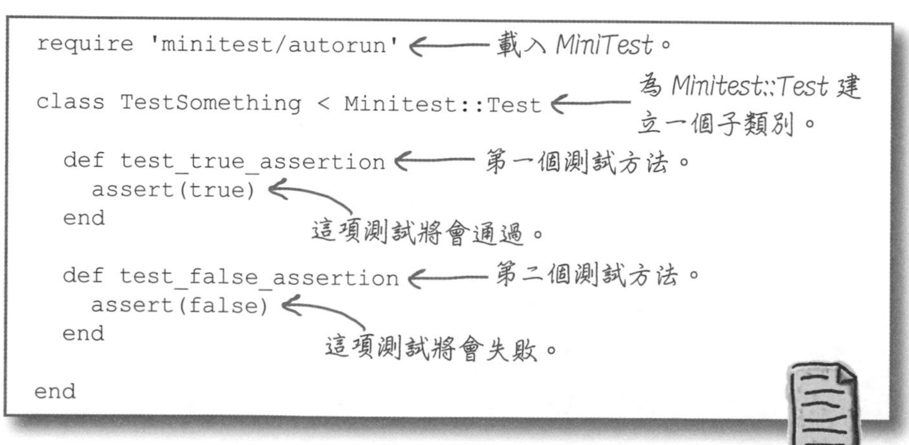

```
require 'minitest/autorun'

class TestSomething < Minitest::Test

  def test_true_assertion
    assert(true)
  end

  def test_false_assertion
    assert(false)
  end

end
```

載入 MiniTest。
為 Minitest::Test 建立一個子類別。
第一個測試方法。
這項測試將會通過。
第二個測試方法。
這項測試將會失敗。
test_something.rb

讓我們將此程式碼存入名為 *test_something.rb* 的檔案。我們承認，該程式碼並沒有什麼可看的。但是讓我們試著執行看看！

進行測試

在你的終端機視窗中，把當前工作目錄切換到存放 *test_something.rb* 的目錄。接著以如下命令來執行它：

```
ruby test_something.rb
```

測試程序將會自動進行，而且你將會看到結果的摘要。

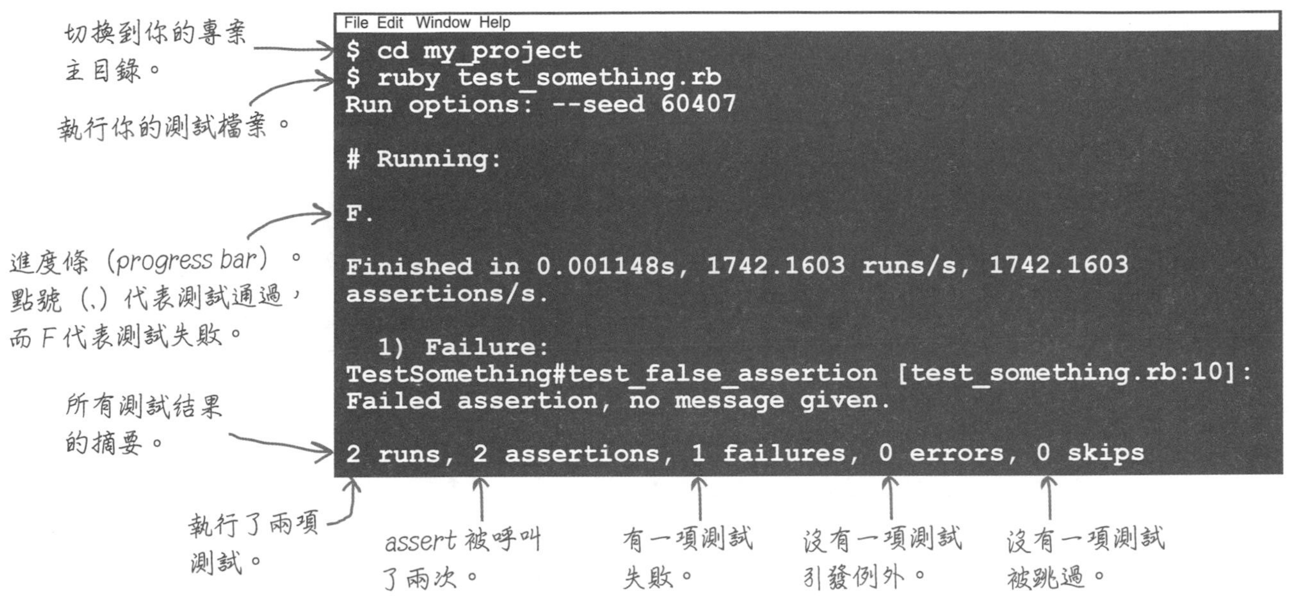
切換到你的專案主目錄。
執行你的測試檔案。
進度條（progress bar）。點號（.）代表測試通過，而 F 代表測試失敗。
所有測試結果的摘要。
File Edit Window Help
$ cd my_project
$ ruby test_something.rb
Run options: --seed 60407
Running:
F.
Finished in 0.001148s, 1742.1603 runs/s, 1742.1603 assertions/s.
1) Failure:
TestSomething#test_false_assertion [test_something.rb:10]:
Failed assertion, no message given.
2 runs, 2 assertions, 1 failures, 0 errors, 0 skips
執行了兩項測試。
assert 被呼叫了兩次。
有一項測試失敗。
沒有一項測試引發例外。
沒有一項測試被跳過。

最後，你將會有許多測試項目，它們可能需要花一些時間來執行，每一項測試進行時，MiniTest 會印出一個字符，因此會形成一個進度條（progress bar）。如果測試通過，則印出一個點號 ，如果測試失敗，則印出一個 F。

測試完成後，你將會看到測試失敗的報告。其中將會包含測試方法的名稱和列號，以及失敗的原因。接下來我們將會以幾頁的篇幅來進一步檢視這些失敗。

輸出中最重要的部分是測試結果的摘要。它會列出已被執行之測試方法的個數、`assert` 與類似方法的呼叫次數、測試失敗的次數（failures），以及引發未被救援之例外的次數（errors）。如果 failures 與 errors 皆為零次，意味著，你的程式碼運作正常。（嗯，假設你的測試程序並沒有犯下任何錯誤。）

因為我們傳遞了一個 `false` 值給其中一個測試程序裡的 `assert` 呼叫，所以該失敗將會出現在摘要中。實際進行測試的時候，它將會告訴我們修正程式碼需要知道的資訊。

測試類別

以上就是使用 MiniTest 撰寫和進行單元測試的方式。但是只有測試本身並不是很有用。瞭解 MiniTest 的技術後，現在讓我們來為實際的 Ruby 類別撰寫單元測試程序。

習慣上（而且為了維持整齊的程式碼），你應該把單元測試程式碼與你的主程式放在不同的檔案中。所以設置和進行這樣的測試，將需要一些額外的步驟…

1. 把下面這個簡單類別單獨存放到一個名為 *person.rb* 的檔案。

```
class Person
  attr_accessor :name
  def introduction
    "Hello, my name is #{name}!"
  end
end
```

person.rb

2. 在另一個獨立之名為 *test_person.rb* 的檔案中，建立與保存下面這個測試類別。（稍後我們將會探討該檔案內容的細節。）

```
require 'minitest/autorun'
require 'person'

class TestPerson < Minitest::Test
  def test_introduction
    person = Person.new
    person.name = 'Bob'
    assert(person.introduction == 'Hello, my name is Bob!')
  end
end
```

test_person.rb

3. 在你的專題目錄中建立兩個子目錄。按照慣例，會有一個稱為 *lib* 的子目錄，以及一個稱為 *test* 的子目錄。

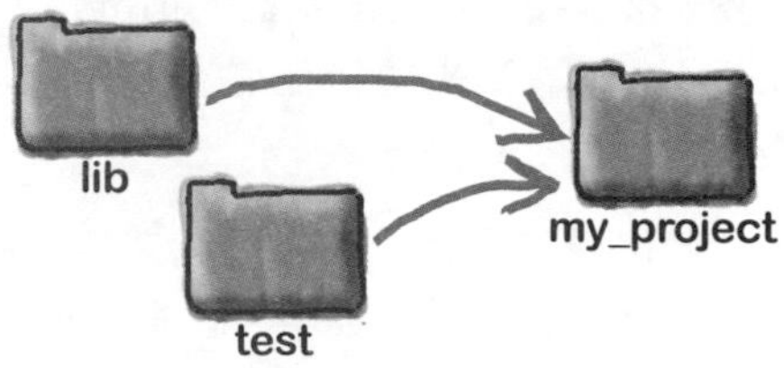

測試類別（續）

4. 把包含你想要測試之類別的檔案移進 *lib* 子目錄，並把測試檔案移進 *test* 子目錄。

5. 在你的終端機視窗中，切換到你的專案主目錄（其中包含了 *lib* 和 *test* 兩個子目錄）。接著鍵入此命令：

```
ruby -I lib test/test_person.rb
```

`-I lib` 旗標會把 *lib* 加入當你呼叫 `require` 的時候 Ruby 將會搜尋的目錄清單，這讓 *person.rb* 檔案得以被載入。而且把 *test/test_person.rb* 指定為所要載入的檔案，將會使得 Ruby 在 *test* 子目錄中尋找一個名為 *test_person.rb* 的檔案。

（要把這個部分自動化，可參考附錄中與 Rake 有關的那一節！）

你的單元測試程序將會進行並產生如下所示的輸出。

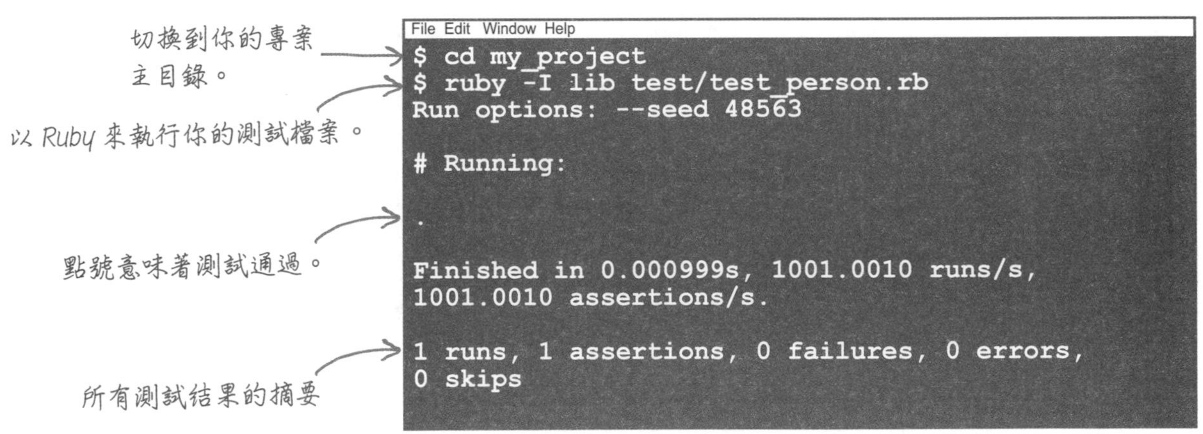

切換到你的專案主目錄。
以 Ruby 來執行你的測試檔案。
點號意味著測試通過。
所有測試结果的摘要
File Edit Window Help
$ cd my_project
$ ruby -I lib test/test_person.rb
Run options: --seed 48563

Running:

.

Finished in 0.000999s, 1001.0010 runs/s,
1001.0010 assertions/s.

1 runs, 1 assertions, 0 failures, 0 errors,
0 skips

從底部的摘要可以看到，沒有失敗（0 failures）而且沒有錯誤（0 errors）。我們的測試通過了！

下一頁，我們將會進一步檢視測試程式碼…

建立一個名為 lib 的目錄，用於保存類別和模組的檔案。再建立一個名為 test 的目錄，用於保存單元測試的檔案。

進一步檢視測試程式碼

現在，讓我們進一步檢視單元測試的程式碼。在位於 *lib* 目錄的 *person.rb* 檔案中，有一個我們想要測試的簡單類別，它具有一個屬性以及一個實體方法。

```
class Person
  attr_accessor :name
  def introduction
    "Hello, my name is #{name}!"
  end
end
```

lib/person.rb

而在位於 *test* 目錄的 *test_person.rb* 檔案中，則有我們的測試程式碼。

```
require 'minitest/autorun'  ← 載入 MiniTest。
require 'person'  ← 載入我們想要測試的類別。

class TestPerson < Minitest::Test  ← 定義一個測試類別。
  def test_introduction  ← 定義一個測試方法。
    person = Person.new
    person.name = 'Bob'
    assert(person.introduction == 'Hello, my name is Bob!')
  end
end
```

test/test_person.rb

載入 MiniTest 之後，我們會執行 `require 'person'` 以便載入 `Person` 類別。呼叫 `require` 之所以可行，是因為當我們進行測試時，我們在命令列上有加上 `-I lib` 旗標。這會把 *lib* 目錄加入 Ruby 載入檔案時用於搜尋檔案的目錄清單。

一旦載入我們需要的類別，我們可以著手定義我們的測試。我們會為 `Minitest::Test` 建立一個名為 `TestPerson` 的新子類別，以及為它加入一個測試方法（確定方法的名稱以 `test_` 開頭）。

在該測試方法中，我們可以對程式碼的運作是否正確做最後的判定…

問：程式碼並未呼叫 `TestPerson.new` 或任何測試方法。測試如何能夠自己進行？

答： 當我們執行 `require 'minitest/autorun'`，它會自動把測試類別設置成一旦被載入就立即執行。

進一步檢視測試程式碼（續）

在測試方法中測試你的程式碼，非常類似於從一個普通的程式來呼叫它。

如果我們建立了一個 Person 實體，並把它的 name 屬性設定為 'Bob'，然後進行相等比較以便檢查它的 introduction 方法之回傳值是否為 'Hello, my name is Bob!'，比較的結果當然為 true：

```
person = Person.new
person.name = 'Bob'
puts person.introduction == 'Hello, my name is Bob!'
```

true

在 test _ introduction 方法中我們會確切地進行這些步驟。我們會建立一個普通的 Person 實體，就像我們在實際的應用程式中使用類別所做的那樣。我們會把一個值指派給它的 name 屬性，就像在應用程式中那樣。而且我們會呼叫它的 introduction 方法，就像我們往常那樣。

唯一的差別在於，我們然後會比較回傳值與我們所預期的字串。如果它們相等，true 值將會被傳遞給 assert，代表測試通過。如果它們不相等，false 值將會被傳遞給 assert，代表測試失敗。（於是，我們知道，我們需要修正我們的程式碼！）

```
def test_introduction
  person = Person.new
  person.name = 'Bob'
  assert(person.introduction == 'Hello, my name is Bob!')
end
```

設置一個名為 Bob 的 Person 實體。

一個名為 Bob 的 Person 實體將會還回傳此字串。

為底下的程式碼填空，讓它產生如下所示的輸出。

```
require '__________/autorun'

class TestMath < ________________
  def _____truth
    ______(2 + 2 == 4)
  end
  def _____fallacy
    ______(2 + 2 == 5)
  end
end
```

輸出：

```
File Edit Window Help
$ ruby test_math.rb
Run options: --seed 55914

# Running:

.F

Finished in 0.000863s, 2317.4971 runs/s,
2317.4971 assertions/s.

  1) Failure:
TestMath#test_fallacy [test_math.rb:8]:
Failed assertion, no message given.

2 runs, 2 assertions, 1 failures,
0 errors, 0 skips
```

為底下的程式碼填空，讓它產生如下所示的輸出。

```
require 'minitest/autorun'

class TestMath < Minitest::Test
  def test_truth
    assert(2 + 2 == 4)
  end
  def test_fallacy
    assert(2 + 2 == 5)
  end
end
```

輸出：

```
File Edit Window Help
$ ruby test_math.rb
Run options: --seed 55914

# Running:

.F

Finished in 0.000863s, 2317.4971 runs/s,
2317.4971 assertions/s.

  1) Failure:
TestMath#test_fallacy [test_math.rb:8]:
Failed assertion, no message given.

2 runs, 2 assertions, 1 failures,
0 errors, 0 skips
```

Red、Green、Refactor 三階段

一旦你對單元測試有了一些經驗，你可能會進入一個通常被稱為 "red, green, refactor" 的循環。

- **Red 階段**：對你想要的功能撰寫測試程序，即使該功能尚不存在。然後進行測試，以確定測試是否失敗。

- **Green 階段**：在主程式碼中實作你想要的功能。不要擔心你所撰寫的程式碼是否過於馬虎或效率不彰；你的唯一的目標是讓它能夠運作。然後進行測試，以確定測試是否通過。

- **Refactor 階段**：現在你可以按照自己的意思重構（refactor）及改善程式碼。如果測試失敗，代表只要你的程式碼運作不正常，它將會再次測試失敗。如果測試通過，代表只要你的程式碼運作正常，它將會繼續通過測試。

這種自由修改程式碼而不用擔心它是否會運作不正常的做法，是你想要進行單元測試的真正原因。每當你看到一種可以讓你的程式碼更短或更容易閱讀的做法，你會毫不猶豫地去做。完成之後，你可以再次進行你的測試，你有信心，一切仍然運作正常。

測試 ListWithCommas

知道如何使用 MiniTest 來撰寫和進行單元測試後，現在讓我們試著撰寫一支測試程式來為我們的 ListWithCommas 類別除錯。

如果我們為 ListWithCommas 的實體指定了一份具有三筆資料項的清單，它將會運作得很好：

```
three_subjects = ListWithCommas.new
three_subjects.items = ['my parents', 'a rodeo clown', 'a prize bull']
puts "A photo of #{three_subjects.join}"
```

```
A photo of my parents, a rodeo clown, and a prize bull
```

但如果我們指定的是一份具有二筆資料項的清單，我們將會看到額外的逗號。

```
two_subjects = ListWithCommas.new
two_subjects.items = ['my parents', 'a rodeo clown']
puts "A photo of #{two_subjects.join}"
```

一個不屬於此處的逗號！

```
A photo of my parents, and a rodeo clown
```

讓我們撰寫一些測試程序，以便檢查 join 方法的執行結果是否如預期一般，我們會執行它們並確認目前的測試是否失敗。然後，我們會修改 ListWithCommas 類別好讓測試能夠通過。一旦測試通過，代表我們的程式碼已經改好了！

我們將會撰寫兩個測試程序：首先嘗試結合兩個單字，接著嘗試結合三個單字。在每個測試程序中，我們將會建立 ListWithCommas 的實體，並把一個陣列賦值給它的 items 屬性，就像我們在實際的程式中所做的那樣。然後，我們會呼叫 join 方法並判斷它的回傳值是否等於我們所預期的值。

```
require 'minitest/autorun'    # 載入 MiniTest。
require 'list_with_commas'    # 載入我們想要測試的類別。

class TestListWithCommas < Minitest::Test

  def test_it_joins_two_words_with_and    # 第一個測試方法
    list = ListWithCommas.new
    list.items = ['apple', 'orange']    # 使用二筆資料項來測試 join 的執行結果。
    assert('apple and orange' == list.join)    # 若 join 回傳的是所預期的字串，代表測試通過。
  end

  def test_it_joins_three_words_with_commas    # 第二個測試方法
    list = ListWithCommas.new
    list.items = ['apple', 'orange', 'pear']    # 使用三筆資料項來測試 join 的執行結果。
    assert('apple, orange, and pear' == list.join)    # 若 join 回傳的是所預期的字串，代表測試通過。
  end

end
```

測試 ListWithCommas（續）

有了測試類別後，讓我們設置並執行它！

1. 把 `ListWithCommas` 類別存入一個名為 *list_with_commas.rb* 的檔案。

```
class ListWithCommas
  attr_accessor :items
  def join
    last_item = "and #{items.last}"
    other_items = items.slice(0, items.length - 1).join(', ')
    "#{other_items}, #{last_item}"
  end
end
```

list_with_commas.rb

2. 把 `TestListWithCommas` 類別存入一個名為 *test_list_with_commas.rb* 的檔案。

```
require 'minitest/autorun'
require 'list_with_commas'

class TestListWithCommas < Minitest::Test

  def test_it_joins_two_words_with_and
    list = ListWithCommas.new
    list.items = ['apple', 'orange']
    assert('apple and orange' == list.join)
  end

  def test_it_joins_three_words_with_commas
    list = ListWithCommas.new
    list.items = ['apple', 'orange', 'pear']
    assert('apple, orange, and pear' == list.join)
  end

end
```

test_list_with_commas.rb

測試 ListWithCommas（續）

3 如同之前的測試，*list_with_commas.rb* 應該存入一個名為 *lib* 的目錄，而 *test_list_with_commas.rb* 應該存入一個名為 *test* 的目錄。此外，這些目錄應該被放在同一個專案目錄之下。

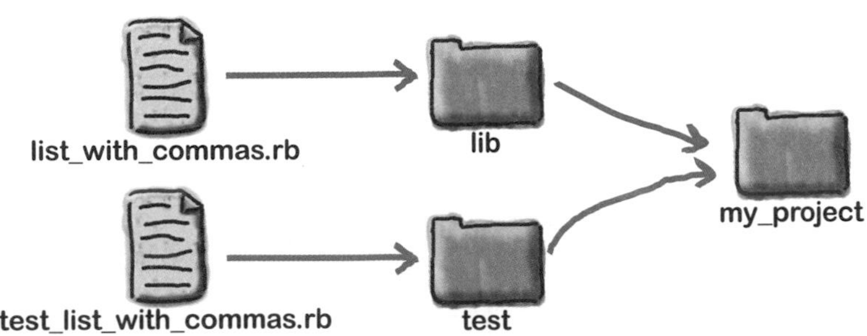

4 一旦檔案就定位，在你的終端機視窗中，切換到你的專題主目錄。然後鍵入這道命令：

```
ruby -I lib test/test_list_with_commas.rb
```

你的單元測試將會執行並產生如下所示的輸出。

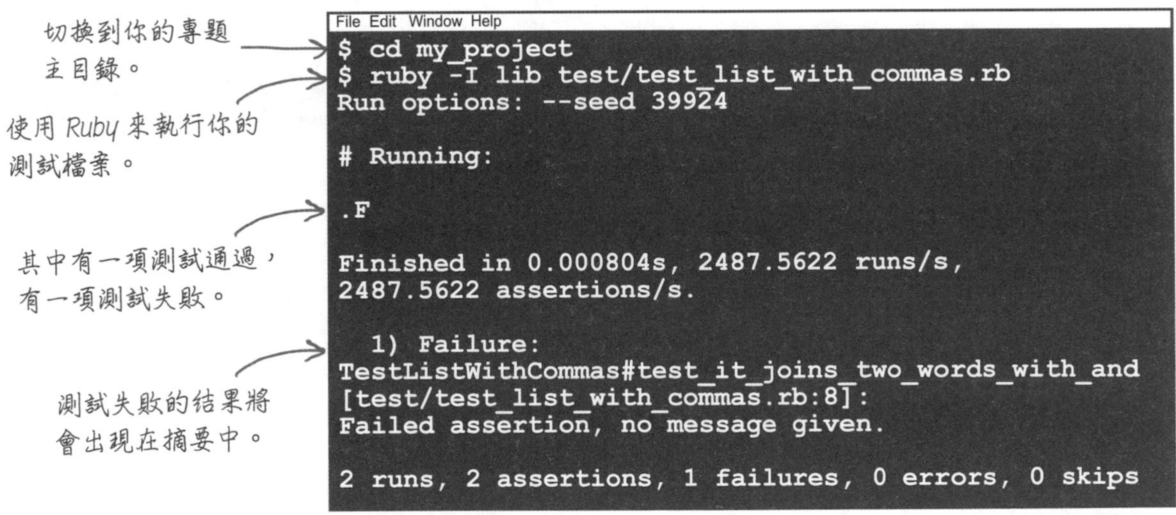

切換到你的專題主目錄。
使用 Ruby 來執行你的測試檔案。
其中有一項測試通過，有一項測試失敗。
測試失敗的結果將會出現在摘要中。
File Edit Window Help
$ cd my_project
$ ruby -I lib test/test_list_with_commas.rb
Run options: --seed 39924
Running:
.F
Finished in 0.000804s, 2487.5622 runs/s,
2487.5622 assertions/s.
1) Failure:
TestListWithCommas#test_it_joins_two_words_with_and
[test/test_list_with_commas.rb:8]:
Failed assertion, no message given.
2 runs, 2 assertions, 1 failures, 0 errors, 0 skips

摘要中可以看到具有三筆資料項的測試通過，但是具有二筆資料項的測試失敗。我們已經達到了 "red, green, refactor" 的 "red" 階段！有了可用的測試，要修正 `ListWithCommas` 類別應該很容易。

通過。☑ 如果 `items` 被設定為 `['apple', 'orange', 'pear']`，那麼 `join` 應該回傳 `"apple, orange, and pear"`。

失敗！☒ 如果 `items` 被設定為 `['apple', 'orange']`，那麼 `join` 應該回傳 `"apple and orange"`。

讓程式通過測試

現在我們的 ListWithCommas 類別具有兩個單元測試。清單中具有三筆資料項的測試會通過，但是具有二筆資料項的測試會失敗：

```
class ListWithCommas
  attr_accessor :items
  def join
    last_item = "and #{items.last}"
    other_items = items.slice(0, items.length - 1).join(', ')
    "#{other_items}, #{last_item}"
  end
end
```

通過。✓ 如果 items 被設定為 ['apple', 'orange', 'pear']，那麼 join 應該回傳 "apple, orange, and pear"。

失敗！☒ 如果 items 被設定為 ['apple', 'orange']，那麼 join 應該回傳 "apple and orange"。

這是因為當清單具有二筆資料項，ListWithCommas 之 join 方法的輸出包含了一個額外的逗號。

```
two_subjects = ListWithCommas.new
two_subjects.items = ['my parents', 'a rodeo clown']
puts "A photo of #{two_subjects.join}"
```

一個不屬於此處的逗號！

```
A photo of my parents, and a rodeo clown
```

讓我們來修改 join 使得當清單具有二筆資料項，它只會使用單字 and 來結合它們。我們將會回傳因而產生的字串，不會執行其餘的程式碼。

```
class ListWithCommas
  attr_accessor :items
  def join
    if items.length == 2
      return "#{items[0]} and #{items[1]}"
    end
    last_item = "and #{items.last}"
    other_items = items.slice(0, items.length - 1).join(', ')
    "#{other_items}, #{last_item}"
  end
end
```

如果只有二筆資料項…（指向 `if items.length == 2`）

…使用 and 結合它們並跳過其餘的程式碼。（指向 `return` 行）

list_with_commas.rb

讓程式通過測試（續）

程式碼更新後，它的運作是否正常呢？我們的測試可以馬上告訴我們！和之前一樣，在你的終端機視窗中鍵入這道命令：

```
ruby -I lib test/test_list_with_commas.rb
```

我們將會看到這二項測試現在都通過了！

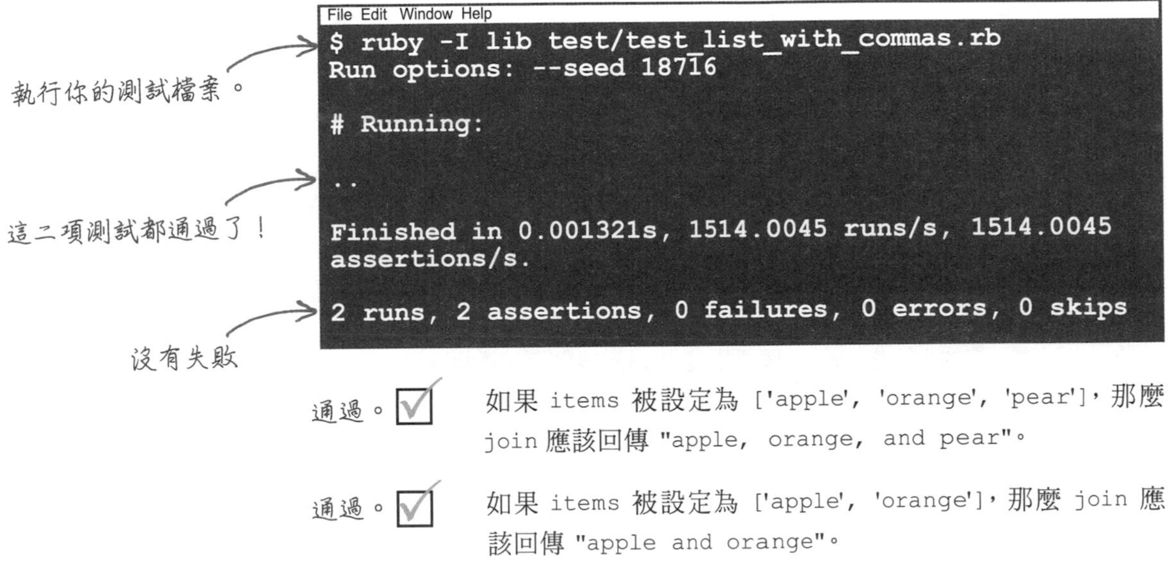

執行你的測試檔案。
這二項測試都通過了！
沒有失敗
File Edit Window Help
$ ruby -I lib test/test_list_with_commas.rb
Run options: --seed 18716
Running:
..
Finished in 0.001321s, 1514.0045 runs/s, 1514.0045 assertions/s.
2 runs, 2 assertions, 0 failures, 0 errors, 0 skips
通過。
如果 items 被設定為 ['apple', 'orange', 'pear']，那麼 join 應該回傳 "apple, orange, and pear"。
通過。
如果 items 被設定為 ['apple', 'orange']，那麼 join 應該回傳 "apple and orange"。

我們的測試進入了 green 階段！我們可以肯定地說，現在 join 可以處理具有二筆資料項的清單，因為相對應的單元測試現在可以通過了。我們不需要擔心這是否會讓任何其他的程式碼無法正常運作；單元測試也可以確保這件事不會發生。

我們可以很有信心地繼續使用我們的類別！

```
two_subjects = ListWithCommas.new
two_subjects.items = ['my parents', 'a rodeo clown']
puts "A photo of #{two_subjects.join}"
three_subjects = ListWithCommas.new
three_subjects.items = ['my parents', 'a rodeo clown', 'a prize bull']
puts "A photo of #{three_subjects.join}"
```

有二筆資料項時，不會有額外的逗號

```
A photo of my parents and a rodeo clown
A photo of my parents, a rodeo clown, and a prize bull
```

有三筆資料項時，仍舊沒有問題

另一個需要修正的錯誤

ListWithCommas 也可能會遇到只有單一資料項要處理的情況。但此情況下它的 join 方法運作得並不好，它會把單一資料項當作，其為清單中最後一筆資料項：

```
one_subject = ListWithCommas.new
one_subject.items = ['a rodeo clown']
puts "A photo of #{one_subject.join}"
```

我們的類別會把單一資料項當作，其為清單中最後一筆資料項！

```
A photo of , and a rodeo clown
```

此情況下 join 的行為應該如何呢？如果清單中只有一筆資料項，我們根本不需要逗號、單字 and 或任何其他東西。我們只需要回傳該資料項就可以了。

```
A photo of a rodeo clown
```

清單中只有一筆資料項時，結果看起來應該像這樣。

讓我們在單元測試中表達此情況。我們將會為 ListWithCommas 建立一個實體，並把它的 items 屬性設定為只有一個元素的陣列。然後我們會加入一個斷言（assertion）用於指定，當只有一筆資料項，join 方法應該回傳什麼字串。

```
require 'minitest/autorun'
require 'list_with_commas'

class TestListWithCommas < Minitest::Test

  def test_it_prints_one_word_alone
    list = ListWithCommas.new
    list.items = ['apple']
    assert('apple' == list.join)
  end

  ...

end
```

設置一份只具有單一資料項的清單。

所產生的字串應該只包含該資料項。

test_list_with_commas.rb

測試失敗時所顯示的訊息

讓我們嘗試新的測試。

執行測試檔。

失敗出現在摘要中。

```
File Edit Window Help
$ ruby -I lib test/test_list_with_commas.rb
...
  1) Failure:
TestListWithCommas#test_it_prints_one_word_alone
[test/test_list_with_commas.rb:9]:
Failed assertion, no message given.

3 runs, 3 assertions, 1 failures, 0 errors, 0 skips
```

出現測試失敗的情況！

不幸的是，我們所看到的、與問題有關的唯一反應是：

```
Failed assertion, no message given.
```

有幾個不同的方式可以讓我們得到更多的資訊。

首先是設置測試失敗時所顯示的訊息。assert 方法具有可選的第二個參數，可用於指定測試失敗時應該被顯示的訊息。現在讓我們試著添加所要顯示的訊息：

```
...
class TestListWithCommas < Minitest::Test

  def test_it_prints_one_word_alone
    list = ListWithCommas.new
    list.items = ['apple']
    assert('apple' == list.join, "Return value didn't equal 'apple'")
  end
  ...
end
```

如果測試失敗，將會顯示此訊息。

test_list_with_commas.rb

如果我們嘗試執行更新過的測試程式，我們將會在失敗摘要中看到自行定義的錯誤訊息。

這裡是我們的新訊息。

```
File Edit Window Help
$ ruby -I lib test/test_list_with_commas.rb
...
  1) Failure:
TestListWithCommas#test_it_prints_one_word_alone
[test/test_list_with_commas.rb:9]:
Return value didn't equal 'apple'

3 runs, 3 assertions, 1 failures, 0 errors, 0 skips
```

斷言兩個值是否相等的更好辦法

雖然我們自行定義的錯誤訊息較具描述性，但是它仍然沒有確切顯示測試失敗的原因。如果訊息中有顯示 join 方法實際的回傳值，讓我們得以拿它與所預期的值做比較，將會有所助益…

讓我們得到較具描述性之失敗訊息的第二個（而且是較簡單的）方式為使用不同的斷言方法。assert 方法只是從 Minitest::Test 繼承而來之測試類別的許多方法中的一個。

我們還可以使用 assert _ equal 方法，透過所指定的兩個引數，檢查它們是否相等。如果它們不相等，代表測試失敗，如同 assert。但更重要的是，在測試摘要，它將會印出所預期的值與實際的值，這樣要比較它們就會很容易。

因為呼叫 assert 的目的在於進行相等比較，讓我們把它們全都代換成對 assert _ equal 的呼叫。assert _ equal 的第一個引數應該是我們所預期的值，而第二個引數應該是程式碼實際的回傳值。

```
require 'minitest/autorun'
require 'list_with_commas'

class TestListWithCommas < Minitest::Test

  def test_it_prints_one_word_alone
    list = ListWithCommas.new
    list.items = ['apple']
    assert_equal('apple', list.join)
  end

  def test_it_joins_two_words_with_and
    list = ListWithCommas.new
    list.items = ['apple', 'orange']
    assert_equal('apple and orange', list.join)
  end

  def test_it_joins_three_words_with_commas
    list = ListWithCommas.new
    list.items = ['apple', 'orange', 'pear']
    assert_equal('apple, orange, and pear', list.join)
  end

end
```

我們所預期的字串只包含一筆資料項。

test_list_with_commas.rb

斷言兩個值是否相等的更好辦法（續）

讓我們再試著進行一次測試，看看輸出是否對我們更有幫助。

```
File Edit Window Help
$ ruby -I lib test/test_list_with_commas.rb
Run options: --seed 39624

# Running:

..F

Finished in 0.001493s, 2009.3771 runs/s, 2009.3771
assertions/s.

  1) Failure:
TestListWithCommas#test_it_prints_one_word_alone
[test/test_list_with_commas.rb:9]:
Expected: "apple"
  Actual: ", and apple"

3 runs, 3 assertions, 1 failures, 0 errors, 0 skips
```

有二項測試通過、一項測試失敗，跟之前一樣。

失敗訊息包含了所預期的值和實際的值。

輸出中可以看到我們所預期的值（"apple"）以及我們實際所得到的值（", and apple"）！

現在發生了什麼錯誤，已經可以看到清楚的訊息，錯誤的修正應該會很容易。我們將會以另一個 `if` 子句來更新我們的 `ListWithCommas` 程式碼。如果清單中只有一筆資料項，我們將只會回傳該資料項。

```
class ListWithCommas
  attr_accessor :items
  def join
    if items.length == 1
      return items[0]
    elsif items.length == 2
      return "#{items[0]} and #{items[1]}"
    end
    last_item = "and #{items.last}"
    other_items = items.slice(0, items.length - 1).join(', ')
    "#{other_items}, #{last_item}"
  end
end
```

如果清單中只有一筆資料項…

…回傳該資料項，跳過其餘的資料。

將原本的 if 修改為 elsif。

list_with_commas.rb

如果再重新測試一次，我們將會看到所有測試皆通過測試！

```
3 runs, 3 assertions, 0 failures, 0 errors, 0 skips
```

一些其他的斷言方法

正如前面我們所提到的，測試類別從 Minitest::Test 繼承了許多斷言方法。你已經看過 assert，它如果接收到 true 值，代表測試通過，它如果接收到 false 值，代表測試失敗：

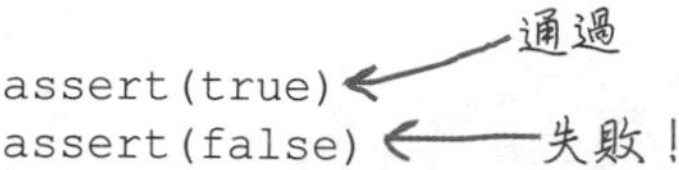
assert(true)
通過
assert(false)
失敗！

而且也看過了 assert _ equal，它會取得兩個值，如果它們不相等，代表測試失敗：

```
assert_equal(1, 1)
assert_equal(1, 2)
```

assert_equal(1, 1) ← 通過

assert_equal(1, 2) ← 失敗！

讓我們簡單地來看一下還有哪些斷言方法可以使用…

assert _ includes 方法會以一個集合做為它的第一個引數，並以任何物件做為它的第二個引數。如果集合中不包含所指定的物件，代表測試失敗。

```
assert_includes(['apple', 'orange'], 'apple')
assert_includes(['apple', 'orange'], 'pretzel')
```

第一行：測試通過，因為陣列中包含 apple

第二行：測試失敗，因為陣列中不包含 pretzel！

assert _ instance _ of 方法會以一個類別做為它的第一個引數，並以任何物件做為它的第二個引數。若該物件並非所給定之類別的一個實體，代表測試失敗。

```
assert_instance_of(String, 'apple')
assert_instance_of(Fixnum, 'apple')
```

第一行：通過，因為 apple 是 String 的一個實體

第二行：失敗，因為 apple 並非 Fixnum 的一個實體！

assert _ raises 方法會以一或多個例外類別做為它的引數。它還會取得一個區塊。如果區塊所引發的例外與所指定的類別不相符，代表測試失敗。（當你撰寫的程式碼在特定環境下會引發例外，而且需要測試它是否會在適當的時候引發例外，這將會很有用。）

```
assert_raises(ArgumentError) do
  raise ArgumentError, "That didn't work!"
end

assert_raises(ArgumentError) do
  "Everything's fine!"
end
```

第一個區塊：通過，因為區塊會引發 ArgumentError

第二個區塊：失敗，因為區塊不會引發 ArgumentError

下面的程式碼片段全都來自 MiniTest test 方法。請在每個斷言旁邊空格處標示該項測試會通過或失敗。

....

```
assert_equal('apples', 'apples')
```

....

```
assert_includes([1, 2, 3, 4, 5], 3)
```

....

```
assert_instance_of(String, 42)
```

....

```
assert_includes(['a', 'b', 'c'], 'd')
```

....

```
assert_raises(RuntimeError) do
  raise "Oops!"
end
```

....

```
assert('apples' == 'oranges')
```

....

```
assert_raises(StandardError) do
  raise ZeroDivisionError, "Oops!"
end
```

....

```
assert_instance_of(Hash, {})
```

下面的程式碼片段全都來自 MiniTest test 方法。請在每個斷言旁邊空格處標示該項測試會通過或失敗。

通過
```
assert_equal('apples', 'apples')
```

通過
```
assert_includes([1, 2, 3, 4, 5], 3)
```

失敗
```
assert_instance_of(String, 42)
```

失敗
```
assert_includes(['a', 'b', 'c'], 'd')
```

通過
```
assert_raises(RuntimeError) do
  raise "Oops!"
end
```

記住，如果沒有指定例外類別，預設會引發 *RuntimeError* 類型的例外。

失敗
```
assert('apples' == 'oranges')
```

失敗
```
assert_raises(StandardError) do
  raise ZeroDivisionError, "Oops!"
end
```

所引發的例外類型與所預期的不同！

通過
```
assert_instance_of(Hash, {})
```

從你的測試程序中移除重複的程式碼

在各測試程序之間存在著重複的程式碼。每一個測試程序一開始都會為 ListWithCommas 建立一個實體。

```
require 'minitest/autorun'
require 'list_with_commas'

class TestListWithCommas < Minitest::Test

  def test_it_prints_one_word_alone
    list = ListWithCommas.new  ← 重複
    list.items = ['apple']
    assert_equal('apple', list.join)
  end

  def test_it_joins_two_words_with_and
    list = ListWithCommas.new  ← 重複
    list.items = ['apple', 'orange']
    assert_equal('apple and orange', list.join)
  end

  def test_it_joins_three_words_with_commas
    list = ListWithCommas.new  ← 重複
    list.items = ['apple', 'orange', 'pear']
    assert_equal('apple, orange, and pear', list.join)
  end

end
```

test_list_with_commas.rb

當你對同類型的物件進行多項測試，以類似的步驟來設置每項測試是很自然的。因此 MiniTest 提供了避免程式碼重複的功能…

setup 方法

MiniTest 會在它的測試類別中尋找一個名為 setup 的實體方法，如果有找到它，將會在進行每項測試**之前**執行它。

```
require 'minitest/autorun'

class TestSetup < Minitest::Test
  def setup
    puts "In setup"
  end
  def test_one
    puts "In test_one"
  end
  def test_two
    puts "In test_two"
  end
end
```

進行第一項測試之前先執行 setup 方法。

進行第二項測試之前還是先執行 setup 方法。

```
...
In setup
In test_one
In setup
In test_two
...
```

setup 方法可用於為你的測試設置物件。

```
class TestSetup < Minitest::Test
  def setup
    @oven = SmallOven.new
    @oven.turn_on
  end
  def test_bake
    @oven.contents = 'turkey'
    assert_equal('golden-brown turkey', @oven.bake)
  end
  def test_empty_oven
    @oven.contents = nil
    assert_raises(RuntimeError) { @oven.bake }
  end
end
```

為每項測試設置一個物件。

使用 setup 所設置的物件。

使用 setup 所設置的物件。

注意，如果你打算使用 setup 方法，必須把你所建立的物件存入**實體**（*instance*）變數。如果你使用的是**區域**（*local*）變數，當你執行測試方法的時候，已經離開了它們的有效範圍！

```
class TestSetup < Minitest::Test
  def setup
    oven = SmallOven.new
    oven.turn_on
  end
  def test_bake
    oven.contents = 'turkey'
    assert_equal('golden-brown turkey', oven.bake)
  end
end
```

不要像這樣使用區域變數！

oven 變數已離開了有效範圍！

錯誤

```
undefined local variable or method `oven'
```

teardown 方法

MiniTest 還會在你的測試類別中尋找第二個實體方法，名為 teardown。如果有找到它，將會在進行每項測試**之後**執行它。

```
require 'minitest/autorun'

class TestSetup < Minitest::Test
  def teardown
    puts "In teardown"
  end
  def test_one
    puts "In test_one"
  end
  def test_two
    puts "In test_two"
  end
end
```

進行第一項測試之後執行 teardown 方法。

進行第二項測試之後再次執行 teardown 方法。

```
...
In test_one
In teardown
In test_two
In teardown
...
```

如果你需要在每次測試之後進行清理的工作，teardown 會很有用。

```
class TestSetupAndTeardown < Minitest::Test
  def setup
    @oven = SmallOven.new
    @oven.turn_on
  end
  def teardown
    @oven.turn_off
  end
  def test_bake
    @oven.contents = 'turkey'
    assert_equal('golden-brown turkey', @oven.bake)
  end
  def test_empty_oven
    @oven.contents = nil
    assert_raises(RuntimeError) { @oven.bake }
  end
end
```

每項測試完成後便呼叫此方法

每項測試進行之前及完成之後會分別執行 setup 和 teardown 等方法。即使你的 setup 程式碼只有一個副本，你所進行的每項測試仍會有一個新鮮、乾淨的物件可用。（畢竟，如果前次測試會改變你的物件，這可能會影響下次測試的結果，事情很快就會變得一團亂。）

接下來，讓我們來看看是否能夠以所學到的知識來消除 TestListWithCommas 中重複的程式碼…

使用 setup 方法來更新我們的程式碼

之前，我們會為每個測試方法設置一個 ListWithCommas 實體。現在讓我們把重複的程式碼移至 setup 方法。我們將會把每個測試方法中的物件存入實體變數 @list。

```
require 'minitest/autorun'
require 'list_with_commas'

class TestListWithCommas < Minitest::Test

  def setup
    @list = ListWithCommas.new
  end

  def test_it_prints_one_word_alone
    @list.items = ['apple']
    assert_equal('apple', @list.join)
  end

  def test_it_joins_two_words_with_and
    @list.items = ['apple', 'orange']
    assert_equal('apple and orange', @list.join)
  end

  def test_it_joins_three_words_with_commas
    @list.items = ['apple', 'orange', 'pear']
    assert_equal('apple, orange, and pear', @list.join)
  end

end
```

把 ListWithCommas 實體的設置程序移至此處。

修改成使用實體變數。

修改成使用實體變數。

修改成使用實體變數。

test_list_with_commas.rb

乾淨多了！如果現在我們進行測試，我們將看到每項測試皆會通過。

```
File Edit Window Help
$ ruby -I lib test/test_list_with_commas.rb
Run options: --seed 13205

# Running:

...

Finished in 0.000769s, 3901.1704 runs/s, 3901.1704 assertions/s.

3 runs, 3 assertions, 0 failures, 0 errors, 0 skips
```

沒有失敗

池畔風光

你的**任務**就是從池中取出程式碼片段，並把它們放到程式碼中空格處。每個程式碼片段的使用**請勿**超過一次，你不需要用完所有的程式碼片段。你的**目標**是讓程式碼能夠運行，以及產生此處所示的輸出。

```
_______ 'minitest/autorun'

class TestArray < _____________

  def _____
    @array = ['a', 'b', 'c']
  end

  def test_length
    ____________(3, ______.length)
  end

  def test_last
    assert_equal(___, @array.last)
  end

  def test_join
    ____________('a-b-c', @array.join('-'))
  end

end
```

輸出：

```
$ ruby test_setup.rb
Run options: --seed 60370

# Running:

...

Finished in 0.000752s, 3989.3617
runs/s, 3989.3617 assertions/s.

3 runs, 3 assertions, 0 failures,
0 errors, 0 skips
```

注意：池中每一件東西只能使用一次！

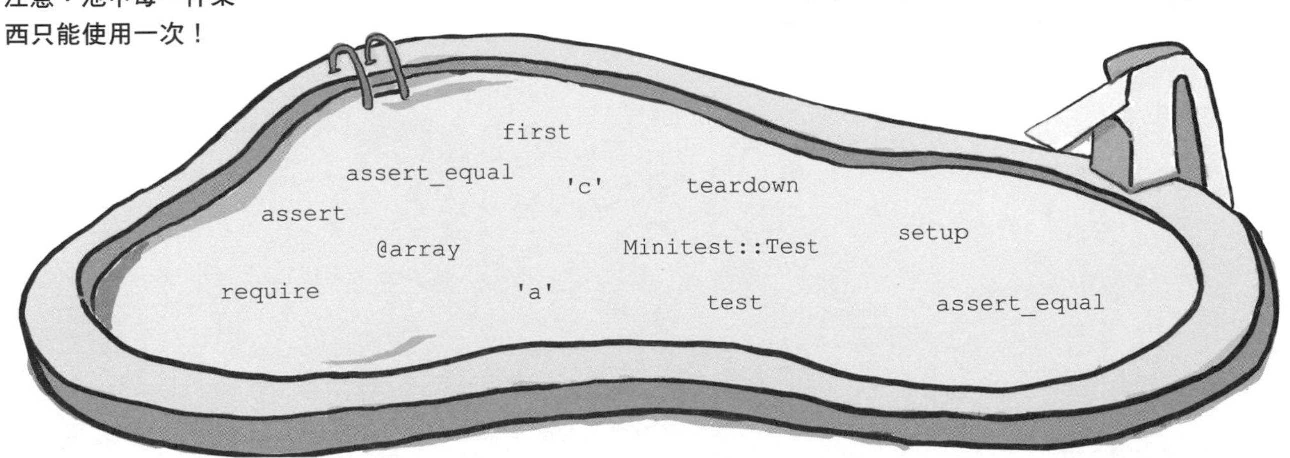

池畔風光解答

```
require 'minitest/autorun'

class TestArray < Minitest::Test

  def setup
    @array = ['a', 'b', 'c']
  end

  def test_length
    assert_equal(3, @array.length)
  end

  def test_last
    assert_equal('c', @array.last)
  end

  def test_join
    assert_equal('a-b-c', @array.join('-'))
  end

end
```

輸出：

```
$ ruby test_setup.rb
Run options: --seed 60370

# Running:

...

Finished in 0.000752s, 3989.3617
runs/s, 3989.3617 assertions/s.

3 runs, 3 assertions, 0 failures,
0 errors, 0 skips
```

你的 Ruby 工具箱

第 13 章已經閱讀完畢！你可以把單元測試加入你的工具箱。

單元測試
(Unit Testing)
單元測試會執行你的程式的各個組件，驗證它們的行為是否與預期一樣。
MiniTest 是 Ruby 標準程式庫中所提供的單元測試框架。

要點提示

- 使用 require 'minitest/autorun' 載入 MiniTest，將會把它設置成，當程式碼載入時自動進行測試。
- 欲建立一項 MiniTest 單元測試，你首先需要為 Minitest::Test 定義一個子類。
- MiniTest 會在測試類別中尋找並執行名稱開頭為 test_ 的實體方法。每一個這樣的方法包含了一項單元測試。
- 在你的測試方法中，你可以進行測試並把它的結果傳遞給 assert 方法。如果 assert 接收到 false 值，代表測試失敗。如果 assert 接收到 true 值，代表測試通過。
- 按慣例，你的主程式碼應該放在你的專案主目錄底下名為 *lib* 的子目錄中。而單元測試程式碼應該放在名為 *test* 的子目錄中。
- 呼叫 assert 的時候，你可以把失敗訊息傳入第二個引數。如果測試失敗，該訊息將會被顯示在測試結果中。
- assert_equal 方法具有兩個引數，若這兩個引數不相等，測試將會失敗。
- 還有許多其他的斷言方法一例如 assert_includes、assert_raises 和 assert_instance_of 一繼承自 Minitest::Test。
- 如果你為你的測試類別添加了一個名為 setup 的實體方法，那麼每項測試進行之前將會先呼叫該方法。它可用於設置供測試程序使用的物件。
- 如果你為你的測試類別添加了一個名為 teardown 的實體方法，那麼每項測試進行之後將會呼叫該方法。它可用於執行測試的清理程式碼。

接下來…

本書離結束不遠了！是時候把你的 Ruby 技能應用在測試上。在接下來的兩章中，我們將會撰寫一支完整的 web app。不要緊張；我們將會介紹一個名為 Sinatra 的程式庫，它可以讓整個過程變得容易許多！

14 web app

提供 HTML

這是 21 世紀，用戶想要使用的是web app。當然 Ruby 也具備這樣的能力！透過 Ruby 程式庫的協助，你可以運行你自己的 web 應用程式，以及讓任何的 web 瀏覽器存取。因此我們打算以本書的最後兩章來告訴你如何建構完整的 web app。

首先，你將需要使用 **Sinatra** 這個第三方程式庫來撰寫 web 應用程式。但不要擔心，我們將會告訴你如何使用（Ruby 所附的工具）**RubyGems** 來下載及自動安裝程式庫！然後我們將會告訴你，如何使用 HTML 來建立你自己的網頁。當然，我們還會告訴你，如何把這些網頁提供給你的瀏覽器！

使用 Ruby 來撰寫 web app

其實，app 可以在終端機視窗上執行就很棒了—只有你自己可以使用。但是一般使用者已經被網際網路（Internet）和全球資訊網（World Wide Web）給寵壞了。他們不希望為了使用你的 app 而去學習終端機視窗的使用方式。他們甚至不希望安裝你的 app。他們只希望一單擊瀏覽器的連結，就能夠執行你的 app。

但不要擔心！ Ruby 也可以協助你為 Web 撰寫 app。

這並不容易—撰寫完整的 web app 並不是一件小事，即使我們使用的是 Ruby。這將需要使用你到目前為止所學到的技能，再加上一些新的東西。但是 Ruby 提供了一些絕佳的程式庫，讓此過程變得極為容易！

在本書的最後兩章中，我們將會建構一個簡單的線上電影資料庫。你將會鍵入電影的細節，並將之存入一個檔案。網站將會提供已鍵入之所有電影的連結清單，你只要單擊電影的連結就可以看到該電影的細節。

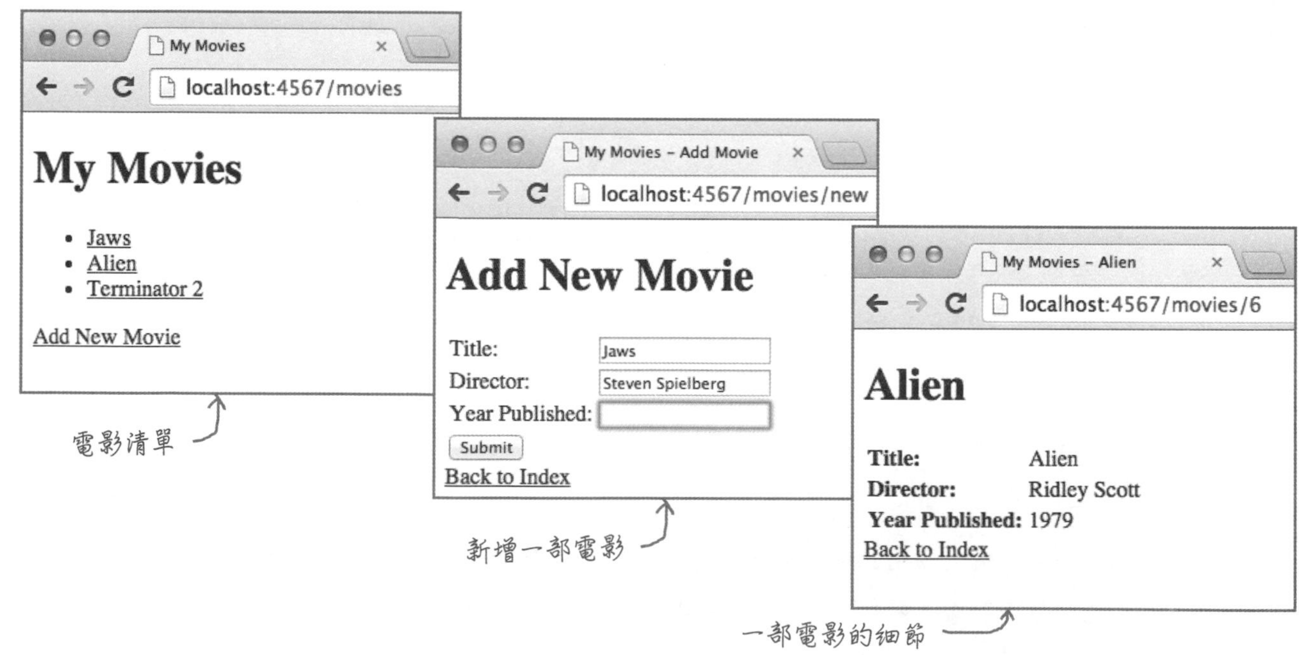

我們的工作清單

接下來的兩章中將會有很多內容，但不要擔心一我們將會把此過程分解成許多小步驟。讓我們來看看這涉及了哪些內容…

本章將會把重點擺在，如何建立 HTML 頁面以及瀏覽器中如何呈現它們。我們將會建立一個表單（form），讓使用者得以鍵入新的電影資料…

然後，在第 15 章中，我們將會告訴你，如何把該表單的資料用於設定 Ruby 物件的屬性，以及把這些物件存入一個檔案。一旦你這麼做，你將能夠重新載入該資料，並以你希望的方式來顯示它！

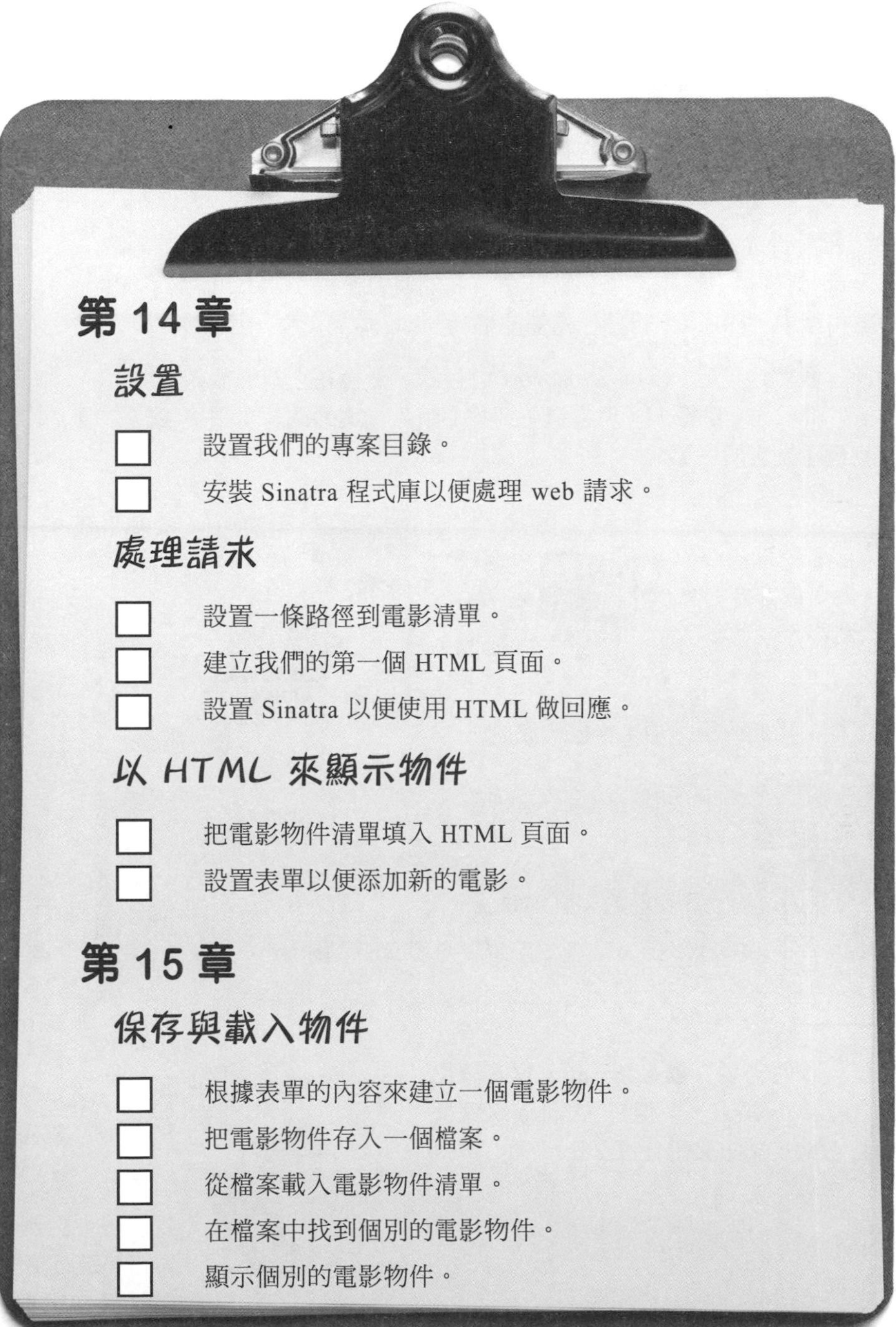

第 14 章
設置
設置我們的專案目錄。
安裝 Sinatra 程式庫以便處理 web 請求。
處理請求
設置一條路徑到電影清單。
建立我們的第一個 HTML 頁面。
設置 Sinatra 以便使用 HTML 做回應。
以 HTML 來顯示物件
把電影物件清單填入 HTML 頁面。
設置表單以便添加新的電影。
第 15 章
保存與載入物件
根據表單的內容來建立一個電影物件。
把電影物件存入一個檔案。
從檔案載入電影物件清單。
在檔案中找到個別的電影物件。
顯示個別的電影物件。

專案目錄的結構

在我們完成之前，我們的 app 中，將會包含一些不同的檔案。所以我們將需要使用一個目錄來保存整個專案。你可以取任何名字，只要你喜歡，但是我們選擇了 *movies*。

專案目錄中，我們還需要建立兩個子目錄。第一個目錄，*lib*，用於保存 Ruby 的原始檔案（如同我們在第 13 章中所設置的 *lib* 目錄）。

我們還需要透過一種方式來檢視我們的 app 的資料。因為 app 是在 web 瀏覽器中檢視的；這意味著，我們將會使用 HTML 檔案。專案目錄中，除了 *lib* 目錄，還需要名為 *views* 的第二個子目錄。

因此，我們會建立一個名為 *movies* 的目錄，然後在它裡面放入名為 *lib* 和 *views* 目錄。（現在還不要擔心填入檔案的問題；稍後我們將會建立它們。）

第 15 章结束時，我們的專案目錄看起來將會像這樣：

- movies
  - app.rb
  - movies.yml
  - lib
    - movie.rb
    - movie_store.rb
  - views
    - index.erb
    - new.erb
    - show.erb

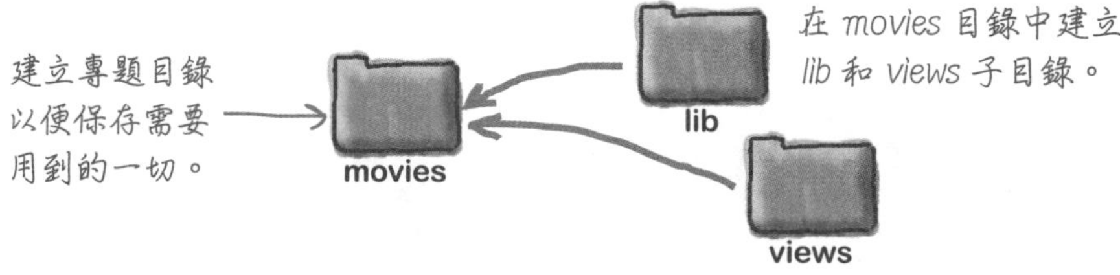

建立專題目錄以便保存需要用到的一切。
movies
lib
views
在 movies 目錄中建立 lib 和 views 子目錄。

就這樣。我們的第一項工作已經完成！

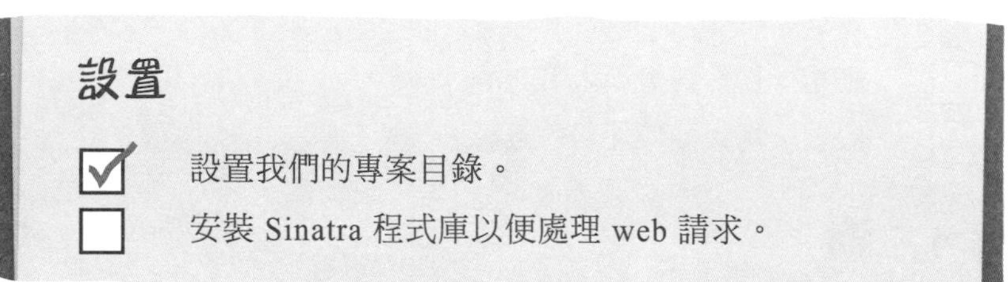

接著，我們需要「安裝 Sinatra 程式庫以便處理 web 請求。」但是 Sinatra 到底是什麼？ web 請求又是什麼？

要完成此 app，你並不需要知道 HTML。

我們將會對例子做詳細的說明。然而，如果你打算進行更多的 web 開發，我們非常建議你閱讀 Elisabeth Robson 和 Eric Freeman 所著的《Head First HTML and CSS》。

瀏覽器、請求、伺服器以及回應

當你把 URL（網址）鍵入你的瀏覽器，你實際上是送出一個網頁的請求。該請求會送往伺服器。伺服器的工作是取得適當的頁面，以及透過回應將它送回瀏覽器。

在 Web 的早期，伺服器通常會讀取其硬碟上之 HTML 檔案的內容，並把該內容送回瀏覽器。

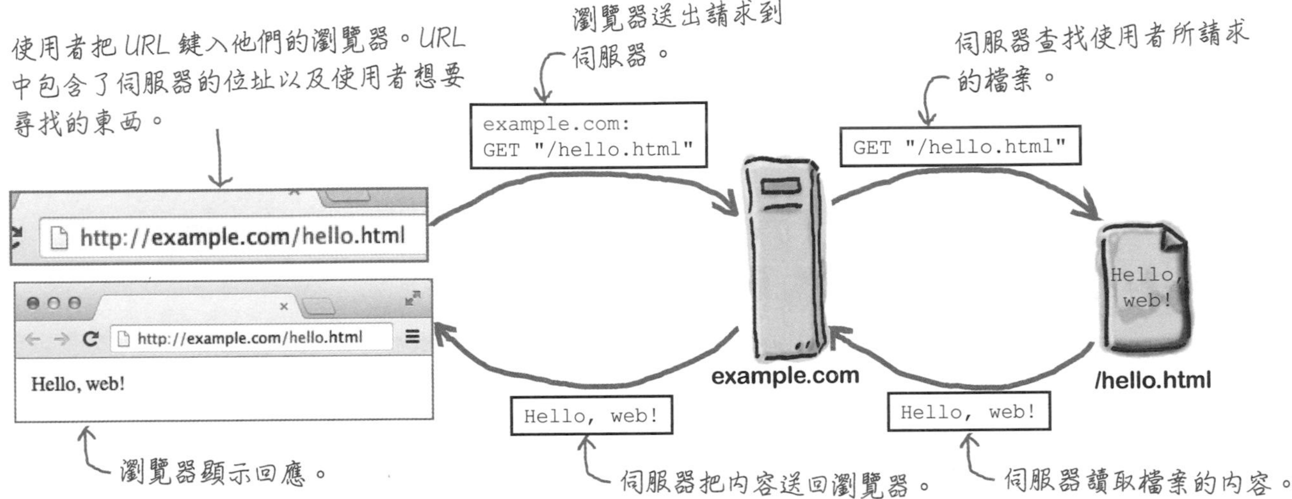
使用者把 URL 鍵入他們的瀏覽器。URL 中包含了伺服器的位址以及使用者想要尋找的東西。
瀏覽器送出請求到伺服器。
example.com:
GET "/hello.html"
伺服器查找使用者所請求的檔案。
GET "/hello.html"
http://example.com/hello.html
Hello, web!
example.com
/hello.html
Hello, web!
Hello, web!
瀏覽器顯示回應。
伺服器把內容送回瀏覽器。
伺服器讀取檔案的內容。

但今日，較常見的是，伺服器以程式來滿足請求，而不是以讀取檔案內容。而且沒有理由說這樣的程式不能以 Ruby 來撰寫！

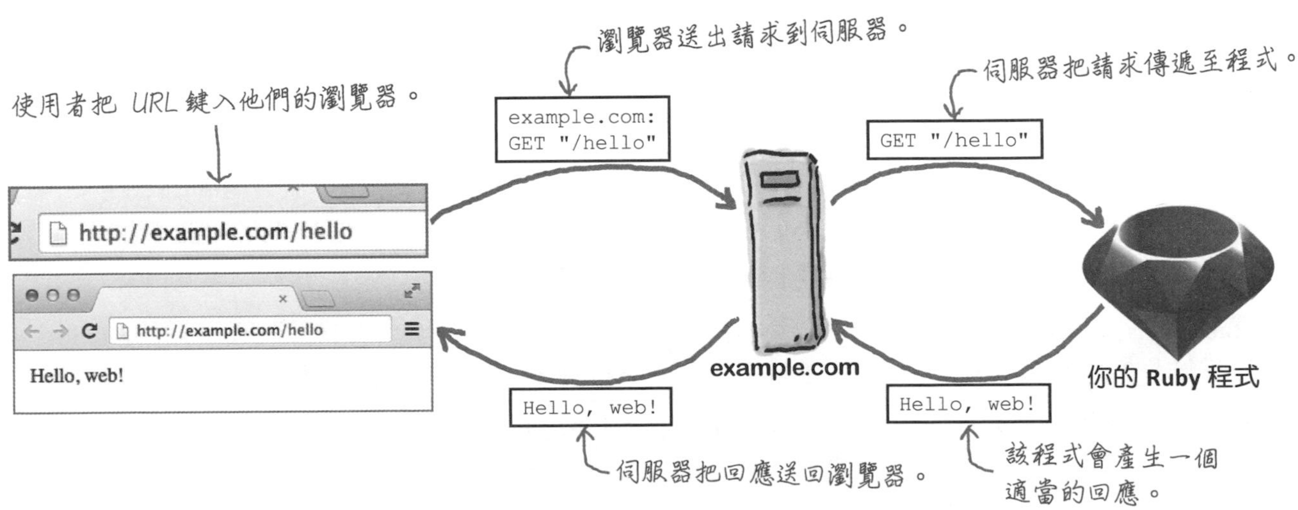
瀏覽器送出請求到伺服器。
伺服器把請求傳遞至程式。
使用者把 URL 鍵入他們的瀏覽器。
example.com:
GET "/hello"
GET "/hello"
http://example.com/hello
Hello, web!
example.com
你的 Ruby 程式
Hello, web!
Hello, web!
伺服器把回應送回瀏覽器。
該程式會產生一個適當的回應。

藉由 Sinatra 來取得請求

處理來自瀏覽器的請求，有許多工作要做。幸運的是，這一切不必我們親自來做。我們可以藉由一個名為 Sinatra 的程式庫來接收請求和回傳反應。我們只要撰寫產生這些回應的程式碼就行了。

但是 Sinatra 並不是 Ruby 核心（其中包含了 Ruby 每次執行時將被載入的類別和模組）的一部份。它甚至不是 Ruby 標準程式庫（Ruby 隨附的類別和程式庫，但是你必須自己手動載入）的一部份。Sinatra 是一個獨立開發的第三方程式庫。

問：撰寫 web app 不必使用 Ruby on Rails 嗎？

答：許多人都聽過 Ruby on Rails；它是以 Ruby 寫成之最流行的 web 框架。但它並不是唯一的框架。Sinatra 也很流行，部分原因是它的簡單性。完整的 Rails app 需要用到幾十個類別和原始碼檔案，然而只要幾列程式碼就能夠撰寫出 Sinatra app。許多人發現，Sinatra app 比 Rails app 還容易瞭解。

這就是為什麼我們會選擇介紹 Sinatra。但如果你接下來想要學習 Rails，不要擔心。你在此處所學到的技能也與 Rails 有關！

使用 RubyGems 下載和安裝程式庫

當 Ruby 還是一個年輕的語言，在使用者能夠使用 Sinatra 這樣的程式庫之前，吃了不少苦頭：

- 他們必須找到並下載原始碼檔案。
- 他們必須解壓縮檔案。
- 他們必須在硬碟上找到一個合適的目錄以便放入解壓縮的檔案。
- 他們必須把該目錄加入 `LOAD_PATH`（這是一個目錄清單，Ruby 會在其中搜尋所要載入的檔案）。
- 如果程式庫依存於其他程式庫，使用者必須對這些程式庫執行相同的步驟。

不用說，這很麻煩。這就是為什麼 Ruby 現在隨附了 RubyGems，目的在降低此過程的複雜性。有了 RubyGems，使用者輕鬆許多：

- 程式庫的作者會使用 RubyGems 命令列工具，把他們的原始碼檔案壓縮成單一之可轉散發（redistributable）檔案，稱為 *gem*。
- 並使用 RubyGems 工具把 gem 上載至託管在 rubygems.org 的 gems 中央伺服器。（該網站的服務是免費的；由社群捐款資助。）
- 使用者也會使用 RubyGems 工具，指定他們想要之 gem 的名稱。
- RubyGems 會下載該 gem、解壓縮它、把它安裝到 gems 的中央目錄（位於使用者的硬碟上）以及把它加入 Ruby 的 `LOAD_PATH`。然後會對被要求之 gem 所依存的任何其他 gem 做相同的事。

RubyGems 工具隨附在 Ruby 中，所以它已經被安裝在你的系統上了。它為你提供了大量的程式庫；最近造訪 rubygems.org 發現已被上載的 gems 超過了 124,194 個，而且每週都有更多被加入。

安裝 Sinatra gem

現在讓我們試著使用 RubyGems 來安裝 Sinatra。為此你將需要一個有效的 Internet 連線。

你可以使用 `gem` 命令來調用 RubyGems。在你的終端機視窗中，鍵入 **`gem install sinatra`**。（你位於哪個目錄並不重要。）RubyGems 將會下載及安裝 Sinatra 所依存的其他 gems，然後安裝 Sinatra 本身。

用於安裝 Sinatra 的命令

RubyGems 會下載及安裝 Sinatra 所依存的其他 gems。

下載及安裝 Sinatra 本身

File Edit Window Help

```
$ gem install sinatra
Fetching: rack-1.6.4.gem (100%)
Successfully installed rack-1.6.4
Fetching: rack-protection-1.5.3.gem (100%)
Successfully installed rack-protection-1.5.3
Fetching: tilt-2.0.1.gem (100%)
Successfully installed tilt-2.0.1
Fetching: sinatra-1.4.6.gem (100%)
Successfully installed sinatra-1.4.6
4 gems installed
$
```

gem 安裝好後，你只需要把 `require 'sinatra'` 加入任何 Ruby 程式，當該程式執行時，Sinatra 將會被載入！

照過來！

有些作業系統可能不會讓一般使用者把檔案安裝到 *gems* 目錄。

考慮到安全性，Mac OS X、Linux 及其他基於 Unix 的系統，通常只會讓管理者所執行的程式把檔案存入用於保存 gems 的目錄。如果你所遇到的是這樣的作業系統，你可能會看到如下的錯誤訊息：

```
$ gem install sinatra
ERROR:  While executing gem ... (Gem::FilePermissionError)
    You don't have write permissions into the /var/lib/gems directory.
```

此情況下，你可以試著為它前綴 `sudo`（"super-user do" 的簡寫），`sudo gem install sinatra`，以管理者的身份來執行 `gem` 命令。作業系統可能會要求你鍵入密碼，然後安裝就會正常進行。

```
$ sudo gem install sinatra
[sudo] password for jay:
Fetching: rack-1.6.4.gem (100%)
Successfully installed rack-1.6.4
...
4 gems installed
```

一支簡單的 Sinatra app

Sinatra gem 安裝完畢後，第二項工作便告完成。

接著我們要來處理瀏覽器的請求！

但是對於 Sinatra，我們仍需要有基本的瞭解。所以在我們深入研究 movies app 之前，讓我們以幾頁的篇幅來演示一支較簡單的 app，以做為熱身。

設置

- [x] 設置我們的專案目錄。
- [x] 安裝 Sinatra 程式庫以便處理 web 請求。

處理請求

- [ ] 設置一條路徑到電影清單。
- [ ] 建立我們的第一個 HTML 頁面。
- [ ] 設置 Sinatra 以便使用 HTML 做回應。

這裡的程式碼是一支完整的 Sinatra app，它將會把一個簡單的回應傳遞給瀏覽器。把它存入一個名為 *hello_web.rb* 的檔案。

把它存入一個檔案 →

```
require 'sinatra'

get('/hello') do
  'Hello, web!'
end
```

hello_web.rb

很簡單，對吧？ Sinatra 會替我們處理複雜的 web 請求。我們將會以幾頁的篇幅來說明其中的細節，但是讓我們先試著執行看看。在你的終端機視窗中，切換到你用於保存程式檔的目錄，並鍵入：

```
ruby hello_web.rb
```

執行伺服器程式 →

登錄來自伺服器的訊息

```
File Edit Window Help
$ ruby hello_web.rb
[2015-07-10 20:05:45] INFO  WEBrick 1.3.1
== Sinatra (v1.4.6) has taken the stage on 4567
for development with backup from WEBrick
[2015-07-10 20:05:45] INFO
WEBrick::HTTPServer#start: pid=6742 port=4567
```

我們的 app 會立即把診斷訊息印往控制台，好讓我們知道，它正在運作。現在讓我們試著以 web 瀏覽器來連上它。開啟你的瀏覽器並把如下的 URL 鍵入網址列。（如果你覺得 URL 看起來很奇怪，不要擔心：稍後我們將會說明它的意義。）

```
http://localhost:4567/hello
```

瀏覽器將會傳送一個請求到伺服器，伺服器將會回應 "Hello, web!"。該請求也將會出現在終端機視窗所顯示的訊息中。我們剛剛已經傳送第一筆資料給瀏覽器！

Sinatra 將會繼續監聽請求，直到我們停止它。當你完成此頁的測試，在你的終端機視窗中，按下 Ctrl-C 鍵便可要求 Ruby 停止執行。

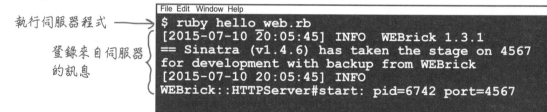

這是 app 的回應！ →

localhost:4567/hello

localhost:4567/hello

Hello, web!

你的電腦正在和自己交談

當我們執行這支小型的 Sinatra app，它會啟動它自己的 web 伺服器，也就是，在你的電腦上，使用一個稱為 WEBrick 的程式庫（其為 Ruby 標準程式庫的一部份）。Sinatra 係透過 WEBrick 這樣的獨立伺服器，供瀏覽器進行連線。WEBrick 會把它所取得的任何請求轉遞給 Sinatra（或是 Rails 或你使用的任何其他 web 框架）。

瀏覽器傳送請求給 WEBrick。

```
localhost:4567
GET "/hello"
```

http://localhost:4567/hello

WEBrick
localhost:4567

因為伺服器程式運行在你的電腦上（而不是 Internet 上的某處），我們會在 URL 中使用 `localhost` 這個特別的主機名稱。這在告訴你的瀏覽器，它需要從你的電腦建立一條連線到相同的電腦。

`http://localhost:4567/hello`

主機名稱　通訊埠

我們還需要指定 URL 中的通訊埠（port）部分。（通訊埠是一個具編號的通訊通道，應用程式可以用它來監聽送進來的訊息。）從終端機視窗所看到的登錄資訊，我們可以看到 WEBrick 正在監聽編號 4567 的埠，所以 URL 中我們會在主機名稱之後指定通訊埠。

來自終端機視窗的登錄資訊…

```
WEBrick::HTTPServer#start:
pid=6742 port=4567
```

此處是通訊埠的編號

問：我看到錯誤訊息說，瀏覽器無法連線！

答：你的伺服器可能實際上並未運行。檢視終端機視窗中的錯誤訊息。此外，在你的瀏覽器中，檢查主機名稱和通訊埠編號；你可能輸入錯誤。

問：為什麼我必須在 URL 中指定埠號？其他網站我都不必這麼做！

答：大多數的 web 伺服器都會監聽 80 埠，因為預設的情況下 web 瀏覽器都會向該埠送出服務請求。但是在許多作業系統上，基於安全的理由，你需要具備特殊的權限才有辦法運行一個監聽 80 埠的服務。這對日常的開發工作來說是一件痛苦的事。所以對於仍在開發的 app 來說，Sinatra 會把 WEBrick 設置成監聽 4567 埠。

問：我的瀏覽器載入頁面時，我看到訊息說 "Sinatra doesn't know this ditty"（Sinatra 不懂這個詞）。

答：那是伺服器所回應的訊息，它不是什麼大問題，它的意思是指，找不到你所請求的資源。檢查你的 URL 是否以 /hello 結尾，並確定在 *hello_web.rb* 中你並未打錯字。

問：當我試圖執行我的 app，我看到了 "Someone is already performing on port 4567"（已經有人使用 4567 埠）以及 "Address already in use"（位址已被使用）的例外訊息！

答：這表示你的 Sinatra 伺服器試圖監聽已被另一個程式使用的通訊埠（你的作業系統不允許這件事）。你執行了 Sinatra 一次以上？如果是這樣的話，你可以在終端機視窗中按下 Ctrl-C 鍵來停止它。執行新的伺服器之前，確定你有停止舊的伺服器。你還可以使用 `-p` 命令列選項來指定不同的通訊埠（所以 `sinatra myserver.rb -p 8080` 將會使得 Sinatra 監聽 8080 埠）。

請求類型

URL 中所指定的主機名稱和通訊埠，讓你的瀏覽器得以把請求送達 WEBrick。現在，WEBrick 需要把請求傳遞給 Sinatra，使其產生回應。

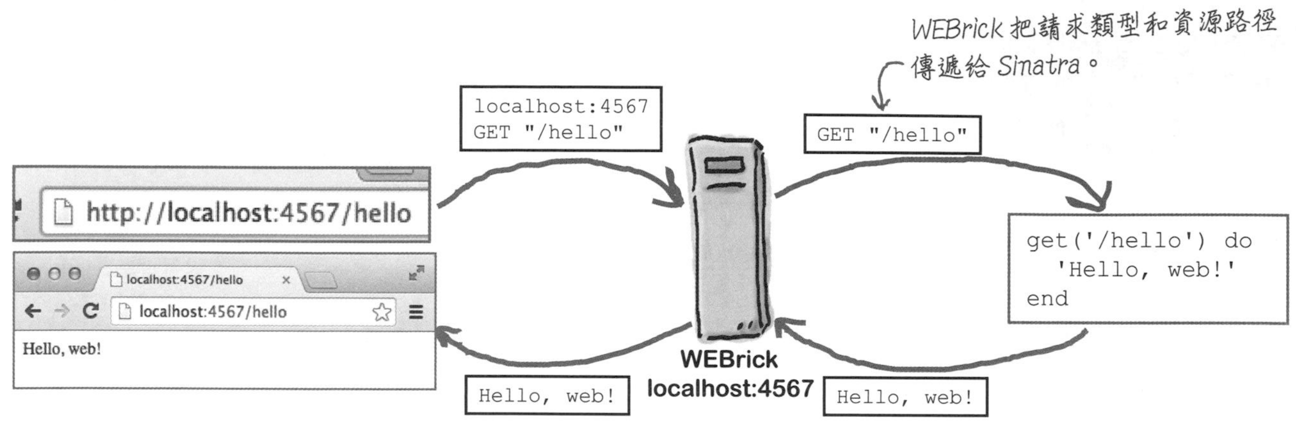

建立回應的時候，Sinatra 需要考慮請求類型（request type）。請求類型用於指出瀏覽器想要進行的是何種操作。

瀏覽器和伺服器的通訊協定為 HTTP（全名為 HyperText Transfer Protocol）。HTTP 定義了一些請求可以使用的方法（它們並非 Ruby 方法，但意義是類似的）。下面列出最常被用到的方法：

- **GET**：用在你的瀏覽器需要從伺服器**取得**資料的時候，通常是因為你鍵入了一個 URL 或單擊了一條連結。這可能是一個 HTML 頁面、一個圖像或一些其他的資源。
- **POST**：用在你的瀏覽器需要**添加**一些資料到伺服器的時候，通常是因為你提交了一個具有新資料的表單。
- **PUT**：用在你的瀏覽器需要**修改**伺服器上既有資料的時候，通常是因為你提交了一個資料遭修改的表單。
- **DELETE**：用在你的瀏覽器需要從伺服器**刪除**資料的時候。

我們當前所送出的請求是一個 GET 請求。我們鍵入了一個 URL，而我們的瀏覽器知道我們想要取回某些資料。因此它發出了一個類型適當的請求。

資源路徑

但是我們的 GET 請求在回應中應該接收到什麼？伺服器通常具有許多可以傳送給瀏覽器的不同資源，包括 HTML 頁面、圖像…等等。

答案就在我們所鍵入之 URL 的結尾，就在主機名稱和通訊埠之後：

`http://localhost:4567/hello`

路徑

那就是資源路徑（resource path），用於告訴伺服器，你想要對它的哪些資源採取行動。Sinatra 會取出 URL 的結尾，並根據它來決定要如何回應請求。

所以 Sinatra 將會接收到路徑為 `'/hello'` 的 GET 請求。它將如何回應？這取決於你的程式碼！

每一筆 HTTP 請求包含了一個請求類型（方法）以及一個資源路徑（要被存取的資源）。

Sinatra 路由

Sinatra 會使用路由（route）來決定如何回應請求。Sinatra 會檢視你所指定的請求類型（此例為 GET）以及資源路徑。如果傳入的請求與被給定的類型和路徑相符，Sinatra 將會回傳被給定的回應給 web 伺服器，而伺服器接著會把回應傳遞給瀏覽器。

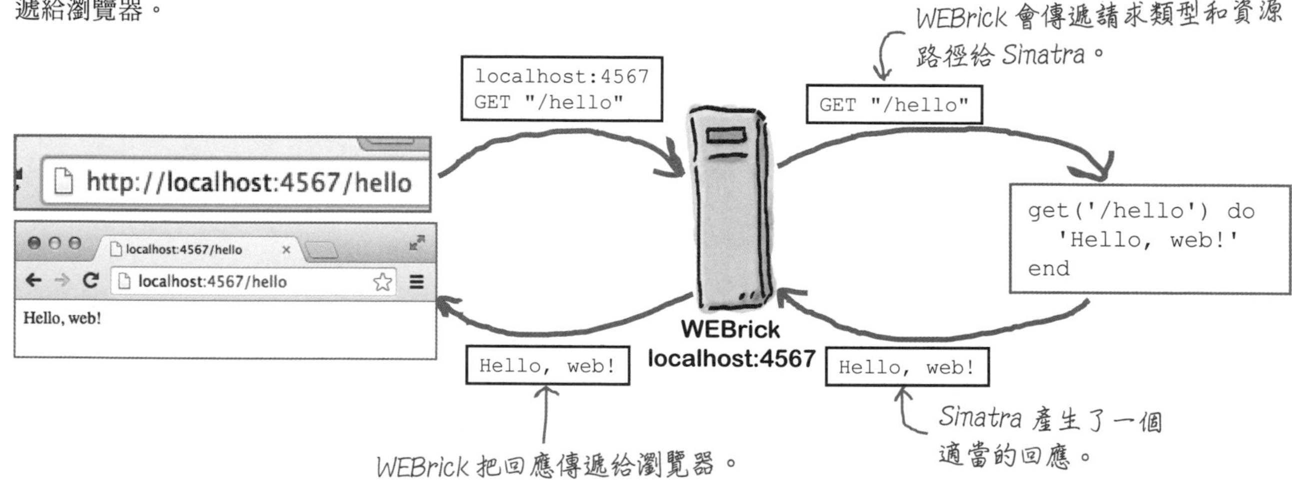

WEBrick 會傳遞請求類型和資源路徑給 Sinatra。
localhost:4567
GET "/hello"
GET "/hello"
http://localhost:4567/hello
localhost:4567/hello
localhost:4567/hello
Hello, web!
get('/hello') do
'Hello, web!'
end
WEBrick
localhost:4567
Hello, web!
Hello, web!
Sinatra 產生了一個適當的回應。
WEBrick 把回應傳遞給瀏覽器。

我們的命令稿以 `require 'sinatra'` 起頭，這會載入 Sinatra 程式庫。這還會為路由的設置定義一些方法，包括一個稱為 `get` 的方法。

我們會呼叫這個 `get` 方法，並以字串 `'/hello'` 為引數，而且伴隨著一個區塊。這會為具 `'/hello'` 路徑的 GET 請求設置一條路由。Sinatra 將會保存我們所提供的區塊，而且每當它接收到具 `'/hello'` 路徑的 GET 請求，便會呼叫該區塊。

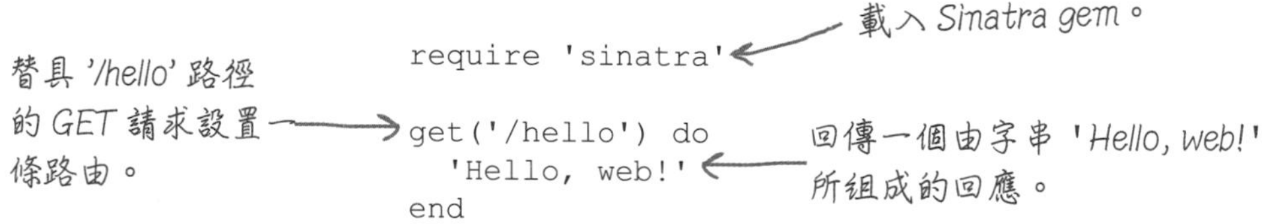

載入 Sinatra gem。
替具 '/hello' 路徑的 GET 請求設置一條路由。
回傳一個由字串 'Hello, web!' 所組成的回應。

```
require 'sinatra'

get('/hello') do
  'Hello, web!'
end
```

區塊回傳什麼值，Sinatra 就會回傳什麼值給 web 伺服器，以做為它的回應。我們將此區塊設置成回傳 `'Hello, web!'` 字串，所以該字串會顯示在瀏覽器中！

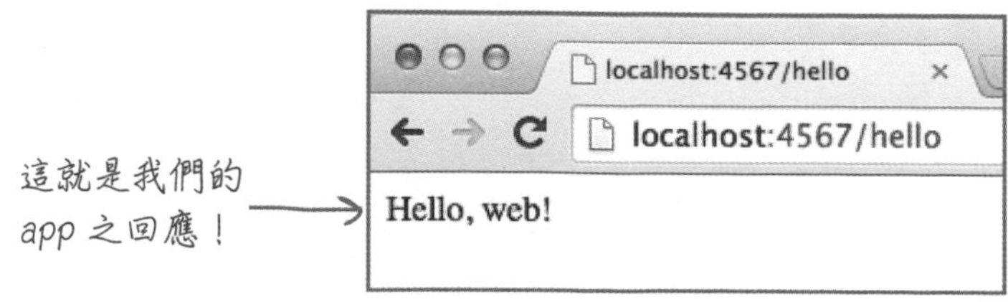

這就是我們的 app 之回應！
localhost:4567/hello
localhost:4567/hello
Hello, web!

同一個 Sinatra app 中的多條路由

但是你的 app 不能只對送進來的每一個請求回應 'Hello, web!'。你需要讓它以不同的方式來回應不同的請求路徑。

你可以透過為每個路徑設定不同的路由來完成此事。你只需要為每個路徑呼叫一次 get，並提供一個區塊以回傳適當的回應。你的 app 然後將能夠回應這些路徑的請求。

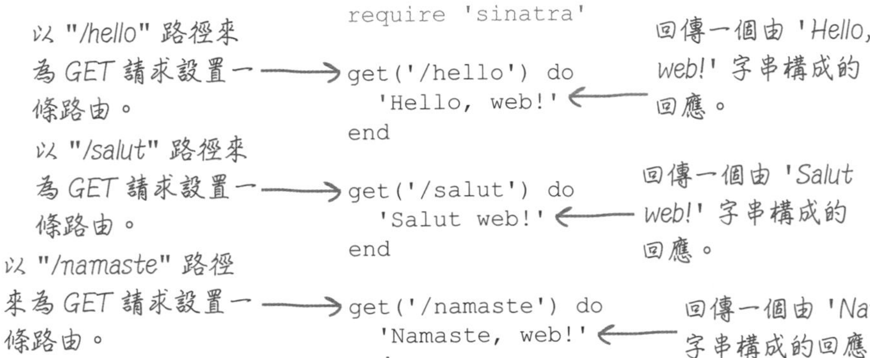

get('/salut') do
'Salut web!'

回傳一個由 'Salut web!' 字串構成的回應。

get('/namaste') do
'Namaste, web!'

回傳一個由 'Namaste, web!' 字串構成的回應。

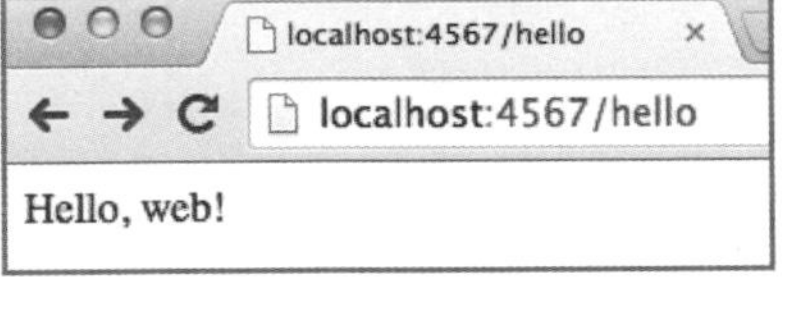

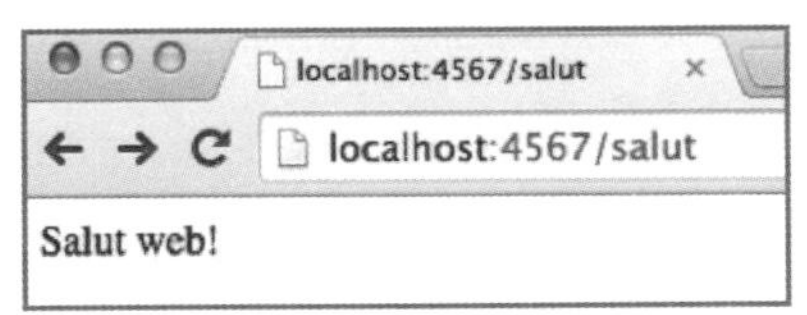

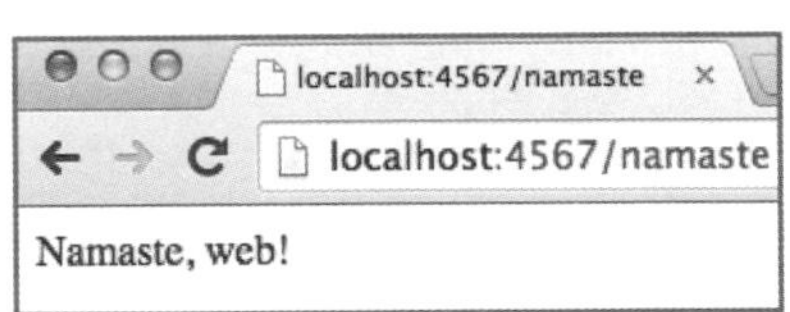

Salut web!

Namaste, web!

問：我修改了我的 app 的程式碼，但是當我單擊瀏覽器的 Reload（重新載入）鈕，網頁並未更新！

答：你需要重新啟動你的 app 以便載入改變後的內容。（儘管 Ruby on Rails 能夠在遭到修改的時候自動載入你的程式碼，但預設情況下 Sinatra 並不會這麼做。）你將需要在終端機視窗中，按下 Ctrl-C 鍵以便終止 Ruby，然後再次執行你的 app。

程式碼磁貼

有一支 Ruby 程式散落在冰箱上。你能夠把這些程式碼片段重新復原成 Sinatra app，來接收路徑為 '/sandwich' 的 GET 請求，並產生所給定的回應？

`'Make your own sandwich!'` `'sinatra'` `end` `get` `do` `require` `('/sandwich')`

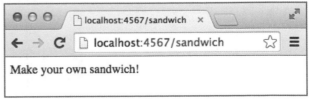

回應：

localhost:4567/sandwich

localhost:4567/sandwich

Make your own sandwich!

程式碼磁貼解答

有一支 Ruby 程式散落在冰箱上。你能夠把這些程式碼片段重新復原成 Sinatra app，來接收路徑為 '/sandwich' 的 GET 請求，並產生所給定的回應？

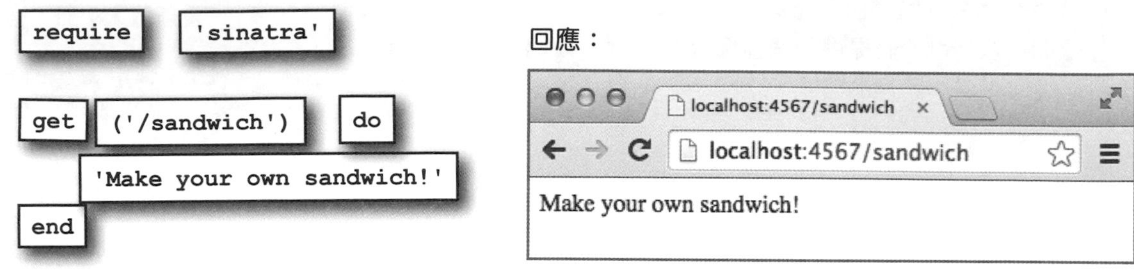

電影清單的路由

知道了如何建立一條 Sinatra 的路由後，現在我們終於做好了為電影清單設置路由的準備！首先把右手邊的程式碼存入一個名為 *app.rb* 的檔案。接著把 *app.rb* 移進你的專案目錄，就放在 *lib* 和 *views* 等目錄之外。

```
require 'sinatra'

get('/movies') do
  'Coming Soon...'
end
```

movies

app.rb

將此內容存入你的專案目錄下的 *app.rb* 裡。

這將會替路徑為 '/movies' 的 GET 請求設置一條路由。現在我們將只會顯示一些簡單的佔位文字。

欲執行該 app，你可以切換到你用於保存它的目錄，並鍵入 **ruby app.rb**。一旦 Sinatra 運行，造訪 http://localhost:4567/movies 便可以看到網頁。

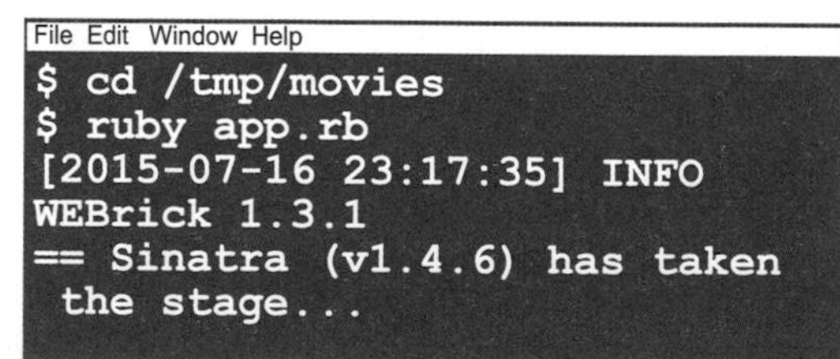

[2015-07-16 23:17:35] INFO

$ cd /tmp/movies

我們的下一項工作已經完成。接下來，我們將會把佔位文字代換成實際的 HTML！

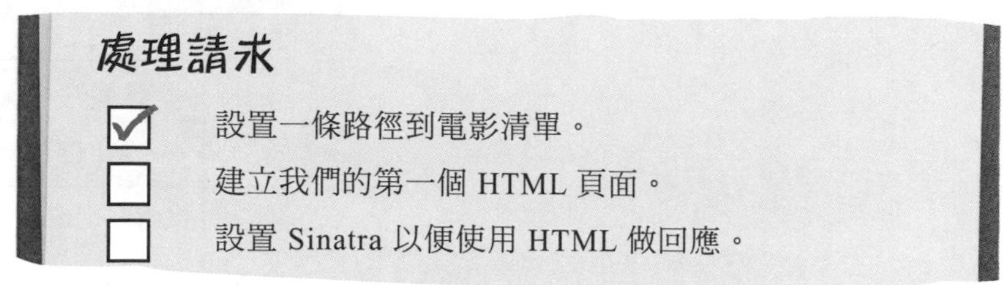

處理請求
設置一條路徑到電影清單。
建立我們的第一個 HTML 頁面。
設置 Sinatra 以便使用 HTML 做回應。

以 HTML 來建立一份電影清單

到目前止，我們只是傳送文字片段給瀏覽器。所以我們需要使用實際的 HTML 來把頁面格式化，。HTML 係使用標記來格式化文字。

如果你尚未撰寫過 HTML，不用擔心；繼續下去之前，我們將會介紹它的基礎知識。

在我們試圖從 Sinatra 送出 HTML 之前，讓我們試著以文字編輯器來建立一個純文字的 HTML 檔案。請將下面的文字存入一個名為 *index.html* 的檔案。

此檔案中用到了一些 HTML 標記，下面列出一些值得注意的部分：

- <title>: 頁面標題，會被顯示在瀏覽器分頁的標籤中。
- <h1>: 一級標題。通常會以大型的粗體字顯示。
- <ul>: 無序清單（通常顯示成「要點的形式」〔bullet points〕）。
- <li>: 一筆清單項目。把多筆項目清單放在一對 <ul> 標記之間，將可形成一份清單。
- <a>: 代表「錨點」（anchor）。用於建立連結。

```
<!DOCTYPE html>
<html>
  <head>
    <meta charset='UTF-8' />
    <title>My Movies</title>
  </head>
  <body>
    <h1>My Movies</h1>
    <ul>
      <li>movies</li>
      <li>go</li>
      <li>here</li>
    </ul>
    <a href="/movies/new">Add New Movie</a>
  </body>
</html>
```

標題將會被顯示在瀏覽器的分頁標籤中

一個標題

一筆清單項目

一筆清單項目

一筆清單項目

一個連結

index.html

現在，讓我們試著以瀏覽器來檢視 HTML 檔案。執行你慣用的 web 瀏覽器，從選單中選取「開啟檔案⋯」（Open File⋯）選項，開啟你剛才所保存的 HTML 檔案。

注意頁面上各元素與 HTML 程式碼之間的對應關係⋯

如果你想要的話，你可以單擊連結，但是它現在將只會產生 "page not found" 的錯誤訊息。稍後當我們為新電影建立一個頁面的時候，我們將會修正此問題。

從 Sinatra 來取得 HTML

我們的 HTML 檔案已經可以順利地運作在瀏覽器中。於是我們完成了另一項工作！

但是其他人無法看到我們的 HTML，除非我們能夠透過 Sinatra app 來提供它。幸運的是，有一個簡單的解決方案：Sinatra 的 erb 方法。

處理請求

- [x] 設置一條路徑到電影清單。
- [x] 建立我們的第一個 HTML 頁面。
- [ ] 設置 Sinatra 以便使用 HTML 做回應。

`erb` 方法會讀取 app 目錄中之檔案的內容，這樣你就可以把這些內容納入 Sinatra 的回應。它還會使用 **ERB** 程式庫（Ruby 標準程式庫的一部份），讓你得以把 Ruby 程式碼嵌入到檔案中，於是你就可以對每一種請求的內容進行客製化。（ERB 的全名為 "**e**mbedded **Ruby**"。）

所以我們必須把我們的 HTML 擺到一個特定的檔案，然後呼叫 `erb`，以便把 HTML 納入 Sinatra 的回應！

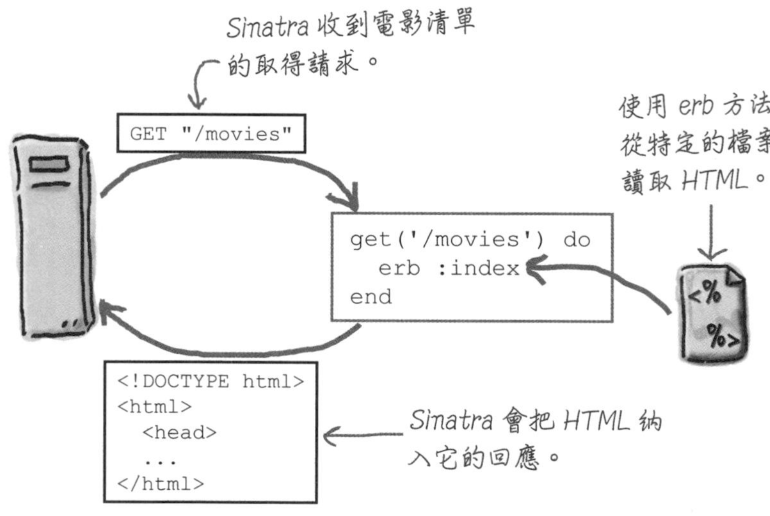

`erb` 方法會以一個字串做為引數，並將之轉換成它應該尋找的檔名。預設情況下，它會在名為 *views* 的子目錄中找尋「檔名以 *.erb* 結尾的」檔案。（這些檔案就是所謂的 ERB 模板〔template〕。）

如果你呼叫：	將會載入此模板：
`erb :index`	*movies/views/index.erb*
`erb :new`	*movies/views/new.erb*
`erb :show`	*movies/views/show.erb*

為了透過 `erb :index` 的呼叫載入 HTML，你將需要把你的 *index.html* 檔案更名為 *index.erb*。然後將它移進你的專案目錄中的 *views* 子目錄。

從 Sinatra 來取得 HTML（續）

我們已經把我們的 HTML 保存到 *views* 子目錄中的 *index.erb* 模板裡。

```
<!DOCTYPE html>
<html>
  <head>
    <meta charset='UTF-8' />
    <title>My Movies</title>
  </head>
  <body>
    <h1>My Movies</h1>
    <ul>
      <li>movies</li>
      <li>go</li>
      <li>here</li>
    </ul>
    <a href="/movies/new">Add New Movie</a>
  </body>
</html>
```

views/index.erb

現在，讓我們設置 app，使其把 HTML 納入它的回應。在你之前所建立的 *app.rb* 檔案中，把 `'Coming soon...'` 佔位文字代換成呼叫 `erb :index`。

`erb` 方法將會以字串的形式回傳模板的內容。因為呼叫 `erb` 是區塊中最後一個運算式，所以它將會成為區塊的回傳值。無論區塊回傳的是什麼，都將成為 Sinatra 對 web 伺服器的回應。

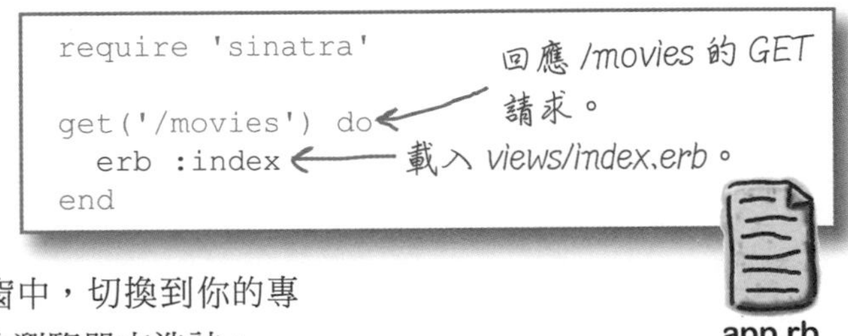

require 'sinatra'
get('/movies') do
erb :index
end
回應 /movies 的 GET 請求。
載入 views/index.erb。
app.rb

讓我們來看看它的運作是否正常。在你的終端機視窗中，切換到你的專案目錄，並以 **`ruby app.rb`** 來執行 app。然後以你的瀏覽器來造訪：

`http://localhost:4567/movies`

Sinatra 將會以我們的 *index.erb* 模板的內容做為回應！

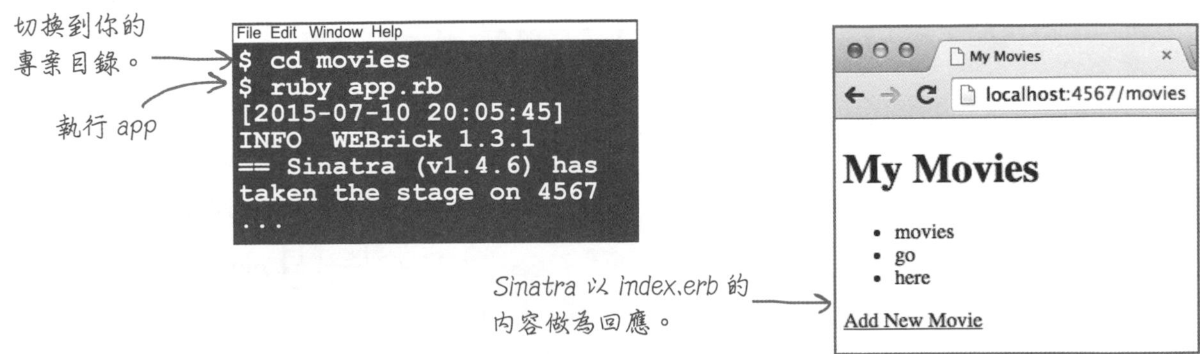

切換到你的專案目錄。
執行 app
File Edit Window Help
$ cd movies
$ ruby app.rb
[2015-07-10 20:05:45]
INFO WEBrick 1.3.1
== Sinatra (v1.4.6) has
taken the stage on 4567
...
My Movies
localhost:4567/movies
My Movies
movies
go
here
Add New Movie
Sinatra 以 index.erb 的內容做為回應。

用於保存電影資料的類別

現在 ERB 允許我們從 Sinatra 載入 HTML 頁面。我們又完成了一項工作。

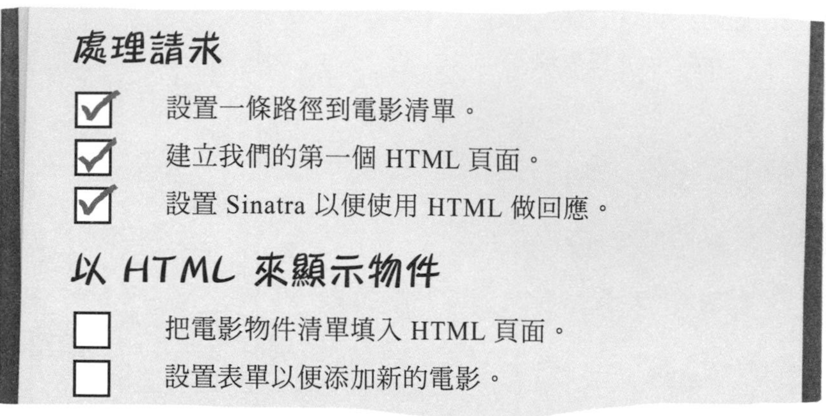

但是我們的 HTML 中，在要被顯示電影片名之處，只具有佔位文字。所以我們的下一項工作將會是，建立 Ruby 物件以便保存電影資料，然後我們會把 HTML 電影清單填入這些物件。

當然，沒有 `Movie` 類別，我們是無法建立電影物件的。讓我們現在建立一個。它是一個非常簡單的類別，只具有三個屬性：`title`、`director` 和 `year`。

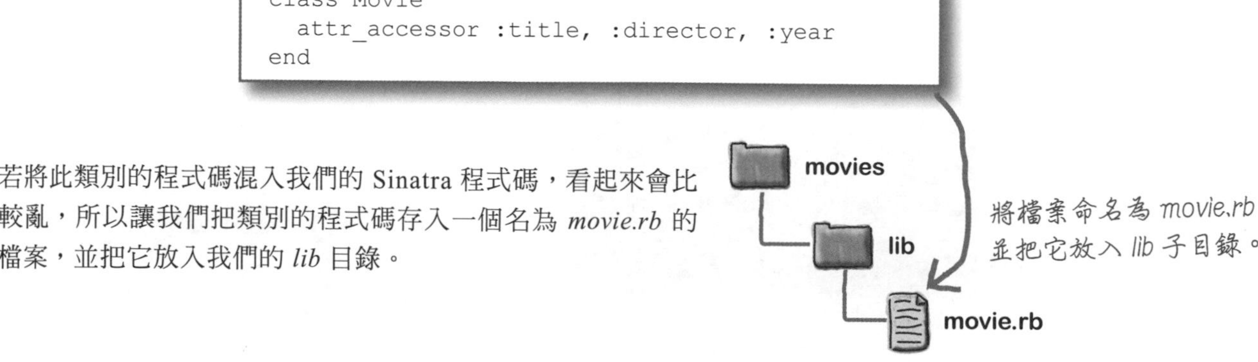

```
class Movie
  attr_accessor :title, :director, :year
end
```


若將此類別的程式碼混入我們的 Sinatra 程式碼，看起來會比較亂，所以讓我們把類別的程式碼存入一個名為 *movie.rb* 的檔案，並把它放入我們的 *lib* 目錄。

在 Sinatra app 中設置一個 Movie 物件

現在讓我們在 Sinatra app 中設置一個 `Movie` 物件。

為了使用 `Movie` 類別，我們需要載入 *movie.rb* 檔案。我們可以在 *app.rb* 開頭以 `require` 的呼叫來達成此目的。（記住，請省略 *.rb* 的部分；`require` 將會替你加上。）

完成之後，我們就可以在區塊中為 `get '/movies'` 路由建立一個新的 `Movie` 實體。（我們會先為一部電影建立資料，然後才會建立一份電影清單。）稍後，我們將會告訴你，在你產生 HTML 頁面的時候，要如何使用 `Movie` 物件的資料。

注意，`Movie` 物件不會被存入區域變數，而會被存入實體變數。我們將在稍後探討這麼做的原因。

```
require 'sinatra'
require 'movie'

get('/movies') do
  @movie = Movie.new
  @movie.title = "Jaws"
  erb :index
end
```

載入具有 Movie 類別的檔案。（指向 `require 'movie'`）

設置一個新的 Movie 物件。（指向 `@movie = Movie.new`）

app.rb

現在我們正試圖從 *lib* 目錄 `require` 一個檔案，我們不再能夠以 `ruby app.rb` 來執行 app。如果試著這麼做，Ruby 將會報告它無法載入 *movie.rb*：

```
File Edit Window Help
$ cd movies
$ ruby app.rb
in `require': cannot load such file -- movie (LoadError)
$
```

找不到 movie.rb！（指向 LoadError 那一行）

正如第 13 章提到的，我們需要為命令列加上 `-I lib`，以便把 *lib* 加入當你呼叫 `require` 的時候 Ruby 將會搜尋的目錄清單。

```
File Edit Window Help
...
$ ruby -I lib app.rb
[2015-07-17 15:58:12] INFO  WEBrick 1.3.1
== Sinatra (v1.4.6) has taken the stage on 4567 for
development with backup from WEBrick
```

把 lib 加入 Ruby 將會搜尋的目錄清單，以便載入所需要的檔案。（指向 `$ ruby -I lib app.rb`）

有了電影物件後，我們要如何把它放到 HTML 頁面？接下來我們將會說明這個部分⋯

ERB 嵌入標記

現在，我們的頁面包括「靜態的」（不變的）HTML 以及應該顯示電影片名之處的佔位文字。那麼我們要如何把資料放到頁面中去呢？

記住，這不是一個普通的 HTML 檔案；它是一個「內嵌 Ruby 的」模板。這意味，我們可以在其中插入 Ruby 程式碼。當 erb 方法載入模板，它將會執行其中的程式碼。我們可以把 Ruby 程式碼內嵌在 HTML 中電影片名顯示之處！

```
<!DOCTYPE html>
<html>
  <head>
    <meta charset='UTF-8' />
    <title>My Movies</title>
  </head>
  <body>
    <h1>My Movies</h1>
    <ul>
      <li>movies</li>
      <li>go</li>
      <li>here</li>
    </ul>
    <a href="/movies/new">Add New Movie</a>
  </body>
</html>
```

我們需要代換這些佔位文字。

views/index.erb

但是我們不能把 Ruby 程式碼直接插入到檔案中。ERB 解析器並不知道哪些部分是模板、哪些部分是 Ruby。（如果 Ruby 解譯器試圖執行 HTML，不騙你，這是不會有好結果的。）

```
<!DOCTYPE html>
<html>
  <head>
    <meta charset='UTF-8' />
    <title>My Movies</title>
  </head>
  <body>
    <h1>My Movies</h1>
    <ul>
      <li>
        @movie.title
      </li>
      <li>go</li>
      <li>here</li>
    </ul>
    <a href="/movies/new">Add New Movie</a>
  </body>
</html>
```

如果 HTML 被當成 Ruby 程式碼將會導致錯誤！

我們不能直接把 Ruby 程式碼插入 HTML！

ERB 讓你得以透過嵌入標記來把 Ruby 程式碼嵌入到純文字的模板。

```
index.erb:1: syntax error, unexpected '<'
<!DOCTYPE html>
 ^
index.erb:2: syntax error, unexpected '<'
<html>
...
```

我們需要把我們的程式碼嵌入到 ERB **嵌入標記**（*embedding tag*）。這些標記可用於在 ERB 模板中標註 Ruby 程式碼。

ERB 輸出嵌入標記

最常被用到的 ERB 標記是 <%= %>，輸出嵌入標記。每當 ERB 看到此標記，它將會執行標記中所包含的 Ruby 程式碼，並將結果轉換成字串（如果有需要的話），以及將該字串插入到周遭的文字中（標記所在之處）。

下面是 *index.erb* 模板經修改的版本，其中包含了一些輸出嵌入標記：

```
<!DOCTYPE html>
<html>
  <body>
    <ul>
      <li><%= "A string" %></li>
      <li><%= 15.0 / 6.0 %></li>
      <li><%= Time.now %></li>
    </ul>
  </body>
</html>
```

嵌入純文字。

嵌入數學運算的結果。

嵌入當前時間。

views/index.erb

下面是該模板被轉換成 HTML 的時候看起來的樣子：

```
<!DOCTYPE html>
<html>
  <body>
    <ul>
      <li>A string</li>
      <li>2.5</li>
      <li>2015-07-18 12:35:38 -0700</li>
    </ul>
  </body>
</html>
```

輸出嵌入標記會一一被代換成 Ruby 程式碼的執行結果。

而下面是該 HTML 在瀏覽器中看起來的樣子：

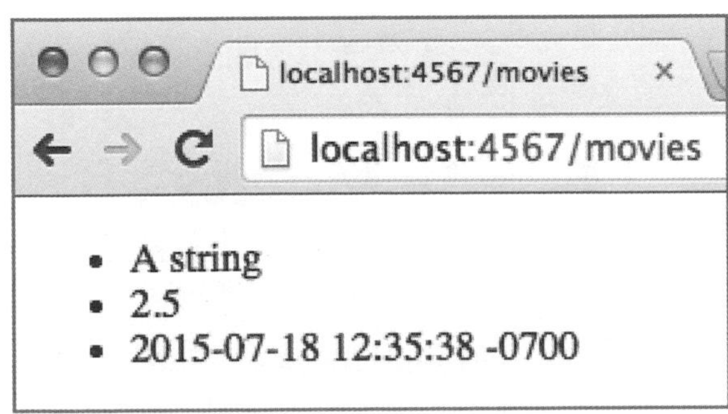

把電影片名嵌入到我們的 HTML

在路由區塊中，為什麼你要把 Movie 物件存入實體變數，而不要存入區域變數？

```
require 'sinatra'
require 'movie'

get('/movies') do
  @movie = Movie.new
  @movie.title = "Jaws"
  erb :index
end
```

在實體變數中設置一個新的 Movie 物件。

app.rb

在 ERB 模板中也可以存取你在 Sinatra 路由區塊中所定義的實體變數。這讓 app.rb 中的程式碼得以跟 ERB 模板中的程式碼一起運作。

透過把我們的 Movie 物件存入 Sinatra 路由區塊中的 @movie 實體變數，我們將可以在 ERB 模板中使用它！這讓我們的 HTML 得以從 app 取得資料。

讓我們把 *index.erb* 中的「佔位文字」修改成包含 @movie 之 title 屬性的輸出嵌入標記。如果我們能夠執行 app 以及載入頁面，我們將會看到電影片名！

照過來！

在 ERB 模板中，不要試圖存取 Sinatra 路由區塊裡的區域變數！

app.rb 中，只有實體變數的作用範圍及於模板。（有一種方式可以在模板中設定區域變數，但是你必須查閱 http://sinatrarb.com 上的 Sinatra 文件。）如果你試圖存取 Sinatra 路由區塊中的區域變數，你將會遇到錯誤！

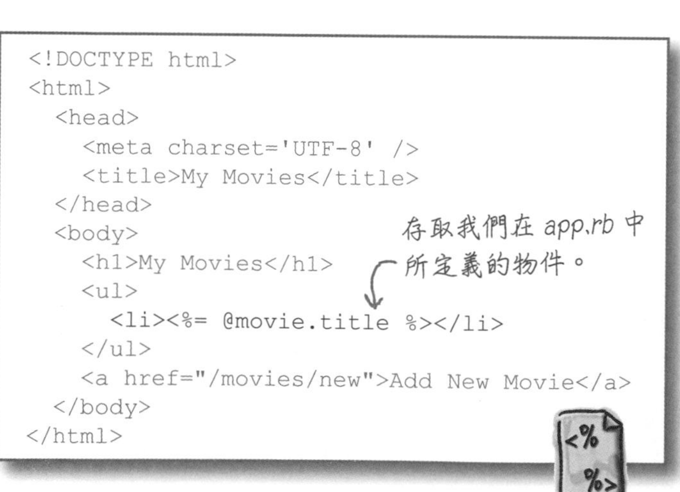

```
<!DOCTYPE html>
<html>
  <head>
    <meta charset='UTF-8' />
    <title>My Movies</title>
  </head>
  <body>
    <h1>My Movies</h1>
    <ul>
      <li><%= @movie.title %></li>
    </ul>
    <a href="/movies/new">Add New Movie</a>
  </body>
</html>
```

存取我們在 app.rb 中所定義的物件。

views/index.erb

池畔風光

你的**任務**就是從池中取出程式碼片段，並把它們放到底下三個檔案中的空格上。每個程式碼片段的使用**請勿**超過一次，你不需要用完所有的程式碼片段。你的**目標**是讓 Sinatra app 能夠運行，以及產生瀏覽器所示的回應。

```
<!DOCTYPE html>
<html>
  <body>
    <%= @first %> plus
    <%= @second %> equals
    <%= ________ %>
  </body>
</html>
```

addition.erb

```
require __________

___('/addition') do
  @first = 3
  _______ = 5
  @result = ______ + @second
  erb __________
end

get(____________________) do
  ______ = 2
  @second = 6
  _______ = @first * @second
  ___ :multiplication
end
```

app.rb

```
<!DOCTYPE html>
<html>
  <body>
    <%= @first %> times
    <%= ________ %> equals
    <%= @result %>
  </body>
</html>
```

multiplication.erb

瀏覽器的回應：

注意：池中每一件東西只能使用一次！

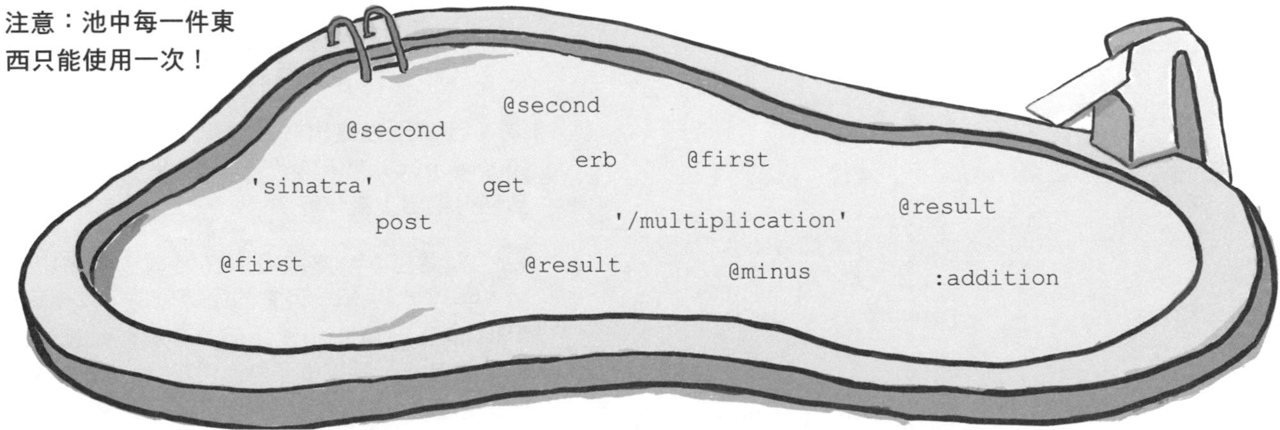

池畔風光解答

你的**任務**就是從池中取出程式碼片段，並把它們放到底下三個檔案中的空格上。每個程式碼片段的使用**請勿**超過一次，你不需要用完所有的程式碼片段。你的**目標**是讓 Sinatra app 能夠運行，以及產生瀏覽器所示的回應。

```
require 'sinatra'

get('/addition') do
  @first = 3
  @second = 5
  @result = @first + @second
  erb :addition
end

get('/multiplication') do
  @first = 2
  @second = 6
  @result = @first * @second
  erb :multiplication
end
```

app.rb

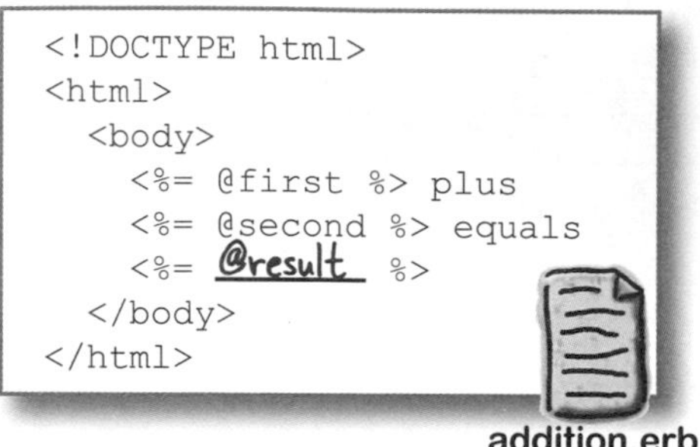

```
<!DOCTYPE html>
<html>
  <body>
    <%= @first %> plus
    <%= @second %> equals
    <%= @result %>
  </body>
</html>
```

addition.erb

```
<!DOCTYPE html>
<html>
  <body>
    <%= @first %> times
    <%= @second %> equals
    <%= @result %>
  </body>
</html>
```

multiplication.erb

瀏覽器的回應：

localhost:4567/multiplication

2 times 6 equals 12

問：我試圖在輸出嵌入標記中使用 puts，例如 <%= puts "hello" %>。但是我並沒有得到任何輸出！為什麼？

答：儘管 puts 方法可以在終端機視窗中顯示 "hello" 字串，但它的回傳值是 nil，而且 ERB 會在 HTML 中使用該值（nil 會被轉換成空字串）。所以不要再使用 puts；這最有可能是你想要做的事。

正規嵌入標記

<%= %> 輸出嵌入標記讓我們得以在 HTML 中包含電影片名。但是我們需要包含完整的清單。所以我們必須修改我們的 ERB 模板。

第二個常用的 ERB 標記是 <% %>，稱為正規嵌入標記（regular embedding tag）。（不同於輸出嵌入標記，它沒有等號。）它會被放入將被執行的 Ruby 程式碼，但是其執行結果將不會直接插入 ERB 的輸出中。

<% %> 的一個最常見用法，就是使用 `if` 和 `unless` 述句，讓特定的 HTML 只在某條件為真時被包含進來。舉例來說，如果我們在 *index.erb* 中使用如下的程式碼，則第一個 <h1> 標記將會被包含在輸出中，但是第二個 <h1> 標記將會被省略：

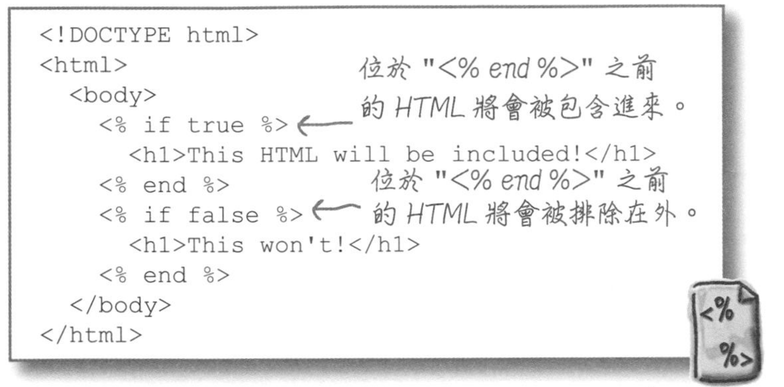

```
<!DOCTYPE html>
<html>
  <body>
    <% if true %>
      <h1>This HTML will be included!</h1>
    <% end %>
    <% if false %>
      <h1>This won't!</h1>
    <% end %>
  </body>
</html>
```

位於 "<% end %>" 之前的 HTML 將會被包含進來。
位於 "<% end %>" 之前的 HTML 將會被排除在外。

views/index.erb

localhost:4567/movies
localhost:4567/movies
This HTML will be included!
第一個標題被包含了進來
第二個標題被排除在外

正規嵌入標記通常還會使用迴圈。如果你在 ERB 模板中嵌入了一個迴圈，在迴圈中任何的 HTML 或輸出嵌入標記也會重複被包含進來。

如果我們在 *index.erb* 中使用如下的模板，它將會迭代陣列中每筆資料項，並依序插入 <li> HTML 標記。因為迴圈每循環一次，`number` 區塊參數的值就會改變一次，所以每一次輸出嵌入標記將會被插入不同的值。

```
<!DOCTYPE html>
<html>
  <body>
    <ul>
      <% [1, 2, 3].each do |number| %>
        <li><%= number %></li>
      <% end %>
    </ul>
  </body>
</html>
```

被插入三次，每次都是不同的數字

views/index.erb

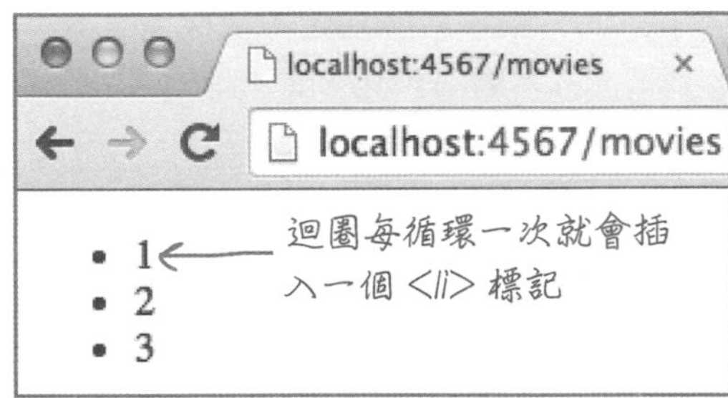

localhost:4567/movies
localhost:4567/movies
1
2
3
迴圈每循環一次就會插入一個 <li> 標記

在 HTML 中以迴圈來迭代電影片名

知道如何使用 <% %> 標記，把陣列中每筆資料項加入輸出後，現在我們可以著手處理由 Movie 物件所構成的陣列。所以讓我們設置一個可供處理的陣列。（一開始我們將會把陣列「寫死」。之後，我們將會從檔案載入一個電影陣列。）

在 *app.rb* 中的 get('/movies') 路由區塊裡，我們將會以保存了一個陣列的實體變數 @movies 來取代實體變數 @movie。然後我們將會把 Movie 物件加入陣列。

```
require 'sinatra'
require 'movie'

get('/movies') do
  @movies = []
  @movies[0] = Movie.new
  @movies[0].title = "Jaws"
  @movies[1] = Movie.new
  @movies[1].title = "Alien"
  @movies[2] = Movie.new
  @movies[2].title = "Terminator 2"
  erb :index
end
```

設置一個電影陣列

app.rb

現在我們還需要更新我們的 ERB 模板。在 *index.erb* 中，我們將會在迴圈迭代陣列中每個 Movie 物件的時候，添加一個 HTML 的 <li> 標記。在 <% %> 標記之間，我們將會添加一個 HTML 的 <li> 標記以及一個用於輸出當前電影片名的 ERB 標記。

```
<!DOCTYPE html>
<html>
  <head>
    <meta charset='UTF-8' />
    <title>My Movies</title>
  </head>
  <body>
    <h1>My Movies</h1>
    <ul>
      <% @movies.each do |movie| %>
        <li><%= movie.title %></li>
      <% end %>
    </ul>
    <a href="/movies/new">Add New Movie</a>
  </body>
</html>
```

views/index.erb

如果我們重新啟動 Sinatra 並重新載入網頁，我們將會看到 @movies 陣列中每個元素被依序插入一個個內容為電影片名的 HTML <li> 標記！

在 HTML 中以迴圈來迭代電影片名（續）

在 HTML 中，我們已經設置好了用於輸出電影片名清單的 ERB 嵌入標記。我們又完成了一項工作！

以 HTML 來顯示物件

- [x] 把電影物件清單填入 HTML 頁面。
- [ ] 設置表單以便添加新的電影。

下面是一個 ERB 模板。請判斷它的結果將會是什麼樣子，然後為右邊之輸出填空。）

（我們已經替你完成了第一個部分。

```
<!DOCTYPE html>
<html>
  <body>
    <% [1, 2, 3, 4].each do |number| %>
      <% if number.even? %>
        <li><%= number %> is even.</li>
      <% else %>
        <li><%= number %> is odd.</li>
      <% end %>
    <% end %>
  </body>
</html>
```

輸出：

```
<!DOCTYPE html>
<html>
  <body>
    <li>1 is odd.</li>
    ........................
    ........................
    ........................
  </body>
</html>
```

下面是一個 ERB 模板。請判斷它的結果將會是什麼樣子，然後為右邊之輸出填空。

```
<!DOCTYPE html>
<html>
  <body>
    <% [1, 2, 3, 4].each do |number| %>
      <% if number.even? %>
        <li><%= number %> is even.</li>
      <% else %>
        <li><%= number %> is odd.</li>
      <% end %>
    <% end %>
  </body>
</html>
```

輸出：

```
<!DOCTYPE html>
<html>
  <body>
    <li>1 is odd.</li>
    <li>2 is even.</li>
    <li>3 is odd.</li>
    <li>4 is even.</li>
  </body>
</html>
```

透過 HTML 表單讓使用者得以添加資料

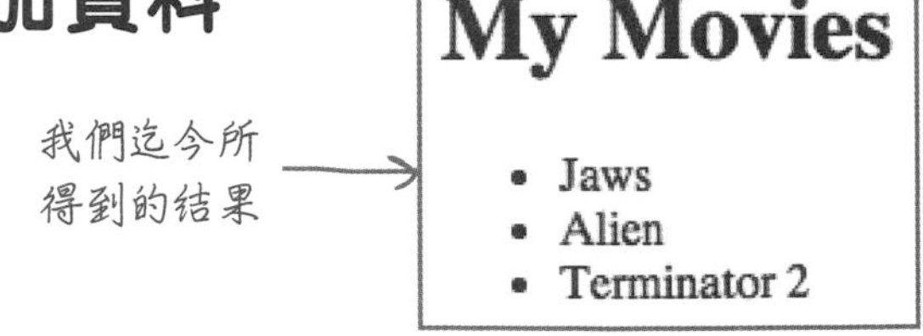

現在我們的 app 可以在 HTML 頁面中顯示電影清單了，但是只有三部電影。此情況下應該沒有人會想把我們的網站加入他的書籤。為了讓 app 更具吸引力，我們需要讓使用者能夠添加自己的電影。

想讓使用者添加電影到我們的網站，我們將需要 HTML 表單（form）。表單通常會提供一或多個可以讓使用者鍵入資料的欄位，以及讓使用者得以把資料送到伺服器的 submit（提交）按鈕。

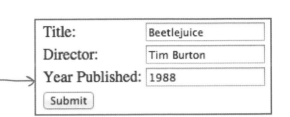

下面是一個相當簡單的 HTML 表單。其中出現了我們之前未曾看過的新標記：

我們需要一個 HTML 表單

Title: Beetlejuice
Director: Tim Burton
Year Published: 1988
Submit

- `<form>`: 此標記包含了所有其他的表單元素。
- `<label>`: 表單中某個輸入元素的標籤。它的 `for` 屬性的值必須相符於某個輸入元素的 `name` 屬性。
- `type` 屬性值為 `"text"` 的 `<input>`: 這是一個文字欄位，使用者可以在其中鍵入字串。在被送到伺服器的資料中，它的 `name` 屬性將會做為欄位值的標籤（有點像一個雜湊鍵）。
- `type` 屬性值為 `"submit"` 的 `<input>`: 建立使用者可以單擊的按鈕，用於提交表單的資料。

```
<!DOCTYPE html>
<html>
  <body>
    <form>
      <label for="food">Enter your favorite food:</label>
      <input type="text" name="food">
      <input type="submit">
    </form>
  </body>
</html>
```

此標籤是給 "food" 輸入元素使用的。

此標籤文字將會被顯示在頁面中。

名為 food 的文字輸入欄位

用於提交表格資料的按鈕

如果我們在瀏覽器中載入此 HTML；它看起來會像這樣：

很簡單吧！讓我們設置 app 以便載入可用於輸入電影資料的 HTML 表單，並將它顯示在瀏覽中。

取得 HTML 表單以便添加電影

現在當我們造訪 *http://localhost:4567/movies*，我們的 app 將會呼叫 `erb :index` 並顯示來自 *views* 目錄中之 *index.erb* 檔案的 HTML。所以我們需要添加具備 HTML 表單的第二個頁面以便添加新的電影⋯

為此，我們將需要添加第二條路由到 *app.rb*，就在第一條路由之後。我們會讓它來處理 `'/movies/new'` 路徑的 GET 請求。在該路由的區塊中，我們將會加入對 `erb :new` 的呼叫，因此它會從 *views* 目錄中的 *new.erb* 檔案載入一個 ERB 模板。

```
require 'sinatra'
require 'movie'

get('/movies') do
  @movies = []
  ...
  erb :index
end

get('/movies/new') do
  erb :new
end
```

以不同的路徑添加第二條路由。

`erb :new` ← 載入 "views/new.erb".

app.rb

現在讓我們為表單建立 ERB 模板。我們不需要在其中嵌入任何的 Ruby 物件，所以該檔案將會是純粹的 HTML，不會包含任何的 ERB 標記。

頁面一開始，我們將會使用 `<title>` 標記設定適當的文件標題，以及使用 `<h1>` 標記設定段落標題。

接著使用 `<form>` 標記設定表單。表單中共有三個文字輸入欄位：第一個用於輸入電影片名，第二個用於輸入它的導演，第三個用於輸入它的發行年份。每個 `<input>` 標記將會具有不同的 `name` 屬性，以便區分它們。每個輸入欄位還會具有相對應的 `<label>` 標記。和之前一樣，表單結尾處將會有一個 submit（提交）按鈕。

最後，我們會在頁面加入一個指向 */movies* 路徑的連結，使用者只要單擊它就會回傳電影清單。

```
<!DOCTYPE html>
<html>
  <head>
    <meta charset='UTF-8' />
    <title>My Movies - Add Movie</title>
  </head>
  <body>
    <h1>Add New Movie</h1>
    <form>
      <label for="title">Title:</label>
      <input type="text" name="title">
      <label for="director">Director:</label>
      <input type="text" name="director">
      <label for="year">Year Published:</label>
      <input type="text" name="year">
      <input type="submit">
    </form>
    <a href="/movies">Back to Index</a>
  </body>
</html>
```

為此頁面使用不同的文件標題和段落標題。

嵌套所有的輸入欄位和標籤到 <form> 標記裡。

欄位標籤

文字欄位

提交按鈕

連結回電影清單

和之前一樣，我們需要把模板保存到 `erb` 方法可以找到它的地方。所以我們會把它存入 *views* 子目錄中名為 *new.erb* 的檔案。

movies
views
new.erb

把上面的檔案存入 *views* 子目錄中名為 *new.erb* 的檔案。

HTML 表格

讓我們試試這個新的表單！重新啟動你的 Sinatra app，接著把 URL：

`http://localhost:4567/movies/new`

…鍵入到你的網址列。（或是單擊 index 頁面的 Add New Movie 按鈕，我們已經為它加入路由；現在該連結應該可以順利運作了。）

表單被載入了，但是難以閱讀！欄位全都擠在一起。讓我們使用表格來解決此問題。

My Movies - Add Movie
localhost:4567/movies/new
Add New Movie
表單被載入了，但是欄位的排列並不整齊…
Title: Director:
Year Published: Submit
Back to Index

HTML 表格可把文字、表單欄位以及其他內容排列成列與行。它是建立表格時最常被用到的 HTML 標記：

- `<table>`: 此標記用於包含所有的的表格組件。
- `<tr>`: 代表 "table row"（表格列）。表格的一列包含了一或多個欄位的資料。
- `<td>`: 代表 "table data"（表格資料）。一個 `<tr>` 元素通常會被嵌套多個 `<td>` 元素，每個 `<td>` 元素用於標記一個欄位所包含的資料。

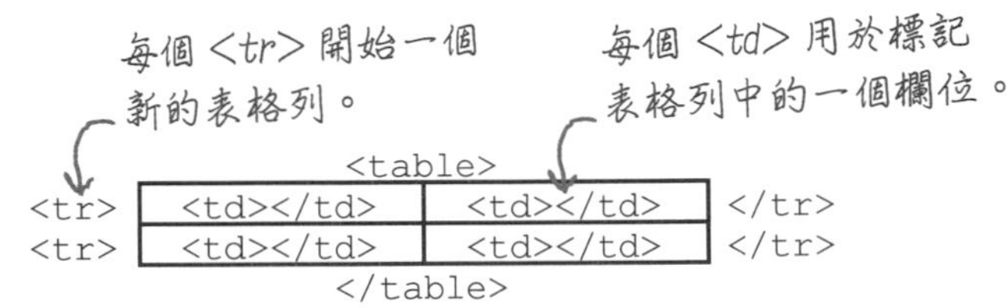
每個 <tr> 開始一個新的表格列。
每個 <td> 用於標記表格列中的一個欄位。
<table>
<tr> <td></td> <td></td> </tr>
<tr> <td></td> <td></td> </tr>
</table>

下面可以看到一個簡單的 HTML 表格，以及它在瀏覽器中的樣子。（通常，表格邊框預設是看不到的，但為了清楚起見，我們加上了它們。）

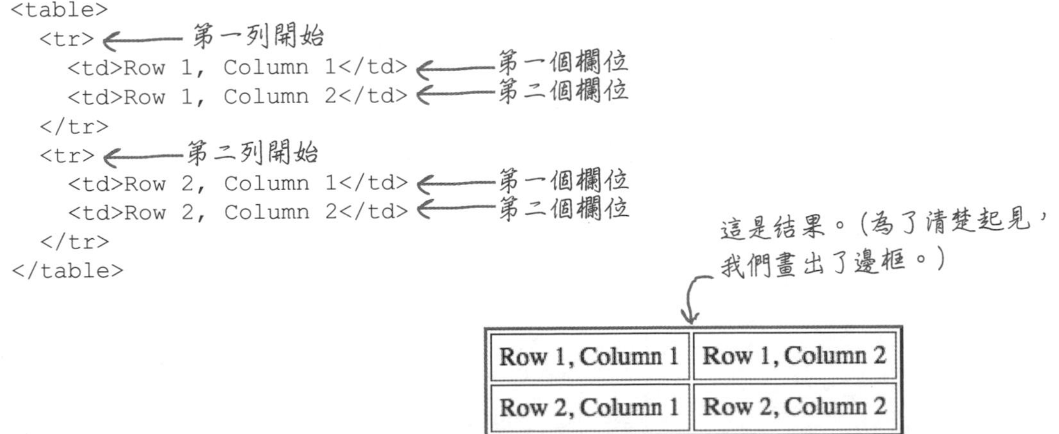

```
<table>
  <tr>
    <td>Row 1, Column 1</td>
    <td>Row 1, Column 2</td>
  </tr>
  <tr>
    <td>Row 2, Column 1</td>
    <td>Row 2, Column 2</td>
  </tr>
</table>
```

第一列開始
第一個欄位
第二個欄位
第二列開始
第一個欄位
第二個欄位
這是結果。（為了清楚起見，我們畫出了邊框。）
Row 1, Column 1
Row 1, Column 2
Row 2, Column 1
Row 2, Column 2

以 HTML 表格來整理我們的表單

讓我們使用表格來整理表單擁擠的外觀。下面是 *new.erb* 修改後的樣子：

```
<!DOCTYPE html>
<html>
  ...
  <body>
    <h1>Add New Movie</h1>
    <form>
      <table>
        <tr>
          <td><label for="title">Title:</label></td>
          <td><input type="text" name="title"></td>
        </tr>
        <tr>
          <td><label for="director">Director:</label></td>
          <td><input type="text" name="director"></td>
        </tr>
        <tr>
          <td><label for="year">Year Published:</label></td>
          <td><input type="text" name="year"></td>
        </tr>
        <tr>
          <td><input type="submit"></td>
        </tr>
      </table>
    </form>
    <a href="/movies">Back to Index</a>
  </body>
</html>
```

把 HTML 表格嵌套到表單裡。

為每一組「標籤／輸入」開始新的一列。

此標籤元素放在第一個欄位。

此輸入元素放在第二個欄位。

為下一組「標籤／輸入」開始新的一列。

為下一組「標籤／輸入」開始新的一列。

提交按鈕自成一列。

此處沒有第二個欄位。

結束表單之前，先結束表格。

views/new.erb

如果你再度造訪 '/movies/new' 路徑，你將會看到表單的排列更整齊了！

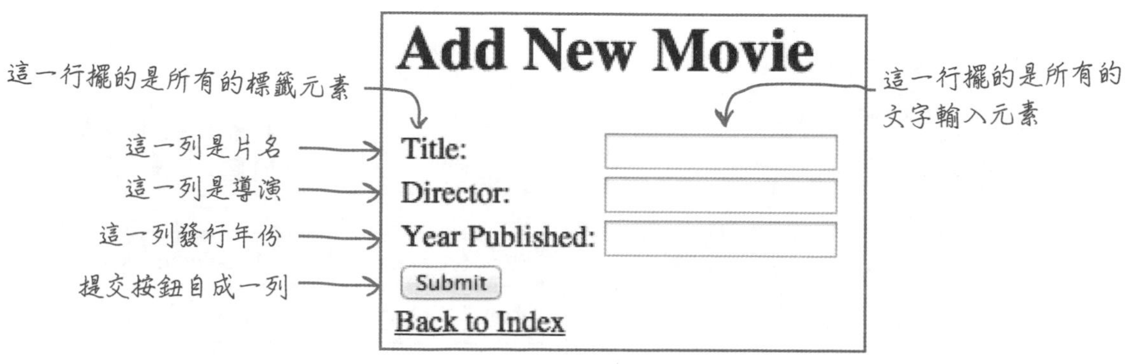

這一行擺的是所有的標籤元素
這一行擺的是所有的文字輸入元素
這一列是片名
這一列是導演
這一列發行年份
提交按鈕自成一列
Add New Movie
Title:
Director:
Year Published:
Submit
Back to Index

還有更多事情要做

現在 '/movies/new' 路由會回應我們的 HTML 表單。於是本章最後一項工作也完成了！

以 HTML 來顯示物件

- [x] 把電影物件清單填入 HTML 頁面。
- [x] 設置表單以便添加新的電影。

第 15 章

保存與載入物件

- [ ] 根據表單的內容來建立一個電影物件。
- [ ] 把電影物件存入一個檔案。
- [ ] 從檔案載入電影物件清單。
- [ ] 在檔案中找到個別的電影物件。
- [ ] 顯示個別的電影物件。

但是…如果你為表格填入資料並單擊 Submit 按鈕，好像什麼事情都沒有發生！我們的 Sinatra app 被設置成回應 GET 請求，所以無法回應表單的 POST 請求。

Title:	Beetlejuice
Director:	Tim Burton
Year Published:	1988
Submit	

如果你單擊 Submit 按鈕，好像什麼事情都沒有發生！

看起來我們還有一些事情要做。不要擔心一下一章我們將會解決這個（以及更多）問題！

你的 Ruby 工具箱

第 14 章已經閱讀完畢！你可以把 Sinatra 與 ERB 加入你的工具箱

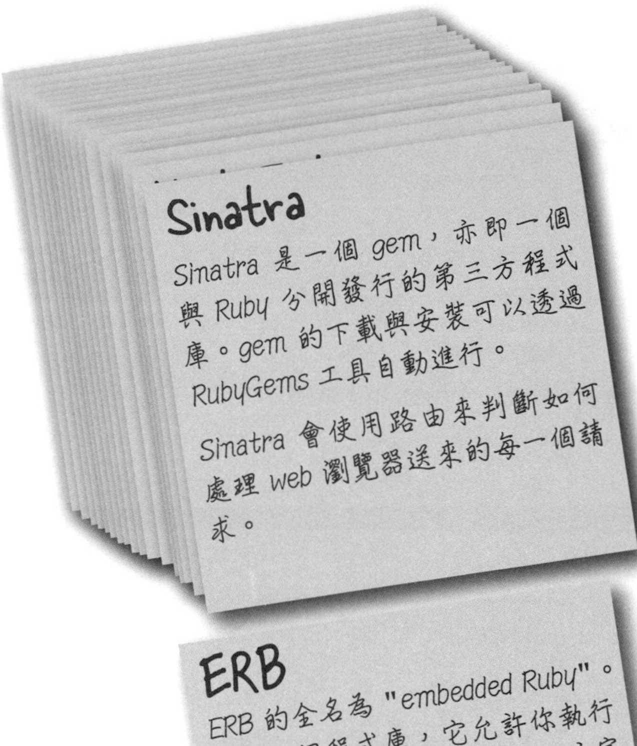

Sinatra
Sinatra 是一個 gem，亦即一個與 Ruby 分開發行的第三方程式庫。gem 的下載與安裝可以透過 RubyGems 工具自動進行。
Sinatra 會使用路由來判斷如何處理 web 瀏覽器送來的每一個請求。
ERB
ERB 的全名為 "embedded Ruby"。它是一個程式庫，它允許你執行 Ruby 程式碼以及把結果嵌入文字模板。
<% %> ERB 標記常用於條件式述句或迴圈。
<%= %> ERB 標記則用於把一個值包含在輸出中。

要點提示

- 把 URL 鍵入 web 瀏覽器或單擊連結，會使得瀏覽器對 web 伺服器送出 HTTP GET 請求。
- GET 請求中所包含的資源路徑，用於指示瀏覽器需要取回的資源。
- 在 Sinatra app 中，若要為 GET 請求設置一條路由，你需要在呼叫 `get` 方法的時候指定一個資源路徑，並且提供一個區塊。從那之後，該路徑的 GET 請求將會由你所提供的區塊來處理。
- 若一條路由的區塊回傳了一個字串，該字串將會透過回應送回給瀏覽器。
- 通常，Sinatra 的回應採用的是 HTML（全名為 HyperText Markup Language）格式。HTML 讓你得以定義網頁的結構。
- `erb` 方法會從 *views* 子目錄載入名稱以 *.erb* 結尾的檔案。然後它會執行被嵌入的任何 Ruby 程式碼，並以字串的形式回傳結果。
- Sinatra 路由之區塊所提供的 ERB 模板，可以存取來自該區塊的實體變數。
- HTML 表單讓使用者得以把資料鍵入網頁 。
- HTML 表格可以把資料編排成列與行的格式。

接下來…

終於到了！下一章就是最後一章。（當然，若不算附錄的話。）我們已經告訴你如何呈現一個表單，讓使用者得以在瀏覽器中鍵入資料；下一章，我們將會告訴你如何保存資料，以及於事後將它載回，以便完成其餘的工作項目。

15 保存和載入資料

把它保存起來

哎呀！也許我不應該把它扔
掉。我最好將它保存起來，
這樣我以後還可以再看到它。
YOU CAN HELP
THROW IT HERE

你的 web app 現在只會仍掉使用者的資料。你設置了一個表單讓使用者得以鍵入資料。他們認為你將會保存資料，這樣之後資料將可以被取回並顯示給別人看。但是這現在還不會發生！使用者所提交的任何資料都會消失。

在這最後一章中，我們將會讓你的 app 能夠保存使用者所提交的資料。我們將會告訴你如何把它設置成能夠接受表單資料。我們將會告訴你如何把表單資料轉換成 Ruby 物件、如何把這些物件存入一個檔案，以及當使用者想要看資料，如何取回正確的物件。做好準備了嗎？讓我們來完成此 app！

保存和取回表單資料

上一章中，我們已經知道如何使用 Sinatra 程式庫來回應瀏覽器送來的 HTTP GET 請求。我們建立了一個 `Movie` 類別，並把電影資料嵌入到一個 HTML 頁面。

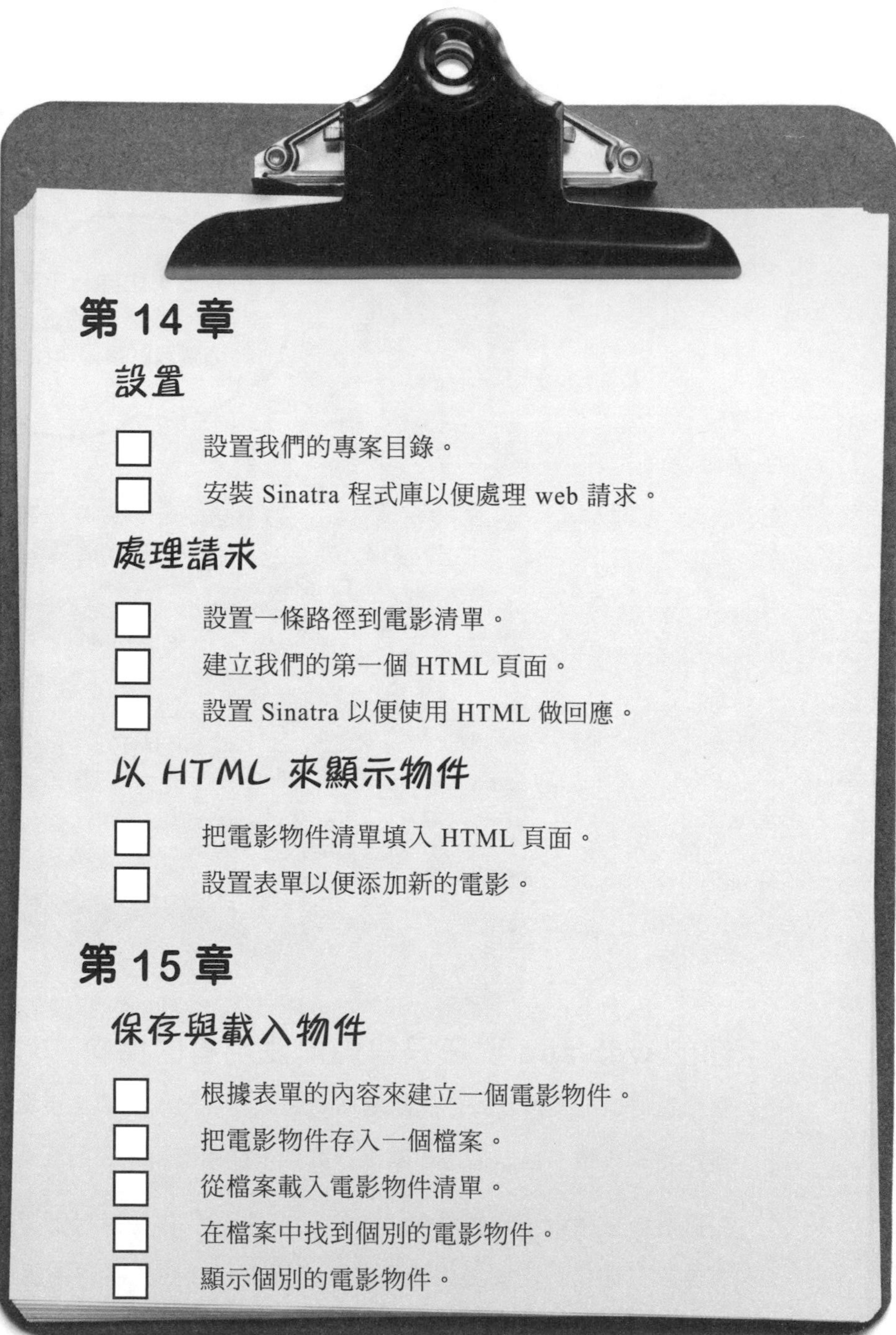

第 14 章
設置
設置我們的專案目錄。
安裝 Sinatra 程式庫以便處理 web 請求。
處理請求
設置一條路徑到電影清單。
建立我們的第一個 HTML 頁面。
設置 Sinatra 以便使用 HTML 做回應。
以 HTML 來顯示物件
把電影物件清單填入 HTML 頁面。
設置表單以便添加新的電影。
第 15 章
保存與載入物件
根據表單的內容來建立一個電影物件。
把電影物件存入一個檔案。
從檔案載入電影物件清單。
在檔案中找到個別的電影物件。
顯示個別的電影物件。

我們已經知道如何提供一個 HTML 表單，讓使用者得以鍵入新的電影資料。

但是到目前為止，我們只會處理 HTTP GET 請求。我們無法把表格提交給伺服器。我們還不知道，當我們取得表格資料如何把它保存起來。

本章中，我們將會解決這些問題！我們將會告訴你如何取得使用者的資料並把它轉換成容易儲存的 Ruby 物件。我們還會告訴你如何把這些物件存入一個檔案，並於事後取回及顯示它們。本章將會完成電影資料的其餘工作！

保存和取回表單資料（續）

我們的使用者將會把電影資料鍵入到一個表單。我們需要一個實用的格式來保存資料，好讓我們能夠在事後取回和顯示它。所以我們將會把表單資料轉換成 Movie 物件，以及為每個 Movie 物件指定獨一無二的識別碼（ID）。然後，我們將會把 Movie 物件存入一個檔案。

稍後，我們將會迭代檔案並建立一組連結，其中包含了所有 Movie 物件的識別碼。當使用者單擊連結，我們將會從他們所單擊的連結得到識別碼，並因而取回相對應的 Movie 物件。

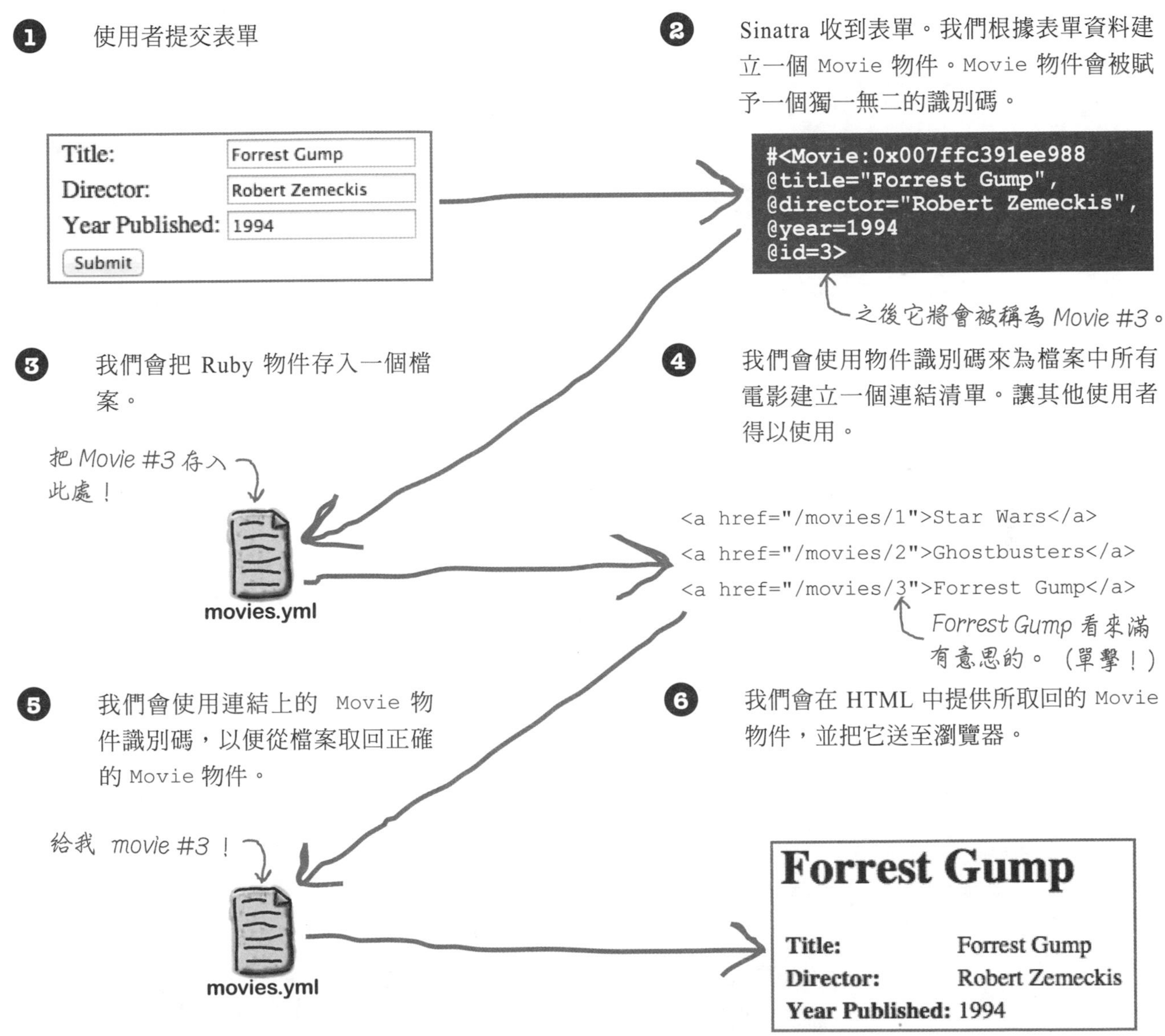

1 使用者提交表單
Title: Forrest Gump
Director: Robert Zemeckis
Year Published: 1994
Submit
2 Sinatra 收到表單。我們根據表單資料建立一個 Movie 物件。Movie 物件會被賦予一個獨一無二的識別碼。
#<Movie:0x007ffc391ee988
@title="Forrest Gump",
@director="Robert Zemeckis",
@year=1994
@id=3>
之後它將會被稱為 Movie #3。
3 我們會把 Ruby 物件存入一個檔案。
把 Movie #3 存入此處！
movies.yml
4 我們會使用物件識別碼來為檔案中所有電影建立一個連結清單。讓其他使用者得以使用。
<a href="/movies/1">Star Wars</a>
<a href="/movies/2">Ghostbusters</a>
<a href="/movies/3">Forrest Gump</a>
Forrest Gump 看來滿有意思的。（單擊！）
5 我們會使用連結上的 Movie 物件識別碼，以便從檔案取回正確的 Movie 物件。
給我 movie #3！
movies.yml
6 我們會在 HTML 中提供所取回的 Movie 物件，並把它送至瀏覽器。
Forrest Gump
Title: Forrest Gump
Director: Robert Zemeckis
Year Published: 1994

我們的瀏覽器可以 GET 表單⋯

上一章結束的時候，我們已經為電影資料把表單功能加入我們的 Sinatra app。瀏覽器可以為 '/movies/new' 路徑提交 GET 請求，而 Sinatra 將會以一個 HTML 表單做為回應。但是當使用者單擊 Submit 按鈕，什麼事也沒有發生！

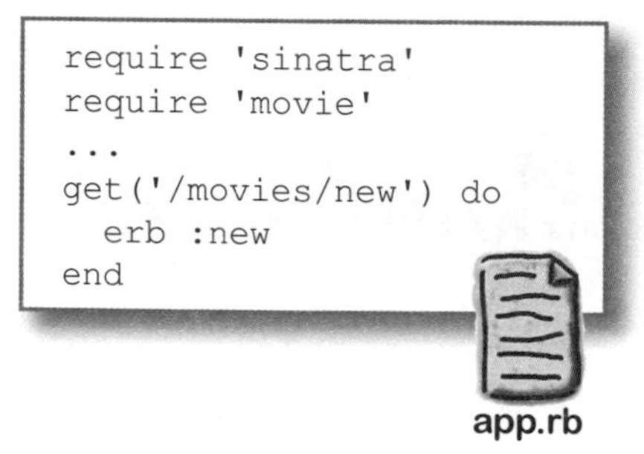

```
require 'sinatra'
require 'movie'
...
get('/movies/new') do
  erb :new
end
```

app.rb

```
<h1>Add New Movie</h1>
<form>
  <table>
    <tr>
      <td><label for="title">Title:</label></td>
      <td><input type="text" name="title"></td>
      ...
```

views/new.erb

問題在於：HTML 表單的提交實際上需要送出兩個請求到伺服器：第一個用於取得表單，第二個用於把使用者所鍵入的資料送回伺服器。

我們已經為表單之 GET 請求的處理做好了設置的工作。

1. 使用者造訪 '/movies/new' 資源（透過鍵入一個 URL 或單擊一個連結）。
2. 瀏覽器為 '/movies/new' 資源送出一個 HTTP GET 請求到伺服器（WEBrick）。
3. 伺服器把 GET 請求轉送給 Sinatra。
4. Sinatra 為它的 get('/movies/new') 路由調用伴隨的區塊。
5. 該區塊會以 HTML 表單做為回應。

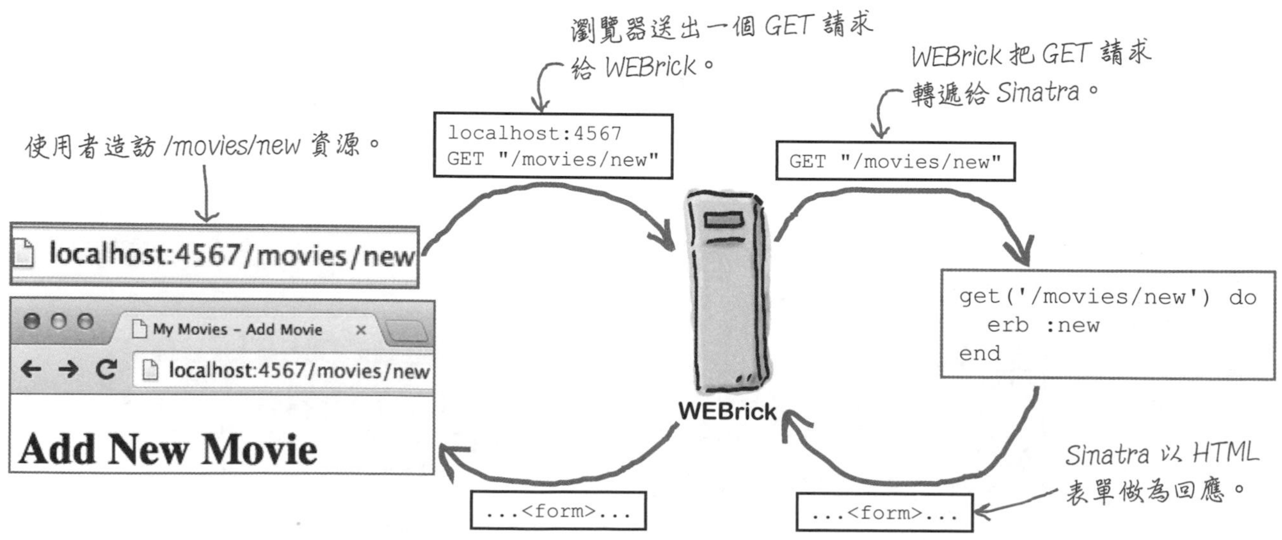
瀏覽器送出一個 GET 請求給 WEBrick。
WEBrick 把 GET 請求轉遞給 Sinatra。
使用者造訪 /movies/new 資源。
localhost:4567
GET "/movies/new"
GET "/movies/new"
localhost:4567/movies/new
My Movies - Add Movie
localhost:4567/movies/new
Add New Movie
WEBrick
get('/movies/new') do
erb :new
end
Sinatra 以 HTML 表單做為回應。
...<form>...
...<form>...

…但它需要 POST 回應

現在我們需要把 Sinatra 設置成能夠處理 HTTP POST 請求，以便處理表單的內容。GET 請求可以從伺服器取得資料，POST 請求可以添加資料到伺服器。（這就是為什麼該請求會被稱為 POST（張貼）？當你想要提供訊息給其他人閱讀的時候，你會把它張貼在某個地方一同樣的想法。）

整個過程是這樣的：

1. 使用者把電影資料填入表單並單擊 Submit 按鈕。
2. 瀏覽器為 '/movies/create' 資源送出一個 HTTP POST 請求到伺服器（WEBrick）。請求中包含了所有的表格資料。
3. 伺服器把 POST 請求轉送至 Sinatra。
4. Sinatra 為它的 post('/movies/create') 路由調用伴隨的區塊。
5. 該區塊會從請求取得表單資料並保存它。
6. 該區塊會以一些 HTML 做為回應，用於指示已經順利收到資料。

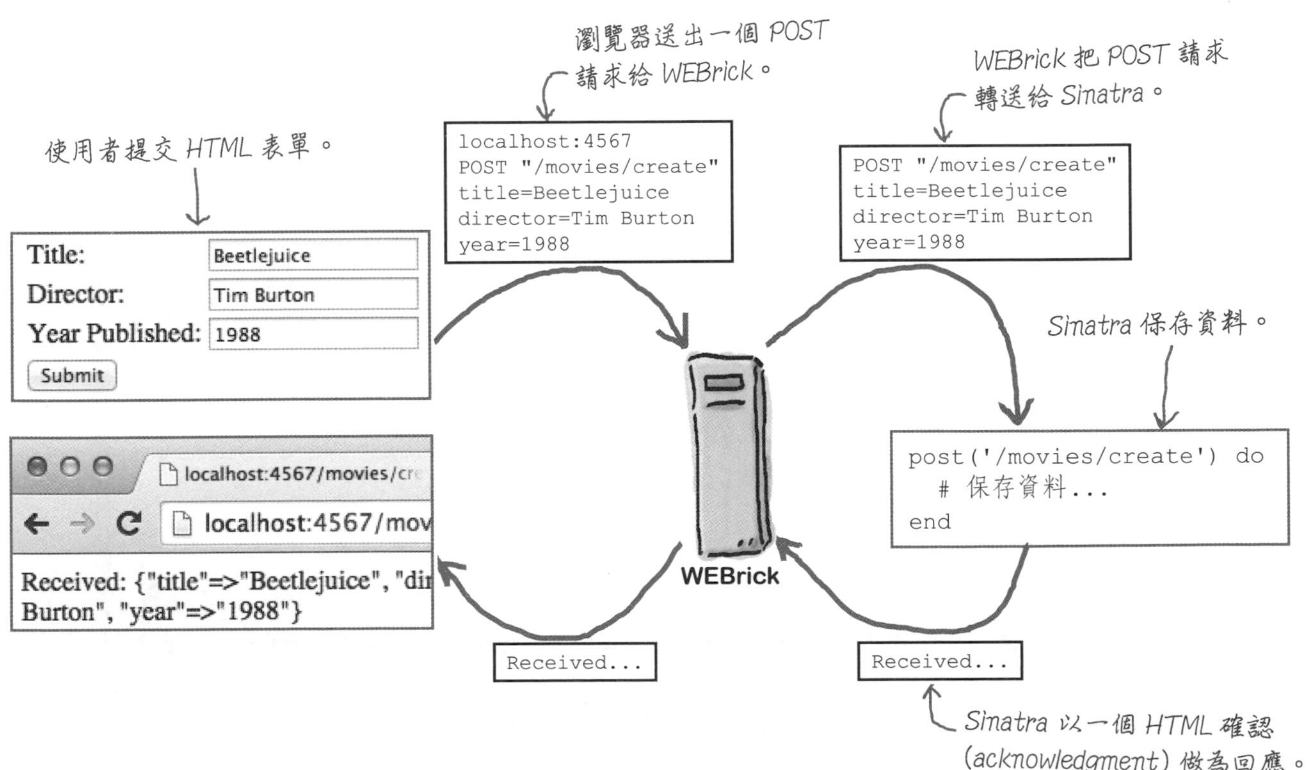
瀏覽器送出一個 POST
請求給 WEBrick。
WEBrick 把 POST 請求
轉送給 Sinatra。
使用者提交 HTML 表單。
localhost:4567
POST "/movies/create"
title=Beetlejuice
director=Tim Burton
year=1988
POST "/movies/create"
title=Beetlejuice
director=Tim Burton
year=1988
Title:
Beetlejuice
Director:
Tim Burton
Year Published:
1988
Submit
Sinatra 保存資料。
localhost:4567/movies/cr
localhost:4567/mov
Received: {"title"=>"Beetlejuice", "di
Burton", "year"=>"1988"}
post('/movies/create') do
保存資料...
end
WEBrick
Received...
Received...
Sinatra 以一個 HTML 確認
(acknowledgment) 做為回應。

設定 HTML 表單以便送出 POST 請求

處理表單資料的第一步是確保資料有被送達伺服器。為此，我們需要將表單設定成能夠送出 POST 請求。我們將需要把兩個屬性加入 HTML 中的 `<form>` 標記裡：

- `method`：所使用的 HTTP 請求方法。
- `action`：所請求的資源路徑。這將需要與 Sinatra 路由相符合。

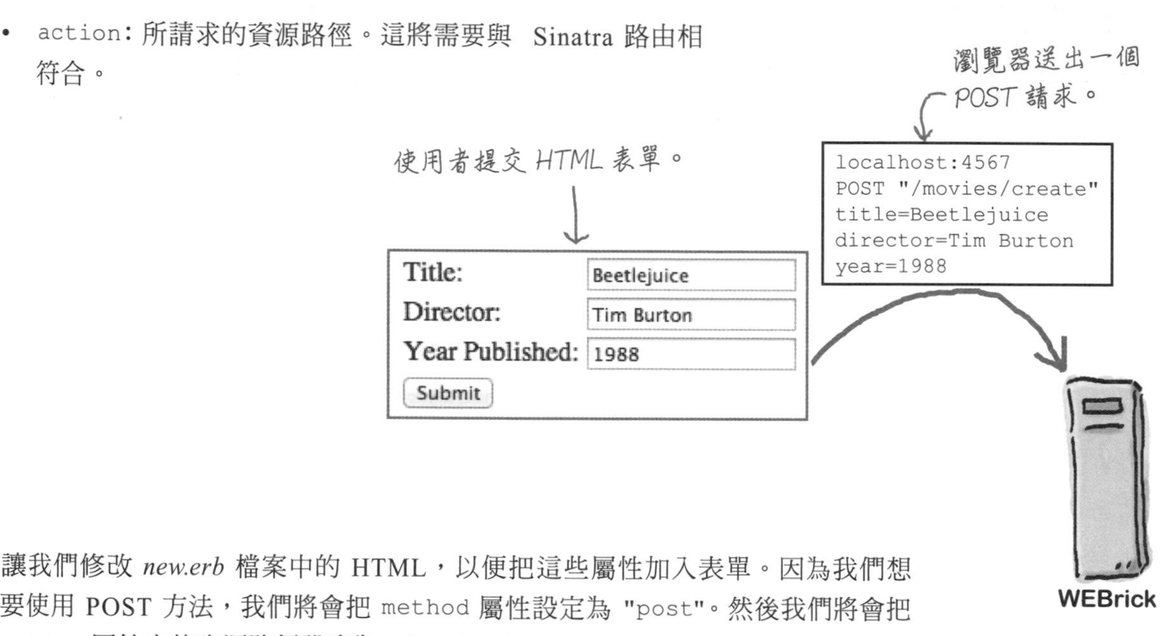

讓我們修改 *new.erb* 檔案中的 HTML，以便把這些屬性加入表單。因為我們想要使用 POST 方法，我們將會把 `method` 屬性設定為 `"post"`。然後我們將會把 `action` 屬性中的資源路徑設定為 `"/movies/create"`。

```
<!DOCTYPE html>
<html>
  ...
  <body>
    <h1>Add New Movie</h1>
    <form method="post" action="/movies/create">
      <table>
        <tr>
          <td><label for="title">Title:</label></td>
          <td><input type="text" name="title"></td>
        </tr>
        ...
```

透過送出 POST 請求到 "/movies/create" 以提交此表單。

views/new.erb

我們已經把表單設置成送出 POST 請求，但是我們尚未對該請求做任何處理。接下來我們將會處理這個部分…

為 POST 請求設置 Sinatra 路由

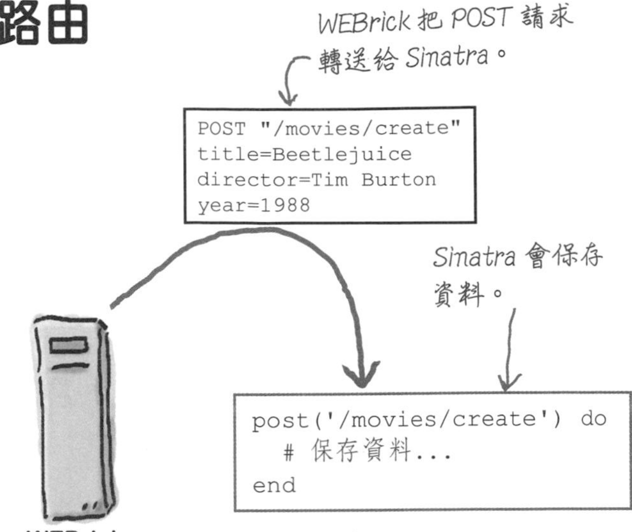
WEBrick 把 POST 請求轉送給 Sinatra。
POST "/movies/create"
title=Beetlejuice
director=Tim Burton
year=1988
Sinatra 會保存資料。
post('/movies/create') do
保存資料...
end
WEBrick

我們已經設置好能夠把 POST 請求提交至 '/movies/create' 路徑的 HTML 表單。現在我們需要設置 Sinatra，以便處理這些請求。

想替 HTTP GET 請求設置一條 Sinatra 路由，你需要呼叫 get 方法。想替 POST 請求設置一條路由，你需要呼叫 — 你猜到了— post 方法。它的運作就像 get 方法；方法的名稱指出了它將要尋找的請求類型，而且它需要一個字串引數（請求中所要尋找的資源路徑）。如同 get 方法，post 方法也會伴隨著一個區塊，每當收到相符的請求，便會呼叫該區塊。

在 post 路由的區塊中，你可以呼叫 params 方法，以便從請求中取得一個雜湊（其中包含了表單資料）

讓我們設置一條簡單的 post 路由，這樣我們就可以檢視表單資料。在 *app.rb* 檔案中，我們將會以資料路徑 '/movies/create'（與我們在表單中所做的設置相符）為引數來呼叫 post 方法。而我們會讓伴隨的區塊回傳一個字串（也就是，params.inspect 的值）給瀏覽器。

```
require 'sinatra'
require 'movie'

get('/movies') do
  @movies = []
  ...
  erb :index
end

get('/movies/new') do
  erb :new
end

post('/movies/create') do
  "Received: #{params.inspect}"
end
```

處理 '/movies/create' 的 POST 請求

把一個字串（其中包含表格資料）送回瀏覽器。

app.rb

為 POST 請求設置 Sinatra 路由（續）

我們已經把 HTML 表單設置成送出 POST 請求…

```
<form method="post" action="/movies/create">
  ...
</form>
```

而且我們在 Sinatra app 中設置了相對應的路由…

```
post('/movies/create') do
  "Received: #{params.inspect}"
end
```

讓我們來試試我們的新路由。重新啟動 app，並且在你的瀏覽器中重新載入表單頁面。把你喜歡的任何電影資料填入表單，並且單擊 Submit 按鈕。

把電影資料填入表單並且單擊 Submit 按鈕。

表單將會提交 POST 請求給 Sinatra，而 Sinatra 將會以雜湊 params（以純文字串呈現）做為回應。

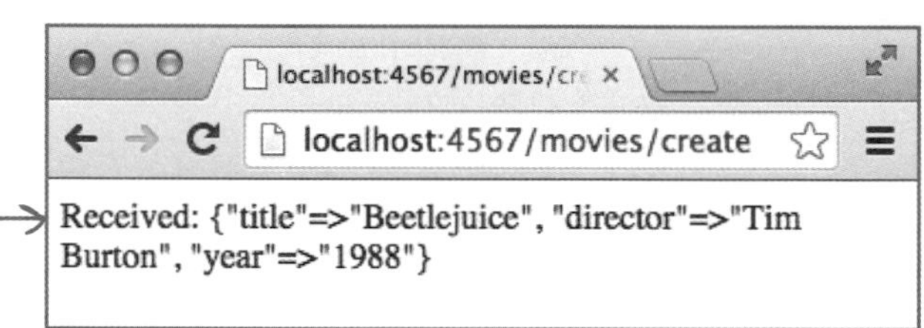

這就是雜湊 params，內含我們的表格資料！

最後，讓我們根據雜湊 params 的內容來建立一個 Movie 物件。我們將會更新 *app.rb* 中的路由區塊，以便把新的 Movie 物件賦值給一個實體變數。然後，我們將會把每個雜湊值指派給 Movie 物件相對應的屬性 。

```
require 'sinatra'
require 'movie'
...
post('/movies/create') do
  @movie = Movie.new
  @movie.title = params['title']
  @movie.director = params['director']
  @movie.year = params['year']
end
```

建立一個新的 Movie 實體。

把表單各欄位的內容賦值給物件相對應的屬性。

app.rb

為 POST 請求設置 Sinatra 路由（續）

我們已經撰寫好了一條 Sinatra 路由，它會接受表格資料並把它填入新 Movie 物件的屬性。這樣我們又完成了一項工作！

但是，我們現在並未將該 Movie 物件保存在任何地方。這將會是我們的下一項工作。

保存與載入物件

- [x] 根據表單的內容來建立一個電影物件。
- [ ] 把電影物件存入一個檔案。
- [ ] 從檔案載入電影物件清單。
- [ ] 在檔案中找到個別的電影物件。
- [ ] 顯示個別的電影物件。

Sinatra app 和 ERB 模板的檔案被列示在下面。請為這兩個檔案填空，使得當 http://localhost:4567/form 被請求時，瀏覽器將會顯示表單，以及在表單被提交時顯示結果。

```
require 'sinatra'

get(________) do
  erb ______
end

_____('/convert') do
  fahrenheit = _______['temperature'].to_f
  celsius = (fahrenheit - 32) / 1.8
  format("%0.1f degrees Fahrenheit is %0.1f degrees Celsius.", fahrenheit, celsius)
end
```

app.rb

```
<!DOCTYPE html>
<html>
  <body>
    <form _______="post" action="_________">
      <label for="temperature">Degrees Fahrenheit:</label>
      <input type="text" name="____________">
      <input type="submit">
    </form>
  </body>
</html>
```

views/form.erb

回應：

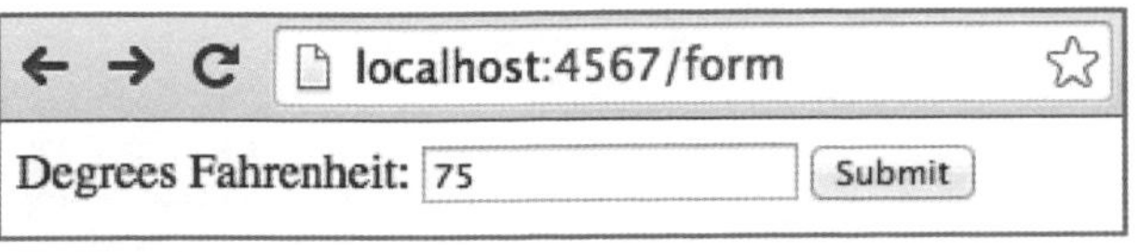

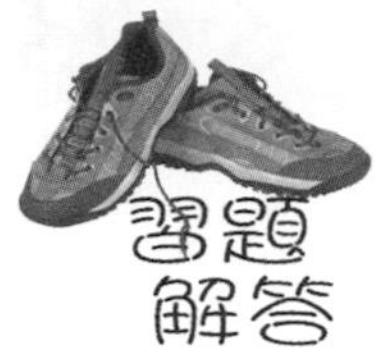

Sinatra app 和 ERB 模板的檔案被列示在下面。請為這兩個檔案填空，使得當 http://localhost:4567/form 被請求時，瀏覽器將會顯示表單，以及在表單被提交時顯示結果。

```ruby
require 'sinatra'

get('/form') do
  erb :form
end

post('/convert') do
  fahrenheit = params['temperature'].to_f
  celsius = (fahrenheit - 32) / 1.8
  format("%0.1f degrees Fahrenheit is %0.1f degrees Celsius.", fahrenheit, celsius)
end
```

app.rb

```html
<!DOCTYPE html>
<html>
  <body>
    <form method="post" action="/convert">
      <label for="temperature">Degrees Fahrenheit:</label>
      <input type="text" name="temperature">
      <input type="submit">
    </form>
  </body>
</html>
```

views/form.erb

回應：

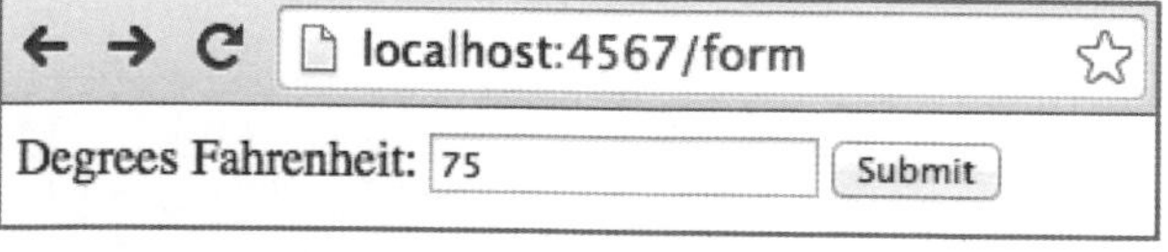

localhost:4567/convert

75.0 degrees Fahrenheit is 23.9 degrees Celsius.

使用 YAML 進行物件與字串之間的轉換

我們已經加入右手邊的程式碼，以便把我們的 HTML 表單的資料轉換成 Movie 物件：

```
post('/movies/create') do
  @movie = Movie.new
  @movie.title = params['title']
  @movie.director = params['director']
  @movie.year = params['year']
end
```

但是該物件一旦建立就會立即消失。我們需要把它保存在某個地方！

此時，Ruby 隨附的 YAML 程式庫（標準程式庫的一部份）可以派上用場。YAML 的全名為 "YAML Ain't Markup Language"，它是一個以字串形式來表示物件和其他資料的標準。這些字串可以被存入檔案，而且可以在之後轉換回物件 。YAML 標準的進一步資訊可以造訪它的網站：

http://yaml.org

在我們把 YAML 存入檔案之前，讓我們試著把一些物件轉換成字串，這樣我們就可以看到 YAML 格式的樣子。不要擔心，其實你並不需要浪費時間去瞭解 YAML 格式。YAML 程式庫將會替你在 Ruby 物件與 YAML 格式之間進行轉換！

YAML 模組具有一個 dump 方法，它幾乎可以把任何的 Ruby 物件轉換成字串表示法。下面的程式碼將會建立一個 Movie 物件並把它轉存到一個字串：

```
require 'movie'    ← 載入 Movie 類別。
require 'yaml'     ← 載入 YAML 模組。

movie = Movie.new                      ┐
movie.title = "Fight Club"             │ 建立一個 Movie 物件
movie.director = "David Fincher"       │
movie.year = 1999                      ┘

puts YAML.dump(movie)
```

物件的類別

```
--- !ruby/object:Movie
title: Fight Club
director: David Fincher
year: 1999
```

物件的屬性和它們的值

YAML 模組還具有一個 load 方法，該方法會取得一個具有 YAML 資料的字串，並把它轉換回一個物件。這讓我們得以在之後載入我們所保存的物件。

下面的程式碼會把上面的 Movie 物件轉存到一個 YAML 字串，然後把該字串轉換回一個包含所有屬性值的物件：

```
movie_yaml = YAML.dump(movie)    ← 把 YAML 字串存入一個變數。
copy = YAML.load(movie_yaml)     ← 把 YAML 字串轉換回一個物件。
puts copy.title, copy.director, copy.year
```

物件原有的屬性完整無缺！

```
Fight Club
David Fincher
1999
```

使用 YAML::Store 把物件存入檔案

但是在物件與字串之間進行轉換只解決了一半的問題 — 我們之後仍然需要保存它們。YAML 程式庫包含了一個名為 `YAML::Store` 的類別，它讓我們得以在之後把 Ruby 物件存入磁碟以及把它們載回。

把物件加入一個 `YAML::Store` 實體以及在之後取回它們的程式碼，非常類似於雜湊的存取。你需要指定一個鍵以及你想要賦予該鍵的值。之後，你可以存取相同的鍵，以及取回相同的值。

當然，最大的差別在於，`YAML::Store` 會把鍵與值存入檔案。你可以重新啟動你的程式，或甚至是以完全不同的程式來存取該檔案，鍵與值仍舊在那裡。

想在 Ruby 程式碼中使用 `YAML::Store`，我們首先需要載入程式庫：

```
require 'yaml/store'
```

然後，我們會建立一個 `YAML::Store` 實體。此時 `new` 方法需要一個引數；也就是，物件應該讀寫之檔案的名稱。（你可以透過 `store` 物件來讀寫該檔案。）

```
store = YAML::Store.new('my_file.yml')
```

建立一個 YAML::Store 實體，以便透過它來寫入一個名為 my_file.yml 檔案。

在我們能夠對 `store` 寫或讀任何物件之前，我們必須呼叫 `transaction` 方法。（如果我們不這麼做，`YAML::Store` 會引發一個錯誤。）為什麼要這樣做？嗯，如果一支程式在讀取檔案的當時，有另一支程式正在寫入它，我們所讀回的將會是損壞的資料。`transaction` 方法會防止這種可能性。

所以，為了把一些資料寫入檔案，我們需要呼叫 `YAML::Store` 實體的 `transaction` 方法，並把一個區塊傳遞給它。在區塊中，我們會把我們想要的值指派給一個鍵，跟我們在使用雜湊沒有兩樣。

```
store.transaction do
  store["my key"] = "my value"
  store["key two"] = "value two"
end
```

阻止其他程式對檔案進行寫入操作，直到離開區塊。

對鍵進行賦值。這些將會被存入檔案！

把值讀回的過程也是一樣的：呼叫 `transaction`，並在區塊中存取我們想要的值。

```
store.transaction do
  puts store["my key"]
end
```

進行讀取操作之前，我們需要先呼叫 transaction。

從檔案把值讀回來。

```
my value
```

使用 YAML::Store 把電影資料存入檔案

稍後，我們將會建立一個類別，它將會替我們操作一個 YAML::Store 實體、把 Movie 物件寫入該實體、再把 Movie 物件讀回。但是為了瞭解其中的竅門，讓我們撰寫一支簡單的命令稿，使用 YAML::Store 直接把一些電影資料寫入一個檔案。

命令稿的開頭，我們必須進行一些設置的工作… 因為我們必須載入 Movie 和 YAML::Store 類別才有辦法使用它們 ，所以我們會分別對 'movie' 和 'yaml/store' 呼叫 require。接著，我們會建立一個 YAML::Store 實體，以便讀、寫一個名為 *test.yml* 檔案。我們還會建立兩個 Movie 實體並為它們設定所有屬性。

然後是重要的部分：我們會呼叫 YAML::Store 實體的 transaction 方法，並傳給它一個區塊。在區塊中，我們會進行以下兩項操作：

- 把電影物件賦值給 store 的鍵。
- 取回我們稍早指派給鍵的值，並印出它。

```
require 'movie'        ← 載入 Movie 類別。
require 'yaml/store'   ← 載入 YAML::Store 類別。

store = YAML::Store.new('test.yml')   ← 建立一個 store 變數，以便透過它把物件寫入一個名為 test.yml 的檔案。

first_movie = Movie.new   ← 建立一個電影物件。
first_movie.title = "Spirited Away"
first_movie.director = "Hayao Miyazaki"
first_movie.year = 2001

second_movie = Movie.new   ← 建立第二個電影物件。
second_movie.title = "Inception"
second_movie.director = "Christopher Nolan"
second_movie.year = 2010

store.transaction do   ← 避免其他程式寫入檔案。
  store["Spirited Away"] = first_movie   ← 存入這兩筆電影資料。
  store["Inception"] = second_movie

  p store["Inception"]   ← 印出 store 所保存的一個值。
end
```

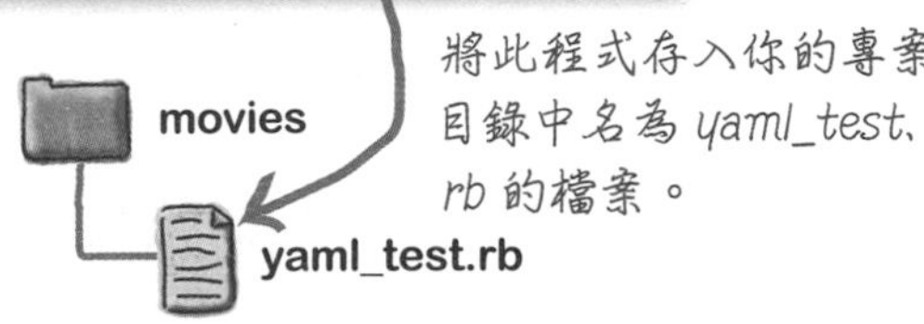
將此程式存入你的專案目錄中名為 yaml_test.rb 的檔案。
movies
yaml_test.rb

讓我們試著執行看看！將此命令稿存入名為 *yaml_test.rb* 檔案。把它存入你的 Sinatra 專案目錄，其中還包含了 *lib* 目錄，這樣當我們執行它的時候，就可以載入 *movie.rb* 檔案。

使用 YAML::Store 把電影資料存入檔案（續）

在你的終端機視窗中，切換到專案目錄，並以如下方式執行命令稿：

```
ruby -I lib yaml_test.rb
```

此命令稿將會建立 *test.yml* 檔案，以及把兩個電影物件存入該檔案。然後它會存取其中一個電影物件，並印出它的除錯字串。

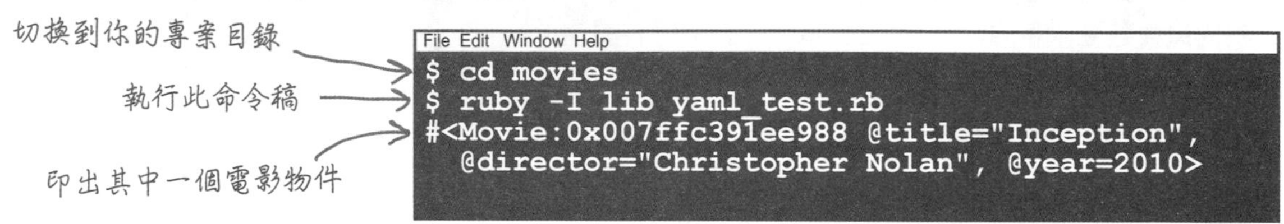

切換到你的專案目錄
執行此命令稿
印出其中一個電影物件
File Edit Window Help
$ cd movies
$ ruby -I lib yaml_test.rb
#<Movie:0x007ffc391ee988 @title="Inception",
@director="Christopher Nolan", @year=2010>

如果你以文字編輯器開啟 *test.yml* 檔案。你將會看到 YAML 格式的 `Movie` 物件，以及我們用於保存它們的鍵。

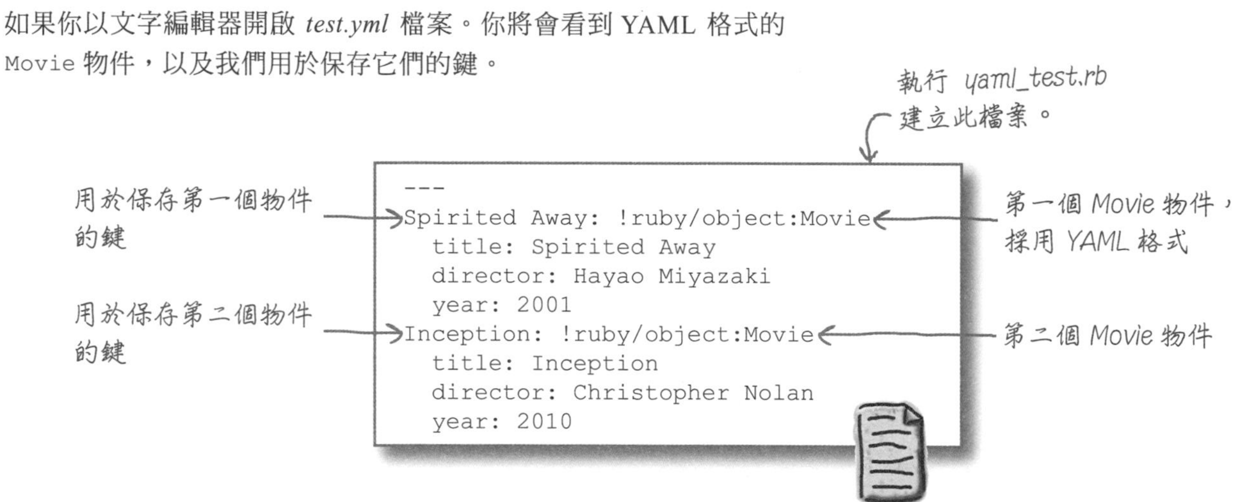

程式碼磁貼

有一支 Ruby 程式散落在冰箱上。你能夠把這些程式碼片段重新復原成可運行的 Ruby 程式？它會建立一個名為 *books.yml* 的檔案，而且檔案中包含如下所示的內容。

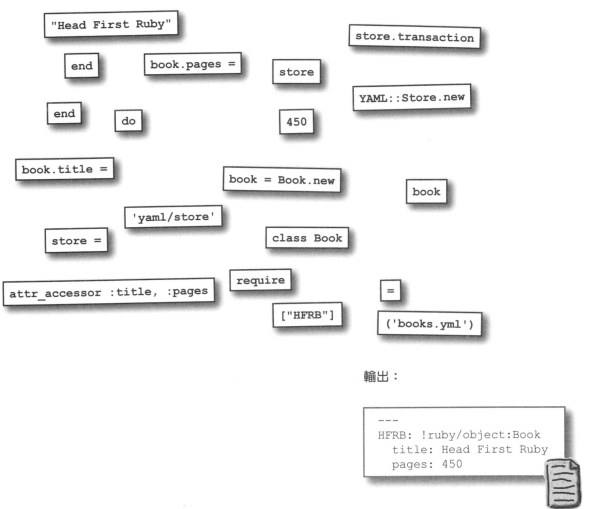

```
"Head First Ruby"
```
```
store.transaction
```
```
end
```
```
book.pages =
```
```
store
```
```
YAML::Store.new
```
```
end
```
```
do
```
```
450
```
```
book.title =
```
```
book = Book.new
```
```
book
```
```
'yaml/store'
```
```
store =
```
```
class Book
```
```
require
```
```
attr_accessor :title, :pages
```
```
=
```
```
["HFRB"]
```
```
('books.yml')
```

輸出：

```
---
HFRB: !ruby/object:Book
  title: Head First Ruby
  pages: 450
```

books.yml

程式碼磁貼解答

有一支 Ruby 程式散落在冰箱上。你能夠把這些程式碼片段重新復原成可運行的 Ruby 程式？它會建立一個名為 *books.yml* 的檔案，而且檔案中包含如下所示的內容。

```
require 'yaml/store'

class Book
  attr_accessor :title, :pages
end

book = Book.new
book.title = "Head First Ruby"
book.pages = 450

store = YAML::Store.new ('books.yml')

store.transaction do
  store ["HFRB"] = book
end
```

輸出：

```
---
HFRB: !ruby/object:Book
  title: Head First Ruby
  pages: 450
```

books.yml

一個在 YAML::Store 中尋找電影物件的系統

我們準備著手把我們的 Movie 物件存入 YAML::Store 實體！

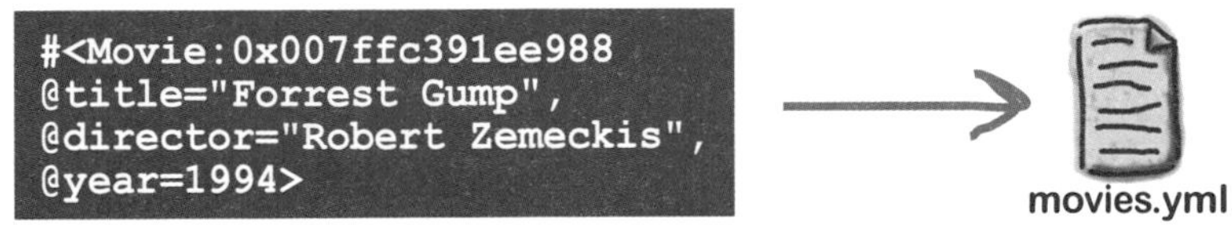
#<Movie:0x007ffc391ee988
@title="Forrest Gump",
@director="Robert Zemeckis",
@year=1994>
movies.yml

但是，在我們這麼做之前，最好問自己一個問題：我們要如何把它們讀回來？

稍後，我們將會為資料庫中所有電影資料產生一份連結清單。當使用者單擊連結，它將會送出一個請求給我們的 app 以便取得電影資料。我們需要僅根據連結中的資訊，就能夠找到 YAML::Store 中的 Movie 物件。

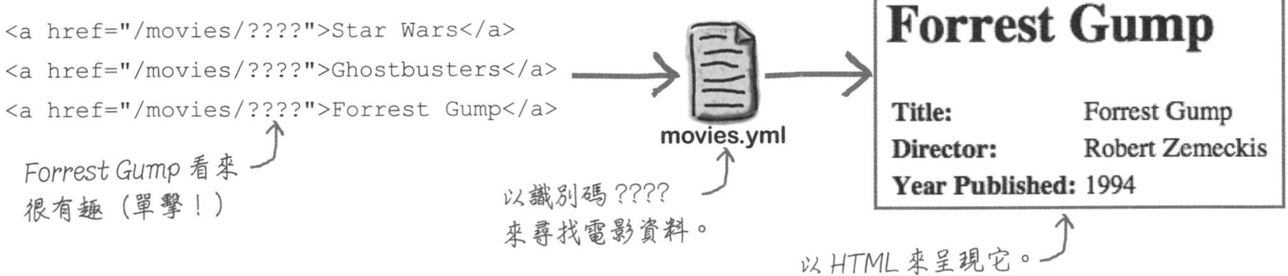
<a href="/movies/????">Star Wars</a>
<a href="/movies/????">Ghostbusters</a>
<a href="/movies/????">Forrest Gump</a>
Forrest Gump 看來很有趣（單擊！）
movies.yml
以識別碼 ???? 來尋找電影資料。
Forrest Gump
Title: Forrest Gump
Director: Robert Zemeckis
Year Published: 1994
以 HTML 來呈現它。

所以我們需要以什麼做為電影的識別碼？ title 屬性似乎是一個合適的選擇。在之前的命令稿中，我們可以使用片名做為 YAML::Store 的鍵：

```
store["Spirited Away"] = first_movie
store["Inception"] = second_movie
```

保存兩筆電影資料。

但是片名的問題在於，它們通常會包含空格，然而空格字符在 URL 中是不被允許的。你可以使用字符編碼來解決此問題，但是它真的不容易閱讀：

```
<a href="/movies/Forrest%20Gump">Forrest Gump</a>
```

這是空格的字符編碼。

而且片名並不是獨一無二的識別碼。像是，有一部名為 Titanic 的電影發行於 1997 年，但是還有一部名為 Titanic 的電影發行於 1953 年！

我們還需要其他東西來區分電影…

電影物件的數字識別碼

基於這些原因，近來大多部分的 web app 都會使用簡單的數字識別碼來區分資料庫中的記錄。這樣比較容易而且比較有效率 。所以，我們將會使用數字識別碼做為 YAML::Store 中所使用的鍵。

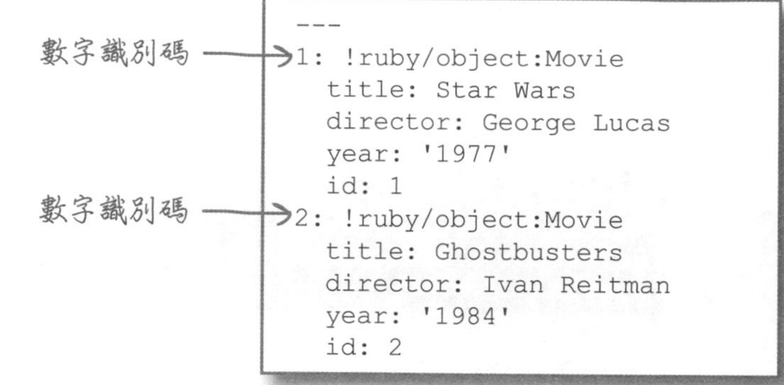
數字識別碼
數字識別碼

1: !ruby/object:Movie
title: Star Wars
director: George Lucas
year: '1977'
id: 1
2: !ruby/object:Movie
title: Ghostbusters
director: Ivan Reitman
year: '1984'
id: 2

為了讓我們能夠立即以 YAML::Store 的鍵來連結一個 Movie 物件，讓我們開啟 *lib* 目錄中的 *movie.rb* 檔案，添加一個 *id* 屬性到 Movie 類別：

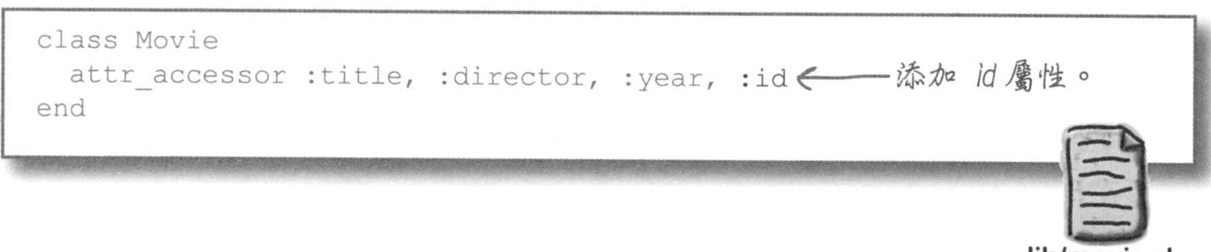
class Movie
attr_accessor :title, :director, :year, :id
end
添加 id 屬性。
lib/movie.rb

這將會讓之後的工作（像是產生 URL）變得更容易些。

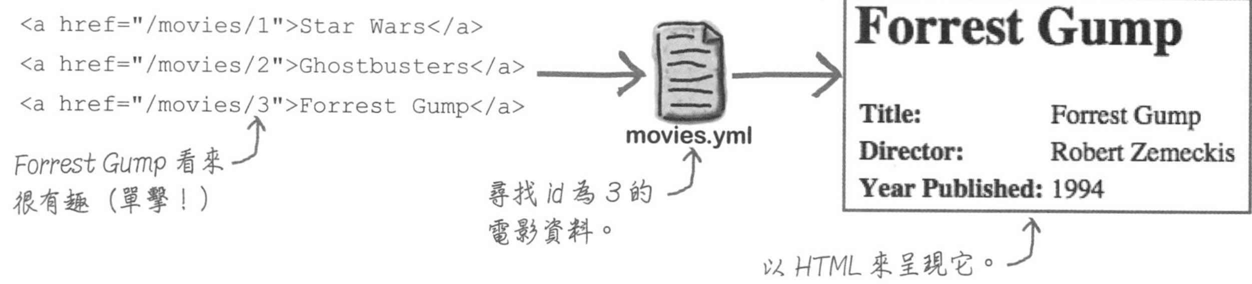
<a href="/movies/1">Star Wars</a>
<a href="/movies/2">Ghostbusters</a>
<a href="/movies/3">Forrest Gump</a>
Forrest Gump 看來很有趣（單擊！）
movies.yml
尋找 id 為 3 的電影資料。
Forrest Gump
Title: Forrest Gump
Director: Robert Zemeckis
Year Published: 1994
以 HTML 來呈現它。

找到下一個可用的電影識別碼

現在，假設我們根據表單內容建立了一個新的 Movie 物件，我們還沒有為它指定識別碼。我們應該為它指定什麼值？想找到可用的值，我們將需要迭代既有的鍵。

此物件需要獨一無二的識別碼。→

```
#<Movie:0x007ffc391ee988
@title="Beetlejuice",
@director="Tim Burton",
@year=1988
@id=nil>
```

```
---
1: !ruby/object:Movie
  title: Jaws
  director: Steven Spielberg
  year: '1975'
  id: 1
2: !ruby/object:Movie
  title: Goodfellas
  director: Martin Scorsese
  year: '1990'
  id: 2
```

1 已被使用…

2 已被使用…

3 未被使用，我們將會使用 3

我們可以使用 YAML::Store 的實體方法 roots 來處理鍵。roots 方法將會以陣列的形式回傳 store 中所有的鍵：

```
require 'yaml/store'

store = YAML::Store.new('numeric_keys.yml')
store.transaction do
  store[1] = 'Jaws'
  store[2] = 'Goodfellas'
  p store.roots
end
```

對兩個數字鍵賦值。

取得所有的鍵（陣列的形式）。

```
[1, 2]
```

YAML::Store 的鍵，陣列的形式

現在我們需要找到陣列裡最大的數字。陣列具有一個名為 max 的實體方法，它讓我們得以在陣列中找到最大的值：

```
p [1, 2, 9, 5].max
```

```
9
```

陣列中最大的值

所以，我們可以呼叫 roots 來取得鍵所構成的陣列，呼叫 max 來取得最大數字，把最大的數字加 1 來取得新的識別碼。

```
require 'yaml/store'

store = YAML::Store.new('numeric_keys.yml')
store.transaction do
  p store.roots.max + 1
end
```

在 store 中找到值最大的鍵並為它加 1。

```
3
```

找到下一個可用的電影識別碼（續）

但是有一個問題。如果我們處理的是空的 YAML::Store 會怎麼樣？（我們的 store 將會是空的，直到我們保存第一筆電影資料…）

在這種情況下，roots 方法將會回傳一個空的陣列。對空陣列呼叫 max 所回傳的是 nil。試圖對 nil 加 1 會引發錯誤！

在這個檔案中我們並未對任何鍵賦值！

```
require 'yaml/store'

store = YAML::Store.new('empty_store.yml')
store.transaction do
  p store.roots          # 回傳一個空陣列！
  p store.roots.max      # 回傳 nil！
  p store.roots.max + 1  # 引發錯誤！
end
```

```
[]
nil
undefined method `+' for nil:NilClass
```

為了安全起見，我們將需要檢查 max 是否回傳 nil，若是這樣，則使用 0 來代換它。使用布林運算符 or（||）可以讓我們快速並輕易地達成此目的。我們在第 9 章曾說過：如果 || 左邊的值為 false 或 nil，它將會被忽略掉，轉而使用右邊的值。所以我們將會這麼做：

```
store.roots.max || 0
```

…如果 store 中沒有鍵，我們會得到 0 這個值，如果有鍵，我們會得到值最大的鍵。

這個檔案仍舊是空的。

```
require 'yaml/store'

store = YAML::Store.new('empty_store.yml')
store.transaction do
  highest_id = store.roots.max || 0   # 如果運算式 store.roots.max 回傳 nil，我們將會使用 0 來取代它。
  p highest_id + 1
end
```

```
1
```

使用類別來管理我們的 YAML::Store

我們已經找到一些可靠的程式碼，讓我們得以把識別碼指派給 YAML::Store 中的新電影物件。但是或許我們不應該將此程式碼加入 Sinatra app；因為該處已經夠混亂了。我們應該撰寫一個獨立的類別來處理把物件存入 YAML::Store 的工作。

```
---
1: !ruby/object:Movie
  title: Jaws
  director: Steven Spielberg
  year: '1975'
  id: 1
2: !ruby/object:Movie
  title: Goodfellas
  director: Martin Scorsese
  year: '1990'
  id: 2
```

1 已被使用…

2 已被使用…

3 未被使用，我們將會使用 3

讓我們在 *lib* 子目錄中建立一個名為 *movie_store.rb* 檔案。其中，我們將會定義一個名為 MovieStore 的類別。我們會讓它的 initialize 方法取得一個檔名，並建立一個對該檔案進行寫入操作的 YAML::Store。然後我們將會添加一個 save 方法，該方法會以 Movie 物件做為引數。如果該 Movie 物件尚未被賦予識別碼，save 將會找到下一個可用的識別碼，並把它賦值給 Movie 物件。一旦 Movie 物件具有識別碼，save 將會把它賦值給 store 裡識別碼相同的鍵。

```
require 'yaml/store'

class MovieStore

  def initialize(file_name)
    @store = YAML::Store.new(file_name)
  end

  def save(movie)
    @store.transaction do
      unless movie.id
        highest_id = @store.roots.max || 0
        movie.id = highest_id + 1
      end
      @store[movie.id] = movie
    end
  end

end
```

require 'yaml/store' ← 載入 YAML::Store 類別。

@store = YAML::Store.new(file_name) ← 建立一個 store 以便讀寫所給定的檔案。

def save(movie) ← 把 Movie 物件存入 store。

@store.transaction do ← 必須在一個 transaction 中…

unless movie.id ← 如果電影物件不具識別碼…

highest_id = @store.roots.max || 0 ← …找到值最大的鍵…

movie.id = highest_id + 1 ← …把它的值加 1。

@store[movie.id] = movie ← 把電影物件賦值給識別碼相同的鍵。

movies

lib

movie_store.rb

將此程式碼存入 *lib* 子目錄中名為 *movie_store.rb* 的檔案。

在 Sinatra app 中使用我們的 MovieStore 類別

儘管為了處理 YAML::Store 我們必須建立一個特別的類別 MovieStore。但現在我們所得到的好處是：在 Sinatra app 中使用 MovieStore 超簡單的！

在 *app.rb* 的開頭，我們需要 require 'movie _ store' 以便載入新的類別。我們還會為 MovieStore 建立一個新的實體，並把 'movies.yml' 的檔名傳遞給它，告訴它要讀寫哪個檔案。

我們已經設置好了伴隨 post('/movies/create') 路由的區塊：它會根據電影表單的資料來建立一個 Movie 物件。所以我們只需要把 Movie 物件傳遞給 MovieStore 實體的 save 方法就行了。

```
require 'sinatra'
require 'movie'
require 'movie_store'

store = MovieStore.new('movies.yml')

...

get('/movies/new') do
  erb :new
end

post('/movies/create') do
  @movie = Movie.new
  @movie.title = params['title']
  @movie.director = params['director']
  @movie.year = params['year']
  store.save(@movie)
  redirect '/movies/new'
end
```

載入 MovieStore 類別。

建立一個 MovieStore 實體以便更新 movies.yml 檔案。

被提交的表單資料會來到此處。

把表單欄位的內容賦值給相對應的物件屬性。

保存物件！

顯示新的空表單。

app.rb

保存電影資料後，我們需要在瀏覽器中顯示一些東西，所以我們會呼叫一個之前沒有用過的 Sinatra 方法：redirect。方法 redirect 的引數是一個字串（可以是一資源路徑，或是一整個 URL，如果有需要的話）而且會送出一個回應給瀏覽器，引導瀏覽器去載入資源。我們會使用 /movies/new' 這個路徑，引導瀏覽器再次載入新的電影表單。

測試 MovieStore

這樣的操作程序，現在你應該已經很熟悉：在你的終端機視窗中，切換到專案目錄，重新啟動 app。然後造訪這個頁面，以便添加一部新的電影：

```
http://localhost:4567/movies/new
```

在表單中鍵入一部電影的資料，並單擊 Submit 鈕。在瀏覽器中你將會看到表單的內容被清除（因為 redirect 回應會告訴瀏覽器再次載入表單頁面）…

My Movies - Add Movie
localhost:4567/movies/new
Add New Movie
Title: Star Wars
Director: George Lucas
Year Published: 1977
Submit
Back to Index
在瀏覽器中鍵入一部新的電影，並單擊 Submit 鈕。

但如果你檢視你的專案目錄，你將會看到新建立的 *movies.yml* 檔案。如果你開啟該檔案，你將會看到你所鍵入的電影資料（採用 YAML 格式）！

如果你鍵入多部電影，它們也會被加入 YAML 檔案。而且你將看到每部新電影的識別碼被加 1。

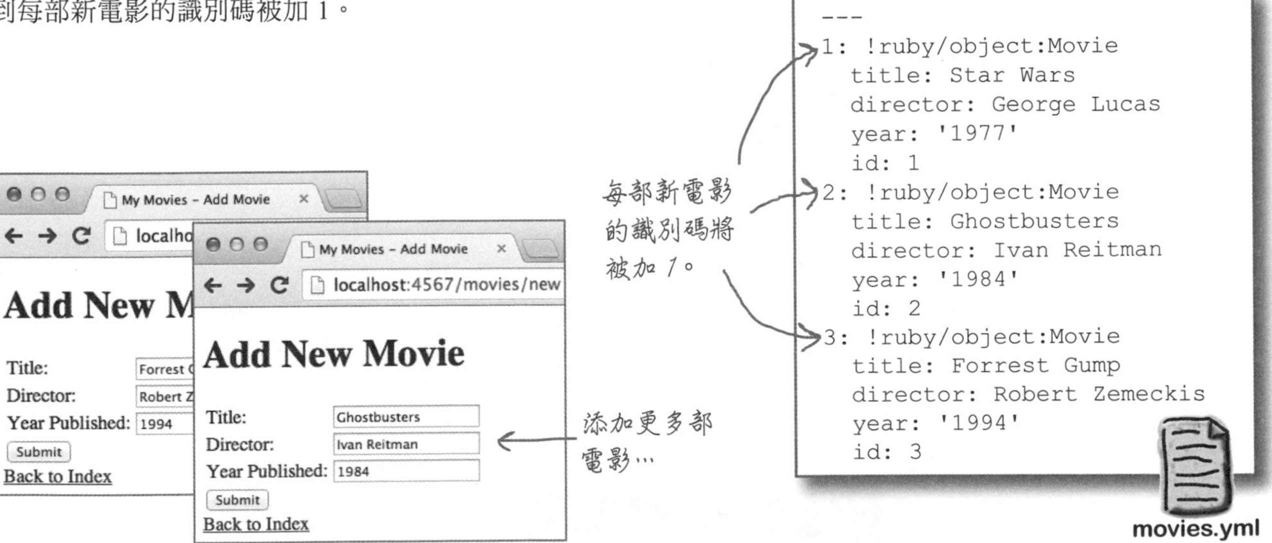
鍵入表單的電影資料會被加入檔案！
My Movies - Add Movie
localhost:4567/movies/new
Add New Movie
Title: Ghostbusters
Director: Ivan Reitman
Year Published: 1984
Submit
Back to Index
Year Published: 1994
添加更多部電影…
每部新電影的識別碼將被加 1。

1: !ruby/object:Movie
title: Star Wars
director: George Lucas
year: '1977'
id: 1
2: !ruby/object:Movie
title: Ghostbusters
director: Ivan Reitman
year: '1984'
id: 2
3: !ruby/object:Movie
title: Forrest Gump
director: Robert Zemeckis
year: '1994'
id: 3
movies.yml

從 MovieStore 載入所有的電影物件

這花了我們一些時間，但是我們終於能夠把電影物件存入 YAML::Store。我們又完成了另一項工作！

我們的下一項工作是把所有的電影物件取回，並把它們顯示在索引頁面上。

保存與載入物件

- [x] 根據表單的內容來建立一個電影物件。
- [x] 把電影物件存入一個檔案。
- [ ] 從檔案載入電影物件清單。
- [ ] 在檔案中找到個別的電影物件。
- [ ] 顯示個別的電影物件。

現在，如果你造訪電影索引頁面：

```
http://localhost:4567/movies
```

…你將會看到稍早我們所建立的佔位電影物件，而不是我們所存入的電影資料。它們仍舊被寫死在 *app.rb* 中的 `get('/movies')` 路由區塊裡。

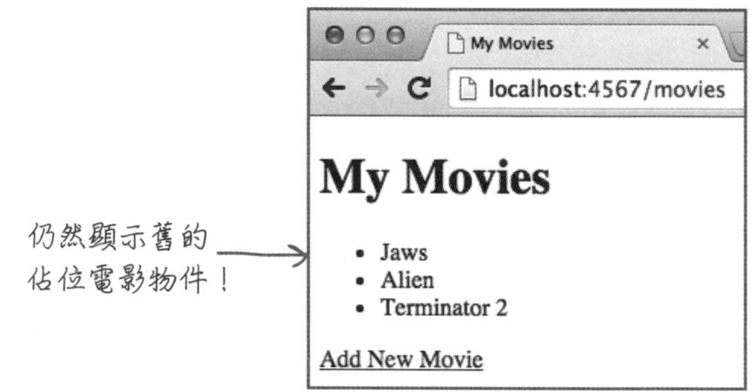

我們將需要從檔案載入我們所保存的電影資料，如果我們希望它們出現在電影索引頁面中…

我們需要添加一個方法到 `MovieStore` 以便回傳由 `YAML::Store` 中所有的值所構成的一個陣列。儘管 `roots` 方法可以給我們由所有的鍵構成的一個陣列，但是沒有一個方法可以給我們所有的值…

然而，沒有關係！既然 `roots` 會回傳一個陣列，我們可以對它使用 `map` 方法。你或許還記得第 6 章所學到的知識，`map` 會把陣列的每個元素傳遞給伴隨的區塊，而且會回傳由區塊之所有回傳值所構成的一個新陣列。所以我們會傳遞一個區塊給 `map`，以便回傳 `store` 中每個鍵的值。

讓我們來看一個實際的例子，這個例子修改自稍早所列示的命令稿：

```
require 'yaml/store'

store = YAML::Store.new('numeric_keys.yml')
store.transaction do
  store[1] = 'Jaws'
  store[2] = 'Goodfellas'
  p store.roots
  p store.roots.map { |key| store[key] }
end
```

`p store.roots` ← 印出所有的鍵。

`p store.roots.map { |key| store[key] }` ← 使用每個鍵的值來建立一個新陣列。

```
[1, 2]
["Jaws", "Goodfellas"]
```

從 MovieStore 載入所有的電影物件（續）

現在讓我們把同樣的想法應用在 MovieStore。我們將會建立一個名為 all 的新方法，它會回傳 store 裡的每個 Movie 物件。我們將會對 roots 所回傳的陣列使用 map，以便取得與每個鍵相對應的 Movie 物件。

```
require 'yaml/store'

class MovieStore

  def initialize(file_name)
    @store = YAML::Store.new(file_name)
  end

  def all
    @store.transaction do
      @store.roots.map { |id| @store[id] }
    end
  end

  ...

end
```

取回 store 中所有電影物件。

存取 store 需要使用 transaction。

以每個鍵的值來建立一個陣列。

lib/movie_store.rb

問：**如何從 all 方法取回 Movie 物件所構成的陣列？**

答：map 方法會回傳 Movie 物件所構成的陣列。而 transaction 方法所回傳的就是該陣列。因為 transaction 方法會回傳它的區塊所回傳的任何內容。而 transaction 方法的回傳值會成為 all 方法的回傳值。

下面的程式碼相當於上面的程式碼，但較為明確：

```
def all
  transaction_return_value = @store.transaction do
    block_return_value = @store.roots.map { |id| @store[id] }
    block_return_value
  end
  transaction_return_value
end
```

block_return_value 回傳自 transaction 方法。

Movies 物件來自伴隨 map 的區塊。

回傳 Movies 物件所構成的陣列。

transaction_return_value 的值會成為 all 方法的回傳值。

但實際上，我們發現思考所有這些步驟很煩人。我們寧可忽略對 transaction 的呼叫—甚至假裝它不在那裡。你通常會發現程式碼的運作是一樣的！

在 Sinatra app 中載入所有電影物件

現在我們已經添加了一個方法，以便從 MovieStore 取回所有的電影物件，在 Sinatra app 中我們不必做太多改變。

之前，我們有一組寫死的佔位電影物件，被存入 @movies 實體變數，以便使用在 *index.erb* HTML 模板。現在我們只需要把這些 Movie 物件代換成對 store.all 的呼叫。

```
get('/movies') do
  @movies = []
  @movies[0] = Movie.new
  @movies[0].title = "Jaws"
  @movies[1] = Movie.new
  @movies[1].title = "Alien"
  @movies[2] = Movie.new
  @movies[2].title = "Terminator 2"
  erb :index
end
```

把這個…

```
require 'sinatra'
require 'movie'
require 'movie_store'

store = MovieStore.new('movies.yml')

get('/movies') do
  @movies = store.all
  erb :index
end

get('/movies/new') do
  erb :new
end

post('/movies/create') do
  @movie = Movie.new
  @movie.title = params['title']
  @movie.director = params['director']
  @movie.year = params['year']
  store.save(@movie)
  redirect '/movies/new'
end
```

…代換成這個！

app.rb

被存入 YAML::Store 的 Movie 物件，將會被載入 @movies 實體變數，以便在我們的電影索引頁面中使用！

進行上述修改後，在你的終端機視窗中重新啟動你的 app。舊有的佔位電影片名將會被代換成來自 *movies.yml* 檔案的電影物件！

電影片名將會被載入自 *movies.yml*！

My Movies

localhost:4567/movies

My Movies

- Star Wars
- Ghostbusters
- Forrest Gump

Add New Movie

對個別的電影物件建立 HTML 連結

列出檔案中所有電影物件比較容易。接下來，我們需要對各別的電影物件建立連結。

保存與載入物件

- [x] 根據表單的內容來建立一個電影物件。
- [x] 把電影物件存入一個檔案。
- [x] 從檔案載入電影物件清單。
- [ ] 在檔案中找到個別的電影物件。
- [ ] 顯示個別的電影物件。

我們的電影索引頁面會顯示每個 `Movie` 物件的 `title` 屬性。但是我們還把資料填入了 `director` 和 `year` 等屬性。我們還應該在其他地方顯示這些屬性…

所以，我們將會建立一個頁面，好讓我們能夠顯示個別電影的資料。我們將會以表格的形式來呈現所有 `Movie` 物件的屬性。

每部電影各自的頁面應該顯示電影的完整細節。

我們還需要想辦法找到每部電影各自的頁面… 在電影索引頁面之上，我們會把每部電影的片名轉換成可單擊的連結，讓我們得以前往電影的特定頁面。

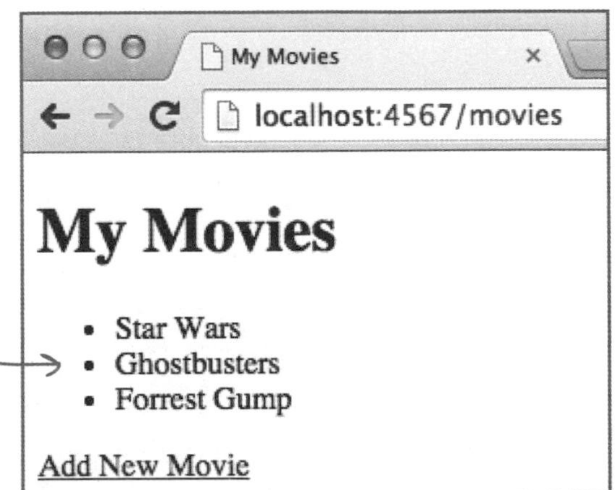

每一項都應該是一個可單擊的連結，指向每部電影各自的頁面。

對個別的電影物件建立 HTML 連結（續）

為了讓指向電影個別頁面的連結能夠運作，它的路徑需要包含足夠的資訊，讓我們得以找到連結所指向的資源（`Movie` 物件）。

每個 HTML 連結包含了一個它需要取回的資源路徑，就放在它的 `href` 屬性中。當你單擊連結，它會向伺服器發送該資源路徑的 GET 請求（就跟你在網址列鍵入 URL 一樣）。

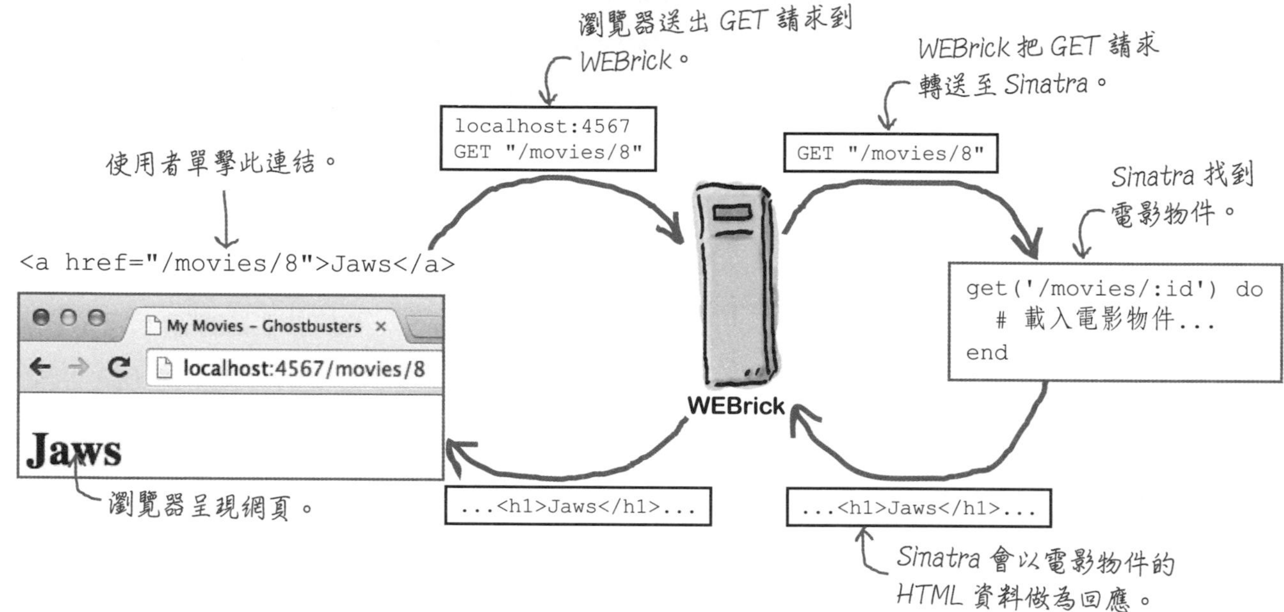

Sinatra 需要能夠根據連結中的資源路徑找到 `YAML::Store` 中的 `Movie` 物件。

那麼我們可以提供什麼資訊，以利找到正確的 `Movie` 物件？*id* 屬性如何呢？

我們可以把 *id* 嵌入我們所建立的連結… 之後，當有一個使用者單擊這些連結，識別碼（ID）將會成為傳送給伺服器之資源路徑的一部份。我們只需要以識別碼為鍵在 `YAML::Store` 中尋找，並使用其所回傳的 `Movie` 物件來產生一個 HTML 頁面！

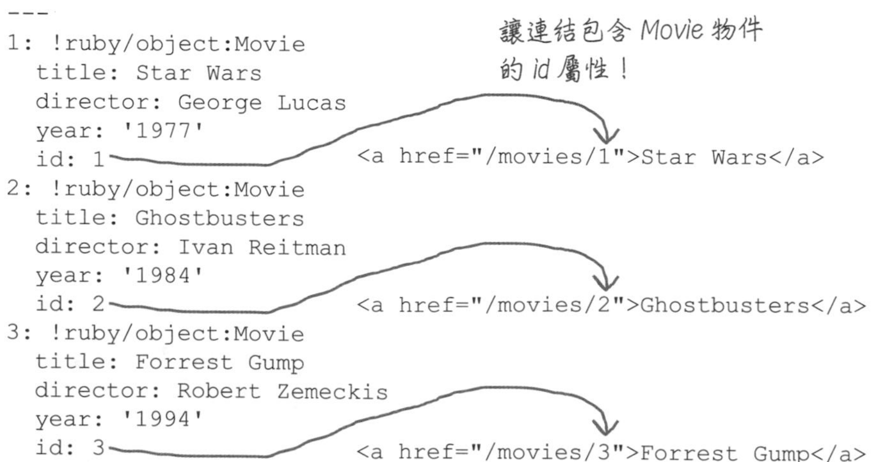

對個別的電影物件建立 HTML 連結（續）

讓我們來更新電影索引頁面，添加指向個別電影頁面的連結。開啟 *views* 子目錄中的 *index.erb* 檔案。在處理每個 `Movie` 物件的區塊中，為電影片名添加一個 `<a>` 標記。使用 ERB 的 <%= %> 標記，設定 `href` 屬性，使其引用當前之 `Movie` 物件的 `id` 屬性。

```
<!DOCTYPE html>
<html>
  <head>
    <meta charset='UTF-8' />
    <title>My Movies</title>
  </head>
  <body>
    <h1>My Movies</h1>
    <ul>
      <% @movies.each do |movie| %>
        <li>
          <a href="/movies/<%= movie.id %>"><%= movie.title %></a>
        </li>
      <% end %>
    </ul>
    <a href="/movies/new">Add New Movie</a>
  </body>
</html>
```

在處理每個電影物件的迴圈中…

…添加一個連結，使其指向包含電影物件之識別碼的路徑…

…將所要顯示的文字設定為電影片名。

views/index.erb

如果你以瀏覽器造訪 `http://localhost:4567/movies`，電影物件清單更新後的 HTML 看起來會像這樣：

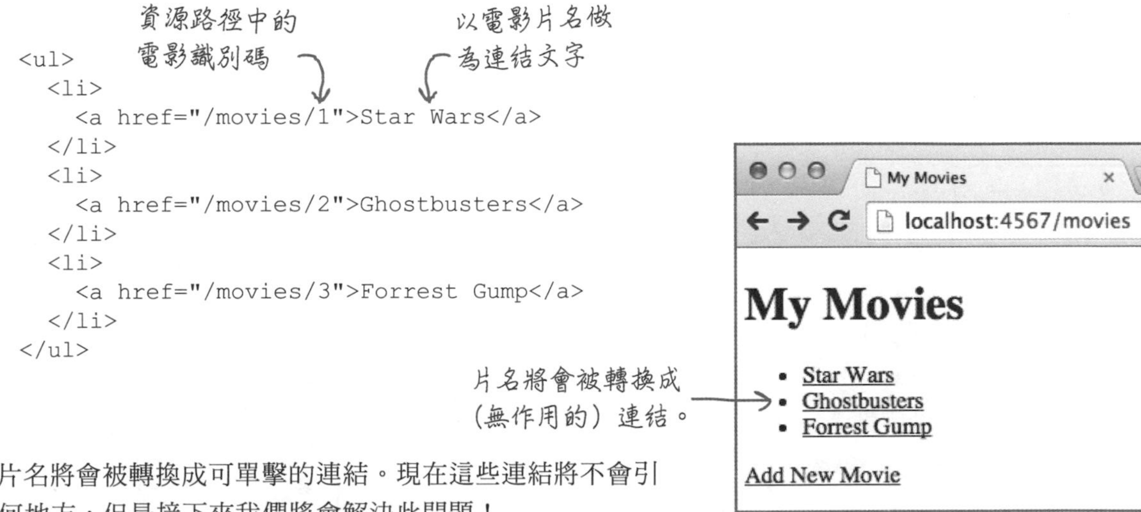


```
<ul>
  <li>
    <a href="/movies/1">Star Wars</a>
  </li>
  <li>
    <a href="/movies/2">Ghostbusters</a>
  </li>
  <li>
    <a href="/movies/3">Forrest Gump</a>
  </li>
</ul>
```

…但是電影片名將會被轉換成可單擊的連結。現在這些連結將不會引導我們去任何地方，但是接下來我們將會解決此問題！

Sinatra 路由中的具名參數

我們必須添加一條路由到 Sinatra app 來處理針對電影索引檔的請求：

```
get('/movies') do
  @movies = store.all
  erb :index
end
```

而且我們必須添加另一條路由來處理表單的請求，以便添加一部電影：

```
get('/movies/new') do
  erb :new
end
```

所以，如果說我們還需要為個別電影的頁面添加路由，你應該不會感到驚訝。但是，當然，為每部電影添加一條路由並不切實際：

```
get('/movies/1') do
  # 載入第1個電影物件
end
get('/movies/2') do
  # 載入第2個電影物件
end
get('/movies/3') do
  # 載入第3個電影物件
end
```

透過在資源路徑中使用具名參數，Sinatra 允許你建立一條路由來處理多個資源的請求。在路徑字串中任何斜線符號（/）之後加上一個冒號（:）以及一個名稱，可用於指定一個具名參數。這樣的路由將可用於處理與「路由之模式」（route's pattern）相符的任何路徑之請求，而且將會把路徑中「與具名參數相符的部分」存入雜湊 params，讓你的程式得以存取。

看一個實際的例子或許會較容易瞭解。如果這是你所執行的 Sinatra 程式碼：

```
require 'sinatra'

get('/zipcodes/:state') do
  "Postal codes for #{params['state']}..."
end
```

路由中具有一個名為 state 的參數

所回應的字串中包含了 state 參數。

…然後你可以存取此 URL：

http://localhost:4567/zipcodes/Nebraska

…而 Sinatra 將會以字串 "Postal codes for Nebraska..." 做為回應。你還可以存取：

http://localhost:4567/zipcodes/Ohio

…而 Sinatra 將會以字串 "Postal codes for Ohio..." 做為回應。URL 中，無論 '/zipcodes/' 之後跟著什麼字串，它都將會被存入雜湊 params 中的 'state' 鍵之下。

使用具名參數以便取得電影物件的識別碼

所以，我們需要 Sinatra 能夠回應這種格式的 URL：

```
http://localhost:4567/movies/1
http://localhost:4567/movies/2
http://localhost:4567/movies/3
```

…但是我們並不想要撰寫這樣的程式碼：

```
get('/movies/1') do
  # Load movie 1
end
get('/movies/2') do
  # Load movie 2
end
...
```

讓我們試著添加一條路由；我們在它的資源路徑中使用了一個具名參數 'id'。它將會處理 URL 與前面的格式相符的任何請求。它還會從路徑中擷取出識別碼，所以我們將能夠用它尋找 Movie 物件。

我們會在 *app.rb* 檔案的底部以路徑 '/movies/:id' 來定義一個新的 get 路由。（重要的是，此路由須出現在其他路由之後；稍後我們將會說明為什麼。）

```
...
get('/movies') do
  ...
end

get('/movies/new') do
  ...
end

post('/movies/create') do
  ...
end

get('/movies/:id') do
  "Received a request for movie ID: #{params['id']}"
end
```

確保這是 app 中最後一條路由！（指向 get('/movies/:id')）

從所請求的路徑中擷取出名為 id 的參數。

回應中包含我們所取得的參數。

app.rb

然後，試著造訪這些 URL：

```
http://localhost:4567/movies/1
http://localhost:4567/movies/2
http://localhost:4567/movies/3
```

…或是任何其他你想要使用的識別碼。Sinatra 將會對它們做出回應，而且回應中將會包含 'id' 參數。

按優先順序來定義路由

之前提到，重要的是，在你的 Sinatra app 中，路由 get('/movies/:id') 必須定義在其他路由的後面。這是因為，只有與請求相符的第一條 Sinatra 路由才會被用於處理該請求。而其餘的路由都會被忽略。

假設我們有一支處理訂單的 app。它有一條路由，用於載入新訂單的表單，還有一條包含 'part' 具名參數的路由，用於顯示包含特定零件（part）的所有訂單。而且假設我們把包含具名參數的路由定義在其他路由的**前面**…

```
require 'sinatra'

get('/orders/:part') do
  "Orders for Part: #{params['part']}"
end

get('/orders/new') do
  erb :new
end
```

這條路由應該最後定義…

…因為它將會蓋過這條路由！

如果我們試圖載入新訂單的表單：

http://localhost:4567/orders/new

…先被定義的路由將會取得優先權，Sinatra 將試圖為我們提供零件為 new 的訂單！

new 被當成識別碼來看！

在我們的電影 app 中，如果我們把 get('/movies/:id') 路由定義在 get('/movies/new') 路由的前面，我們將會遇到相同的問題。任何試圖載入新電影表單的動作：

http://localhost:4567/movies/new

…都會被當成，它是一個用於顯示識別碼（ID）為 new 之電影的請求。

```
...
get('/movies/:id') do
  "Received a request for movie ID: #{params['id']}"
end

get('/movies/new') do
  ...
end
...
```

此路由的請求將會被前面的路由蓋過！

localhost:4567/movies/ne
localhost:4567/movies/new
Received a request for movie ID: new

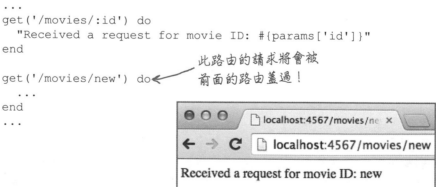

這裡的教訓是：較具體的 Sinatra 路由應該先定義，而較不具體的路由應該後定義。如果你的路由包含了具名參數，它或許應該是你最後定義的路由。

這支 Sinatra app 的運作並不正常。底下列出三個 URL 以及此 app 將會送出的回應，請選出這三個 URL 將會收到的回應。（其中有一個回應，你永遠也不會收到。）

```
require 'sinatra'

get('/hello') do
  "Hi there!"
end

get('/:greeting') do
  greeting = params['greeting']
  "Sinatra says #{greeting}!"
end

get('/goodbye') do
  "See you later!"
end
```

...... http://localhost:4567/hello

...... http://localhost:4567/ciao

...... http://localhost:4567/goodbye

A See you later!

B Sinatra says ciao!

C Sinatra says goodbye!

D Hi there!

這支 Sinatra app 的運作並不正常。底下列出三個 URL 以及此 app 將會送出的回應，請選出這三個 URL 將會收到的回應。（其中有一個回應，你永遠也不會收到。）

```
require 'sinatra'

get('/hello') do
  "Hi there!"
end

get('/:greeting') do
  greeting = params['greeting']
  "Sinatra says #{greeting}!"
end

get('/goodbye') do
  "See you later!"
end
```

此路由包含了一個具名參數。它應該最後才被定義！（指向 get('/:greeting')）

此路由會被它之前的路由蓋過！（指向 get('/goodbye')）

D…… http://localhost:4567/hello

B…… http://localhost:4567/ciao

C…… http://localhost:4567/goodbye

A See you later!

B Sinatra says ciao!

C Sinatra says goodbye!

D Hi there!

在 YAML::Store 中尋找電影物件

在我們的網站上，我們已經把電影物件的識別碼嵌入連結，而且我們會從 HTTP GET 請求中取出具識別碼的參數。現在讓我們使用該識別碼來尋找 Movie 物件。

Movie 物件的識別碼

```
<a href="/movies/1">Star Wars</a>
<a href="/movies/2">Ghostbusters</a>
<a href="/movies/3">Forrest Gump</a>
```

我們的電影物件全都「以它們的識別碼為鍵」（using their ID as a key）存入 *YAML::Store*。要取回它們應該很簡單！

```
---
1: !ruby/object:Movie
  title: Star Wars
  director: George Lucas
  year: '1977'
  id: 1
2: !ruby/object:Movie
  title: Ghostbusters
  director: Ivan Reitman
  year: '1984'
  id: 2
```

每個 Movie 物件的 id 屬性與「把它存入 YAML::Store 當時所使用的鍵」是一樣的。

movies.yml

把 find 實體方法加入 MovieStore 類別。它應該會把我們所指定的識別碼當作一個鍵來使用，而且會回傳 YAML::Store 之中被保存在該鍵底下的值（Movie 物件）。

如同所有其他的 YAML::Store 操作，這將需要在 transaction 方法的區塊中進行。

```
require 'yaml/store'

class MovieStore

  def initialize(file_name)
    @store = YAML::Store.new(file_name)
  end

  def find(id)
    @store.transaction do
      @store[id]
    end
  end

  def all
    @store.transaction do
      @store.roots.map { |id| @store[id] }
    end
  end

  ...

end
```

取得識別碼，並把它當成一個鍵來使用。

需要在 transaction 中進行…

回傳被保存在鍵底下的 Movie 物件。

movie_store.rb

又完成了一項工作！現在我們可以找到之前所保存的個別電影物件。

個別電影物件的 ERB 模板

我們的 MovieStore 類別現在具有一個 find 方法，可用於回傳個別電影物件的資料。只剩下在 Sinatra app 中使用 find 以及為電影資料的顯示添加 HTML。這樣差不多就大功告成了！

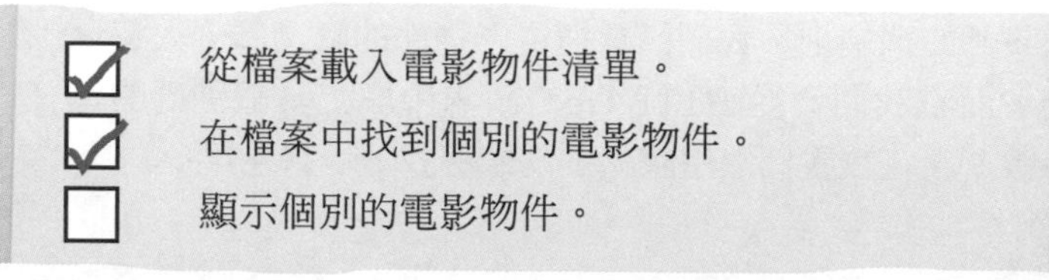

從檔案載入電影物件清單。
在檔案中找到個別的電影物件。
顯示個別的電影物件。

現在我們已經可以載入個別的 Movie 物件，所以我們可以顯示它的屬性，但是我們仍然需要透過一個 HTML 模板來顯示它。讓我們在 *views* 子目錄中建立一個名為 *show.erb* 的檔案，並為它加入右手邊所列示的 HTML。

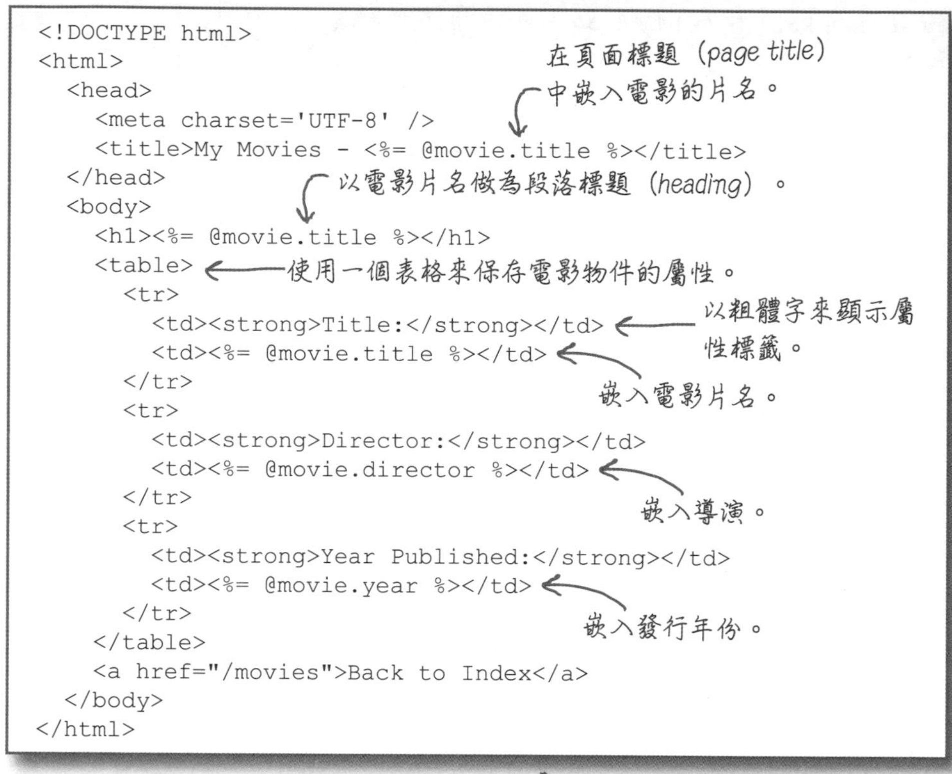

```
<!DOCTYPE html>
<html>
  <head>
    <meta charset='UTF-8' />
    <title>My Movies - <%= @movie.title %></title>
  </head>
  <body>
    <h1><%= @movie.title %></h1>
    <table>
      <tr>
        <td><strong>Title:</strong></td>
        <td><%= @movie.title %></td>
      </tr>
      <tr>
        <td><strong>Director:</strong></td>
        <td><%= @movie.director %></td>
      </tr>
      <tr>
        <td><strong>Year Published:</strong></td>
        <td><%= @movie.year %></td>
      </tr>
    </table>
一旦我們在瀏覽器中重新載入此頁面，將會看到這樣的內容。
TITLE HERE
Director: DIRECTOR HERE
    <a href="/movies">Back to Index</a>
  </body>
</html>
```


在頁面標題（page title）中嵌入電影的片名。
以電影片名做為段落標題（heading）。

以粗體字來顯示屬性標籤。
嵌入電影片名。

嵌入發行年份。

此頁面沒有太多新的東西。我們會存取實體變數 @movie（稍後我們將會在 Sinatra 路由中設置）所保存的 Movie 物件。在 HTML 中，我們會使用 ERB 標記 <%= %> 來嵌入電影物件的屬性 。

我們會使用 HTML 標記 <table> 來整齊排列所要顯示的電影物件屬性。每列內容的第一個欄位是屬性的標籤。HTML 標記 <strong>（到目前為止我們尚未使用過）可讓所顯示的文字以**粗體字**呈現。第二欄位用於顯示屬性的值。

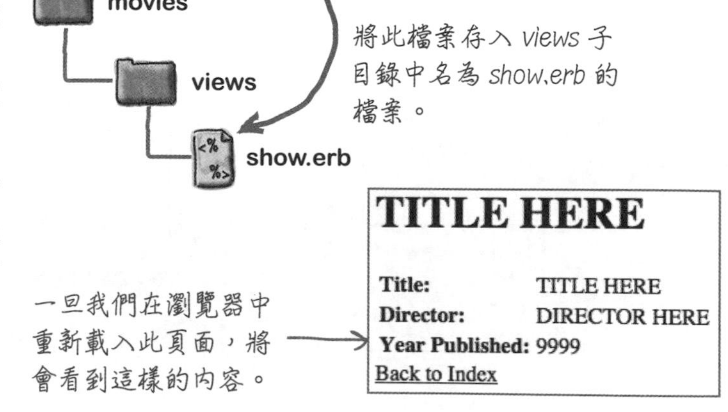

為個別的電影物件完成 Sinatra 路由的設置

我們已經為 MovieStore 添加了一個 find 方法，這讓我們得以根據 Movie 物件的 *id* 屬性來載入 Movie 物件，並以 *show.erb* 檔案來顯示 Movie 物件。現在我們需要把它們連結在一起。在我們的 Sinatra app 中，讓我們來修改 get('/movies/:id') 路由，以便載入一個電影物件，並以 HTML 來呈現它。

```
require 'sinatra'
require 'movie'
require 'movie_store'

store = MovieStore.new('movies.yml')

get('/movies') do
  @movies = store.all
  erb :index
end

get('/movies/new') do
  erb :new
end

post('/movies/create') do
  @movie = Movie.new
  @movie.title = params['title']
  @movie.director = params['director']
  @movie.year = params['year']
  store.save(@movie)
  redirect '/movies/new'
end

get('/movies/:id') do
  id = params['id'].to_i
  @movie = store.find(id)
  erb :show
end
```

把 id 參數從字串的形式轉換成整數的形式。

使用識別碼從 store 載入電影物件。

把電影物件嵌入 show.erb 中的 HTML，並將它回傳給瀏覽器。

app.rb

我們需要從資源路徑取得 'id' 參數，這樣我們就可以從 MovieStore 載入 Movie 物件。此參數將會是一個字串，然而，MovieStore 的鍵皆為整數。因此我們在路由區塊中所要做的第一件事，就是使用 to_i 方法來把字串轉換成整數。

一旦我們取得了整數形式的識別碼，我們可以把它傳遞給 MovieStore 的 find 方法。我們將會取回 Movie 物件，並把它存入 @movie 實體變數（供 ERB 模組使用）。

最後，我們會呼叫 erb :show，以便從 *views* 目錄載入 *show.erb* 模板，把 @movie 物件的屬性嵌入其中，並把因而產生的 HTML 回傳給瀏覽器。

儘管電影資料的設置很困難，但是將它繫結到 app 卻很容易。我們的 Sinatra app 終於完成了！

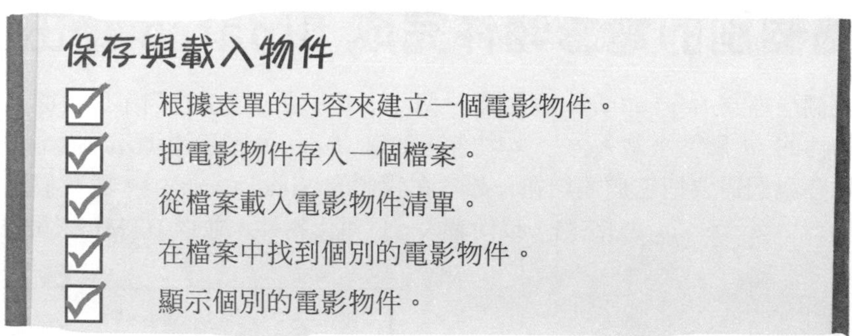

保存與載入物件
根據表單的內容來建立一個電影物件。
把電影物件存入一個檔案。
從檔案載入電影物件清單。
在檔案中找到個別的電影物件。
顯示個別的電影物件。

讓我們來測試看看

你準備好了嗎？為了這一刻，我們做了許多的努力，所以這是一個關鍵的時刻…

在終端機視窗中重新啟動你的 app，以你的瀏覽器來造訪 `http://localhost:4567/movies`。單擊任何電影物件的連結。

此 app 將會從 URL 取得電影物件的識別碼，從 `YAML::Store` 載入 `Movie` 實體，把它的屬性嵌入到 *show.erb* 模板，並把因而產生的 HTML 送往你的瀏覽器。

最後還有你的電影資料！要讓它運作，你需要用到相當多的組件，但是現在你已經擁有一個完整的 web app ！

我們的 app 的完整程式碼

下面是我們的整個 app 的專案目錄結構：

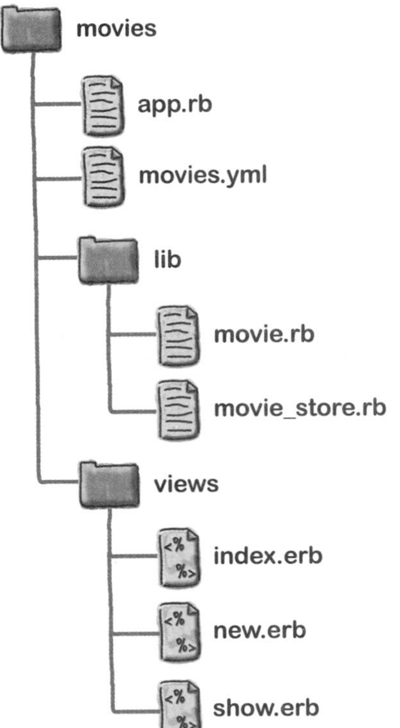

app.rb 檔案是 app 的核心所在。它保存了我們所有的 Sinatra 路由。

```
require 'sinatra'
require 'movie'
require 'movie_store'

store = MovieStore.new('movies.yml')

get('/movies') do
  @movies = store.all
  erb :index
end

get('/movies/new') do
  erb :new
end

post('/movies/create') do
  @movie = Movie.new
  @movie.title = params['title']
  @movie.director = params['director']
  @movie.year = params['year']
  store.save(@movie)
  redirect '/movies/new'
end

get('/movies/:id') do
  id = params['id'].to_i
  @movie = store.find(id)
  erb :show
end
```

建立一個 MovieStore 以便更新 movies.yml 檔案。

從 movies.yml 載入所有的 Movie 物件。

把電影物件嵌入到 views/index.erb 中的 HTML 並回傳它。

回傳 views/new.erb 中的 HTML。

所提交的表單資料會來到此處。

建立物件以便保存表單資料。

把表單資料加入物件。

保存物件！

顯示一個新的空表單。

把 id 參數從字串轉換成整數。

使用識別碼從 store 載入電影物件。

把電影物件物件嵌入到 show.erb 中的 HTML，並把它回傳給瀏覽器。

app.rb

movies.yml 檔案保存了 MovieStore 類別存入的所有電影資料。（它的內容將會因為你輸入 HTML 表單的資料而有所不同。）

每個 Movie 物件的 id 屬性與「把它存入 YAML::Store 當時所使用的鍵」是一樣的。

```
---
1: !ruby/object:Movie
  title: Star Wars
  director: George Lucas
  year: '1977'
  id: 1
2: !ruby/object:Movie
  ...
```

movies.yml

我們的 app 的完整程式碼（續）

我們的 Movie 類別只會為每個物件指定若干屬性。

```
class Movie
  attr_accessor :title, :director, :year, :id
end
```

lib/movie.rb

由 MovieStore 類別負責把 Movie 物件存入 YAML 檔案，並在之後取回它們。

```
require 'yaml/store'

class MovieStore

  def initialize(file_name)
    @store = YAML::Store.new(file_name)
  end

  def find(id)
    @store.transaction do
      @store[id]
    end
  end

  def all
    @store.transaction do
      @store.roots.map { |id| @store[id] }
    end
  end

  def save(movie)
    @store.transaction do
      unless movie.id
        highest_id = @store.roots.max || 0
        movie.id = highest_id + 1
      end
      @store[movie.id] = movie
    end
  end

end
```

載入 YAML::Store 類別。

建立一個 store 以便讀寫所給定的檔名。

使用此識別碼來尋找 Movie 物件。

存取 store 需要用到 transaction。

回傳保存在此鍵之下的 Movie 物件。

取回 store 中所有電影物件。

必須在 transaction 中進行…

以每個鍵的值來建立一個陣列。

把一個 Movie 物件存入 store。

必須在 transaction 中進行…

如果電影物件不具識別碼…

…找到值最大的鍵…

…把它加 1。

以電影物件的 id 屬性（識別碼）為鍵來保存電影物件。

lib/movie_store.rb

我們的 app 的完整程式碼（續）

在 *views* 子目錄中，*show.erb* 檔案包含了一個 ERB 模板，其中嵌入了單一電影物件的資料。

```
<!DOCTYPE html>
<html>
  <head>
    <meta charset='UTF-8' />
    <title>My Movies - <%= @movie.title %></title>
  </head>
  <body>
    <h1><%= @movie.title %></h1>
    <table>
      <tr>
        <td><strong>Title:</strong></td>
        <td><%= @movie.title %></td>
      </tr>
      <tr>
        <td><strong>Director:</strong></td>
        <td><%= @movie.director %></td>
      </tr>
      <tr>
        <td><strong>Year Published:</strong></td>
        <td><%= @movie.year %></td>
      </tr>
    </table>
    <a href="/movies">Back to Index</a>
  </body>
</html>
```

把電影的片名嵌入頁面標題。

以電影的片名做為段落標題。

嵌入電影的片名。

嵌入電影的導演。

嵌入電影的發行年份。

views/show.erb

index.erb 檔案中包含了一個模板，可用於為每個電影物件建立連結。

```
<!DOCTYPE html>
<html>
  <head>
    <meta charset='UTF-8' />
    <title>My Movies</title>
  </head>
  <body>
    <h1>My Movies</h1>
    <ul>
      <% @movies.each do |movie| %>
        <li>
          <a href="/movies/<%= movie.id %>"><%= movie.title %></a>
        </li>
      <% end %>
    </ul>
    <a href="/movies/new">Add New Movie</a>
  </body>
</html>
```

處理每個電影物件…

…添加一個連結到包含電影物件識碼的路徑…

…並以電影片名做為所要顯示的文字。

views/index.erb

我們的 app 的完整程式碼（續）

最後，*new.erb* 檔案中包含了用於輸入新電影資料的 HTML 表單。當表單被提交時，它會把 HTTP POST 請求中的電影資料傳送至 '/movies/create' 路徑。*app.rb* 中的 Sinatra 路由會使用該資料來建立新的 Movie 物件，以及使用 MovieStore 來保存它。

```
<!DOCTYPE html>
<html>
  <head>
    <meta charset='UTF-8' />
    <title>My Movies - Add Movie</title>
  </head>
  <body>
    <h1>Add New Movie</h1>
    <form method="post" action="/movies/create">
      <table>
        <tr>
          <td><label for="title">Title:</label></td>
          <td><input type="text" name="title"></td>
        </tr>
        <tr>
          <td><label for="director">Director:</label></td>
          <td><input type="text" name="director"></td>
        </tr>
        <tr>
          <td><label for="year">Year Published:</label></td>
          <td><input type="text" name="year"></td>
        </tr>
        <tr>
          <td><input type="submit"></td>
        </tr>
      </table>
    </form>
    <a href="/movies">Back to Index</a>
  </body>
</html>
```

透過傳送一個 POST 請求到 /movies/create 來提交此表單。

欄位標籤

文字欄位

欄位標籤

文字欄位

欄位標籤

文字欄位

表單的提交按鈕

views/new.erb

就這樣了—這個完整的 web app 可用於保存使用者所提交的資料，並於之後再次取回它

撰寫 web app 可能是一個複雜的過程，但是 Sinatra 利用了 Ruby 的威力，讓此過程變得簡單許多！

你的 Ruby 工具箱

第 15 章已經閱讀完畢！你可以把 YAML::Store 加入你的工具箱。

Sinatra
ERB
YAML::Store
YAML::Store 會利用 YAML 程式庫來把 Ruby 物件轉換成字串的格式，然後把它寫入一個檔案。
YAML::Store 實體的使用類似雜湊，這讓你得以在一個鍵之下儲存一個值，然後使用相同的鍵來存取它。

要點提示

- 當 HTML 表單的 method 方法被設定為 post，而且使用者提交了它，瀏覽器將會以 HTTP POST 請求把表單資料送往伺服器。
- 表單還具有一個 action 屬性，可用於指定資源路徑。該路徑會被包含在一個 POST 請求中，就像 GET 請求那樣。
- Sinatra 具有一個 post 方法，可用於為 POST 請求定義路由。
- 在伴隨 post 路由的區塊中，你可以呼叫 params 方法，以便從請求中取得包含表單資料的雜湊。
- YAML::Store.new 方法需要取得一個字串引數，用於指定它應該讀寫之檔案的名稱。
- YAML::Store 實體具有一個 transaction 方法，可用於避免其他程式寫入同一個檔案。transaction 方法的呼叫會伴隨一個區塊，在該處你可以呼叫 YAML::Store 的任何其他方法。
- YAML::Store 的 roots 實體方法將會以陣列的形式回傳 store 中所有的鍵。
- Sinatra 允許你在路徑或路由中使用具名參數。請求路徑之中，與具名參數位置相同的部分，將會被擷取下來，而成為 params 雜湊的一部份。
- 如果有一個以上的 Sinatra 路由與同一個請求相符，最先被定義的路由，將會被用於處理它。
- 包含具名參數的路由通常應該最後被定義，這樣它們才不會意外蓋過其他路由。

接下來…

我們還沒有完成呢！本書因篇幅有限，有許多內容都還沒有提到，所以我們增加了一個附錄，其中包含了重要內容，以及一些可以協助你規劃下一個 Ruby 專案的資源。請繼續往下讀！

我在作夢吧，這本書結束了嗎？要點提示、習題、程式列表…等等都沒有了嗎？但這或許只是一個幻想 ...

恭喜你！

你終於把本書讀完了。

當然，還剩下附錄。

以及索引。

然後還有網站 ...

真正的挑戰才剛剛開始呢。

前十大遺珠

哇！我剛剛才以為本書就要結束了，不會提到私有方法或正規運算式！別那樣嚇唬我！

我們探討了很多內容，而你幾乎要把本書看完了。我們會想念你的，但是讓你走之前，我們覺得沒有多一點準備，就把你推到外面的世界，是不對的。要在這麼小的篇幅放入你需要知道的一切內容，是不可能的…（其實，我們起初為了涵蓋你需要知道的一切內容，我們把字體點數（type point size）減少到 .00004。儘管一切都納入了，但是沒有人能夠閱讀它。）所以我們拿掉了大部分的內容，只留下了前十大遺珠。

這本書真的結束了。當然，索引除外（一個必讀的部分！）。

#1 其他很酷的程式庫

Ruby on Rails

Sinatra（我們在第 14 和 15 章曾提到過）是一個用於建構簡單 web app 的極好方式。但是所有的 app 都需要新的功能，好讓它們能夠與時俱進。最後，你不僅需要放置 ERB 模板的地方。你還需要放置資料庫組態的地方、放置 JavaScript 程式碼和 CSS 風格的地方、放置程式碼（用於把這一切繫結在一起）的地方…等等。

這正是 Ruby on Rails 擅長之處：它把放置這些東西的地方標準化了。

每支 Rails app 的基礎架構所遵循的是流行的**模型**（*Model*）、**視圖**（*View*）、**控制器**（*Controller*），也就是 MVC，模式：

- **模型**（*Model*）是你的 app 放置資料的地方。Rails 會自動替你把模型物件存入資料庫，讓你之後能夠取回它們。（這類似於我們為 Sinatra app 所建立的 `Movie` 和 `MovieStore` 類別。）
- **視圖**（*View*）是你放置程式碼以便顯示模型資料給使用者看的地方。預設情況下，Rails 會使用 ERB 模組來呈現 HTML（或 JSON 或 XML）之視圖。（同樣的，就像我們在 Sinatra app 中所做那樣。）
- **控制器**（*Controller*）是你放置程式碼以便回應瀏覽器請求的地方。控制器會取得請求，呼叫模型以便取得適當的資料，呼叫視圖以便呈現適當的回應，以及把回應送回瀏覽器。

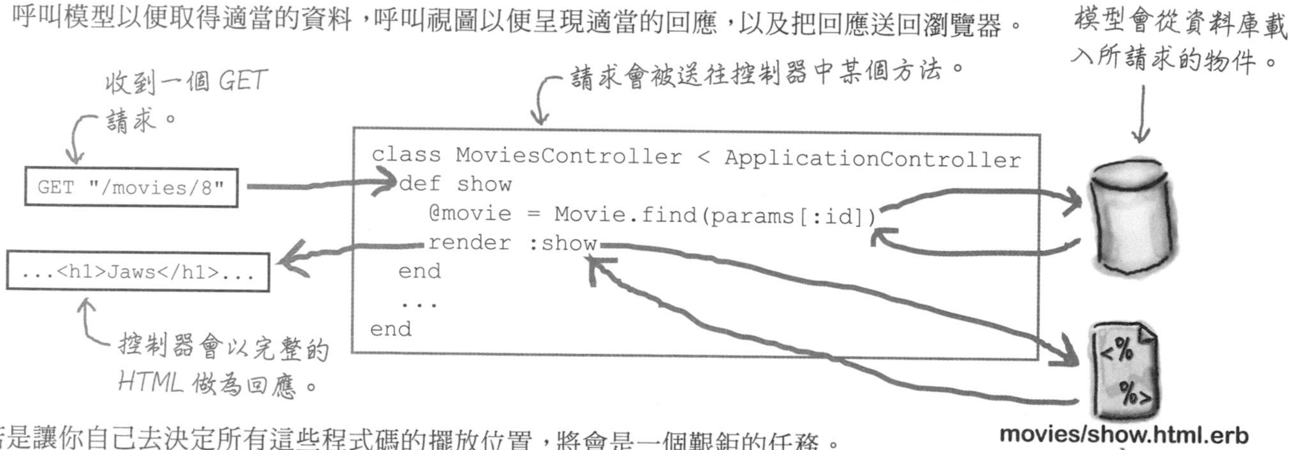

收到一個 GET 請求。

```
GET "/movies/8"
```

請求會被送往控制器中某個方法。

```
class MoviesController < ApplicationController
  def show
    @movie = Movie.find(params[:id])
    render :show
  end
  ...
end
```

模型會從資料庫載入所請求的物件。

```
...<h1>Jaws</h1>...
```

控制器會以完整的 HTML 做為回應。

movies/show.html.erb

視圖會把物件的資料嵌入到一個 HTML 模板。

若是讓你自己去決定所有這些程式碼的擺放位置，將會是一個艱鉅的任務。此外，要把 Ruby 配置成知道去何處尋找這些程式碼更是不容易。這就是為什麼 Rails 會倡導「約定優於配置」（convention over configuration）的原因。如果你把模型、視圖和控制器的程式碼擺放到 Rails 所約定的標準位置，你就不必對此做任何的配置。它會替你處理這一切。這就是為什麼 Rails 是一個如此強大（且受歡迎）的 web 框架！

欲進一步瞭解 Rails 可以造訪 *http://rubyonrails.org/*。

#1 其他很酷的程式庫（續）

dRuby

dRuby（Ruby 標準程式庫的一部分）是 Ruby 威力強大的一個好例子。它的全名為 "distributed Ruby"（分散式 Ruby），它讓你得以建立可透過網路存取的 Ruby 物件。你只需要建立物件並告訴 dRuby 把它提供為一個服務。然後你可以透過另一台電腦所執行的 Ruby 命令稿來呼叫該物件的方法。

你不必撰寫特殊的服務程式碼。你幾乎不需要撰寫任何程式碼，它就可以運作，因為 Ruby 擅長把方法呼叫從一個物件轉送至另一個物件。（稍後我們將會對此做進一步的討論。）

這裡有一支簡短的命令稿，它可以透過網路來建立一個普通的陣列。我們把陣列提供給 dRuby，並指定一個用於供應此陣列的 URL（包括埠號）。我們還添加了一些程式碼，以便不斷印出陣列，這樣當客戶端程式在修改它的時候，你就可以看到。

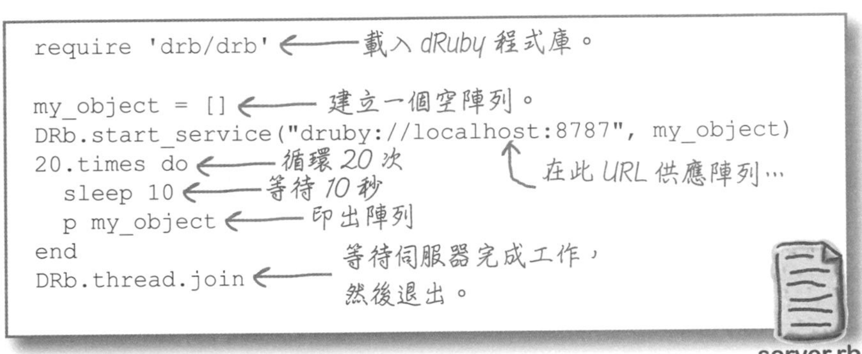

require 'drb/drb' ← 載入 dRuby 程式庫。
my_object = [] ← 建立一個空陣列。
DRb.start_service("druby://localhost:8787", my_object)
在此 URL 供應陣列…
20.times do ← 循環 20 次
sleep 10 ← 等待 10 秒
p my_object ← 印出陣列
end
DRb.thread.join ← 等待伺服器完成工作，然後退出。
server.rb

現在，這裡有另一支命令稿，做為客戶端之用。它會透過網路連接至伺服端命令稿，並因而取得一個物件，這個物件的行為有如遠端物件的**代理端**（*proxy*）。

```
require 'drb/drb'
DRb.start_service
remote_object = DRbObject.new_with_uri("druby://localhost:8787")
remote_object.push "hello", "network"
p remote_object.last
```

連接至前面所指定的埠。

呼叫陣列的一個方法。（remote_object.push）

呼叫陣列的另一個方法。（remote_object.last）

client.rb

你對 proxy 所呼叫的任何方法都會透過網路送出，而變成呼叫遠端物件。任何的回傳值也會透過網路被送回，並從 proxy 回傳。

試著執行看看，開啟一個專端機視窗並執行 **server.rb**。它將會每隔 10 秒印出 my _ object 中之陣列的內容。

現在，在不同的終端機視窗，執行 **client.rb**。如果你切換回第一個視窗，你將會看到客戶端把新值加入陣列！

這麼做是否有安全問題？當然。dRuby 的使用務必在防火牆之後進行。進一步的資訊（以及其他更酷的想法），可以在 Ruby Standard Library Documentation（標準程式庫文件）中查閱。

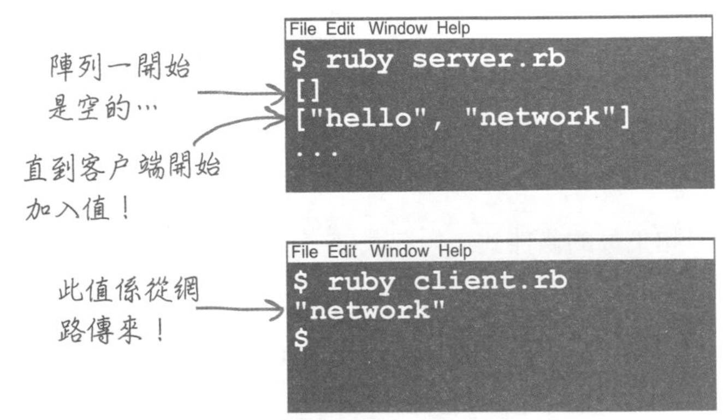

#1 其他很酷的程式庫（續）

CSV

如果你曾經做過辦公室的工作，處理試算表中的資料或許是不可避免的事情。儘管試算表有提供公式，但語法是有限的（而且難以記住）。

大多數的試算表程式都可以匯出 CSV 格式（全名為 Comma-Separated Values）的資料，這是一種純文字的格式，其中的資料列會被分隔成文字列，資料欄會被逗號隔開。

一個 CSV 檔案

```
Associate,Sale Count,Sales Total
"Boone, Agnes",127,1710.26
"Howell, Marvin",196,2245.19
"Rodgers, Tonya",400,3032.48
```

sales.csv

Ruby 所提供的 CSV 程式庫是標準程式庫的一部份，它讓 CSV 檔案的處理更為方便。下面這支簡短的命令稿，會使用 CSV 程式庫印出前面檔案中的銷售員名字（associate names）和銷售總額（sales totals）。它會跳過標題列，讓你以標題做為鍵來存取欄位值，使得 CSV 檔案的每一列看起來有如雜湊。

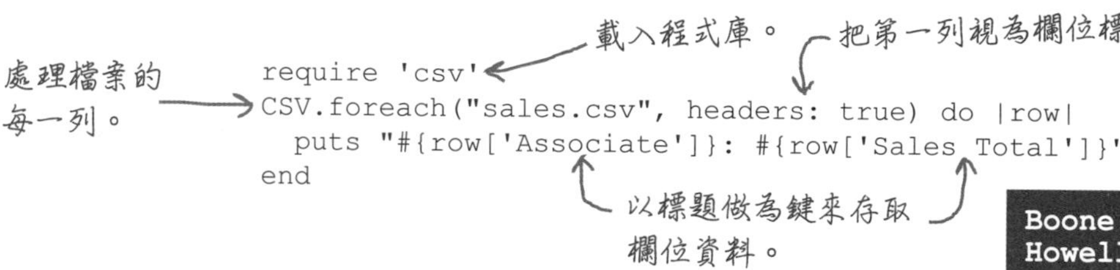

載入程式庫。
把第一列視為欄位標題。
處理檔案的每一列。
require 'csv'
CSV.foreach("sales.csv", headers: true) do |row|
puts "#{row['Associate']}: #{row['Sales Total']}"
end
以標題做為鍵來存取欄位資料。

```
Boone, Agnes: 1710.26
Howell, Marvin: 2245.19
Rodgers, Tonya: 3032.48
```

本附錄的篇幅只能夠提到這三個程式庫。在搜尋引擎中尋找 "Ruby standard library" 可以學到更多其他的標準程式庫。此外，*http://rubygems.org* 可以找到數以千計的 gem 套件。

#2 內嵌 if 和 unless

我們不斷提到，Ruby 能夠讓你以更少的程式碼來做更多的事情。此原則就內建在語言裡。內嵌條件式（inline conditionals）便是一個例子。

當然，你已經看過了 `if` 和 `unless` 的一般形式：

```
if true
  puts "I'll be printed!"
end
```

```
unless true
  puts "I won't!"
end
```

但如果你的條件式中的程式碼只有一列，你可以選擇把條件式移往該列的末端。下面這些運算式的運作就跟前面一樣：

```
puts "I'll be printed!" if true

puts "I won't!" unless true
```

#3 私有方法

當你首次建立一個類別，或許只有你一個使用它。但不總是這樣。其他開發者將會找到你的類別，並發現它可以解決他們的問題。但是他們的問題並不總是會跟你的問題一樣，而且或許他們會以你預期之外的方式來使用你的類別。這都沒關係，直到你需要改變你的類別。

假設你需要向顧客額外收取 15% 的費用。你可以建立一個 Invoice 類別，它讓你得以設定 subtotal 屬性。你會有一個 total 方法，可用於計算發票的總金額。為了避免 total 方法過於複雜，你可以把費用的計算獨立出來，以便建立一個 fees 方法，供 total 呼叫。

```
class Invoice
  attr_accessor :subtotal
  def total
    subtotal + fees(subtotal, 0.15)
  end
  def fees(amount, percentage)
    amount * percentage
  end
end

invoice = Invoice.new
invoice.subtotal = 500.00
p invoice.total
```

增加 15% 的額外費用到 subtotal。

將 amount 乘以費率。

```
575.0
```

但是後來你知道，你的部門打算對所有發票額外收取 $25 的固定費用。所以你會對你的 fees 方法添加 flat _ rate 參數，以便將此納入…

```
class Invoice
  attr_accessor :subtotal
  def total
    subtotal + fees(subtotal, 0.15, 25.00)
  end
  def fees(amount, percentage, flat_rate)
    amount * percentage + flat_rate
  end
end
```

加入 $25 的固定費用

加入一個參數到 fees 方法。

這樣挺不錯的，直到你接到另一個部門的電話，他們想知道為什麼你的類別會讓他們的程式執行失敗。他們使用你的 fees 方法來計算他們自己要收取的 8% 額外費用。但是他們的程式碼仍然假定 fees 方法需要兩個參數，儘管它已被更新為需要三個參數！

```
fee = Invoice.new.fees(300, 0.08)
p fee
```

```
in 'fees': wrong number of arguments (2 for 3)
```

#3 私有方法（續）

問題在於，其他開發者是從你的類別之外來呼叫你的 fees 方法，而你實際上只打算在你的類別之內來呼叫它。現在你必須做選擇：弄清楚如何建立可同時供你和其他開發者使用的 fees 方法，或是把它改回來，然後再也不去修改它。

然而，有辦法可以避免此情況。如果你知道有一個方法只在類別之內使用，你可以把它標記為 private。**私有方法**（*private methods*）只能在定義它們的類別中呼叫。下面是更新後的 Invoice 類別，fees 方法已被標記 private:

```
class Invoice
  attr_accessor :subtotal
  def total
    subtotal + fees(subtotal, 0.15, 25.00)
  end
private
  def fees(amount, percentage, flat_rate)
    amount * percentage + flat_rate
  end
end
```

你仍然可以從 Invoice 的其他方法來呼叫私有方法。

在此之後定義的所有方法都會被標記為 Invoice 類別的私有方法。

若程式碼試圖從 Invoice 類別之外來呼叫 fees 方法，將會看到錯誤訊息指出所呼叫的是私有的方法。

```
fee = Invoice.new.fees(300, 0.08)
```

```
private method `fees' called for #<Invoice:0x007f97bb02ba20>
```

但是你的 total 方法（這是一個與 fees 同一個類別的實體方法）仍然可以呼叫它。

```
invoice = Invoice.new
invoice.subtotal = 500.00
p invoice.total
```

```
600.0
```

呼叫 fees 並把結果包含在它的回傳值。

沒錯，其他部門計算費用的方式可能不一樣。但這將可避免此類的誤解。你可以依需要對 fees 方法做任何修改！私有方法讓你得以維護乾淨、容易更新的程式碼。

#4 命令列引數

我們想要引用我們打算回覆的電子郵件；也就是在每列文字的前面標記一個 > 符號。這樣，收件人就知道我們在說什麼了。

這裡有一支簡短的命令稿，它會讀進文字檔的內容，並在每列文字之前插入 > 符號：

開啟檔名。

```
file = File.open("email.txt") do |file|
  file.each do |line|
    puts "> " + line
  end
end
```

File 物件的 each 方法會一次一列地把每列文字傳遞給伴隨的區塊。

quote.rb

但是，每當我們想要使用新的輸入檔案，我們就必須編輯命令稿，修改檔名。如果我們有辦法在命令稿之外指定檔名，那就再好不過了。

```
> Jay,
>
> Do you have any idea how far past deadline we are?
> What am I supposed to tell the copy editor?
>
> -Meghan
```

我們可以的！只需要使用**命令列引數**（*command-line arguments*）。在你的終端機視窗中執行的程式，通常會允許你在程式名稱之後指定引數，這非常像方法呼叫的引數，而 Ruby 命令稿也不例外。你可以透過 `ARGV` 陣列（Ruby 程式每次執行時都會設置該陣列）來存取你的命令稿被呼叫時所使用的引數。第一個引數位於 `ARGV[0]`、第二個引數位於 `ARGV[1]`，依此類推。

以下面這支兩列的 *args_test.rb* 命令稿為例。如果我們在一個終端機視窗中執行它，無論我們在命令稿名稱之後鍵入什麼文字，都會在命令稿執行的時候被印出來。

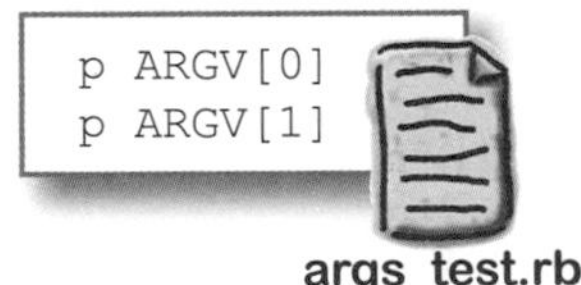

```
p ARGV[0]
p ARGV[1]
```

args_test.rb

```
File Edit Window Help
$ ruby args_test.rb hello terminal
"hello"
"terminal"
```

在 *quote.rb* 中使用 `ARGV` 可以讓我們在每次執行它的時候，指定我們想要使用的任何輸入檔案。我們只需要以 `ARGV[0]` 來取代寫死的檔案。從那以後，當我們在終端機視窗中執行 *quote.rb*，我們只需要在命令稿的名稱之後指定輸入檔名就可以了！

以第一個命令列引數中的字串做為所要開啟之檔案的名稱。

```
file = File.open(ARGV[0]) do |file|
  file.each do |line|
    puts "> " + line
  end
end
```

quote.rb

現在你可以提供一個檔名做為命令稿的引數！

```
File Edit Window Help
$ ruby quote.rb reply.txt
> Tell them I'm really sorry!
> Just ONE more week!
>
> -Jay
```

#5 正規運算式

正規運算式（*regular expression*）是一種在文字中尋找特定**模式**（*pattern*）的方式。許多程式語言都會提供正規運算式的功能，但是在 Ruby 中使用正規運算式特別容易。

如果你想在一些文字中尋找電子郵件地址，你可以使用正規運算式來尋找這樣的模式：一些字母，後面跟著 @ 符號，接著是一些字母，接著是一個點號，然後是一些字母。

```
/\w+@\w+\.\w+/
```
← 用於尋找電子郵件的正規運算式

如果你想要尋找句子結尾處，你可以使用正規運算式來尋找這樣的模式：一個點號，或問號，或驚嘆號，後面跟著一個空格。

```
/[.?!]\s/
```
← 用於尋找句子結尾處的正規運算式

正規運算式的功能非常強大，但是它們也可能變得很複雜而難以閱讀。雖然你只是學習它們的最基本功能，你仍然會發現它們相當有用。我們的目標是讓你看一個簡單的使用實例，以及提供幾個你可以進一步學習的資源。

假設你有一個字串，你需要從中找出一個電話號碼：

```
"Tel: 555-0199"
```

你可以建立一個正規運算式來替你找到它。正規運算式字面的開頭和結尾皆為斜線（/）字符。

```
/555-0199/
```
← 一個正規運算式字面。

但是，正規運算式本身並不會做任何事情。你可以在條件式中使用 =~ 運算符來測試你的字串是否與正規運算式相符：

測試右邊的正規運算式是否與左邊的字串相符。

```
if "Tel: 555-0199" =~ /555-0199/
  puts "Found phone number."
end
```

```
Found phone number.
```

你不必知道正規運算式在 Ruby 中如何進行程式設計。

它們功能強大，但是也非常複雜，所以我們不會一直使用它們。但即使你只學習基本的功能，如果你有大量的字串要處理，它們也可以幫上大忙！

#5 正規運算式（續）

現在，我們的正規運算式只能比對一個電話號碼：555–0199。要同時比對其他數字，可以使用 \d 字符集（character class），它可以比對 0 到 9 任何數字。（字符集還包括 \w〔用於比對單字的字符〕和 \s〔用於比對空白〕。）

```
if "Tel: 555-0148" =~ /\d\d\d-\d\d\d\d/   ← 比對任何數字。
  puts "Found phone number."
end
```

```
Found phone number.
```

若不想向上面那樣重複鍵入 \d，則可以在 \d 之後加上 +（用於表明你希望前一個比對項目出現一或多次）。

```
if "Tel: 555-0148" =~ /\d+-\d+/   ← 比對一或多個數字。
  puts "Found phone number."
end
```

```
Found phone number.
```

更好的是，我們可以大括號裡使用數字，以表明你希望前一個比對項目出現的次數。

```
if "Tel: 555-0148" =~ /\d{3}-\d{4}/   ← 比對三位數字，接著一個破折號，接著四位數字。
  puts "Found phone number."
end
```

```
Found phone number.
```

你可以使用**擷取群組**（*capture group*）來記錄你的正規運算式所比對到的文字。如果你把正規運算式放到圓括號裡，那麼所比對到的部分將會被記錄到名為 $1 的特殊變數。你可以印出 $1 的值，看看比對到什麼。

```
if "Tel: 555-0148" =~ /(\d{3}-\d{4})/   ← 字串中所比對到的部分會被存入 $1。
  puts "Found phone number: #{$1}"
end
```

```
Found phone number: 555-0148
```

正規運算式在 Ruby 中只是另一個物件，所以你可以把它們當成引數傳遞給方法。字串具有一個 sub 方法，它將會在字串中尋找一個正規運算式，並把所比對到的部分代換成一個新字串。下面我們會對字串呼叫 sub，以便把字串中任何的電話號碼清除：

```
puts "Tel: 555-0148".sub(/\d{3}-\d{4}/, '***-****')
```

```
Tel: ***-****
```

此處只能對正規運算式的用途做初步的介紹。因為本書的篇幅有限，許多的功能都無法介紹到，而且你的整個程式設計的生涯可能都無法完全掌握。但如果你能夠對它們有一個基本的瞭解，它們可以節省你許多時間，並且能夠縮短程式碼！

如果你想要做進一步的學習，可以查閱 Dave Thomas、Chad Fowler 和 Andy Hunt 等人所著之《Programming Ruby》中與正規運算式有關的章節。（稍後我們還會提到那本書。）或者在 Ruby core documentation 中尋找 Regexp 類別。

#6 單體方法

大多數的物件導向語言允許你建立可供類別之所有實體使用的實體方法（instance method）。但 Ruby 是少數幾個允許你為單一實體（single instance）定義實體方法的語言之一。這種方法就是所謂的**單體方法**（*singleton method*）。

這裡有一個 Person 類別，它具有一個實體方法 speak。當你首次為 Person 建立一個實體，該實體只有 speak 這個實體方法可用。

```
class Person
  def speak
    puts "Hello, there!"
  end
end

person = Person.new
person.speak
```

Hello, there!

但是 Ruby 中，你還可以定義僅供單一物件使用的實體方法：def 關鍵字之後加上一個指向物件的址參器（reference）、一個點號以及你想要定義之單體方法的名稱。

下面的程式碼將會把一個 fly 方法定義在 superhero 變數中的物件上。你可以像其他的實體變數那樣來呼叫 fly 方法，但是只有 superhero 有此方法可供呼叫。

```
superhero = Person.new
def superhero.fly
  puts "Up we go!"
end
superhero.fly
```

在此物件上定義一個名為 fly 的單體方法。

Up we go!

呼叫 fly 方法。

你還可以使用單體方法來覆寫類別所定義的方法。下面的程式碼將會以 superhero 特有的實體方法 speak 來覆寫 Person 類別的實體方法 speak：

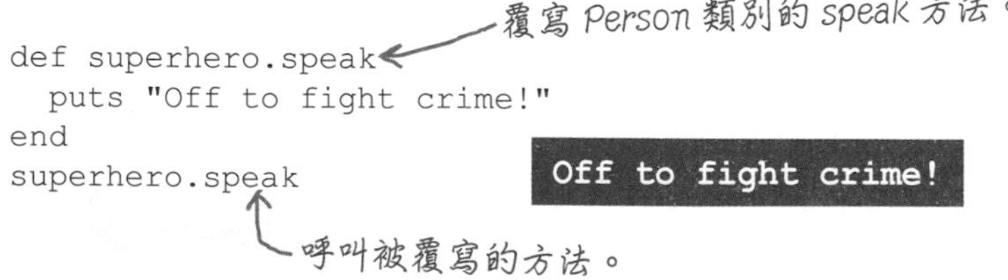

覆寫 Person 類別的 speak 方法。
def superhero.speak
puts "Off to fight crime!"
end
superhero.speak
呼叫被覆寫的方法。

Off to fight crime!

此能力在單元測試中相當有用，單元測試有時會希望物件方法的行為不要像它平常那樣。舉例來說，如果一個物件總是會建立檔案以便儲存輸出，然而你不希望每次進行測試的時候，你的硬碟上就會留下這樣的檔案，於是你可以在測試程式碼中覆寫實體上的檔案建立方法。

單體方法非常有用，它只是 Ruby 具靈活性的另一個例子！

#7 呼叫任何方法，即使是未定義的方法

當你呼叫的實體方法並未定義在物件上，Ruby 會呼叫該物件上一個名為 method_missing 的方法。這個從 Object 類別繼承而來的 method_missing 方法只會引發一個例外：

```
object = Object.new
object.win
```

```
undefined method `win' for #<Object:0x007fa87a8311f0> (NoMethodError)
```

但如果你在類別中覆寫了 method_missing，而且建立了該類別的實體，並且呼叫了這些實體未定義的方法，這樣並不會引發例外。不僅如此，你還可以對這些「不存在的方法」（phantom method）做一些有趣的事情…

Ruby 通常至少會傳遞一個引數給 method_missing：被呼叫之方法的名稱（採用符號的形式）。此外，method_missing 的回傳值會被視為「不存在的方法」之回傳值。所以當你對下面這個類別的實體，呼叫任何未定義的方法，它將會回傳一個字串，也就是，該方法的名稱。

此參數將會包含我們所呼叫之方法的名稱。

把方法名稱從一個符號轉換成一個字串。

```
class AskMeAnything
  def method_missing(method_name)
    "You called #{method_name.to_s}"
  end
end

object = AskMeAnything.new
p object.this_method_is_not_defined
p object.also_undefined
```

呼叫未定義方法…

…呼叫另一個未定義方法。

```
"You called this_method_is_not_defined"
"You called also_undefined"
```

傳遞給未定義方法的任何引數都會被轉送至 method_missing，所以我們也可以回傳這些引數給「不存在的方法」…

第一個引數被轉送到此處

第二個引數被轉送到此處

```
class AskMeAnything
  def method_missing(method_name, arg1, arg2)
    "You called #{method_name.to_s} with #{arg1} and #{arg2}."
  end
end

object = AskMeAnything.new
p object.with_args(127.6, "hello")
```

```
"You called with_args with 127.6 and hello."
```

#7 呼叫任何方法，即使是未定義的方法（續）

這裡有一個 Politician（政客）類別，它的實體將會承諾你要求做的任何事情。你可以呼叫任何未定義的方法並傳遞給它一個引數，而 method _ missing 將會印出方法名稱和引數。

```
class Politician
  def method_missing(method_name, argument)
    puts "I promise to #{method_name.to_s} #{argument}!"
  end
end

politician = Politician.new
politician.lower("taxes")
politician.improve("education")
```

從符號轉換成字串

```
I promise to lower taxes!
I promise to improve education!
```

然而，更好的是…還記得稍早所提到的 dRuby 程式碼（它會建立一個代理物件，讓我們得以透過網路呼叫另一個物件的方法）？

```
require 'drb/drb'
DRb.start_service
remote_object = DRbObject.new_with_uri("druby://localhost:8787")
remote_object.push "hello", "network"
p remote_object.last
```

連接至遠端伺服器，為遠端陣列取得一個代理物件。

呼叫遠端陣列的一個方法。

呼叫遠端陣列的另一個方法。

dRuby 中的代理物件允許你對它們呼叫任何方法。因為代理物件幾乎沒有定義自己的方法，所以當你對它呼叫任何方法時，這些呼叫會被轉送至代理物件的 method _ missing 方法。於是，你所呼叫之方法的名稱以及所提供的任何引數都會透過網路傳遞給伺服端。

伺服端然後會呼叫實際物件上的方法，而且任何回傳值都會透過網路送回，並從代理物件的 method _ missing 送回。

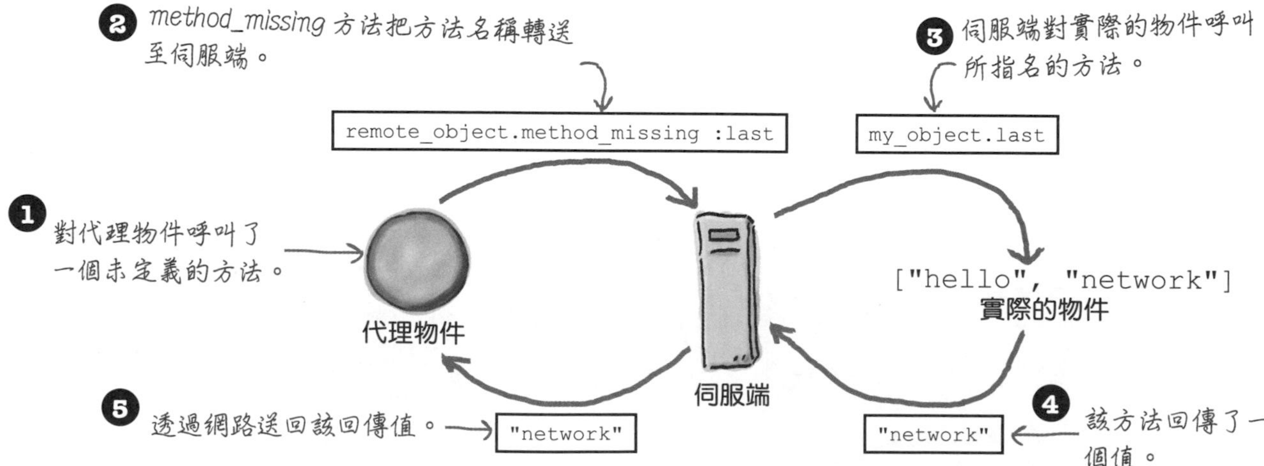
2 method_missing 方法把方法名稱轉送至伺服端。
3 伺服端對實際的物件呼叫所指名的方法。
remote_object.method_missing :last
my_object.last
1 對代理物件呼叫了一個未定義的方法。
代理物件
伺服端
["hello", "network"]
實際的物件
5 透過網路送回該回傳值。
"network"
"network"
4 該方法回傳了一個值。

儘管過程複雜，但是 method _ missing 使得它如同呼叫代理物件上的方法一樣簡單！

#8 使用 Rake 讓工作自動化

還記得第 13 章曾提到，當我們想要進行單元測試的類別位於我們的 *lib* 子目錄，我們必須為命令列加上 `-I lib`？我們還必須指定包含我們想要進行之測試項目的檔案…

```
File Edit Window Help
$ ruby -I lib test/test_list_with_commas.rb
Run options: --seed 18716
...
3 runs, 3 assertions, 0 failures, 0 errors, 0 skips
```

現在並不會太麻煩，但如果我們的專案擴大而有許多測試檔要處理？一次要處理這麼多測試檔會變得很麻煩。測試只是我們日常工作必須進行的項目之一。最後，我們還需要進行建構文件、把專案打包成 gem …等等任務。

Ruby 隨附了一個稱為 Rake 工具，可讓我們簡化這些任務。你可以從你的終端機視窗來執行 `rake` 命令，它將會在你的專案目錄中尋找一個稱為 Rakefile（沒有副檔名）的檔案。此檔案應該包含 Ruby 程式碼，用於設置 Rake，讓它為我們進行的一或多項任務。

下面的 Rakefile 會替我們設置一項用於進行所有測試的任務。它使用了 Rake 隨附的 `Rake::TestTask` 類別，專門用於進行測試。`TestTask` 被設置成從 *lib* 目錄載入檔案（不再需要使用 `-I lib`），以及執行 *test* 目錄中每一個測試檔（不必每一次都要指定一個測試檔）。

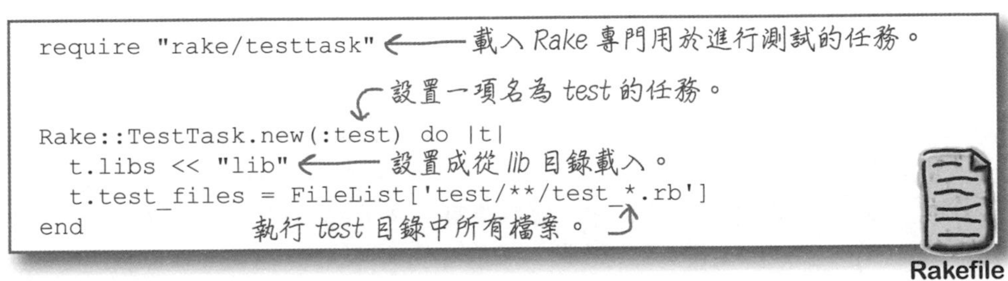

require "rake/testtask"
載入 Rake 專門用於進行測試的任務。
設置一項名為 test 的任務。
Rake::TestTask.new(:test) do |t|
t.libs << "lib"
設置成從 lib 目錄載入。
t.test_files = FileList['test/**/test_*.rb']
end
執行 test 目錄中所有檔案。
Rakefile

一旦 Rakefile 存入你的專案目錄，你可以在你的終端機視窗中切換到該目錄，然後執行 `rake` 命令，後面跟著你想要進行之任務的名稱。以我們的例子來說，只有一項任務，`test`，所以我們將會進行該項任務。

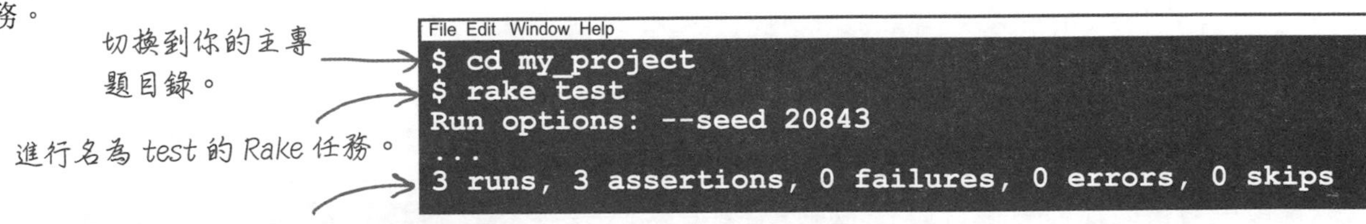

有了這樣一道簡單的命令，Rake 將會在我們的 test 子目錄中找到並執行所有檔案！

然而，Rake 能夠進行的任務不止測試。它還能夠進行一些通用任務，可用於執行你可能需要執行的任何其他命令。要瞭解更多，可以在 Ruby 的標準程式庫文件中查詢 Rake。

#9 Bundler

第 14 章開頭，我們曾在終端機視窗中執行 gem install sinatra 來下載和安裝 Sinatra gem。這很簡單，因為我們只需要一個 gem。

但假設我們還需要 *i18n* gem 進行國際化（翻譯成其他文字）以及 *erubis* gem 提供較好的 ERB 支援。假設我們需要確定我們所使用的是**較舊版的** i18n，因為我們的程式碼用到了被最新版的 i18n 所移除的方法。突然間安裝 gems 似乎不再那麼簡單了。

但就像往常那樣，有一個工具可以派上用場：Bundler。Bundler 讓你的系統上的每一支應用程式，能夠具有一套自己的 gems。它還可以協助你維護這些 gems，以確保你所下載和安裝的是版本正確的 gem，避免同一個 gem 的多個版本彼此發生衝突。

Bundler 並未隨附在 Ruby 裡；而是以 gem 的形式進行散佈。所以我們首先需要透過在終端機視窗中鍵入 **gem install bundler**（或 **sudo gem install bundler**，如果你的系統有此要求的話）來安裝它。這將會安裝 Bundler 程式庫，以及讓你得以在終端機視窗中執行的 bundle 命令。

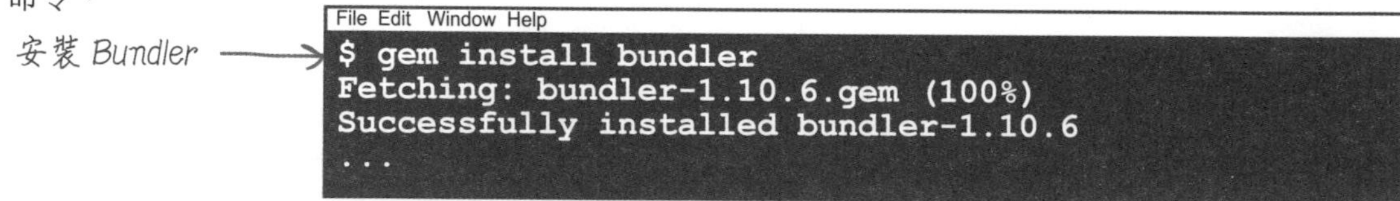

安裝 Bundler
File Edit Window Help
$ gem install bundler
Fetching: bundler-1.10.6.gem (100%)
Successfully installed bundler-1.10.6
...

Bundler 會從你的專案資料夾中名為 Gemfile（注意，相似於 Rakefile）的檔案取得所要安裝之 gems 的名稱。所以，現在讓我們來建立一個 Gemfile 檔案。

如同 Rakefile，Gemfile 檔案中包含了 Ruby 程式碼，但是此檔案所呼叫的是 Bundler 程式庫的方法。我們首先會呼叫 source 方法，以便指定可供我們下載 gems 的伺服器。除非你的公司有自己的 gem 伺服器，否則你將會想要使用 Ruby 社群的伺服器：https://rubygems.org。接著，我們會為我們想要安裝的每個 gem 呼叫 gem 方法，並以我們需要安裝之 gem 的名稱和版本做為引數。

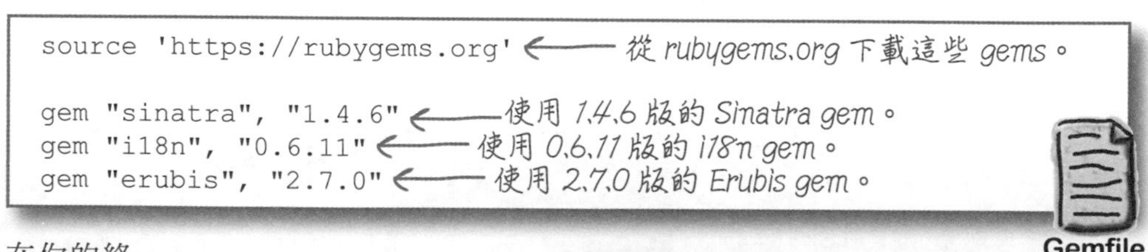

source 'https://rubygems.org'
從 rubygems.org 下載這些 gems。
gem "sinatra", "1.4.6"
使用 1.4.6 版的 Sinatra gem。
gem "i18n", "0.6.11"
使用 0.6.11 版的 i18n gem。
gem "erubis", "2.7.0"
使用 2.7.0 版的 Erubis gem。
Gemfile

保存好 Gemfile 之後，在你的終端機視窗中切換到你的專案目錄並執行 **bundle install**。Bundler 將會根據 Gemfile 的指示自動下載和安裝特定版本的 gems。

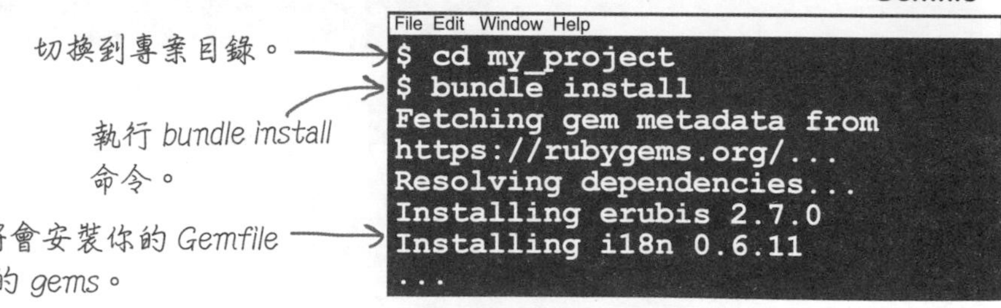

切換到專案目錄。
執行 bundle install 命令。
Bundler 將會安裝你的 Gemfile 中所列示的 gems。
File Edit Window Help
$ cd my_project
$ bundle install
Fetching gem metadata from https://rubygems.org/...
Resolving dependencies...
Installing erubis 2.7.0
Installing i18n 0.6.11
...

#9 Bundler（續）

Bundler 安裝好你的 Gemfile 中的 gems 之後，你可以接著在你的程式碼中引用它們，就好像它們是你自己安裝的一樣。然而，當你執行 app 的時候，你需要做一點改變：在終端機視窗中執行 app 的時候，務必記得前綴 `bundle exec` 命令。

這是因為：如果我們不使用 `bundle` 命令來執行你的 app，那麼它的執行將會在 Bundler 的控制之外。即使那時，一切看來似乎都很好。但是 Bundler 有部分工作是確保你的系統上其他版本的 gem 不會與 Bundler 所安裝的 gems 發生衝突。

所以，為了安全起見，如果你有使用 Bundler，當你在執行 app 的時候，務必記得前綴 `bundle exec`（或是利用其他方式，確保你的 app 執行在 Bundler 環境中）。有一天這將可以讓你免去一些麻煩！

欲進一步瞭解 Bundler 可以造訪 *http://bundler.io/*。

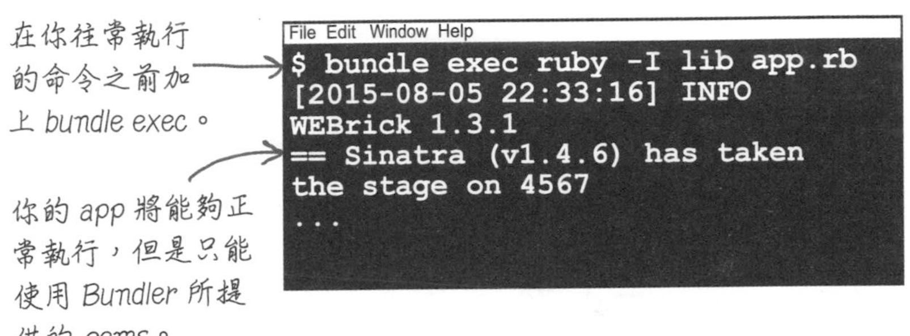

在你往常執行的命令之前加上 bundle exec。
你的 app 將能夠正常執行，但是只能使用 Bundler 所提供的 gems。
File Edit Window Help
$ bundle exec ruby -I lib app.rb
[2015-08-05 22:33:16] INFO
WEBrick 1.3.1
== Sinatra (v1.4.6) has taken
the stage on 4567
...

#10 其他書籍

本書就要結束了，但卻剛好是你的 Ruby 旅程的開始。我們想要推薦兩本能夠在這一路上協助你的好書。

《Programming Ruby 1.9 & 2.0》（第四版）
作者：Dave Thomas、Chad Fowler 和 Andy Hunt

Ruby 社群將本書暱稱為 Pickaxe（十字鎬），由於該書的封面是一支十字鎬。這是一本著名且常被使用的書。

市面上有兩種技術書籍：教學書（像是你手上這一本書）以及參考書（像是《Programming Ruby》）。Pickaxe 是一本很棒的參考書：它涵蓋了本書沒有討論到的所有議題。該書最後一個部分會提到 Ruby 之核心和標準程式庫中重要的類別和模組。（所以，如果你有這本書就不需要閱讀 HTML 文件了。）

《The Well-Grounded Rubyist》（第二版）
作者：David A. Black

如果你想要深入瞭解 Ruby 內部運作的簡單之美，可以閱讀這本書。你知道 Ruby 中實際上沒有類別方法這種東西嗎？（所謂的類別方法實際上就是一個類別物件的單體方法。）你知道類別只是允許實體變數的模組嗎？ David A. Black 會探討有時看似複雜且不一致的語言行為，讓你瞭解表面下的運作原理。

索引

符號

A

B

C

D

E

F

G

H

I

J

K

L

M

N

S

T

U

V

W

Y

Z

這不是告別

將你的瀏覽器指向
headfirstruby.com

你不知道這個網站嗎？我們已經把本書的所有程式碼範例放在該網站上供讀者下載。你還可以找到如何使用 Ruby 更多事情的指引！

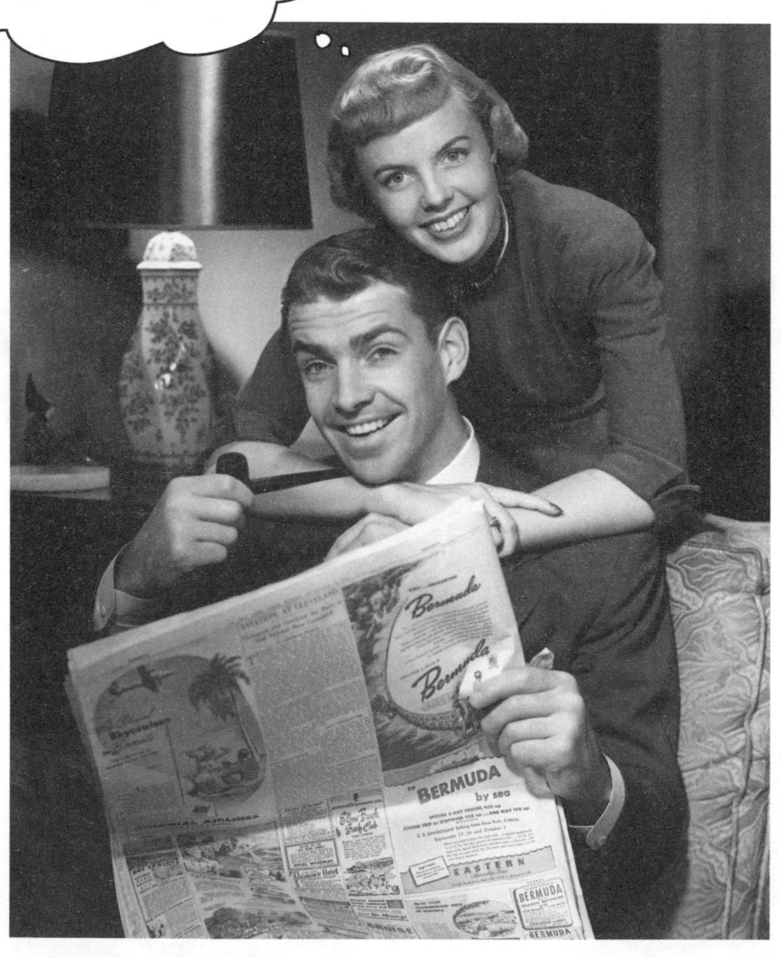

深入淺出 Ruby

作　　者：Jay McGavren
譯　　者：蔣大偉
企劃編輯：蔡彤孟
文字編輯：江雅鈴
設計裝幀：陶相騰
發 行 人：廖文良

發 行 所：碁峰資訊股份有限公司
地　　址：台北市南港區三重路 66 號 7 樓之 6
電　　話：(02)2788-2408
傳　　真：(02)8192-4433
網　　站：www.gotop.com.tw
書　　號：A428
版　　次：2017 年 03 月初版
建議售價：NT$780

國家圖書館出版品預行編目資料

深入淺出 Ruby / Jay McGavren 原著；蔣大偉譯. -- 初版. -- 臺北市：碁峰資訊, 2017.03
面；　公分
譯自：Head First Ruby
ISBN 978-986-476-286-6(平裝)
1.全球資訊網　2.電腦程式　3.資料庫設計
312.1695　　105023709

讀者服務

- 感謝您購買碁峰圖書，如果您對本書的內容或表達上有不清楚的地方或其他建議，請至碁峰網站：「聯絡我們」\「圖書問題」留下您所購買之書籍及問題。(請註明購買書籍之書號及書名，以及問題頁數，以便能儘快為您處理）http://www.gotop.com.tw
- 售後服務僅限書籍本身內容，若是軟、硬體問題，請您直接與軟、硬體廠商聯絡。
- 若於購買書籍後發現有破損、缺頁、裝訂錯誤之問題，請直接將書寄回更換，並註明您的姓名、連絡電話及地址，將有專人與您連絡補寄商品。
- 歡迎至碁峰購物網 http://shopping.gotop.com.tw 選購所需產品。